G. Golub / J. M. Ortega

Scientific Computing
Eine Einführung in das wissenschaftliche
Rechnen und Parallele Numerik

Scientific Computing

Eine Einführung in das wissenschaftliche Rechnen und Parallele Numerik

Von Gene Golub
Department of Computer Science
Stanford University, Stanford, California

und James M. Ortega
School of Engineering & Applied Science
University of Virginia, Charlottesville, Virginia

aus dem Englischen übersetzt
von Prof. Dr. Rolf Dieter Grigorieff
und Priv.-Doz. Dr. Hartmut Schwandt
Technische Universität Berlin

B. G. Teubner Stuttgart 1996

Die Deutsche Bibliothek – CIP-Einheitsaufnahme

Golub, Gene H.:
Scientific computing : eine Einführung in das wissenschaftliche Rechnen und parallele Numerik / von Gene Golub und James M. Ortega. Aud dem Engl. übers. von Rolf Dieter Grigorieff und Hartmut Schwandt. – Stuttgart : Teubner, 1996
Einheitssacht.: Scientific computing <dt.>
ISBN-13: 978-3-519-02969-4 e-ISBN-13: 978-3-322-82981-8
DOI: 10.1007/978-3-322-82981-8
NE: Ortega, James M.:

Titel der Originalausgabe: Scientific Computing, An Introduction with Parallel Computing

Gesamtherstellung: Zechnersche Buchdruckerei GmbH, Speyer
Einband: Peter Pfitz

Dem Andenken unserer Mütter gewidmet

Vorwort

Dieses Buch stellt eine Weiterentwicklung seines Vorgängers „Wissenschaftliches Rechnen und Differentialgleichungen: Eine Einführung in die Numerische Mathematik“(Golub und Ortega [1992]) dar. Ziel des vorliegenden Buches ist es, die grundlegenden Ideen des Vektor- und Parallelrechnens im Rahmen der Einführung in die Grundlagen numerischer Verfahren darzustellen. Dies ist unserer Meinung nach sowohl für Studenten der Informatik als auch der Natur- und Ingenieurwissenschaften von Interesse. Es ist klar, daß das Höchstleistungsrechnen in den kommenden Jahren eine wachsende Bedeutung in den Natur- und Ingenieurwissenschaften gewinnen wird, und Höchstleistungsrechnen findet notwendigerweise auf Vektor- und Parallelrechnern statt. Es wäre vorteilhaft, wenn die Studierenden dieses Gebietes Zugang zu derartigen Maschinen hätten, obwohl das nicht unbedingt erforderlich ist; ein Großteil des Stoffes über das Parallel-und Vektorrechnen kann auch so mit Gewinn studiert werden.

Das Buch ist zur Verwendung im fortgeschrittenen Grundstudium oder am Anfang des Hauptstudiums gedacht, und es setzt bei den Studierenden Kenntnisse in Differential- und Integralrechnung, einschließlich Elemente der Differentialgleichungen und auch etwas lineare Algebra voraus. Lineare Algebra ist das wichtigste Hilfsmittel im Wissenschaftlichen Rechnen, sowohl für die Formulierung der Probleme als auch für die Analyse der numerischen Verfahren zu ihrer Lösung. Selbst nach Abschluß des Grundstudiums in linearer Algebra haben die meisten Studierenden einen Teil des erforderlichen Materials nicht kennengelernt, etwa den Normbegriff und einige Eigenwerte, Eigenvektoren und die Normalformen betreffende Gesichtspunkte. Kapitel 2 enthält einen Überblick dieses Stoffes. Es sollte vorwiegend zum Nachschlagen verwendet werden, wenn die entsprechenden Sachverhalte später im Buch verwendet werden.

Kapitel 1 gibt einen Überblick des wissenschaftlichen Rechnens, im besonderen über das Gebiet der mathematischen Modellierung, den allgemeinen Ablauf der numerischen Lösung eines Problems und der Rechnerumgebung, in der diese Lösungen erreicht werden. Kapitel 3 enthält eine Einführung in das Parallel- und Vektorrechnen einschließlich eines Überblicks der Architektur solcher Rechner sowie einiger grundlegender Konzepte. Ein Teil dieser Ideen und

Techniken wird dann an dem einfachen, aber wichtigen Beispiel der Matrix-Vektor-Multiplikation illustriert, einer Fragestellung, die wiederholt im weiteren Verlauf des Buches auftaucht. Kapitel 4 behandelt einige elementare Gebiete, die in jeder Einführungsvorlesung in numerische Verfahren abgedeckt werden: Taylorreihen, Approximation, Interpolation und Splinefunktionen, Methode der kleinsten Quadrate und das Auffinden von Lösungen nichtlinearer Gleichungen.

Ein großer Teil des Buches ist der Lösung linearer Gleichungssysteme gewidmet, denn lineare Systeme stellen ein zentrales Problem bei vielen Aufgabenstellungen des wissenschaftlichen Rechnens dar. In Kapitel 5 wird gezeigt, wie lineare Systeme bei der Diskretisierung von Differentialgleichungen entstehen. Ein wichtiges Merkmal dieser Systeme ist die Struktur der Belegung der Koeffizientenmatrix mit Nullen. So können je nach Typ der Differentialgleichung und Art der Diskretisierung tridiagonale Matrizen, Bandmatrizen oder sehr große, schwachbesetzte Matrizen auftreten.

In Kapitel 6 wird mit der Lösung linearer Systeme begonnen, wobei der Schwerpunkt auf Systemen liegt, für die direkte Lösungsmethoden wie das Gaußsche Eliminationsverfahren angebracht sind. Es werden Rundungsfehler und der Einfluß schlechter Kondition diskutiert sowie eine Einführung anderer direkter Methoden wie der QR-Zerlegung gegeben. In Kapitel 7 wird gezeigt, wie die grundlegenden direkten Methoden zur effizienten Lösung auf Parallel- und Vektorrechnern umgestaltet werden müssen.

Für die sehr großen linearen Systeme, die von partiellen Differentialgleichungen herrühren, sind direkte Methoden nicht immer geeignet und in Kapitel 8 wird mit dem Studium iterativer Verfahren begonnen. Die klassischen Jacobi-, Gauß-Seidel- und SOR-Verfahren Verfahren sowie ihre Parallel- und Vektor-Implementierungen werden behandelt, was bis zu ihrer Verwendung im Mehrgitterverfahren führt. In Kapitel 9 betrachten wir dann Verfahren der konjugierten Gradienten für symmetrische und nichtsymmetrische Systeme. Dieses Kapitel schließt auch eine Diskussion der Präkonditionierung, die einige der Methoden aus Kapitel 8 verwendet, und Parallel- und Vektor-Implementierungen ein. Das Kapitel endet mit der Betrachtung einer nichtlinearen partiellen Differentialgleichung.

Viele wichtige Gebiete werden nicht behandelt, zum Beispiel die Berechnung von Eigenwerten und Eigenvektoren und die Lösung linearer oder nichtlinearer Optimierungsprobleme. Jedoch beruhen diese Bereiche weitgehend auf Techniken zur Lösung linearer Gleichungen.

Wir glauben, daß das vorliegende Buch in verschiedenen Studienphasen erfolgreich eingesetzt werden kann. Für eine einführende einsemestrige Vorlesung im Grundstudium würde das Hauptaugenmerk auf den Kapiteln 3, 4, 6 und Teilen von 5 und 7 liegen. In einer ersten Vorlesung im Hauptstudium könnte für Studenten, die bereits Numerikkenntnisse im Grundstudium erworben haben, vieles aus Kapitel 4, 5 und 6 im Schnellgang wiederholt werden, um dann größeres Gewicht auf die mehr fortgeschrittenen Inhalte in Kapitel 7, 8 und 9 zu legen. Mit einigem zusätzlichen Material seitens des Dozenten wäre das Buch auch als Grundlage für eine zweisemestrige Vorlesung geeignet.

Wir sind vielen Kollegen und Studenten für ihre Hinweise zu unserem vorherigen Buch und zu einer ersten Fassung des vorliegenden zu Dank verpflichtet. Auch schulden wir Frau Brenda Lynch unseren Dank für das gekonnte Schreiben des Manuskripts in LaTeX.

Stanford, California
Charlottesville, Virginia

Vorwort zur deutschen Ausgabe

Das Wissenschaftliche Rechnen hat in der Numerischen Mathematik und den Ingenieur- und Naturwissenschaften längst seinen festen Platz gefunden und wird an zahlreichen Universitätsinstituten und Forschungseinrichtungen gepflegt. Dabei gehört der Einsatz von Vektor- und Parallelrechnern zum geläufigen Standard. Weniger Eingang haben diese Entwicklungen bisher in die Lehrbuchliteratur gefunden. Das vorliegende Buch, verfaßt von zwei international führenden Experten, schließt hier eine Lücke. Es stellt eine Einführung in die relevanten Fragestellungen und Lösungsmethoden dar, wobei die Darstellung so gehalten ist, daß sie für einen breiten Kreis interessierter Leser geeignet ist, die zur Lektüre nur eine mathematische Grundausbildung mitbringen müssen. Insbesondere kann das Buch als Grundlage einschlägiger Lehrveranstaltungen für Teilnehmer auch aus nichtmathematischen Fachbereichen dienen und dürfte für die Dozenten eine willkommene Unterstützung darstellen. Das Buch wurde von uns sorgfältig durchgesehen; etwaige Unstimmigkeiten wurden behoben. Mit unserer Übersetzung hoffen wir, das behandelte, in vielerlei Hinsicht wichtige Wissensgebiet einem größeren Kreis potentieller Leser, unter ihnen die Studierenden unterschiedlicher Fachrichtungen, leichter zugänglich zu machen.

R.D. Grigorieff und H. Schwandt — Berlin, im Dezember 1995

Inhaltsverzeichnis

1 Die Welt des Wissenschaftlichen Rechnens

1.1 Was ist Wissenschaftliches Rechnen?

Die vielen tausend Rechner, die inzwischen weltweit ihre Arbeit verrichten, bewältigen eine verwirrende und ständig wachsende Vielfalt von Aufgaben: sie stellen Rechnungen aus und erledigen die Bestandskontrollen für Industrie und Verwaltung, leisten Buchungsdienste für Luftlinien und ähnliche Einrichtungen, bewerkstelligen in bescheidenem Rahmen Übersetzungen natürlicher Sprachen wie Russisch oder Englisch, überwachen Produktionsprozesse, usw. usf. Eine ihrer frühesten Aufgaben - und auch heute noch immer eine der umfangreichsten - bestand darin, Probleme aus Wissenschaft und Technik zu lösen, genauer: Lösungen für mathematische Modelle physikalischer Sachverhalte bereitzustellen. Die Verfahren, die solche Lösungen liefern, sind Bestandteil des Gebietes, das man gemeinhin *Wissenschaftliches Rechnen* nennt, und der Gebrauch dieser Verfahren wird, sofern er tieferen Einblick in die wissenschaftlichen oder ingenieurtechnischen Probleme verschafft, *rechnerorientierte Wissenschaft* oder *rechnerorientierte Ingenieurwissenschaft* genannt.

Es gibt wohl kaum einen Bereich der Wissenschaft oder des Ingenieurwesens, in dem keine Modellrechnung betrieben wird. Flugbahnen für Erdsatelliten oder planetarische Missionen werden alltäglich berechnet. Ebenso benutzen Luft- und Raumfahrtingenieure die Rechner, um die Luftströmung an Flugzeugen oder anderen Raumfahrzeugen, die die Atmosphäre durchgleiten, zu simulieren und die bautechnische Sicherheit der Luftfahrzeuge im voraus zu überprüfen. Derartige Studien sind von entscheidender Bedeutung für die Raumfahrtindustrie beim Entwurf sicherer und wirtschaftlicher Luft- und Raumfahrzeuge. Das Modellieren neuer Entwürfe auf dem Rechner kann, verglichen mit dem Bau einer Reihe von Prototypen, immense Summen Geldes sparen. Entsprechendes gilt für die Entwicklung von Kraftfahrzeugen und vielen anderen Produkten, unter anderem auch neuer Rechnertypen.

Bauingenieure studieren mit Hilfe von Rechnern die bautechnischen Eigenheiten großer Gebäude, Dämme und Autobahnen. Meteorologen verbrauchen sehr viel Rechenzeit, um das Wetter oder auch eine mögliche Änderung des Erdklimas vorherzusagen. Astronomen und Astrophysiker stellen Modellrechnungen über die Entwicklung von Sternen an, und der größte Teil unserer Kenntnisse über Erscheinungen wie Rote Riesen und Pulsare stammt aus der Kombination solcher Berechnungen mit Beobachtungen. In jüngster Zeit bedienen sich in wachsendem Maße sogar Ökologen und Biologen der Rechner, um in so verschiedenen Gebieten wie Populationsentwicklungen, natürliche Räuber-Beute-Beziehungen, die Blutströme im menschlichen Körper oder die Verbreitung von Verunreinigungen in den Ozeanen und der Atmosphäre zu untersuchen.

Systeme von gewöhnlichen oder partiellen Differentialgleichungen sind die Basis mathematischer Modellbeschreibungen all dieser Probleme. Differentialgleichungen kommen in allen „Formen und Farben“ daher, und selbst mit den größten Rechnern sind wir bisher auch nicht annähernd in der Lage, viele der von Wissenschaftlern und Ingenieuren gestellten Probleme zu lösen. Doch Wissenschaftliches Rechnen ist noch umfassender, und die Reichweite des Gebietes dehnt sich laufend aus. Es gibt viele verschiedenartige mathematische Modelle, jedes von eigenem Charakter. In den Wirtschaftswissenschaften und in der Ökonomie müssen große lineare oder nichtlineare Optimierungsprobleme gelöst werden. Datenreduktion - die Verdichtung großer Mengen von Meßwerten auf einen für die Statistik brauchbaren Umfang - war immer ein wichtiger, wenn auch etwas „weltlicher“ Teil des Wissenschaftlichen Rechnens. Doch inzwischen haben wir eine technische Ausstattung (zum Beispiel Erdsatelliten), die uns schneller mit Meßwerten versieht, als wir zu verarbeiten in der Lage sind. Neue Methoden müssen also ersonnen werden, die es uns erlauben, die Datenflut zu sichern und zu verwerten. In den stärker entwickelten Gebieten der Ingenieurwissenschaft kann man heute Probleme, die früher sogar mit dem Rechner schwer zu lösen waren, als Routineberechnung behandeln, die mit geänderten Konstruktionsparametern leicht wiederholt werden kann. Das bietet Anlaß zur Entwicklung einer ständig wachsenden Vielfalt rechnergestützter Konstruktionssysteme. Ähnliche Überlegungen finden in vielen anderen Gebieten statt.

Obgleich wir unsere Betrachtungen von jetzt ab auf das, was wir unter Wissenschaftlichem Rechnen verstehen, beschränken wollen, ist es natürlich schwierig, genau festzulegen, was darunter zu verstehen ist, insbesondere in Hinsicht auf die Grenzgebiete und die Überlappungen mit anderen Bereichen. Wir wollen für unsere Zwecke hier folgende Übereinkunft treffen: *Wissenschaftliches Rechnen umfaßt alle Hilfsmittel, Fertigkeiten und Theorien, die man benötigt, um Probleme der Wissenschaft und Technik in Form mathematischer Modelle auf einem Rechner zu lösen.*

Die Mehrheit der Hilfsmittel, Fertigkeiten und Theorien ist ursprünglich durch die Mathematik entwickelt worden, wobei vieles davon eine Entstehungsgeschichte hat, die weit in die Zeit vor Erscheinen der elektronischen Rechner zurückreicht. Man nennt diesen Teil der mathematischen Theorien und Techniken numerische Analysis (oder numerische Mathematik). Er bildet den Hauptanteil am Wissenschaftlichen Rechnen. Das Aufkommen der elektronischen Rechner leitete aber ein neues Zeitalter ein, in dem die Lösung wissenschaftlicher Probleme auf neuen Wegen beschritten wurde. Viele der numerischen Methoden, die man für Rechnungen von Hand (Tischrechner, um die tatsächlichen Rechnungen durchzuführen, eingeschlossen) entwickelt hatte, mußten geändert oder manchmal auch ganz aufgegeben werden. Umgekehrt erlangten nunmehr Betrachtungen zur Leistungsfähigkeit und Rechengenauigkeit, die beim Gebrauch der Handrechner unerheblich oder unwichtig waren, auf den großen Rechenanlagen höchste Bedeutung. Viele dieser Entwicklungen - Programmiersprachen, Betriebssysteme, Verwaltung großer Datenmengen, Korrektheit von Rechnerprogrammen - wurden in das Gebiet der Informatik (Computer Science) einbezogen, auf dem das Wissenschaftliche Rechnen entscheidend fußt. Dennoch spielt die Mathematik selber nach wie vor die Hauptrolle beim Wissenschaftlichen Rechnen: Sie stellt die Sprache zur Verfügung, in der die Modelle beschrieben werden, die der Lösung harren, liefert Beurteilungsmöglichkeiten dafür, ob ein Modell als passend angesehen werden kann (zum Beispiel: Gibt es eine Lösung? Ist diese Lösung eindeutig?), und garantiert die theoretische Absicherung der numerischen Methoden sowie, in wachsendem Maße, vieler Instrumente der Informatik.

Man kann zusammenfassend sagen, daß sich das Wissenschaftliche Rechnen ausgiebig der Mathematik und der Informatik bedient, um den besten Weg zu finden, die ihr aus Wissenschaft und Technik gestellten Probleme auf Rechnersystemen zu lösen. Abbildung 1.1.1 veranschaulicht schematisch die Beziehungen zu den anderen Gebieten. Im Rest des Kapitels wollen wir uns ein wenig eingehender mit diesen Gebieten beschäftigen.

1.2 Mathematische Modellierung

Wie in Abschnitt 1.1 dargelegt, betrachten wir das Wissenschaftliche Rechnen als den Wissenszweig, der mathematische Modelle von Problemen der Wissenschaft und Technik mit Rechnern löst. Folglich besteht der erste Schritt zu einem vollständigen Lösungsverfahren darin, ein geeignetes Modell für das vorliegende Problem auszuarbeiten.

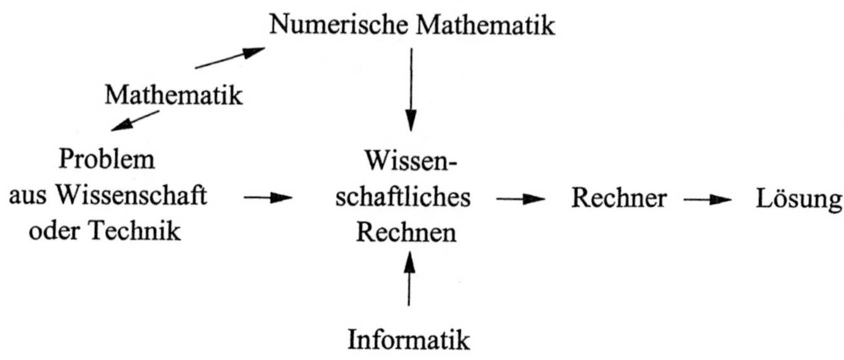

Abb. 1.1.1 *Wissenschaftliches Rechnen und benachbarte Bereiche*

Modellierung

Die Ausarbeitung eines mathematischen Modells beginnt damit, daß man klärt, welche Größen Einfluß auf das Modell nehmen. In vielen physikalischen Problemen handelt es sich dabei zum Beispiel um das Gleichgewicht der Kräfte oder andere Erhaltungssätze der Physik. Stellt man etwa ein Modell für den Verlauf einer Trajektorie auf, handelt es sich bei dem zugrundeliegenden physikalischen Gesetz um das zweite Newtonsche Bewegungsgesetz, welches besagt, daß die auf einen Körper wirkenden Kräfte gleich seiner Impulsänderung sind. Dieses Fundamentalgesetz muß dann auf das zu behandelnde Problem spezialisiert werden, indem man die Kräfte, die von Bedeutung sind, auswählt und quantifiziert. Beispielsweise üben die Gravitationskräfte des Jupiter auf eine Rakete, die sich in der Erdatmosphäre bewegt, eine Kraft aus, doch sind sie, verglichen mit den Gravitationskräften der Erde, so klein, daß sie üblicherweise vernachlässigt werden können. Andere Kräfte hingegen mögen, wieder verglichen mit den entscheidenden Kräften, ebenfalls klein sein, dürfen wegen ihrer Auswirkungen aber dennoch nicht so einfach vernachlässigt werden. Demgemäß unterliegt die Aufstellung eines Modells einem ständigen Ausgleich zwischen der Einbindung aller Faktoren, die möglicherweise Einfluß auf die Gültigkeit des Modells nehmen, und der Notwendigkeit, das mathematische Modell hinreichend einfach zu gestalten, damit es durch die verfügbaren Hilfsmittel lösbar wird. In der Vergangenheit dienten verhältnismäßig einfache Modelle zur Beschreibung der meisten Erscheinungen, weil die Berechnungen, entweder analytisch oder numerisch, von Hand durchgeführt werden mußten. Mit der Entwicklung der Rechner und dem Ausbau der numerischen Methoden konnten immer kompliziertere Modelle behandelt werden.

Zusätzlich zu den grundlegenden Beziehungen, die das Modell beschreiben -

in den meisten Fällen des Wissenschaftlichen Rechnens handelt es sich dabei um Differentialgleichungen -, wird es gewöhnlich eine Reihe von Anfangs- oder Randbedingungen geben. In dem Räuber-Beute-Problem zum Beispiel, das wir in Kapitel 5 diskutieren werden, wird die Anfangspopulation der zwei untersuchten Spezies festgelegt. Beim Studium der Blutströmung in einer Ader benötigt man unter Umständen eine Randbedingung, die festlegt, daß die Strömung nicht die Gefäßwand der Ader durchdringen kann. In anderen Fällen mag die Randbedingung nicht so offensichtlich aus physikalischen Gründen notwendig sein, muß dem Modell jedoch zugefügt werden, damit es eine mathematisch eindeutige Lösung gibt. Oder das anfangs formulierte mathematische Modell läßt mehrere Lösungen zu, von denen die eigentlich gesuchte nur durch eine Einschränkung wie zum Beispiel die Forderung, positiv oder von geringster Energie zu sein, ausgewählt werden kann. In jedem Fall wird von dem endgültig entworfenen Modell mit all seinen Anfangs-, Rand- und Nebenbedingungen üblicherweise angenommen, daß es eine eindeutige Lösung besitzt. Der nächste Schritt besteht dann darin, diese Lösung aufzufinden. Für Probleme, an deren Lösung gegenwärtig das größte Interesse besteht, können solche Lösungen leider kaum in „geschlossener Form“ erhalten werden. Die Lösung muß vielmehr in irgendeiner Weise angenähert werden. Die Verfahren dafür, die wir in diesem Buch betrachten, sind numerische Verfahren, die für die Durchführung auf einem Rechner geeignet sind. Im nächsten Abschnitt wollen wir uns ansehen, welche Schritte gemeinhin nötig sind, um eine numerische Lösung zu erreichen, und der Rest des Buches ist einer eingehenden Diskussion dieser Schritte für verschiedene Probleme gewidmet.

Gültigkeitsprüfungen

Ist man erst einmal soweit gelangt, Lösungen des Modells zu berechnen, besteht der nächste Schritt üblicherweise in einer *Gültigkeitsprüfung (Validierung)* des Modells. Darunter wollen wir eine Überprüfung verstehen, die sicherstellt, daß die zu berechnende Lösung mit hinreichender Genauigkeit den Zweck erfüllt, für den das Modell ersonnen wurde. Es sind zwei wesentliche Mängelquellen vorhanden. Erstens sind Fehler in der numerischen Berechnung grundsätzlich unvermeidbar. Die allgemeine Natur dieser Fehler werden wir im nächsten Abschnitt untersuchen, und ein großer Teil unseres Buches wird dem Versuch, die numerischen Fehlerquellen besser zu verstehen und zu beherrschen, gewidmet sein. Aber das Modell selber läuft auch jederzeit Gefahr, ein falsches Modell zu sein. Wie wir eben schon erläutert hatten, besteht die Vorgehensweise bei der Modellierung meist darin, zunächst möglichst alle Faktoren des physikalischen

Problems in Betracht zu ziehen, dann aber, um das Modell handhabbar zu halten, die Faktoren, die geringe Auswirkungen auf die Lösung zu haben scheinen, zu approximieren oder ganz zu vernachlässigen. Die Frage ist dann natürlich: Ist die Vernachlässigung dieser Auswirkungen wirklich gerechtfertigt? In einem ersten Gültigkeitstest prüft man, ob die Lösung offenkundigen physikalischen und mathematischen Beschränkungen genügt. Soll beispielsweise eine Raketenflugbahn, deren erwartete Maximalhöhe bei 100 Kilometern liegt, berechnet werden, und zeigt die Lösung dann eine Höhe von 200 Kilometern, hat man sicherlich einen Bock geschossen. Es kann auch vorkommen, daß die Lösung, von der wir aus mathematischen Gründen sicher wissen, daß sie fallend sein muß, eben nicht fällt. Sind grobe Schnitzer dieser Art beseitigt - was meist ziemlich leicht erledigt werden kann - beginnt die nächste Phase, in der die berechneten Resultate mit experimentellen Daten oder Beobachtungswerten, wenn dergleichen zur Verfügung stehen, verglichen werden. Häufig ist das ein Unterfangen, das viel Scharfsinn erfordert, weil selbst dann, wenn sich die experimentellen Ergebnisse unter kontrollierten Versuchsbedingungen ergeben haben, die Physik des Experimentes immer noch vom mathematischen Modell abweichen kann. Soll beispielsweise die Luftströmung an einem Flugzeugflügel berechnet werden, so wird das mathematische Modell gewöhnlich idealisiert, indem man das Flugzeug als in einer unendlichen Atmosphäre fliegend betrachtet, wohingegen experimentelle Untersuchungen in einem Windkanal stattfinden, dessen begrenzende Wände Auswirkungen auf die Meßergebnisse haben. (Man beachte, daß weder die Versuchsanordnung noch das mathematische Modell die wahren Umstände eines in unserer endlichen Atmosphäre fliegenden Flugzeuges widerspiegeln.) Die Erfahrung und das Einfühlungsvermögen des Bearbeiters sind dann erforderlich, um gültig zu beurteilen, ob die aus dem mathematischen Modell errechneten Ergebnisse den beobachteten Daten hinreichend gut entsprechen.

Zu Beginn einer Untersuchung ist das sehr häufig nicht der Fall, so daß das Modell modifiziert werden muß. Im allgemeinen wird es sich dabei darum handeln, zusätzliche Größen, die man für vernachlässigbar gehalten hat, im Modell zu berücksichtigen. Manchmal allerdings wird man nicht umhin können, das Modell vollständig zu überarbeiten und die physikalischen Umstände aus einem völlig anderen Blickwinkel zu betrachten. In jedem Fall beginnt der Kreislauf mit dem modifizierten Modell von neuem: numerische Lösung, Gültigkeitsprüfung, zusätzliche Abänderungen, usw. Abbildung 1.1.2 veranschaulicht den beschriebenen Prozeß schematisch.

Wenn die wiederholten Modifikationen und Gültigkeitsprüfungen das Modell schließlich als annehmbar erscheinen lassen, ist es fertig, um Voraussagen da-

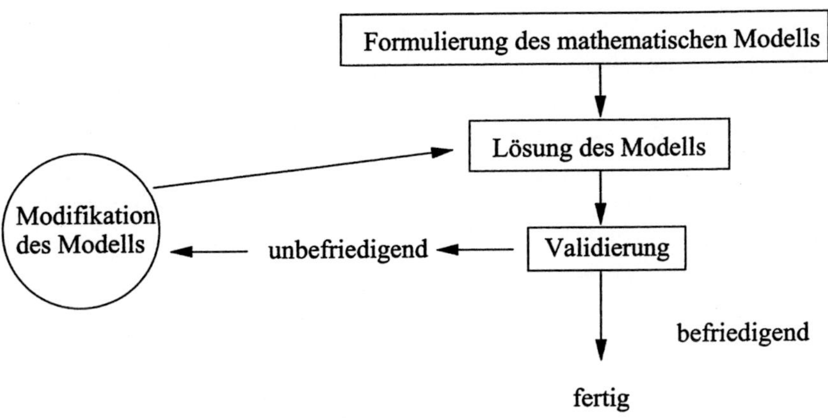

Abb. 1.2.1 *Die mathematische Modellierung und der Lösungsprozeß*

mit zu treffen. Genau das zu erreichen, war der ganze Zweck des Verfahrens. Jetzt sollten wir in der Lage sein, die Fragen zu beantworten, die Anlaß gaben, sich der Mühe des Modellierens zu unterziehen: Welche Höhe wird die Rakete erreichen? Werden die Wölfe alle Kaninchen vertilgen? Natürlich muß man die Antworten auch fernerhin mit einem gesunden Mißtrauen betrachten. Unsere physikalische Welt ist einfach zu kompliziert und unsere Kenntnis von ihr zu dürftig, als daß wir die Zukunft perfekt voraussagen könnten. Nichtsdestoweniger beflügelt uns die Aussicht, von unserem Rechner Lösungen zu erhalten, die uns tiefere Einsicht in das vorliegende Problem verschaffen, sei es nun ein physikalischer Vorgang oder eine Konstruktionsaufgabe.

1.3 Der numerische Lösungsprozeß

Wir werden in diesem Abschnitt allgemeine Betrachtungen, die sich im Zusammenhang mit der Lösung des Modells auf einem Rechner ergeben, anstellen. Der Rest des Buches ist dann einer eingehenden Diskussion dieser Dinge gewidmet.

Ist ein mathematisches Modell erst einmal aufgestellt, wird der naheliegende erste Gedanke sein, eine geschlossene Lösung zu suchen, doch werden solche Lösungen gewöhnlich nur für (u.U. drastische) Vereinfachungen des Problems existieren. Ein vereinfachtes Problem mit bekannten Lösungen kann sich allerdings als äußerst nützlich erweisen, da es „Kontrollfälle“ für das allgemeinere Problem liefert. Stellen wir fest, daß sich explizite Lösungen nicht finden lassen, wenden wir uns der Aufgabe zu, eine numerische Methode für die Lösung zu entwickeln. Schon bei Beginn unserer Überlegungen - und in wachsendem Maße beim Fortschritt der Modellentwicklung - müssen wir berücksichtigen, welche Rechner-Ausstattung und welche Software-Umgebung uns zur Verfügung steht. Denn der Weg, den wir beschreiten, ist wesentlich davon abhängig, ob wir mit einem Kleinrechner arbeiten oder auf einer Großrechenanlage. Nichtsdestoweniger gibt es einige allgemeine Dinge zu beachten, die von der Art des verwendeten Rechners unabhängig sind.

Rundungsfehler

Der wohl wichtigste Punkt ist der, daß Rechner mit einer endlichen Zahl von Ziffern oder Zeichen rechnen. Deswegen können wir mit Rechnern im allgemeinen nicht auf dieselbe Weise Arithmetik im Bereich der reellen Zahlen betreiben, wie wir dies in der reinen Mathematik tun. Die Arithmetik, wie sie im Rechner abläuft, ist auf eine endliche Anzahl von Ziffern beschränkt, wohingegen die numerische Darstellung der meisten reellen Zahlen unendlich viele Ziffern erfordert. Beispielsweise lassen sich bereits so fundamentale Konstanten wie π und e nur mit unendlich vielen Ziffern numerisch darstellen und können daher *nie* exakt Eingang in einen Rechner finden. Aber selbst dann, wenn wir eine Rechnung mit genauen numerischen Darstellungen beginnen, kann die Rechnerarithmetik u.U. unausweichlich zu gewissen Fehlern führen. So können beispielsweise für die numerische Darstellung des Quotienten zweier natürlicher Zahlen bereits unendlich viele Ziffern benötigt werden. Wir müssen uns daher von Anfang an mit der Tatsache abfinden, daß ein Rechner keine exakte Arithmetik betreiben kann. Wir werden also bei allen arithmetischen Operationen kleine Fehler, die sogenannten *Rundungsfehler*, begehen und uns deshalb zu vergewissern haben, daß sich diese kleinen Fehler nicht in einem solchen Ausmaß aufsummieren, daß die ganze Rechnung wertlos wird.

Rechner verwenden das binäre Zahlensystem. Jeder Rechner arbeitet bei gewöhnlichen arithmetischen Operationen intern mit einer gewissen Anzahl binärer Ziffern, die *einfachgenaue* Arithmetik der Maschine genannt wird. Auf den meisten wissenschaftlichen Rechnern handelt es sich dabei um eine Zahl, die 7 bis 14 Dezimalstellen entspricht. Auf vielen Maschinen ist die *doppeltgenaue* Arithmetik, die im wesentlichen die Anzahl der darstellbaren Ziffern verdoppelt, ein Teil der Hardware. In diesem Fall muß man, wenn überhaupt, mit geringfügig verlängerter Laufzeit von Programmen, die sich der höheren Genauigkeit bedienen, rechnen. Auf einigen anderen Maschinen besorgt die Software die doppeltgenaue Arithmetik. Dabei ist allerdings mit, gegenüber einfachgenauer Rechnung, mehrfach längerer Laufzeit zu rechnen. Höhere Genauigkeit, die über doppeltgenaue hinausgeht, wird fast ausnahmslos durch Software bewirkt und vermindert die Effizienz von Programmen in dem Maße, wie die Genauigkeit steigt. Mehrfachgenaue Arithmetik wird für Probleme aus der Praxis kaum benötigt, doch kann sie im Einzelfall nützlich sein, um „exakte" Lösungen zu erzeugen oder anderweitige Zusatzinformation für Testzwecke zu liefern.

Rundungsfehler können sich auf das Schlußergebnis in verschiedener Weise auswirken. Zunächst einmal besteht die Gefahr, daß eine Folge von Millionen von Operationen, von denen jede, wenn auch geringfügig, fehlerbehaftet ist, zu einer Akkumulation von kleinen Fehlern führt, die schließlich die Genauigkeit des Endresultates sehr beeinträchtigt. Rundet man stets zur nächstgelegenen Ziffer, scheint die Chance zu bestehen, daß sich die Einzelfehler im Mittel gegeneinander aufheben, aber aus der Statistik ist bekannt, daß die sogenannte Standardabweichung mit der Anzahl der beteiligten Operationen wächst, so daß zum Schluß ein großer Fehler zurückbleiben kann. Schneidet man Endziffern ab statt zu runden, streben die Fehler in eine Richtung, und die Wahrscheinlichkeit, zum Schluß einen großen Fehler zu erhalten, wächst. Über die drohende Akkumulation von Fehlern bei einer großen Anzahl von Operationen hinaus besteht die Gefahr einer *fatalen Auslöschung.* Angenommen zwei Zahlen a und b stimmen, ausgenommen in der letzten Ziffer, überein. Dann besteht die Differenz $c = a - b$ nur aus einer einzigen signifikanten Ziffer, die die Genauigkeit der errechneten Zahl beschreibt, *obwohl bei der Subtraktion kein Rundungsfehler entstanden ist.* Anschließende Berechnungen mit c führen dann gewöhnlich zu einem Endresultat, bei dem nur noch eine Stelle sicher ist. Man wird also, sofern das möglich ist, versuchen, fatalen Auslöschungen durch Umordnen der Reihenfolge von Rechenoperationen zuvorzukommen. Fatale Auslöschungen sind eine Möglichkeit, die Algorithmen, welche in korrekter Arithmetik einwandfrei arbeiten, derart gefährden, daß sie *numerisch instabil* werden können. Es ist demzufolge tatsächlich möglich, daß die Ergebnisse einer Rechnung, in der nur wenige arithmetische Operationen durchgeführt werden müssen, aufgrund von Rundungsfehlern vollständig unbrauchbar werden. Beispiele dafür werden wir später geben. Genaue Rundungsfehleranalysen sind bislang für eine Reihe einfacher und grundlegender Algorithmen, wie sie etwa bei der Lösung linearer Gleichungssysteme auftreten, vollständig durchgeführt worden. Einige dieser Ergebnisse werden wir genauer in Kapitel 6 beschreiben. Die sogenannte *Rückwärtsfehleranalyse* zum Beispiel hat sich als sehr leistungsfähig erwiesen. Man zeigt damit, daß Rundungsfehler dieselbe Auswirkung haben wie die Änderung der Ursprungsdaten. Demgemäß kann, wenn diese Analyse anwendbar ist, ausgesagt werden, daß die Verfälschung der Lösung durch Rundungen nicht größer sein kann als diejenige durch gewisse Eingangsdatenfehler des Modells. Die Fehleranalyse der Lösung ist dann gleichbedeutend mit der Untersuchung, wie empfindlich die Lösung auf Störungen in dem Modell reagiert. Ist die Lösung in diesem Sinne hochempfindlich, nennt man das Problem *schlecht gestellt* oder *schlecht konditioniert*. Numerische Lösungen neigen in diesem Fall dazu, sinnlos zu werden.

Diskretisierungsfehler

Eine andere Stelle, an der sich die Schwäche von Rechnern offenbart, Fehler in numerischen Berechnungen hervorzurufen, liegt dort, wo man „kontinuierliche" Probleme durch „diskrete" ersetzen muß. In Kapitel 5 wird gezeigt, wie man kontinuierliche Probleme, etwa Differentialgleichungen, durch diskrete Probleme annähert. Wie in Abschnitt 5.1 näher ausgeführt wird, erfordert beispielsweise bereits die einfache Integration einer stetigen Funktion die Kenntnis des Integranden auf dem gesamten Integrationsintervall, während sich die Approximation des Integrals auf dem Rechner lediglich auf die Werte des Integranden an endlich vielen Stellen des Intervalls stützen kann. Folglich verbleibt selbst dann, wenn die Arithmetik ohne jeden Rundungsfehler durchgeführt werden kann, der Fehler, der auf die diskrete Approximation des Integrals zurückzuführen ist. Dieser Fehlertyp wird gewöhnlich *Diskretisierungsfehler* oder *Abschneidefehler* genannt, und er beeinträchtigt, triviale Fälle ausgenommen, alle numerischen Lösungen von Differentialgleichungen und anderen „kontinuierlichen" Problemen.

Als in gewisser Weise verwandt mit Diskretisierungsfehlern erweist sich ein weiterer Fehlertyp: Viele numerische Methoden gründen auf der Idee der *Iteration*. Dabei wird eine Folge von Approximationen der Lösung erzeugt in der Hoffnung, daß diese Approximationen gegen die Lösung konvergieren. In vielen Fällen lassen sich mathematische Beweise für die Konvergenz geben, wenn die Iteration unbegrenzt fortschreitet. Jedoch können auf einem Rechner nur endlich viele solcher Approximationen durchgeführt werden; folglich muß man abbrechen, bevor die Lösung im Sinne mathematischer Konvergenz erreicht ist. Der Fehler, der sich durch Abbruch eines iterativen Prozesses ergibt, heißt manchmal *Konvergenzfehler*, allerdings gibt es hier keine allgemein anerkannte Terminologie.

Schließen wir triviale Probleme, die im Wissenschaftlichen Rechnen sowieso kein Interesse verdienen, aus, so läßt sich die Situation bezüglich zu erwartender Fehler der numerischen Berechnung wie folgt zusammenfassen. Jede

Rechnung ist Rundungsfehlern unterworfen. Sobald das mathematische Modell auf eine Differentialgleichung oder eine andere „kontinuierliche" Beschreibung des Problems führt, tritt ein Diskretisierungsfehler auf. Und wenn ein iteratives Verfahren zur Lösung verwendet wird, stellt sich ein Konvergenzfehler ein. Diese Fehlertypen und die Methoden, sie zu analysieren und zu beherrschen, werden für konkrete Probleme vollständig im Hauptteil dieses Buches diskutiert. Aber es ist wichtig, sich zu vergegenwärtigen, daß es ganz von dem speziellen Problem abhängt, welchen Fehler man für vertretbar hält. So wird sehr hohe Genauigkeit - sagen wir 14 Ziffern - kaum einmal für das endgültige Ergebnis benötigt; ganz im Gegenteil: für viele Probleme aus der Industrie oder anderweitiger Praxis reicht eine zwei- bis dreistellige Genauigkeit völlig aus.

Effizienz

Bei der Entwicklung von Rechenmethoden für die Lösung mathematischer Modelle spielt nicht nur die Genauigkeit, sondern auch die *Effizienz* eine wesentliche Rolle. Für die meisten Probleme, wie beispielsweise das Lösen von Systemen linearer algebraischer Gleichungen, steht eine Vielzahl von Methoden zur Auswahl, von denen einige Dutzende oder gar Hunderte von Jahren alt sind. Natürlich wird man sich für eine Methode entscheiden wollen, die den Rechenaufwand niedrig hält, aber die angestrebte Genauigkeit der approximativen Lösung gewährt. Diese Absicht erweist sich als ein überraschend schwieriges Problem, das eine Reihe von Überlegungen nach sich zieht. Obwohl es häufig möglich ist, den Rechenaufwand eines Algorithmus abzuschätzen, indem man die notwendigen arithmetischen Operationen abzählt, ist es, sieht man von einigen Fällen ab, eine noch immer offene Frage, wie hoch der Rechenaufwand sein muß, um ein Problem innerhalb einer vorgegebenen Toleranzgrenze zu lösen. Sogar dann, wenn man Rundungsfehler außer acht läßt, ist erstaunlich wenig darüber bekannt. In den vergangenen Jahren ist aus diesen Fragen das Gebiet der *Rechenkomplexität* entstanden. Doch wenn auch inzwischen theoretische Ergebnisse erzielt worden sind, so beantworten sie doch nur ganz ungefähr die Frage nach der Rechenzeit, weil im konkreten Fall auch noch die speziellen Eigenschaften des verwendeten Rechners eine Rolle spielen. Und die Eigenschaften verändern sich mit neu entstehenden Rechnersystemen und Rechnerarchitekturen. Die Entwicklung und planmäßige Untersuchung numerischer Algorithmen sollte ihrerseits Anstoß geben und richtungsweisend sein für eben diese Veränderungen.

Wir zeigen jetzt an einem einfachen Beispiel, wie sich eine sehr effiziente Methode ergeben kann: Viele elementare Bücher über die Theorie der Matrizen oder über lineare Algebra bieten die Cramersche Regel zur Lösung von Systemen linearer Gleichungen an. Bei dieser Regel werden Quotienten von Determinanten berechnet, und eine Determinante wird definiert als Summe aller möglichen Produkte von Matrixelementen, wobei für jedes Produkt aus jeder Zeile und jeder Spalte ein Element herzunehmen ist (und eine gewisse Vorzeichenregel für die Produkte berücksichtigt werden muß). Dies ergibt bei einer $n \times n$-Matrix $n!$ derartige Produkte. Würden wir nun diese Definition blindlings benutzen, um eine Determinante zu berechnen, wären etwa $n!$ Multiplikationen und Additionen zu bewältigen. Für sehr kleine n, sagen wir $n = 2$ oder $n = 3$, ist das keine nennenswerte Arbeit. Doch angenommen, es liegt eine 20×20-Matrix vor, was bei heute üblichen Rechenproblemen als sehr gering anzusehen ist; und nehmen wir ferner an, daß jede arithmetische Operation eine Mikrosekunde (10^{-6} Sekunden) erfordert, dann ergibt sich als notwendige Rechenzeit - alle sonstigen Operationen des Programms noch außer acht gelassen - mehr als eine Million Jahre! Demgegenüber benötigt das Gaußsche Eliminationsverfahren, das wir in Kapitel 6 besprechen werden, zur numerischen Lösung eines linearen (20×20)-Systems weniger als 0.005 Sekunden, auch hier wieder eine Mikrosekunde je Operation veranschlagt. Zwar ist dies ein außergewöhnliches Beispiel, doch zeigt es deutlich, welchen Schwierigkeiten man begegnet, wenn man einen rein mathematischen Lösungsweg naiv auf dem Rechner beschreitet.

Gute Programme

Auch dann, wenn eine wirklich „gute Rechenmethode“ vorliegt, ist es von erheblicher Bedeutung, die Umwandlung in die zugehörigen Rechnerschritte auf die bestmögliche Weise vorzunehmen, vor allem, wenn andere Leute mit dem Programm arbeiten werden. Die folgenden Punkte zeigen, was ein „gutes Programm“ auszeichnet:

- *Zuverlässigkeit* - Das Programm darf keine Fehler enthalten; man muß darauf vertrauen können, daß es das berechnet, was man zu berechnen beabsichtigt.

- *Robustheit*, eine Eigenschaft, die der Zuverlässigkeit eng benachbart ist - Das Programm muß einerseits einen weiten Anwendungsbereich besitzen, aber andererseits in der Lage sein, ungeeignete Daten, „Singularitäten“ oder andere Ausnahmesituationen, die es nicht behandeln kann, zu entdecken und sie in einer den Benutzer zufriedenstellenden Art und Weise zu behandeln.

- *Portierbarkeit* - Ein Programm muß ohne nennenswerten Aufwand von einem Rechner auf einen anderen übertragbar sein, ohne dabei seine Zuverlässigkeit zu verlieren. Gewöhnlich erreicht man das dadurch, daß man das Programm in einer maschinenunabhängigen höheren Programmiersprache wie etwa FORTRAN schreibt und keine „Tricks" , die sich auf die charakteristischen Eigenschaften eines speziellen Rechners stützen, benutzt. Jede Maschineneigenschaft muß, wenn sie dennoch Eingang in den Code findet, klar beschrieben werden.

- *Wartungsfreundlichkeit* - Es gibt kein Programm, das nicht von Zeit zu Zeit geändert werden muß, entweder um es zu korrigieren oder um es zu erweitern, und dies sollte mit möglichst geringer Mühe geschehen können.

Aufbau und Beschreibung des Programms sollten grundsätzlich so übersichtlich und geradlinig sein, daß sich Änderungen leicht und ohne die Gefahr neuerlicher Fehler vornehmen lassen. Ein wichtiger Teil der Wartungsfreundlichkeit von Programmen besteht in einer guten *Dokumentation* des Programms, die gewährleistet, daß auch Personen, die nicht das Original geschrieben haben, notwendige Änderungen problemlos übernehmen können. Über die Verständlichkeit des Programms hinaus soll eine gute Dokumentation auch die Beschränkungen des Programms beschreiben. Zu guter Letzt muß ein ausgiebiges *Testen* des Programms stattfinden, um sicherzustellen, daß die eben aufgezählten Merkmale tatsächlich erfüllt sind.

Beispiele für gute Software bilden die beiden Standardpakete LINPACK und EISPACK zur Lösung von linearen Systemen bzw. Eigenwertproblemen. Sie sind jetzt überarbeitet und unter der Bezeichnung LAPACK zusammengefaßt worden. Die neue Sammlung ist dafür gedacht, auf Parallel- und Vektorrechnern (vgl. den nächsten Abschnitt) zu laufen. Ein anderes sehr nützliches Paket ist die Sammlung MATLAB, die Programme für lineare Systeme, Eigenwerte und viele andere mathematische Probleme enthält, so auch für den einfachen Umgang mit Matrizen.

1.4 Die EDV-Umgebung

Wir haben im letzten Abschnitt dargelegt, daß es vom mathematischen Modell zum erfolgreichen Rechnerprogramm normalerweise ein weiter Weg ist. Programme werden innerhalb einer sogenannten EDV-Umgebung entwickelt. Darunter versteht man die eingesetzten Rechner, das Betriebssystem und andere Systemsoftware, die Sprachen, in der die Programme zu schreiben sind, Techniken und Software für die Handhabung der Daten, graphische Darstellung der Ergebnisse sowie Programme, die symbolisch zu rechnen vermögen. Überdies gibt es Netzwerke, die es erlauben, Rechner, die weit entfernt stehen, zu benutzen und Software und Daten mit ihnen auszutauschen.

Hardware

Die Hardware des Rechners ist von entscheidender Bedeutung. Wissenschaftliches Rechnen kann man auf den verschiedensten Rechnern betreiben, auf dem einfachsten PC, der einige Tausend Gleitkomma-Operationen pro Sekunde erledigt, bis hin zum Superrechner, der in derselben Zeit Milliarden solcher Operationen bewältigt. Superrechner, deren Hardware Vektorbefehle zuläßt, heißen *Vektorrechner.* Superrechner, die mehrere Prozessoren enthalten, heißen *Parallelrechner.* Die letzteren besitzen entweder mehrere sehr leistungsfähige oder viele Dutzende, gelegentlich auch Tausende verhältnismäßig einfacher Prozessoren. Im allgemeinen erweisen sich Algorithmen, die für „serielle" Rechner mit nur einem Prozessor entwickelt wurden, als nicht geeignet für Parallelrechner, wenn man sie nicht modifiziert. Gegenwärtig ist der Forschungszweig des Wissenschaftlichen Rechnens, der die Entwicklung von Algorithmen für Vektor- und Parallelrechner betrifft, sehr lebendig. Eine weitere Behandlung von Vektor- und Parallelrechnern erfolgt in Kapitel 3.

In der Regel entwickelt man ein Programm zunächst auf einem Arbeitsplatzrechner oder PC, bevor man einen größeren Rechner heranzieht. Bedauerlicherweise liefert ein Programm wegen der verschiedenen Rundungsfehler auf verschiedenen Rechnern nicht immer dieselben Ergebnisse, wenn man die Maschine wechselt, insbesondere dann nicht, wenn unterschiedlich genaue Arithmetik im Spiel ist. Beispielsweise kann man bei einer Maschine, die mit 48-stelliger binärer Arithmetik (das entspricht 14 Dezimalstellen) arbeitet, erwarten, geringere Rundungsfehler zu erhalten, als bei einer Maschine mit 24 binären (7 dezimalen) Ziffern. Aber selbst dann, wenn die Arithmetik dieselbe ist, können zwei verschiedene Maschinen aufgrund abweichender Rundungsregeln leicht differierende Ergebnisse liefern. Dieser unbefriedigende Zustand ist bereits durch den IEEE-Standard (IEEE = The Institute of Electrical and Electronic Engineering) für Gleitkomma-Arithmetik im Prinzip behoben. Obwohl gegenwärtig noch nicht alle Rechner dieser Norm folgen, werden sie es doch mutmaßlich in der Zukunft tun, so daß man erwarten darf, daß eines Tages Maschinen mit gleicher Genauigkeit auch gleiche Ergebnisse für dasselbe Problem auswerfen werden. Andererseits arbeiten Algorithmen für Parallelrechner die arithmetischen Operationen häufig in einer anderen Reihenfolge als auf seriellen Maschinen ab, woraus sich ebenfalls verschiedene Fehler ergeben.

Systeme und Sprachen

Hardware muß, um ihre Stärke zeigen zu können, durch Systemsoftware wie das Betriebssystem oder Übersetzungsprogramme (Compiler) für höhere Programmiersprachen unterstützt werden. Unter den vielen Betriebssystemen schält sich UNIX und seine Varianten mehr und mehr als Standard für das Wissenschaftliche Rechnen heraus. Fast alle Hersteller bieten inzwischen eine UNIX-Version für ihre Maschinen an. Dies gilt sowohl für Vektor- und Parallelrechner als auch für die herkömmlichen Rechner. Die Benutzung eines einheitlichen Betriebssystems fördert natürlich die oben angesprochene Portierbarkeit von Programmen. Dasselbe gilt für Programmiersprachen. Seit ihrer Einführung Mitte der fünfziger Jahre ist FORTRAN die wichtigste Programmiersprache im Bereich des Wissenschaftlichen Rechnens. Sie wurde mit den Jahren ständig verbessert und erweitert. Inzwischen gibt es auch für Parallel- und Vektorrechner Versionen von FORTRAN. Hier und da werden auch andere Sprachen für das Wissenschaftliche Rechnen verwendet, insbesondere die Sprache „C". Doch darf man erwarten, daß FORTRAN immer noch weiter entwickelt wird und auf absehbare Zeit Standard bleibt, allein schon wegen der bisher aufgewendeten Investitionen für vorhandene FORTRAN-Programme.

Datenverwaltung

Viele Probleme des Wissenschaftlichen Rechnens erfordern die Handhabung sehr großer Mengen von Ein- und Ausgabedaten sowie Zwischenergebnissen während des Rechenverlaufs. Die Speicherung und das Wiederauffinden solcher Daten in einer effizienten Weise wird *Datenverwaltung* genannt. Als Beispiel hierfür mag das Gebiet rechnergestützten Entwurfs dienen: Eine Datenbank, die alle einschlägigen Kenntnisse über die Herstellung eines bestimmten Industrieproduktes - Flugzeug, Kraftfahrzeug, Talsperre - zur Verfügung stellen soll, kann viele Milliarden Zeichen enthalten. Im Falle der Konstruktion von Flugzeugen beispielsweise würden dazu alle Informationen über die Geometrie der einzelnen Bestandteile eines Flugzeuges gehören, desgleichen die Materialeigenschaften jedes Bauelementes, usw. Ein Ingenieur kann eine solche Datenbank nutzen, um alle Baustoffe mit einer gewissen Materialeigenschaft aufzufinden. Fernerhin kann man die Datenbank befragen, um verschiedene Untersuchungen zu den Struktureigenschaften eines Flugzeuges anzustellen, in deren Verlauf die Lösung gewisser linearer oder nichtlinearer Gleichungssysteme ansteht. Es ist bemerkenswert, daß die Anzahl der Programmzeilen für die Datenverwaltung im Bereich des Wissenschaftlichen Rechnens weit größer ist als diejenige zur eigentlichen Berechnung.

Visualisierung

Das Ergebnis einer wissenschaftlichen Rechnung besteht aus Zahlen, die zum Beispiel die Bedeutung der Lösung einer Differentialgleichung an ausgewählten Punkten haben. In umfangreichen Berechnungen kann es sich dabei um die Werte von vier oder fünf Funktionen an einer Million oder mehr Punkten handeln. Derart viele Ergebniswerte kann man schlecht drucken. Das Verfahren der *wissenschaftlichen Visualisierung* erlaubt es, die Ergebnisse solcher Berechnungen optisch sinnfällig aufzubereiten. So läßt sich beispielsweise das Ergebnis der Strömungsberechnung einer Flüssigkeit als bewegtes Bild ausgeben, das die Strömung als Funktion der Zeit in zwei oder drei Dimensionen sichtbar macht. Das Ergebnis der Berechnung der Temperaturverteilung in einem Festkörper kann als Farbdarstellung anschaulich aufbereitet werden, bei der man Zonen hoher Temperatur rot und solche niederer Temperatur blau anzeigt, mit einer Abstufung der Färbung zwischen den Extremen. Oder ein Konstruktionsmodell wird im dreidimensionalen Raum gedreht, um Ansichten aus jedem Blickwinkel zu gewinnen. Solche bildlichen Darstellungen gestatten es, schnell einen Überblick über die Berechnungen zu gewinnen, obwohl es im allgemeinen nötig sein wird, ausgewählte Tabellen numerischer Ergebnisse direkt in Augenschein zu nehmen, um einzelne Analysen, zum Beispiel zur Fehlerprüfung, vorzunehmen.

Symbolisches Rechnen

Eine weitere Entwicklung, die wachsenden Einfluß auf das Gebiet des Wissenschaftlichen Rechnens ausübt, findet unter dem Begriff *symbolisches Rechnen* statt. Systeme wie MACSYMA, REDUCE, MAPLE und MATHEMATICA erlauben symbolische (wohl zu unterscheiden von numerischen) Berechnungen von Ableitungen, Integralen und verschiedenen algebraischen Größen. Mit solchen Systemen kann man Polynome oder rationale Ausdrücke symbolisch addieren, subtrahieren und dividieren; man kann Ausdrücke differenzieren und erhält die gleichen Ergebnisse, die bisher nur mit Bleistift und Papier zu erzielen waren; man kann Ausdrücke sogar unbestimmt integrieren, sofern sie Integrale in „geschlossener Form“ besitzen. Diese Möglichkeiten erleichtern die Fron ermüdender und fehlerbedrohter Manipulation komplizierter algebraischer Ausdrücke, die häufig das Vorspiel numerischer Behandlung bildet. Mit symbolischem Rechnen lassen sich auch gewisse mathematische Probleme, zum Beispiel lineare Gleichungssysteme, ohne Rundungsfehler lösen. Allerdings ist diese Einsatzmöglichkeit auf kleinere Gleichungssysteme beschränkt. Auf jeden Fall ist symbolisches Rechnen ein sich ständig entwickelndes Gebiet, das wachsende Bedeutung für das Wissenschaftliche Rechnen zu bekommen verspricht.

In diesem Abschnitt haben wir einen Überblick über das wichtigste Zubehör der am Wissenschaftlichen Rechnen beteiligten EDV-Umgebung gegeben. In dem nun folgenden Teil unseres Buches soll von Fall zu Fall gezeigt werden, wo und wie dieses Zubehör verwendet wird, obwohl es jenseits der Grenzen dieses Buches liegt, die Anwendungen bis in alle Einzelheiten hinein zu verfolgen.

Ergänzende Bemerkungen und Literaturhinweise zu Kapitel 1

Zum weiteren Studium der Informatik, wie sie in diesem Kapitel diskutiert wurde, verweisen wir auf Hennessy und Patterson [1990] für Rechnerarchitektur, auf Peterson und Silberschatz [1985] für Betriebssysteme, auf Pratt [1984] und Sethi [1989] für Programmiersprachen, auf Aho, Sethi und Ullmann [1988] und Fischer und LeBlanc [1988] für Compiler, auf Elmasri und Navathe [1989] für Datenverwaltung und schließlich auf Friedhoff und Benzon [1989], Mendez [1990] und Earnshaw und Wiseman [1992] für Visualisierungen. Weiteres zur Computergraphik findet man bei Newman und Sproul [1979], wo vieles über die technischen Grundlagen von Visualisierungverfahren behandelt wird. Über die erwähnten Systeme für symbolisches Rechnen kann man sich ebenfalls sachkundig machen, und zwar über MACSYMA in Symbolics [1987], in Rayna [1987] über REDUCE, in Char et al. [1992] über MAPLE und in Wolfram [1988] über MATHEMATICA.

Die Programmpakete EISPACK und LINPACK werden in Garbow et al. [1977] beziehungsweise in Dongarra, Bunch et al. [1979] besprochen und LAPACK in Dongarra, Anderson et al. [1990]. Sie sowohl wie auch viele andere Softwarepakete lassen sich über NETLIB beziehen; man beachte dazu zum Beispiel Dongarra, Duff et al. [1990]. MATLAB kann man von The Math Works, Inc., South Natick, MA 01760, beziehen.

2 Lineare Algebra

2.1 Matrizen und Vektoren

Die lineare Algebra (manchmal auch Matrizentheorie genannt) ist ein wichtiges Hilfsmittel in zahlreichen Bereichen des Wissenschaftlichen Rechnens, und wir stellen in diesem Kapitel einige der grundlegenden Resultate bereit, die in diesem Buch im weiteren verwendet werden.

Ein *Spaltenvektor* ist ein n-Tupel von reellen oder komplexen Zahlen

$$\mathbf{x} = \begin{bmatrix} x_1 \\ \vdots \\ x_n \end{bmatrix}, \tag{2.1.1}$$

und ein *Zeilenvektor* hat die Form $(x_1, \ldots, x_n)$. Mit R^n bezeichnen wir den linearen Raum aller Spaltenvektoren mit n reellen Komponenten und mit C^n den linearen Raum aller Spaltenvektoren mit n komplexen Komponenten. Manchmal werden wir den Ausdruck *n-Vektor* für einen Vektor mit n Komponenten verwenden.

Eine *$m \times n$-Matrix* ist ein Feld

$$A = \begin{bmatrix} a_{11} & \cdots & a_{1n} \\ \vdots & & \vdots \\ a_{m1} & \cdots & a_{mn} \end{bmatrix} \tag{2.1.2}$$

mit m Zeilen und n Spalten, wobei die Komponenten a_{ij} wieder reelle oder komplexe Zahlen sind. Das (i, j)-Element der Matrix ist a_{ij}. Die Zahlen m und n geben die *Dimension* von A an. Wenn die Dimension klar ist, werden wir auch die Bezeichnung $A = (a_{ij})$ für eine $m \times n$-Matrix verwenden. Im Falle $n = m$ heißt die Matrix *quadratisch*, sonst *rechteckig*. Wie wir bereits weiter oben angedeutet haben, schreiben wir Vektoren stets als kleine fettgedruckte Buchstaben und Matrizen als kursive große Buchstaben.

Untermatrizen

Ist $n = 1$ in (2.1.2), so kann A als Vektor mit m Komponenten oder als eine $m \times 1$-Matrix betrachtet werden. Allgemeiner ist es manchmal nützlich, die Spalten einer Matrix A als Spalten- und die Zeilen als Zeilenvektoren aufzufassen. In diesem Fall schreiben wir A in der Form

$$A = (\mathbf{a}_1, \ldots, \mathbf{a}_n), \tag{2.1.3}$$

wobei jedes $\mathbf{a}_i$ ein Spaltenvektor mit m Komponenten ist. Entsprechend können wir A als Zusammenfassung von Zeilenvektoren schreiben. Man sollte sich bewußt sein, daß die Konzepte von Matrizen und Vektoren recht verschieden sind, aber die vorangehend beschriebenen Identifizierungen und Partitionierungen sind für Umformungen vorteilhaft.

Eine *Untermatrix* von A ist eine Matrix, die aus A durch Streichen von Zeilen und Spalten entsteht. Die Partitionierung (2.1.3) in einen Satz von Vektoren ist ein Spezialfall einer Partitionierung einer Matrix A in Untermatrizen. Allgemeiner betrachten wir Partitionierungen der Gestalt

$$A = \begin{bmatrix} A_{11} & \cdots & A_{1q} \\ \vdots & & \vdots \\ A_{p1} & \cdots & A_{pq} \end{bmatrix}, \tag{2.1.4}$$

wobei jedes A_{ij} selbst eine Matrix (möglicherweise 1×1) ist und die Dimension dieser Matrizen zueinander passend sind, das heißt, sämtliche Matrizen in einer gegebenen Zeile müssen dieselbe Anzahl von Zeilen und in einer gegebenen Spalte dieselbe Anzahl von Spalten besitzen. Die partitionierte Matrix (2.1.4) wird manchmal auch eine *Blockmatrix* genannt. Nachstehend ist als Beispiel eine 5×6 -Matrix angegeben, in der die Linien die Partitionierung andeuten:

$$A = \left[\begin{array}{cc|c|ccc} 1 & 2 & 3 & 4 & 5 & 6 \\ 1 & 4 & 2 & 1 & 6 & 8 \\ \hline 2 & 4 & 5 & 9 & 1 & 3 \\ 8 & 2 & 4 & 3 & 2 & 1 \\ 3 & 7 & 6 & 4 & 1 & 2 \end{array}\right] = \begin{bmatrix} A_{11} & A_{12} & A_{13} \\ A_{21} & A_{22} & A_{23} \end{bmatrix}.$$

Eine *Hauptuntermatrix* einer $n \times n$-Matrix erhält man durch Streichen von q Zeilen und entsprechenden q Spalten. Eine *Hauptabschnittsmatrix* der Ordnung m einer $n \times n$-Matrix erhält man durch Streichen der letzten $n - m$ Zeilen und Spalten. In dem nachstehenden Beispiel erhält man durch Streichen der letzten

Zeile und Spalte eine 2×2-Hauptabschnittsmatrix und durch Streichen der zweiten Zeile und Spalte eine 2×2-Hauptuntermatrix:

$$\begin{bmatrix} 1 & 2 & 4 \\ 3 & 2 & 1 \\ 4 & 5 & 6 \end{bmatrix} \qquad \begin{bmatrix} 1 & 2 \\ 3 & 2 \end{bmatrix} \quad \begin{bmatrix} 1 & 4 \\ 4 & 6 \end{bmatrix}.$$

Spezielle Matrizen

Wir diskutieren als nächstes einige wichtige spezielle Teilklassen von Matrizen und die entsprechenden Blockmatrizen. Eine $n \times n$-Matrix A ist *diagonal*, wenn $a_{ij} = 0$ für $i \neq j$ ist, so daß alle Elemente außerhalb der Hauptdiagonalen verschwinden. A heißt *obere Dreiecksmatrix*, wenn $a_{ij} = 0$ für $i > j$ ist, so daß alle Elemente unterhalb der Hauptdiagonalen Null sind; entsprechend heißt A *untere Dreiecksmatrix*, wenn alle Elemente oberhalb der Hauptdiagonalen Null sind. Die Matrix A heißt *obere Block-Dreiecksmatrix* bzw. *untere Block-Dreiecksmatrix*, wenn sie die partitionierte Gestalt

$$\begin{bmatrix} A_{11} & \cdots & A_{1p} \\ & \ddots & \vdots \\ & & A_{pp} \end{bmatrix}, \quad \begin{bmatrix} A_{11} & & \\ & \ddots & \\ \vdots & & \\ A_{p1} & \cdots & A_{pp} \end{bmatrix}$$

besitzt. Die Matrizen A_{ii} sind hier alle quadratisch, aber nicht unbedingt gleich groß, und es sind nur die (möglicherweise) nichtverschwindenden Matrizen eingetragen worden. Im Falle $A_{ij} = 0, i \neq j$, heißt die Matrix *blockdiagonal.* Manchmal werden wir die Bezeichnung $\operatorname{diag}(A_{11}, \ldots, A_{pp})$ für eine blockdiagonale Matrix und $\operatorname{diag}(a_{11}, \ldots, a_{nn})$ für eine diagonale Matrix verwenden. Eine höchst wichtige Matrix ist $I = \operatorname{diag}(1, \ldots, 1)$, die *Einheitsmatrix* genannt wird.

Die *transponierte Matrix* einer $m \times n$-Matrix (2.1.2) ist die $n \times m$-Matrix

$$A^T = (a_{ji}) = \begin{bmatrix} a_{11} & \cdots & a_{m1} \\ \vdots & & \vdots \\ a_{1n} & \cdots & a_{mn} \end{bmatrix}.$$

Wenn A komplexe Elemente besitzt, dann ist die Tranponierte immer noch wohldefiniert, aber eine geeignetere Matrix ist die *konjugiert transponierte Matrix*, die durch

$$A^* = (\bar{a}_{ji}) = \begin{bmatrix} \bar{a}_{11} & \cdots & \bar{a}_{m1} \\ \vdots & & \vdots \\ \bar{a}_{1n} & \cdots & \bar{a}_{mn} \end{bmatrix}$$

gegeben ist, wobei der Querstrich die Bildung der konjugiert komplexen Zahl bedeutet. Ein Beispiel ist

$$A = \begin{bmatrix} 2-i & 3 & 2+2i \\ i & 4i & 1 \end{bmatrix}, \quad A^* = \begin{bmatrix} 2+i & -i \\ 3 & -4i \\ 2-2i & 1 \end{bmatrix},$$

mit $i = \sqrt{-1}$. Der transponierte Vektor eines Spaltenvektors $\mathbf{x}$ ist der Zeilenvektor $\mathbf{x}^T = (x_1, \ldots, x_n)$; entsprechend ist der transponierte Vektor eines Zeilenvektors ein Spaltenvektor. Der konjugiert transponierte Vektor ist $\mathbf{x}^* = (\bar{x}_1, \ldots, \bar{x}_n)$. Eine andere Standardbezeichnung für die konjugiert transponierten Größen ist A^H bzw. $\mathbf{x}^H$.

Eine Matrix A heißt *symmetrisch*, wenn $A = A^T$, und *hermitesch*, wenn $A = A^*$ gilt. Beispiele sind

$$A = \begin{bmatrix} 2 & 1 \\ 1 & 2 \end{bmatrix}, \qquad A = \begin{bmatrix} 2 & 1+i \\ 1-i & 2 \end{bmatrix},$$

wobei die erste Matrix reell und symmetrisch und die zweite komplex und hermitesch ist. Wir werden später sehen, daß symmetrische Matrizen im Wissenschaftlichen Rechnen eine zentrale Rolle spielen. Sofern nicht ausdrücklich etwas anderes gesagt wird, nehmen wir für den Rest des Buches an, daß alle Matrizen und Vektoren reell sind.

Basisoperationen

Matrizen und Vektoren dürfen addiert werden, sofern ihre Dimensionen übereinstimmen:

$$\begin{bmatrix} x_1 \\ \vdots \\ x_n \end{bmatrix} + \begin{bmatrix} y_1 \\ \vdots \\ y_n \end{bmatrix} = \begin{bmatrix} x_1 + y_1 \\ \vdots \\ x_n + y_n \end{bmatrix},$$

$$\begin{bmatrix} a_{11} & \cdots & a_{1n} \\ \vdots & & \vdots \\ a_{m1} & \cdots & a_{mn} \end{bmatrix} + \begin{bmatrix} b_{11} & \cdots & b_{1n} \\ \vdots & & \vdots \\ b_{m1} & \cdots & b_{mn} \end{bmatrix} = \begin{bmatrix} a_{11} + b_{11} & \cdots & a_{1n} + b_{1n} \\ \vdots & & \vdots \\ a_{m1} + b_{m1} & \cdots & a_{mn} + b_{mn} \end{bmatrix}.$$

Die Multiplikation einer Matrix $A = (a_{ij})$ mit einem Skalar α ist durch $\alpha A = (\alpha a_{ij})$ und für Vektoren in entsprechender Weise definiert. Eine Summe der

Gestalt $\sum_{i=1}^{m} \alpha_i \mathbf{x}_i$, wobei die α_i Zahlen sind, heißt *Linearkombination* der Vektoren $\mathbf{x}_1, \ldots, \mathbf{x}_m$, und $\sum_{i=1}^{m} \alpha_i A_i$ heißt Linearkombination der Matrizen A_i.

Das Produkt AB zweier Matrizen A und B ist nur definiert, wenn die Zahl der Spalten von A gleich der Zahl der Zeilen von B ist. Ist A eine $n \times p$- und B eine $p \times m$-Matrix, so ist das Produkt $C = AB$ eine $n \times m$-Matrix C, deren (i, j)-Element gemäß

$$c_{ij} = \sum_{k=1}^{p} a_{ik} b_{kj} \tag{2.1.5}$$

berechnet wird. Für die Addition und Multiplikation gilt, wie man leicht bestätigt, das Assoziativ- und das Distributivgesetz

$$(AB)C = A(BC), \qquad A(B + C) = AB + AC.$$

Aber während die Addition von Matrizen kommutativ ist $(A + B = B + A)$, trifft dies für die Multiplikation im allgemeinen nicht zu, auch nicht, wenn A und B quadratisch sind. So ist im allgemeinen $AB \neq BA$.

Die Bildung der transponierten Matrix genügt den Regeln

$$(AB)^T = B^T A^T, \qquad (A + B)^T = A^T + B^T,$$

wobei A und B Matrizen oder Vektoren passender Dimension sind. Diese Beziehungen beweist man leicht durch direktes Nachrechnen (Aufgabe 2.1.12).

Die oben gegebene Definition der Matrizenmultiplikation ergibt sich in natürlicher Weise als Folge aus der Betrachtung von Matrizen als lineare Abbildungen. Es ist aber auch möglich, analog zur Addition, eine elementweise Multiplikation zu definieren, sofern die Dimensionen der A und B übereinstimmen. Das ist das sogenannte *Schur-Produkt* (auch *Hadamard-Produkt* genannt), das für zwei $m \times n$-Matrizen durch

$$A \circ B = \begin{bmatrix} a_{11}b_{11} & \cdots & a_{1n}b_{1n} \\ \vdots & & \vdots \\ a_{m1}b_{m1} & \cdots & a_{mn}b_{mn} \end{bmatrix}$$

definiert ist. Sofern nichts anderes gesagt ist, werden wir immer die durch (2.1.5) definierte Multiplikation verwenden.

Die obigen Operationen können ebenso für Blockmatrizen ausgeführt werden, sofern alle Untermatrizen die passende Dimension für die auftretenden Operationen besitzen. Beispielsweise für die Matrix $A = (A_{ij})$ aus (2.1.4), wenn $B = (B_{ij})$ eine Blockmatrix passender Dimension ist, ergibt sich $C = AB$ als Blockmatrix $C = (C_{ij})$ mit

$$C_{ij} = \sum_{k=1}^{q} A_{ik} B_{kj}.$$

Ein wichtiger Spezialfall der Matrizenmultiplikation liegt vor, wenn A eine $1 \times n$- und B eine $n \times 1$-Matrix ist. Dann besitzt AB die Dimension 1×1, ist also ein Skalar. Andererseits, wenn A eine $m \times 1$- und B eine $1 \times n$-Matrix ist, dann besitzt AB die Dimension $m \times n$. Mit Vektoren geschrieben lauten diese Produkte explizit

$$(a_1, \ldots, a_n) \begin{bmatrix} b_1 \\ \vdots \\ b_n \end{bmatrix} = \sum_{i=1}^{n} a_i b_i, \tag{2.1.6}$$

$$\begin{bmatrix} a_1 \\ \vdots \\ a_m \end{bmatrix} (b_1, \ldots, b_n) = \begin{bmatrix} a_1 b_1 & \cdots & a_1 b_n \\ a_2 b_1 & & a_2 b_n \\ \vdots & & \vdots \\ a_m b_1 & \cdots & a_m b_n \end{bmatrix}. \tag{2.1.7}$$

Sind $\mathbf{a}$ und $\mathbf{b}$ Spaltenvektoren, so definieren die vorstehenden Matrizenmultiplikationsregeln Produkte $\mathbf{a}^T\mathbf{b}$ und $\mathbf{a}\mathbf{b}^T$. Das erstere heißt *inneres Produkt* oder *Skalarprodukt* von $\mathbf{a}$ und $\mathbf{b}$ und das letztere heißt *dyadisches Produkt.*

Orthogonalität und lineare Unabhängigkeit

Zwei nichtverschwindende Spaltenvektoren $\mathbf{x}$ und $\mathbf{y}$ heißen *orthogonal*, wenn ihr inneres Produkt $\mathbf{x}^T\mathbf{y}$ Null ist und *orthonormal*, wenn zusätzlich $\mathbf{x}^T\mathbf{x} = \mathbf{y}^T\mathbf{y} = 1$ gilt. Die nichtverschwindenden Vektoren $\mathbf{x}_1, \ldots, \mathbf{x}_m$ heißen orthogonal, wenn $\mathbf{x}_i^T\mathbf{x}_j = 0$ für $i \neq j$, und orthonormal, wenn außerdem $\mathbf{x}_i^T\mathbf{x}_i = 1, i = 1, \ldots, m$, ist. Eine Menge orthogonaler Vektoren kann immer durch die folgende Skalierung orthogonalisiert werden. Für jeden nichtverschwindenden Vektor $\mathbf{x}$ ist $\mathbf{x}^T\mathbf{x} = \sum_{i=1}^{n} |x_i|^2 > 0$. Der Vektor $\mathbf{y} = \mathbf{x}/(\mathbf{x}^T\mathbf{x})^{\frac{1}{2}}$ erfüllt daher $\mathbf{y}^T\mathbf{y} = 1$. Sind also $\mathbf{x}_1, \ldots, \mathbf{x}_m$ orthogonale Vektoren, so sind die Vektoren

$\mathbf{y}_i = \mathbf{x}_i/(\mathbf{x}_i^T\mathbf{x}_i)^{\frac{1}{2}}, i = 1, \ldots, m$, orthonormal. Für komplexe Vektoren ist in diesen Definitionen T durch $*$ zu ersetzen.

Orthogonale Vektoren bilden einen wichtigen Spezialfall linear unabhängiger Vektoren, die wie folgt definiert sind. Eine Menge von n-Vektoren $\mathbf{x}_1, \ldots, \mathbf{x}_m$ heißt *linear abhängig*, wenn eine Linearkombination

$$\sum_{i=1}^{m} c_i\mathbf{x}_i = 0 \tag{2.1.8}$$

existiert, wobei die Skalare $c_1, \ldots, c_m$ nicht alle gleich Null sind. Sind sie nicht linear abhängig - das bedeutet, eine Gleichung der Gestalt (2.1.8) kann nur bestehen, wenn alle c_i Null sind -, dann heißen die Vektoren *linear unabhängig.* Gilt beispielsweise $c_1\mathbf{x}_1 + c_2\mathbf{x}_2 = 0$ mit $c_1 \neq 0$, dann sind $\mathbf{x}_1$ und $\mathbf{x}_2$ linear abhängig; das bedeutet $\mathbf{x}_1 = -c_1^{-1}c_2\mathbf{x}_2$, und $\mathbf{x}_1$ ist ein Vielfaches von $\mathbf{x}_2$. Wenn andererseits ein Vektor nicht ein Vielfaches eines anderen ist, dann hat $c_1\mathbf{x}_1 + c_2\mathbf{x}_2 = 0$ die Beziehungen $c_1 = c_2 = 0$ zur Folge, und die Vektoren sind linear unabhängig. Gilt entsprechend im Falle $m = n = 3$ die Gleichung (2.1.8) mit $c_1 \neq 0$, dann ist

$$\mathbf{x}_1 = -(c_2\mathbf{x}_2 + c_3\mathbf{x}_3)/c_1,$$

was besagt, daß $\mathbf{x}_1$ in der von $\mathbf{x}_2$ und $\mathbf{x}_3$ aufgespannten Ebene liegt; mit anderen Worten, drei 3-Vektoren sind linear abhängig, wenn sie in einer Ebene liegen, anderenfalls sind sie linear unabhängig.

Die Menge aller Linearkombinationen der n-Vektoren $\mathbf{x}_1, \ldots, \mathbf{x}_m$, die mit $\mathrm{span}(\mathbf{x}_1, \ldots, \mathbf{x}_m)$ bezeichnet wird, bildet einen *Unterraum* des linearen Raums aller n-Vektoren. Sind $\mathbf{x}_1, \ldots, \mathbf{x}_m$ linear unabhängig, so ist die Dimension von $\mathrm{span}(\mathbf{x}_1, \ldots, \mathbf{x}_m)$ gleich m, und die Vektoren $\mathbf{x}_1, \ldots, \mathbf{x}_m$ bilden eine *Basis* dieses Unterraums. Vektoren $\mathbf{x}_1, \ldots, \mathbf{x}_m$ können in verschiedener Weise linear abhängig sein: Sie können alle Vielfache eines dieser Vektoren, sagen wir $\mathbf{x}_m$ sein; in diesem Fall sagt man, daß die Menge nur einen linear unabhängigen Vektor besitzt. Oder sie können alle Linearkombinationen von zwei dieser Vektoren, sagen wir $\mathbf{x}_m$ und $\mathbf{x}_{m-1}$, sein; in diesem Fall spricht man davon, daß die Menge aus zwei linear unabhängigen Vektoren besteht. Allgemeiner, wenn die Vektoren der Menge als Linearkombination von r Vektoren, aber nicht von $r-1$ Vektoren geschrieben werden können, dann sagen wir, daß die Menge aus r linear unabhängigen Vektoren besteht. In diesem Fall besitzt $\mathrm{span}(\mathbf{x}_1, \ldots, \mathbf{x}_m)$ die Dimension r.

Eine wichtige Eigenschaft von Matrizen ist die Zahl linear unabhängiger Spalten, der *Rang* der Matrix. Ein wichtiger Satz besagt, daß der Rang gleich der Zahl linear unabhängiger Zeilen ist. Ist A eine $m \times n$-Matrix und p das Minimum von m und n, so gilt $\text{Rang}(A) \leq p$. Im Falle $\text{Rang}(A) = p$ sagt man, daß A *vollen Rang* besitzt.

Orthogonale Matrizen

Eine $n \times n$-Matrix A heißt *orthogonal*, wenn die Matrixgleichung

$$A^T A = I = AA^T \tag{2.1.9}$$

besteht, wobei $I = \text{diag}(1, \ldots, 1)$, also die Einheitsmatrix ist. Diese Gleichung kann auch so gelesen werden, daß A orthogonal ist, wenn die als Vektoren aufgefaßten Spalten (und Zeilen) orthonormal sind. (Ist die Matrix A komplex und besitzt sie orthonormale Spalten, so wird sie *unitär* genannt, und (2.1.9) geht in $A^*A = I = AA^*$ über.)

Betrachten wir die beiden Matrizen

$$\begin{bmatrix} 1 & 1 \\ -1 & 1 \end{bmatrix}, \qquad \frac{1}{\sqrt{2}} \begin{bmatrix} 1 & 1 \\ -1 & 1 \end{bmatrix}.$$

Die erste besitzt orthogonale Spalten, ist aber keine orthogonale Matrix. Die zweite Matrix geht durch Anbringen eines Skalierungsfaktors aus der ersten hervor, sie ist orthogonal.

Eine wichtige Klasse orthogonaler Matrizen bilden die *Permutationsmatrizen*, die aus der Einheitsmatrix durch Vertauschen von Zeilen oder Spalten hervorgehen. Beispielsweise ist

$$\begin{bmatrix} 0 & 0 & 1 \\ 0 & 1 & 0 \\ 1 & 0 & 0 \end{bmatrix}$$

eine 3×3-Permutationsmatrix, die durch Vertauschen der ersten mit der letzten Zeile der Einheitsmatrix hervorgeht.

Inverse

Die Einheitsmatrix I in (2.1.9) besitzt offensichtlich die Eigenschaft, daß $IB = B$ für jede Matrix bzw. jeden Vektor B passender Dimension ist; entsprechend gilt $BI = B$, sofern die Multiplikation definiert ist. Wir bezeichnen die Spalten der Einheitsmatrix mit $\mathbf{e}_1, \ldots, \mathbf{e}_n$, so daß $\mathbf{e}_i$ ein Vektor mit einer 1 als i-ter Komponente und 0 sonst ist. Diese Vektoren bilden eine besonders wichtige Menge orthogonaler (und orthonormaler) Vektoren.

Sei nun A eine $n \times n$-Matrix, und es werde angenommen, daß jedes der n Gleichungssysteme

$$A\mathbf{x}_i = \mathbf{e}_i, \qquad i = 1, \ldots, n, \tag{2.1.10}$$

eine eindeutige Lösung besitzt. Sei $X = (\mathbf{x}_1, \ldots, \mathbf{x}_n)$ die Matrix, die diese Lösungen als Spalten besitzt. Dann ist (2.1.10) zu

$$AX = I \tag{2.1.11}$$

äquivalent, wobei I die Einheitsmatrix ist. Die Matrix X heißt dann die *Inverse* von A und wird mit A^{-1} bezeichnet. Betrachten wir als Beispiel

$$A = \begin{bmatrix} 2 & 1 \\ 2 & 2 \end{bmatrix}, \quad A\mathbf{x}_1 = \begin{bmatrix} 1 \\ 0 \end{bmatrix}, \quad A\mathbf{x}_2 = \begin{bmatrix} 0 \\ 1 \end{bmatrix}.$$

Die Lösungen der zwei Systeme sind $\mathbf{x}_1 = (1, -1)^T$ und $\mathbf{x}_2 = \frac{1}{2}(-1, 2)^T$, so daß

$$A^{-1} = X = \frac{1}{2} \begin{bmatrix} 2 & -1 \\ -2 & 2 \end{bmatrix}$$

ist. Wir können auch die Gleichung $A\mathbf{x} = \mathbf{b}$ mit A^{-1} multiplizieren und die Lösung in der Form

$$\mathbf{x} = A^{-1}\mathbf{b} \tag{2.1.12}$$

schreiben, was manchmal für theoretische Zwecke nützlich ist (aber wir möchten betonen, nicht für praktische, das heißt, man löst $A\mathbf{x} = \mathbf{b}$ *nicht* durch Berechnung von A^{-1} und anschließender Multiplikation $A^{-1}\mathbf{b}$). Man beachte, daß im Spezialfall einer orthogonalen Matrix A Gleichung (2.1.9) zeigt, daß $A^{-1} = A^T$ ist.

Determinanten

Die *Determinante* einer $n \times n$-Matrix kann durch die Formel

$$\det A = \sum_P (-1)^{S(P)} a_{\sigma(1)1} a_{\sigma(2)2} \cdots a_{\sigma(n)n} \tag{2.1.13}$$

definiert werden. Dieser ziemlich erschreckend aussehende Ausdruck hat die folgende Bedeutung. Die Summation ist über alle möglichen $n!$ Permutationen P der Zahlen $1, \ldots, n$ zu erstrecken. Jede dieser Permutationen wird mit $\sigma(1), \ldots, \sigma(n)$ bezeichnet, so daß jedes der Produkte in (2.1.13) mit genau einem Element aus jeder Zeile und jeder Spalte von A gebildet wird. Das Vorzeichen des Produktes ist positiv, wenn $S(P)$ gerade (eine gerade Permutation) bzw. negativ, wenn $S(P)$ ungerade (eine ungerade Permutation) ist. Die Formel (2.1.13) ist die natürliche Erweiterung der folgenden (hoffentlich) bekannten Regel für 2×2- und 3×3- auf $n \times n$-Matrizen:

$$\begin{aligned} n = 2 : \det A &= a_{11}a_{22} - a_{12}a_{21} \\ n = 3 : \det A &= a_{11}a_{22}a_{33} + a_{12}a_{23}a_{31} + a_{13}a_{21}a_{32} \\ &\quad - a_{11}a_{23}a_{32} - a_{13}a_{22}a_{31} - a_{12}a_{21}a_{33}. \end{aligned}$$

Ohne Beweis stellen wir nun einige Grundtatsachen über Determinanten von $n \times n$-Matrizen A zusammen.

SATZ 2.1.1

a. Sind zwei Zeilen (oder Spalten) von A einander gleich oder besitzt A eine Nullzeile oder -spalte, so ist $\det A = 0$.

b. Werden zwei Zeilen (oder Spalten) von A vertauscht, so wechselt das Vorzeichen der Determinante, aber der Betrag bleibt gleich.

c. Wird eine Zeile (oder Spalte) von A mit einem Skalar α multipliziert, so wird die Determinante mit α multipliziert.

d. $\det A^T = \det A, \qquad \det A^* = \overline{\det A}.$

e. Wird ein skalares Vielfaches einer Zeile (oder Spalte) von A zu einer anderen Zeile (oder Spalte) addiert, so ändert sich die Determinante nicht.

f. Ist B ebenfalls eine $n \times n$-Matrix, so gilt $\det(AB) = (\det A)(\det B)$.

g. Die Determinante einer Dreiecksmatrix ist das Produkt der Hauptdiagonalelemente.

h. Bezeichne A_{ij} die $(n-1)\times(n-1)$-Untermatrix von A, die durch Streichen der i-ten Zeile und j-ten Spalte entsteht. Dann gilt

$$\det A = \sum_{j=1}^{n} a_{ij}(-1)^{i+j} \det A_{ij} \qquad \text{für jedes } i, \tag{2.1.14}$$

$$\det A = \sum_{i=1}^{n} a_{ij}(-1)^{i+j} \det A_{ij} \qquad \text{für jedes } j. \tag{2.1.15}$$

Die Größe $(-1)^{i+j} \det A_{ij}$ heißt die *Adjunkte* von a_{ij}, und (2.1.14) und (2.1.15) werden *Entwicklungssatz* für Determinanten genannt. Zum Beispiel gilt

$$\det \begin{bmatrix} 1 & 2 & 3 \\ 4 & 5 & 6 \\ 7 & 8 & 9 \end{bmatrix} = \det \begin{bmatrix} 5 & 6 \\ 8 & 9 \end{bmatrix} - 4 \det \begin{bmatrix} 2 & 3 \\ 8 & 9 \end{bmatrix} + 7 \det \begin{bmatrix} 2 & 3 \\ 5 & 6 \end{bmatrix}.$$

Reguläre Matrizen

Mit Hilfe von Satz 2.1.1f und g können wir aus (2.1.11) die Beziehung

$$(\det A)(\det X) = \det I = 1 \tag{2.1.16}$$

herleiten, so daß $\det A \neq 0$ ist. Wir nennen eine $n \times n$-Matrix A *regulär*, wenn die Inverse A^{-1} existiert, und wegen (2.1.16) ist dies zu $\det A \neq 0$ äquivalent. In dem folgenden grundlegenden Resultat fassen wir verschiedene äquivalente Möglichkeiten zusammen, um auszudrücken, daß eine Matrix regulär ist.

SATZ 2.1.2 *Für eine $n \times n$-Matrix A sind die folgenden Aussagen äquivalent:*

a. A^{-1} existiert.

b. $\det A \neq 0$.

c. Das lineare System $A\mathbf{x} = 0$ besitzt nur die Lösung $\mathbf{x} = 0$.

d. Für jeden Vektor $\mathbf{b}$ besitzt das lineare System $A\mathbf{x} = \mathbf{b}$ eine eindeutig bestimmte Lösung.

e. Die Spalten (Zeilen) von A sind linear unabhängig.

f. Rang$(A) = n$.

Positiv definite Matrizen

Im allgemeinen ist es schwierig festzustellen, ob eine gegebene Matrix regulär ist. Eine Ausnahme bilden Dreiecksmatrizen, da gemäß Satz 2.1.1g eine Dreiecksmatrix genau dann regulär ist, wenn alle Hauptdiagonalelemente ungleich Null sind. Orthogonale Matrizen sind eine weitere wichtige Klasse regulärer Matrizen. Noch eine weitere Klasse, die eine äußerst wichtige Rolle in diesem Buch spielt, ist durch die Bedingung

$$\mathbf{x}^T A \mathbf{x} > 0, \qquad \mathbf{x} \neq 0, \quad \mathbf{x} \text{ reell}, \tag{2.1.17}$$

gekennzeichnet. Eine Matrix, die (2.1.17) erfüllt, heißt *positiv definit.* Um aus (2.1.17) zu erschließen, daß A regulär ist, werde angenommen, daß sie singulär ist. Dann folgt aus Satz 2.1.2c, daß ein $\mathbf{x} \neq 0$ mit $A\mathbf{x} = 0$ existiert. Aber dann kann (2.1.17) nicht gelten, was einen Widerspruch ergibt.

Der folgende Satz beinhaltet eine wichtige Eigenschaft symmetrischer, positiv definiter Matrizen.

SATZ 2.1.3 *Jede Hauptuntermatrix einer symmetrischen, positiv definiten $n \times n$-Matrix A ist ebenfalls symmetrisch und positiv definit. Im besonderen sind die Diagonalelemente von A positiv.*

Um zu sehen, daß dies so ist, sei A_p eine beliebige $p \times p$-Hauptuntermatrix. Es ist klar, daß A_p symmetrisch ist, da das Streichen von Zeilen und entsprechender Spalten, um A_p zu erhalten, die Symmetrie in den Elementen von A als Symmetrie von A_p erhalten bleibt. Sei nun $\mathbf{x}_p$ irgend ein nichtverschwindender p-Vektor, und sei $\mathbf{x}$ der n-Vektor, den man aus $\mathbf{x}_p$ durch Einfügen von Nullen in die Positionen erhält, die den gestrichenen Zeilen von A entsprechen. Eine direkte Rechnung zeigt dann

$$\mathbf{x}_p^T A_p \mathbf{x}_p = \mathbf{x}^T A \mathbf{x} > 0,$$

so daß A_p positiv definit ist.

Reduzible Matrizen

Eine $n \times n$-Matrix A heißt *reduzibel*, wenn eine Permutationsmatrix P existiert, so daß

$$PAP^T = \begin{bmatrix} B_{11} & B_{12} \\ 0 & B_{22} \end{bmatrix} \tag{2.1.18}$$

gilt, wobei B_{11} und B_{22} quadratische Matrizen sind. Ist zum Beispiel P eine Permutationsmatrix, die die zweite und dritte Zeile miteinander vertauscht, so erhält man

$$P \begin{bmatrix} 1 & 0 & 1 \\ 0 & 1 & 0 \\ 1 & 1 & 1 \end{bmatrix} P^T = \begin{bmatrix} 1 & 1 & 0 \\ 1 & 1 & 1 \\ 0 & 0 & 1 \end{bmatrix},$$

und die Ausgangsmatrix ist reduzibel.

Gilt (2.1.18), so läßt sich das Gleichungssystem $A\mathbf{x} = \mathbf{b}$ in der Form $PAP^T\mathbf{y} = \mathbf{c}$ schreiben mit $\mathbf{y} = P\mathbf{x}$ und $\mathbf{c} = P\mathbf{b}$. So gelangt man zu der Darstellung

$$\begin{bmatrix} B_{11} & B_{12} \\ 0 & B_{22} \end{bmatrix} \begin{bmatrix} \mathbf{y}_1 \\ \mathbf{y}_2 \end{bmatrix} = \begin{bmatrix} \mathbf{c}_1 \\ \mathbf{c}_2 \end{bmatrix}$$

und erkennt, daß die im Vektor $\mathbf{y}_2$ enthaltenen Unbekannten unabhängig von $\mathbf{y}_1$ berechnet werden können. Gemessen an der Variablenzahl in $\mathbf{y}$ zerfällt das System in zwei kleinere.

Eine Matrix A heißt *irreduzibel*, wenn sie nicht reduzibel ist. Selbstverständlich ist eine Matrix mit lauter nichtverschwindenden Elementen irreduzibel. Sind Nullelemente vorhanden, so bestimmt deren Position, ob A reduzibel ist oder nicht. Ohne Beweis geben wir das folgende Kriterium an.

SATZ 2.1.4 *Eine $n \times n$-Matrix A ist genau dann irreduzibel, wenn für zwei verschiedene Indizes $1 \leq i, j \leq n$ eine Folge von nicht verschwindenden Elementen von A der Gestalt*

$$\{a_{i,i_1}, a_{i_1 i_2}, \ldots, a_{i_m j}\} \tag{2.1.19}$$

existiert.

Satz 2.1.4 läßt sich geometrisch interpretieren. Es seien n paarweise verschiedene, in der Ebene gelegene Punkte $P_1, \ldots, P_n$ gegeben. Jedem nichtverschwindenden Element a_{ij} in A ordnen wir eine *gerichtete Kante* (P_i, P_j) von P_i nach P_j zu. Dadurch wird mit A ein *gerichteter Graph* assoziiert. Als ein Beispiel zeigen wir den mit der Matrix

$$A = \begin{bmatrix} 0 & 0 & 1 & 1 \\ 0 & 0 & 1 & 1 \\ 1 & 0 & 0 & 0 \\ 1 & 1 & 0 & 0 \end{bmatrix} \tag{2.1.20}$$

assoziierten Graph in der Abbildung 2.1.1 (Aufgabe 2.1.22).

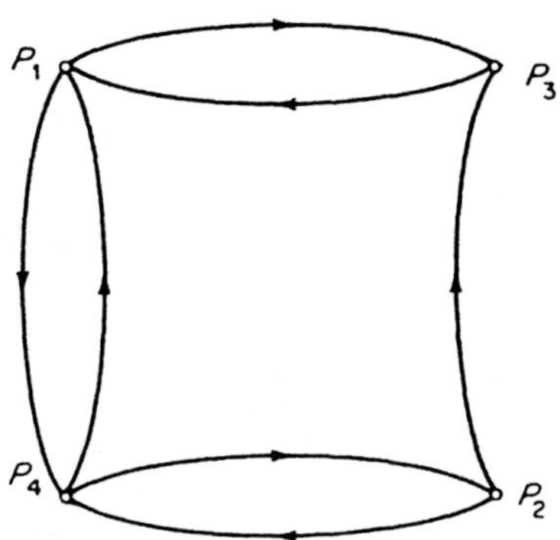

Abb. 2.1.1 *Ein gerichteter Graph*

Ein gerichteter Graph heißt *stark zusammenhängend*, wenn für je zwei Punkte P_i und P_j ein Pfad

$$(P_i, P_{i_1}), (P_{i_1}, P_{i_2}), \ldots, (P_{i_m}, P_j) \tag{2.1.21}$$

existiert, der P_i mit P_j verbindet. Der Graph in Figur 2.1.1 ist stark zusammenhängend, da zwischen je zwei beliebig gewählten Punkten ein Pfad existiert (um von P_3 nach P_2 zu gelangen, gehe man zuerst nach P_1, dann nach P_4 und dann nach P_2). Die Existenz eines Pfades (2.1.21) ist äquivalent zur Existenz einer Folge nichtverschwindender Elemente (2.1.19). Daher kann man Satz 2.1.4 in der Sprache mit Graphen wie folgt aussprechen:

SATZ 2.1.5 *Eine $n \times n$-Matrix ist genau dann irreduzibel, wenn ihr assoziierter Graph stark zusammenhängend ist.*

In Kapitel 5 werden wir Beispiele für die Anwendung dieses Satzes auf Matrizen kennenlernen, die im Zusammenhang mit Differentialgleichungen entstehen.

Übungsaufgaben zu Abschnitt 2.1

2.1.1. Man partitioniere die Matrix

$$\begin{bmatrix} 1 & 2 & 3 \\ 4 & 5 & 6 \\ 7 & 8 & 9 \end{bmatrix}$$

auf drei verschiedene Weisen in $2 \times 2-, 1 \times 2-, 2 \times 1-$ und 1×1-Untermatrizen.

2.1.2. Man berechne die Transponierte der Matrix aus Aufgabe 1, und an einem Beispiel einer komplexen 3×3-Matrix bestimme man die konjugiert transponierte Matrix.

2.1.3. Man führe die angegebenen Multiplikationen aus:

$$\begin{bmatrix} 1 & 3 \\ 1 & 4 \end{bmatrix}\begin{bmatrix} 2 & 1 & 1 \\ 3 & 2 & 4 \end{bmatrix} \qquad (1,3)\begin{bmatrix} 2 & 1 \\ 1 & 2 \end{bmatrix} \qquad \begin{bmatrix} 2 \\ 1 \end{bmatrix}(4,2) \qquad (4,2)\begin{bmatrix} 2 \\ 1 \end{bmatrix}.$$

2.1.4. Man stelle fest, ob die im folgenden angegebenen Paare von Vektoren orthogonal oder orthonormal sind:

$$\begin{bmatrix} 1 \\ 0 \end{bmatrix}\begin{bmatrix} 0 \\ 1 \end{bmatrix} \qquad \begin{bmatrix} 1 \\ 1 \end{bmatrix}\begin{bmatrix} 1 \\ -2 \end{bmatrix} \qquad \begin{bmatrix} 1+i \\ i-1 \end{bmatrix}\begin{bmatrix} 1-i \\ 1+i \end{bmatrix}.$$

2.1.5. Sind die Paare von Vektoren aus Aufgabe 4 linear unabhängig?

2.1.6. Eine $n \times n$-*Hadamard-Matrix* A besitzt nur Elemente ± 1 und erfüllt die Beziehung $A^T A = nI$. Man zeige $|\det A| = n^{n/2}$.

2.1.7. Seien $\mathbf{x}_1, \ldots, \mathbf{x}_m$ nicht verschwindende orthogonale Vektoren. Man zeige, daß $\mathbf{x}_1, \ldots, \mathbf{x}_m$ linear unabhängig sind. *Hinweis:* Man nehme an, daß lineare Abhängigkeit (2.1.8) besteht und zeige, daß aus der Orthogonalität folgt, daß alle c_i Null sind.

2.1.8. Man zeige, daß die Matrix

$$\begin{bmatrix} \cos\theta & \sin\theta \\ -\sin\theta & \cos\theta \end{bmatrix}$$

für jedes reelle θ orthogonal ist.

2.1.9. Man bestätige, daß die folgenden Matrizen orthogonal sind:

$$\begin{bmatrix} 1 & 0 \\ 0 & 1 \end{bmatrix} \qquad \begin{bmatrix} 0 & 1 \\ 1 & 0 \end{bmatrix} \qquad \begin{bmatrix} 1 & 1 \\ -1 & 1 \end{bmatrix} \qquad \begin{bmatrix} \cos\theta & \sin\theta & 0 \\ -\sin\theta & \cos\theta & 0 \\ 0 & 0 & 1 \end{bmatrix}.$$

2.1.10. Man zeige, daß das Produkt diagonaler Matrizen wieder diagonal und das Produkt oberer (unterer) Dreiecksmatrizen wieder eine obere (untere) Dreiecksmatrix ist.

2.1.11. Es seien A und B $m \times n$-Matrizen. Man zeige $(A+B)^T = A^T + B^T$.

2.1.12. Es seien A bzw. B eine $n \times p$- bzw. eine $p \times m$-Matrix. Man zeige durch direktes Nachrechnen, daß $(AB)^T = B^T A^T$ gilt.

2.1.13. Man zeige, daß die Transponierte und die Inverse einer orthogonalen Matrix wiederum orthogonal sind.

2.1.14. Man zeige, daß das Produkt orthogonaler $n \times n$-Matrizen wieder orthogonal ist.

2.1.15. Man zeige für reguläres A die Beziehung $\det(A^{-1}) = (\det A)^{-1}$.

2.1.16. Seien A und B $n \times n$-Matrizen. Man zeige, daß AB regulär ist, wenn A und B es sind. Zeige außerdem $(AB)^{-1} = B^{-1}A^{-1}$.

2.1.17. Sei A eine symmetrische, reelle $n \times n$- und P eine reelle $n \times m$-Matrix. Unter Verwendung von Aufgabe 12 zeige man, daß die $m \times m$-Matrix P^TAP symmetrisch ist. Besitzt P vollen Rang, ist $m \leq n$ und ist A positiv definit, so zeige man mit Hilfe von Satz 2.1.2, daß P^TAP positiv definit ist.

2.1.18. Unter der *Spur* einer $n \times n$-Matrix A kurz auch $Tr(A)$ geschrieben, versteht man die Summe der Hauptdiagonalelemente von A. Es seien A, B zwei $n \times n$-Matrizen und α, β zwei Zahlen. Man zeige $\mathrm{Tr}(AB) = \mathrm{Tr}(BA)$ und $\mathrm{Tr}(\alpha A + \beta B) = \alpha\mathrm{Tr}(A) + \beta\mathrm{Tr}(B)$.

2.1.19. Welche der folgenden Matrizen ist regulär?

$$\begin{bmatrix} 2 & 1 \\ 1 & 2 \end{bmatrix} \quad \begin{bmatrix} 1 & 1 & 1 \\ 2 & 2 & 2 \\ 3 & 3 & 3 \end{bmatrix} \quad \begin{bmatrix} 4 & 4 & 4 & 4 \\ 0 & 3 & 3 & 3 \\ 0 & 0 & 2 & 2 \\ 0 & 0 & 0 & 1 \end{bmatrix}.$$

2.1.20. Man zeige, daß m n-Vektoren linear abhängig sind, falls $m > n$ ist.

2.1.21. Eine $n \times n$-Matrix A heißt *idempotent*, wenn $A^2 = A$ gilt. Man zeige, daß eine idempotente Matrix singulär ist, es sei denn, sie ist gleich der Einheitsmatrix.

2.1.22. Man zeige, daß die Abbildung 2.1.1 den gerichteten Graph der Matrix A aus (2.1.20) darstellt. Mit Satz 2.1.5 erschließe man, daß A irreduzibel ist.

2.1.23. Es seien $A = P + iQ, B = R + iS$ komplexe Matrizen, wobei P, Q, R und S reell sind. Man gebe an, wie das Produkt $AB = L + iM$ zu berechnen ist, wobei L und M reell sind. Wie kann man A berechnen, wenn das Produkt UV bekannt ist, wobei $U = P + Q, V = R - S$ ist? Wieviele Matrizenmultiplikationen werden bei den beiden Berechnungsarten benötigt?

2.2 Eigenwerte und Normalform

Zu einem der wichtigsten Gebiete der linearen Algebra gehört das Eigenwertproblem für Matrizen. Ein *Eigenwert* (seltener auch charakteristische Wurzel genannt) einer $n \times n$-Matrix A ist eine reelle oder komplexe Zahl λ, so daß die Gleichung

$$A\mathbf{x} = \lambda\mathbf{x} \tag{2.2.1}$$

mit einem Vektor $\mathbf{x} \neq 0$, der ein zugehöriger *Eigenvektor* genannt wird, besteht. Man beachte, daß die Länge eines Eigenvektors nicht eindeutig bestimmt ist, da mit $\mathbf{x}$ auch $\alpha\mathbf{x}$ für jede Zahl $\alpha \neq 0$ ein Eigenvektor ist. Wir möchten betonen, daß von einem Eigenvektor sinnvollerweise verlangt wird, daß er ungleich Null ist, da (2.2.1) für jede Zahl λ und dem Nullvektor erfüllt ist.

Wir können (2.2.1) in der Form

$$(A - \lambda I)\mathbf{x} = 0 \tag{2.2.2}$$

schreiben, und mit Satz 2.1.2 sieht man, daß (2.2.2) genau dann eine Lösung $\mathbf{x} \neq 0$ besitzt, wenn $A - \lambda I$ singulär ist. Daher muß jeder Eigenwert λ die Gleichung

$$\det(A - \lambda I) = 0 \tag{2.2.3}$$

erfüllen. Ist A eine 2×2-Matrix, so wird

$$\det(A - \lambda I) = \det \begin{bmatrix} a_{11} - \lambda & a_{12} \\ a_{21} & a_{22} - \lambda \end{bmatrix} = (a_{11} - \lambda)(a_{22} - \lambda) - a_{21}a_{12},$$

also ein Polynom zweiten Grades in λ. Ganz allgemein sieht man, indem man das Produkt der Diagonalelemente in (2.1.13) gesondert herauszieht, daß

$$\det(A - \lambda I) = \Pi_{i=1}^{n}(a_{ii} - \lambda) + q(\lambda),$$

gilt, wobei q ein Polynom vom Grade höchstens $n - 1$ ist. Somit ist (2.2.3) ein Polynom vom Grade n in λ, das sogenannte *charakteristische Polynom* von A. Seine Wurzeln sind die Eigenwerte von A, und die Menge der Eigenwerte wird das *Spektrum* von A genannt. Die Menge von Eigenwerten und zugehörigen Eigenvektoren heißt das *Eigensystem* von A. Nach dem Fundamentalsatz der Algebra besitzt ein Polynom vom Grade n genau n der Vielfachheit nach gezählte reelle oder komplexe Wurzeln. Daher besitzt eine $n \times n$-Matrix genau n Eigenwerte, die aber nicht alle verschieden zu sein brauchen. Zum Beispiel reduziert sich (2.2.3) für die Einheitsmatrix $A = I$ auf $(1 - \lambda)^n = 0$ mit 1 als Wurzel der Vielfachheit n. Die Eigenwerte der Einheitsmatrix sind also $1, 1, \ldots, 1$ (n-mal).

Wegen

$$\det(A^T - \lambda I) = \det(A - \lambda I)$$

besitzen A und A^T dieselben Eigenwerte. A und A^T besitzen aber nicht notwendig dieselben Eigenvektoren (Aufgabe 2.2.2). Aus dem Bestehen von $A^T\mathbf{x} = \lambda\mathbf{x}$

folgt $\mathbf{x}^T A = \lambda \mathbf{x}^T$, wobei der Zeilenvektor $\mathbf{x}^T$ ein *Linkseigenvektor* von A genannt wird.

Eigenwerte und Singularität

Als nächstes stellen wir eine Verbindung zwischen der Determinante und den Eigenwerten von A her. Das charakteristische Polynom von A läßt sich unter Verwendung der Eigenwerte $\lambda_1, \ldots, \lambda_n$ von A wie folgt ausdrücken:

$$\det(A - \lambda I) = (\lambda_1 - \lambda)(\lambda_2 - \lambda) \cdots (\lambda_n - \lambda). \tag{2.2.4}$$

Dies ist gerade die Faktorisierung des Polynoms mit Hilfe der Wurzeln. Wir werten (2.2.4) für $\lambda = 0$ aus und erhalten

$$\det A = \lambda_1 \cdots \lambda_n, \tag{2.2.5}$$

so daß die Determinante von A das Produkt ihrer n Eigenwerte ist. Dies ergibt eine weitere Charakterisierung der Regularität einer Matrix, die Satz 2.1.2 ergänzt.

SATZ 2.2.1 *Eine reelle oder komplexe $n \times n$-Matrix A ist genau dann regulär, wenn alle Eigenwerte ungleich Null sind.*

Satz 2.2.1 gestattet einen einfachen Beweis der Aussage von Satz 2.1.2, daß die lineare Unabhängigkeit der Spalten von A die Eigenschaft $\det A \neq 0$ zur Folge hat. Die lineare Unabhängigkeit sichert nämlich, daß Null kein Eigenwert ist, da das Bestehen von $A\mathbf{x} = 0$ für ein $\mathbf{x} \neq 0$ im Widerspruch zur linearen Unabhängigkeit der Spalten von A stehen würde.

Wir bemerken, daß (2.2.4) in der Form

$$\det(A - \lambda I) = (\lambda_1 - \lambda)^{r_1} (\lambda_2 - \lambda)^{r_2} \cdots (\lambda_p - \lambda)^{r_p}$$

geschrieben werden kann, wobei die λ_i jetzt paarweise verschieden sind und $\sum_{i=1}^{p} r_i = n$ ist. Es heißt dann r_i die *Vielfachheit* des Eigenwerts λ_i. Ein Eigenwert der Vielfachheit Eins wird als *einfach* bezeichnet.

Eigenwerte in speziellen Fällen

Ist A eine Dreiecksmatrix, so folgt aus Satz 2.1.1g

$$\det(A - \lambda I) = (a_{11} - \lambda)(a_{22} - \lambda) \cdots (a_{nn} - \lambda). \tag{2.2.6}$$

In diesem Fall sind die Eigenwerte einfach die Diagonalelemente von A. Dasselbe gilt natürlich für Diagonalmatrizen. Außer für Dreiecksmatrizen und einige wenige weitere Spezialfälle sind Eigenwerte relativ schwierig zu berechnen, aber es ist eine Anzahl hervorragender Algorithmen zu ihrer Berechnung bekannt. (Wir möchten betonen, daß man dabei *nicht* das charakteristische Polynom (2.2.3) berechnet und dann seine Wurzeln bestimmt.) Jedoch ist es einfach, wenigstens einige Eigenwerte und Eigenvektoren gewisser Funktionen der Matrix A zu berechnen, wenn die Eigenwerte und Eigenvektoren von A bekannt sind. Als einfachstes Beispiel sei ein Eigenwert λ und ein zugehöriger Eigenvektor $\mathbf{x}$ von A bekannt. Dann gilt

$$A^2\mathbf{x} = A(A\mathbf{x}) = A(\lambda\mathbf{x}) = \lambda A\mathbf{x} = \lambda^2\mathbf{x},$$

so daß λ^2 ein Eigenwert von A^2 und $\mathbf{x}$ ein zugehöriger Eigenvektor ist. Verfährt man auf dieselbe Weise für eine beliebige Potenz von A, so kommt man zu dem folgenden

SATZ 2.2.2 *Besitzt die $n \times n$-Matrix A die Eigenwerte $\lambda_1, \ldots, \lambda_n$, so sind für jedes natürliche m die Zahlen $\lambda_1^m, \ldots, \lambda_n^m$ Eigenwerte von A^m. Darüberhinaus ist jeder Eigenvektor von A ein Eigenvektor von A^m.*

Das Umgekehrte trifft nicht zu. Zum Beispiel ist für

$$A = \begin{bmatrix} 1 & 0 \\ 0 & -1 \end{bmatrix}, \quad A^2 = \begin{bmatrix} 1 & 0 \\ 0 & 1 \end{bmatrix}$$

jeder Vektor ungleich Null ein Eigenvektor von A^2, aber die einzigen Eigenvektoren von A sind die Vielfachen von $(1,0)^T$ und $(0,-1)^T$. Entsprechend besitzt

$$A = \begin{bmatrix} 0 & 1 \\ 0 & 0 \end{bmatrix}$$

nur einen linear unabhängigen Eigenvektor, aber wieder ist jeder Vektor ungleich Null ein Eigenvektor von A^2. Darüberhinaus ist $A^2 = I$ für alle drei Matrizen

$$A = \begin{bmatrix} 1 & 0 \\ 0 & -1 \end{bmatrix}, \quad A = \begin{bmatrix} -1 & 0 \\ 0 & -1 \end{bmatrix}, \quad A = \begin{bmatrix} 1 & 0 \\ 0 & 1 \end{bmatrix},$$

so daß aus der Kenntnis der Eigenwerte von A^2 die Eigenwerte von A nicht genau bestimmt werden können.

Durch Linearkombination der Potenzen einer Matrix kann man ein *Polynom* in A bilden, das zu gegebenen Zahlen $\alpha_0, \ldots, \alpha_m$ durch

$$p(A) = \alpha_0 I + \alpha_1 A + \alpha_2 A^2 + \cdots + \alpha_m A^m \tag{2.2.7}$$

gegeben ist. Sind λ und $\mathbf{x}$ ein Eigenwert und zugehöriger Eigenvektor von A, so sieht man mit Hilfe von Satz 2.2.1 sofort, daß

$$p(A)\mathbf{x} = \alpha_0 \mathbf{x} + \alpha_1 A\mathbf{x} + \cdots + \alpha_m A^m \mathbf{x} = (\alpha_0 + \alpha_1 \lambda + \cdots + \alpha_m \lambda^m)\mathbf{x}$$

gilt. Wir fassen dies wie folgt zusammen, wobei wir die etwas doppeldeutige (aber übliche) Bezeichnung p sowohl für das Matrixpolynom (2.2.7) als auch für das skalare Polynom mit denselben Koeffizienten verwenden.

SATZ 2.2.3 *Besitzt die $n \times n$-Matrix A die Eigenwerte $\lambda_1, \ldots, \lambda_n$, so sind für jedes Polynom p die Zahlen $p(\lambda_1), \ldots, p(\lambda_n)$ Eigenwerte der Matrix $p(A)$ aus* (2.2.7). *Darüberhinaus ist jeder Eigenvektor von A auch ein Eigenvektor von* $p(A)$.

Ein oft verwendeter Spezialfall des letzten Resultats liegt für $p(A) = \alpha I + A$ vor. Die Eigenwerte von $\alpha I + A$ sind dann gerade $\alpha + \lambda_i, i = 1, \ldots, n$, wenn die λ_i die Eigenwerte von A sind. Ein Beispiel ist

$$A = \begin{bmatrix} 0 & 1 \\ 1 & 0 \end{bmatrix}, \quad B = \begin{bmatrix} \alpha & 1 \\ 1 & \alpha \end{bmatrix}.$$

Hier besitzt A die Eigenwerte ± 1, so daß die Eigenwerte von B durch $\alpha + 1$ und $\alpha - 1$ gegeben sind.

Ist A regulär, so lassen sich die Eigenwerte von A^{-1} sofort angeben, indem man die Grundgleichung $A\mathbf{x} = \lambda\mathbf{x}$ mit A^{-1} multipliziert. Es ergibt sich

$$\mathbf{x} = \lambda A^{-1}\mathbf{x} \qquad \textit{bzw.} \qquad A^{-1}\mathbf{x} = \lambda^{-1}\mathbf{x},$$

so daß die Eigenwerte von A^{-1} die Kehrwerte der Eigenwerte von A sind. (Man beachte, daß gemäß Satz 2.2.1 Null kein Eigenwert sein kann, wenn A regulär ist.) Damit können wir den folgenden Satz herleiten, der ein Spezialfall eines allgemeineren Resultats in Aufgabe 2.2.18 ist.

SATZ 2.2.4 *Besitzt eine reguläre $n \times n$-Matrix A die Eigenwerte $\lambda_1, \ldots, \lambda_n$, dann sind $\lambda_1^{-1}, \ldots, \lambda_n^{-1}$ die Eigenwerte von A^{-1}. Darüberhinaus ist jeder Eigenvektor von A auch ein Eigenvektor von A^{-1}.*

Eigenwertberechnungen vereinfachen sich auch beträchtlich für Block-Dreiecksmatrizen. Ist

$$A = \begin{bmatrix} A_{11} & & \cdots A_{1p} \\ & A_{22} & \vdots \\ & & \ddots \\ & & A_{pp} \end{bmatrix},$$

wobei jedes A_{ii} eine quadratische Matrix ist, so kann unter Verwendung der Entwicklung nach Adjunkten aus Satz 2.1.1h gezeigt werden, daß

$$\det(A - \lambda I) = \det(A_{11} - \lambda I) \det(A_{22} - \lambda I) \cdots \det(A_{pp} - \lambda I) \quad (2.2.8)$$

gilt. Das charakteristische Polynom von A läßt sich also in das Produkt der charakteristischen Polynome der Matrizen A_{ii} zerlegen, und um die Eigenwerte von A zu berechnen, genügt es, nur die Eigenwerte der kleineren Matrizen A_{ii} zu ermitteln (siehe Aufgabe 2.2.5 für ein Beispiel).

Symmetrische Matrizen

Die Eigenwerte einer Matrix A können reell oder komplex sein, auch wenn A selber reell ist. Dies ist ein einfacher Ausdruck der Tatsache, daß ein Polynom mit reellen Koeffizenten komplexe Wurzeln haben kann. In einem wichtigen Fall jedoch müssen die Eigenwerte reell sein. Wir erinnern daran, daß eine reelle Matrix A symmetrisch ist, wenn $A^T = A$ gilt. Angenommen λ ist ein Eigenwert von A und $\mathbf{x}$ ein zugehöriger Eigenvektor, so daß also $A\mathbf{x} = \lambda\mathbf{x}$ gilt. Ist λ komplex, dann auch $\mathbf{x}$. Multiplikation beider Seiten mit dem konjugiert transponierten Vektor $\mathbf{x}^*$ ergibt

$$\mathbf{x}^* A\mathbf{x} = \lambda\mathbf{x}^*\mathbf{x}. \quad (2.2.9)$$

Man bilde nun das konjugiert Komplexe von $\mathbf{x}^*A\mathbf{x}$:

$$\overline{\mathbf{x}^* A\mathbf{x}} = (\mathbf{x}^* A\mathbf{x})^* = \mathbf{x}^* A^* \mathbf{x} = \mathbf{x}^* A\mathbf{x}.$$

Dabei ist im ersten Schritt verwendet worden, daß $\mathbf{x}^*A\mathbf{x}$ ein Skalar ist, im zweiten Schritt die Produktregel für transponierte Matrizen und im dritten

Schritt die Tatsache, daß A reell und symmetrisch ist.Somit ist $\mathbf{x}^*A\mathbf{x}$ reell, da nur eine reelle Zahl gleich ihrer konjugiert komplexen ist. Wegen $\mathbf{x}^*\mathbf{x} = \sum |x_i|^2 > 0$ folgt aus (2.2.9), daß λ reell ist. Daher sind sämtliche Eigenwerte einer reellen, symmetrischen Matrix reell, und die zugehörigen Eigenvektoren können reell gewählt werden.

Eine reelle $n \times n$-Matrix heißt *schiefsymmetrisch*, falls $A^T = -A$ gilt. In diesem Fall hat man

$$\overline{(x^*Ax)} = -x^*Ax,$$

so daß $\mathbf{x}^*A\mathbf{x}$ rein imaginär (oder Null) ist. Damit folgt aus (2.2.9), daß λ rein imaginär ist. Damit sind auch sämtliche Eigenwerte einer schiefsymmetrischen Matrix rein imaginär.

Eine allgemeine $n \times n$-Matrix kann in der Gestalt

$$A = \frac{1}{2}(A + A^T) + \frac{1}{2}(A - A^T) = A_s + A_{ss} \tag{2.2.10}$$

geschrieben werden. Man verifiziert leicht, daß A_s symmetrisch und A_{ss} schiefsymmetrisch ist. Dies besagt, daß jede reelle $n \times n$-Matrix als Summe einer symmetrischen und einer schiefsymmetrischen Matrix geschrieben werden kann.

Wie wir später sehen werden, spielt die Größe $\mathbf{x}^TA\mathbf{x}$ in vielen Anwendungen eine wichtige Rolle. Sie findet auch Verwendung, um das Konzept der Definitheit einer Matrix einzuführen. Eine reelle Matrix A heißt

(a) *positiv definit*, wenn $\mathbf{x}^TA\mathbf{x} > 0$ ist für alle $\mathbf{x} \neq 0$;
(b) *positiv semidefinit*, wenn $\mathbf{x}^TA\mathbf{x} \geq 0$ ist für alle $\mathbf{x}$;
(c) *negativ definit*, wenn $\mathbf{x}^TA\mathbf{x} < 0$ ist für alle $\mathbf{x} \neq 0$;
(d) *negativ semidefinit*, wenn $\mathbf{x}^TA\mathbf{x} \leq 0$ ist für alle $\mathbf{x}$;
(e) *indefinit*, wenn keiner der vorstehenden Fälle zutrifft.

Ein wichtiger Typ positiv definiter (oder semidefiniter) Matrizen tritt in der Form eines Produktes $A = B^TB$ auf, wobei B eine $m \times n$-Matrix ist. Für ein gegebenes $\mathbf{x}$ setze man $\mathbf{y} = B\mathbf{x}$. Dann ist der Ausdruck $\mathbf{x}^TA\mathbf{x} = \mathbf{y}^T\mathbf{y} \geq 0$, und er ist positiv, wenn nicht $\mathbf{y} = 0$ ist. Ist B eine reguläre $n \times n$-Matrix, so ist $\mathbf{y} \neq 0$ für $\mathbf{x} \neq 0$, und folglich ist A positiv definit. Wenn B singulär ist, bleibt A noch positiv semidefinit, da stets $\mathbf{y}^T\mathbf{y} \geq 0$ ausfällt.

Ist λ ein Eigenwert einer symmetrischen, positiv definiten Matrix A mit zugehörigem Eigenvektor $\mathbf{x}$, so wird $\lambda = \mathbf{x}^TA\mathbf{x}/\mathbf{x}^T\mathbf{x} > 0$, was zeigt, daß sämtliche Eigenwerte einer positiv definiten Matrix positiv sind. In ähnlicher Weise (Aufgabe 2.2.13) können wir den ersten Teil der folgenden Aussagen beweisen.

SATZ 2.2.5 *Die Eigenwerte einer reellen, symmetrischen $n \times n$-Matrix A sind alle genau dann*

a. positiv, wenn A positiv definit ist;

b. nichtnegativ, wenn A positiv semidefinit ist;

c. negativ, wenn A negativ definit ist;

d. nichtpositiv, wenn A negativ semidefinit ist.

Wir werden in Kürze sehen, wie die hinreichenden Teile der Aussagen dieses Satzes bewiesen werden. Die Vorzeichen der Eigenwerte einer symmetrischen Matrix charakterisieren also ihre Definitheitseigenschaften.

Ähnlichkeitstransformationen und Normalform

Unter einer *Ähnlichkeitstransformation* einer $n \times n$-Matrix A versteht man die Überführung in die Gestalt

$$B = PAP^{-1}, \tag{2.2.11}$$

wobei P eine reguläre Matrix ist. A und B werden dann *ähnlich* genannt. Ähnlichkeitstransformationen treten bei der Einführung neuer Variablen auf. Betrachten wir zum Beispiel das Gleichungssystem $A\mathbf{x} = \mathbf{b}$, in dem wir neue Variablen $\mathbf{y} = P\mathbf{x}$ und $\mathbf{c} = P\mathbf{b}$ einführen, wobei P eine reguläre Matrix ist. In den neuen Variablen geschrieben lautet das Gleichungssystem $AP^{-1}\mathbf{y} = P^{-1}\mathbf{c}$ bzw. nach Multiplikation mit P auch $PAP^{-1}\mathbf{y} = \mathbf{c}$.

Eine wichtige Eigenschaft von Ähnlichkeitstransformationen ist, daß die Matrizen A und PAP^{-1} dieselben Eigenwerte besitzen. Das sieht man leicht anhand des charakteristischen Polynoms unter Verwendung der Tatsache (Satz 2.1.1f), daß die Determinante eines Produktes von Matrizen gleich dem Produkt der Determinanten ist. Daher erhält man

$$\det(A - \lambda I) = \det(PP^{-1})\det(A - \lambda I) = \det(P)\det(A - \lambda I)\det(P^{-1})$$

$$= \det(PAP^{-1} - \lambda I),$$

womit man sieht, daß das charakteristische Polynom und damit auch die Eigenwerte von A und PAP^{-1} übereinstimmen. Die Eigenvektoren jedoch verändern sich unter Ähnlichkeitstransformationen. In der Tat zeigen die Beziehungen

$$PAP^{-1}\mathbf{y} = \lambda\mathbf{y} \qquad bzw. \qquad AP^{-1}\mathbf{y} = \lambda P^{-1}\mathbf{y},$$

daß der Eigenvektor $\mathbf{y}$ von PAP^{-1} aus dem Eigenvektor $\mathbf{x}$ von A durch $P^{-1}\mathbf{y} = \mathbf{x}$ bzw. $\mathbf{y} = P\mathbf{x}$ hervorgeht.

Eine wichtige Frage ist, in welchem Maße die Gestalt einer Matrix A durch Ähnlichkeitstransformationen „vereinfacht"werden kann. Ein grundlegendes Resultat in dieser Richtung enthält

SATZ 2.2.6 *Eine Matrix A ist zu einer Diagonalmatrix genau dann ähnlich, wenn A n linear unabhängige Eigenvektoren besitzt.*

Der Beweis dieses Satzes ist einfach und erhellt gleichzeitig gut die Zusammenhänge. Seien $\mathbf{x}_1, \ldots, \mathbf{x}_n$ n linear unabhängige Eigenvektoren von A und $\lambda_1, \ldots, \lambda_n$ die zugehörigen Eigenwerte, und sei P die Matrix mit den Spalten $\mathbf{x}_1, \ldots, \mathbf{x}_n$. Da die Spalten linear unabhängig sind, ist P regulär. Durch Verwendung der Beziehung $A\mathbf{x}_i = \lambda_i \mathbf{x}_i$ für jede Spalte von P erhalten wir

$$AP = A(\mathbf{x}_1, \mathbf{x}_2, \ldots, \mathbf{x}_n) = (\lambda_1 \mathbf{x}_1, \ldots, \lambda_n \mathbf{x}_n) = PD, \tag{2.2.12}$$

wobei D die Diagonalmatrix $\operatorname{diag}(\lambda_1, \lambda_2, \ldots, \lambda_n)$ ist. Gleichung (2.2.12) ist zu $A = PDP^{-1}$ äquivalent, was zeigt, daß A zu der Diagonalmatrix ähnlich ist, deren Diagonalelemente die Eigenwerte von A sind. Umgekehrt, wenn A zu einer Diagonalmatrix ähnlich ist, dann zeigt (2.2.12), daß die Spalten der Ähnlichkeitsmatrix P Eigenvektoren von A sind, und aufgrund der Regularität von P sind sie auch linear unabhängig.

Die folgenden Sätze, die wir ohne Beweis angeben, greifen zwei wichtige Spezialfälle des vorangehenden Resultats heraus.

SATZ 2.2.7 *Besitzt A nur paarweise verschiedene Eigenwerte, so ist A zu einer Diagonalmatrix ähnlich.*

SATZ 2.2.8 *Eine reelle, symmetrische Matrix A ist zu einer Diagonalmatrix ähnlich, und die Ähnlichkeitsmatrix kann orthogonal gewählt werden.*

Eine nützliche Folgerung aus Satz 2.2.8 ist

SATZ 2.2.9 *Sei A eine reelle, symmetrische $n \times n$-Matrix mit den Eigenwerten $\lambda_1 \leq \cdots \leq \lambda_n$. Dann gelten für alle $\mathbf{x}$ die Ungleichungen*

$$\lambda_1 \mathbf{x}^T\mathbf{x} \leq \mathbf{x}^T A\mathbf{x} \leq \lambda_n \mathbf{x}^T\mathbf{x}. \tag{2.2.13}$$

Dies kann wie folgt bewiesen werden. Satz 2.2.8 zufolge existiert eine orthogonale Matrix P mit

$$P^T AP = \operatorname{diag}(\lambda_1, \ldots, \lambda_n).$$

Mit $\mathbf{y} = P^T\mathbf{x}$ erhalten wir somit $\mathbf{y}^T\mathbf{y} = \mathbf{x}^T\mathbf{x}$ und

$$\mathbf{x}^T A\mathbf{x} = \mathbf{y}^T P^T AP\mathbf{y} = \sum_{i=1}^{n} \lambda_i y_i^2 \leq \lambda_n \mathbf{y}^T\mathbf{y} = \lambda_n \mathbf{x}^T\mathbf{x}.$$

Die andere Ungleichung wird analog bewiesen.

Unter Verwendung von Satz 2.2.9 können wir die Umkehrung von Satz 2.2.5 beweisen. Sind beispielsweise alle Eigenwerte von A positiv, dann ist $\lambda_1 > 0$ und (2.2.13) läßt die positive Definitheit von A erkennen. Ist entsprechend $\lambda_1 \geq 0$, so entnimmt man (2.2.13), daß A positiv semidefinit ist. Ist auf der anderen Seite $\lambda_n < 0$, so wird $\mathbf{x}^T A\mathbf{x} < 0$ für alle $\mathbf{x} \neq 0$, und A ist negativ definit; ebenso ist $\mathbf{x}^T A\mathbf{x} \leq 0$ im Falle $\lambda_n \leq 0$, und A ist negativ semidefinit.

Die Jordansche Normalform

Aus den Sätzen 2.2.6 und 2.2.7 folgt, daß eine Matrix A mehrfache Eigenwerte besitzen muß, wenn sie keine n linear unabhängigen Eigenvektoren besitzt. (Man beachte aber, daß eine Matrix n linear unabhängige Eigenvektoren besitzen kann, obwohl ihre Eigenwerte mehrfach sind; die Einheitsmatrix ist ein Beispiel dafür.) Ein einfaches Beispiel für eine 2×2-Matrix, die keine zwei linear unabhängige Eigenvektoren besitzt, liefert

$$A = \begin{bmatrix} 1 & 1 \\ 0 & 1 \end{bmatrix} \tag{2.2.14}$$

(Aufgabe 2.2.10), und A daher zu keiner Diagonalmatrix ähnlich ist. Allgemein ist aber jede $n \times n$-Matrix zu einer Matrix der Gestalt

$$J = \begin{bmatrix} \lambda_1 & \delta_1 & & & \\ & \lambda_2 & \delta_2 & & \\ & & \ddots & \ddots & \\ & & & & \delta_{n-1} \\ & & & & \lambda_n \end{bmatrix}$$

ähnlich, wobei λ_i die Eigenwerte von A und die δ_i entweder 0 oder 1 sind, und falls ein δ_i ungleich Null ist, so sind die Eigenwerte λ_i und λ_{i-1} identisch. Ist q die Anzahl der nichtverschwindenden δ_i, so besitzt A genau $n-q$ linear unabhängige Eigenvektoren. Existieren genau p linear unabhängige Eigenvektoren, so kann die Matrix J in der Gestalt

$$J = \begin{bmatrix} J_1 & & \\ & \ddots & \\ & & J_p \end{bmatrix} \tag{2.2.15a}$$

partitioniert werden, wobei jedes J_i eine Matrix der Form

$$J_i = \begin{bmatrix} \lambda_i & 1 & & \\ & \ddots & \ddots & \\ & & & 1 \\ & & & \lambda_i \end{bmatrix} \tag{2.2.15b}$$

ist mit überall demselben Eigenwert λ_i und Einsen auf der gesamten oberen Nebendiagonalen. Die Matrix J aus (2.2.15) heißt *Jordansche Normalform* von A. Ebenso wie (2.2.14) besitzt eine Matrix der Form (2.2.15b) nur einen linear unabhängigen Eigenvektor. Besitzt A n linear unabhängige Eigenvektoren, so ist $p = n$; in diesem Fall ist jedes J_i eine 1×1-Matrix, und J ist diagonal.

Die Jordansche Normalform ist für theoretische, aber kaum für praktische Zwecke nützlich. Unter numerischen Gesichtspunkten ist es sehr wünschenswert, mit orthogonalen oder unitären Matrizen zu arbeiten. Als nächstes geben wir ohne Beweis zwei grundlegende Resultate an, die Ähnlichkeitstranformationen mit unitären und orthogonalen Matrizen betreffen.

SATZ 2.2.10 (Satz von Schur) *Für jede $n \times n$-Matrix A existiert eine unitäre Matrix U, so daß UAU^* Dreiecksgestalt besitzt.*

SATZ 2.2.11 (Satz von Murnaghan-Wintner) *Für jede $n \times n$-Matrix A, existiert eine orthogonale Matrix P mit*

$$PAP^T = \begin{bmatrix} T_{11} & & \cdots & T_{1m} \\ & T_{22} & & \\ & & \ddots & \vdots \\ & & & T_{mm} \end{bmatrix}, \tag{2.2.16}$$

wobei jedes T_{ii} entweder eine 2×2- oder eine 1×1-Matrix ist.

Im Satz von Schur sind die Diagonalelemente von UAU^* die Eigenwerte von A, da UAU^* eine Ähnlichkeitstransformation darstellt. Für eine reelle Matrix A, die auch komplexe Eigenwerte besitzt, ist U notwendigerweise komplex. Der Satz von Murnaghan-Wintner gibt bei Verwendung von allein reellen orthogonalen Matrizen zur Ähnlichkeitstransformation die Transformation auf eine Gestalt an, die so nah wie möglich diagonal ist. Ist in diesem Fall T_{ii} eine 1×1-Matrix, so handelt es sich um einen reellen Eigenwert von A, wogegen bei Vorliegen einer 2×2-Matrix T_{ii} deren Eigenwerte ein konjugiert komplexes Paar von Eigenwerten von A bilden. Die Murnaghan-Wintner Form (2.2.16) ist auch unter dem Namen *reelle Schursche Form* bekannt.

Die Singuläre-Werte-Zerlegung (SVD) [1]

Wenn wir uns auf orthogonale oder unitäre Ähnlichkeitstransformationen beschränken, so geben die beiden vorangehenden Sätze die einfachste Form an, auf die A im allgemeinen gebracht werden kann. Bestehen wir jedoch nicht auf Ähnlichkeitstransformationen, so läßt sich jede $n \times n$-Matrix durch Multiplikation mit orthogonalen (oder unitären) Matrizen von rechts und von links auf Diagonalgestalt bringen. Wir geben ohne Beweis den folgenden Satz an.

SATZ 2.2.12 (Singuläre-Werte-Zerlegung) *Für jede reelle $n \times n$-Matrix A gibt es orthogonale Matrizen U und V, so daß*

$$A = UDV \tag{2.2.17}$$

gilt, wobei

$$D = \operatorname{diag}(\sigma_1, \ldots, \sigma_n) \tag{2.2.18}$$

ist.

Die Größen $\sigma_1, \ldots, \sigma_n$ in (2.2.18) sind nichtnegativ. Sie werden *singuläre Werte* von A genannt. Aus (2.2.17) folgt

$$A^TA = V^TDU^TUDV = V^TD^2V,$$

was eine Ähnlichkeitstransformation ist. Man erkennt daraus, daß die singulären Werte die nichtnegativen Quadratwurzeln der Eigenwerte von A^TA sind.

[1] Diese Abkürzung, von „Singular Value Decomposition“ herrührend, ist auch im Deutschen üblich

Es kann gezeigt werden, daß die Anzahl der nichtverschwindenden singulären Werte gleich dem Rang der Matrix ist. Im Beispiel

$$A = \begin{bmatrix} 0&1&0 \\ 0&0&1 \\ 0&0&0 \end{bmatrix}, \quad A^TA = \begin{bmatrix} 0&0&0 \\ 0&1&0 \\ 0&0&1 \end{bmatrix},$$

gibt es 2 singuläre Werte ungleich Null, was auch gleich dem Rang von A ist. Man beachte, daß in diesem Beispiel alle Eigenwerte von A gleich Null sind und sie daher keinen Anhaltspunkt für den Rang geben.

Satz 2.2.12 läßt sich unmittelbar auf komplexe Matrizen erweitern. In diesem Fall sind U und V unitäre Matrizen, aber die singulären Werte bleiben reell. Satz 2.2.12 besitzt auch eine Erweiterung auf rechteckige Matrizen. Für eine $m \times n$-Matrix A ist U eine $m \times m$- und V eine $n \times n$-Matrix. D ist jetzt eine $m \times n$-Matrix, und die singulären Werte stehen wieder auf der Hauptdiagonalen.

Übungen zu Abschnitt 2.2

2.2.1. Man zeige, daß die Eigenwerte der Matrix

$$\begin{bmatrix} a&b \\ c&d \end{bmatrix}$$

gleich $\{a + d \pm [(a-d)^2 + 4bc]^{1/2}\}/2$ sind. Man berechne damit die Eigenwerte von

$$\text{(a)} \quad \begin{bmatrix} 1&2 \\ 2&2 \end{bmatrix} \qquad \text{(b)} \quad \begin{bmatrix} 1&4 \\ 1&2 \end{bmatrix} \qquad \text{(c)} \quad \begin{bmatrix} 0&1 \\ -1&0 \end{bmatrix}.$$

2.2.2. Man berechne die Eigenwerte und Eigenvektoren von A und A^T, wobei

$$A = \begin{bmatrix} 2&2 \\ 1&1 \end{bmatrix}$$

ist, und man bestätige, daß A und A^T nicht dieselben Eigenvektoren besitzt.

2.2.3. Man berechne die Eigenwerte und Eigenvektoren von

$$A = \begin{bmatrix} 2&1 \\ 1&2 \end{bmatrix}$$

und verwende Satz 2.2.3 zur Bestimmung der Eigenwerte und Eigenvektoren von

$$\text{(a)} \quad \begin{bmatrix} 1&1 \\ 1&1 \end{bmatrix} \qquad \text{(b)} \quad \begin{bmatrix} 0&1 \\ 1&0 \end{bmatrix} \qquad \text{(c)} \quad \begin{bmatrix} -1&1 \\ 1&-1 \end{bmatrix}.$$

2.2.4. Für die Matrix A aus Aufgabe 3 bestimme man $\det A^4$, ohne A^4 zu berechnen. Darüberhinaus ermittle man die Eigenwerte und Eigenvektoren von $A^{-1}, A^m, m = 2,3,4$ und $I + 2A + 4A^2$, ohne diese Matrizen zu berechnen.

2.2.5. Man verwende (2.2.8), um die Eigenwerte der Matrix

$$A = \begin{bmatrix} 1 & 2 & 2 & 4 \\ 2 & 2 & 1 & 5 \\ 0 & 0 & 1 & 4 \\ 0 & 0 & 1 & 2 \end{bmatrix}$$

zu berechnen.

2.2.6. Für ein gegebenes Polynom $p(\lambda) = a_0 + a_1\lambda + \cdots + a_{n-1}\lambda^{n-1} + \lambda^n$ wird

$$A = \begin{bmatrix} 0 & 1 & & & \\ & & 1 & & \\ & & & \ddots & \\ & & & & 1 \\ -a_0 & -a_1 & & \cdots & -a_{n-1} \end{bmatrix}$$

die *Begleitmatrix* (oder *Frobeniusmatrix*) von p genannt. Man zeige für $n = 3$, daß $\det(\lambda I - A) = p(\lambda)$ gilt.

2.2.7. Man prüfe, ob die Matrizen (a) und (b) aus Aufgabe 3 positiv definit sind, und wenn nicht, was sind sie dann?

2.2.8. Man zeige, daß die Determinante einer symmetrischen, negativ definiten $n \times n$-Matrix für gerades n positiv und für ungerades n negativ ist.

2.2.9. Man gebe alle Hauptuntermatrizen und alle Hauptabschnittsmatrizen der Matrix aus Aufgabe 5 an.

2.2.10. Man berechne einen Eigenvektor der Matrix (2.2.14) und zeige, daß es keinen weiteren linear unabhängigen Eigenvektor gibt.

2.2.11. Eine Matrix A besitze zwei Eigenwerte $\lambda_1 = \lambda_2$ und zugehörige linear unabhängige Eigenvektoren $\mathbf{x}_1, \mathbf{x}_2$. Man zeige, daß jede Linearkombination $c_1\mathbf{x}_1 + c_2\mathbf{x}_2 \neq 0$ auch ein Eigenvektor ist.

2.2.12. Sind A und B $n \times n$-Matrizen, von denen mindestens eine regulär ist, so zeige man, daß AB und BA dieselben Eigenwerte besitzen.

2.2.13. Man beweise den *hinreichenden* Teil der Aussage von Satz 2.2.5.

2.2.14. Sei A eine reelle, symmetrische Matrix. Man zeige, daß aus dem Satz von Schur die Existenz einer orthogonalen Matrix Q folgt, für die $Q^TAQ = D$ gilt, wobei D diagonal ist.

2.2.15. Sei A eine reelle, schiefsymmetrische Matrix, und es gelte $PAP^T = T$, wobei T durch den Satz von Murnaghan-Wintner gegeben ist. Man beschreibe die Struktur von T in diesem Fall.

2.2.16. Es sei J_i eine Matrix der Gestalt (2.2.15b). Man zeige die Existenz einer Diagonalmatrix D, so daß sich DJ_iD^{-1} von J_i nur dadurch unterscheidet, daß die Einsen in der Nebendiagonalen durch ϵ ersetzt sind.

2.2.17. Unter Verwendung der Definition einer positiv (semi-)definiten Matrix zeige man, daß $A+B$ positiv definit ist, falls A positiv definit und B positiv semidefinit ist.

2.2.18. Es seien $p(A)$ und $q(A)$ zwei Polynome in A, so daß $q(A)$ regulär ist. Ist λ ein Eigenwert von A, so zeige man, daß dann $p(\lambda)/q(\lambda)$ ein Eigenwert von $q(A)^{-1}p(A)$ ist.

2.2.19. Für eine reelle, schiefsymmetrische Matrix A zeige man, daß für jeden reellen Vektor $\mathbf{x}$ gilt $\mathbf{x}^TA\mathbf{x} = 0$. Man verwende dies, um zu beweisen, daß eine allgemeine reelle $n \times n$-Matrix genau dann positiv definit ist, wenn der symmetrische Teil in (2.2.10) es ist.

2.2.20. Sei A eine $n \times n$-Matrix, und sei

$$\tilde{A} = \begin{bmatrix} 0 & A \\ A^T & 0 \end{bmatrix}.$$

Man zeige, daß die Beträge der Eigenwerte von $\tilde{A}$ gleich den singulären Werten von A sind.

2.2.21. Unter der *polaren Zerlegung* einer reellen $n \times n$-Matrix A versteht man die Faktorisierung $A = QH$, wobei Q orthogonal und H symmetrisch ist. Man zeige, wie man die polare Zerlegung aus der Singuläre-Werte-Zerlegung von A erhalten kann.

2.2.22. Man gebe ein Beispiel einer reellen, orthogonalen 4×4-Matrix an, deren sämtliche Eigenwerte rein imaginär sind.

2.2.23. Seien $\mathbf{u}$ und $\mathbf{v}$ Spaltenvektoren, und sei $A = I + \mathbf{u}\mathbf{v}^T$. Man bestimme die Eigenwerte und Eigenvektoren sowie die Jordansche Normalform von A.

2.3 Normen

Die euklidische Länge eines Vektors $\mathbf{x}$ ist durch

$$||\mathbf{x}||_2 = \left(\sum_{i=1}^{n} x_i^2 \right)^{1/2} \tag{2.3.1}$$

definiert. Sie stellt einen Spezialfall einer *Vektornorm* dar, worunter man eine reellwertige Funktion versteht, die die Eigenschaften eines Abstands besitzt:

$$||\mathbf{x}|| \geq 0 \text{ für jeden Vektor } \mathbf{x} \text{ und } ||\mathbf{x}|| = 0 \text{ nur für } \mathbf{x} = 0. \tag{2.3.2a}$$

$$||\alpha\mathbf{x}|| = |\alpha|||\mathbf{x}|| \text{ für jede Zahl } \alpha. \tag{2.3.2b}$$

$$||\mathbf{x} + \mathbf{y}|| \leq ||\mathbf{x}|| + ||\mathbf{y}|| \text{ für alle Vektoren } \mathbf{x} \text{ und } \mathbf{y}. \tag{2.3.2c}$$

Die Eigenschaft (2.3.2c) ist als *Dreiecksungleichung* bekannt.

Die euklidische Länge (2.3.1) besitzt die Eigenschaften eines Abstands. Sie wird meist als *euklidische Norm* oder l_2-Norm bezeichnet. Weitere häufig benutzte Normen sind durch

$$||\mathbf{x}||_1 = \sum_{i=1}^{n} |x_i|, \qquad ||\mathbf{x}||_\infty = \max_{1 \leq i \leq n} |x_i| \tag{2.3.3}$$

gegeben. Sie sind als l_1-Norm und als l_∞- bzw. Maximumnorm geläufig. Die drei Normen (2.3.1) und (2.3.3) sind Spezialfälle der allgemeinen Klasse von l_p-Normen

$$||\mathbf{x}||_p = \left(\sum_{i=1}^{n} |x_i^p| \right)^{1/p}, \tag{2.3.4}$$

die für reelle Zahlen $p \geq 1$ erklärt sind. Die l_∞-Norm ist der Grenzfall von (2.3.4) für $p \to \infty$. Eine weitere wichtige Klasse bilden die *elliptischen Normen*, die mit einer symmetrischen, positiv definiten Matrix B durch

$$||\mathbf{x}||_B = (\mathbf{x}^T B \mathbf{x})^{1/2}$$

definiert sind. Die euklidische Norm entspricht der Wahl $B = I$. Die verschiedenen Normen kann man mit Hilfe der Menge $\{\mathbf{x} : ||\mathbf{x}|| = 1\}$ von Vektoren, die *Einheitssphäre* genannt wird, geometrisch veranschaulichen. (Die Menge $\{\mathbf{x} : ||\mathbf{x}|| \leq 1\}$ heißt *Einheitskugel.*) Für Vektoren in der Ebene werden sie in Abbildung 2.3.1 dargestellt. Man beachte, daß die Einheitsvektoren für die euklidische Norm auf dem Kreis mit Radius 1 liegen.

Die elliptischen Normen spielen eine zentrale Rolle in der linearen Algebra, da sie aus einem inneren Produkt entstehen, mit dem man auch die Orthogonalität von Vektoren definieren kann. Ein *inneres Produkt* ist (wir beschränken uns, wie gesagt, auf reelle Vektoren) eine reellwertige Funktion von zwei Vektorvariablen, die die folgenden Bedingungen erfüllt:

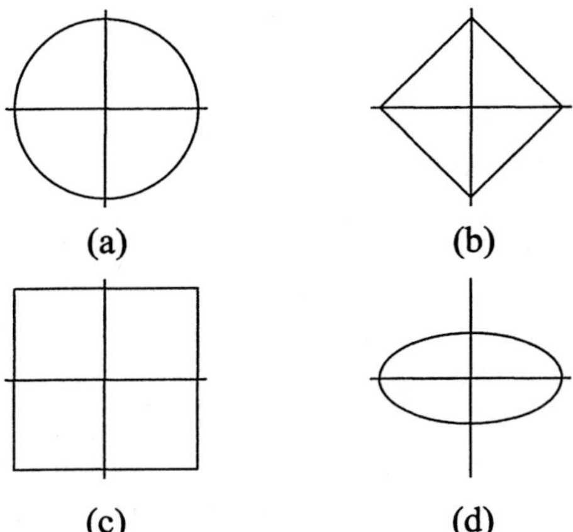

Abb. 2.3.1 *Die Einheitssphären für einige Normen: (a) l_2 (b) l_1 (c) l_∞ (d) elliptisch*

$$(\mathbf{x},\mathbf{x}) \geq 0 \text{ für alle Vektoren } \mathbf{x}; (\mathbf{x},\mathbf{x}) = 0 \text{ nur für } \mathbf{x} = 0. \tag{2.3.5a}$$

$$(\alpha\mathbf{x},\mathbf{y}) = \alpha(\mathbf{x},\mathbf{y}) \text{ für alle Vektoren } \mathbf{x},\mathbf{y} \text{ alle Zahlen } \alpha. \tag{2.3.5b}$$

$$(\mathbf{x},\mathbf{y}) = (\mathbf{y},\mathbf{x}) \text{ für alle Vektoren } \mathbf{x} \text{ und } \mathbf{y}. \tag{2.3.5c}$$

$$(\mathbf{x}+\mathbf{z},\mathbf{y}) = (\mathbf{x},\mathbf{y}) + (\mathbf{z},\mathbf{y}) \text{ für alle Vektoren } \mathbf{x},\mathbf{y} \text{ und } \mathbf{z}. \tag{2.3.5d}$$

Für jedes innere Produkt wird durch die Setzung

$$||\mathbf{x}|| = (\mathbf{x},\mathbf{x})^{1/2}$$

eine Norm definiert. Die elliptischen Normen leiten sich aus dem inneren Produkt

$$(\mathbf{x},\mathbf{y}) = \mathbf{x}^T B \mathbf{y} \tag{2.3.6}$$

her.

Zwei nichtverschwindende Vektoren $\mathbf{x}$ und $\mathbf{y}$ heißen bezüglich eines inneren Produktes *orthogonal*, wenn

$$(\mathbf{x},\mathbf{y}) = 0$$

gilt. Für das durch (2.3.6) mit $B = I$ definierte euklidische innere Produkt erhält man damit das vertraute Konzept von Orthogonalität, das wir bereits in Abschnitt 2.1 verwendet haben. Eine Menge nichtverschwindender Vektoren $\mathbf{x}_1, \ldots, \mathbf{x}_m$ heißt *orthogonal*, wenn

$$(\mathbf{x}_i, \mathbf{x}_j) = 0, \qquad i \neq j,$$

gilt. Eine Menge orthogonaler Vektoren ist notwendigerweise linear unabhängig, und eine Menge von n solcher Vektoren bildet eine *orthogonale Basis*. Ist darüberhinaus $||\mathbf{x}_i|| = 1, i = 1, \cdots, n$, so heißen die Vektoren *orthonormal*. Wie wir in Abschnitt 2.1 erläutert haben, gilt $A^T A = I$, wenn die Spalten der Matrix A bezüglich des inneren Produktes $\mathbf{x}^T \mathbf{y}$ orthogonal sind, und die Matrix ist somit orthogonal. Orthogonale Matrizen besitzen die wichtige Eigenschaft, die Länge eines Vektors zu erhalten, das heißt es ist $||A\mathbf{x}||_2 = ||\mathbf{x}||_2$.

Die Konvergenz einer Folge von Vektoren $\{\mathbf{x}^k\}$ gegen einen Grenzvektor $\mathbf{x}$ ist, mit Normen geschrieben, durch

$$||\mathbf{x}^k - \mathbf{x}|| \to 0 \qquad \text{für} \qquad k \to \infty$$

definiert. Man könnte auf die Idee kommen, daß eine Folge bezüglich der einen, aber nicht unbedingt bezüglich einer anderen Norm konvergiert. Überraschenderweise kann dies nicht eintreten.

SATZ 2.3.1 *Die folgenden Aussagen sind paarweise äquivalent:*

a. Die Folge $\{\mathbf{x}^k\}$ konvergiert gegen $\mathbf{x}$ in einer festgewählten Norm.

b. Die Folge $\{\mathbf{x}^k\}$ konvergiert gegen $\mathbf{x}$ in jeder Norm.

c. Sämtliche Komponenten der Folge $\{\mathbf{x}^k\}$ konvergieren gegen die entsprechenden Komponenten von $\mathbf{x}$; das heißt, es gilt $x_i^k \to x_i$ für $k \to \infty$, $i = 1, \ldots, n$.

Eine Folge dieses Resultats ist, daß wir einfach von der Konvergenz einer Folge von Vektoren sprechen können, ohne die Norm anzugeben.

Matrixnormen

Zu jeder Vektornorm läßt sich durch die Definition

$$||A|| = \max_{\mathbf{x} \neq 0} \frac{||A\mathbf{x}||}{||\mathbf{x}||} = \max_{||\mathbf{x}||=1} ||A\mathbf{x}|| \tag{2.3.7}$$

eine zugehörige Matrixnorm einführen. Die Eigenschaften (2.3.2) treffen auch auf Matrixnormen zu; sie sind außerdem submultiplikativ, das heißt, es gilt $||AB|| \leq ||A|| \, ||B||$. Die geometrische Interpretation einer Matrixnorm ist, daß $||A||$ die größte Länge ist, die Vektoren der Länge Eins nach Transformation mit A annehmen können. Für die l_2-Norm wird das in Abbildung 2.3.2 dargestellt.

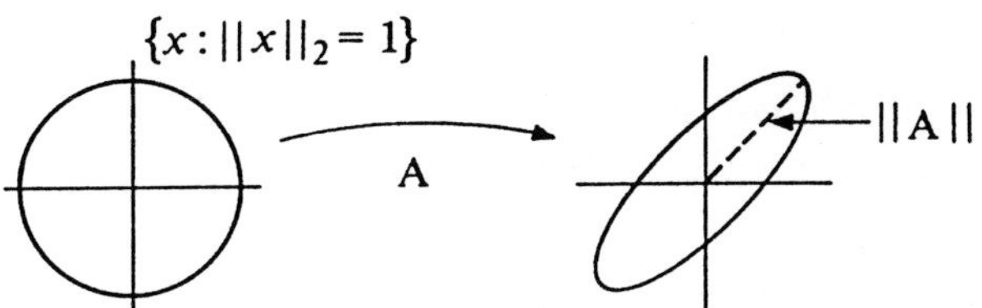

Abb. 2.3.2 *Die l_2-Matrixnorm*

Wie bei Vektoren kann die Konvergenz von Matrizen elementweise oder äquivalent unter Verwendung einer Matrixnorm eingeführt werden. Wir schreiben daher $A_k \to A$ für $k \to \infty$, wenn in irgendeiner Norm $||A_k - A|| \to 0$ für $k \to \infty$ geht. Wieder hat die Konvergenz in einer festgewählten Norm die Konvergenz in jeder Norm zur Folge.

Die zur l_1- und l_∞-Vektornorm gehörigen Matrixnormen können leicht mit Hilfe der Formeln

$$||A||_1 = \max_{1 \leq j \leq n} \sum_{i=1}^{n} |a_{ij}|, \qquad ||A||_\infty = \max_{1 \leq i \leq n} \sum_{j=1}^{n} |a_{ij}| \tag{2.3.8}$$

berechnet werden; das bedeutet, $||A||_1$ ist die maximale Spaltensumme und $||A||_\infty$ ist die maximale Zeilensumme der Beträge der Elemente von A. Die euklidische Matrixnorm ist sehr viel schwerer zu berechnen. Für jede $n \times n$-Matrix B mit Eigenwerten $\mu_1, \ldots, \mu_n$ heißt die Zahl $\rho(B) = \max_{1 \leq i \leq n} |\mu_i|$ der *Spektralradius* von B. Es ist dann

$$||A||_2 = [\rho(A^T A)]^{1/2}. \tag{2.3.9}$$

Für symmetrisches A vereinfacht sich (2.3.9) zu

$$||A||_2 = \rho(A), \tag{2.3.10}$$

was aber immer noch schwierig zu berechnen ist, wenn der Zusammenhang mit der Matrix A auch direkter ist.

Ist λ ein Eigenwert von A und $\mathbf{x}$ ein zugehöriger Eigenvektor, so folgt aus (2.3.7) sofort

$$|\lambda|\,||\mathbf{x}|| = ||\lambda\mathbf{x}|| = ||A\mathbf{x}|| \leq ||A||\,||\mathbf{x}||$$

und daher auch

$$|\lambda| \leq ||A||. \tag{2.3.11}$$

Also ergibt jede Matrixnorm von A eine Schranke für alle Eigenwerte von A. Jedoch ist im allgemeinen $\rho(A)$ nicht gleich $\|A\|$.

Der Satz von Gerschgorin

Jeder Eigenwert λ von A genügt (2.3.11) und (2.3.8) zufolge der Abschätzung

$$|\lambda| \leq \max_{1\leq i\leq n} \sum_{j=1}^{n} |a_{ij}|. \tag{2.3.12}$$

Mit der folgenden Methode können meist sehr viel bessere Abschätzungen gewonnen werden. Sei

$$r_i = \sum_{\substack{j=1 \\ j\neq i}}^{n} |a_{ij}|, \qquad i = 1, \ldots, n,$$

die Summe der Absolutwerte der Nichtdiagonalelemente der i-ten Zeile von A, und man definiere die Kreisscheiben

$$\Lambda_i = \{z : |z - a_{ii}| \leq r_i\}, \qquad i = 1, \ldots, n,$$

mit Mittelpunkt a_{ii} und Radius r_i in der komplexen Ebene. Dann haben wir den folgenden

SATZ VON GERSCHGORIN *Sämtliche Eigenwerte von A liegen in der Vereinigungsmenge der Kreisscheiben $\Lambda_1, \ldots, \Lambda_n$. Ist darüberhinaus S eine Summe von m Kreisscheiben, so daß S zu allen anderen Kreisscheiben disjunkt ist, so enthält S genau m Eigenwerte von A (unter Zählung der Vielfachheiten).*

Als ein einfaches Beispiel für die Anwendung des Satzes von Gerschgorin betrachten wir die Matrix

$$A = \frac{1}{16} \begin{bmatrix} -8 & -2 & 4 \\ -1 & -4 & 2 \\ 2 & 2 & -10 \end{bmatrix}. \tag{2.3.13}$$

Wegen (2.3.11) sind alle Eigenwerte von A dem Betrage nach kleiner oder gleich $\frac{7}{8}$. Sie liegen daher in einem Kreis vom Radius $\frac{7}{8}$ um den Ursprung in der komplexen Ebene. Dagegen erhalten wir durch eine Anwendung des Satzes von Gerschgorin, daß die Eigenwerte in der Vereinigungsmenge der Kreisscheiben, die in Abbildung 2.3.3 gezeigt sind, liegen, was sehr viel aussagekräftiger als (2.3.11) ist. Im besonderen ist kein Eigenwert gleich Null, so daß gemäß Satz 2.2.1 die Matrix regulär ist.

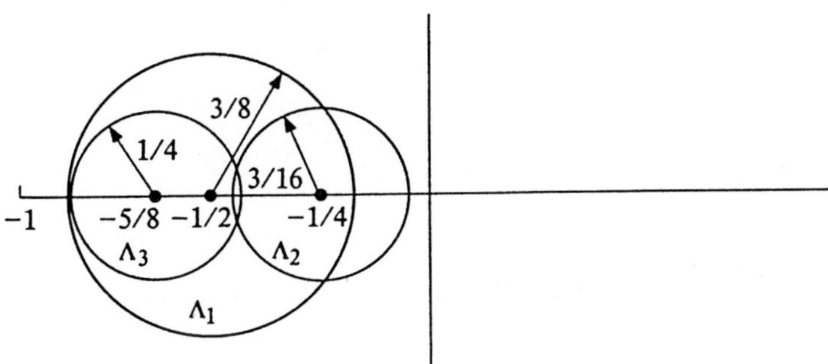

Abb. 2.3.3 *Gerschgorin-Kreise in der komplexen Ebene*

Zur Veranschaulichung des zweiten Teils des Satzes von Gerschgorin werde die zweite Zeile der Matrix aus (2.3.13) durch $\frac{1}{16}(-1, 6, 2)$ ersetzt. Dann ist der Kreis Λ_2 um $+\frac{3}{8}$ zentriert, wieder mit Radius $\frac{3}{16}$. Da nun der Kreis Λ_2 zu den beiden anderen Kreisen disjunkt ist, liegt in ihm genau ein Eigenwert von A. Da außerdem alle komplexen Eigenwerte von A in konjugiert komplexen Paaren auftreten, muß der Eigenwert reell sein und daher im Intervall $[\frac{3}{16}, \frac{9}{16}]$ liegen.

Der Beweis des ersten Teiles des Satzes von Gerschgorin ist recht einfach. Sei λ ein Eigenwert von A und $\mathbf{x}$ ein zugehöriger Eigenvektor. Nach Definition gilt dann

$$(\lambda - a_{ii})x_i = \sum_{\substack{j=1 \\ j \neq i}}^{n} a_{ij}x_j, \qquad i = 1, \ldots, n.$$

Ist x_k die betragsgrößte Komponente von $\mathbf{x}$, so besteht die Abschätzung

$$|\lambda - a_{kk}| \leq \sum_{\substack{j=1 \\ j \neq k}}^{n} |a_{kj}| \frac{|x_j|}{|x_k|} \leq \sum_{\substack{j=1 \\ j \neq k}}^{n} |a_{kj}|,$$

und man sieht, daß λ im Kreis mit Mittelpunkt a_{kk} und daher in der Vereinigung aller dieser Kreise gelegen ist. Der Beweis des zweiten Teiles des Satzes gestaltet sich schwieriger. Er beruht auf der Tatsache, daß die Eigenwerte einer Matrix stetige Funktionen der Elemente der Matrix sind.

Durch einfache Ähnlichkeitstransformationen ist es manchmal möglich, mit Hilfe des Satzes von Gerschgorin zusätzliche Informationen über die Eigenwerte zu erlangen. Als ein Beispiel betrachte man die Matrix

$$A = \begin{bmatrix} 8 & 1 & 0 \\ 1 & 12 & 1 \\ 0 & 1 & 10 \end{bmatrix}.$$

Da A symmetrisch ist, sind die Eigenwerte reell, und mit Hilfe des Satzes von Gerschgorin erschließen wir, daß sie in der Vereinigung der Intervalle $[7, 9]$, $[10, 14]$, $[9, 11]$ liegen. Da diese Intervalle nicht disjunkt sind, können wir nicht schließen, daß jedes genau einen Eigenwert enthält. Nach einer Ähnlichkeitstransformation mit der Matrix $D = \operatorname{diag}(d, 1, 1)$ erhalten wir

$$DAD^{-1} = \begin{bmatrix} 8 & d & 0 \\ d^{-1} & 12 & 1 \\ 0 & 1 & 10 \end{bmatrix}.$$

Nach dem Satz von Gerschgorin liegen die Eigenwerte dieser Matrix (die gleich denen von A sind) in der Vereinigung der Intervalle $[8-d, 8+d]$, $[11-d^{-1}, 13+d^{-1}]$, $[9, 11]$. Solange $1 > d > \frac{1}{2}[3 - \sqrt{5}]$ ist, bleibt das erste Intervall disjunkt zu den anderen und enthält daher genau einen Eigenwert. Insbesondere liegt im Intervall $[7.6, 8.4]$ genau ein Eigenwert.

Eine weitere wichtige Anwendung des Satzes von Gerschgorin besteht in Aussagen über die Bewegung der Eigenwerte einer Matrix aufgrund einer Änderung ihrer Elemente. Sei A eine gegebene $n \times n$-Matrix mit Eigenwerten $\lambda_1, \ldots, \lambda_n$, und man nehme an, daß E eine Matrix ist, deren Elemente im Vergleich zu denen von A klein sind. Beispielsweise kann E aus den Rundungsfehlern gebildet sein, mit denen die Matrix A auf einem Rechner behaftet ist. Seien $\mu_1, \ldots, \mu_n$ die Eigenwerte von $A+E$. Was können wir dann über die Abweichung $|\lambda_i - \mu_i|$ sagen? Wir geben als nächstes ein relativ einfaches Resultat für den Fall an, daß A n linear unabhängige Eigenvektoren besitzt.

SATZ 2.3.2 *Sei $A = PDP^{-1}$, wobei D die aus den Eigenwerten von A gebildete Diagonalmatrix ist, und sei $d = ||P^{-1}EP||_\infty$. Jeder Eigenwert von $A+E$ besitzt dann höchstens den Abstand d von einem gewissen Eigenwert von A.*

Der Beweis dieses Satzes ist eine einfache Folgerung aus dem Satz von Gerschgorin. Sei $C = P^{-1}(A+E)P$. Dann besitzt C dieselben Eigenwerte $\mu_1, \ldots, \mu_n$ wie $A+E$. Ist $B = P^{-1}EP$, so gilt $C = D + B$, und die Diagonalelemente von C sind $\lambda_i + b_{ii}$, $i = 1, \ldots, n$. Aufgrund des Satzes von Gerschgorin liegen die Eigenwerte $\mu_1, \ldots, \mu_n$ in der Vereinigung der Kreise

$$\{z : |z - \lambda_i - b_{ii}| \leq \sum_{\substack{j=1 \\ j \neq i}}^{n} |b_{ij}|\}.$$

Zu gegebenen μ_k gibt es daher ein i mit

$$|\mu_k - \lambda_i - b_{ii}| \leq \sum_{\substack{j=1 \\ j \neq i}}^{n} |b_{ij}|,$$

bzw.

$$|\mu_k - \lambda_i| \leq \sum_{j=1}^{n} |b_{ij}| \leq d,$$

was zu beweisen war.

Wir beenden diesen Abschnitt mit einer Anwendung des Satzes von Gerschgorin, um zu zeigen, daß ein wichtiger Typ von Matrizen regulär ist. Eine $n \times n$-Matrix A heißt *diagonaldominant*, wenn die Ungleichung

$$|a_{ii}| \geq \sum_{\substack{j=1 \\ j \neq i}}^{n} |a_{ij}|, \qquad i = 1, \ldots, n, \tag{2.3.14}$$

besteht und *streng diagonaldominant*, wenn in 2.3.14 für alle i die echte Ungleichung steht. Wenn A^T (streng) diagonaldominant ist, so nennt man manchmal A auch *(streng) spaltendiagonaldominant*. Die Matrix A heißt *irreduzibel diagonaldominant*, wenn sie irreduzibel (siehe Abschnitt 2.1) ist und in (2.3.14) für wenigstens ein i die echte Ungleichung steht.

Diagonaldominanz ist nicht ausreichend, um die Singularität einer Matrix auszuschließen; beispielsweise ist die 2×2-Matrix, deren sämtliche Elemente gleich Eins sind, zwar diagonaldominant und auch spaltendiagonaldominant, aber singulär. Strenge oder irreduzible Diagonaldominanz ist jedoch hinreichend.

SATZ 2.3.3 *Eine streng diagonaldominante, streng spaltendiagonaldominante oder irreduzibel diagonaldominante $n \times n$-Matrix A ist regulär.*

Wir beweisen diesen Satz für den Fall einer streng diagonaldominanten Matrix A. Der strengen Diagonaldominanz zufolge enthält keiner der Gerschgorin-Kreise den Ursprung. Daher ist kein Eigenwert gleich Null, und A ist regulär. Ist A streng spaltendiagonaldominant, dann ist A^T streng diagonaldominant und daher regulär. Aber wegen $\det A = \det A^T$ ist dann auch A regulär.

Ergänzende Bemerkungen und Literaturhinweise zu Kapitel 2

Ein großer Teil des in diesem Kapitel behandelten Stoffes kann in den meisten einführenden Büchern der linearen Algebra gefunden werden. Eine fortgeschrittene Darstellung geben Horn und Johnson [1985], Lancaster und Tismenetsky [1985] und Ortega [1987]. Auch viele Bücher der Numerischen Analysis stellen eine gute Grundlage der linearen Algebra in einer Form bereit, wie sie für das wissenschaftliche Rechnen gebraucht wird; vgl. zum Beispiel Golub und Van Loan [1989], Ortega [1990], Parlett [1980], Stewart [1973], Varga [1962] und Wilkinson [1965].

Übungsaufgaben zu Abschnitt 2.3

2.3.1. Man berechne die ℓ_1-, ℓ_2- und ℓ_∞-Normen der Vektoren

$$\text{(a)} \quad \begin{bmatrix} 2 \\ 1 \end{bmatrix} \qquad \text{(b)} \quad \begin{bmatrix} 1 \\ 0 \end{bmatrix} \qquad \text{(c)} \quad \begin{bmatrix} 1 \\ -1 \end{bmatrix}.$$

2.3.2. Man berechne die ℓ_1-, ℓ_2- und ℓ_∞-Normen der Matrizen

$$\text{(a)} \quad \begin{bmatrix} 0 & 1 \\ -1 & 0 \end{bmatrix} \qquad \text{(b)} \quad \begin{bmatrix} 1 & 2 \\ 2 & 2 \end{bmatrix} \qquad \text{(c)} \quad \begin{bmatrix} 1 & 4 \\ 1 & 2 \end{bmatrix}.$$

2.3.3. Sei B eine indefinite, reelle, symmetrische $n \times n$-Matrix. Man zeige, daß dann $(\mathbf{x}^T B\mathbf{x})^{1/2}$ keine Norm definiert.

2.3.4. Sind $\alpha_1, \ldots, \alpha_n$ positive Zahlen, so zeige man, daß durch

$$\sum_{i=1}^{n} \alpha_i |x_i| \qquad \text{und} \qquad \max_{1 \le i \le n} \alpha_i |x_i|$$

Normen definiert werden.

2.3.5. Man bestätige, daß die Einheitssphären in der Abbildung 2.3.1 korrekt gezeichnet sind.

2.3.6. Man zeige $|\|\mathbf{x}\| - \|\mathbf{y}\|| \le \|\mathbf{x} - \mathbf{y}\|$ für alle $\mathbf{x}, \mathbf{y}$.

2.3.7. Für eine $n \times n$-Matrix A definiere man die *Frobeniusnorm*

$$\|A\| = \left(\sum_{i,j=1}^{n} |\mathbf{a}_{ij}|^2 \right)^{1/2}.$$

Man zeige, daß die Normeigenschaften (2.3.2) erfüllt sind, daß aber außer für $n = 1$ keine Norm im Sinne von (2.3.7) vorliegt, da (2.3.7) die Gleichung $\|I\| = 1$ für jede Norm nach sich zieht.

2.3.8. Man prüfe, ob $f(\mathbf{x}) = (x_1^2 + 2x_1x_2 + 4x_2^2)^{1/2}$ eine Norm definiert.

2.3.9. Für zwei Spaltenvektoren $\mathbf{u}$ und $\mathbf{v}$ zeige man $\|\mathbf{u}\mathbf{v}^T\|_2 = \|\mathbf{u}\|_2 \|\mathbf{v}\|_2$.

2.3.10. Man bestätige für eine Norm, die aus einem Skalarprodukt gebildet ist, die *Polarisierungsformel*

$$(\mathbf{x}, \mathbf{y}) = \frac{1}{4}(\|\mathbf{x} + \mathbf{y}\|^2 - \|\mathbf{x} - \mathbf{y}\|^2)$$

2.3.11. Man zeige für die l_1- und die l_∞-Norm, daß $\|\mathbf{x}\|_\infty \le \|\mathbf{x}\|_1 \le n\|\mathbf{x}\|_\infty$ gilt.

2.3.12. Man bestimme die Gerschgorin-Kreise für die Matrix

$$A = \begin{bmatrix} 4 & 2 & 2 \\ 1 & 8 & 1 \\ 1 & 1 & 12 \end{bmatrix}.$$

Unter Verwendung der Tatsache, daß A und A^T dieselben Eigenwerte besitzen, zeige man durch Anwendung des Satzes von Gerschgorin auf A^T, daß A einen Eigenwert λ mit $|\lambda - 4| \leq 2$ besitzt.

2.3.13. Es sei $A = A^T$. Man gebe in Satz 2.3.2 eine obere Schranke für $d = \|P^{-1}EP\|_\infty$ an.

2.3.14. Man beweise Satz 2.3.3 indirekt mit der Widerspruchsannahme, daß A singulär ist und daher $A\mathbf{x} = 0$ für ein $\mathbf{x} \neq 0$ gilt. Unter Verwendung der Größe $|x_k| = \max\{|x_i|\}$ versuche man, zu einem Widerspruch zu gelangen.

2.3.15. Man zeige $\|A^k\| \leq \|A\|^k$ für jede Norm und jede natürliche Zahl k. Damit erschließe man, daß aus $\|A\| < 1$ folgt $A^k \to 0$ für $k \to \infty$.

2.3.16. Man zeige $\|A\|_2 \leq \|A\|_1^{1/2} \|A\|_\infty^{1/2}$.

2.3.17. Man zeige, daß jede Vektornorm eine stetige Funktion der Komponenten des Vektors ist.

2.3.18. Für eine $n \times n$-Matrix B mit $\rho(B) < 1$ gilt die Darstellung (auch *Neumannsche Reihe* genannt)

$$(I - B)^{-1} = \sum_{i=0}^{\infty} B^i$$

in Form einer geometrischen Reihe. Unter der Voraussetzung $\|B\| < 1$ beweise man damit

$$\|(I - B)^{-1}\| \leq \frac{1}{1 - \|B\|}.$$

3 Parallel- und Vektorrechnen

3.1 Parallel- und Vektorrechner

Anfang der siebziger Jahre erschienen die ersten Rechner auf dem Markt, die aus einer Anzahl getrennter Prozessoren bestanden, die parallel zueinander arbeiten konnten oder über Hardwareinstruktionen für Vektoroperationen verfügten. Den zuerst genannten Rechnertyp werden wir im folgenden als *Parallelrechner*, den zuletzt genannten als *Vektorrechner* bezeichnen.

Vektorrechner

Vektorrechner verwenden das sogenannte *Pipelining*, welches die explizite Segmentierung einer arithmetischen Einheit bezeichnet. Dabei wird in jedem Segment eine Teiloperation auf einem Operandenpaar ausgeführt. In Abb. 3.1.1 wird dies für eine Gleitpunktaddition illustriert.

$a_i \rightarrow$	a_{i+1}	a_{i+2}	a_{i+3}	a_{i+4}	a_{i+5}	a_{i+6}	$\rightarrow a_{i+7}+b_{i+7}$
$b_i \rightarrow$	b_{i+1}	b_{i+2}	b_{i+3}	b_{i+4}	b_{i+5}	b_{i+6}	

Abb. 3.1.1 *Eine Gleitpunktpipeline*

In dem in Abb. 3.1.1 dargestellten Beispiel wird ein Gleitpunktaddierer in sechs Segmente unterteilt. In jedem Segment wird eine Teiloperation der Gleitpunktaddition ausgeführt. Jedes Segment arbeitet auf einem Operandenpaar, so daß sich zu einem gegebenen Zeitpunkt sechs Operandenpaare in der Pipeline befinden können. Der Vorteil dieser Segmentierung besteht darin, daß Ergebnisse sechsmal schneller (oder, im allgemeinen, K-mal schneller, falls K die Anzahl der Segmente bezeichnet) als in einer seriellen arithmetischen Einheit berechnet werden, die jeweils nur ein Operandenpaar gleichzeitig bearbeiten kann und das jeweilige Ergebnis vollständig berechnet, bevor daß nächste Operandenpaar zugelassen wird. Um jedoch diese Eigenschaft nutzen zu können, müssen die Daten die arithmetischen Einheiten so schnell erreichen, das die Pipeline gefüllt bleibt. Im allgemeinen wird jede Teiloperation in Abb. 3.1.1

in einem *Maschinenzyklus* mit einer Länge von üblicherweise einigen Nanosekunden ($1\,ns = 10^{-9}$ Sekunden) ausgeführt. Daher müssen in jedem Maschinenzyklus neue Daten zum Eintritt in die Pipeline bereitstehen. Um dies zu unterstützen, verfügen verschiedene Rechner über Hardwareinstruktionen, beispielsweise für eine Vektoraddition, die explizite Lade- und Speicheroperationen für jeden einzelnen Operanden überflüssig werden lassen: Eine einzige Hardwareinstruktion steuert das Laden aller Operanden und das Speichern aller Ergebnisse der Vektoroperation.

Datenzugriff

Einer der ersten Vektorrechner war die von der Control Data Corporation im Jahre 1973 vorgestellte CDC STAR-100. Diese Maschine wurde Ende der siebziger Jahre zur Cyber 203, Anfang der achtziger Jahre zur Cyber 205 und Ende der achtziger Jahre zur ETA-10 weiterentwickelt. Alle diese Maschinen, die heute nicht mehr hergestellt werden, holten ihre Operanden direkt aus dem Hauptspeicher und speicherten die Ergebnisse ebenfalls direkt in den Hauptspeicher zurück. Daher waren diese Rechner als *Speicher-Speicher*-Maschinen bekannt.

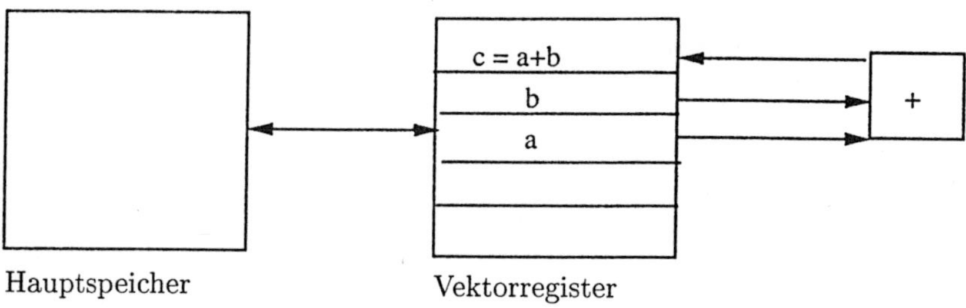

Abb. 3.1.2 *Register-Register-Addition*

In der Mitte der siebziger Jahre begann die Firma Cray Research, Inc., mit der Produktion von Rechnern, die die kommerziell erfolgreichsten Vektor-Superrechner werden sollten. Alle von Cray hergestellten Rechner verwenden *Vektorregister*, die inzwischen zum Standard für viele andere Hersteller geworden sind. Die Vektorregister sind ein sehr schneller Speicher zum Zwischenspeichern von Operanden und Ergebnissen von Vektoroperationen. Hardwareinstruktionen für Vektoroperationen arbeiten nur auf Operanden aus Vektorregistern. Diese Rechner werden daher auch häufig *Register-Register*-Maschinen genannt. Für die Vektoraddition wird dies in Abb. 3.1.2 illustriert.

Dort wird angenommen, daß jedes Vektorregister eine bestimmte Anzahl an Speicherworten halten kann. Auf Cray-Vektorrechnern gibt es beispielsweise 8 Vektorregister mit jeweils 64 Speicherworten. Operanden für eine Vektoraddition werden aus zwei Vektorregistern geladen, während das Ergebnis in ein drittes Vektorregister geschrieben wird. Vor der eigentlichen Vektoraddition muß der Inhalt der Vektorregister aus dem Hauptspeicher geladen werden; zu einem bestimmten Zeitpunkt werden die Ergebnisse aus den Vektorregistern in den Hauptspeicher geschrieben. In der Regel ist es wünschenswert, Daten solange wie möglich in den Vektorregistern zu halten. Hierfür werden in späteren Abschnitten einige Beispiele angegeben.

Vektorregister haben eine ähnliche Bedeutung wie Cachespeicher in konventionellen Rechnern. Neuere Vektorrechner können durchaus eine komplexere Speicherhierarchie aufweisen. Einige Maschinen besitzen sowohl Cachespeicher als auch Vektorregister. Die Cray-2 hatte zusätzlich zu Vektorregistern in jedem Prozessor einen schnellen lokalen Speicher mit einer Kapazität von 16.000 Speicherworten. Andere Maschinen wie die Cray Y-MP - Serie verfügen über einen Sekundärspeicher (Solid State Storage Device), der langsamer als der Hauptspeicher, aber schneller als eine Magnetplatte ist. Alle diese Maschinen verfügen natürlich auch über Magnetplattenspeicher. Die Herausforderung besteht darin, diese verschiedenen Speicherarten sinnvoll zu nutzen, und zwar so, daß die Daten dann in den arithmetischen Einheiten bereitstehen, wenn sie dort benötigt werden.

Vektoren

Auf Register-Register-Maschinen besteht ein Vektor in einer arithmetischen Operation aus einer Folge von jeweils unmittelbar benachbarten Elementen in einem Vektorregister, üblicherweise mit dem ersten Element im Register beginnend. Ein wichtiger Gesichtspunkt für diese Maschinen besteht in der Frage, wie ein Vektor im Hauptspeicher auszusehen hat, um in ein Vektorregister geladen werden zu können. Elemente, die sequentiell adressierbar sind, bilden immer einen geeigneten Vektor. Im folgenden benutzen wir den Begriff *zusammenhängend* als Synonym für sequentiell adressierbar, obwohl sequentiell adressierbare Elemente im allgemeinen physikalisch nicht zusammenhängend im Speicher liegen, sondern in unterschiedlichen Speicherbänken abgelegt werden. Auch Folgen von Elementen mit einem konstanten Indexinkrement bilden einen Vektor. Unter *Indexinkrement* verstehen wir die Indexdifferenz zwischen zwei aufeinanderfolgenden Elementen in einem Vektor. So haben beispielsweise Elemente mit den Adressen $a, a+s, a+2s, \ldots$ ein konstantes Inkrement s. Im Spezialfall $s = 1$ sind die Elemente sequentiell adressierbar.

Bank				
1	a_{11}	a_{12}	a_{13}	a_{14}
2	a_{21}	a_{22}	a_{23}	a_{24}
3	a_{31}	a_{32}	a_{33}	a_{34}
4	a_{41}	a_{42}	a_{43}	a_{44}

Abb. 3.1.3 *Speicherschema für eine* 4×4 - *Matrix*

Für nicht mit einem konstanten Indexinkrement abgespeicherte Elemente müssen zum Laden der Vektorregister zusätzliche Hardwareinstruktionen oder Software verwendet werden. Eine *Gather*-Operation lädt Elemente in ein Register, die durch die Liste ihrer Adressen spezifiziert sind. Eine *Scatter*-Operation speichert umgekehrt Elemente aus einem Register in Speicherzellen, die durch eine Adreßliste festgelegt werden. Diese Operationen führen zu einem zusätzlichen Mehraufwand bei arithmetischen Vektoroperationen. Bei der Entwicklung von Algorithmen für Vektorrechner muß daher vorrangig darauf geachtet werden, daß die Daten so angeordnet werden, daß Verzögerungen beim Speicherzugriff minimiert werden.

Sogenannte *Speicherbankkonflikte* stellen einen Hauptgrund für Verzögerungen dar. Aufeinanderfolgende Elemente mit dem Inkrement 1 werden in unterschiedlichen Bänken abgelegt, da auf ein Speicherwort nicht in jedem Maschinenzyklus zugegriffen werden kann. Typischerweise kann auf eine Speicherbank nur in Abständen von einigen (wenigen) Zyklen zugegriffen werden. Die daraus resultierende Verzögerung wird *Wiederbereitstellungszeit* genannt. Wir betrachten beispielsweise, wie in Abb. 3.1.3 illustriert, 4 Bänke und eine 4×4-Matrix. Wenn wir spaltenweise auf diese Matrix zugreifen, sind aufeinanderfolgende Elemente in unterschiedlichen Bänken abgelegt, und es kann ohne Verzögerung auf sie zugegriffen werden. Wenn wir jedoch zeilenweise auf die Matrix zugreifen und wenn eine Speicherbank nur alle vier Zyklen zugänglich ist, so wird der zeilenweise Zugriff viermal langsamer als der spaltenweise. Heutige Maschinen verfügen über wesentlich mehr als vier Speicherbänke. Dies beseitigt das Problem jedoch nicht, sondern verschiebt es nur. Bei 64 Bänken und einer 64×64 Matrix etwa liegen alle Elemente einer Zeile in derselben Bank, und beim zeilenweisen Zugriff auf die Matrix tritt erneut die gleiche Verzögerung auf.

Arithmetische Einheiten

Cray-Rechner besitzen - wie die meisten anderen auch - separate Pipelines für Addition und Multiplikation sowie für einige andere Funktionen. Einige Rechner anderer Hersteller haben mehrfach ausgelegte Einheiten, etwa jeweils vier für die Addition und vier für die Multiplikation. Immer sind Vektor-Hardwareoperationen zur Addition von zwei Vektoren, für das elementweise Produkt zweier Vektoren sowie entweder die elementweise Division zweier Vektoren oder die elementweise Bildung von Reziprokwerten eines Vektors verfügbar. Es kann jedoch auch weitere Vektoroperationen geben.

Die meisten, aber nicht alle Vektorrechner ermöglichen das *Verketten* von arithmetischen Einheiten: Ergebnisse aus einer Einheit können direkt in eine weitere Einheit geleitet werden, ohne daß zwischenzeitlich ein Register zum Zwischenspeichern benutzt werden muß. Dies wird in Abb. 3.1.4 für eine *axpy*-Operation der Gestalt Vektor plus Skalar mal Vektor illustriert. Auch das Laden und Speichern von Vektorregistern kann mit den Operationen in den arithmetischen Einheiten verkettet werden.

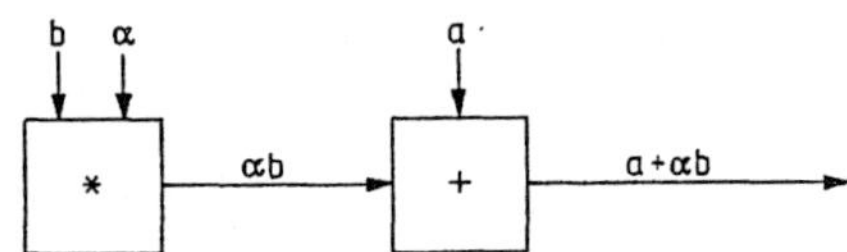

Abb. 3.1.4 *Verkettung*

Die meisten Vektorrechner verfügen über separate Einheiten für skalare Arithmetik. Diese Einheiten können auch verkettet werden, lassen jedoch keine Vektoroperanden zu. Sie können parallel zu Vektoreinheiten verwendet werden. Sie erzeugen skalare Resultate mit einer Geschwindigkeit, die in der Regel fünf- bis zehnmal geringer als die maximale Geschwindigkeit der Vektoreinheiten ist.

Startup-Zeiten von Vektoreinheiten

Wie die folgende Näherungsformel für die für eine Vektoroperation benötigte Zeit T zeigt, führt die Anwendung von Vektoroperationen zu einem von der Vektorlänge unabhängigen zusätzlichen Aufwand:

$$T = S + KN. \tag{3.1.1}$$

In (3.1.1) bezeichnet N die Länge der betroffenen Vektoren; K bezeichnet das Zeitintervall, nach dem einzelne Ergebnisse die Pipeline verlassen, und S stellt die sogenannte *Bereitstellungszeit* oder *Startup-Zeit* dar. S gibt die Zeit an, die benötigt wird, bis die Pipeline gefüllt und das erste Ergebnis erzeugt worden ist. Danach verläßt alle K Zeiteinheiten ein Ergebnis die Pipeline, wobei K im allgemeinen einem Maschinenzyklus entspricht. Wenn sich die Vektoroperanden schon in Vektorregistern befinden, ist die Bereitstellungszeit meist recht klein, üblicherweise etwa ein halbes Dutzend Zyklen. Wenn sich die Vektoroperanden noch im Hauptspeicher befinden, umfaßt die Bereitstellungszeit auch die für das Laden der Vektorregister benötigte Zeit und kann in Abhängigkeit vom Rechner auf bis zu etwa 50 - 100 Zyklen anwachsen.

Formel (3.1.1) gilt nur näherungsweise für Vektoren, deren Länge die Größe eines Vektorregisters überschreitet. Wir nehmen aber an, daß (3.1.1) für die folgende Diskussion korrekt ist. Die *Ergebnisrate* bezeichnet die Anzahl von Ergebnissen pro Zeiteinheit und ist gegeben durch

$$R = \frac{N}{S + KN}. \tag{3.1.2}$$

Falls $S = 0$, oder wenn $N \to \infty$, liefert (3.1.2)

$$R_\infty = \frac{1}{K}, \tag{3.1.3}$$

was als *asymptotische Ergebnisrate* bezeichnet wird. Diese stellt die (nicht erreichbare) maximale Ergebnisrate für den Fall dar, daß die Bereitstellungszeit vernachlässigt wird. Beträgt K beispielsweise $10\,ns$ (Nanosekunden), so erhält man eine asymptotische Ergebnisrate von $R_\infty = 10^8$ Ergebnissen pro Sekunde oder 100 Mflops, wobei „Mflops“ für *Megaflops* oder eine Million Gleitpunktoperationen pro Sekunde steht („million floating-point operations per second“).

Eine aussagekräftige Zahl ist auch $N_{1/2}$, welche definiert ist als diejenige Vektorlänge, bei der die halbe asymptotische Ergebnisrate erreicht wird. Für $K = 10\,ns$ folgt aus (3.1.2) beispielsweise $N_{1/2} = 100$ für $S = 1000$ und $N_{1/2} = 10$ für $S = 100$. Eine andere wichtige Zahl stellt der *Schwellenwert* N_c dar, ab dem die Vektorarithmetik schneller als die Skalararithmetik wird.

Parallelrechner

Ein Parallelrechner ist charakterisiert durch eine Anzahl von Prozessoren, die kooperierend an einer gemeinsamen Aufgabe arbeiten. Die Grundidee besteht darin, daß eine Aufgabe, für die ein Prozessor einen Zeitaufwand t benötigt, von p Prozessoren in der Zeit t/p bewältigt werden sollte. Allerdings kann dieser ideale Beschleunigungsfaktor nur in sehr speziellen Fällen erreicht werden. Unser Ziel besteht in der Entwicklung von Algorithmen, die für ein gegebenes Problem möglichst weitgehend die Möglichkeiten von mehreren oder vielen Prozessoren ausnutzen. Die Spannbreite möglicher Prozessoren in Parallelrechnern reicht von sehr einfachen Prozessoren bis hin zu sehr leistungsfähigen Vektorprozessoren. Die Mehrzahl unserer Betrachtungen wird für den Fall leistungsfähiger sequentieller oder vektorieller Prozessoren angestellt.

MIMD- und SIMD-Rechner

Die Art und Weise, in der die Prozessoren gesteuert werden, stellt ein erstes wichtiges Klassifikationsmerkmal paralleler Systeme dar. In einem Single-Instruction-Multiple-Data-System (abgekürzt SIMD) stehen alle Prozessoren unter der Kontrolle eines *Steuerprozessors* oder *Kontrollprozessors.* Zu einem gegebenen Zeitpunkt führt jeder Prozessor entweder die gleiche Instruktion aus, oder er ist gerade nicht beschäftigt. Daher wird eine einzige Instruktionsfolge auf vielfachen Datenströmen - jeweils einem je Prozessor - ausgeführt. Der Illiac IV, der erste große, Anfang der siebziger Jahre vollendete Parallelrechner, war ein SIMD-Rechner, genauso wie die von Thinking Machines, Inc., hergestellte Connection Machine. Die CM-2 ist beispielsweise eine SIMD-Maschine mit 65.536 einfachen 1-Bit-Prozessoren. Vektorrechner können konzeptionell auch in die Klasse der SIMD-Rechner eingeordnet werden, wenn man die Bearbeitung der Elemente eines Vektors als individuell unter der Kontrolle einer Vektor-Hardwareinstruktion erfolgend ansieht.

Die meisten nach dem Illiac IV gebauten Parallelrechner waren Multiple-Instruction-Multiple-Data-Systeme (abgekürzt MIMD). Auf diesen laufen die einzelnen Prozessoren jeweils unter der Kontrolle ihres eigenen Programms. Dies führt zu einer größeren Flexibilität im Hinblick auf die Aufgaben, die ein Prozessor zu einem beliebigen Zeitpunkt ausführen kann. Allerdings stellt sich auch auf diesen Rechnern das Problem der Synchronisation. In einem SIMD-System obliegt die Synchronisation der einzelnen Prozessoren dem Steuerprozessor, während in einem MIMD-System andere Mechanismen verwendet werden müssen, um zu gewährleisten, daß die Prozessoren ihre Aufgaben in der richtigen Reihenfolge mit den richtigen Daten ausführen. Das Problem der Synchronisation wird später diskutiert.

Für viele Aufgabenstellungen können die Programme auf den einzelnen Prozessoren eines MIMD-Systems identisch oder zumindest nahezu identisch sein. In diesem Fall führen alle Programme, wie bei SIMD-Rechnern, die gleichen

Operationen auf unterschiedlichen Daten aus. Dies führt zum Single-Program-Multiple-Data-Rechenmodell (abgekürzt SPMD-Modell), welches auch als *datenparalleles* Modell bezeichnet wird.

Vergleich von gemeinsamem und verteiltem (Haupt-)Speicher

Ein anderes wichtiges Klassifikationsmerkmal für Parallelrechner ist die Unterscheidung von *gemeinsamem* und *verteiltem* (Haupt-)Speicher. Ein System mit gemeinsamem Speicher ist in Abb. 3.1.5 dargestellt. Alle Prozessoren haben Zugriff auf den gemeinsamen Speicher. Jeder Prozessor kann gegebenenfalls zusätzlich über einen lokalen Speicher für Programmcode und Zwischenergebnisse verfügen. Der gemeinsame Speicher wird in diesem Fall für Daten und Ergebnisse benutzt, die von mehr als einem Speicher benötigt werden. Die gesamte Kommunikation zwischen einzelnen Prozessoren erfolgt über den gemeinsamen Speicher. Der Hauptvorteil eines Systems mit gemeinsamem Speicher besteht in der potentiell sehr schnellen Datenkommunikation zwischen Prozessoren. Ein schwerwiegender Nachteil besteht darin, daß unterschiedliche Prozessoren auf den gemeinsamen Speicher möglicherweise gleichzeitig zugreifen wollen. In diesem Fall tritt bis zur Freigabe des Speichers eine Verzögerung ein. Diese Verzögerung wird als *Konfliktzeit* bezeichnet. Sie wächst in der Regel mit zunehmender Anzahl der beteiligten Prozessoren. Das Konzept des gemeinsamen Speichers ist üblicherweise für Systeme mit einer kleinen Anzahl von Prozessoren verwendet worden. Als Beispiel seien Cray-Rechner mit bis zu 16 Prozessoren genannt.

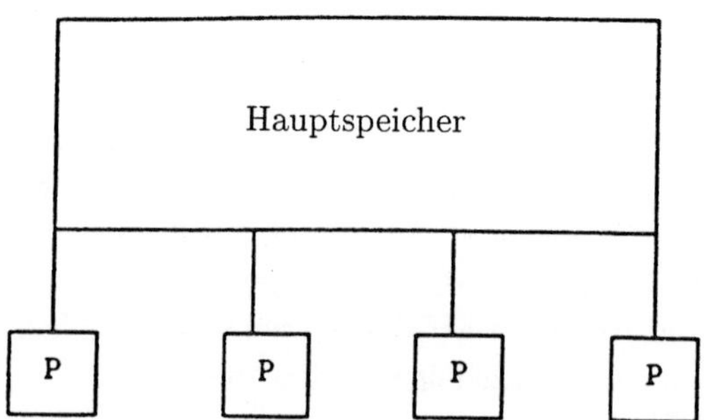

Abb. 3.1.5 *Ein System mit gemeinsamem Speicher*

Eine Alternative zu Systemen mit gemeinsamem Speicher stellen solche mit *verteiltem Speicher* dar, in denen jeder Prozessor nur seinen eigenen lokalen

Speicher adressieren kann. Die Kommunikation zwischen Prozessoren erfolgt durch Nachrichtenaustausch, das sogenannte *Message Passing*, in welchem Daten oder Information zwischen Prozessoren transportiert werden.

Kopplungsschemata

Ein wichtiger und interessanter Gesichtspunkt von Parallelrechnern stellt die Art und Weise dar, in der einzelne Prozessoren miteinander kommunizieren. Dies ist insbesondere für Systeme mit verteiltem Speicher von Bedeutung, aber auch für solche mit gemeinsamem Speicher wichtig, da die Verbindung zum gemeinsamen Speicher durch unterschiedliche Kommunikationsschemata reaisiert werden kann. Im folgenden diskutieren wir einige der gebräuchlicheren Möglichkeiten.

Vollständige Kopplung

In einem vollständig gekoppelten System verfügt jeder Prozessor über eine direkte Verbindung zu jedem anderen Prozessor. Dies ist theoretisch das ideale Kopplungsschema, jedoch für große Anzahlen p von Prozessoren nicht praktikabel, da es $p-1$ Verbindungen an jedem Prozessor erfordert.

Switches

Einen anderen Ansatz für ein vollständiges Verbindungsnetzwerk stellt der sogenannte *Crossbar Switch* dar, in dem jeder Prozessor mit jedem Speicher über Schalter verbunden werden kann. Dies hat den Vorteil, daß jeder Prozessor Zugriff auf jeden Speicher unter Verwendung einer nur geringen Anzahl an Verbindungen erhält. Dieses Prinzip ist in Abb. 3.1.6. dargestellt.

Ein Nachteil des Crossbar Switch besteht darin, daß p^2 Schalter benötigt werden, um p Prozessoren mit p Speichern zu verbinden. Dies ist für große p nicht praktikabel, kann jedoch bis zu einem gewissen Grad durch ein *schaltendes Netzwerk* vermieden werden. Ein einfaches derartiges Netzwerk ist in Abb. 3.1.7 skizziert. Auf der linken Seite befinden sich acht Prozessoren, auf der rechten acht Speicher. Jedes Kästchen stellt einen Zweiwege-Schalter dar, während die Linien die Übertragungswege bezeichnen. Über dieses schaltende Netzwerk kann jeder der Prozessoren jeden Speicher adressieren. Will P_1 beispielsweise M_8 adressieren, so wird Schalter 1,1 derart gesetzt, daß er die von P_1 ausgehende Verbindung und den Pfad zu Schalter 2,2 öffnet. Dieser gibt den Weg zu Schalter 3,4 frei, der letztlich den Weg zu M_8 öffnet.

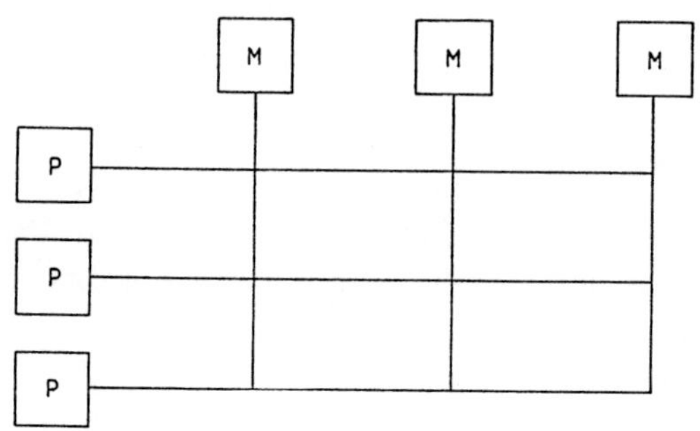

Abb. 3.1.6 *Ein Crossbar Switch*

Abb. 3.1.7 stellt die Implementierung eines Systems mit gemeinsamem Speicher mittels eines schaltenden Netzwerks dar, in dem jeder Prozessor Zugriff auf jeden Speicher erhält. Alternativ könnten die Speicher auf der rechten Seite auch durch die Prozessoren selbst ersetzt werden, was durch die Prozessornummern in Klammern angedeutet ist. In diesem Falle würde die Abbildung ein mittels Message Passing realisiertes System mit verteiltem Speicher illustrieren.

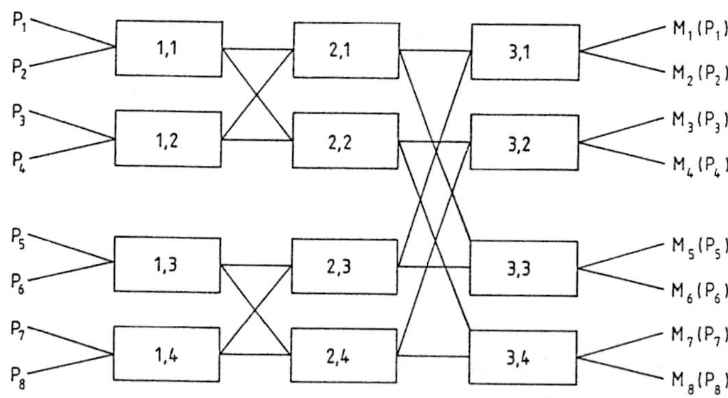

Abb. 3.1.7 *Ein schaltendes Netzwerk*

Bei Verwendung der in Abb. 3.1.7 gezeigten Zweiwege-Schalter würden in jedem Schaltschritt $p/2$ Schalter und $\log_2 p$ Schritte, also insgesamt $\frac{1}{2}p \log_2 p$ Schalter benötigt. Dies ist wesentlich günstiger als die für den Crossbar Switch in Abb. 3.1.6 benötigten p^2 Schalter; beispielsweise würden für $p = 2^{10}$ nur 5×2^{10} Schalter benötigt - im Vergleich zu 2^{20} im anderen Falle.

Gittertopologie

Eines der populärsten Kopplungsschemata sieht vor, daß jeder Prozessor nur mit einigen wenigen Nachbarprozessoren direkt verbunden ist. Die in Abb. 3.1.8 illustrierte *lineare Netzwerktopologie* stellt hier das einfachste Beispiel dar. Jeder Prozessor ist nur mit seinen beiden nächsten Nachbarn direkt verbunden. Die beiden Endprozessoren sind entweder jeweils nur mit einem Prozessor verbunden, oder es besteht eine rückkoppelnde Verbindung zwischen P_1 und P_p. Im zuletzt genannten Fall spricht man von einem *Ringnetzwerk*.

Abb. 3.1.8 *Ein lineares Netzwerk*

Zwischen dem in Abb. 3.1.8 dargestellten linearen Netzwerk und einem *Busnetzwerk*, in welchem die Prozessoren alle Informationen über den Bus erhalten, bestehen gewisse Ähnlichkeiten. Wenn die beiden Enden des Busses miteinander verbunden sind, erhalten wir ein *Ringnetzwerk*. Ein Problem von Busverbindungen resultiert aus *Buskonflikten*, wenn mehrere Prozessoren gleichzeitig versuchen, Informationen über den Bus zu senden.

Der Unterschied zwischen einem linearen Netzwerk und einem Bus besteht darin, daß in ersterem der Datentransport zwischen zwei Prozessoren über Zwischenprozessoren erfolgt. Wenn beispielsweise Prozessor P_1 in Abb. 3.1.8 Daten an Prozessor P_p senden möchte, so müssen diese erst an P_2, dann von dort an P_3 usw. gesandt werden. Somit müssen $p - 1$ Datenübertragungen erfolgen. Die maximale Anzahl an Datenübertragungen, die zur Kommunikation von zwei beliebigen Prozessoren im System erforderlich ist, wird *Kommunikationslänge* oder *Durchmesser* des Systems genannt. Das Problem der Kommunikation zwischen entfernten Prozessoren kann seit einiger Zeit weitestgehend durch sogenanntes *Direct-Connect-* oder *Wormhole*-Routing umgangen werden, bei dem Datenübertragungen mit einer minimalen Unterbrechung der Zwischenprozessoren erfolgen können.

Die meisten der bisher realisierten gitterorientierten Netze basieren auf zweidimensionalen Verbindungmustern. Eines der einfachsten derartigen Verbindungsschemata ist in Abb. 3.1.9 illustriert. Die Prozessoren sind in einem regelmäßigen zweidimensionalen Gitter angeordnet, und jeder Prozessor ist mit seinem jeweiligen nördlichen, östlichen, südlichen und westlichen Nachbarn verbunden. Die Randprozessoren können zusätzlich ringartig verbunden sein. Dieses Verbindungsmuster wurde im Illiac IV für 64 Prozessoren angewendet, die in einem 8×8 -Feld angeordnet waren. Auch andere Verbindungsmuster wie acht oder sechs nächste Nachbarn in drei Dimensionen sind möglich.

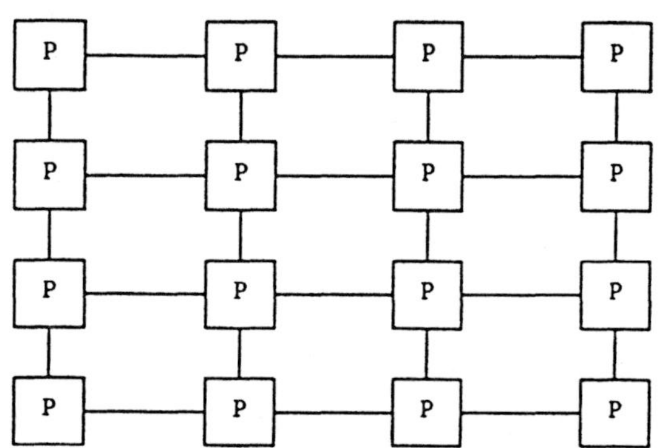

Abb. 3.1.9 *Ein Gitternetzwerk*

Das in Abb. 3.1.9 dargestellte Verbindungsmuster hat wieder den Nachteil, daß der Datentransfer zwischen entfernten Prozessoren über eine Folge von Zwischenprozessoren verlaufen muß. Die Kommunikationlänge für p in einem quadratischen Gitter angeordnete Prozessoren wächst mit $\sqrt{p}$, aber Direct-Connect-Routing kann auch dieses Problem signifikant verringern. Da es mehrere mögliche Wege zwischen zwei entfernten Prozessoren gibt, besteht der erste Schritt beim Direct-Connect-Routing in der Festlegung eines Weges. Ist dies einmal geschehen, so wird die Nachricht über die Zwischenprozessoren geschickt, die dabei nur eine minimale Unterbrechung erfahren. Ein mögliches Problem ergibt sich jedoch aus sogenannten *Kantenkonflikten*, die auftreten, wenn zwei Prozessoren gleichzeitig versuchen, die Kommunikationsverbindung zwischen zwei benachbarten Prozessoren zu benutzen.

Hypercubetopologie

Eine interessante Variante von Gitterverbindungen besteht darin, höherdimensionale lokale Verbindungen zu verwenden. Wir betrachten zunächst einen dreidimensionalen Würfel, dessen Ecken die Prozessoren und dessen Kanten die Kommunikationswege zwischen den Prozessoren darstellen. Somit ist jeder Prozessor mit seinen drei nächsten Nachbarn im Sinne der nächsten Ecken des Würfels verbunden.

Nun stelle man sich das entsprechende Verbindungsschema für einen k-dimensionalen Würfel vor. Wieder befinden sich die Prozessoren an den - jetzt 2^k - Ecken des k-dimensionalen Würfels. Jeder Prozessor ist über die Kanten des Würfels mit den k benachbarten Ecken verbunden. Dies wird als *Hypercubetopologie* bezeichnet. Natürlich kann für $k > 3$ ein k-dimensionaler Würfel nicht real konstruiert werden. Das Verbindungsschema muß daher bei der Konstruktion physikalisch auf nicht mehr als drei Dimensionen abgebildet werden. Ein vierdimensionaler Hypercube besitzt 16 Prozessoren. Jeder dieser Prozessoren ist mit vier weiteren verbunden. In diesem Falle zeigt die Abb. 3.1.9 eines gitterorientierten Schemas auch die Kopplungsstruktur eines vierdimensionalen Hypercubes. Abb. 3.1.10 illustriert die dreidimensionale Darstellungsweise eines vierdimensionalen Hypercubes. Sie zeigt auch, daß letzterer aus zwei dreidimensionalen Hypercubes durch die Verbindung der entsprechenden Ecken erzeugt werden kann. Allgemein kann ein k-dimensionaler Hypercube durch die Kopplung der entsprechenden Ecken von zwei $(k-1)$-dimensionalen Hypercubes erzeugt werden.

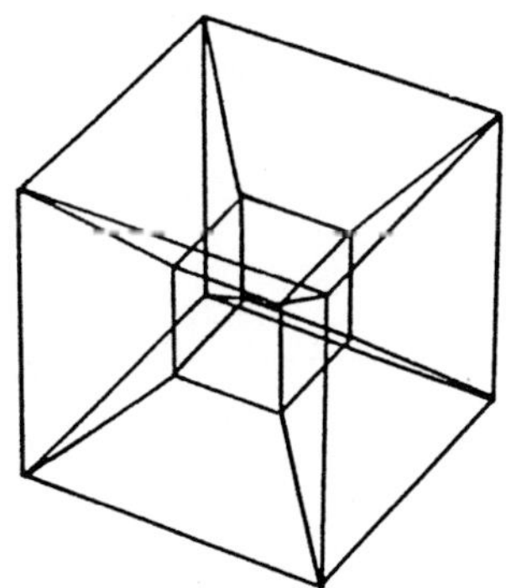

Abb. 3.1.10 *Kopplungsstruktur eines vierdimensionalen Hypercubes*

Im Hypercube-Verbindungsschema wächst die Anzahl der von einem Prozessor ausgehenden Verbindungen mit der Anzahl der Prozessoren. Die Kommunikationslänge beträgt $\log_2 p$. In einem sechsdimensionalen Hypercube mit 64 Prozessoren ist jeder Prozessor mit sechs anderen Prozessoren verbunden, und die Kommunikationlänge beträgt 6, während in einem zehndimensionalen Hypercube mit 1024 Prozessoren jeder Prozessor mit zehn anderen Prozessoren verbunden ist, die Kommunikationslänge folglich 10 beträgt. Zusätzlich lassen sich mit dem Hypercube einige der anderen vorher besprochenen Schemata realisieren. So können beispielsweise Ring- oder Gitterstrukturen durch Verzicht auf einige der lokalen Verbindungen eingebettet werden. Auf der anderen Seite nimmt die Komplexität und die Anzahl der von jedem Prozessor ausgehenden Verbindungen mit wachsender Größe des Hypercubes zu, so daß unter Umständen praktische Grenzen für die Größe von Hypercubes erreicht werden. Verschiedene Hypercubes sind kommerziell hergestellt worden, jedoch scheint der Trend derzeit eher in die Richtung gitterorientierter Architekturen mit teilweise mehr als 500 Prozessoren zu gehen. Es sei bemerkt, daß Direct-Connect-Routing zuerst in Hypercubes verwendet wurde.

Cluster

Abb. 3.1.11 zeigt ein *Cluster*-Schema von n Clustern mit jeweils m Prozessoren. Innerhalb jedes Clusters sind die Prozessoren in irgendeiner Weise gekoppelt, wobei jedes der oben genannten Schemata verwendet werden kann. Die Cluster untereinander können beispielsweise über einen Bus miteinander verbunden sein. Innerhalb eines Clusters ist die Kommunikation *lokal*, während die Kommunikation zwischen Clustern als *global* bezeichnet wird. Mit diesem Schema ist beabsichtigt, eine ausgewogene Verteilung dieser beiden Kommunikationstypen dergestalt zu erreichen, daß für jeden Prozessor die Kommunikation möglichst lokal innerhalb des Clusters verläuft und daß Cluster seltener mit anderen Clustern kommunizieren müssen.

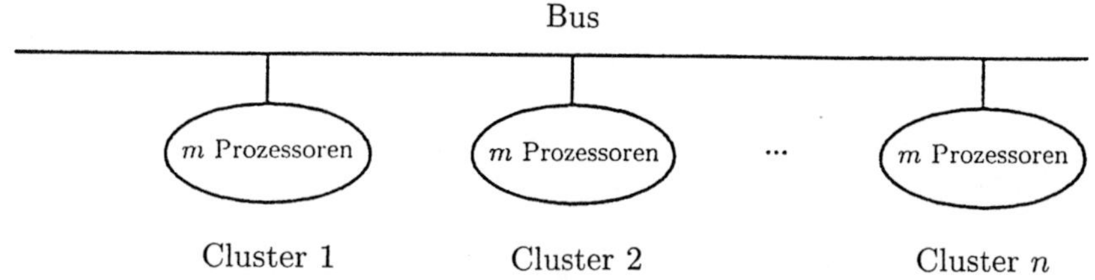

Abb. 3.1.11 *Eine Clusterarchitektur*

Offensichtlich gibt es eine Vielzahl an Möglichkeiten zur Implementation eines Clusters. Innerhalb eines Clusters können Bus-, Ring-, Gitter-, Hypercubestrukturen usw. verwendet werden. Zur Kopplung von Clustern untereinander kann - vielleicht mit Ausnahme des in Abb. 3.1.11 gezeigten Busses - ebenfalls jedes dieser Schemata zur Anwendung kommen. Durch wiederholte Anwendung des Clusterkonzeptes können schließlich Cluster von Clustern von Clustern usw. gebildet werden.

Mehr über Kommunikation

Wir diskutieren nun die Kommunikation in Systemen mit verteiltem Speicher etwas genauer. Ein typisches Problem besteht darin, n Gleitpunktzahlen vom Speicher eines Prozessors P_1 zum Speicher eines anderen Prozessors P_2 zu senden. Im allgemeinen erfolgt diese Kommunikation unter Zuhilfenahme einer Kombination von Hardware und Software. Ein typisches Szenario könnte das folgende sein. Die Daten werden zunächst in einen Pufferspeicher in P_1 geladen. Dann wird ein *Sende*-Kommando ausgeführt, um die Daten in einen Pufferspeicher von P_2 zu transferieren. P_2 führt ein *Empfangs*-Kommando aus, und die Daten werden an ihren endgültigen Bestimmungsort im Speicher von P_2 gebracht. Oft sind Koprozessoren vorgesehen, um die Hauptprozessoren von einem Großteil dieser Arbeit zu entlasten.

In der obigen vereinfachten Beschreibung sind viele - stark maschinenabhängige - Details ausgelassen worden. Die Hauptgesichtspunkte sind jedoch die folgenden: um Daten zu verschicken, müssen diese zunächst aus dem Hauptspeicher des sendenden Prozessors geholt werden, es muß eine Information darüber bereitgestellt werden, wohin die Daten zu senden sind, die Daten müssen zwischen den Prozessoren physikalisch transportiert werden, und schließlich müssen sie in die richtigen Speicherbereiche des empfangenden Prozessors gebracht werden. Auf vielen Systemen kann die für diese Kommunikation benötigte Zeit näherungsweise durch die Formel

$$t = s + \alpha n, \tag{3.1.4}$$

ausgedrückt werden, wobei s eine Bereitstellungszeit (start-up time, Latenzzeit) und α die zusätzliche Zeit für das Verschicken jedes einzelnen der n zu sendenden Worte bezeichnen. Man beachte, daß diese Formel die gleiche Form wie diejenige für Vektorinstruktionen in (3.1.1) besitzt. Auf einigen Maschinen können s und α in (3.1.4) von der Länge der zu sendenden Nachricht abhängen. Ferner stellt (3.1.4) unter Umständen keine gute Näherung für Nachrichten zwischen entfernten Prozessoren dar.

Effekte von verzögerten Speicherzugriffen

Viele Parallelrechner werden auf der Basis von RISC-Hochleistungsprozessoren konstruiert (RISC: reduced instruction set computer), deren Speichersystem in der Regel sowohl einen Hauptspeicher als auch einem Datencache enthält. Obwohl die Einzelheiten sich von Prozessor zu Prozessor unterscheiden, können folgende typische Zeiten in Maschinenzyklen angegeben werden:

a) Gleitpunktoperationen: 1 - 3 Zyklen;

b) Lese- oder Schreibzugriff auf den Cache: 1 Zyklus;

c) Lese- oder Schreibzugriff auf den Hauptspeicher: 2 Zyklen.

Gleitpunktoperationen erhalten ihre Operanden aus Registern, daher gelten die in b) und c) genannten Zeiten für das Laden aus Registern oder das Speichern in Register.

Die Schreib-/Lesezeiten in c) berücksichtigen keine Verzögerungen im Zugriff auf Speicherseiten. Der Hauptspeicher ist im allgemeinen in sogenannte *Speicherseiten (pages)* unterteilt, die aus zusammenhängenden Blöcken von Speicherworten bestehen. Die Adresse eines Speicherwortes setzt sich dann aus einem oberen Teil, der die Speicherseite angibt, und einem unteren Teil, der die Lokalisierung innerhalb der Seite festlegt, zusammen. Wenn ein Wort gerade aus dem Speicher gelesen worden ist, wird ein nachfolgender Lesezugriff auf dieselbe Seite als *nah* bezeichnet. Dieser verursacht keine zusätzliche Verzögerung bezüglich des Seitenzugriffs. Andererseits werden aufeinanderfolgende Lesezugriffe auf verschiedene Seiten als *fern* bezeichnet. Die Gesamtverzögerung im Speicherzugriff kann dann 10 Zyklen oder mehr betragen. Die gleiche Unterscheidung gilt für Schreibzugriffe, wobei für ein fernes Schreiben in etwa die gleichen Verzögerungen wie bei einem fernen Lesen auftreten.

Die Konsequenzen aus diesen Verzögerungen im Zugriff auf Speicherseiten lassen sich am Beispiel einer Vektoraddition darstellen:

$$z_i = x_i + y_i, \qquad i = 1, \ldots, n. \tag{3.1.5}$$

Für $n = 5000$ seien die Vektoren $\mathbf{x}$ und $\mathbf{y}$ in zusammenhängenden Speicherbereichen abgelegt. Für eine nominale Seitengröße von beispielsweise 4096 erfolgt jeder der beiden Lesezugriffe und der Schreibzugriff in (3.1.5) auf unterschiedlichen Seiten. Folglich wächst die für jede Einzeladdition in (3.1.5) benötigte Zeit von wenigen Zyklen für den Fall, daß keine Verzögerungen im Speicherzugriff auftreten, auf etwa 35-40 Zyklen an. Offenbar erhält man die höchste Leistung für Vektoren, die verschränkt abgespeichert sind: $x_1, y_1, z_1, x_2, y_2, z_2, \ldots$. Lese- und Schreibzugriffe treten dann nur noch gelegentlich auf. Dieses verschränkte Speicherschema kann jedoch im Widerspruch zum Gesamtcode stehen, in dem (3.1.5) vielleicht nur einen sehr kleinen Teil ausmacht.

Ergänzende Bemerkungen und Literaturhinweise zu Abschnitt 3.1

Viele der Grundlagen von Parallel- und Vektorrechnern sind in Stone [1990] angegeben. Einzelheiten zu bestimmten Rechnern sind bei den Herstellern wie Cray Research, Inc., Intel Corp., und Thinking Machines, Inc., erhältlich. Hockney und Jesshope [1988] diskutieren Rechnerarchitekturen und Konzepte wie $N_{1/2}$. Vgl. auch Dongarra und Duff et al. [1990]. Saad und Schultz [1988, 1989a,b] geben weitere Informationen zu Hypercubes sowie zur Kommunikation auf Hypercubes und anderen parallelen Architekturen.

3.2 Grundlegende Konzepte des Parallelen Rechnens

In diesem Abschnitt stellen wir eine Anzahl grundlegender Konzepte und Techniken der Parallelen Numerik zusammen.

Parallelität und Lastverteilung

Wir betrachten die Addition zweier Vektoren **a** und **b** mit n Komponenten. Die Additionen

$$a_i + b_i, \qquad i = 1, \ldots, n, \tag{3.2.1}$$

sind alle voneinander unabhängig und können parallel ausgeführt werden. Diese Aufgabe besitzt daher eine vollständige mathematische Parallelität. Auf der anderen Seite muß auf einem Parallelrechner aufgrund einer unter Umständen unzureichenden Lastverteilung nicht notwendig eine vollständige Parallelität vorherrschen. Unter *Lastverteilung* verstehen wir die Zuordnung von Aufgaben zu Prozessoren des Systems dergestalt, daß jeder Prozessor so gut wie möglich mit sinnvoller Arbeit beschäftigt wird. Nehmen wir beispielsweise $p = 32$ Prozessoren und $n = 100$ in (3.2.1) an. Dann können die Prozessoren 96 Additionen vollständig parallel ausführen, jedoch werden für die verbleibenden 4 Additionen nur 4 Prozessoren benötigt. In diesem Fall gibt es keine perfekte Lastverteilung zur Umsetzung der vollständigen mathematischen Parallelität.

Im allgemeinen kann eine Lastverteilung statisch oder dynamisch vorgenommen werden. Bei einer *statischen Lastverteilung* wird die Arbeit (und gegebenenfalls auch Daten auf Systemen mit verteiltem Speicher) den Prozessoren zu Beginn der Rechnung zugeordnet. Bei *dynamischer Lastverteilung* werden Arbeit (und Daten) den Prozessoren dem Fortgang der Ausführung entsprechend zugeordnet. Ein sinnvolles Konzept für dynamische Lastverteilung sieht einen *Aufgabenpool* vor, aus dem ein Prozessor immer dann seine nächste Aufgabe erhält, wenn er dazu bereit ist. Im allgemeinen kann eine dynamische Lastverteilung auf Systemen mit gemeinsamem Speicher effizienter als auf Systemen mit verteiltem Speicher implementiert werden, da auf letzteren als Teil einer Arbeitszuordnung unter Umständen auch Datentransfers zwischen lokalen Speichern erforderlich werden.

Mit der Lastverteilung ist auch der Begriff der *Granularität* verbunden. *Grobkörnige Granularität* bedeutet, daß große Aufgaben unabhängig voneinander parallel bearbeitet werden können. Als Beispiel sei die Lösung von sechs verschiedenen großen linearen Gleichungssystemen genannt, deren Lösungen zu einem späteren Zeitpunkt der Rechnung in irgendeiner Form zu einer Gesamtlösung zusammengesetzt werden. *Feinkörnige Granularität* bedeutet dementsprechend, daß kleine Teilaufgaben parallel ausgeführt werden können. Ein Beispiel hierfür stellt die Addition zweier Vektoren dar, bei der jede Teilaufgabe aus der Addition zweier Skalarwerte besteht.

Summation und Fan-In

Als nächstes betrachten wir die Summation von n Zahlen $a_1, \dots, a_n$. Der übliche serielle Algorithmus

$$s = a_1, \qquad s \leftarrow s + a_i, \qquad i = 2, \dots, n, \tag{3.2.2}$$

ist für eine parallele Rechnung ungeeignet. Das Problem selbst enthält jedoch ein erhebliches Maß an Parallelität. In Abb. 3.2.1 wird dies am Beispiel der Addition von acht Zahlen illustriert. Im ersten Schritt können vier Additionen parallel ausgeführt werden, zwei im nächsten Schritt, und schließlich verbleibt noch eine Addition im letzten Schritt. Dies veranschaulicht das sehr allgemeine sogenannte *Teile und Herrsche*-Prinzip: Das Summationsproblem wird in eine Anzahl kleinerer Teilprobleme zerlegt, die unabhängig voneinander bearbeitet werden können. Bemerkenswert ist, daß dieser Ansatz bessere Rundungsfehlereigenschaften als (3.2.2) besitzt und sogar auf seriellen Maschinen vorteilhaft eingesetzt werden kann.

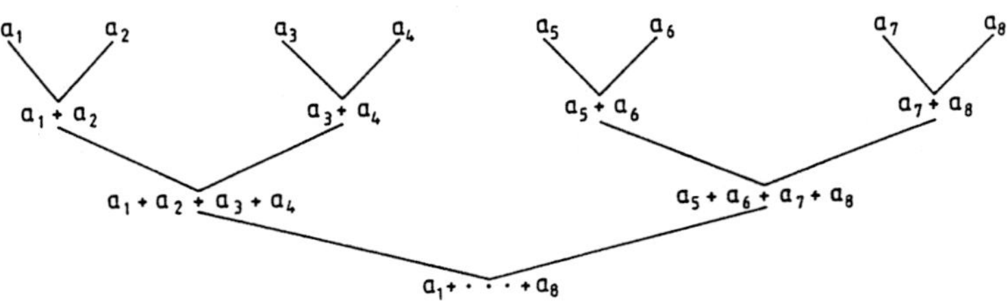

Abb. 3.2.1 *Fan-In für Summation*

Der Graph in Abb. 3.2.1 wird als *Fan-In-Graph* bezeichnet und ist, wie wir später sehen werden, sehr weitläufig einsetzbar. Insbesondere kann die gleiche Idee zur Berechnung des Produktes $a_1 a_2 \ldots a_n$ von n Zahlen verwendet werden. Hierzu ist in Abb. 3.2.1 nur $+$ durch $\times$ zu ersetzen. Um das Maximum von n Zahlen zu berechnen, kann analog die $+$ - Operation durch max ersetzt werden. In Abb. 3.2.1 wäre dann beispielsweise $a_1 + a_2$ durch $\max(a_1, a_2)$ zu ersetzen. Wir bemerken, daß der Fan-In-Graph in Abb. 3.2.1 ein *binärer Baum* ist. Die Fan-In-Operation wird daher häufig als *Baumoperation* bezeichnet.

Kommunikation und Synchronisation

In einem System mit verteiltem Speicher ist der Datenaustausch zwischen Prozessoren im Laufe einer Rechnung zu den verschiedensten Zeitpunkten erforderlich. Wenn Prozessoren während einer Kommunikation keine sinnvolle Rechenarbeit ausführen können, bedeutet dies einen Mehraufwand. In Systemen mit gemeinsamem Speicher können Speicherzugriffskonflikte (siehe Abschnitt 3.1) mit der gleichen Wirkung wie eine Kommunikationszeit auftreten: Prozessoren sind gar nicht beschäftigt oder zumindest unzureichend ausgelastet, während sie auf die für eine Weiterarbeit benötigten Daten warten.

Eine *Synchronisation* ist erforderlich, wenn die Abarbeitung gewisser Teilaufgaben abgewartet werden muß, bevor die Gesamtrechnung fortgesetzt werden kann. Zwei Aspekte der Synchronisation führen zu einem Mehraufwand. Zum einen ist dies die zur Ausführung der Synchronisation erforderliche Zeit. Hierzu müssen im allgemeinen alle Prozessoren verschiedene Überprüfungen vornehmen. Andererseits können einige oder sogar fast alle Prozessoren solange beschäftigungslos werden, bis die Synchronisation abgeschlossen ist und alle Prozessoren wieder für den Fortgang der Rechnung freigegeben werden.

Synchronisation kann auf verschiedene Art und Weise implementiert werden. Eine typische Situation ist durch einen sogenannten *kritischen Abschnitt* gegeben. Hierunter versteht man einen sequentiellen Abschnitt eines Gesamtcodes. Auf einen kritischen Abschnitt folgt in der Regel eine - häufig *Gabelung (fork)* genannte - Verzweigung, die parallele Codesegmente einleitet. Diese parallelen Segmente gehen nach einem *Zusammenschluß (join)* wieder in einen kritischen Abschnitt über. Dies ist in Abb. 3.2.2 dargestellt. Obwohl Synchronisation, Kommunikation und Speicherzugriffskonflikte sehr unterschiedliche Ursachen haben, ist ihre Auswirkung auf die Gesamtrechnung die gleiche: eine durch die für den Fortgang der Rechnung erforderliche Bereitstellung von Daten verursachte Verzögerung.

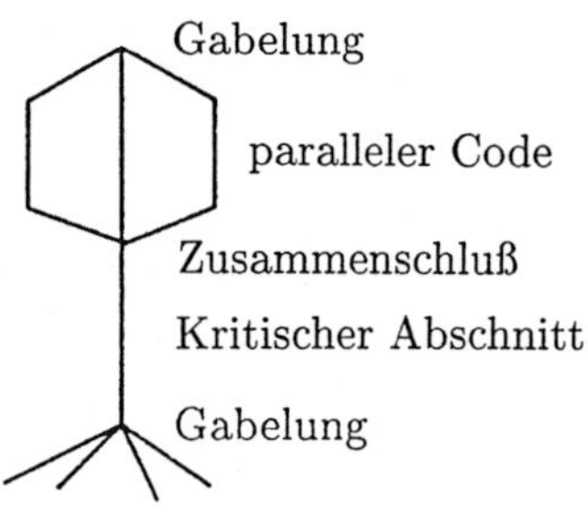

Abb. 3.2.2 *Ein kritischer Abschnitt mit Forks und Joins*

Wir veranschaulichen durch Kommunikation und Synchronisation bedingte Verzögerungen am Beispiel der Addition von n Zahlen mit dem Fan-In-Algorithmus. Wir betrachten ein System mit verteiltem Speicher mit $\frac{n}{2}$ Prozessoren. a_1 und a_2 seien in Prozessor 1 gespeichert, a_3 und a_4 in Prozessor 2, und so weiter. Im ersten Schritt werden alle Additionen $a_i + a_{i+1}$ durch die entsprechenden Prozessoren parallel ausgeführt. Bevor die Additionen des zweiten Schrittes ausgeführt werden können, muß das Zwischenergebnis $a_3 + a_4$ an Prozessor 1 gesandt werden, $a_5 + a_6$ an Prozessor 2, und so weiter. Es können $(a_1 + a_2)$ und $(a_3 + a_4)$ nicht in Prozessor 1 addiert werden, bevor nicht $a_3 + a_4$ Prozessor 1 erreicht hat. Die Empfangsoperation dient als Synchronisationsmechanismus in diesem Problem.

Beschleunigungsfaktoren

Im Idealfall kann ein Problem auf p Prozessoren p-mal schneller als auf einem Prozessor bearbeitet werden. Dieser Idealwert wird nur selten erreicht. Der tatsächlich erreichte Wert wird *Beschleunigungsfaktor (speedup) des parallelen Algorithmus* genannt und ist durch

$$S_p = \frac{\text{Ausführungszeit auf einem Prozessor}}{\text{Ausführungszeit auf } p \text{ Prozessoren}} \tag{3.2.3}$$

definiert. Eng verwandt mit dem Begriff des Beschleunigungsfaktors ist derjenige der *Effizienz*

$$E_p = \frac{S_p}{p}. \tag{3.2.4}$$

Wegen $S_p \leq p$ gilt $E_p \leq 1$. Eine Effizienz $E_p = 1$ entspricht dem perfekten Beschleunigungsfaktor $S_p = p$. Wir betrachten wieder die Addition zweier Vektoren der Länge n für den Fall $n = 100$ und $p = 32$. Es sei t die Zeit für eine Addition, so daß bei sequentieller Rechnung auf einem Prozessor die Zeit $100t$ benötigt wird. Bei paralleler Rechnung können 96 dieser Additionen mit vollständiger Parallelität in der Zeit $3t$ gerechnet werden, jedoch erfordern die verbleibenden vier Additionen nochmals die Zeit t. Folglich gilt

$$S_p = \frac{100t}{4t} = 25, \quad E_p = \frac{25}{32} < 1,$$

und die Abweichung des Beschleunigungsfaktor vom perfekten Wert ist durch die nicht optimale Lastverteilung bedingt.

Wir betrachten nun die Addition von n Zahlen mit dem Fan-In-Algorithmus für $p = \frac{n}{2}$. Der Einfachheit halber nehmen wir $n = 2^q$ an. Der Fan-In-Algorithmus besteht dann aus $q = \log_2 n$ Schritten mit $\frac{n}{2}$ Additionen im ersten Schritt, $\frac{n}{4}$ Additionen im zweiten Schritt, usw., bis hin zu einer Addition im letzten Schritt. Es sei t wieder die für eine Addition benötigte Zeit. Dann wird in jedem Schritt ebenfalls die Zeit t, insgesamt also eine Gesamtzeit von qt benötigt. Wie vorher beschrieben, müssen wir jedoch die Kommunikationszeit berücksichtigen. Es sei αt die für jede Kommunikation erforderliche Zeit, wobei α üblicherweise größer als 1 ist. Die Kommunikation kann in jedem Schritt parallel durchgeführt werden, so daß die Zeit für jeden Schritt nun $(1 + \alpha)t$, also insgesamt $q(1 + \alpha)t$

Zeiteinheiten beträgt. Da auf einem Prozessor $(n-1)t$ Zeiteinheiten benötigt werden, erhält man einen Beschleunigungsfaktor von

$$S_p = \frac{(n-1)t}{q(1+\alpha)t} = \frac{1}{(1+\alpha)}\frac{(n-1)}{\log_2 n} = \frac{1}{(1+\alpha)}\frac{(2p-1)}{(1+\log_2 p)} \tag{3.2.5}$$

unter Verwendung von $p = \frac{n}{2}$ und $n = 2^q$.

Bei Vernachlässigung des Kommunikationsaufwandes, also $\alpha = 0$, nimmt die Effizienz aufgrund der nicht perfekten Parallelität logarithmisch ab. Für $\alpha > 0$ tritt eine weitere Abnahme um den Faktor $1 + \alpha$ ein. Wenn α ungefähr gleich 1 ist, also genauso viel Zeit für Kommunikation wie für Arithmetik benötigt wird, so wird der Beschleunigungsfaktor im Vergleich zum Fall $\alpha = 0$ nahezu halbiert. Für großes α, etwa $\alpha = 10$, dominiert die Kommunikationszeit die Gesamtrechnung, und der Beschleunigungsfaktor verringert sich entsprechend.

Realistischere Werte für n können die Beschleunigungsfaktoren in verschiedener Hinsicht beeinflussen. Wenn n keine Zweierpotenz ist, geht ein gewisser Grad an Parallelität verloren. Für $n = 7$ und $p = 4$ führen beispielsweise nur drei Prozessoren die Additionen im ersten Schritt aus, was den Beschleunigungsfaktor weiter verringert. Im Falle $n >> p$, einer realistischen Situation, wird der Beschleunigungsfaktor andererseits verbessert. Im Beispiel $p = 4$ und $n = 128$ erhält jeder Prozessor 32 Zahlen. Die 4 Prozessoren können die Additionen mit vollständiger Parallelität und ohne Zusatzaufwand für Kommunikation ausführen. Nur der abschließende Fan-In von 4 Additionen verringert die vollständige Parallelität. Siehe Aufgabe 3.2.1 bezüglich einer Ausarbeitung dieses Beispiels.

Der Beschleunigungsfaktor S_p ist ein Maß dafür, wie sich ein Algorithmus einerseits auf einem und andererseits auf p Prozessoren verhält. Wie wir in späteren Kapiteln sehen werden, muß der parallele Algorithmus jedoch nicht der beste Algorithmus auf einem Prozessor sein. Daher liefert die alternative Definition

$$S'_p = \frac{\text{Zeit des schnellsten seriellen Algorithmus auf 1 Prozessor}}{\text{Zeit des parallelen Algorithmus auf } p \text{ Prozessoren}} \tag{3.2.6}$$

einen besseren Maßstab dafür, was durch parallele Rechnung gewonnen werden kann. Beide Maßzahlen S_p und S'_p sind nützlich. Welche der beiden jeweils gewählt wird, hängt vom konkreten Zusammenhang ab.

Amdahls Gesetz

Die beiden einfachen Beispiele der Vektoraddition und der Summation von Zahlen haben gezeigt, wie der Beschleunigungsfaktor aufgrund der Einwirkung verschiedener Faktoren abnehmen kann. Wir können versuchen, diese Faktoren in ein formales Modell der Beschleunigung einzuschließen:

$$S_p = \frac{T_1}{(\alpha_1 + \alpha_2/k + \alpha_3/p)T_1 + t_d}. \tag{3.2.7}$$

Dabei bezeichnen T_1 die Ausführungszeit auf einem Prozessor, α_1 den Anteil der Ausführung auf einem Prozessor an der Gesamtausführungszeit, α_2 den Anteil der mit einer Parallelität $k < p$ ausgeführten Operationen an der Gesamtausführungszeit, α_3 stellt den Anteil der mit vollständiger Parallelität ausgeführten Operationen und t_d die durch Kommunikation, Synchronisation oder Speicherzugriffskonflikte bedingte Verzögerungszeit dar.

Obwohl (3.2.7) bereits eine beträchtliche Vereinfachung der meisten realistischen Situationen darstellt, ist eine weitere Vereinfachung sehr lehrreich. Es sei $\alpha_1 = \alpha, \alpha_2 = 0, \alpha_3 = 1 - \alpha$ und $t_d = 0$. Dann wird (3.2.7) zu

$$S_p = \frac{1}{\alpha + (1-\alpha)/p} \tag{3.2.8}$$

vereinfacht. (3.2.7) ist als *Amdahls Gesetz* oder *Gesetz von Ware* bekannt. Dabei wird angenommen, daß alle Operationen entweder nur vollständig parallel oder nur vollständig sequentiell ausgeführt werden können und daß keinerlei Verzögerungen auftreten. Nehmen wir an, daß in einer gegebenen Aufgabe die eine Hälfte aller Operationen vollständig parallel und die andere vollständig sequentiell ausgeführt werden können. Wegen $\alpha = 1/2$ wird (3.2.8) dann zu

$$S_p = \frac{2}{(1 + p^{-1})} < 2.$$

Unabhängig von der Anzahl der Prozessoren und unter vollständiger Vernachlässigung von Kommunikation, Synchronisation und Speicherzugriffskonflikten liegt der Beschleunigungsfaktor immer unter 2. Abb. 3.2.3 zeigt allgemeiner (3.2.8) als Funktion von α für $p = 100$. Man beachte die schnelle Abnahme von S_p für kleine Werte von α. Wenn nur 1% der Operationen ausschließlich sequentiell, das heißt auf nur einem Prozessor, ausgeführt werden können, so wird der Beschleunigungsfaktor bereits von 100 auf 50 halbiert.

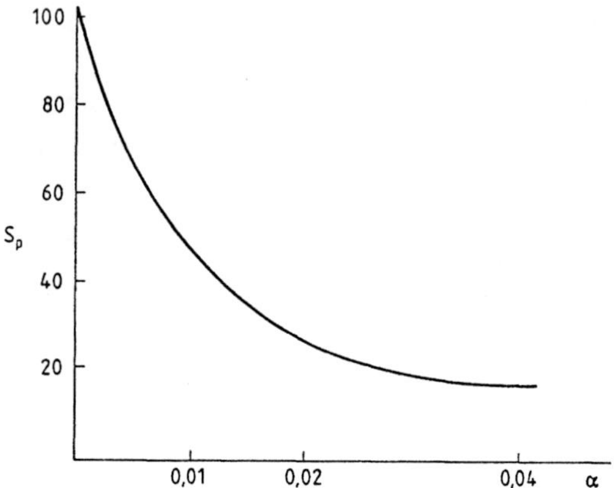

Abb. 3.2.3 *Abnahme des Beschleunigungsfaktors gemäß Amdahls Gesetz*

Skalierte Beschleunigung

Die praktische Anwendung der Definitionen (3.2.3) und (3.2.6) von S_p und S'_p ist potentiell mit einigen Schwierigkeiten verbunden. Auf Parallelrechnern mit verteiltem Speicher wächst mit der Anzahl der Prozessoren auch die Größe der Aufgaben, welche bearbeitet werden können. Insbesondere reicht unter Umständen der Speicher eines Prozessors nicht für Probleme aus, die auf einer größeren Anzahl von Prozessoren bearbeitet werden können. In diesem Falle müßte die Ausführungszeit auf einem Prozessor auch Ein-/Ausgabezeiten für den Zugriff auf Sekundärspeicher enthalten. In gewissem Sinne ist dies ein legitimes Maß für die Beschleunigung, das aber für bestimmte Betrachtungen nicht angemessen ist.

Wenn wir uns auf der anderen Seite auf Probleme beschränken, die auf einem Prozessor bearbeitet werden können, erhalten wir unter Umständen auf mehreren Prozessoren sehr geringe Beschleunigungsfaktoren. Ein erster Anhaltspunkt ergibt sich hierfür aus dem Modell (3.2.7). Unabhängig vom Wert von α_1, α_2, und α_3 erhalten wir gegebenenfalls $S_p < 1$ für hinreichend große Werte von t_d. In einem Problem mit einem hohen Anteil an Kommunikation, Speicherzugriffskonflikten oder Synchronisation kann die Verwendung von mehr als einem Prozessor unvorteilhafter als diejenige von genau einem Prozessor sein. Dies stellt zwar eher den Extremfall dar, aber in vielen Problemen erreicht man einen Punkt, ab dem die Beschleunigung bei Verwendung zusätzlicher Prozessoren wieder abnimmt. Eine Beschleunigungskurve wie in Abb. 3.2.4 ist alles andere als unüblich.

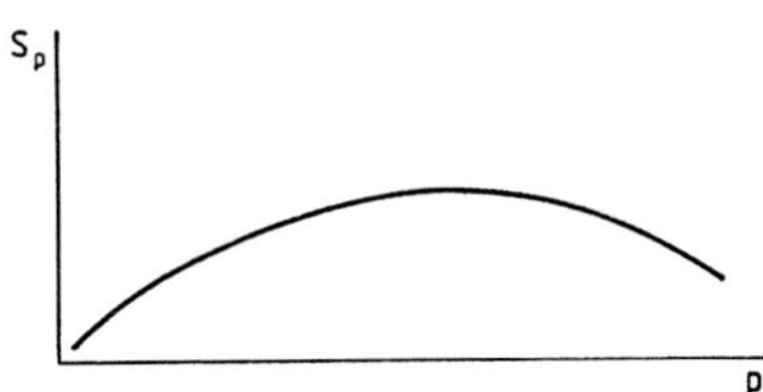

Abb. 3.2.4 *Beschleunigungsfaktor für feste Problemgrößen*

Der Grund für das häufige Auftreten von Beschleunigungskurven wie in Abb. 3.2.4 liegt darin, daß eine feste Problemgröße vorliegt. Auf der anderen Seite besteht das vorrangige Ziel beim parallelen Rechnen in der Bearbeitung von Aufgaben, die wesentlich größer als diejenigen sind, die auf einem Prozessor gelöst werden können. Daher wächst die Größe der Probleme, die bearbeitet werden können, mit wachsender Prozessoranzahl. Dies führt zu einem anderen Zugang zum Begriff der Beschleunigung, dem sogenannten *skalierten Beschleunigungsfaktor*. Durch diese Größe wird die Problemgröße je Zeiteinheit ausgedrückt, die mit wachsender Problemgröße bearbeitet werden kann. Dies steht in Kontrast zu der Sichtweise in Definition (3.2.3) von S_p, in der die Problemgröße konstant gehalten und die dann benötigte Zeit gemessen wird.

Als Beispiel für diesen Ansatz betrachten wir die Addition $A+B$ zweier $n \times n$-Matrizen, die n^2 Operationen erfordert. Nehmen wir an, daß für eine bestimmte Problemgröße auf einem Prozessor 30 Sekunden benötigt werden. Bei Verdopplung von n vervierfacht sich die Anzahl an Operationen. Wenn hierfür auf vier Prozessoren ebenfalls 30 Sekunden benötigt werden, hätte man die perfekte Beschleunigung erzielt.

Datenflußanalyse

Wie wir in späteren Abschnitten sehen werden, kann die in einem Algorithmus enthaltene Parallelität vielfach verhältnismäßig leicht erkannt werden. In anderen Fällen ist dies nicht so offensichtlich. Ein systematisches Werkzeug zur Erkennung der in einem Algorithmus enthaltenen Parallelität stellt ein *Abhängigkeitsgraph* der Rechnung dar. Dies wird in Abb. 3.2.5 für die Berechnung von

$$f(x,y) = x^2 + y^2 + x^3 + y^4 + x^2y^2 \tag{3.2.9}$$

veranschaulicht. Die serielle Berechnung von (3.2.9) kann etwa wie folgt durchgeführt werden:

$$x, y, x^2, y^2, x^2 + y^2, x^3, (x^2 + y^2) + x^3, y^4, x^2y^2, y^4 + x^2y^2,$$

$$(x^2 + y^2 + x^3) + (y^4 + x^2y^2)$$

Dies erfordert 10 arithmetische Operationen. Diese 10 Operationen können, wie in Abb. 3.2.5 dargestellt, in vier parallelen Schritten abgearbeitet werden.

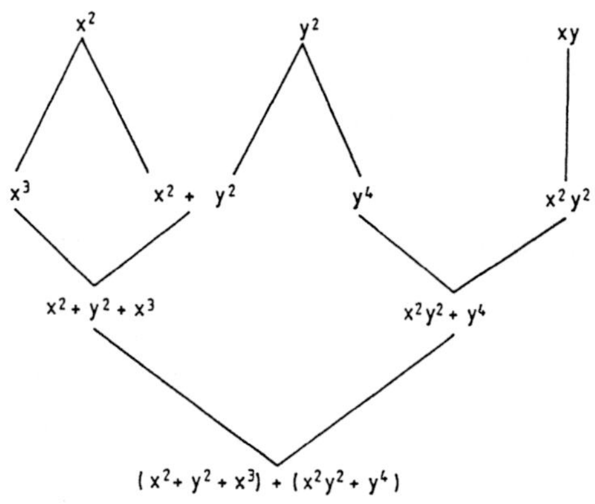

Abb. 3.2.5 *Abhängigkeitsgraph*

Vektorrechnen

Obwohl die Diskussion dieses Abschnitts grundsätzlich nur für paralleles Rechnen anwendbar ist, können einige Teile auch für vektorielle Rechnung von Bedeutung sein. Für die Summation von n Zahlen kann beispielsweise auch auf einem Vektorrechner der Fan-In-Algorithmus verwendet werden. Der Einfachheit halber nehmen wir wieder an, daß $n = 2^q$ und daß $a_1, \ldots, a_n$ die Komponenten des Vektors $\mathbf{a}$ bezeichnen. Es sei $\mathbf{a}_1$ der an Position $\frac{n}{2}+1$ beginnende Teilvektor von $\mathbf{a}$.Die Vektoraddition der Länge $\frac{n}{2}$ von $\mathbf{a}_1$ und der ersten $\frac{n}{2}$ Komponenten von $\mathbf{a}$ bildet den ersten Schritt eines Fan-In-Prozesses. Falls $\mathbf{a}_2$ den Ergebnisvektor dieser Addition bezeichnet, so können wir die ersten $\frac{n}{4}$ Komponenten von $\mathbf{a}_2$ zu den letzten $\frac{n}{4}$ addieren. Dies bildet den zweiten Schritt des Fan-In, und so weiter. Eine Erweiterung dieses Prozesses ist Gegenstand von Aufgabe 3.2.2.

Bei vektorieller Rechnung würde der Beschleunigungsfaktor das Verhältnis der Rechenzeiten einerseits bei ausschließlicher Verwendung skalarer Operationen und andererseits bei Ersetzung skalarer durch vektorielle Operationen an allen hierfür geeigneten Stellen ausdrücken. Dieses Konzept ist nicht annähernd so nützlich wie beim parallelen Rechnen, gleichwohl ist Amdahls Gesetz (3.2.8) von gewissem Interesse. (3.2.8) würde hier derart interpretiert, daß α den in skalarer Arithmetik ausführten Anteil an der Gesamtrechnung ausdrückt, während der verbleibende Teil in „optimaler" Vektorarithmetik ausgeführt wird. Abb. 3.2.2 ähnelnde Graphen können gezeichnet werden. Der wichtigste Gesichtspunkt ist der, daß schon ein kleiner Anteil an skalarer Arithmetik die Gesamtleistung nachhaltig verringert. Der Spezialfall $\alpha = \frac{1}{2}$ ist hier wieder lehrreich. Wenn 50% oder Gesamtrechnung in skalarer Arithmetik ausgeführt werden müssen, so ist bestenfalls eine Beschleunigung um den Faktor 2 im Vergleich zu rein skalarem Code möglich, und zwar unabhängig von der Geschwindigkeit der Vektoroperationen.

Ergänzende Bemerkungen und Literaturhinweise zu Abschnitt 3.2

1. Die Umordnung von Berechnungen wie im Fan-In-Algorithmus aus Abb. 3.2.1 im Vergleich zum seriellen Algorithmus (3.2.1) wirft die Frage nach der Numerischen Stabilität auf. Mit anderen Worten: Bleibt eine numerisch stabile Berechnung nach einer Umordnung von Operationen weiterhin stabil? Rönsch [1984] behandelt dieses Problem und zeigt insbesondere, daß der Fan-In-Algorithmus stabiler als (3.2.2) ist.

2. Synchronisation kann mittels verschiedener Techniken implementiert werden, die in der Realität auch alle Verwendung gefunden haben. Es sei bemerkt, daß viele Konzepte für Synchronisation und die Terminologie der Theorie der Betriebssysteme entstammen. Ein guter Überblick wird in Andrews und Schneider [1983] gegeben. Eine dem kritischen Abschnitt verwandte Idee stellt die *Schranke (barrier)* dar (Axelrod [1986], Jordan [1986]). Hierunter versteht man einen logischen Punkt im Kontrollfluß, den alle Prozessoren erreicht haben müssen, bevor einer von ihnen mit der Arbeit fortfahren darf. Auf Rechnern mit gemeinsamem Speicher wird Synchronisation üblicherweise über gemeinsame Variablen realisiert, auf die durch mehr als einen Prozeß oder Prozessor zugegriffen werden kann. Beim *aktiven Warten (busy waiting)* testet ein Prozeß beispielsweise eine gemeinsame Variable auf einen bestimmten Wert, der die Erlaubnis zur Weiterarbeit signalisiert. Während der Prozeß darauf wartet, daß die Variable den korrekten Wert annimmt, wird er als *spinning* und die gemeinsame(n) Variable(n) als *Spin Lock(s)* bezeichnet.

3. Die Idee, Megafflopraten zur Berechnung von Beschleunigungsfaktoren in Fällen zu verwenden, in denen die Problemgröße die Kapazität des Speichers eines einzelnen Prozessors übersteigt, ist in Moler [1986] enthalten. Das Konzept der skalierten Beschleunigung geht zurück auf Gustafson et al. [1988]. Die Formel (3.2.8) für den Beschleunigungsfaktor wird in Ware [1973] angegeben und ist in Amdahl [1967] implizit enthalten.

Übungsaufgaben zu Abschnitt 3.2

3.2.1 Es sei $p = 2^r$ und $n = 2^q$ mit $q >> r$. Gesucht ist S_p für die Addition von n Zahlen unter der Annahme, daß αt wie in (3.2.5) die Kommunikationszeit angibt. Bei festgehaltenem r zeige man, daß $S_p \to p$ für $q \to \infty$.

3.2.2. Formuliere den Fan-In-Algorithmus aus Abb. 3.2.1 für die Summe von $s = 2^r$ Vektoren $\mathbf{a}_1, \ldots, \mathbf{a}_s$ der Länge n. Schreibe hierfür einen Pseudocode für einen Vektorrechner.

3.2.3. Formuliere den Fan-In-Algorithmus aus Abb. 3.2.1 für die Berechnung von $a_1 \ldots a_n$ und $\max\{a_1, \ldots, a_n\}$. Bestimme ferner das Maximum und das Minimum von $a_1, \ldots, a_n$.

3.2.4. Es sei $q = a_0 + a_1 x + \cdots + a_n x^n$ ein Polynom n-ten Grades, wobei $n = r2^r$ sei. Schreibe einen parallelen Code zur Auswertung von $q(x)$, indem q zunächst in der Form

$$q(x) = a_0 + q_1(x) + x^r q_2(x) + x^{2r} q_3(x) + \cdots + x^{(s-1)r} q_s(x)$$

mit $s = 2^r$ und

$$q_i = a_k x + \cdots + a_{k+r-1} x^r, \qquad k = (i-1)r + 1,$$

geschrieben wird.

3.3 Matrixmultiplikation

In diesem Abschnitt betrachten wir das Problem der Berechnung von $A\mathbf{x}$ und AB, wobei A und B Matrizen und $\mathbf{x}$ einen Vektor bezeichnen. Diese Grundoperationen werden in den folgenden Abschnitten von Bedeutung sein. Außerdem erlaubt uns die Betrachtung der Matrixmultiplikation, viele grundlegende Fakten des parallelen und vektoriellen Rechnens an einem sehr einfachen mathematischen Problem zu untersuchen. Wir nehmen zunächst an, daß A und B vollbesetzte Matrizen sind. Später in diesem Abschnitt behandeln wir verschiedene Typen von dünnbesetzten Matrizen. Wir arbeiten zunächst mit Vektoroperationen. Parallelrechner werden anschließend behandelt.

Matrix-Vektor-Multiplikation

A sei eine $m \times n$-Matrix und $\mathbf{x}$ ein Vektor der Länge n. Dann gilt

$$A\mathbf{x} = \begin{bmatrix} (\mathbf{a}_1, \mathbf{x}) \\ \vdots \\ (\mathbf{a}_m, \mathbf{x}) \end{bmatrix}, \tag{3.3.1}$$

wobei $\mathbf{a}_i$ die i-te Zeile von A und $(\mathbf{x}, \mathbf{y}) = \sum_{i=1}^{n} x_i y_i$ das übliche Skalarprodukt bezeichnen. Die Auswertung von $A\mathbf{x}$ erfordert daher die Berechnung von m Skalarprodukten. Bevor wir diesen Ansatz detaillierter untersuchen, betrachten wir die andere Standardform der Matrix-Vektor-Multiplikation, in der diese als Linearkombination der Spalten von A angesehen wird. Dies ergibt

$$A\mathbf{x} = \sum_{i=1}^{n} x_i \mathbf{a}_i, \tag{3.3.2}$$

wobei $\mathbf{a}_i$ nun die i-te Spalte von A bezeichnet.

(3.3.1) und (3.3.2) können, wie in den Codes aus Abb. 3.3.1 veranschaulicht, als zwei verschiedene Arten des Datenzugriffs angesehen werden. In Abb. 3.3.1(a) wird für jedes i in der j-Schleife das innere (Skalar-)Produkt von $\mathbf{x}$ und der i-ten Zeile von A berechnet, was (3.3.1) entspricht. Abb. 3.3.1(b) entspricht (3.3.2). Man beachte, daß beide Codes aus Abb. 3.3.1 die gleiche abschließende arithmetische Anweisung enthalten. Der Unterschied besteht in der unterschiedlichen Reihenfolge der Schleifen. Wir werden im folgenden sehen, daß die gleiche Art der Indexumordnung zu verschiedenen Algorithmen für die Matrix-Matrix-Multiplikation und die Lösung linearer Gleichungssysteme führt.

Wir betrachten nun die Berechnung des Skalarproduktes etwas detaillierter. Das Skalarprodukt $(\mathbf{x}, \mathbf{y})$ zweier Vektoren kann gemäß

$$t_i = x_i y_i, \qquad i = 1, \ldots, n, \qquad (\mathbf{x}, \mathbf{y}) = \sum_{i=1}^{n} t_i, \tag{3.3.3}$$

berechnet werden. Der erste Schritt in (3.3.3) ist eine Vektor-Vektor-Multiplikation, während der zweite eine Summation erfordert, welche, wie wir im vorangehenden Abschnitt gesehen haben, durch eine Fan-In-Operation bei Verlust

```
y = 0
For i = 1 to m
   For j = 1 to n
      y_i = y_i + a_ij x_j
```

(a) Inneres (Skalar-)Produkt

```
y = 0
For j = 1 to n
   For i = 1 to m
      y_i = y_i + a_ij x_j
```

(b) Linearkombination

Abb. 3.3.1 *Zwei Formen der Matrix-Vektor-Multiplikation*

von etwas Parallelität oder, gleichwertig, mit zunehmend kürzeren Vektoren ausgeführt werden kann. Andererseits erhält man für den Ansatz (3.3.2) als Linearkombination den Algorithmus

$$\mathbf{y} = x_1\mathbf{a}_1, \qquad \text{for } i = 2 \text{ to } n \text{ do } \mathbf{y} = \mathbf{y} + x_i\mathbf{a}_i. \tag{3.3.4}$$

Wie oben angemerkt, bezeichnet man eine Operation der Gestalt Vektor plus Skalar mal Vektor als axpy-Operation.

Der Linearkombinations-Algorithmus (abgekürzt LK-Algorithmus) vermeidet den Fan-In in der Berechnung des Skalarproduktes und verwendet Vektoren maximaler Länge. Er ist daher im allgemeinen effizienter, obwohl dies von der Größe von m und n und auch vom Speicherbedarf abhängt. Beispielsweise sei m klein und n groß. Dann sind die Vektorlängen in (3.3.4) klein und in (3.3.1) groß. (3.3.1) ist dann möglicherweise der effizientere Algorithmus. Die Größe des für A benötigten Speicherplatzes beeinflußt ebenfalls die Effizienz. Entsprechend der üblichen Fortran-Konvention für zweidimensionale Felder sei A spaltenweise abgespeichert. Dann stellen die für den LK-Algorithmus (3.3.4) benötigten Vektoren Folgen von sequentiell adressierbaren Speicherworten dar. Die im Skalarprodukt-Algorithmus (3.3.1) (abgekürzt SP-Algorithmus) verwendeten Zeilen von A sind dann Vektoren mit einer Indexschrittweite m. Wie weiter oben schon bemerkt, kann eine Indexschrittweite größer als 1 die Geschwindigkeit von Vektoroperationen beeinträchtigen. Daher bedeutet die spaltenweise Abspeicherung der Matrix A einen Vorteil für den LK-Algorithmus. Wenn die Matrix A andererseits zeilenweise abgespeichert ist, spricht dies eher für den SP-Algorithmus. Nur eine detaillierte Analyse des zu verwendenden Rechners führt zu einer klaren Auswahl.

Abrollen von Schleifen

Wir untersuchen nun, wie der LK-Algorithmus (3.3.4) Vektorregister verwendet. Eine naheliegende Implementation von (3.3.4) hat etwa die folgende Gestalt:

Lade $\mathbf{a}_1$ in ein Vektorregister.

$\mathbf{y} = x_1\mathbf{a}_1$. Speichere das Resultat in ein Register.

Lege $\mathbf{y}$ im Hauptspeicher ab.

Lade $\mathbf{a}_2$ in ein Vektorregister.

Multipliziere $x_2\mathbf{a}_2$. Speichere das Resultat in ein Register.

Lade $\mathbf{y}$ in ein Vektorregister.

Addiere $\mathbf{y} = \mathbf{y} + x_2\mathbf{a}_2$. Speichere das Resultat in ein Register.

Lege $\mathbf{y}$ im Hauptspeicher ab.

Lade $\mathbf{a}_3$ in ein Vektorregister.

$\vdots$

Wir haben hierbei angenommen, daß die Vektoren vollständig in die Vektorregister passen. Andernfalls müssen die Vektoren segmentiert verarbeitet werden, was als *Strip Mining* bekannt ist.

Der obige Code ist sehr ineffizient. Jeder Schritt erfordert zwei Vektor-Ladeoperationen, eine Vektor-Speicheroperation und zwei arithmetische Vektoroperationen. Die arithmetischen Operationen sollten verkettet werden, sofern die Hardware dies zuläßt. Das - in Abb. 3.1.4 illustrierte - Prinzip der Verkettung gestattet es, das Ergebnis von $x_1\mathbf{a}_1$ direkt in die Additionseinheit zu lenken. Die Addition von $\mathbf{y}$ kann dann schon beginnen, während noch Multiplikationen ausgeführt werden. Damit erfolgen beide Vektoroperationen fast gleichzeitig. Wir bemerken ferner, daß das Laden und Speichern von $\mathbf{y}$ zwischen den Vektoroperationen nun nicht mehr erforderlich ist. Die jeweils benötigten Komponenten von $\mathbf{y}$ werden direkt aus dem entsprechenden Register gelesen. Schließlich können auf den meisten Rechnern Ladeoperationen auf Vektoren parallel zu arithmetischen Operationen ausgeführt werden. So können wir $\mathbf{a}_2$ während der Ausführung der Operation $\mathbf{y} + x_1\mathbf{a}_1$ laden. Man beachte jedoch, daß für $\mathbf{a}_2$ ein anderes Vektorregister als für $\mathbf{a}_1$ benötigt wird, so daß der Code beim Zugriff auf $\mathbf{a}_i$ entsprechend „hin- und herspringen“ muß.

Mit diesen Änderungen erhalten wir nun den folgenden Code:

Lade $\mathbf{a}_1$ in ein Vektorregister.

Bilde $\mathbf{y} = x_1\mathbf{a}_1$. Lade $\mathbf{a}_2$.

Bilde $\mathbf{y} = \mathbf{y} + x_2\mathbf{a}_2$ durch Verkettung. Lade $\mathbf{a}_3$.

$\vdots$

Jeder Schritt benötigt nun nur etwas mehr als die für eine arithmetische Vektoroperation erforderliche Zeit. Der modifizierte Code läuft etwa fünfmal schneller als der Originalcode.

Compiler erkennen in der Regel zu verkettende Operationen. Unglücklicherweise erkennen sie jedoch nicht immer, daß Zwischenergebnisse in Vektorregistern verbleiben können oder daß Ladeoperationen mit arithmetischen Operationen überlappt werden können. Diese Problem kann natürlich durch Assembler-Programmierung gelöst werden. In Fortran kann es zu einem großen Teil durch das *Abrollen von Schleifen* umgangen werden. Wenn wir beispielsweise die Schleife

For $i = 1$ to n
  $\mathbf{y} = \mathbf{y} + x_i\mathbf{a}_i$

durch

For $i = 2$ step 2 to n
  $\mathbf{y} = \mathbf{y} + x_{i-1}\mathbf{a}_{i-1} + x_i\mathbf{a}_i$

ersetzen, so wird der Vektor $\mathbf{y}$ nur halb so oft wie im Ausgangscode geladen und weggespeichert. Außerdem kann das Laden von $\mathbf{a}_i$ mit der Arithmetik von $\mathbf{y} + x_{i-1}\mathbf{a}_{i-1}$ überlappt werden. Man beachte, daß für die Bearbeitung von $\mathbf{a}_n$ eine zusätzliche Anweisung erforderlich wird, wenn n ungerade ist. In diesem Beispiel wurde die Schleife bis zu einer *Tiefe* von zwei abgerollt. Das Abrollen mit einer Tiefe von drei erfolgt gemäß

For $i = 3$ step 3 to n
  $\mathbf{y} = \mathbf{y} + x_{i-2}\mathbf{a}_{i-2} + x_{i-1}\mathbf{a}_{i-1} + x_i\mathbf{a}_i.$

Analog wird das Abrollen mit größeren Tiefen ausgeführt. Hier sind wieder zusätzliche Anweisungen erforderlich, wenn n kein Vielfaches der Tiefe ist. Das Abrollen von Schleifen wird in der Praxis bis zu einer Tiefe von acht oder sogar mehr angewendet.

Matrixmultiplikation

Die vorangehende Diskussion der Matrix-Vektor-Multiplikation kann auf natürliche Weise auf die Multiplikation von Matrizen ausgedehnt werden, obwohl wir sehen werden, daß sich nun auch andere Alternativen anbieten. Es seien A und B $m \times n$- beziehungsweise $n \times q$-Matrizen, so daß AB eine $m \times q$-Matrix ist.

Die Skalarprodukt-Form der Matrix-Vektor-Multiplikation läßt sich zum *Skalarprodukt*-Algorithmus (im folgenden als SP-Algorithmus abgekürzt, vergleiche Bemerkung 8) erweitern:

$$C = AB = \begin{bmatrix} \mathbf{a}_1 \\ \vdots \\ \mathbf{a}_m \end{bmatrix} (\mathbf{b}_1, \ldots, \mathbf{b}_q) = (\mathbf{a}_i \mathbf{b}_j). \tag{3.3.5}$$

A wird hier zeilenweise und B spaltenweise aufgeteilt. Das Produkt AB erfordert die Bildung von mq Skalarprodukten $\mathbf{a}_i\mathbf{b}_j$ der Zeilen von A und der Spalten von B. Man beachte, daß für $q = 1$, wenn B also ein Vektor ist, (3.3.5) zum Skalarprodukt-Algorithmus für die Matrix-Vektor-Multiplikation degeneriert. Der SP-Algorithmus hat die gleichen Vor- und Nachteile wie der entsprechende Matrix-Vektor-Algorithmus. Wir werden ihn daher nicht weiter diskutieren.

Der nächste Algorithmus beruht auf Matrix-Vektor-Multiplikationen. Es bezeichnen $\mathbf{a}_i$ beziehungsweise $\mathbf{b}_i$ die i-te Spalte von A beziehungsweise B. Dann gilt

$$C = AB = (A\mathbf{b}_1, \ldots, A\mathbf{b}_q) = (\sum_{k=1}^{n} b_{k1}\mathbf{a}_k, \ldots, \sum_{k-1}^{n} b_{kq}\mathbf{a}_k). \tag{3.3.6}$$

Die j-te Spalte von C besteht aus dem Produkt von A und der j-ten Spalte von B, und diese Matrix-Vektor-Operationen werden als Linearkombinationen der Spalten von A berechnet. Abb. 3.3.2 zeigt einen Pseudocode für (3.3.6). Der Algorithmus in Abb. 3.3.2 wird auch Mittelprodukt-Algorithmus genannt. Wir ziehen es vor, ihn den *Linearkombinations-Algorithmus* (abgekürzt LK-Algorithmus, vergleiche Bemerkung 8) zu nennen, da dies die grundlegende Operation ist. Im Idealfall ist A spaltenweise abgespeichert. Wenn B zeilenweise abgespeichert ist, so erhalten wir eine Alternative, die wir den *dualen LK-Algorithmus* nennen. Dabei bezeichnen $\mathbf{a}_i$ und $\mathbf{b}_i$ nun die i-ten Zeilen von A beziehungsweise B.

$$C = AB = \begin{bmatrix} \mathbf{a}_1 B \\ \vdots \\ \mathbf{a}_m B \end{bmatrix} = \begin{bmatrix} \sum a_{1k}\mathbf{b}_k \\ \vdots \\ \sum a_{mk}\mathbf{b}_k \end{bmatrix}. \tag{3.3.7}$$

Hier ist die j-te Zeile von C eine Linearkombination der Zeilen von B. Für $m = 1$ in (3.3.7), wenn A also ein Zeilenvektor ist, stellt (3.3.7) den LK-Algorithmus für die Multiplikation eines Zeilenvektors mit einer Matrix dar.

```
Setze C = 0
For j = 1 to q
   For k = 1 to n
      c_j = c_j + b_kj a_k
```

Abb. 3.3.2 *Matrix-LK-Algorithmus*

Ein weiterer Algorithmus basiert auf dyadischen Produkten. Gemäß Abschnitt 2.1 ist das dyadischen Produkt eines Spaltenvektors $\mathbf{u}$ der Länge m und eines Zeilenvektors $\mathbf{v}$ der Länge q als die $m \times q$-Matrix

$$\mathbf{uv} = (v_1\mathbf{u}, \ldots, v_q\mathbf{u}) = (u_i v_j) \tag{3.3.8}$$

definiert. Als *Dyadisches-Produkt-Algorithmus* für die Matrixmultiplikation (im folgenden als DP-Algorithmus abgekürzt, vergleiche Bemerkung 8) auf der Grundlage von (3.3.8) erhält man

$$C = AB = (\mathbf{a}_1, \ldots, \mathbf{a}_n) \begin{bmatrix} \mathbf{b}_1 \\ \vdots \\ \mathbf{b}_n \end{bmatrix} = \sum_{i=1}^{n} \mathbf{a}_i \mathbf{b}_i = \sum_{i=1}^{n} (b_{i1}\mathbf{a}_i, \ldots, b_{iq}\mathbf{a}_i). \tag{3.3.9}$$

C ergibt sich dann als die Summe von dyadischen Produkten von Spalten von A und Zeilen von B. Ein Pseudocode hierfür ist in Abb. 3.3.3 angegeben. Im Idealfall ist A spaltenweise abgespeichert. Eine Alternative für zeilenweise abgespeichertes B lautet

$$C = AB = \sum_{i=1}^{n} \mathbf{a}_i \mathbf{b}_i = \sum_{i=1}^{n} \begin{bmatrix} a_{1i}\mathbf{b}_i \\ \vdots \\ a_{mi}\mathbf{b}_i \end{bmatrix}. \tag{3.3.10}$$

```
Setze C = 0
For k = 1 to n
  For j = 1 to q
    c_j = c_j + b_kj a_k
```

Abb. 3.3.3 *Matrixmultiplikation mit dyadischen Produkten*

Diesen Algorithmus nennen wir *dualen DP-Algorithmus.* In diesem Fall ist C ebenfalls die Summe von n dyadischen Produkten. (3.3.9) und (3.3.10) unterscheiden sich nur in der Art der Berechnung der dyadischen Produkte.

Gemäß Abb. 3.3.1 gehen alle der oben genannten Algorithmen zur Matrixmultiplikation auf unterschiedliche Anordnungen der Schleifenvariablen i, j und k im Ausgangscode

```
For ___
  For ___
    For ___
      c_ij = c_ij + a_ik b_kj
```

zurück, während die arithmetischen Anweisungen unverändert bleiben. Die sechs möglichen Codes, häufig *ijk-Formen* der Matrixmultiplikation genannt, sind in Aufgabe 3.3.2 angegeben.

Vergleich der Algorithmen

Als nächstes wollen wir den LK- und den DP-Algorithmus unter der Annahme vergleichen, daß A spaltenweise abgespeichert ist. Analoge Überlegungen gelten für die dualen Algorithmen, wenn B zeilenweise abgespeichert ist. Für den DP-Algorithmus, Abb. 3.3.3, bildet die innere Schleife das dyadische Produkt $\mathbf{a}_i\mathbf{b}_i$ durch Addition zum in C akkumulierten Produkt. Der grundlegende Schritt besteht in einer axpy-Operation für Vektoren der Länge m. Auch für den LK-Algorithmus aus Abb. 3.3.2, ist die Grundoperation wieder eine axpy-Operation der Länge m. Für kleines m ist keiner der beiden Algorithmen vorteilhaft. Wenn B zeilenweise abgespeichert ist und $q > m$ gilt, sind die dualen Formen der Algorithmen möglicherweise vorzuziehen.

Obwohl in beiden Algorithmen eine axpy-Operation der Länge m als Basisvektoroperation auftritt, bestehen bedeutende Unterschiede im Speicherzugriff hinsichtlich der korrekten Nutzung der Vektorregister oder des Cachespeichers. Wir diskutieren zunächst die Nutzung von Vektorregistern und zeigen dann, wie diese Überlegungen auf einen Cache übertragen werden können. Der Einfachheit halber nehmen wir an, daß die Register groß genug sind, um eine Spalte von A aufzunehmen. Ist dies nicht der Fall, so können offensichtliche Modifikationen unter Verwendung von Strip Mining vorgenommen werden.

Die innere Schleife des LK-Algorithmus entspricht vollständig einer Spalte von C, während im DP-Algorithmus die Spalten von C über die gesamte Rechnung akkumuliert werden. Im DP-Algorithmus kann $\mathbf{a}_i$ q-mal verwendet werden, da es in einem Register liegt. Die Spalten von C müssen jedoch jedes Mal, wenn sie aktualisiert werden, geladen und gespeichert werden. Wenn beispielsweise $\mathbf{c}_j$ durch $\mathbf{c}_j + b_{ij}\mathbf{a}_i$ aktualisiert und in den Hauptspeicher abgespeichert wird, so wird $\mathbf{c}_{j+1}$ aus dem Hauptspeicher geladen, durch $\mathbf{c}_{j+1} + b_{ij+1}\mathbf{a}_i$ aktualisiert, und so weiter. Auf Rechnern, die gleichzeitig laden und speichern können, wie etwa der Cray Y-MP, ist dies kein Problem, auf Rechnern wie der Cray-1 oder Cray-2, die nur eine Lade- oder Schreiboperation zu einem Zeitpunkt durchführen können, tritt eine Verzögerung ein.

Andererseits müssen im LK-Algorithmus Abb. 3.3.2 aufeinanderfolgende Spalten $\mathbf{a}_j$ von A für jede Vektoroperation geladen werden. Eine Schreiboperation ist jedoch vor dem vollständigen Abschluß der Berechnung einer Spalte von C nicht erforderlich. Auf Maschinen, die nur eine Lade- oder Schreiboperation zu einem Zeitpunkt durchführen können, führt dies bei der Berechnung jeder Spalte von C zu einem verzögerten Speicherzugriff. Der LK-Algorithmus besitzt einen entscheidenden Vorteil auf derartigen Rechnern und ist auf Rechnern, die Lade- und Schreiboperationen simultan durchführen können, zumindest ebenbürtig. Die gleichen allgemeinen Betrachtungen sind auf den Cachespeicher übertragbar. Der Cache ist in der Regel bedeutend größer als der Vektorregisterspeicher, aber nicht so groß, daß größere Matrizen ganz abgespeichert werden können. Im DP-Algorithmus müssen daher Spalten von C kontinuierlich geladen und gespeichert werden, so daß dieser Algorithmus erheblich mehr Speicherzugriffe erfordert als der LK-Algorithmus.

Blockalgorithmen

Die obige Diskussion führt zu dem Prinzip, daß Daten, die einmal in Vektorregister oder in den Cache gelangt sind, so oft wie möglich genutzt werden sollten. Das zweite Prinzip lautet, daß die Menge der in diesem Sinn wiederverwendbaren Daten so groß wie möglich sein sollte. In den vorangehenden Algorithmen konnte nur ein einziger Vektor (eine Spalte von A oder C) mehr als einmal verwendet werden. *Blockalgorithmen*, die anstelle von Spalten Untermatrizen verwenden, führen potentiell zu größeren Mengen an weiterverwendbaren Daten.

Wie betrachten beispielsweise den LK-Algorithmus aus Abb. 3.3.2. Die j-te Spalte $\mathbf{c}_j$ des Produkts kann im Cache verbleiben, da sie gemäß der Formel

$$\mathbf{c}_j = b_{1j}\mathbf{a}_1, \qquad \mathbf{c}_j = \mathbf{c}_j + b_{kj}\mathbf{a}_k, \qquad k = 2, \dots, n,$$

gebildet wird. Jedes b_{kj} wird für genau eine axpy-Operation benötigt und muß daher nur für diese in den Cache geladen werden. Für große Matrizen kann A jedoch nicht im Cache gehalten werden und muß daher für die Berechnung jeder Spalte von C aus dem Hauptspeicher geladen werden. Nehmen wir an, daß der Cache zumindest groß genug ist, um r Spalten von C und eine Spalte von A aufzunehmen. Jede aus dem Hauptspeicher geladene Spalte von A kann daher zur Modifikation von r Spalten von C genutzt werden. Somit sind nur q/r Ladeoperationen bezüglich A erforderlich, wobei q die Anzahl der Spalten von C bezeichnet. Dies hat eine signifikante Auswirkung auf die Gesamtrechenzeit. Mathematisch kann der obige Algorithmus durch die Zerlegung

$$C = AB = (AB_1, AB_2, \dots, AB_\ell), \tag{3.3.11}$$

charakterisiert werden. Hierbei bezeichnet B_1 die Untermatrix der ersten r Spalten von B, B_2 die der zweiten r Spalten, und so weiter.

Ein alternativer Ansatz besteht in der Vertauschung der Rollen von A und C im Cache. Wir berechnen zunächst einen Teil der ersten Spalte $\mathbf{c}_1$ von C:

$$\mathbf{c}_1 = \sum_{k=1}^{p} b_{k1}\mathbf{a}_k.$$

Wenn sich nun $\mathbf{a}_1, \dots, \mathbf{a}_p$ im Cache befinden, berechnen wir analog Teile der Summen, die die verbleibenden Spalten von C definieren, gemäß

$$\mathbf{c}_j = \sum_{k=1}^{p} b_{kj}\mathbf{a}_k, \qquad j = 2, \dots, q. \tag{3.3.12}$$

Wir nehmen dabei an, daß $\mathbf{c}_j$ nach seiner Berechnung im Cache ersetzt wird und daß $\mathbf{a}_1, \dots, \mathbf{a}_p$ während der Ausführung der Operationen (3.3.12) im Cache verbleiben. Nach Abschluß der Berechnung (3.3.12) werden $\mathbf{a}_1, \dots, \mathbf{a}_p$ nicht mehr benötigt. Der nächste Schritt beginnt mit analogen Berechnungen unter Verwendung von $\mathbf{a}_{p+1}, \ldots, \mathbf{a}_{2p}$, und so weiter. Dann müssen A und, wie vorher, B nur einmal aus dem Hauptspeicher geladen werden, während C q/r-mal geholt werden muß. Mathematisch entspricht diese Alternative der Aufteilung

$$C = (A_1, \ldots, A_\ell) \begin{bmatrix} B_1 \\ \vdots \\ B_\ell \end{bmatrix} = \sum_{i=1}^{\ell} A_i B_i$$

von A nach Spalten und von B nach Zeilen.

Andere Algorithmen können auf allgemeinere Zerlegungen von A und B zurückgeführt werden. So kann $C = AB$ in der zerlegten Form

$$C = \begin{bmatrix} A_{11} & \cdots & A_{1r} \\ \vdots & & \vdots \\ A_{s1} & \cdots & A_{sr} \end{bmatrix} \begin{bmatrix} B_{11} & \cdots & B_{1t} \\ \vdots & & \vdots \\ B_{r1} & \cdots & B_{rt} \end{bmatrix} \tag{3.3.13}$$

geschrieben werden. Hierbei wird natürlich angenommen, daß die Untermatrizen dergestalt dimensioniert sind, daß die Produkte $A_{ik}B_{kj}$ wohldefiniert sind. Die Zerlegung (3.3.13) bildet die Grundlage für mehrere denkbare Algorithmen. Insbesondere gibt es Blockvarianten zu jeder der oben diskutierten ijk-Formen.

Wir illustrieren die Verwendung von (3.3.13) durch Modifikation des auf (3.3.11) basierenden Algorithmus. A und B seien beispielsweise 1000×1000-Matrizen, und der Cache habe eine Größe von 8000 Gleitpunktzahlen. In dem auf (3.3.11) beruhenden Algorithmus könnten wir dann mit einer gewissen Reserve 6 Spalten von C und eine Spalte von A im Cache halten. Es wären $1000/6 = 167$ Ladeoperationen bezüglich A und eine Ladeoperation bezüglich B erforderlich. Wir nehmen jedoch an, daß $s = 4$ in (3.3.13) gewählt sei, so daß C gemäß

$$C = \begin{bmatrix} C_{11} & \cdots & C_{1t} \\ \vdots & & \vdots \\ C_{41} & \cdots & C_{4t} \end{bmatrix}$$

zerlegt ist, wobei jedes C_{ij} aus 250 Zeilen besteht. Blöcke C_{ij} der Größe 250×30 können somit im Cache gehalten werden. Dies entspricht der Wahl $t = 1000/30 = 34$ in (3.3.13). Zur Berechnung von C_{ij} benutzten wir die Spalten $A_{i1}, A_{i2}, \ldots, A_{ir}$ und Koeffizienten von $B_{1j}, \ldots, B_{rj}$. Nur eine Spalte von A_{ij} muß jeweils gleichzeitig mit einzelnen Koeffizienten von B_{ij} im Cache liegen.

Daher können mittels jeder im Cache befindlichen Spalte eines Blocks A_{ij} 30 Spalten von C_{ij} aktualisiert werden. Daraus folgt, daß anstelle von 167 nur noch $1000/30 = 34$ Ladeoperationen bezüglich A benötigt werden. Anderseits muß B statt nur einmal in (3.3.11) viermal geladen werden. Trotzdem verbleibt eine beträchtliche Verringerung des Speicherverkehrs.

Die obigen Beispiele sollen nur die Datennutzung im Cache oder Vektorregistern veranschaulichen. Reale Algorithmen hängen von der jeweils verwendeten Rechnerarchitektur ab.

Die BLAS-Routinen

Die BLAS-Routinen (Basic Linear Algebra Subroutines) stellen eine Sammlung von Unterprogrammen für gewisse Vektor- und Matrixoperationen dar. Die ursprünglichen BLAS-Routinen, heute BLAS1 genannt, bestehen nur aus Vektoroperationen wie dem Skalarprodukt zweier Vektoren, Vektor plus Skalar mal Vektor (axpy), Skalierung eines Vektors mit einer Konstanten, und so weiter. Hierbei sind Versionen für einfache und doppelte Genauigkeit in reeller und komplexer Arithmetik enthalten. So hat beispielsweise die axpy-Operation für diese vier Arithmetiktypen die Namen saxpy, daxpy, caxpy und zaxpy. Aus diesem Grunde verwenden wir den generischen Term axpy anstelle der populäreren saxpy oder daxpy. Die zweite Ebene der BLAS-Routinen, BLAS2, enthält Matrix-Vektor-Operationen wie beispielsweise Matrix-Vektor-Multiplikationen. BLAS3, die dritte Ebene von BLAS, enthält Matrix-Matrix-Operationen wie etwa die Matrixmultiplikation. Das Konzept der BLAS-Routinen sieht einerseits eine möglichst effiziente Implementierung etwa in Assembler vor, anderseits sollen sie als Basisblöcke für kompliziertere Prozeduren dienen.

Schnelle Matrixmultiplikation

Alle bisher besprochenen Algorithmen zur Multiplikation zweier $n \times n$-Matrizen erfordern $O(2n^3)$ arithmetische Operationen. Es gibt jedoch Algorithmen, die nur $O(cn^p)$ Operationen benötigen, wobei $p < 3$ gilt. Hier und im folgenden schließen wir die führende Konstante mit in den $O(.)$-Term ein, da diese Konstante öfter von entscheidender Bedeutung ist. Die meisten dieser Algorithmen sind verhältnismäßig kompliziert, und ihre praktische Bedeutung ist noch nicht geklärt. Wir diskutieren hier nur den ersten, als *Verfahren von Strassen* bekannten Algorithmus, dessen arithmetische Komplexität $O(4.7n^{2.81})$ beträgt. Dieser Algorithmus führt für große n zu einer annehmbaren Verringerung der Komplexität. Für $n = 1000$ gilt zum Beispiel $2n^3 = 2 \times 10^9$, während $4.7n^{2.81} \doteq 1.27 \times 10^9$ ist.

Strassens Verfahren beruht auf der Beobachtung, daß die Multiplikation zweier 2×2-Matrizen mit nur 7 statt 8 Multiplikationen durchgeführt werden kann. Betrachte

$$\begin{bmatrix} C_{11} & C_{12} \\ C_{21} & C_{22} \end{bmatrix} = \begin{bmatrix} A_{11} & A_{12} \\ A_{21} & A_{22} \end{bmatrix} \begin{bmatrix} B_{11} & B_{12} \\ B_{21} & B_{22} \end{bmatrix} \tag{3.3.14}$$

und berechne

$$P_1 = (A_{11} + A_{22})\,(B_{11} + B_{22}), \qquad P_2 = (A_{21} + A_{22})B_{11} \tag{3.3.15a}$$

$$P_3 = A_{11}(B_{12} - B_{22}),\ P_4 = A_{22}(B_{21} - B_{11}),\ P_5 = (A_{11} + A_{12})B_{22} \tag{3.3.15b}$$

$$P_6 = (A_{21} - A_{11})\,(B_{11} + B_{12}), \quad P_7 = (A_{12} - A_{22})\,(B_{21} + B_{22}). \tag{3.3.15c}$$

Dann folgt

$$C_{11} = P_1 + P_4 - P_5 + P_7, \qquad C_{12} = P_3 + P_5 \tag{3.3.16a}$$

$$C_{21} = P_2 + P_4, \qquad C_{22} = P_1 + P_3 - P_2 + P_6. \tag{3.3.16b}$$

Die Formeln (3.3.15) enthalten die erforderlichen sieben Multiplikationen. Die Anzahl an Additionen beträgt jedoch 18 im Vergleich zu 4 bei der üblichen Matrixmultiplikation. Wenn nicht Multiplikationen um ein Vielfaches langsamer als Additionen sind, ist dies keine empfehlenswerte Alternative zur Multiplikation zweier 2×2-Matrizen.

Wir wenden nun die gleiche Idee auf $n \times n$-Matrizen A, B und C an. Für gerades n sei (3.3.14) eine Zerlegung in $\frac{n}{2} \times \frac{n}{2}$-Matrizen. Die Formeln (3.3.15) und (3.3.16) gelten auch für diese Untermatrizen. Unter der Annahme, daß die Matrixmultiplikationen in (3.3.15) auf die konventionelle Art ausgeführt werden, erfordert jede von ihnen etwa $2(\frac{n}{2})^3$ Operationen, während für jede der Additionen $(\frac{n}{2})^2$ Operationen anfallen. Insgesamt ergibt dies etwa

$$7 \times 2(\frac{n}{2})^3 + 18(\frac{n}{2})^2 = \frac{7}{4}n^3 + \frac{9}{2}n^2. \tag{3.3.17}$$

Diese Zahl ist kleiner als $2n^3$ für $n > 18$. Je größer n ist, desto größer werden die Einsparungen. Für hinreichend großes n können wir die gleiche Idee auf jede der Matrixmultiplikationen in (3.3.15) anwenden. Der Algorithmus von Strassen kann dann rekursiv durchgeführt werden, bis die Größe der Untermatrizen 18 unterschreitet.

Parallelrechner

Wir diskutieren nun Algorithmen für Parallelrechner. Wir betrachten die Matrix-Vektor-Multiplikation mit dem LK-Algorithmus (3.3.2), wobei A wieder eine $m \times n$-Matrix sei. Der Einfachheit halber nehmen wir zunächst $n = p$ für die Anzahl der Prozessoren an. Wie in Abb. 3.3.4 illustriert, seien x_i und $\mathbf{a}_i$ dem Prozessor i zugeordnet. Alle Produkte $x_i\mathbf{a}_i$ können vollständig parallel gebildet werden. Die Additionen werden mit dem Fan-In-Algorithmus aus Abschnitt 3.2 ausgeführt, hier auf Vektoren angewendet (Aufgabe 3.2.2). Für ein System mit verteiltem Speicher interpretieren wir Abb. 3.3.4 so, daß sich die angegebenen Daten in den lokalen Speichern der Prozessoren befinden. In diesem Fall erfordert der Fan-In-Algorithmus mit Fortschreiten der Rechnung Datentransfers zwischen Prozessoren. In einem System mit gemeinsamem Speicher interpretieren wir Abb. 3.3.4 als Verteilung von Teilaufgaben, so daß P_i die Multiplikation $x_i\mathbf{a}_i$ ausführt. In diesem Fall treten keine Datentransporte auf, da sich alle Daten im globalen Speicher befinden.

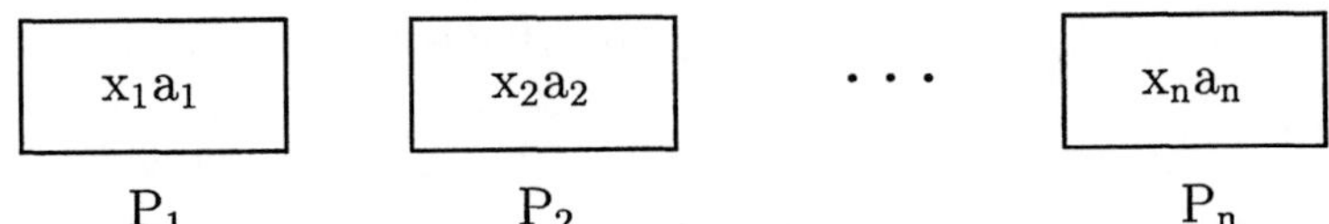

Abb. 3.3.4 *Paralleler LK-Algorithmus*

Damit die erforderlichen Multiplikationen vor dem Beginn der Additionen abgeschlossen sind, muß synchronisiert werden. Auf einem Rechner mit verteiltem Speicher geschieht dies beim Empfang der Daten. Wir nehmen beispielsweise an, daß P_1 die Vektoren $x_1\mathbf{a}_1$ und $x_2\mathbf{a}_2$ addieren soll. Wenn P_2 seine Multiplikationen abgeschlossen hat, sendet er $x_2\mathbf{a}_2$ an P_1. Prozessor P_1 beginnt die Addition, nachdem er seine Multiplikationen abgeschlossen hat. Wenn er die Daten von P_2 noch nicht erhalten hat, muß er warten. Dieses Warten stellt die notwendige Synchronisation dar. Wenn P_1 nicht warten würde, würde er mit der Addition aus für $x_2\mathbf{a}_2$ reservierten Speicherzellen beginnen, bevor die richtigen Daten dort eingetroffen wären, und damit fehlerhafte Ergebnisse erzeugen. In einem System mit gemeinsamem Speicher kann Synchronisation auf verschiedene Arten erreicht werden (Abschnitt 3.2). Der jeweils beste Weg hängt sowohl von der Hardware als auch der Software des verwendeten Rechners ab. Als Beispiel für die Realisierung einer Synchronisation nehmen wir an, daß P_2

nach Beendigung seiner Multiplikation eine „Flagge“ setzt. Dies kann beispielsweise eine Boolesche Variable sein, die auf „wahr“ gesetzt wird und die von P_1 getestet wird, bevor dieser die Addition beginnt.

Der SP-Algorithmus ist attraktiver. Wir nehmen $p = m$ an und daß, wie in Abb. 3.3.5 illustriert, $\mathbf{x}$ und $\mathbf{a}_i$ dem Prozessor i zugeordnet sind, wobei $\mathbf{a}_i$ nun die i-te Zeile von A bezeichnet. Jeder Prozessor führt ein Skalarprodukt vollständig parallel aus. Weder Fan-Ins noch Datentransporte sind erforderlich. Eine Synchronisation ist nur am Ende der Berechnung nötig. Im Vergleich zu den vorher diskutierten Vektorcodes zeigt sich das scheinbare Paradoxon, daß der LK-Algorithmus ein Fan-In erfordert, während dies beim SP-Algorithmus nicht der Fall ist.

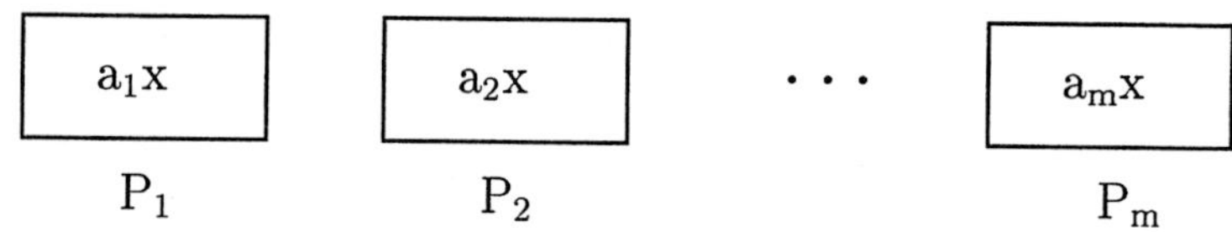

Abb. 3.3.5 *Paralleler SP-Algorithmus*

Obwohl der SP-Algorithmus vollständig parallel ist, hängt es im allgemeinen von anderen Überlegungen ab, welcher der beiden Algorithmen angewendet wird. Eine Matrix-Vektor-Multiplikation ist immer Bestandteil einer umfangreicheren Berechnung. Auf einem System mit verteiltem Speicher spielt die Speicherverteilung von A und $\mathbf{x}$ zum Zeitpunkt der Multiplikation eine entscheidende Rolle bei der Auswahl des Algorithmus. Wenn beispielsweise wie in Abb. 3.3.4 x_i und die Spalte $\mathbf{a}_i$ schon im i-ten Prozessor abgespeichert sind, wird man möglicherweise den LK-Algorithmus anwenden, obwohl er eine geringere Parallelität besitzt als der andere Algorithmus. Ein anderer Gesichtspunkt ist der gewünschte Speicherort nach der Multiplikation. Der erste Algorithmus legt den Ergebnisvektor in einem Prozessor ab, während der zweite Algorithmus das Ergebnis über die Prozessoren verteilt.

In der obigen Diskussion wurde unterstellt, daß die Zahl der Prozessoren mit der Anzahl der Zeilen oder Spalten von A übereinstimmt. Im allgemeinen sind n und/oder m beträchtlich größer als die Zahl der Prozessoren. Jedem Prozessor werden dann viele Zeilen oder Spalten zugeordnet. Für den SP-Algorithmus ist p im Idealfall ein Teiler von m, und jedem Prozessor werden m/p Zeilen zugeteilt. Mathematisch würde man die Multiplikation gemäß der Zerlegung

$$A\mathbf{x} = \begin{bmatrix} A_1 \\ \vdots \\ A_p \end{bmatrix} \mathbf{x} = \begin{bmatrix} A_1\mathbf{x} \\ \vdots \\ A_p\mathbf{x} \end{bmatrix}, \tag{3.3.18}$$

durchführen. Dabei enthält A_i genau m/p Zeilen von A. Falls A_i und $\mathbf{x}$ dem Prozessor i zugeordnet sind, können die Produkte $A_1\mathbf{x}, \ldots, A_p\mathbf{x}$ vollständig parallel gebildet werden. Bei der Multiplikation $A_i\mathbf{x}$ spielt es keine Rolle, mit welchem Algorithmus sie durchgeführt wird, ob nun mittels Skalarprodukten oder einer Linearkombination von Spalten. Die vorangehende Diskussion ist jedoch von Bedeutung, wenn die Prozessoren Vektorprozessoren sind. Ähnliche Betrachtungen gelten für die Zerlegung von A in Gruppen von Spalten (Aufgabe 3.3.3). Falls p kein Teiler von m (oder n) ist, würde man versuchen, die Spalten oder Zeilen so gleichmäßig wie möglich auf die Prozessoren zu verteilen.

Matrixmultiplikation

Ähnliche Überlegungen gelten für die Multiplikation zweier Matrizen A und B. Gegenstand von Aufgabe 3.3.4 ist die Diskussion des SP-, DP- und LK-Algorithmus für Parallelrechner. Auch die Zerlegung (3.3.13) führt zu verschiedenen möglichen Algorithmen. Falls die Blockanzahl in C beispielsweise $p = st$ beträgt, so können diese st Blöcke unter der Voraussetzung parallel berechnet werden, daß A und B den Prozessoren geeignet zugeordnet werden (Aufgabe 3.3.5). Spezialfälle sind $s = 1$ mit einer Zerlegung von A in Gruppen von Spalten und $t = 1$ mit einer Zerlegung von B in Gruppen von Zeilen. Andere interessierende Spezialfälle sind $s = t = 1$, der einen „Blockskalarprodukt“-artigen Algorithmus

$$AB = \sum_{j=1}^{r} A_{1j}B_{j1} \tag{3.3.19}$$

liefert, und $r = 1$, welcher zu einem „Block-DP“-Algorithmus

$$AB = (A_{i1}B_{1j}) \tag{3.3.20}$$

führt. (3.3.20) wäre beispielsweise für den Fall von $p = st$ Prozessoren von Nutzen, wobei A_{i1} und B_{1j} den Prozessoren wie in Abb. 3.3.6 angegeben zugeordnet würden. In diesem Fall spiegelt die Prozessorkonfiguration die Blockstruktur

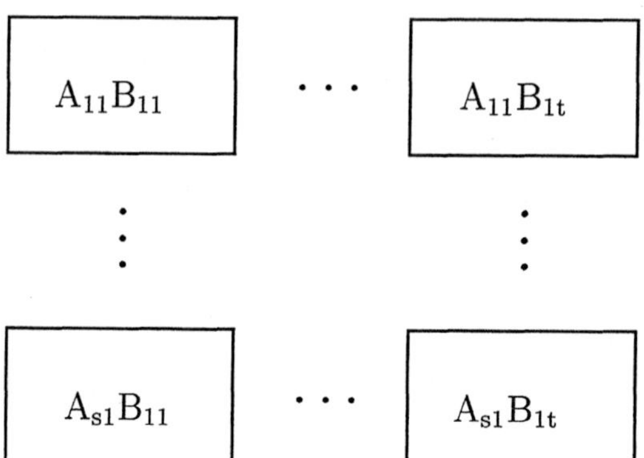

Abb. 3.3.6 *Parallele Blockmultiplikation*

des Produktes C wieder, und die einzelnen Produkte $A_{i1}B_{1j}$ können alle parallel gebildet werden.

Bandmatrizen

In diesem Abschnitt haben wir bis jetzt unterstellt, daß die Matrizen vollbesetzt sind, das heißt, daß alle oder zumindest fast alle Elemente ungleich Null sind. Viele in der Praxis auftretende Matrizen sind jedoch *dünnbesetzt*, das heißt, daß die Mehrzahl der Elemente verschwindet. Wir betrachten nun verschiedene Typen von Multiplikationsalgorithmen für diverse dünnbesetzte Matrizen. Wir werden dabei erkennen, daß in gewissen Fällen zusätzliche Algorithmen benötigt werden. Wir beginnen mit Bandmatrizen.

Eine $n \times n$-Matrix A heißt *Bandmatrix*, falls

$$a_{ij} = 0, \qquad i - j > \beta_1, \qquad j - i > \beta_2 \tag{3.3.21}$$

gilt (vergleiche Abb. 3.3.7). Der Einfachheit halber betrachten wir nur den Fall einer *symmetrisch besetzten Bandmatrix* A: $\beta_1 = \beta_2 = \beta$. In diesem Fall wird β als *halbe Bandbreite* bezeichnet. A besitzt dann nur in der Hauptdiagonale und den angrenzenden 2β (oberen und unteren) Nebendiagonalen nichtverschwindende Koeffizienten. Beachte, daß eine symmetrisch besetzte Bandmatrix nicht notwendig symmetrisch ist.

Wir betrachten zunächst die Matrix-Vektor-Multiplikation $A\mathbf{x}$ mittels des SP- und des LK-Algorithmus (3.3.1) bzw. (3.3.2). Unter der Annahme, daß A spaltenweise abgespeichert ist, treten in (3.3.2) Vektorlängen $\beta + 1$ bis $2\beta + 1$ auf. Typische Werte von β und n können in realistischen Problemen $n = 10^4$ und

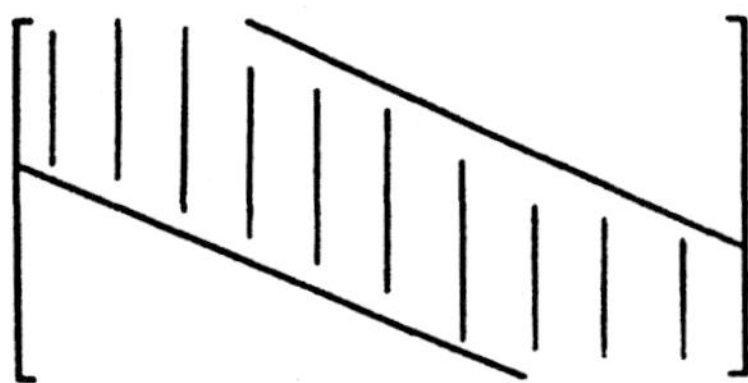

Abb. 3.3.7 *Bandmatrix*

$\beta = 10^2$ sein, was zu ausreichend großen Vektorlängen in (3.3.2) führt. Andererseits sind die Vektorlängen für kleine Werte von β ebenfalls klein. Für $\beta = 1$ ist die Matrix beispielsweise *tridiagonal*, und die Vektorlänge beträgt höchstens 3. Ähnliche Überlegungen gelten für die Skalarprodukte in (3.3.1), deren Vektorlängen die gleichen wie in (3.3.2) sind. Wie in Abb. 3.3.5 illustriert und oben diskutiert, besitzt (3.3.1) jedoch eine fast vollständige Parallelität bei der Bildung der n Skalarprodukte, und zwar unabhängig von der Bandbreite. Daher ist der SP-Algorithmus auf Parallelrechnern attraktiv, sogar für sehr kleine Werte von β.

Multiplikation mit Diagonalen

Die bisher angegebenen Algorithmen sind, wie schon erwähnt, auf Vektorrechnern für Matrizen mit geringer Bandbreite nicht effizient. Dies ist auch der Fall für Matrizen mit nur einigen wenigen nichtverschwindenden Nebendiagonalen, die sich nicht um die Hauptdiagonale häufen. Ein Beispiel ist in Abb. 3.3.8 angegeben, in dem eine $n \times n$-Matrix gezeigt wird, die nur vier Diagonalen mit nichtverschwindenden Koeffizienten besitzt. Wir bezeichnen eine Matrix mit relativ wenigen nichtverschwindenden (Neben-)Diagonalen als *diagonal dünnbesetzte Matrix*. Wie wir später genauer sehen werden, treten derartige Matrizen in der Praxis häufig auf, insbesondere bei der Lösung von Partiellen Differentialgleichungen durch Differenzen- oder Finite-Element-Verfahren.

Eine diagonal dünnbesetzte Matrix kann eine relativ große Bandbreite haben. Die bisher besprochenen Algorithmen sind jedoch unbefriedigend für Fälle mit einer großen Anzahl von verschwindenden Koeffizienten in jeder Zeile oder Spalte. In der Tat ist die Speicherung dieser Matrizen nach Zeilen oder Spalten aus diesem Grunde unbefriedigend. Die Speicherung nach Diagonalen wäre das naheliegende Schema. Die nichtverschwindenden Diagonalen wären dann die in den Multiplikations-Algorithmen verwendeten Vektoren. Im folgenden zeigen wir, wie diese Multiplikation durchgeführt werden kann.

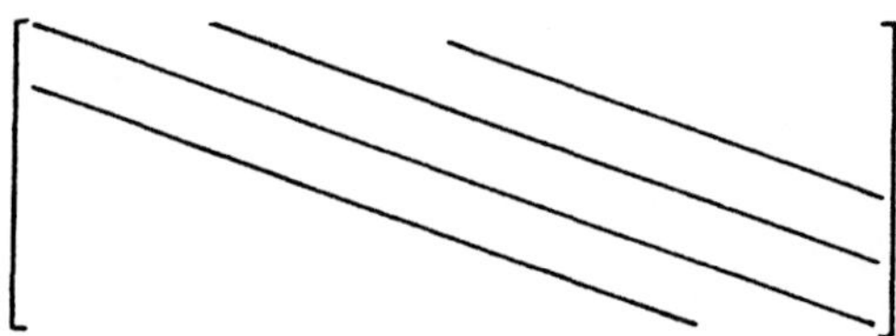

Abb. 3.3.8 *Diagonal dünnbesetzte Matrix*

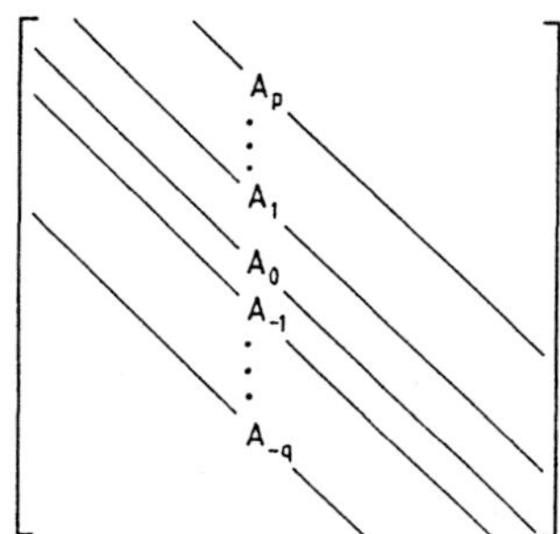

Abb. 3.3.9 *Matrix in Diagonalschreibweise*

Wir betrachten zunächst die Matrix-Vektor-Multiplikation $A\mathbf{x}$, wobei die $n \times n$-Matrix A, wie in in Abb. 3.3.9 gezeigt, mittels ihrer Diagonalen dargestellt wird. Wir unterstellen an diesem Punkt nicht, daß A eine diagonal dünnbesetzte oder eine Bandmatrix ist. A könnte sogar vollbesetzt sein. In Abb. 3.3.9 bezeichnen A_0 die Hauptdiagonale, $A_{-1}, \ldots, A_{-q}$ die Nebendiagonalen unterhalb von A_0 und $A_1, \ldots, A_p$ die Nebendiagonalen oberhalb von A_0. Dann kann leicht gezeigt werden (Aufgabe 3.3.9), daß $A\mathbf{x}$ durch

$$\begin{aligned} A\mathbf{x} &= A_0\mathbf{x} \overset{\wedge}{+} A_1\mathbf{x}^2 \overset{\wedge}{+} \cdots \overset{\wedge}{+} A_p\mathbf{x}^{p+1} \\ &\quad + A_{-1}\mathbf{x}_{n-1} \overset{\vee}{+} \cdots \overset{\vee}{+} A_{-q}\mathbf{x}_{n-q} \end{aligned} \tag{3.3.22}$$

dargestellt werden kann, wobei

$$\mathbf{x}^j = (x_j, \ldots, x_n), \qquad \mathbf{x}_{n-j} = (x_1, \ldots, x_{n-j}) \tag{3.3.23}$$

ist. Die Multiplikationen in (3.3.22) sind als komponentenweise Vektormultiplikation der Vektoren A_i (dies sind die (Neben-)Diagonalen von A) mit den

Vektoren in (3.3.23) zu interpretieren. Die Vektoren in (3.3.22) besitzen nicht alle die gleiche Länge (beispielsweise hat $A_1\mathbf{x}^2$ die Länge $n-1$). Es bedeutet $\stackrel{\wedge}{+}$, daß der kürzere Vektor zu den ersten Komponenten des längeren zu addieren ist. Beispielsweise wäre $A_1\mathbf{x}^2$ zu den ersten $n-1$ Komponenten von $A_0\mathbf{x}$ zu addieren. In analoger Weise bedeutet $\stackrel{\vee}{+}$ die Addition des kürzeren Vektors zu den letzten Komponenten des längeren.

Wir diskutieren nun verschiedene Spezialfälle von (3.3.22) auf Vektorrechnern. Wenn A eine vollbesetzte Matrix ($p = q = n-1$) ist, dann fallen $2n-1$ Vektormultiplikationen in (3.3.22) an. Die Vektorlänge variiert zwischen 1 und n. Daher ist (3.3.22) im Vergleich zum LK-Algorithmus unattraktiv für vollbesetzte Matrizen. Nur wenn A schon nach Diagonalen abgespeichert wäre, würden wir (3.3.22) betrachten. Dieses Speicherschema ist für vollbesetzte Matrizen jedoch eher ungewöhnlich.

Als anderes Extrem betrachten wir den Fall $p = q = 1$, also eine Tridiagonalmatrix A. (3.3.22) vereinfacht sich dann zu

$$A\mathbf{x} = A_0\mathbf{x} \stackrel{\wedge}{+} A_1\mathbf{x}^2 \stackrel{\vee}{+} A_{-1}\mathbf{x}_{n-1}, \tag{3.3.24}$$

mit Vektorlängen von $n, n-1$ und $n-1$, für große n also mit einer beinahe perfekten Vektorisierung. Allgemeiner ist (3.3.22) für geringe Bandbreiten sehr attraktiv. Dieser Vorteil nimmt jedoch im Vergleich zum LK-Algorithmus mit wachsender Bandbreite ab. Es gibt eine von dem jeweiligen Rechner und n abhängige Bandbreite β_0, so daß (3.3.22) der schnellere Algorithmus für $\beta < \beta_0$ und der LK-Algorithmus der schnellere Algorithmus für $\beta > \beta_0$ ist. (Aufgabe 3.3.10.)

Der Algorithmus (3.3.22) ist auch für diagonal dünnbesetzte Matrizen sehr vorteilhaft. Nehmen wir beispielsweise an, daß A_0, A_1, A_{30}, A_{-1} und A_{-30} die einzigen nichtverschwindenden Diagonalen seien. (3.3.22) wird dann zu

$$A\mathbf{x} = A_0\mathbf{x} \stackrel{\wedge}{+} A_1\mathbf{x}^2 \stackrel{\wedge}{+} A_{30}\mathbf{x}^{31} \stackrel{\vee}{+} A_{-1}\mathbf{x}_{n-1} \stackrel{\vee}{+} A_{-30}\mathbf{x}_{n-30}. \tag{3.3.25}$$

Wie im tridiagonalen Fall besitzen $A_1\mathbf{x}^2$ und $A_{-1}\mathbf{x}_{n-1}$ Vektorlängen von $n-1$, während $A_{30}\mathbf{x}^{31}$ und $A_{-30}\mathbf{x}_{n-30}$ Vektorlängen von $n-30$ aufweisen. Für großes n sind diese Vektorlängen immer noch ausreichend. Wenn andererseits A_{30} und A_{-30} durch A_{n-p} und $A_{-(n-p)}$ ersetzt würden, so wären die Vektorlängen dieser Diagonalen für kleines p gering und die entsprechenden Vektoroperationen ineffizient. Für derartige Matrizen bietet der LK-Algorithmus keine annehmbare Alternative.

Auf Parallelrechnern kann die Berechnung von (3.2.22) wie folgt ausgeführt werden. Die nichtverschwindenden Diagonalen von A werden so auf die Prozessoren verteilt, daß die gesamte Datenmenge möglichst gleichmäßig den Prozessoren zugeordnet wird. Der Vektor $\mathbf{x}$, oder zumindest der jeweils von einem Prozessor benötigte Teil, muß auch verteilt werden. Die Multiplikationen der Diagonalen mit $\mathbf{x}$ kann dann weitgehend parallel erfolgen, aber ab einem gewissen Punkt müssen Additionen mittels eines Fan-In über die Prozessoren durchgeführt werden, was zu einem Verlust an Parallelität führt. Außerdem ist der Anreiz gering, die Multiplikation mit Diagonalen auf einem Parallelrechner zu betrachten, da, wie bereits diskutiert, die Implementation des SP-Algorithmus für Systeme mit geringer Bandbreite sehr vielversprechend sein kann. Das gleiche gilt für diagonal dünnbesetzte Matrizen. Hier können die Zeilen von A wieder parallel auf die Prozessoren verteilt und die Skalarprodukte parallel ausgeführt werden. Nur die nichtverschwindenden Koeffizienten in jeder Zeile müssen zusammen mit einer Liste der Indizes der jeweiligen Positionen in den Zeilen abgespeichert werden, sofern es sich um sequentielle Prozessoren handelt. Daher erscheint der Algorithmus mit Multiplikationen von Diagonalen auf Parallelrechnern kaum nützlich, wenn die einzelnen Prozessoren nicht selbst Vektorprozessoren sind.

Zu den häufig im Bereich der parallelen und vektoriellen Numerik geäußerten Behauptungen gehört, daß die Matrixmultiplikation „einfach“ sei. Wie wir in diesem Abschnitt gesehen haben, gilt dies nur dann, wenn der Matrixstruktur größte Aufmerksamkeit gewidmet wird und wenn wir unsere Algorithmen dieser Struktur anpassen.

Ergänzende Bemerkungen und Literaturhinweise zu Abschnitt 3.3

1. Die unterschiedlichen Versionen der Schleifen in Abb. 3.3.1 und Aufgabe 3.3.2 werden in Dongarra, Gustavson, and Karp [1984] angegeben.

2. „Symmetrisch besetzte Bandmatrix“ and „diagonal dünnbesetzt“ sind keine Standardbegriffe, aber für Matrizen dieser Art sind keine anderen geeigneten Begriffe üblich.

3. Der Algorithmus mit Multiplikationen von Diagonalen wurde von Madsen et al. [1976] entwickelt. Ein weiterer Vorteil der Speicherung einer Matrix nach Diagonalen besteht darin, daß die Transponierte wesentlich leichter als bei einer Speicherung nach Spalten oder Zeilen gebildet werden kann. In der Tat erhält man die transponierte Matrix einfach durch Umsetzung der Zeiger auf die jeweils ersten Koeffizienten der Diagonalen. Eine Umspeicherung von Matrixkoeffizienten ist nicht erforderlich.

4. Melhem [1987] betrachtet eine als *Streifen* bezeichnete Verallgemeinerung von Diagonalen. Grob gesagt können Streifen als „gebogene“ Diagonalen angesehen werden. Melhem gibt Matrixmultiplikations-Algorithmen an, die auf dieser Art der Speicherung beruhen. Ein ähnliches Speicherschema mit „Zackendiagonalen“ ist in Anderson und Saad [1989] angegeben.

5. Das Abrollen von Schleifen wird detaillierter in Dongarra und Hinds [1979] diskutiert. Wie in dieser Arbeit angegeben, ist dies auch eine sinnvolle Technik für serielle Rechner, da sie den Mehraufwand für die Schleifenverwaltung verringern kann und auch noch andere Vorteile besitzt.

6. Für weitere Informationen und Referenzen bezüglich BLAS schlage man bei Dongarra und Duff et al. [1990] nach.

7. Der Algorithmus von Strassen (Strassen [1969]) wird für Vektorrechner in Bailey et al. [1990] diskutiert. Siehe auch Higham [1990].

8. Der Skalarprodukt- oder SP-Algorithmus wird oft auch als Innenprodukt- oder Inneres-Produkt-Algorithmus bezeichnet. Der Linearkombinations- oder LK- Algorithmus ist auch unter dem Namen Mittelprodukt-Algorithmus bekannt. Der Dyadisches-Produkt- oder DP-Algorithmus schließlich wird häufig auch als Außenprodukt- oder Äußeres-Produkt-Algorithmus bezeichnet.

Übungsaufgaben zu Abschnitt 3.3

3.3.1. Schreibe für die dualen Algorithmen (3.3.7) und (3.3.10) Pseudocodes entsprechend den Abb. 3.3.2 and 3.3.3.

3.3.2. Die Matrixmultiplikation $C = AB$, wobei A eine $m \times n$- und B eine $n \times q$-Matrix ist, läßt sich durch jede der folgenden sechs Schleifen beschreiben.

```
for i = 1 to m          for j = 1 to q          for i = 1 to m
  for j = 1 to q          for i = 1 to m          for k = 1 to n
    for k = 1 to n          for k = 1 to n          for j = 1 to q

ijk -Form               jik -Form               ikj -Form

for j = 1 to q          for k = 1 to n          for k = 1 to n
  for k = 1 to n          for i = 1 to m          for j = 1 to q
    for i = 1 to m          for j = 1 to q          for i = 1 to m

jki -Form               kij -Form               kji -Form
```

Die arithmetische Anweisung lautet in allen Fällen $c_{ij} = c_{ij} + a_{ik}b_{kj}$. Zeige, daß die jik-Form, die jki-Form, und die kji-Form dem SP-Algorithmus, dem LK- beziehungsweise dem DP-Algorithmus entsprechen, während die ikj- und die kij-Form dem dualen LK- beziehungsweise dem dualen DP-Algorithmus entsprechen. Zeige ferner, daß die ijk-Form einem im Text nicht diskutierten „dualen SP-Algorithmus" entspricht.

3.3.3. Formuliere den in Abb. 3.3.4 illustrierten Algorithmus für den Fall $p \neq n$.

3.3.4. Diskutiere detailliert den SP-, den LK- und den DP-Algorithmus für die Matrix-Multiplikation auf p Prozessoren.

3.3.5. Diskutiere den Speicherbedarf des Algorithmus aus Abb. 3.3.6 auf $p = st$ Prozessoren.

3.3.6. Es sei A eine $m \times n$-Matrix und B eine $n \times q$-Matrix. Es stehen $p = nmq$ Prozessoren zur Verfügung. Gib eine Verteilung von A and B auf die Speicher der Prozessoren an, bei der die für das Produkt AB erforderlichen nmq Multiplikationen parallel ausgeführt werden können. (Beachte, daß dies die Abspeicherung der Koeffizienten von A und/oder B in mehr als einem Prozessor erfordert.) Zeige anschließend, daß $O(\log_2 n)$ Schritte der Fan-In-Addition zur Bildung der auftretenden Summen erforderlich werden. Schließe daraus, daß die Matrixmultiplikation in $1+O(\log_2 n)$ parallelen Schritten ausgeführt werden kann.

3.3.7. Diskutiere für ein System mit p Prozessoren die Verteilung der Arbeit für den SP-Algorithmus (3.3.1) für eine Matrix A der halben Bandbreite β dergestalt, daß die Prozessoren bestmöglich genutzt werden. Betrachte insbesondere den Fall, daß p kein Teiler von n ist.

3.3.8. Es seien A und B $n \times n$-Matrizen der halben Bandbreite α bzw. β. Zeige, daß AB im allgemeinen die halbe Bandbreite $\alpha + \beta$ besitzt.

3.3.9. Verifiziere die Formel (3.3.22).

3.3.10. Bestimme die halbe Bandbreite β, ab der der Algorithmus (3.3.22) für die Matrix-Vektor-Multiplikation schlechter als der LK-Algorithmus wird. Dabei sei angenommen, daß A eine symmetrisch besetzte Bandmatrix ist, daß die Matrizen adäquat abgespeichert sind und daß die Vektoroperationen dem Zeitmodell $T = (100 + 5N)ns$ genügen.

3.3.11. $A = P + iQ, B = U + iV$ seien zwei komplexe Matrizen, wobei P, Q, U, V reell seien. Gib einen mit reeller Rechnung arbeitenden Algorithmus zur Berechnung von AB an. Es sei $L = P + Q, M = U - V$. Kann man L und M verwenden, um einen Algorithmus anzugeben, der mit weniger Matrixmultiplikationen auskommt?

4 Approximation mit Polynomen

4.1 Taylorreihe, Interpolation und Splines

Es gibt viele Gründe, um eine gegebene Funktion durch eine einfache Funktion, wie etwa ein Polynom, zu approximieren, einige werden wir in den späteren Kapiteln erörtern. Ein Vorteil in der Verwendung von Polynomen liegt darin, daß sie leicht mit Hilfe der üblichen Rechneroperationen wie Addition (oder Subtraktion) und Multiplikation ausgewertet werden können. Auch ist ein Polynom einfach zu integrieren und zu differenzieren, um Approximationen für das Integral oder die Ableitung der ursprünglichen Funktion zu erhalten. Die Integration wird weiter in Abschnitt 5.1 behandelt. Ein Nachteil der Approximation durch ein Polynom p ist, daß $|p(x)| \to \infty$ für $x \to \infty$ geht, so daß eine Funktion, die für $|x| \to \infty$ beschränkt ist, für große $|x|$ nicht approximiert werden kann. (Solche Funktionen können manchmal durch eine rationale Funktion, die der Quotient zweier Polynome ist, approximiert werden.) In vielen Fällen weist die zu approximierende Funktion Eigenschaften auf, wie positiv oder monoton zu sein, die die approximierende Funktion ebenfalls besitzen soll. Dadurch werden Einschränkungen auferlegt, die das Approximationsproblem sehr viel schwieriger machen, und wiederum können Polynome nicht geeignet sein.

Einer der grundlegenden Zugänge, ein approximierendes Polynom zu finden, besteht in der Verwendung der Taylorformel. Aus der Analysis ist bekannt, daß die Taylorentwicklung einer genügend oft differenzierbaren Funktion f um den Punkt x_0 durch die Formel

$$\begin{aligned} f(x) = f(x_0) + f'(x_0)(x - x_0) + \frac{1}{2}f''(x_0)(x - x_0)^2 + \cdots \\ + \frac{1}{n!}f^{(n)}(x_0)(x - x_0)^n + \frac{1}{(n+1)!}f^{(n+1)}(z)(x - x_0)^{n+1} \end{aligned} \tag{4.1.1}$$

gegeben ist, wobei in dem letzten Term, dem *Restglied*, z ein zwischen x und x_0 gelegener Punkt ist. Lassen wir das Restglied in (4.1.1) fort, so erhalten wir die Approximation

$$\begin{aligned} f(x) &\doteq p(x) \\ &= f(x_0) + f'(x_0)(x - x_0) + \cdots + \frac{1}{n!} f^{(n)}(x_0)(x - x_0)^n, \end{aligned} \tag{4.1.2}$$

wobei p ein Polynom vom Grade n in x ist. Man beachte, daß f und alle ihre Ableitungen an einem einzigen Punkt x_0 ausgewertet werden. Später werden wir Approximationen betrachten, für die Werte von f an mehreren Punkten verwendet werden.

Als ein Beispiel für eine Taylorreihen-Approximation wählen wir $f = e^x$ und $x_0 = 0$. Dann ist $f^{(i)} = e^x$ für alle $i \geq 0$, so daß $f^{(i)}(x_0) = 1$ ist für alle $i \geq 0$. Daher ergibt (4.1.2)

$$p = 1 + x + \frac{x^2}{2} + \cdots + \frac{x^n}{n!}, \tag{4.1.3}$$

was gerade das Polynom vom Grade n ist, das aus den ersten $n+1$ Gliedern der Taylorentwicklung von e^x besteht. Man beachte, daß p nicht alle Eigenschaften von f teilt. Für jedes reelle x ist zum Beispiel $e^x > 0$, aber $p(x)$ kann für negative x negativ sein.

Als zweites Beispiel wählen wir $f = x^3$ und $x_0 = 1$. Dann ist $f(x_0) = 1, f'(x_0) = 3$ und $f''(x_0) = 6$, so daß

$$p = 1 + 3(x - 1) + 3(x - 1)^2 \tag{4.1.4}$$

eine quadratische Approximation an x^3 darstellt. Hier tritt p nicht in Standardform auf, aber kann leicht dahin überführt werden, indem man nach Potenzen von x ordnet:

$$p = 1 + 3x - 3 + 3x^2 - 6x + 3 = 1 - 3x + 3x^2.$$

Das ist nichts weiter als eine andere Darstellung des Polynoms (4.1.4). Wie wir noch sehen werden, gibt es viele Arten, ein Polynom darzustellen, wobei gewisse Darstellungen beim Rechnen oder für andere Zwecke vorteilhaft sein können.

Approximationsfehler

Jede Approximation bringt einen Fehler mit sich, und es ist wichtig, die Natur dieses Fehlers zu verstehen und, wenn möglich, Fehlerabschätzungen zu erhalten. Der Fehler in der Approximation (4.1.2) entsteht durch Fortlassen des Restgliedes in (4.1.1):

$$f(x) - p(x) = \frac{1}{(n+1)!} f^{(n+1)}(z)(x - x_0)^{n+1}. \tag{4.1.5}$$

Im allgemeinen ist es schwierig, eine genaue Abschätzung dieses Fehlers zu geben, selbst wenn $f^{(n+1)}$ bekannt ist, so ist es jedoch nicht der Punkt z. Daher erhält man gewöhnlich Fehlerschranken, in die das Maximum von $|f^{(n+1)}|$ über ein gewisses Intervall eingeht. Nehmen wir beispielsweise an, daß die Approximation im Intervall $[a, b]$ verwendet werden soll, wobei x_0 in diesem Intervall liegt. Unter der Annahme

$$|f^{(n+1)}(z)| \leq M \qquad \text{für alle } z \in [a, b] \tag{4.1.6}$$

folgt dann aus (4.1.5)

$$|f(x) - p(x)| \leq \frac{M}{(n+1)!} |x - x_0|^{n+1} \qquad \text{für alle } x \in [a, b]. \tag{4.1.7}$$

Der Fehler wird selbstverständlich klein, wenn x nahe bei x_0 liegt, kann aber anderenfalls groß werden. Nehmen wir zum Beispiel für die Approximation (4.1.3) an e^x an, daß $[0, 1]$ das interessierende Intervall, also $a = 0$ und $b = 1$, ist. Dann hat man $M = e$, und (4.1.7) ergibt

$$|f(x) - p(x)| \leq \frac{e}{(n+1)!} |x|^{n+1} \leq \frac{e}{(n+1)!} , \tag{4.1.8}$$

da $|x| \leq 1$ ist. Der Fehler kann daher durch genügend große Wahl von n beliebig klein gemacht werden (worin sich die Konvergenz der Exponentialreihe wiederspiegelt). Andererseits wächst der Fehler für festes n auf einem unbeschränkten Intervall schnell, wenn $x \to \infty$ geht. Dies wird in Abbildung 4.1.1 für $n = 2$ (also einer quadratischen Approximation) veranschaulicht. Bei anderen Problemen kann es vorkommen, daß der Fehler zwischen positiven und negativen Werten schwankt und eine Abschätzung der Form (4.1.7), wenigstens für einige x, sehr pessimistisch sein würde.

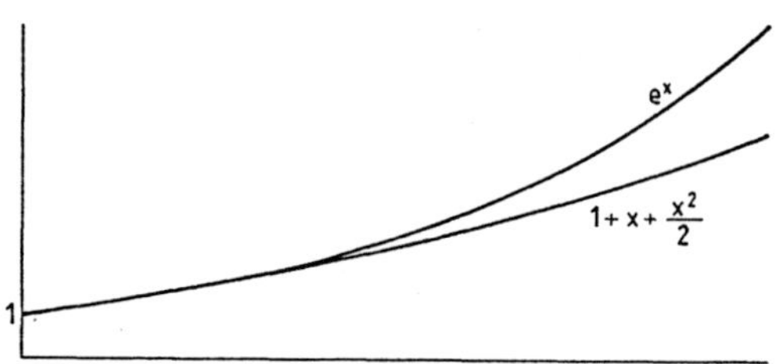

Abb. 4.1.1 *Eine quadratische Approximation an die Exponentialfunktion*

Interpolation

Eine Approximation mit Taylorreihen ist durch die Werte der Funktion f und ihrer Ableitungen an einem einzigen Punkt x_0 bestimmt. Ein anderes Vorgehen verwendet nur Funktionswerte und keine Ableitungen von f, um eine Polynomapproximation zu bestimmen. Wir nehmen an, daß $n+1$ Punkte $x_0, \ldots, x_n$ und die zugehörigen Funktionswerte $f_i = f(x_i), i = 0, \ldots, n$, bekannt sind. Wir wollen dann ein Polynom p, das *Interpolationspolynom* genannt wird, bestimmen, das

$$p(x_i) = f_i, \qquad i = 0, \ldots, n, \tag{4.1.9}$$

erfüllt. Im Falle $n = 1$ sind zum Beispiel zwei Punkte gegeben, und das lineare Polynom

$$p = f_1 + \frac{(f_1 - f_0)}{(x_1 - x_0)}(x - x_1) \tag{4.1.10}$$

erfüllt die Bedingungen (4.1.9).

Die Vandermondesche Matrix

Im allgemeinen Fall ist das Polynom durch

$$p = a_0 + a_1 x + \ldots + a_n x^n \tag{4.1.11}$$

gegeben, und die Bedingung (4.1.9) lautet

$$a_0 + a_1 x_i + a_2 x_i^2 + \ldots + a_n x_i^n = f_i, \qquad i = 0, \ldots, n. \tag{4.1.12}$$

Da die x_i und f_i bekannt sind, liegt ein lineares Gleichungssystem für $a_0, \ldots, a_n$ vor, das in der Matrix-Vektor-Form

$$\begin{bmatrix} 1 & x_0 & x_0^2 & \ldots & x_0^n \\ 1 & x_1 & x_1^2 & \ldots & x_1^n \\ \vdots & \vdots & \vdots & & \\ 1 & x_n & x_n^2 & \ldots & x_n^n \end{bmatrix} \begin{bmatrix} a_0 \\ a_1 \\ \vdots \\ a_n \end{bmatrix} = \begin{bmatrix} f_0 \\ f_1 \\ \vdots \\ f_n \end{bmatrix} \tag{4.1.13}$$

geschrieben werden kann. Die Koeffizientenmatrix von (4.1.13) wird *Vandermondesche Matrix* genannt. Vorausgesetzt, daß sie regulär ist, können wir das interpolierende Polynom durch Lösen von (4.1.13) erhalten. In der Praxis gibt es bessere Wege, um das Polynom zu berechnen, von denen wir im folgenden zwei untersuchen.

Lagrange-Polynome

Für paarweise verschiedene Punkte $x_0, x_1, \ldots, x_n$ definieren wir die *Lagrange-Polynome*

$$l_j(x) = \frac{(x-x_0)(x-x_1)\ldots(x-x_{j-1})(x-x_{j+1})\ldots(x-x_n)}{(x_j-x_0)(x_j-x_1)\ldots(x_j-x_{j-1})(x_j-x_{j+1})\ldots(x_j-x_n)}$$

$$= \prod_{\substack{k=0 \\ k\neq j}}^{n} \left(\frac{x-x_k}{x_j-x_k} \right), \qquad j = 0, 1, \ldots, n. \tag{4.1.14}$$

Man bestätigt leicht, daß dies Polynome vom Grade n sind, die

$$l_j(x_i) = \begin{cases} 1 & \text{für } i = j \\ 0 & \text{für } i \neq j \end{cases} \tag{4.1.15}$$

erfüllen. Daher hat $l_j(x_i)f_j$ den Wert 0 an allen Knoten x_i, $i = 0, 1, \ldots, n$, mit Ausnahme von x_j, wo $l_j(x_j)f_j = f_j$ ist. Mit der Definition

$$p = \sum_{j=0}^{n} l_j(\cdot) f_j, \tag{4.1.16}$$

erhalten wir daher ein Polynom vom Grade höchstens n, das (4.1.9) erfüllt.

Als ein Beispiel für die Verwendung von Lagrange- Polynomen bestimmen wir das Polynom p vom Höchstgrade 2, das $p(-1) = 4$, $p(0) = 1$ und $p(1) = 0$ erfüllt. Das Interpolationspolynom (4.1.16) ist dann

$$\begin{aligned} p &= \frac{(x-0)(x-1)}{(-1-0)(-1-1)}4 + \frac{(x-(-1))(x-1)}{(0-(-1))(0-1)}1 + \frac{(x-(-1))(x-0)}{(1-(-1))(1-0)}0 \\ &= 2x^2 - 2x + 1 - x^2 + 0 = x^2 - 2x + 1. \end{aligned} \tag{4.1.17}$$

Die Newtonsche Form

Die Lagrange-Polynome sind weniger bequem zu handhaben, wenn die Interpolationsdaten um einen Knoten erweitert oder verringert werden. Wird zum Beispiel (x_{n+1}, f_{n+1}) zu den Wertepaaren (x_i, f_i), $i = 0, 1, \ldots, n$, hinzugefügt und möchte man das interpolierende Polynom $(n+1)$-ten Grades berechnen, so sind alle Lagrange-Polynome erneut auszuwerten. In diesem Zusammenhang gibt es eine sehr brauchbare andere Darstellung des Interpolationspolynoms in der *Newtonschen Form*, die wir jetzt angeben.

Wir nehmen jetzt an, daß die Punkte x_i äquidistant im Abstand h voneinander liegen. Die vorwärts genommenen Differenzen von f_i definieren wir durch $\Delta f_i = f_{i+1} - f_i$, und die höheren Differenzen durch wiederholte Anwendung dieser Operation:

$$\begin{aligned} \Delta^2 f_0 &= \Delta f_1 - \Delta f_0 = f_2 - 2f_1 + f_0 \\ \Delta^3 f_0 &= \Delta^2 f_1 - \Delta^2 f_0 = f_3 - 3f_2 + 3f_1 - f_0 \\ &\vdots \\ \Delta^n f_0 &= f_n - \binom{n}{1} f_{n-1} + \binom{n}{2} f_{n-2} - \ldots + (-1)^n f_0, \end{aligned} \tag{4.1.18}$$

wobei die Binomialkoeffizienten durch

$$\binom{n}{i} = \frac{n(n-1)\ldots(n-i+1)}{i!}$$

gegeben sind. Unter Verwendung der Differenzen (4.1.18) definieren wir ein Polynom vom Grade n durch

$$\begin{aligned} p_n = f_0 &+ \frac{(x-x_0)}{h}\Delta f_0 + \frac{(x-x_0)(x-x_1)}{2h^2}\Delta^2 f_0 \\ &+ \ldots + \frac{(x-x_0)(x-x_1)\ldots(x-x_{n-1})}{n!\,h^n}\Delta^n f_0. \end{aligned} \tag{4.1.19}$$

Man beachte, daß (4.1.10) das lineare Polynom p_1 ist.

Um zu zeigen, daß (4.1.19) die Interpolationsbedingungen (4.1.9) erfüllt, stellen wir zunächst $p_n(x_0) = f_0$ fest, da alle verbleibenden Terme in (4.1.19) verschwinden. Da $x_1 - x_0 = h$ ist, erhalten wir in ähnlicher Weise

$$p_n(x_1) = f_0 + \frac{(x_1 - x_0)}{h}(f_1 - f_0) = f_1$$

und

$$\begin{aligned} p_n(x_2) &= f_0 + \frac{(x_2 - x_0)}{h}(f_1 - f_0) + \frac{(x_2 - x_0)(x_2 - x_1)}{2h^2}(f_2 - 2f_1 + f_0) \\ &= f_0 + 2(f_1 - f_0) + (f_2 - 2f_1 + f_0) = f_2. \end{aligned}$$

Auf analoge Weise verifiziert man leicht $p_n(x_i) = f_i$, $i = 3, \ldots, n$, obwohl die Rechnungen zunehmend mühevoller werden.

Das Polynom p_n aus (4.1.19) entspricht den ersten $n+1$ Gliedern einer Taylorentwicklung um x_0. Wir fügen nun (x_{n+1}, f_{n+1}) den gegebenen Daten hinzu. Das Polynom p_{n+1}, das $p_{n+1}(x_i) = f_i$, $i = 0, 1, \ldots, n+1$, erfüllt, ist dann

$$p_{n+1}(x) = p_n(x) + \frac{(x - x_0)(x - x_1)\ldots(x - x_n)}{(n+1)!\, h^{n+1}} \Delta^{n+1} f_0,$$

was ein Merkmal der Newtonschen Form des Interpolationspolynoms ist, das sich in der Praxis manchmal als vorteilhaft erweist. Es entspricht der Berücksichtigung eines zusätzlichen Gliedes der Taylorentwicklung.

Eindeutigkeit und Darstellungsformen

Wir haben drei verschiedene Arten der Darstellung eines Interpolationspolynoms beschrieben, aber es ist wichtig, sich zu vergegenwärtigen, daß wir in allen Fällen dasselbe Polynom erhalten. Dies folgt aus dem folgenden grundlegenden Satz.

SATZ 4.1.1 *Zu beliebigen paarweise verschiedenen Punkten $x_0, \ldots, x_n$ und Zahlen $f_0, \ldots, f_n$ existiert ein eindeutiges Polynom p vom Höchstgrade n, das (4.1.9) erfüllt.*

Beweis: Die Existenz des Interpolationspolynoms haben wir bereits mit Hilfe der Lagrange-Polynome gezeigt.

Zum Beweis der Eindeutigkeit sei q ein weiteres interpolierendes Polynom. Mit

$$r = p - q$$

erhalten wir dann ein Polynom r vom Höchstgrade n, das an den $n+1$ paarweise verschiedenen Punkten $x_0, x_1, \ldots, x_n$ verschwindet. Mit dem Fundamentalsatz der Algebra erschließt man, daß es sich hierbei um das Nullpolynom handeln muß, also ist $p = q$, und die Eindeutigkeit ist bewiesen.

Für Polynome niedrigen Grades ist die Aussage von Satz 4.1.1 anschaulich klar. Sind beispielsweise drei Punkte x_0, x_1, x_2 gegeben, so kann kein Polynom ersten Grades (4.1.9) erfüllen, es sei denn, die (x_i, f_i) liegen zufällig auf einer Geraden. Andererseits kann man für beliebige f_i eine eindeutige Parabel durch die Punkte legen, und sie interpolierende kubische Polynome gibt es unendlich viele.

Wir weisen darauf hin, daß Satz 4.1.1 einen indirekten Beweis liefert, daß die Vandermondesche Matrix in (4.1.13) regulär ist, sofern die x_i paarweise verschieden sind. Denn Satz 2.1.2 zufolge hätte (4.1.13) entweder keine oder unendlich viele Lösungen, und das bedeutet, entweder existierte kein oder unendlich viele Interpolationspolynome.

Eine weitere Folgerung aus Satz 4.1.1 ist, daß die Polynome, die man mit Hilfe der Lagrange-Polynome, des Gleichungssystems mit der Vandermondeschen Matrix oder der Newtonschen Form (in diesem Fall für äquidistante Punkte) alle dieselben sind; nur die Darstellung der Polynome ist verschieden. In der Tat sind alle diese Darstellungen von der Gestalt

$$p = \alpha_0 \phi_0 + \cdots + \alpha_n \phi_n \tag{4.1.20}$$

mit verschiedenen *Basisfunktionen* ϕ_i. Bei dem Polynom (4.1.11) in Standardform ist $\phi_i(x) = x^i, i = 0, \ldots, n$. In (4.1.16) sind die ϕ_i gleich den Lagrange-Polynomen l_i, und für die Newtonsche Form bilden $\phi_0 = 1$ und

$$\phi_{i+1} = (x - x_0) \ldots (x - x_i), \qquad i = 0, \ldots, n-1,$$

die Basisfunktionen.

In (4.1.20) können auch andere Basisfunktionen verwendet werden, sogar Basisfunktionen, die keine Polynome sind. Zum Beispiel können die ϕ_i Exponentialfunktionen der Gestalt $\phi_i = e^{\beta_i x}$ sein, wobei β_i gegeben ist oder auch trigonometrische Funktionen wie $\phi_i = \sin \beta_i \pi x$. Manchmal können solche Funktionen das Verhalten von f besser als Polynome wiedergeben. Die Bedingung (4.1.9) führt in diesem Fall auf das zu (4.1.12) analoge Gleichungssystem

$$\alpha_0\phi_0(x_i) + \cdots \alpha_n\phi_n(x_i) = f_i, \qquad i = 0, \ldots, n.$$

In Matrix-Vektor-Form geschrieben lautet dieses System

$$\begin{bmatrix} \phi_0(x_0) & \phi_1(x_0) & \cdots & \phi_n(x_0) \\ \phi_0(x_1) & \phi_1(x_1) & \cdots & \phi_n(x_1) \\ \vdots & & & \\ \phi_0(x_n) & \phi_1(x_n) & \cdots & \phi_n(x_n) \end{bmatrix} \begin{bmatrix} \alpha_0 \\ \alpha_1 \\ \vdots \\ \alpha_n \end{bmatrix} = \begin{bmatrix} f_0 \\ f_1 \\ \vdots \\ f_n \end{bmatrix}, \tag{4.1.21}$$

und eine notwendige und hinreichende Bedingung für die Existenz einer eindeutigen interpolierenden Funktion der Gestalt (4.1.20) ist die Regularität der Koeffizientenmatrix von (4.1.21). Eine notwendige Bedingung ist natürlich, daß die x_i paarweise verschieden sind, denn anderenfalls sind zwei oder mehr Zeilen der Koeffizientenmatrix einander gleich.

Interpolationsfehler

Als nächstes betrachten wir den Fehler, der bei der Interpolation mit Polynomen auftritt. Weiter oben haben wir bereits gesehen, daß sich der Fehler bei der Approximation durch ein Taylorpolynom vom Grade n unter Verwendung der $(n+1)$-ten Ableitung von f ausdrücken läßt. Für die Interpolation gilt ein ähnliches Resultat. Wir geben den folgenden Satz über den Interpolationsfehler ohne Beweis an.

SATZ 4.1.2 (Fehler bei der Interpolation mit Polynomen) *Die Funktion f sei auf einem Intervall, das die Punkte $x_0 < x_1 < \ldots < x_n$ enthält, $(n+1)$-mal differenzierbar. Ist p das eindeutige Polynom vom Höchstgrade n, das (4.1.9) erfüllt, dann existiert für jedes x im Intervall $[x_0, x_n]$ ein (von x abhängiges) z in diesem Intervall, so daß gilt*

$$f(x) - p(x) = \frac{(x - x_0)(x - x_1)\cdots(x - x_n)}{(n+1)!} f^{(n+1)}(z). \tag{4.1.22}$$

Wie beim Restglied der Taylorformel tritt $f^{(n+1)}$ an einer unbekannten Zwischenstelle z auf. Man könnte daher versucht sein, $f^{(n+1)}$ über das gesamte Intervall abzuschätzen. Aber auch wenn n nicht groß ist (sogar nur gleich 4 oder 5), ist es wahrscheinlich schwierig, wenn nicht gar unmöglich, die $(n+1)$-te Ableitung von f zu berechnen. Selbst wenn n nur gleich 1 ist (lineare Interpolation), so daß nur die zweite Ableitung von f benötigt wird, kann das unmöglich sein, etwa wenn f eine unbekannte Funktion ist, deren Wert nur an einigen Punkten vorliegt. Wir können zufrieden sein, wenn sich eine Schranke für die zweite Ableitung aufgrund der als bekannt vorausgesetzten Information über f schätzen läßt. Wie auch immer, es wird sich auf der Basis der Fehlerformel (4.1.22) kaum einmal eine exakte Schranke für den Fehler angeben lassen. Jedoch kann man mit ihrer Hilfe in vieler Hinsicht Einsichten über das Fehlerverhalten gewinnen.

Satz 4.1.2 erlaubt eine Fehlerabschätzung unter der Voraussetzung, daß das Interpolationspolynom p exakt bekannt ist. In den meisten Fällen werden jedoch Rundungsfehler (und vielleicht auch andere) bei der Berechnung von p auftreten. Nehmen wir zum Beispiel an, daß p durch Lösen des Systems (4.1.13) mit der Vandermondeschen Koeffizientenmatrix erhalten wird. Bei der numerischen Lösung des Systems werden die Koeffizienten a_i aufgrund von Rundungen fehlerbehaftet sein. Dies werden wir noch genauer in Kapitel 6 behandeln. In ähnlicher Weise wird die exakte Bestimmung von p durch Rundungsfehler in der Lagrangeschen oder Newtonschen Darstellung beeinträchtigt.

Stückweise Polynome

Der Fehlerformel (4.1.22) entnimmt man, daß die Differenz zwischen der gegebenen Funktion f und dem approximierenden Polynom p groß sein kann, wenn $f^{n+1}(z)$ es ist. Es ist bekannt, daß eine Funktion f nicht immer beliebig genau dadurch approximiert werden kann, daß interpolierende Polynome von immer höherem Grad verwendet werden (vgl. die ergänzenden Bemerkungen). Eine alternative Strategie besteht darin, f mit Hilfe von Funktionen zu approximieren, die aus Polynomen niedrigen Grades zusammengesetzt sind. Soll f in einem Intervall $[a, b]$ angenähert werden, so unterteilen wir das Intervall zuerst in m Teilintervalle $[x_i, x_{i+1}]$, wobei $a = x_0 < x_1 < \cdots < x_{m-1} < x_m = b$ ist. Dann definieren wir eine Funktion g, die auf jedem der Intervalle $[x_1, x_{i+1}]$ ein Polynom ist. Eine derartige Funktion g heißt ein *stückweises Polynom*.

Das einfachste stetige stückweise Polynom ist, wie in Abbildung 4.1.2 gezeigt, stückweise linear. (Stückweise konstante Funktionen werden Treppenfunktionen genannt, sie sind nicht stetig.) In diesem Fall wird f auf jedem Teilintervall durch eine lineare interpolierende Funktion, also durch ein Polynom ersten Grades, approximiert.

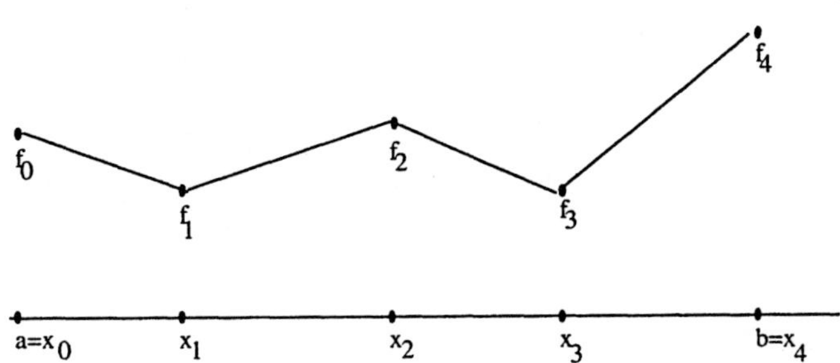

Abb. 4.1.2 *Eine stückweise lineare Funktion*

Das nächst einfache stückweise Polynom wird aus quadratischen Funktionen aufgebaut. Seien beispielsweise Werte von f an gewissen Punkten im Intervall $[0, 1]$ wie folgt gegeben:

x	0	1/6	1/3	1/2	2/3	5/6	1
f	1	3	2	1	0	2	1

Die durch

$$\begin{aligned} g(x) &= -54x^2 + 21x + 1, & 0 \le x \le \tfrac{1}{3}, \\ &= -6x + 4, & \tfrac{1}{3} \le x \le \tfrac{2}{3}, \\ &= -54x^2 + 93x - 38, & \tfrac{2}{3} \le x \le 1, \end{aligned} \tag{4.1.23}$$

gegebene Funktion g ist dann eine stückweise quadratische Funktion auf $[0, 1]$, die an den gegebenen Knoten mit f übereinstimmt, im gesamten Intervall stetig und in jedem Teilintervall $[0, \frac{1}{3}]$, $[\frac{1}{3}, \frac{2}{3}]$, $[\frac{2}{3}, 1]$ quadratisch ist. Abbildung 4.1.3 zeigt den Verlauf dieser Funktion.

Es wird nun der Fehler bei der Approximation von f durch die Funktion g aus (4.1.23) untersucht. Sei M eine Schranke für die dritte Ableitung von f im Intervall $[0, 1]$. Dann kann auf jedem der Intervalle $[0, \frac{1}{3}]$, $[\frac{1}{3}, \frac{2}{3}]$ und $[\frac{2}{3}, 1]$ die Fehlerformel (4.1.22) verwendet werden. Dabei ist $h = \frac{1}{6}$ und $n = 2$, so daß sich

$$|f(x) - g(x)| \le \frac{h^3 M}{3} = \frac{M}{3 \cdot 6^3}, \qquad 0 \le x \le 1, \tag{4.1.24}$$

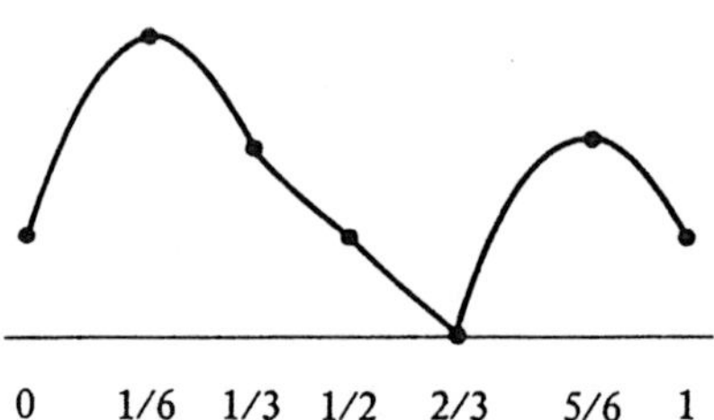

Abb. 4.1.3 *Eine stückweise quadratische Funktion*

ergibt. Ist über M nichts weiter bekannt, so liefert diese Abschätzung keine quantitative Schranke. Sie läßt jedoch erkennen, in welcher Weise die Schrittweite h in die Fehlerabschätzung eingeht. Speziell verhält sich die Fehlerschranke bei der Approximation mit stückweise quadratischen Funktionen wie $O(h^3)$, wobei wir die geläufige Bezeichnung $O(h^p) \doteq$ Konstante $\times\, h^p$ für $h \to 0$ verwendet haben. Approximiert man f daher mit der stückweise quadratischen Funktion $\bar{g}$, die aus sechs Parabeln besteht, so daß $h = \frac{1}{12}$ ist, so lautet die Fehlerabschätzung jetzt anstelle von (4.1.24)

$$|f(x) - \bar{g}(x)| \leq \frac{M}{8 \cdot 3 \cdot 6^3}, \qquad 0 \leq x \leq 1, \tag{4.1.25}$$

und diese Fehlerschranke ist achtmal kleiner als die in (4.1.24). Es ist leicht zu sehen (Aufgabe 4.1.8), daß der Fehler bei Verwendung stückweise linearer Funktionen durch $O(h^2)$ und im kubischen Fall durch $O(h^4)$ abgeschätzt werden kann.

Splines

Die in (4.1.23) definierte und in (4.1.3) abgebildete stückweise quadratische Funktion hat den Nachteil, daß sie an den Punkten, in denen die verschiedenen Parabeln zusammentreffen, im allgemeinen nicht differenzierbar ist. (In derselben Weise ermangelt es der stückweise linearen Funktion aus Abbildung 4.1.2. an Differenzierbarkeit.) Um eine überall differenzierbare stückweise quadratische Funktion zu erhalten, muß diese Eigenschaft mit in die Definition aufgenommen werden.

Um die Vorgehensweise zu erläutern, sei $n = 4$, $I_i = [x_i, x_{i+1}]$, $i = 1, 2, 3$, und

$$q_i = a_{i2}x^2 + a_{i1}x + a_{i0}, \qquad i = 1, 2, 3. \tag{4.1.26}$$

Wir wollen, wie in Abbildung (4.1.4) dargestellt, eine stückweise quadratische Funktion q definieren, so daß $q(x) = q_i(x)$ ist für $x \in I_i$, $i = 1, 2, 3$. Die Forderung, daß q stetig ist und an den Knoten y_i vorgeschriebene Werte annimmmt, wird durch die Gleichungen

$$\begin{aligned} q_1(x_1) &= f_1, \qquad & q_1(x_2) &= f_2, \qquad & q_2(x_2) &= f_2, \\ q_2(x_3) &= f_3, & q_3(x_3) &= f_3, & q_3(x_4) &= f_4 \end{aligned} \tag{4.1.27}$$

ausgedrückt. Soll q an den Knoten auch differenzierbar sein, so muß q_1' gleich q_2' an der Stelle x_2 und q_2' gleich q_3' an der Stelle x_3 sein:

$$q_1'(x_2) = q_2'(x_2), \qquad q_2'(x_3) = q_3'(x_3). \tag{4.1.28}$$

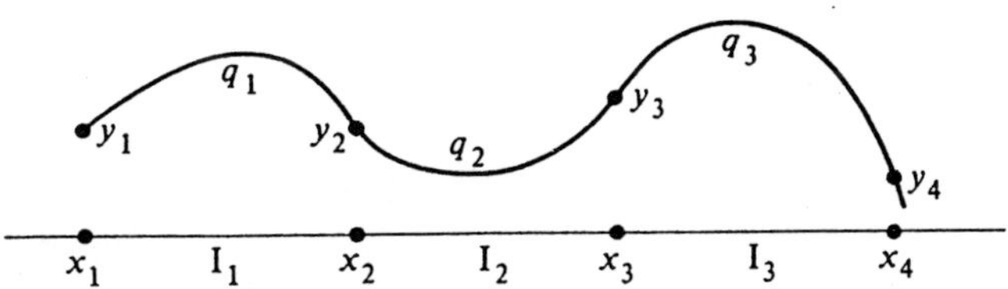

Abb. 4.1.4 *Eine differenzierbare stückweise quadratische Funktion*

Die Funktion q wird durch die neun Koeffizienten in (4.1.26) festgelegt, die q_1, q_2 und q_3 definieren. Die Beziehungen (4.1.27) und (4.1.28) stellen nur acht Bedingungen dar, denen die neun Koeffizienten genügen müssen, so daß noch eine weitere Bedingung auferlegt werden muß, um q eindeutig zu bestimmen. Üblicherweise wird q' an einem Knoten vorgegeben, zum Beispiel

$$q_1'(x_1) = d_1, \tag{4.1.29}$$

wobei d_1 eine Approximation an $f'(x_1)$ darstellt. Die neun Bedingungen (4.1.27), (4.1.28) und (4.1.29) ergeben ein System von neun linearen Gleichungen für die Koeffizienten der q_i. Diese Vorgehensweise läßt sich leicht auf eine beliebige Zahl n von Knoten erweitern. In diesem Fall liegen $n-1$ Intervalle I_i und $n-1$ Parabeln q_i auf diesen Intervallen vor. Die Bedingungen (4.1.27) und (4.1.28) erhalten die Gestalt

$$q_i(x_i) = f_i \qquad q_i(x_{i+1}) = f_{i+1}, \qquad i = 1, \ldots, n-1, \tag{4.1.30}$$

und

$$q_i'(x_{i+1}) = q_{i+1}'(x_{i+1}), \qquad i = 1, \ldots, n-2. \tag{4.1.31}$$

Das sind $3n-4$ lineare Gleichungen für die $3n-3$ unbekannten Koeffizienten der Polynome $q_1, \ldots, q_{n-1}$. Wieder wird eine zusätzliche Bedingung benötigt, wozu wir beispielsweise (4.1.29) verwenden können. Zur Bestimmung der stückweise quadratischen Interpolierenden ist somit ein System von $3n-3$ linearen Gleichungen zu lösen. Diese Gleichungen sind von einer sehr speziellen Gestalt, da die Koeffizientenmatrix nur wenige nichtverschwindende Elemente in jeder Zeile besitzt (Aufgabe 4.1.10).

Kubische Splines

Die vorangehend behandelte stückweise quadratische Funktion besitzt im allgemeinen an den Punkten, in denen die Teilintervalle zusammenstoßen, keine zweite Ableitung. Will man mit einer stückweise polynomialen Funktion arbeiten, die auf dem ganzen Intervall zweimal stetig differenzierbar ist, so ist es erforderlich, Polynome dritten Grades zu verwenden. Wir wollen daher eine Funktion bestimmen, die auf jedem Teilintervall $[x_i, x_{i+1}]$ ein Polynom dritten Grades und auf dem ganzen Intervall zweimal stetig differenzierbar ist. Solche Funktionen werden *kubische Splines* genannt, sie sind besonders wichtig.

Wir könnten wie im Fall quadratischer Splines vorgehen und für die Koeffizienten der kubischen Polynome ein Gleichungssystem aufstellen. Stattdessen stellen wir einen anderen Zugang vor, bei dem man die gesuchte Funktion mit Hilfe einer Menge relativ einfacher kubischer Splines erhält. Es handelt sich um die *kubischen Basissplines* oder kurz: kubischen *B-Splines*, die so genannt werden, da jeder andere Spline eine Linearkombination aus ihnen ist. Seien jetzt $x_1, \ldots, x_n$ äquidistante Punkte mit Abstand h voneinander. Der kubische, um x_i zentrierte B-Spline B_i wird durch die Formeln in Abbildung 4.1.5 definiert und ist in Abbildung 4.1.6 dargestellt. Man bestätigt ohne Schwierigkeiten (Aufgabe 4.1.9), daß diese Funktion ein kubischer Spline ist, der die Funktionswerte

$$B_i(x_i) = 1, \qquad B_i(x_{i\pm 1}) = \frac{1}{4} \tag{4.1.32}$$

und Null an den anderen Knoten besitzt.

Wir führen jetzt vor, wie man kubische B-Splines einsetzen kann, um einen anderen Spline c zu finden, der die Bedingungen

$$c(x_i) = f_i, \qquad i = 1, \ldots, n, \tag{4.1.33}$$

$$\frac{1}{4h^3}(x - x_{i-2})^3, \qquad x_{i-2} \le x \le x_{i-1},$$
$$\frac{1}{4} + \frac{3}{4h}(x - x_{i-1}) + \frac{3}{4h^2}(x - x_{i-1})^2 - \frac{3}{4h^3}(x - x_{i-1})^3, \; x_{i-1} \le x \le x_i,$$
$$\frac{1}{4} + \frac{3}{4h}(x_{i+1} - x) + \frac{3}{4h^2}(x_{i+1} - x)^2 - \frac{3}{4h^3}(x_{i+1} - x)^3, \; x_i \le x \le x_{i+1},$$
$$\frac{1}{4h^3}(x_{i+2} - x)^3, \qquad x_{i+1} \le x \le x_{i+2},$$
$$0, \quad \text{sonst.}$$

Abb. 4.1.5 *Definition eines kubischen B-Splines*

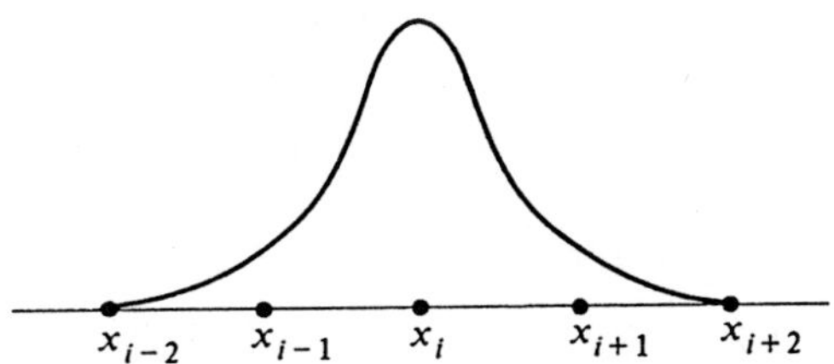

Abb. 4.1.6 *Ein kubischer B-Spline*

erfüllt, wobei $f_1, \ldots, f_n$ gegeben sind. Wir machen den Ansatz

$$c = \sum_{i=1}^{n} \alpha_i B_i, \tag{4.1.34}$$

und da $B_i(x_j) = 0$ ist für $|i - j| \ge 2$, führen die Bedingungen (4.1.33) auf

$$\begin{aligned} \alpha_1 B_1(x_1) + \alpha_2 B_2(x_1) &= f_1 \\ \alpha_1 B_1(x_2) + \alpha_2 B_2(x_2) + \alpha_3 B_3(x_2) &= f_2 \\ \vdots \qquad\qquad &\quad \vdots \\ \alpha_{n-2} B_{n-2}(x_{n-1}) + \alpha_{n-1} B_{n-1}(x_{n-1}) + \alpha_n B_n(x_{n-1}) &= f_{n-1} \\ \alpha_{n-1} B_{n-1}(x_n) + \alpha_n B_n(x_n) &= f_n. \end{aligned} \tag{4.1.35}$$

Dies ist ein lineares Gleichungssystem zur Berechnung der α_i.Unter Rückgriff auf (4.1.32) können wir es in der folgenden Matrix-Vektor-Form schreiben:

$$\frac{1}{4}\begin{bmatrix} 4 & 1 & & \\ 1 & 4 & \ddots & \\ & \ddots & \ddots & 1 \\ & & 1 & 4 \end{bmatrix}\begin{bmatrix} \alpha_1 \\ \alpha_2 \\ \vdots \\ \alpha_n \end{bmatrix} = \begin{bmatrix} f_1 \\ f_2 \\ \vdots \\ f_n \end{bmatrix}. \tag{4.1.36}$$

Die tridiagonale Koeffizientenmatrix in (4.1.36) ist streng diagonaldominant, so daß sie Satz 2.3.3 zufolge regulär ist, und (4.1.36) besitzt eine eindeutige Lösung. (In Kapitel 6 werden wir Methoden zur numerischen Lösung tridiagonaler Systeme behandeln). Sind die α_i die Lösung von (4.1.36), so erfüllt die Funktion c aus (4.1.34) die Gleichungen (4.1.33). Es ist auch klar, daß c auf jedem Intervall $[x_i, x_{i+1}]$ ein kubisches Polynom ist, da es sich als Linearkombination von auf jedem Intervall kubischen Funktionen ergibt.

Ergänzende Bemerkungen und Literaturhinweise zu Abschnitt 4.1

1. Die Theorie und Praxis der Approximation mit Taylorreihen und die Interpolation wird in den meisten einführenden Büchern zur Numerischen Mathematik ausführlich behandelt; siehe zum Beispiel Young und Gregory [1990].

2. Als weitere Lektüre über Splinefunktionen bietet sich Prenter [1975] und de Boor [1978] an. Man beachte, daß das Gleichungssystem (4.1.36) unter der Annahme hergeleitet worden ist, daß die x_i gleichabständig sind. Auch im allgemeinen Fall wird man auf die Lösung eines tridiagonalen Gleichungssystems geführt, dessen Unbekannten aber die zweiten Ableitungen der Splinefunktion an den Knoten sind. Man schlage für weitere Einzelheiten bezüglich dieses Vorgehens bei Golub und Ortega [1991] nach.

3. Wie wir bereits im Text erwähnt haben, geben interpolierende Polynome höheren Grades nicht immer bessere Approximationen. Bereits vor beinahe 100 Jahren gab C. Runge dazu das folgende Beispiel. Es sei $f(x) = (1+x^2)^{-1}$, und $-5, -5+h, -5+2h, \ldots, -5+10$ seien im Intervall $[-5,5]$ gelegene äquidistante Punkte, wobei $h = \frac{10}{n}$ ist. Das f in diesen Punkten interpolierende Polynom p_n konvergiert nicht gegen f für $n \to \infty$, obwohl f sogar unendlich oft differenzierbar ist.

Übungsaufgaben zu Abschnitt 4.1

4.1.1. Sei p die Approximation (4.1.2). Man zeige $p^{(i)}(x_0) = f^{(i)}(x_0), i = 0, \ldots, n$.

4.1.2. Man berechne das Polynom p zweiten Grades, das $p(0) = 0$, $p(1) = 1$, $p(2) = 0$ erfüllt, mit den drei folgenden Methoden: Lagrange-Polynome, Vandermondesche Matrix und Newtonsche Darstellung. Man bestätige, daß das Polynom in allen drei Fällen dasselbe ist.

4.1.3. Sei $f = \sin(\pi x/2)$, und sei p das Polynom aus Aufgabe 4.1.2, das mit f an den Punkten $x = 0, 1, 2$ übereinstimmt. Man verwende (4.1.22), um eine Schranke für $|f(x) - p(x)|$ auf dem Intervall $[0, 2]$ zu berechnen. Man vergleiche diese Schranke mit dem wahren Fehler in einigen ausgewählten Punkten, insbesondere in $x = \frac{1}{4}$ und $\frac{3}{4}$.

4.1.4. Es sei f eine gegebene Funktion, deren folgende Funktionswerte bekannt sind: $f(1) = 2$, $f(2) = 3$, $f(3) = 5$, $f(4) = 3$. Man ermittle zu diesen Werten das interpolierende Polynom dritten Grades und schreibe es in der Form $a_0 + a_1 x + a_2 x^2 + a_3 x^3$.

4.1.5. Bestimme die stückweise lineare und die stückweise quadratische Funktion, die durch die folgenden Punkte geht:

x	0	1/6	1/3	1/2	2/3	5/6	1
f	1	4	1	-1	2	4	0

Man berechne für diese Funktionen Fehlerschranken auf dem Intervall $[0, 1]$ unter der Annahme, daß die Ableitungen von f die Abschätzungen $|f''(z)| \leq 4$, $|f'''(z)| \leq 10$ für $0 \leq z \leq 1$ erlauben.

4.1.6. Für die in Aufgabe 4.1.4 angegebene Funktion f bestimme man die quadratische Splinefunktion, die der Bedingung $q'(1) = 0$ genügt. (*Hinweis:* Man beginne am linken Intervallende.)

4.1.7. Man berechne das Polynom dritten Grades, das in den Punkten $0, 1, 3, 4$ mit $\sqrt{x}$ übereinstimmt. Vergleiche die Approximation $p(2)$ mit $\sqrt{2} \doteq 1.414216$.

4.1.8. Für genügend oft differenzierbares f zeige man, daß der Fehler für interpolierende stückweise lineare Funktionen gleich $O(h^2)$ und für stückweise kubische Funktionen $O(h^4)$ ist.

4.1.9. Man bestätige, daß die in Abbildung 4.1.5 definierte Funktion B_i ein kubischer Spline ist und (4.1.32) gilt.

4.1.10. Man schreibe das lineare Gleichungssystem, aus dem die Koeffizienten a_{ij} der quadratischen Funktionen (4.1.26) vermöge der Bedingungen (4.1.29) bis (4.1.31) bestimmt werden, im einzelnen auf.

4.1.11. Sei $f = \sin x$, und seien p und q zwei Polynome dritten Grades, die $p(k/3) = q(k/3) = f(k/3)$, $k = 0, 1, 2, 3$, erfüllen. Man gebe eine Schranke für $|p(x) - q(x)|$ an, die im gesamten Intervall $[0, 1]$ gilt.

4.1.12. Zu gegebenen $y_0, \dots, y_n$ und paarweise verschiedenen $x_0, \dots, x_n$ sei p das Polynom vom Grade n, das $p(x_i) = y_i$, $i = 0, \dots, n$, erfüllt. Es soll p in der Form $p = c_0 q_0 + \cdots + c_n q_n$, geschrieben werden, wobei $q_0 = 1$ und $q_i = (x - x_0) \cdots (x - x_{i-1})$ ist. Man gebe einen Algorithmus an, um $c_0, \dots, c_n$ zu berechnen.

4.1.13. Man finde ein Polynom p dritten Grades und eine Zahl a in $0 < a < 1$, so daß im Intervall $(a, 1)$ die Abschätzung $|\frac{d\sqrt{x}}{dx} - p'(x)| \leq 10^{-3}$ gilt.

4.1.14. Sei p ein Polynom, das $p(-2) = -5$, $p(-1) = 1$, $p(0) = 1$, $p(1) = 1$, $p(2) = 7$, $p(3) = 25$ erfüllt. Was läßt sich über den Grad von p aussagen?

4.1.15. Es werde angenommen, daß eine Funktion auf $[0, 1]$ nur unter Verwendung der zwei Punkte x_0, x_1 approximiert werde. Man überlege, wie x_0 und x_1 zu wählen sind, daß der Ausdruck mit $(x - x_0)(x - x_1)$ in der Fehlerabschätzung (4.1.22) minimiert wird.

4.1.16. Es soll die Funktion $f = (1 + 25x^2)^{-1}$ auf dem Intervall $[-1, 1]$ auf die folgenden beiden Arten approximiert werden:

a. Man schreibe ein Programm zur Berechnung des in den Punkten $x_{in} = -1 + (2i)/n, i = 0, 1, \dots, n$, interpolierenden Polynoms p_n für $n = 5, 10, 25$.

b. Man wiederhole dies für die Punkte $x_{in} = \cos \frac{2i\pi}{n}$.

Man plotte die Fehlerfunktion $f - p_n$ in beiden Fällen und erläutere den auftretenden Unterschied bei beiden Vorgehensweisen.

4.1.17. Sei V_n die Vandermondesche Matrix (4.1.13) für die Punkte $x_0, \dots, x_n$. Man zeige

$$\det V_1 = x_1 - x_0, \qquad \det V_2 = (x_1 - x_0)(x_2 - x_1)(x_2 - x_0).$$

Man versuche, das allgemeine Resultat

$$\det V_n = \ell_0 \ell_1 \dots \ell_{n-1}, \qquad \ell_i = (x_{i+1} - x_i)(x_{i+1} - x_{i-1}) \dots (x_{i+1} - x_0)$$

zu beweisen.

4.1.18. (Hermite-Interpolation) Seien $x_0, \dots, x_n$ paarweise verschiedene Punkte und $\ell_0, \dots, \ell_n$ die Lagrange-Polynome (4.1.14). Für $i = 0, \dots, n$ definiere man

$$h_i = (x - x_i)\ell_i^2, \qquad H_i = [1 - 2\ell_i'(x_i)(x - x_i)]\ell_i^2.$$

Für eine gegebene differenzierbare Funktion f zeige man, daß

$$p = \sum_{i=0}^{n} [f(x_i)H_i + f'(x_i)h_i]$$

ein Polynom vom Grade $2n + 1$ ist, das den Gleichungen

$$p(x_i) = f(x_i), \qquad p'(x_i) = f'(x_i), \qquad i = 0, \dots, n,$$

genügt.

4.2 Methode der kleinsten Quadrate

Im vorangehenden Abschnitt haben wir gesehen, daß zu $n+1$ paarweise verschiedenen Punkten $x_0, x_1, \ldots, x_n$ und einer gegebenen Funktion f ein eindeutig bestimmtes Polynom p vom Grade n existiert, das die Bedingungen

$$p(x_i) = f(x_i), \qquad i = 0, \ldots, n,$$

erfüllt. Wenn wir annehmen, daß f selber ein Polynom vom Grade n ist und wir seine Koeffizienten bestimmen wollen, so genügt es aufgrund des vorangehenden Interpolationsresultats, f an $n+1$ paarweise verschiedenen Punkten zu kennen, vorausgesetzt, daß die Berechnung der Funktionswerte $f(x_i)$ exakt gelingt. In vielen Situationen jedoch können die Werte von f nur durch Messungen bestimmt werden, und sie können fehlerbehaftet sein. In diesem Fall ist es üblich, sehr viel mehr als $n+1$ Messungen vorzunehmen, in der Hoffnung, daß sich diese Meßungenauigkeiten „herausmitteln" werden, weshalb man dann auch von einem *Ausgleichsproblem* spricht. In welcher Weise dieses Herausmitteln passiert, hängt von der Methode ab, mit der die Koeffizienten von f aus den Meßdaten berechnet werden. Sowohl unter rechnerischen als auch statistischen Gesichtspunkten ist die *Methode der kleinsten Quadrate* oft die Methode der Wahl, zumal sie mathematisch elegant und einfach ist.

Wir nehmen jetzt an, daß m Punkte $x_1, \ldots, x_m$ gegeben sind, wobei $m \geq n+1$ ist und mindestens $n+1$ der Punkte paarweise verschieden sind. Seien $f_1, \ldots, f_m$ Näherungswerte einer Funktion f (nicht notwendigerweise ein Polynom) an den Punkten $x_1, \ldots, x_m$. Wir wollen dann ein Polynom $p = a_0 + a_1 x + \cdots + a_n x^n$ finden, so daß

$$\sum_{i=1}^{m} w_i [f_i - p(x_i)]^2 \tag{4.2.1}$$

ein Minimum unter allen Polynomen vom Grade n annimmt. Mit anderen Worten wollen wir $a_0, a_1, \ldots, a_n$ so bestimmen, daß die gewichtete Summe der Quadrate der „Fehler" $f_i - p(x_i)$ minimiert wird. In (4.2.1) sind die w_i gegebene positive Konstanten, die *Gewichte* genannt werden. Sie können dazu dienen, den einzelnen Termen in (4.2.1) größere oder kleinere Bedeutung zukommen zu lassen. Sind zum Beispiel die f_i Messwerte und haben wir großes Vertrauen, sagen wir, in die Werte $f_1, \ldots, f_{10}$, aber weniger in die restlichen, so könnten wir $w_1 = w_2 = \cdots = w_{10} = 5$ und $w_{11} = \cdots = w_m = 1$ setzen. Andererseits ist es bei manchen Aufgabenstellungen in der Signalverarbeitung üblich, $w_j = \alpha^j$ mit einem zwischen 0 und 1 gelegenem α zu wählen.

Der einfachste Fall eines Ausgleichsproblems liegt für $n = 0$ vor, so daß p nur eine Konstante ist. Nehmen wir beispielsweise an, daß m Messungen $l_1, \ldots, l_m$ zur Länge eines Gegenstandes vorliegen. Die Punkte $x_1, \ldots, x_m$ sind hier alle dieselben und treten in der Formulierung nicht explizit auf. Mit dem Prinzip der kleinsten Fehlerquadrate versuchen wir dann, die Summe

$$g(l) = \sum_{i=1}^{m} w_i(l_i - l)^2$$

zu minimieren. In der Analysis wird gelehrt, daß an dem Punkt $\hat{l}$, an dem g ein (relatives) Minimum annimmt, die Bedingungen $g'(\hat{l}) = 0$ und $g''(\hat{l}) \geq 0$ gelten. Wegen

$$g'(l) = -2\sum_{i=1}^{m} w_i(l_i - l), \qquad g''(l) = 2\sum_{i=1}^{m} w_i,$$

ergibt sich

$$\hat{l} = \frac{1}{s}\sum_{i=1}^{m} w_i l_i, \qquad s = \sum_{i=1}^{m} w_i,$$

und da dies die einzige Lösung von $g'(l) = 0$ ist, ist $\hat{l}$ der eindeutige Minimalpunkt von g. Wenn also alle Gewichte w_i gleich 1 sind, so hat man $s = m$, und die Fehlerquadratapproximation an l ist gerade der Mittelwert der Messungen $l_1, \ldots, l_m$.

Der nächst einfache Fall liegt vor, wenn wir ein lineares Polynom $p = a_0 + a_1 x$ verwenden. Probleme dieser Art treten oft auf, wenn man annimmt, daß die Daten einer linearen Beziehung genügen. In diesem Fall ist die Funktion (4.2.1) durch

$$g(a_0, a_1) = \sum_{i=1}^{m} w_i(f_i - a_0 - a_1 x_i)^2 \tag{4.2.2}$$

gegeben, und wir wollen sie bezüglich der Koeffizienten a_0 und a_1 minimieren. Wieder ist aus der Analysis bekannt, daß an einer Minimalstelle von g die partiellen Ableitungen von g verschwinden müssen:

$$\frac{\partial g}{\partial a_0} = -2\sum_{i=1}^{m} w_i(f_i - a_0 - a_1 x_i) = 0,$$
$$\frac{\partial g}{\partial a_1} = -2\sum_{i=1}^{m} w_i x_i(f_i - a_0 - a_1 x_i) = 0.$$

Durch Zusammenfassen der Koeffizienten von a_0 und a_1 erhält man die zwei linearen Gleichungen

$$\begin{aligned} \left(\sum_{i=1}^{m} w_i\right) a_0 + \left(\sum_{i=1}^{m} w_i x_i\right) a_1 &= \sum_{i=1}^{m} w_i f_i \\ \left(\sum_{i=1}^{m} w_i x_i\right) a_0 + \left(\sum_{i=1}^{m} w_i x_i^2\right) a_1 &= \sum_{i=1}^{m} w_i x_i f_i \end{aligned} \tag{4.2.3}$$

für die Unbekannten a_0 und a_1.

Die Normalgleichungen

Die zu minimierende Funktion (4.2.1) hat für Polynome vom Grade n die Form

$$g(a_0, a_1, \ldots, a_n) = \sum_{i=1}^{m} w_i(a_0 + a_1 x_i + \cdots + a_n x_i^n - f_i)^2. \tag{4.2.4}$$

Ähnlich wie im Fall $n = 2$ stellen wir die notwendigen Bedingungen für ein Minimum von g auf:

$$\frac{\partial g}{\partial a_j}(a_0, a_1, \ldots, a_n) = 0, \qquad j = 0, 1, \ldots, n.$$

Wir schreiben die partiellen Ableitungen ausführlich hin und erhalten die Bedingungen

$$\sum_{i=1}^{m} w_i x_i^j (a_0 + a_1 x_i + \cdots + a_n x_i^n - f_i) = 0, \qquad j = 0, 1, \ldots, n,$$

die ein System von $n + 1$ linearen Gleichungen in den $n + 1$ Unbekannten $a_0, a_1, \ldots, a_n$ darstellen. Sie sind unter dem Namen *Normalgleichungen* bekannt. Faßt man die Koeffizienten der a_j zusammen und schreibt das System in Matrix-Vektor-Form, so erhält man

$$\begin{bmatrix} s_0 & s_1 & s_2 & \cdots & s_n \\ s_1 & s_2 & & & \\ s_2 & & \ddots & & \vdots \\ \vdots & & & & \\ s_n & & \cdots & & s_{2n} \end{bmatrix} \begin{bmatrix} a_0 \\ a_1 \\ \vdots \\ \\ a_n \end{bmatrix} = \begin{bmatrix} c_0 \\ c_1 \\ \vdots \\ \\ c_n \end{bmatrix}, \tag{4.2.5}$$

mit

$$s_j = \sum_{i=1}^{m} w_i x_i^j, \qquad c_j = \sum_{i=1}^{m} w_i x_i^j f_i. \tag{4.2.6}$$

Gleichung (4.2.3) ist ein Spezialfall von (4.2.5) für $n = 1$. Man beachte, daß die Matrix in (4.2.5) durch nur $2n+1$ Größen $s_0, \ldots, s_{2n}$ bestimmt ist und daß die „Querdiagonalelemente" der Matrix konstant sind. Solch eine Matrix heißt *Hankel-Matrix* und hat viele interessante Eigenschaften. Die Größen s_j werden *Momente* genannt.

Das System (4.2.5) kann auch in der Form

$$E^T W E \mathbf{a} = E^T W \mathbf{f} \tag{4.2.7}$$

geschrieben werden, wobei W eine die Gewichte enthaltene Diagonalmatrix und

$$E = \begin{bmatrix} 1 & x_1 & \cdots & x_1^n \\ 1 & x_2 & \cdots & x_2^n \\ \vdots & & & \vdots \\ 1 & x_m & \cdots & x_m^n \end{bmatrix}, \quad \mathbf{a} = \begin{bmatrix} a_0 \\ a_1 \\ \vdots \\ a_n \end{bmatrix}, \quad \mathbf{f} = \begin{bmatrix} f_1 \\ f_2 \\ \vdots \\ f_m \end{bmatrix} \tag{4.2.8}$$

ist. E ist eine $m \times (n+1)$-Matrix vom Vandermondeschen Typ, für $m = n+1$ ist sie genau die Vandermondesche Matrix in (4.1.13), deren Regularität wir gezeigt haben. Wir erweitern jetzt die dort gegebene Argumentation, um die Regularität der Matrix in (4.2.7) zu zeigen, sofern wenigstens $n+1$ der Punkte x_i paarweise verschieden sind.

Eine symmetrische Matrix A heißt nach Kapitel 2 positiv definit, wenn

$$\mathbf{x}^T A \mathbf{x} > 0 \quad \text{für alle} \quad \mathbf{x} \neq 0 \tag{4.2.9}$$

ausfällt. Eine positiv definite Matrix ist regulär, da alle ihre Eigenwerte positiv sind (Satz 2.2.5). Wir zeigen nun, daß die Matrix $E^T W E$ in (4.2.7) symmetrisch und positiv definit ist. Die Symmetrie ist klar, da es sich um die Matrix in (4.2.5) handelt. Für einen beliebigen m-Vektor $\mathbf{y}$ betrachte man die Form

$$\mathbf{y}^T W \mathbf{y} = \sum_{i=1}^{m} w_i y_i^2. \tag{4.2.10}$$

Da die w_i als positiv vorausgestzt sind, ist $\mathbf{y}^T W \mathbf{y} \geq 0$ und gleich Null, genau dann, wenn $\mathbf{y} = 0$ gilt. Mit der Setzung $\mathbf{y} = E\mathbf{a}$ erschließen wir somit

$$\mathbf{a}^T E^T W E \mathbf{a} > 0 \quad \text{für alle} \quad \mathbf{a} \neq 0,$$

falls $E\mathbf{a} \neq 0$ ist. Aber $E\mathbf{a} = 0$ hat

$$a_0 + a_1 x_i + \cdots + a_n x_i^n = 0, \qquad i = 1, \ldots, m,$$

zur Folge. Wir erinnern an die Voraussetzung, daß mindestens $n+1$ der x_i paarweise verschieden sind, so daß das Polynom $a_0 + a_1 x + \cdots + a_n x^n$ vom Grade n mindestens $n+1$ Wurzeln besitzen würde. Mit diesem Widerspruch ist bewiesen, daß $E^T W E$ positiv definit ist. Daher besitzt das System (4.2.7) eine eindeutige Lösung, und das sich ergebende Polynom mit den Koeffizienten a_i ist das eindeutige Polynom vom Grade n, das (4.2.1) minimiert.

Allgemeine Ausgleichsprobleme

Als nächstes behandeln wir allgemeinere Ausgleichsprobleme, bei denen die approximierende Funktion nicht unbedingt ein Polynom sondern eine Linearkombination

$$\phi = \sum_{i=0}^{n} a_i \phi_i \tag{4.2.11}$$

gegebener Funktionen $\phi_0, \phi_1, \ldots, \phi_n$ sein kann. Mit der Wahl $\phi_j = x^j$, $j = 0, \ldots, n$, erhält man die früher betrachteten Polynome. Weitere geläufige Wahlmöglichkeiten für „Basisfunktionen" ϕ_j sind

$$\phi_j = \cos(j\pi x), \qquad j = 0, 1, \ldots, n,$$

und

$$\phi_j = e^{\alpha_j x}, \qquad j = 0, 1, \ldots, n,$$

wobei die α_j gegebene reelle Zahlen sind. Wir könnten auch stückweise Polynome oder Spline-Funktionen verwenden.

Beim *allgemeinen Ausgleichsproblem* sind $a_0, \ldots, a_n$ so zu bestimmen, daß

$$g(a_0, a_1, \cdots, a_n) = \sum_{i=1}^{m} w_i [\phi(x_i) - f_i]^2 \tag{4.2.12}$$

minimiert wird, wobei ϕ durch (4.2.11) gegeben ist. Wir können genauso wie zuvor verfahren, um die Normalgleichungen für (4.2.12) aufzustellen. Die partiellen Ableitungen erster Ordnung von g sind

$$\frac{\partial g}{\partial a_j} = 2\sum_{i=1}^{m} w_i \phi_j(x_i)[a_0\phi_0(x_i) + a_1\phi_1(x_i) + \cdots + a_n\phi_n(x_i) - f_i].$$

Durch Nullsetzen und Zusammenfassung der Koeffizienten der a_i erhält man das in Matrix-Vektor-Form geschriebene System

$$\begin{bmatrix} s_{00} & s_{10} & \cdots & s_{n0} \\ s_{01} & s_{11} & & \\ \vdots & & \ddots & \vdots \\ s_{0n} & \cdots & & s_{nn} \end{bmatrix} \begin{bmatrix} a_0 \\ a_1 \\ \vdots \\ a_n \end{bmatrix} = \begin{bmatrix} c_0 \\ c_1 \\ \vdots \\ c_n \end{bmatrix}, \tag{4.2.13}$$

mit

$$s_{ij} = \sum_{k=1}^{m} w_k \phi_i(x_k)\phi_j(x_k), \qquad c_j = \sum_{k=1}^{m} w_k \phi_j(x_k) f_k.$$

Die Matrix (4.2.13) ist eine *Gramsche* Matrix, aber nicht notwendig eine Hankel-Matrix. Wie zuvor können wir (4.2.13) in der Form (4.2.7) schreiben, wobei jetzt

$$E = \begin{bmatrix} \phi_0(x_1) & \phi_1(x_1) & \cdots & \phi_n(x_1) \\ \phi_0(x_2) & \phi_1(x_2) & \cdots & \phi_n(x_2) \\ \vdots & & & \vdots \\ \phi_0(x_m) & & \cdots & \phi_n(x_m) \end{bmatrix}, \qquad \mathbf{f} = \begin{bmatrix} f_1 \\ f_2 \\ \vdots \\ f_m \end{bmatrix}$$

ist. Selbstverständlich ist E^TWE wieder symmetrisch, aber um die positive Definitheit zu erschließen, müssen passende Bedingungen sowohl an die Funktionen $\phi_0, \ldots, \phi_n$ als auch an die $x_1, \ldots, x_m$ gestellt werden.

Orthogonale Polynome

Die Normalgleichungen sind für theoretische Zwecke oder für die Berechnung bei kleinem n sehr nützlich. Aber sie weisen die Tendenz auf, mit wachsendem n schlecht konditioniert (siehe Kapitel 6) zu werden. Wir geben jetzt ein alternatives Vorgehen an, um das Ausgleichspolynom mit Hilfe orthogonaler Polynome zu berechnen. Im folgenden setzen wir $w_i = 1$ voraus, obwohl die

Berücksichtigung von Gewichten keine Schwierigkeiten bereiten würde (Aufgabe 4.2.5).

Seien $q_0, q_1, \ldots, q_n$ Polynome vom Grade $0, 1, \ldots, n$. Die q_i heißen dann *orthogonal* bezüglich der Punkte $x_1, \ldots, x_m$, wenn

$$\sum_{i=1}^{m} q_k(x_i) q_j(x_i) = 0, \qquad k, j = 0, 1, \ldots, n, \quad k \neq j, \tag{4.2.14}$$

gilt. Wir werden uns in Kürze der Frage zuwenden, wie man orthogonale Polynome erhalten kann. Im Moment nehmen wir sie als vorliegend an und setzen $\phi_i = q_i$, $i = 0, 1, \ldots, n$, in den Normalgleichungen (4.2.13), wobei die Gewichte w_i alle gleich 1 sind. Aufgrund von (4.2.14) sind alle Elemente der Koeffizientenmatrix in (4.2.13) außerhalb der Hauptdiagonalen gleich Null, und das Gleichungssystem vereinfacht sich zu

$$\sum_{i=1}^{m} [q_k(x_i)]^2 a_k = \sum_{i=1}^{m} q_k(x_i) f_i, \qquad k = 0, 1, \ldots, n.$$

Daher ergibt sich

$$a_k = \frac{1}{\gamma_k} \sum_{i=1}^{m} q_k(x_i) f_i, \qquad k = 0, 1, \ldots, n, \tag{4.2.15}$$

wobei

$$\gamma_k = \sum_{i=1}^{m} [q_k(x_i)]^2 \tag{4.2.16}$$

ist. Das Ausgleichspolynom ist daher gleich

$$q = \sum_{k=0}^{n} a_k q_k. \tag{4.2.17}$$

Offensichtlich stellt sich die Frage, ob das Polynom q aus (4.2.17) gleich dem Polynom ist, das man mit Hilfe der Normalgleichungen (4.2.5) (mit $w_i = 1$) erhält. Die Antwort lautet ja, sofern wir unsere Standardvoraussetzung machen, daß mindestens $n + 1$ der Punkte x_i paarweise verschieden sind (was auch die Existenz der q_j in (4.2.14) sichert). Das folgt aus der weiter oben bewiesenen Tatsache, das es genau ein Polynom vom Höchstgrade n gibt, das

(4.1.1) minimiert. Daher ist das q aus (4.2.17) dasselbe minimierende Polynom, nur verschieden dargestellt.

Durch die Verwendung orthogonaler Polynome reduzieren sich die Normalgleichungen auf ein diagonales Gleichungssystem, das trivial zu lösen ist. Der Rechenaufwand ist jedoch auf die Berechnung der q_i verschoben, und wir beschreiben jetzt ihre Konstruktion. Sei

$$q_0 = 1, \qquad q_1 = x - \alpha_1, \tag{4.2.18}$$

wobei α_1 so zu bestimmen ist, daß q_0 und q_1 bezüglich der x_i orthogonal sind. Es muß daher

$$0 = \sum_{i=1}^{m} q_0(x_i)q_1(x_i) = \sum_{i=1}^{m}(x_i - \alpha_1) = \sum_{i=1}^{m} x_i - \sum_{i=1}^{m} \alpha_1 = \sum_{i=1}^{m} x_i - m\alpha_1$$

gelten, so daß

$$\alpha_1 = \frac{1}{m}\sum_{i=1}^{m} x_i \tag{4.2.19}$$

ist. Sei nun

$$q_2(x) = xq_1(x) - \alpha_2 q_1(x) - \beta_1,$$

wobei α_2 und β_1 so zu bestimmen sind, daß q_2 zu q_0 und q_1 orthogonal ist, das heißt, es muß

$$\sum_{i=1}^{m}[x_i q_1(x_i) - \alpha_2 q_1(x_i) - \beta_1] = 0$$

$$\sum_{i=1}^{m}[x_i q_1(x_i) - \alpha_2 q_1(x_i) - \beta_1]q_1(x_i) = 0$$

gelten. Unter Beachtung von $\sum q_1(x_i) = 0$ vereinfachen sich diese Gleichungen zu

$$\sum_{i=1}^{m} x_i q_1(x_i) - m\beta_1 = 0, \qquad \sum_{i=1}^{m} x_i[q_1(x_i)]^2 - \alpha_2\gamma_1 = 0,$$

wobei γ_1 durch (4.2.16) gegeben ist. Es ergibt sich

$$\beta_1 = \frac{1}{m}\sum_{i=1}^{m} x_i q_1(x_i), \qquad \alpha_2 = \frac{1}{\gamma_1}\sum_{i=1}^{m} x_i [q_1(x_i)]^2.$$

Die Berechnung der verbleibenden q_i erfolgt auf analoge Weise. Es werde angenommen, daß $q_0, q_1, \dots, q_j$ bereits bekannt ist, und wir versuchen q_{j+1} durch die *Drei-Term-Rekursion*

$$q_{j+1} = xq_j - \alpha_{j+1}q_j - \beta_j q_{j-1} \tag{4.2.20}$$

zu erhalten, wobei α_{j+1} und β_j aus den Orthogonalitätsbedingungen

$$\sum_{i=1}^{m} q_{j+1}(x_i)q_j(x_i) = 0, \qquad \sum_{i=1}^{m} q_{j+1}(x_i)q_{j-1}(x_i) = 0 \tag{4.2.21}$$

zu bestimmen sind. Sind diese beiden Gleichungen erfüllt, so ist q_{j+1} auch zu den vorangehenden q_k, $k < j-1$ orthogonal, da mit (4.2.20)

$$\begin{aligned}\sum_{i=1}^{m} q_{j+1}(x_i)q_k(x_i) = \sum_{i=1}^{m} x_i q_j(x_i)q_k(x_i) - \alpha_{j+1}\sum_{i=1}^{m} q_j(x_i)q_k(x_i)\\ -\beta_j \sum_{j=1}^{m} q_{j-1}(x_i)q_k(x_i)\end{aligned} \tag{4.2.22}$$

gilt. Die beiden letzten Glieder in (4.2.22) verschwinden aufgrund unserer Voraussetzung. Weiter ist xq_k ein Polynom vom Grade $k+1$, das als Linearkombination der $q_0, q_1, \dots, q_{k+1}$ ausgedrückt werden kann. Daher ist auch der erste Term auf der rechten Seite von (4.2.22) gleich Null.

Wir wenden uns (4.2.21) zu, und nach Ersetzen von q_{j+1} mit Hilfe von (4.2.20) erhalten wir

$$\alpha_{j+1} = \frac{1}{\gamma_j}\sum_{i=1}^{m} x_i[q_j(x_i)]^2, \tag{4.2.23}$$

$$\beta_j = \frac{1}{\gamma_{j-1}}\sum_{i=1}^{m} x_i q_j(x_i)q_{j-1}(x_i)$$

für α_{j+1} und β_j mit den γ wie in (4.2.16). Die β_i können auf einem günstigeren Weg berechnet werden, wenn wir $x_i q_{j-1}(x_i)$ mit Hilfe von (4.2.20) ersetzen und dann

$$\sum_{i-1}^{m} q_j(x_i)[q_j(x_i) + \alpha_j q_{j-1}(x_i) + \beta_{j-1} q_{j-2}(x_i)] = \sum_{i=1}^{m} [q_j(x_i)]^2 = \gamma_j$$

beachten, was aus der Orthogonalität der q_j folgt. Somit ist

$$\beta_j = \frac{\gamma_j}{\gamma_{j-1}}. \tag{4.2.24}$$

Der Nenner in (4.2.24) kann wegen (4.2.16) nur im Falle $q_{j-1}(x_i) = 0$, $i = 1, \ldots, m$, verschwinden. Da aber wenigstens $n+1$ der x_i als paarweise verschieden vorausgesetzt sind, hätte dies $q_{j-1} = 0$ zur Folge, was der Definition der q_{j-1} widerspricht. Also ist $\gamma_{j-1} \neq 0$.

Wir fassen den Algorithmus zur Berechnung orthogonaler Polynome wie folgt zusammen:

1. Setze $q_0 = 1$, $q_1 = x - \frac{1}{m} \sum_{i=1}^{m} x_i, \gamma_0 = m$.

2. Berechne für $j = 1$ bis $n - 1$

$\gamma_j = \sum_{i=1}^{m} [q_j(x_i)]^2$,

$\alpha_{j+1} = \frac{1}{\gamma_j} \sum_{i=1}^{m} x_i [q_j(x_i)]^2$, $\quad \beta_j = \frac{\gamma_j}{\gamma_{j-1}}$,

$q_{j+1} = x q_j - \alpha_{j+1} q_j - \beta_j q_{j-1}$.

3. Berechne die Koeffizienten $a_0, a_1, \ldots, a_n$ des Ausgleichspolynoms

$a_0 q_0 + a_1 q_1 + \cdots + a_n q_n$ mit (4.2.15).

Wie wir bereits vorher erwähnt haben, ist diese Berechnungsweise numerisch vorzuziehen, da die Lösung des möglicherweise schlecht gestellten Systems (4.2.5) vermieden wird. Ein weiterer Vorteil liegt darin, daß das Ausgleichspolynom schrittweise mit steigendem Grad aufgebaut wird. Wenn wir beispielsweise nicht wissen, mit welchem Polynomgrad wir arbeiten sollten, könnten wir mit einem Polynom ersten Grades beginnen, dann mit einem zweiten Grades fortfahren usw., bis wir eine uns zufriedenstellende Anpassung erreichen. Bei Verwendung des vorangehenden Algorithmus sind die a_i von n unabhängig, und sobald wir q_j berechnet haben, kann a_j und damit das Ausgleichspolynom j-ten Grades berechnet werden.

Ein numerisches Beispiel

Wir führen jetzt ein zu den Daten

$$\begin{array}{lllll} x_1 = 0 & x_2 = \frac{1}{4} & x_3 = \frac{1}{2} & x_4 = \frac{3}{4} & x_5 = 1 \\ f_1 = 1 & f_2 = 2 & f_3 = 1 & f_4 = 0 & f_5 = 1 \end{array}$$

gehöriges Beispiel vor. Es sind fünf Punkte x_i gegeben, so daß durch diesen Datensatz ein eindeutiges Interpolationspolynom vom Grade vier festgelegt wird. Wir wollen das lineare und das quadratische Ausgleichspolynom sowohl mit den Normalgleichungen als auch mit Hilfe orthogonaler Polynome berechnen.

Bei der Aufstellung der Normalgleichungen für das lineare Ausgleichspolynom benötigen wir die folgenden Größen:

$$\sum_{i=1}^{5} x_i = \tfrac{5}{2}, \qquad \sum_{i=1}^{5} x_i^2 = \tfrac{15}{8}, \qquad \sum_{i=1}^{5} f_i = 5, \qquad \sum_{i=1}^{5} x_i f_i = 2. \tag{4.2.25}$$

Die Koeffizienten a_0 und a_1 sind die Lösungen des Systems (4.2.3) (mit $w_i = 1$):

$$a_0 = \frac{7}{5}, \qquad a_1 = \frac{-4}{5}.$$

Das lineare Ausgleichspolynom ist daher

$$p_1 = \tfrac{7}{5} - \tfrac{4}{5}x. \tag{4.2.26}$$

Berechnen wir dasselbe Polynom mit Hilfe orthogonaler Polynome, so ist es in der Form

$$a_0 q_0(x) + a_1 q_1(x) = a_0 + a_1(x - \alpha_1) \tag{4.2.27}$$

gegeben, wobei a_0 und a_1 durch (4.2.15) und α_1 durch (4.2.19) gegeben sind:

$$a_0 = 1, \qquad a_1 = \frac{-4}{5}, \qquad \alpha_1 = \tfrac{1}{2}.$$

Das Polynom (4.2.27) ist daher gleich $1 - \frac{4}{5}(x - \frac{1}{2})$, und wie erwartet, ist es gleich dem in (4.2.26).

Um das Ausgleichspolynom vom Grade zwei über die Normalgleichungen zu berechnen, ist erforderlich, das System (4.2.5) für $n = 2$ zu lösen, was für unsere Daten

$$\begin{bmatrix} 640 & 320 & 240 \\ 320 & 240 & 200 \\ 240 & 200 & 177 \end{bmatrix} \begin{bmatrix} a_0 \\ a_1 \\ a_2 \end{bmatrix} = \begin{bmatrix} 640 \\ 256 \\ 176 \end{bmatrix}$$

bedeutet. Die Lösung des Systems ist

$$a_0 = \tfrac{7}{5}, \qquad a_1 = \tfrac{-4}{5}, \qquad a_2 = 0. \tag{4.2.28}$$

Das bedeutet, daß das Ausgleichspolynom zweiten Grades gleich demjenigen ist, das man mit linearem Ansatz bekommt, durch die Hinzufügung des quadratischen Terms erreicht man also keine Verbesserung. Die Korrektheit von (4.2.28) bestätigt man durch Berechnung des Ausgleichspolynoms vom Grade zwei mit Hilfe orthogonaler Polynome. Die Darstellung mit orthogonalen Polynomen ist

$$a_0q_0 + a_1q_1 + a_2q_2 = \tfrac{7}{5} - \tfrac{4}{5}x + a_2[x(x - \tfrac{1}{2}) - \alpha_2(x - \tfrac{1}{2}) - \beta_1],$$

wobei α_2 und β_1 aus (4.2.23) und (4.2.24) zu

$$\alpha_2 = \frac{\sum x_i(x_i - \frac{1}{2})^2}{\sum(x_i - \frac{1}{2})^2} = \tfrac{1}{2}, \qquad \beta_1 = \tfrac{1}{5}\sum x_i(x_i - \tfrac{1}{2}) = \tfrac{1}{8}$$

bestimmt werden. Dies ergibt $q_2 = x^2 - x - \frac{1}{8}$, und mit (4.2.15) berechnen wir $a_2 = 0$.

Ergänzende Bemerkungen und Literaturhinweise zu Abschnitt 4.2

1. Eine weitergehende Diskussion der Methode der kleinsten Quadrate findet man in Golub und Van Loan [1989] und Lawson und Hanson [1974].

2. Eine andere Möglichkeit, Ausgleichsprobleme mit Polynomen zu lösen, besteht in der direkten Behandlung des linearen Gleichungssystems $E\mathbf{a} = \mathbf{f}$, wobei E und $\mathbf{f}$ durch (4.2.8) gegeben sind. Hierbei handelt es sich um ein $m \times (n+1)$ System, wobei m gewöhnlich größer als $n+1$ ist, und folglich ist die Matrix E nicht quadratisch. In Kapitel 6 werden Techniken entwickelt, wie mit diesem Gleichungstyp zu verfahren ist.

Übungsaufgaben zu Abschnitt 4.2

4.2.1. Es sei f eine gegebene Funktion, für die die folgenden Werte bekannt sind: $f(1) = 2$, $f(2) = 3$, $f(3) = 5$, $f(4) = 3$. Ermittle das konstante, das lineare und das quadratische Ausgleichspolynom sowohl über die Normalgleichungen als auch mit Hilfe orthogonaler Polynome.

4.2.2. Man schreibe ein Computerprogramm, um das Ausgleichspolynom vom Grade n mit Hilfe orthogonaler Polynome zu berechnen, wobei $m \geq n+1$ Punkte gegeben sind, und überprüfe es an den Polynomen aus Aufgabe 4.2.1.

4.2.3. Sei $y_1, \ldots, y_m$ eine Menge von Werten, die durch eine Konstante c approximiert werden sollen. Man bestimme c, so daß gilt

a. $\sum_{i=1}^{m} |c - y_i| = \text{Minimum}.$

b. $\max_{1 \leq i \leq m} |c - y_i| = \text{Minimum}$

4.2.4. Für m Beobachtungen $y_1, \ldots, y_m$ definiere man den Mittelwert und die mittlere Abweichung durch

$$\bar{y} = \frac{1}{m} \sum_{i=1}^{m} y_i, \qquad v = \sum_{i=1}^{m} (y_i - \bar{y})^2.$$

Es seien $y_{m+1}, \ldots, y_{m+n}$ weitere n Beobachtungen mit Mittelwert y_a und mittlerer Abweichung v_a. In welcher Weise muß man v und v_a in der Form $\alpha_1 v + \alpha_2 v_a$ zusammensetzen, um die mittlere Abweichung der zusammengefaßten Menge von Beobachtungen zu erhalten? Man spezialisiere das Ergebnis auf den Fall $n = 1$, um so eine Formel zu erhalten, mit der die mittlere Abweichung für jede neu hinzugefügte Beobachtung aufgefrischt wird.

4.2.5. Man modifiziere den Zugang über orthogonale Polynome, so daß das Problem (4.2.1) mit gegebenen Gewichten w_i behandelt werden kann. Man ersetze die Beziehung (4.2.14) durch $\sum w_i q_k(x_i) q_j(x_i)$ und ändere (4.2.15), (4.2.23) und (4.2.24) entsprechend ab.

4.2.6. Sei f eine auf dem Intervall $[0, 8]$ zweimal differenzierbare Funktion, und sei $x_i = (i - 9)$, $i = 1, \ldots, 17$, sowie $f_i = f(x_i)$.
a. Unter Verwendung orthogonaler Polynome bestimme man das Polynom fünften Grades, das (4.2.1) minimiert, wobei die Gewichte durch $w_i = \gamma |i - 9|$ mit $0 < \gamma \leq 1$ gegeben sind.
b. Man zeige, wie $f'(0)$ und $f''(0)$ approximiert werden können, indem man die Rekursionsformel (4.2.20) für orthogonale Polynome verwendet. Insbesondere zeige man, wie sich Koeffizienten a_i finden lassen, so daß $f'(0)$ durch die Summe $\sum_{i=1}^{17} a_i f_i$ angenähert wird.

4.2.7. Im Falle $\phi_j = x^j$, gilt die Beziehung $\phi_{i+j} = \phi_i \phi_j$. Man gebe einen weiteren Satz von Basisfunktionen mit dieser Eigenschaft an.

4.2.8. Es sei $S_j = \sum_{i=1}^{m}(f_i - a_0q_0(x_i) - \cdots - a_jq_j(x_i))^2$, wobei die q_j im Sinne von (4.2.14) orthogonal sind. Wie läßt sich S_{j+1} aus S_j berechnen?

4.2.9. Es soll eine gegebene Funktion auf dem Intervall $[a, b]$ durch ein Ausgleichspolynom p_n approximiert werden, das $p_n(a) = 0$ erfüllt. Man zeige, wie das durch passende Wahl der Gewichte bewirkt werden kann.

4.3 Anwendung auf die Nullstellenbestimmung

Wir betrachten jetzt das Problem, eine Lösung der nichtlinearen Gleichung

$$f(x) = 0 \tag{4.3.1}$$

zu finden, wobei f eine gegebene nichtlineare Funktion von x ist. Zum Beispiel kann f das Polynom

$$f = a_nx^n + a_{n-1}x^{n-1} + \cdots + a_1x + a_0 \tag{4.3.2}$$

sein. Weitere Beispiele sind

$$f = x - \sin x + 2, \tag{4.3.3}$$

$$f = e^x - x - 4. \tag{4.3.4}$$

Im Fall des Polynoms (4.3.2) ist aus dem Fundamentalsatz der Algebra bekannt, daß f genau n reelle oder komplexe Wurzeln besitzt, wenn sie ihrer Vielfachheit nach gezählt werden. Für eine allgemeine Funktion f ist es meist schwierig festzustellen, wieviele Lösungen Gleichung (4.3.1) besitzt: es kann keine, nur eine, endlich oder sogar unendlich viele geben. Eine einfache Bedingung, die sichert, daß höchstens eine Nullstelle in einem gegebenen Intervall (a, b) liegt, ist

$$f'(x) > 0 \qquad \text{für alle} \quad x \in (a, b) \tag{4.3.5}$$

(oder $f'(x) < 0$ in dem Intervall), obwohl damit die Existenz einer in dem Intervall gelegenen Nullstelle nicht garantiert ist. (Den Beweis dieser Aussagen verschieben wir auf die Übungsaufgaben 4.3.1 und 4.3.2.) Ist f jedoch stetig und gilt

$$f(a) < 0, \qquad f(b) > 0, \tag{4.3.6}$$

so ist anschaulich klar (und kann auch mit einem Satz aus der Analysis streng bewiesen werden), daß f mindestens eine Nullstelle im Intervall (a, b) besitzt.

Bei den meisten Methoden zur Approximation einer Lösung der Gleichung (4.3.1) wird f in einer Umgebung der Lösung durch ein approximierendes Polynom niedriger Ordnung ersetzt, und man nimmt eine der Wurzeln des Polynoms als Näherung für die gesuchte Lösung. Der einfachste Fall eines solchen Vorgehens besteht in der Wahl eines linearen approximierenden Polynoms, und Taylorentwicklung ist eine der Möglichkeiten, es aufzustellen.

Linearisierung und Newton-Verfahren

Wir erhalten aus (4.1.1) für $n = 1$

$$f(x) \doteq p(x) = f(x_0) + f'(x_0)(x - x_0). \tag{4.3.7}$$

Diese Approximation an f durch ein lineares Polynom wird manchmal auch als *Linearisierung* von f bezeichnet. Geometrisch gesehen approximieren wir die Kurve f durch ihre Tangente im Punkte x_0, wie es in Abbildung 4.3.1 gezeigt wird. Bei der Geraden handelt es sich um die Tangente in x_0, da $p(x_0) = f(x_0)$ und $p'(x_0) = f'(x_0)$ gilt.

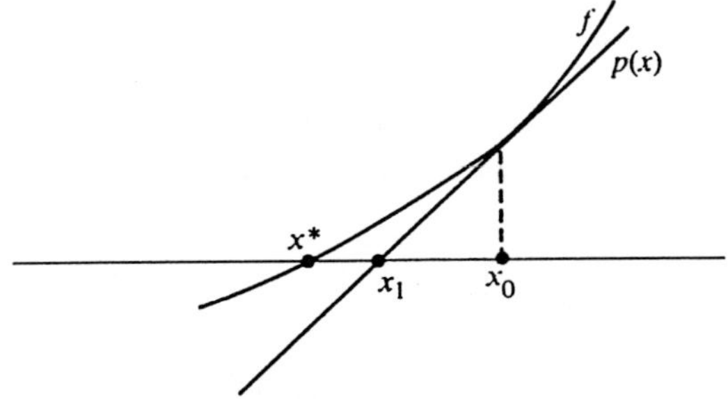

Abb. 4.3.1 *Lineare Approximation und Newton-Iteration*

Die lineare Approximation (4.3.7) bildet die Grundlage des *Newton-Verfahrens*, um Nullstellen von f anzunähern. Gegeben sei eine Näherung x_0 an eine Nullstelle $x^\star$. Die nächste Näherung x_1 ergibt sich als Lösung der linearen Gleichung $p(x) = 0$, so daß also

$$x_1 = x_0 - \frac{f(x_0)}{f'(x_0)} \tag{4.3.8}$$

ist. Dies ist in Abbildung 4.3.1 dargestellt.

Die Fehlerabschätzung (4.1.5) kann verwendet werden, um Informationen zu erhalten, wie gut x_1 die Nullstelle $x^\star$ annähert. Wir werten (4.1.5) für $x = x^\star$ und $n = 1$ aus und erhalten wegen $f(x^\star) = 0$

$$f(x^\star) - p(x^\star) = -f(x_0) - f'(x_0)(x^\star - x_0) = \frac{1}{2}f''(z)(x^\star - x_0)^2. \tag{4.3.9}$$

Wir schreiben (4.3.8) in $f'(x_0)x_0 - f(x_0) = f'(x_0)x_1$ um, substituieren in (4.3.9) und gelangen zu der Beziehung

$$-f'(x_0)(x^\star - x_1) = \frac{1}{2}f''(z)(x^\star - x_0)^2. \tag{4.3.10}$$

Unter der Annahme $f'(x_0) \neq 0$ bekommen wir dann

$$x^\star - x_1 = c_0(x^\star - x_0)^2, \qquad c_0 = -\frac{f''(z)}{2f'(x_0)}. \tag{4.3.11}$$

Der Fehler von x_1 ist daher proportional zum Quadrat des Fehlers von x_0. Diesen Sachverhalt diskutieren wir weiter unten noch eingehender.

Wir können die vorangehende Vorgehensweise wiederholen, bilden eine lineare Approximation an f in x_1 und nehmen ihre Nullstelle als neue Näherung x_2 an $x^\star$. Fahren wir in derselben Weise fort, so erhalten wir die *Newton-Iteration*

$$x_{k+1} = x_k - \frac{f(x_k)}{f'(x_k)}, \qquad k = 0, 1, \ldots . \tag{4.3.12}$$

Man beachte, daß hier stets $f'(x_k) \neq 0$ angenommen wird, Für $f'(x_k) = 0$ verläuft die Tangente an f in x_k horizontal und besitzt keine Nullstelle. Daher bricht das Newton-Verfahren ab (etwas dramatischer ausgedrückt, die nächste Newton-Iterierte liegt im Unendlichen, und das Verfahren verliert seinen Zusammenhalt).

Um die Konvergenz der Folge (4.3.12) gegen die Nullstelle $x^\star$ zu untersuchen, gehen wir zunächst genauso wie bei der Herleitung von (4.3.11) vor, um die Beziehung

$$x^\star - x_k = c_k(x^\star - x_k)^2, \qquad c_k = -\frac{f''(z_k)}{2f'(x_k)} \tag{4.3.13}$$

zu gewinnen, wobei z_k diesmal zwischen x_k und $x^\star$ liegt. Wir setzen voraus, daß in einem Intervall $I = [x^\star - \alpha, x^\star + \alpha]$ die Abschätzungen

$$|f''(x)| \le M, \qquad |f'(x)| \ge m > 0 \quad \text{für alle } x \in I \tag{4.3.14}$$

gelten. Wir setzen $c = M/(2m)$. Gilt dann

$$c|x^\star - x_0| \le \gamma < 1, \qquad |x^\star - x_0| \le \alpha, \tag{4.3.15}$$

so erschließen wir mit Hilfe von (4.3.13) die Abschätzung

$$|x^\star - x_1| \le c|x^\star - x_0|^2 \le \gamma|x^\star - x_0|.$$

Man erkennt, daß x_1 in I liegt und auch die erste Ungleichung in (4.3.15) erfüllt. Wir können daher mittels vollständiger Induktion beweisen, daß alle x_i in I liegen und

$$|x^\star - x_k| \le \gamma|x^\star - x_{k-1}| \le \gamma^k|x^\star - x_0| \tag{4.3.16}$$

gilt, und wegen $\gamma < 1$ geht $x_k \to x^\star$ für $k \to \infty$. Darüberhinaus erhalten wir aus (4.3.13)

$$|x^\star - x_{k+1}| \le c|x^\star - x_k|^2, \tag{4.3.17}$$

so daß für $|x^\star - x_k| < 1$ die Konvergenz sehr schnell erfolgt. Ist beispielsweise $c \doteq 1$ und $|x^\star - x_k| \doteq 0.1$, so wird $|x^\star - x_{k+1}| \doteq 10^{-2}$ und $|x^\star - x_{k+2}| \doteq 10^{-4}$. Daher verdoppelt sich bei jedem Iterationsschritt ungefähr die Zahl der genauen Ziffern von x_i. Diese Eigenschaft nennt man *quadratische Konvergenz.*

Wir fassen die vorangehenden Betrachtungen in dem folgenden Resultat zusammen.

SATZ 4.3.1 (Newton-Konvergenz) *Ist f in einer Umgebung der Nullstelle $x^\star$ zweimal stetig differenzierbar und ist $f'(x^\star) \neq 0$, dann konvergieren die Newton-Iterierten (4.3.12), falls x_0 genügend nah bei $x^\star$ liegt, und die Konvergenz erfolgt quadratisch.*

Zur Veranschaulichung der quadratischen Konvergenz des Newton-Verfahrens wollen wir Nullstellen von $f = 1/x + \ln x - 2$ auffinden. Diese Funktion ist für positive x definiert und besitzt zwei Nullstellen, eine zwischen $x = 0$ und $x = 1$ und die andere zwischen $x = 6$ und $x = 7$. Die Tabelle 4.3.1 enthält eine Zusammenstellung der ersten sechs mit dem Newton-Verfahren unter Verwendung von $x = 0.1$ als Startwert berechneten Iterationen. Man beachte, daß sich die Zahl der exakten Ziffern bei jeder Iteration verdoppelt, sobald die Näherung „nah genug“ liegt (was in diesem Beispiel nach drei Iterationen der Fall ist), womit die quadratische Konvergenz erkennbar wird.

Tab. 4.3.1 *Konvergenz des Newton-Verfahrens für* $f = 1/x + \ln x - 2$

Iteration	x_{i-1}	$f(x_{i-1})$	x_i	Zahl der exakten Ziffern
1	0.1	5.6974149	0.16330461	0
2	0.16330461	2.3113878	0.23697659	0
3	0.23697659	0.7800322	0.29438633	1
4	0.29438633	0.1740346	0.31576121	2
5	0.31576121	0.0141811	0.31782764	4
6	0.31782764	0.0001134	0.31784443	8

Aus Satz 4.3.1 folgt, daß die Newton-Iterierten stets konvergieren, falls x_0 oder eine Iterierte x_k genügend nah an $x^\star$ liegt. Dieses Verhalten wird als *lokale Konvergenz* bezeichnet und stellt eine dem Newton-Verfahren innewohnende Eigenschaft dar. Die Bedingung $f(x^\star) \neq 0$ ist für die quadratische Konvergenz notwendig, aber auch wenn $f'(x^\star) = 0$ ist, tritt weiterhin Konvergenz ein (Aufgaben 4.3.3,4). Liegt andererseits eine Iterierte nicht genügend nahe an einer Lösung, so können verschiedene Arten „schlechten“ Verhaltens des Newton-Verfahrens auftreten, was aus Abbildung 4.3.2 ersichtlich ist. In Abbildung 4.3.2(a) sieht man die Möglichkeit eines „Kreisverkehrs“, bei dem sich immer wiederholend $x_{i+2} = x_i$ ist (Aufgabe 4.3.5); es tritt daher keine Konvergenz, aber auch keine Divergenz gegen unendlich ein. Es sind auch Zyklen mit mehr als 2 Stationen möglich. Abbildung 4.3.2(b) zeigt Divergenz nach unendlich, ein Fall der eintritt, wenn x_i außerhalb des Konvergenzbereichs der interessierenden Lösung liegt und sich die Funktion zum Beispiel wie e^{-x} für $x \to \infty$ verhält.

Eine andere Frage ist, wann die Iteration zu stoppen ist. Die üblichen einfachsten Abfragen sind $|f(x_i)| < \varepsilon$ oder $|x_{i+1} - x_i| < \varepsilon$, wobei ε eine vorgegebene Toleranz ist. Die erste kann irreführend sein, wenn die Funktion f in der Nähe

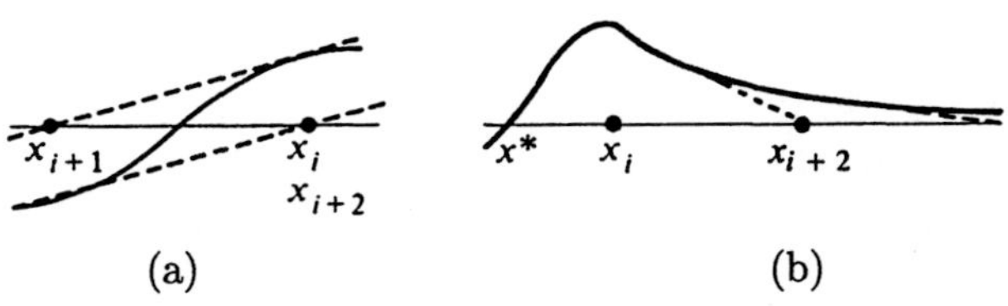

Abb. 4.3.2 *Mögliches „schlechtes" Verhalten des Newton-Verfahrens ((a) Oszillation (b) Divergenz)*

der Nullstelle sehr „flach" verläuft. Auch die zweite kann in einer Vielzahl von Umständen fehlschlagen. Dies ist zum Beispiel beim Newton-Verfahren so, wenn die Ableitung an der gerade vorliegenden Iterierten sehr groß ist. Die beiden genannten Möglichkeiten sind in Abbildung 4.3.3 dargestellt.

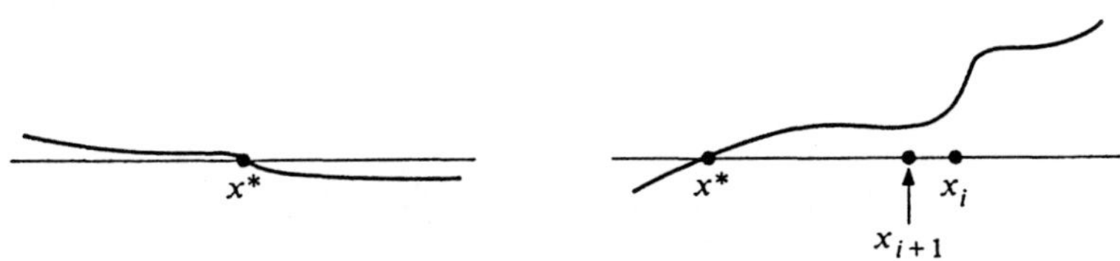

Abb. 4.3.3 *Versagen der Konvergenztests*

Konvexität

Im Gegensatz zu den obigen Beispielen ungünstigen Verhaltens, gibt es Situationen, in denen das Newton-Verfahren für jeden Startwert konvergiert, egal wie weit er von der Lösung entfernt ist. In diesem Fall spricht man von *globaler Konvergenz.* Die konvexen Funktionen sind vielleicht die einfachsten, für die globale Konvergenz vorliegt. Eine Funktion heißt *konvex*, wenn sie eine der folgenden Eigenschaften besitzt, die abhängig von der Differenzierbarkeit der Funktion formuliert und bei Vorliegen genügender Glattheit zueinander äquivalent sind:

$$f''(x) \geq 0 \text{ für alle } x, \tag{4.3.18a}$$

$$f'(y) \geq f'(x) \text{ für } y \geq x, \tag{4.3.18b}$$

$$f(\alpha x + (1-\alpha)y) \leq \alpha f(x) + (1-\alpha) f(y), \tag{4.3.18c}$$

wobei (4.3.18c) für alle $\alpha \in (0,1)$ und x, y gilt.

Eine lineare Funktion $f = ax+b$ ist stets konvex, was man mit jeder der Definitionen in (4.3.18) leicht bestätigt. Wir sind jedoch an Funktionen interessiert, die sich wirklich nach oben „biegen“, so wie es in Abbildung 4.3.4 gezeigt ist. Solche Funktionen heißen *strikt konvex*, sie erfüllen (4.3.18b,c) als echte Ungleichung, sofern $x \neq y$ ist. Die echte Ungleichung in (4.3.18a) ist ebenfalls hinreichend für strikte Konvexität, aber nicht notwendig; die Funktion $f = x^4$ ist strikt konvex, obwohl $f''(0) = 0$ ist.

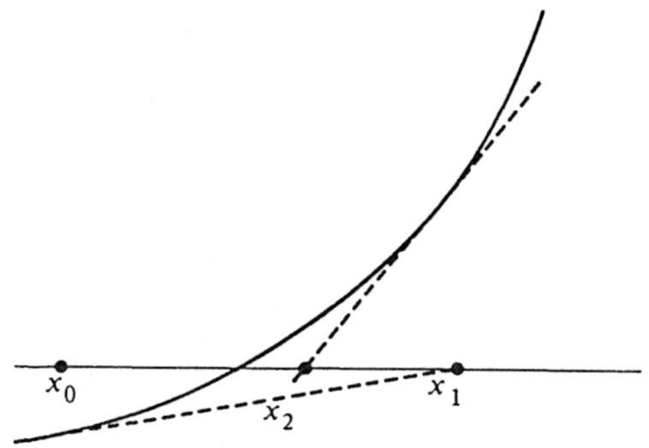

Abb. 4.3.4 *Konvergenz des Newton-Verfahrens für eine konvexe Funktion*

Eine konvexe Funktion kann unendlich viele Nullstellen besitzen ($f = 0$), auf der anderen Seite ist selbst für eine strikt konvexe Funktion die Existenz von Nullstellen nicht garantiert (zum Beispiel $f = e^{-x}$). Im folgenden werden wir annehmen, daß f strikt konvex und $f'(x) > 0$ für alle x ist und $f(x) = 0$ eine Lösung besitzt. Diese Voraussetzungen werden an der Funktion in Abbildung 4.3.4 veranschaulicht. Liegt in diesem Fall x_0 rechts von der Lösung, so konvergieren die Newton-Iterierten monoton gegen die Lösung, was anschaulich klar ist, wenn man die Tangenten an die Kurve zeichnet (vgl. auch Aufgabe 4.3.10). Liegt x_0 wie in Abbildung 4.3.4 links von der Lösung, so liegt die nächste Newton-Iterierte rechts davon, und von da ab konvergieren die Newton-Iterierten wieder monoton gegen die Lösung. Abbildung 4.3.4 zeigt eine Funktion, für die $f'(x) > 0$ ist. Ist $f'(x) < 0$, dann ist das Verhalten entsprechend, nur ist die Konvergenz jetzt von links nach rechts monoton (Aufgabe 4.3.11). Ähnliche Konvergenzaussagen können für *konkave* Funktionen f ausgesprochen werden, das heißt, wenn $-f$ konvex ist.

In der vorangehenden Diskussion ist vorausgesetzt worden, daß die Eigenschaften von f für alle x vorliegen, und in diesem Fall erhält man globale Konvergenz. Es kann vorkommen, daß sie nur in einer Umgebung gegeben sind, und dann ist die monotone Konvergenz der Newton-Iterierten nur für passende Startnäherungen x_0 gesichert. Für das Beispiel in Abbildung 4.3.2(b) etwa gibt es ein Intervall $[x^\star, b]$, für das die Newton-Iterierten monoton gegen $x^\star$ konvergieren, wenn $x_0 \in [x^\star, b]$ liegt (vgl. auch die Aufgaben 4.3.5 und 4.3.6).

Die Sekantenmethode

Anstatt f durch eine Taylorentwicklung erster Ordnung zu approximieren, können wir auch Interpolation verwenden. Wir betrachten das lineare interpolierende Polynom p aus (4.1.10) als eine Approximation an f, so wie es in Abbildung 4.3.5 gezeigt ist. Die Lösung von $p(x) = 0$ ist

$$x_2 = x_1 - \frac{f_1}{d_1}, \qquad d_1 = \frac{f_1 - f_0}{x_1 - x_0}, \tag{4.3.19}$$

und x_2 kann als neue Näherung für die Nullstelle x^* angesehen werden.

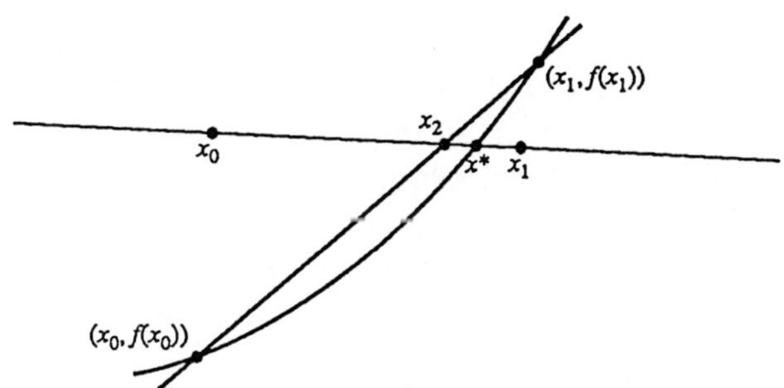

Abb. 4.3.5 *Approximation der Nullstelle durch lineare Interpolation*

Es gibt zwei Vorgehensweisen, um diesen Prozeß zur Bestimmung weiterer Nullstellen fortzusetzen. Bei der ersten wird die Formel (4.3.19) einfach fortgeschrieben:

$$x_{i+1} = x_i - \frac{f_i}{d_i}, \qquad d_i = \frac{f_i - f_{i-1}}{x_i - x_{i-1}}, \quad i = 1, 2, \ldots . \tag{4.3.20}$$

Damit erhält man die *Sekantenmethode.* Man beachte, daß d_i eine Näherung für $f'(x_i)$ ist, so daß (4.3.20) eine angenäherte Newton-Iteration ist. Im allgemeinen ist die Konvergenzgeschwindigkeit der Sekantenmethode geringer als die des Newton-Verfahrens. Im Falle $f'(x^\star) \neq 0$ ist es unter der Voraussetzung genügender Differenzierbarkeit von f möglich zu beweisen, daß die Fehler der Abschätzung

$$|x^\star - x_{i+1}| \leq (c_1 + c_2)|x^\star - x_i|^2 + c_2|x^\star - x_i||x^\star - x_{i-1}| \qquad (4.3.21)$$

genügen, sofern eine Iterierte hinreichend nah an der Lösung $x^\star$ zu liegen kommt. Das letzte Glied in (4.3.21) verhindert die quadratische Konvergenz. Es kann gezeigt werden, daß die Konvergenzordnung $\frac{1}{2}(1+\sqrt{5}) \doteq 1.62$ beträgt, verglichen mit 2 beim Newton-Verfahren, so daß im Limes $|x^\star - x_{i+1}| \doteq c|x^\star - x_i|^{1.62}$ gilt. Jedoch erfordert die Sekantenmethode nur eine Auswertung von f pro Iterationsschritt, verglichen mit f und f' beim Newton-Verfahren, so daß sie effizienter sein kann.

Bisektion und Regula falsi

Die zweite Möglichkeit den Prozeß (4.3.19) fortzusetzen, kann als eine Abwandlung der folgenden *Bisektionsmethode* angesehen werden. Nehmen wir an, daß zwei Punkte a und b bekannt sind, an denen $f(a)$ und $f(b)$ verschiedenes Vorzeichen annehmen. Wie wir bereits weiter oben bemerkt haben, liegt unter der Voraussetzung, daß f stetig ist, mindestens eine Nullstelle im Intervall (a, b). Der Einfachheit halber wollen wir annehmen, daß es genau eine Nullstelle $x^\star$ gibt. Sei $x_1 = (a+b)/2$ der Mittelpunkt des Intervalls (a, b). Besitzen $f(a)$ und $f(x_1)$ verschiedenes Vorzeichen, so liegt die Nullstelle $x^\star$ im Intervall (a, x_1), im anderen Fall in (x_1, b). Wir wiederholen dann den Ablauf, wobei wir immer das Intervall beibehalten, in dem $x^\star$ enthalten sein muß, wobei wir jeweils f am Mittelpunkt auswerten, um das nächste Intervall zu erhalten. Ein typischer Ablauf von Schritt zu Schritt könnte beispielsweise wie folgt aussehen:

$$\begin{array}{ll} f(x_1) < 0. & \text{Somit ist } x^\star \in (x_1, b). \text{ Setze } x_2 = \frac{1}{2}(x_1 + b); \\ f(x_2) > 0. & \text{Somit ist } x^\star \in (x_1, x_2). \text{ Setze } x_3 = \frac{1}{2}(x_1 + x_2); \\ f(x_3) < 0. & \text{Somit ist } x^\star \in (x_3, x_2). \text{ Setze } x_4 = \frac{1}{2}(x_2 + x_3); \\ f(x_4) < 0. & \text{Somit ist } x^\star \in (x_4, x_2). \text{ Setze } x_5 = \frac{1}{2}(x_2 + x_4). \end{array}$$

Man sieht unmittelbar, daß jeder Schritt des Bisektionsverfahrens die Länge des Intervalls, in dem $x^\star$ liegt, um einen Faktor 2 verkürzt. Daher beträgt die Länge des Intervalls nach m Schritten $(b-a)2^{-m}$, womit wir eine Schranke für den Fehler der jeweils vorliegenden Näherung für die Nullstelle erhalten:

$$|x_m - x^\star| \leq \frac{|b-a|}{2^m}. \qquad (4.3.22)$$

Ein Nachteil der Bisektionsmethode ist, daß die Konvergenz recht langsam vor sich gehen kann. Um das am Anfang vorliegende Intervall um einen großen Faktor zu verkleinern, sagen wir um 10^6, was einer sechsstelligen Genauigkeit entsprechen könnte, wären der Fehlerschranke (4.3.22) zufolge etwa

$$m = \frac{6}{\log_{10} 2} \doteq 20$$

Auswertungen von f erforderlich. Für den Fall, daß diese Auswertungen rechenintensiv sind, würden wir ihre Zahl so klein wie möglich zu halten versuchen. An dieser Stelle kann sich lineare Interpolation als nützlich erweisen. Wie man an der in Abbildung 4.3.5 etwas vorteilhaft dargestellten Konstellation erkennt, kann eine mit (4.3.19) erhaltene Näherung beträchtlich besser als der Mittelpunkt des Intervalls sein. Damit kommt man zur *Regula falsi.* Im Gegensatz zur Sekantenmethode wird bei der Regula falsi x_{i+1} und entweder x_i oder x_{i-1} so beibehalten, daß die Funktionswerte in den beiden Punkten verschiedenes Vorzeichen aufweisen.

Fehler

Die Auswirkung von Fehlern in der Berechnung von f erkennt man recht einfach im Zusammenhang mit der Bisektionsmethode. Die Bisektionsmethode verwendet nicht den Wert sondern nur das Vorzeichen von $f(x_i)$. Daher ist sie gegenüber Fehlern in der Berechnung von f unempfindlich, solange das Vorzeichen von $f(x_i)$ korrekt ist. Man könnte denken, daß Rundungsfehler nicht so schlimm sein können, daß sie das Vorzeichen der Funktion ändern, aber das ist nicht so, wenn die Funktionswerte genügend klein sind. Stimmt das Vorzeichen von $f(x_i)$ nicht, so wird in der Auswahl des nächsten Teilintervalls eine falsche Entscheidung getroffen, und die Fehlerabschätzung (4.3.22) braucht nicht mehr zu gelten.

Es ist klar, daß bei einem maximalen Fehler e, der bei der Berechnung von f an irgendeinem Punkt des Intervalls (a, b) auftritt, das Vorzeichen von f solange richtig bestimmt wird, wie

$$|f(x)| > |e|$$

gilt. Da die Funktion f in der Nähe einer Nullstelle $x^\star$ klein ist, können wir auch umgekehrt argumentieren: Es gibt ein *Unsicherheitsintervall* $(x^\star - \varepsilon, x^\star + \varepsilon)$ um die Nullstelle, in dem es vorkommen kann, daß das Vorzeichen von f nicht korrekt berechnet wird. Wenn die Näherungen dieses Intervall erreichen, wird eine weitere Annäherung an die Nullstelle problematisch. Unglücklicherweise ist es extrem schwierig, dieses Intervall im voraus zu bestimmen. Es hängt von der unbekannten Nullstelle $x^\star$, der „Flachheit" von f in der Umgebung der Nullstelle und der Größe der Fehler bei der Auswertung von f ab. Auf der anderen Seite zeigt sich das Intervall gewöhnlich im Laufe der Rechnung an einem regellosen Verhalten der Iterierten an. Sobald es eintritt, macht es keinen Sinn mehr, die Rechnung fortzusetzen.

Der Umstand, daß das Vorzeichen von f in der Nähe der Nullstelle möglicherweise nicht richtig berechnet wird, beeinträchtigt nicht nur die Bisektionsmethode, sondern auch das Newton-Verfahren und die Sekantenmethode. Betrachten wir das Newton-Verfahren (4.3.12). Wird das Vorzeichen von $f(x_k)$ falsch berechnet, aber das von $f'(x_k)$ richtig (was eine vernünftige Annahme ist, wenn $f'(x^\star)$ nicht besonders klein ist), so hat der berechnete Wert von $f(x_k)/f'(x_k)$ das falsche Vorzeichen, und die nächste berechnete Näherung liegt in der falschen Richtung. Dasselbe kann bei der Sekantenmethode und der Regula falsi passieren. Daher ist der Begriff eines Unsicherheitsintervalls $x^\star$ um die Nullstelle bei allen diesen Methoden angebracht.

Schlechte Kondition

In manchen Fällen kann der Einfluß von Fehlern in f stark vergrößert werden. Ganz allgemein nennt man ein Problem *schlecht konditioniert*, wenn kleine Änderungen in den Daten des Problems zu großen Änderungen in der Lösung Anlaß geben können. Als Beispiel betrachten wir das Interpolationspolynom (4.1.10), wenn die Punkte x_0 und x_1 sehr eng zusammen liegen. Die Steigung der interpolierenden Geraden ist gleich

$$\frac{f_1 - f_0}{x_1 - x_0}.$$

Nehmen wir beispielsweise $x_1 - x_0 = 10^{-6}$ sowie als exakte Werte von f_1 und f_0 die Zahlen $f_1 = 1$ und $f_0 = 1 + 10^{-6}$, so daß die genaue Steigung gleich 1 ist. Wird jedoch f_0 etwas ungenau als $1 + 2 \times 10^{-6}$ berechnet, so erhält man als Steigung den Wert 2. Man beachte, daß der prozentuale Fehler im berechneten Wert von f_0 nur

$$100[(1 + 2 \times 10^{-6}) - (1 + 10^{-6})]\% = 10^{-4}\%$$

beträgt, der aber zu einem Faktor zwei in der berechneten Steigung verstärkt wurde.

Das Problem schlechter Kondition kann auch die Bestimmung der Nullstellen einer Funktion beeinträchtigen. Das einfachste Beispiel in dieser Richtung wird durch die triviale Polynomgleichung

$$x^n = 0$$

geliefert, die Null als n-fache Wurzel besitzt, und die Polynomgleichung

$$x^n = \varepsilon, \qquad \varepsilon > 0,$$

deren n Wurzeln gleich $\varepsilon^{1/n}$ mal den n-ten Einheitswurzeln und daher alle vom Betrage $\varepsilon^{1/n}$ sind. Ist zum Beispiel $n = 10$ und $\varepsilon = 10^{-10}$, so sind die Wurzeln des zweiten Polynoms betragsmäßig gleich 10^{-1}. Eine Änderung eines Koeffizienten (des konstanten Glieds) im ursprünglichen Polynom um 10^{-10} hat sich somit um einen Faktor 10^9 verstärkt auf die Wurzeln ausgewirkt.

Dieses einfache Beispiel ist ein Spezialfall des allgemeinen Sachverhalts, daß eine Wurzel $x^\star$ eines Polynoms f der Vielfachheit m durch kleine Änderungen der Ordnung ε in den Koeffizienten von f Änderungen der Ordnung $\varepsilon^{1/m}$ in $x^\star$ erleiden kann. Ein entsprechendes Resultat liegt auch für Funktionen vor, die keine Polynome sind, was plausibel wird, wenn man sie in eine Taylorreihe um $x^\star$ entwickelt denkt. Eine notwendige Bedingung für das Vorliegen einer doppelten Nullstelle $x^\star$ ist $f'(x^\star) = 0$. Auch wenn $f'(x^\star) \neq 0$, aber $f'(x)$ in der Nähe von $x^\star$ klein ist, können kleine Änderungen von f immer noch große Änderungen von $x^\star$ hervorrufen, was in Abbildung 4.3.6 veranschaulicht wird.

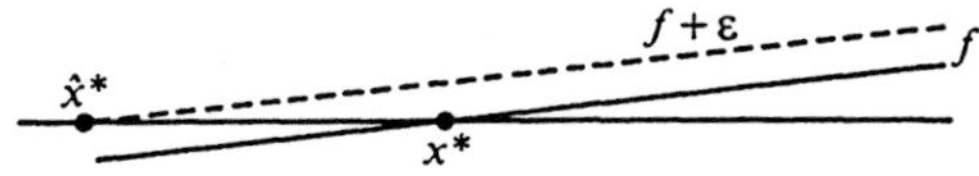

Abb. 4.3.6 *Eine große Änderung von $x^\star$ infolge einer kleinen Änderung von f*

Das vielleicht bekannteste Beispiel für die schlechte Kondition einfacher Wurzeln sieht wie folgt aus. Sei $f = (x-1)(x-2)\dots(x-20)$ das Polynom vom Grade 20, das die Wurzeln $1, \dots, 20$ besitzt, und sei $\hat{f}$ dasselbe Polynom, nur daß der Koeffizient von x^{19} um $2^{-23} \doteq 10^{-7}$ abgeändert ist. Die Wurzeln von $\hat{f}$ sind dann, auf eine Dezimalstelle genau, gleich

$$1.0 \quad 2.0 \quad 3.0 \quad 4.0 \quad 5.0 \quad 6.0 \quad 7.0 \quad 8.0 \quad 8.9$$

$$10.1 \pm 0.6\mathrm{i} \quad 11.8 \pm 1.7\mathrm{i} \quad 14.0 \pm 2.5\mathrm{i} \quad 16.7 \pm 2.8\mathrm{i} \quad 19.5 \pm 1.9\mathrm{i} \quad 20.8.$$

Da der Koeffizient von x^{19} in f gleich 210 ist, bedeutet dies, daß die Änderung dieses einen Koeffizienten um etwa $10^{-7}\%$ so große Änderungen in den Wurzeln hervorgerufen hat, daß einige sogar komplex werden!

Linearisierung in mehreren Veränderlichen

Wir nehmen jetzt an, daß f eine Funktion mehrerer Veränderlicher $x_1, \ldots, x_n$ ist. Auch für solche Funktionen ist es möglich, eine Taylorentwicklung anzuschreiben, aber wir werden uns nur der Entwicklung bis zum linearen Glied genauer zuwenden. Um den Entwicklungspunkt $\bar{x}_1, \ldots, \bar{x}_n$ lautet sie

$$\begin{aligned} f(x_1, x_2, \ldots, x_n) &\doteq f(\bar{x}_1, \ldots, \bar{x}_n) \\ &\quad + \sum_{j=1}^{n} \frac{\partial f}{\partial x_j}(\bar{x}_1, \ldots, \bar{x}_n)(x_j - \bar{x}_j), \end{aligned} \tag{4.3.23}$$

wobei $\frac{\partial f}{\partial x_j}$ die partielle Ableitung von f bezüglich x_j bezeichnet. Die Funktion auf der rechten Seite von (4.3.23) ist linear in den Variablen $x_1, \ldots, x_n$, und somit stellt (4.3.23) eine lineare Approximation an f bzw. eine *Linearisierung* von f um den Punkt $\bar{x}_1, \ldots, \bar{x}_n$ dar. Sei zum Beispiel

$$f(x_1, x_2) = 2x_1^2 + x_1 x_2 + 2x_2^2.$$

Dann ist

$$\frac{\partial f}{\partial x_1}(x_1, x_2) = 4x_1 + x_2, \qquad \frac{\partial f}{\partial x_2}(x_1, x_2) = x_1 + 4x_2.$$

Mit $\bar{x}_1 = 1, \bar{x}_2 = 2$ lautet die Approximation (4.3.23)

$$f(x_1, x_2) \doteq 12 + 6(x_1 - 1) + 9(x_2 - 2). \tag{4.3.24}$$

Die rechte Seite von (4.3.24) legt eine Ebene im dreidimensionalen Raum fest, die im Punkte $(1, 2)$ zu der durch f definierten Fläche tangential ist. Allgemeiner ist das auch für (4.3.23) der Fall: Die rechte Seite definiert eine „Hyperebene", die im Punkte $\bar{x}_1, \ldots, \bar{x}_n$ zu der durch f gegebenen Fläche tangential ist.

Newton-Verfahren für Gleichungssysteme

Die Linearisierung (4.3.23) stellt das Werkzeug dar, das Newton-Verfahren auf Systeme nichtlinearer Gleichungen auszudehnen. Zu gegebenen n Funktionen $f_1, \ldots, f_n$ von n Veränderlichen betrachten wir das Gleichungssystem

$$f_i(x_1, \ldots, x_n) = 0, \qquad i = 1, \ldots, n. \tag{4.3.25}$$

Es ist bequem, dieses System in Vektorschreibweise in der Form

$$\mathbf{F}(\mathbf{x}) = 0 \tag{4.3.26}$$

zu notieren, wobei $\mathbf{x} = (x_1, \ldots, x_n)^T$ und $\mathbf{F}(\mathbf{x})$ n-Vektoren sind, letzterer mit den Komponenten $f_1(\mathbf{x}), \ldots, f_n(\mathbf{x})$. Für

$$f_1(x_1, x_2) = x_1^2 + x_2^2 - 1, \qquad f_2(x_1, x_2) = x_1^2 - x_2,$$

ist beispielsweise

$$\mathbf{F}(\mathbf{x}) = \begin{bmatrix} x_1^2 + x_2^2 - 1 \\ x_1^2 - x_2 \end{bmatrix}. \tag{4.3.27}$$

Sei $\mathbf{x}^\star$ eine Lösung des Systems (4.3.26) und $\mathbf{x}^0$ eine Näherung für diese Lösung. Wir entwickeln jede Funktion f_i mit Hilfe von (4.3.23) um den Punkt $\mathbf{x}^0$:

$$f_i(\mathbf{x}) \doteq f_i(\mathbf{x}^0) + \sum_{j=1}^{n} \frac{\partial f_i}{\partial x_j}(\mathbf{x}^0)(x_j - x_j^0) = \ell_i(\mathbf{x}). \tag{4.3.28}$$

Dann lösen wir das lineare Gleichungssystem

$$\ell_i(\mathbf{x}) = 0, \qquad i = 1, \ldots, n, \tag{4.3.29}$$

um eine neue Näherung $\mathbf{x}^1$ für $\mathbf{x}^\star$ zu erhalten. Das ist das *Newton-Verfahren* für Gleichungssysteme. Jedes $\ell_i(\mathbf{x})$ definiert eine tangentiale Hyperebene an f_i in $\mathbf{x}^0$, und der gemeinsame Schnittpunkt dieser n Hyperebenen mit der Hyperebene $\mathbf{x} = 0$ ergibt die neue Näherung $\mathbf{x}^1$.

Das Newton-Verfahren kann noch in einer etwas anderen Form geschrieben werden. Die Matrix

$$\mathbf{F}'(\mathbf{x}) = \left(\frac{\partial f_i(\mathbf{x})}{\partial x_j} \right) \tag{4.3.30}$$

heißt die *Jacobi-Matrix* oder auch die *Funktionalmatrix* von $\mathbf{F}$. Die i-te Zeile dieser Matrix besteht aus den partiellen Ableitungen von f_i, und daher stellt die Summation in (4.3.28) das Produkt der i-ten Zeile von $\mathbf{F}'(\mathbf{x})$ mit $\mathbf{x} - \mathbf{x}^0$ dar. Das System (4.3.29) kann somit auf die Gestalt

$$\mathbf{F}'(\mathbf{x}^0)(\mathbf{x} - \mathbf{x}^0) = -\mathbf{F}(\mathbf{x}^0) \tag{4.3.31}$$

gebracht werden. Durch Lösen dieses Systems erhält man eine neue Näherung $\mathbf{x}^1$, und der Schritt läßt sich dann wiederholen. Die Newton-Iteration kann folglich in der folgenden Form geschrieben werden: Für k = 0,1,...

$$\text{löse } \mathbf{F}'(\mathbf{x}^k)\boldsymbol{\delta}^k = -\mathbf{F}(\mathbf{x}^k) \text{ nach } \boldsymbol{\delta}^k \text{ auf,} \tag{4.3.32a}$$

$$\text{setze } \mathbf{x}^{k+1} = \mathbf{x}^k + \boldsymbol{\delta}^k. \tag{4.3.32b}$$

Als Beispiel betrachten wir die Funktion $\mathbf{F}$ aus (4.3.27). Die beiden Kurven $x_1^2 + x_2^2 - 1 = 0$ und $x_1^2 - x_2 = 0$ schneiden sich in zwei Punkten, die die beiden reellen Lösungen des Systems $\mathbf{F}(\mathbf{x}) = 0$ darstellen. Diese Gleichungen können „exakt“ gelöst werden, indem man in der ersten Gleichung die Substitution $x_2 = x_1^2$ vornimmt, was auf die quadratische Gleichung $x_2^2 + x_2 - 1 = 0$ führt, deren positive Wurzel gleich

$$x_2 = -\tfrac{1}{2} + \tfrac{1}{2}\sqrt{5} = 0.61803399 \tag{4.3.33a}$$

ist. Damit wird

$$x_1 = \sqrt{x_2} = \pm 0.78615138. \tag{4.3.33b}$$

Wir verwenden jetzt das Newton-Verfahren, um eine der Lösungen (4.3.33) zu berechnen. Die Jacobi-Matrix für (4.3.27) ist

$$\mathbf{F}'(\mathbf{x}) = \begin{bmatrix} 2x_1 & 2x_2 \\ 2x_1 & -1 \end{bmatrix}.$$

Somit lautet das Newton-System (4.3.32a)

$$\begin{bmatrix} 2x_1^{(k)} & 2x_2^{(k)} \\ 2x_1^{(k)} & -1 \end{bmatrix} \begin{bmatrix} \delta_1^{(k)} \\ \delta_2^{(k)} \end{bmatrix} = - \begin{bmatrix} (x_1^{(k)})^2 + (x_2^{(k)})^2 - 1 \\ (x_1^{(k)})^2 - x_2^{(k)} \end{bmatrix}. \tag{4.3.34}$$

Ist $\mathbf{x}^k$ gegeben, so lösen wir dieses System nach der Korrektur $\boldsymbol{\delta}^{k+1}$ auf, die wir gemäß (4.3.32b) zu $\mathbf{x}^k$ addieren, um die nächste Iterierte zu erhalten. In

Tab. 4.3.2 *Konvergenz des Newton-Verfahrens für* (4.3.27)

Iteration	x_1	x_2	Zahl der korrekten Ziffern
0	0.5	0.5	0,0
1	0.87499999	0.62499999	0,1
2	0.79067460	0.61805555	1,4
3	0.78616432	0.61803399	4,8
4	0.78615138	0.61803399	8,8

Tabelle 4.3.2 sind die ersten vier Iterationen ausgehend von dem Startwert $x_1^{(0)} = .5, x_2^{(0)} = .5$ angegeben.

Die letzte Spalte von Tabelle 4.3.2 gibt die Zahl der korrekten Ziffern der zuletzt berechneten Näherung wieder. Sobald die Näherungen nahe an der Lösung liegen, beginnt sich die Zahl der korrekten Ziffern in jedem Iterationsschritt zu verdoppeln. Das ist die Eigenschaft der quadratischen Konvergenz, die bereits für eine einzelne Gleichung erläutert worden ist und die auch für Gleichungssysteme vorliegt. Den folgenden grundlegenden Satz geben wir ohne Beweis an.

SATZ 4.3.2 *Ist* $\mathbf{F}$ *in einer Umgebung einer Lösung* $\mathbf{x}^\star$ *von* $\mathbf{F}(\mathbf{x}) = 0$ *zweimal stetig differenzierbar und ist* $\mathbf{F}'(\mathbf{x}^\star)$ *regulär, so konvergieren die Newton-Iterierten (4.3.32) gegen* $\mathbf{x}^\star$*, vorausgesetzt, daß* $\mathbf{x}^0$ *genügend nah bei* $\mathbf{x}^\star$ *liegt, und die Konvergenz erfolgt quadratisch, das heißt, es gilt*

$$||\mathbf{x}^{i+1} - \mathbf{x}^\star||_2 \leq c||\mathbf{x}^i - \mathbf{x}^\star||_2^2 \tag{4.3.35}$$

für eine Konstante c.

Die heikle Bedingung in diesem Satz ist, daß $\mathbf{F}'(\mathbf{x}^\star)$ regulär ist. Trifft das nicht zu, so geht die quadratische Konvergenz verloren, obwohl die Iterierten immer noch gegen eine Lösung konvergieren können. Die Regularität der Jacobi-Matrix ist unter dem Gesichtspunkt der quadratischen Konvergenz die konsistente Verallgemeinerung der Bedingung $f'(x^\star) \neq 0$ bei einer einzelnen Gleichung auf den Fall von Gleichungssystemen.

Der rechnerisch aufwendige Teil des Newton-Verfahrens liegt in der Berechnung von $\mathbf{F}(\mathbf{x}^k)$ und $\mathbf{F}'(\mathbf{x}^k)$ und in der Lösung des linearen Systems (4.3.32a).

Die Berechnung von $\mathbf{F}'(\mathbf{x}^k)$ erfordert im allgemeinen die Auswertung von n^2 partiellen Ableitungen $\partial f_i/\partial x_j$. Ist n groß und/oder sind die Funktionen f_i kompliziert auszuwerten, so kann die Berechnung der Ableitungen von Hand - und ihre Programmierung auf dem Rechner - in eine ganz schöne Plackerei ausarten. Manchmal läßt sich die Arbeit durch die Verwendung symbolischer Differentiation erleichtern (vgl. Kapitel 1). Eine andere oft benutzte Möglichkeit besteht in der Approximation der partiellen Ableitungen durch

$$\frac{\partial f_i}{\partial x_j}(\mathbf{x}) \doteq \frac{1}{h}[f_i(x_1,\ldots,x_{j-1},x_j+h,x_{j+1},\ldots,x_n) - f_i(\mathbf{x})]. \tag{4.3.36}$$

Dies bringt den Vorteil mit sich, daß nur Ausdrücke für die f_i benötigt werden, die man auf jeden Fall braucht. Aber die tatsächliche numerische Berechnung der Jacobi-Matrix, entweder durch Ausdrücke für die partiellen Ableitungen oder durch Approximationen wie (4.3.36), kann viel Rechenzeit kosten. Andererseits führen diese Auswertungen selber in natürlicher Weise auf paralleles Rechnen hin: Jede der Funktionen $f_i(\mathbf{x}^k)$ als auch alle partiellen Ableitungen können unabhängig voneinander berechnet werden. Wenn jedoch mehrere gemeinsame Ausdrücke in diesen Funktionen und Ableitungen auftreten (die beiden Funktionen in (4.3.27) zum Beispiel besitzen den gemeinsamen Ausdruck x_1^2), so wird bei einer direkten parallelen Implementierung überflüssige Arbeit ausgeführt. Auch wenn die meisten Ableitungen identisch verschwinden und die Jacobi-Matrix dünn besetzt ist, können andere Vorgehensweisen erforderlich sein.

Eine andere übliche Modifikation des Newton-Verfahrens besteht darin, die Jacobi-Matrix, falls ihre Berechnung aufwendig ist, nur alle k Iterationen neu aufzustellen. Im Extremfall, der den Namen *vereinfachtes Newton-Verfahren* trägt, wird $F'(\mathbf{x})$ nur einmal berechnet und in (4.3.32) ist $F'(\mathbf{x}^k)$ durch $F'(\mathbf{x}^0)$ zu ersetzen. Diese Iteration besitzt jedoch eine geringere Konvergenzgeschwindigkeit.

Der zweite rechnerisch aufwendige Teil des Newton-Verfahrens besteht in der Lösung des linearen Systems (4.3.32a). Die Lösung linearer Systeme wird in den Kapiteln 6 - 9 behandelt.

Ergänzende Bemerkungen und Literaturhinweise zu Abschnitt 4.3

1. Eine gründliche Behandlung der Theorie iterativer Methoden zur Nullstellenbestimmung einer einzelnen Gleichung findet man in Traub [1964]. Für Gleichungssysteme schlage man bei Ortega und Rheinboldt [1970] sowie Dennis und Schnabel [1983] nach.

2. Eine beachtenswerte Alternative zur symbolischen Differentiation oder der Approximation partieller Ableitungen in der Jacobi-Matrix durch finite Differenzen bietet die *automatische Differentiation* (siehe Griewank und Corliss [1991]).

3. Gleichungssysteme treten vielfach bei der Lösung des Problems auf, eine Funktion g von n Variablen zu minimieren (oder maximieren). Aus der Analysis ist bekannt, daß eine notwendige Bedingung für ein lokales Minimum einer stetig differenzierbaren Funktion g ist, daß der Gradientenvektor Null ist:

$$\left(\frac{\partial g}{\partial x_1}, \ldots, \frac{\partial g}{\partial x_n}\right) = 0.$$

Mit einer Lösung dieses Gleichungssystems findet man daher ein mögliches lokales Minimum von g, und oft ist es bekannt, daß diese Lösung g wirklich minimiert. Umgekehrt läßt sich ein beliebiges vorgelegtes System von Gleichungen $f_i(\mathbf{x}) = 0$, $i = 1, \ldots, n$, in ein Minimierungsproblem überführen, indem wir die Funktion

$$g(\mathbf{x}) = \sum_{i=1}^{n} [f_i(\mathbf{x})]^2$$

einführen. Selbstverständlich nimmt g den Minimalwert Null genau dann an, wenn alle $f_i(\mathbf{x})$ verschwinden. Zur numerischen Lösung empfiehlt es sich aber nicht, diese Umformulierung vorzunehmen, da sich die Kondition des Problems dadurch im allgemeinen verschlechtert (siehe Kapitel 6).

4. In vielen Problemen müssen die Gleichungen für verschiedene Werte einer oder mehrerer Parameter gelöst werden. Angenommen es handelt sich um nur einen Parameter α. Wir wollen das Gleichungssystem dann in der Form

$$\mathbf{F}(\mathbf{x}; \alpha) = \mathbf{0} \tag{4.3.37}$$

notieren, um die Abhängigkeit von α sichtbar zu machen. Wir nehmen weiter an, daß Lösungen $\mathbf{x}_0^\star, \cdots, \mathbf{x}_N^\star$ für Werte $\alpha_0 < \alpha_1 < \cdots < \alpha_N$ gesucht werden, wobei für α_0 ein „einfaches“ Problem vorliege. Beispielsweise könnten die Gleichungen für α_0 linear sein. Kann $\mathbf{x}_0^\star$ berechnet werden und ist $|\alpha_1 - \alpha_0|$ klein, so dürfen wir hoffen, daß $\mathbf{x}_0^\star$ dicht bei $\mathbf{x}_1^\star$ liegt, so daß $\mathbf{x}_0^\star$ eine günstige Startnäherung für das Newton-Verfahren zur Lösung der Gleichung $\mathbf{F}(\mathbf{x}; \alpha_1) = 0$ sein sollte. Wir fahren in dieser Weise fort und verwenden immer die vorangehende Lösung als Startwert für das nächste Problem. Diese Vorgehensweise wird *Stetigkeitsmethode* genannt.

Enthalten die zu lösenden Gleichungen keinen Parameter, so können wir immer einen künstlich einführen. Beispielsweise sei $\mathbf{F}(\mathbf{x}) = 0$ das vorgelegte System, und es sei $\mathbf{x}^0$ die beste uns bekannte Näherung an die Lösung (aber nicht gut genug, so daß die Newton-Iteration konvergiert). Wir führen ein neues System von Gleichungen, das einen Parameter α enthält, ein durch

$$\hat{\mathbf{F}}(\mathbf{x};\alpha) = \mathbf{F}(\mathbf{x}) + (\alpha - 1)\mathbf{F}(\mathbf{x}^0) = 0, \qquad 0 \leq \alpha \leq 1. \tag{4.3.38}$$

Da $\hat{\mathbf{F}}(\mathbf{x};0) = \mathbf{F}(\mathbf{x}) - \mathbf{F}(\mathbf{x}^0)$ gilt, ist $\mathbf{x}^0$ eine Nullstelle, und $\hat{\mathbf{F}}(\mathbf{x};1) = \mathbf{F}(\mathbf{x}) = 0$ stellt das zu lösende System dar. Nunmehr versuchen wir uns, wie im vorangehenden Absatz beschrieben, an der Kette von Parametern $0 = \alpha_0 < \alpha_1 < \cdots < \alpha_N = 1$ entlang zu hangeln.

Es besteht eine enge Verbindung zwischen der Stetigkeitsmethode und dem *Verfahren von Davidenko.* Dabei geht man von (4.3.38) aus und nimmt an, daß die Gleichung für jedes $\alpha \in [0,1]$ eine Lösung $\mathbf{x}(\alpha)$ besitzt, die nach α stetig differenzierbar ist. Durch Differentiation der Gleichung

$$\mathbf{F}(\mathbf{x}(\alpha)) + (\alpha - 1)\mathbf{F}(\mathbf{x}^0) = 0$$

nach α erhalten wir unter Verwendung der Kettenregel

$$\mathbf{F}'(\mathbf{x}(\alpha))\mathbf{x}'(\alpha) + \mathbf{F}(\mathbf{x}^0) = 0,$$

bzw. unter der Annahme, daß die Jacobi-Matrix $\mathbf{F}'(\mathbf{x}(\alpha))$ regulär ist, auch

$$\mathbf{x}'(\alpha) = -[\mathbf{F}'(\mathbf{x}(\alpha))]^{-1}\mathbf{F}(\mathbf{x}^0),$$

wobei die Anfangsbedingung $\mathbf{x}(0) = \mathbf{x}^0$ lautet. Die Lösung $\mathbf{x}(\alpha)$ dieses Anfangswertproblems an der Stelle $\alpha = 1$ wird, so ist zu hoffen, die Lösung des ursprünglichen Gleichungssystems $\mathbf{F}(\mathbf{x}) = 0$ sein. In der Praxis wird die Differentialgleichung numerisch zu lösen sein, wozu wir im Prinzip jede der Methoden aus Abschnitt 5.2 verwenden können. Obwohl das Verfahren von Davidenko und die Stetigkeitsmethode vielversprechende Lösungsmöglichkeiten sind, ist ihre Zuverlässigkeit in der Praxis weniger zufriedenstellend. So kann es vorkommen, daß die Jacobi-Matrix für ein $\mathbf{x}(\alpha)$ mit $\alpha < 1$ singulär wird oder die Lösungskurve selber vorzeitig zu existieren aufhört. Einen Überblick, wie einige dieser Schwierigkeiten möglicherweise überwunden werden können, gibt das Buch von Allgower und Georg [1990].

Übungsaufgaben zu Abschnitt 4.3

4.3.1. Sei f eine stetig differenzierbare Funktion. Unter Verwendung des Mittelwertsatzes zeige man, daß unter der Voraussetzung $f'(x) > 0$ für alle x in dem Intervall (a, b) die Funktion f höchstens eine im Intervall (a, b) gelegene Nullstelle besitzt.

4.3.2. Sei $f = e^x$. Man zeige $f'(x) > 0$ für alle x, aber f besitzt keine Nullstelle.

4.3.3. Sei $f = (x-1)^2$. Man zeige, daß die Newton-Iterierten gegen 1 konvergieren, obwohl $f'(1) = 0$ ist. Was läßt sich über die Konvergenzgeschwindigkeit sagen?

4.3.4. Es sei f zweimal stetig differenzierbar und $f'(x^\star) = 0$ für eine Nullstelle $x^\star$ von f, aber es gelte $f'(x) \neq 0$ in einer Umgebung von $x^\star$. Man zeige, daß die Newton-Iterierten gegen $x^\star$ konvergieren, falls x^0 genügend dicht bei $x^\star$ liegt.

4.3.5. Gegeben sei die Funktion $f = x - x^3$ mit den Wurzeln 0 und ± 1.

a. Man zeige, daß das Newton-Verfahren gegen jede der drei Wurzeln lokal konvergent ist.

b. Man führe einige Schritte des Newton-Verfahrens mit der Startnäherung $x_0 = 2$ durch und diskutiere die beobachtete Konvergenzgeschwindigkeit der berechneten Iterierten.

c. Man führe einige Schritte mit der Bisektionsmethode und dem Sekantenverfahren aus, wobei man mit dem Intervall $(\frac{3}{4}, 2)$ starte. Man vergleiche die Konvergenzgeschwindigkeit dieser beiden Methoden mit der des Newton-Verfahrens.

d. Man bestimme die Punktmenge S, für die die Newton-Iterierten für jede Startnäherung x_0 aus S gegen die Wurzel 1 konvergieren (Rundungsfehler sind dabei nicht in Betracht zu ziehen). Dieselbe Überlegung stelle man für die Wurzeln 0 und -1 an.

4.3.6. Vorgelegt sei die Gleichung $x - 2\sin x = 0$.

a. Man zeige anhand einer Skizze, daß die Gleichung genau drei Nullstellen besitzt, nämlich 0 und je eine im Intervall $(\pi/2, 2)$ bzw. $(-2, -\pi/2)$.

b. Man zeige, daß die Iterierten $x_{i+1} = 2\sin x_i$, $i = 0, 1, \ldots$, für jedes x_0 aus $(\pi/2, 2)$ gegen die in diesem Intervall gelegene Nullstelle konvergieren.

c. Man wende das Newton-Verfahren auf diese Gleichung an und untersuche, für welche Startwerte die Iterierten gegen die in $(\pi/2, 2)$ gelegene Nullstelle konvergieren. Man vergleiche die Konvergenzgeschwindigkeit der Newton-Iterierten und der Iterierten aus Teil **b.**

4.3.7. Sei n eine natürliche und α eine positive Zahl. Man zeige, daß das Newton-Verfahren für die Gleichung $x^n - \alpha = 0$ die Gestalt

$$x_{k+1} = \frac{1}{n}\left[(n-1)x_k + \frac{\alpha}{x_k^{n-1}}\right], \qquad k = 0, 1, \cdots,$$

hat und die Newton-Iterierten für jedes $x_0 > 0$ konvergieren. Im Falle $n = 2$ beweise man die quadratische Konvergenzbeziehung

$$x_{k+1} - \sqrt{\alpha} = \frac{x_{k+1} + \sqrt{\alpha}}{(x_k + \sqrt{\alpha})^2}(x_k - \sqrt{\alpha})^2.$$

4.3.8. Man untersuche, ob die folgenden Aussagen im allgemeinen wahr oder falsch sind, und gebe eine Begründung dazu an:

a. Sei $\{x_k\}$ eine Folge von Newton-Iterierten für eine stetig differenzierbare Funktion f. Ist $|f(x_i)| \leq 0.01$ und $|x_{i+1} - x_i| \leq 0.01$ für ein i, dann ist x_{i+1} weniger als 0.01 von einer Nullstelle von $f(x) = 0$ entfernt.

b. Die Newton-Iterierten konvergieren für jedes $x_0 \neq 1$ gegen die eindeutige Lösung von $x^2 - 2x + 1 = 0$. (Man vernachlässige bei dieser Betrachtung Rundungsfehler.)

4.3.9. Gegeben sei die Gleichung $x^2 - 2x + 2 = 0$. Wie verhalten sich die Newton-Iterierten für unterschiedliche reelle Startwerte?

4.3.10. Man zeige für jeden Startwert x_0 die Konvergenz der Newton-Iterierten gegen die eindeutige Lösung der Gleichung $e^{2x} + 3x + 2 = 0$.

4.3.11. Sei f differenzierbar und konvex und gelte $f'(x) < 0$ für alle x. Wenn $f(x) = 0$ eine Lösung $x^\star$ besitzt, so zeige man, daß $x^\star$ eindeutig ist und daß die Newton-Iterierten monoton wachsend gegen $x^\star$ konvergieren, wenn $x_0 < x^\star$ ist. Was passiert für $x_0 > x^\star$?

4.3.12. Ist $p \geq 2$ eine natürliche Zahl, so zeige man, daß die Newton-Iterierten für die Gleichung $x^p = 0$ nur linear gegen die Lösung $x^\star = 0$ konvergieren, wobei der asymptotische Konvergenzfaktor gleich $(p-1)/p$ ist.

4.3.13. Das Newton-Verfahren kann zur Berechnung des Kehrwertes reeller Zahlen dienen, falls eine Division nicht verfügbar ist.

a. Man zeige, wie das Newton-Verfahren zur Lösung der Gleichung

$$f(x) = \frac{1}{x} - a$$

eingesetzt werden kann, ohne Divisionen zu verwenden.

b. Man gebe eine Gleichung für den Fehler $e_k = x_k - a^{-1}$ an und zeige, daß die Konvergenz quadratisch erfolgt.

c. Man gebe Bedingungen für die Startnäherung an, daß $x_k \to a^{-1}$ für $k \to \infty$ geht. Im Falle $0 < a < 1$ gebe man explizit eine Zahl x_0 an, mit der die Konvergenz gesichert ist.

4.3.14. Auf grafischem Wege zeige man, daß das Gleichungssystem $x_1^2 + x_2^2 = 1$, $x_1^2 - x_2 = 0$ genau zwei reelle Lösungen besitzt.

4.3.15. Man berechne die Jacobi-Matrix $\mathbf{F}'(\mathbf{x})$ für

$$\mathbf{F}(\mathbf{x}) = \begin{bmatrix} x_1^2 + x_1x_2x_3 + x_3^3 \\ x_1^3x_2 + x_2x_3^2 \\ x_1/x_2^3 \end{bmatrix}.$$

4.3.16. Für die Funktionen aus Aufgabe 4.3.14 berechne man die Tangentialebene im Punkte $x_1 = 2$, $x_2 = 2$.

4.3.17. Für welche Punkte $\mathbf{x}$ ist die Jacobi-Matrix der Funktion aus Aufgabe 4.3.14 regulär?

4.3.18. Sei $f = (x-a)^2 p$, wobei a reell und p ein Polynom ist. Man beweise, daß die Konvergenz des Newton-Verfahrens gegen die Wurzel a nur linear erfolgt, aber das Verfahren

$$x_{k+1} = x_k - 2\frac{f(x_k)}{f'(x_k)}$$

quadratisch konvergent ist. Man erweitere dieses Resultat auf den Fall der Funktion $f = (x-a)^m p$.

4.3.19. (Bairstow-Verfahren) Es sei p ein Polynom von geradem Grad, dessen sämtliche Wurzeln komplex sind. Man zeige, wie das Newton-Verfahren zu modifizieren ist, um einen quadratischen Faktor $x^2 + \alpha x + \beta$ von p mit reellem α und β zu berechnen.

4.3.20. Sei $q_0, \ldots, q_n$ ein Satz orthogonaler Polynome, die der Drei-Term-Rekursion (4.2.20) genügen. Es sei

$$p = \sum_{j=0}^{n} \gamma_j q_j.$$

Wie kann man (4.2.20) beim Newton-Verfahren zur Berechnung von Lösungen der Gleichung $p(x) = 0$ vorteilhaft einsetzen?

4.3.21. Sei

$$\mathbf{F}(\mathbf{x}) = \frac{1}{3}\begin{bmatrix} x_1^3 & + 3x_1x_2^2 \\ 3x_1^2x_2 + & x_2^3 \end{bmatrix}.$$

Man zeige, daß die Newton-Iterierten für jedes $\mathbf{x}^0$ mit $|x_1^{(0)}| \neq |x_2^{(0)}|$ wohldefiniert und gegen Null konvergent sind.

4.3.22. Die Wurzeln des quadratischen Polynoms $x^2 + bx + c$ mögen als Funktionen von b und c mit $x_\pm = x_\pm(b,c)$ bezeichnet werden. Man zeige

$$\frac{\partial x_\pm}{\partial b} = -\frac{1}{2} \pm \frac{1}{2}\frac{b}{\sqrt{b^2-4c}}, \qquad \frac{\partial x_\pm}{\partial c} = \mp\frac{1}{\sqrt{b^2-4c}}$$

und daß diese Ableitungen für eine doppelte Wurzel unendlich werden. Welcher Zusammenhang besteht zwischen diesem Ergebnis und schlechter Kondition der Wurzeln?

5 Kontinuierliche Probleme, diskretisiert gelöst

5.1 Numerische Integration

Unter einem „kontinuierlichen Problem" verstehen wir eins, das Werte aus einem ganzen Intervall, oder allgemeiner, aus einem ganzen Gebiet eines höherdimensionalen Raums verwendet. Das vielleicht einfachste Beispiel dafür ist das Integral

$$I(f) = \int_a^b f(x)dx, \tag{5.1.1}$$

in die Werte von f aus dem gesamten Intervall $[a, b]$, also eine „überabzählbare" Zahl von Punkten, eingehen. Zwar ist es möglich, gewisse einfache Funktionen in „geschlossener Form" zu integrieren, zum Beispiel

$$\int_a^b x^2 dx = \frac{1}{3}(b^3 - a^3),$$

aber viele Funktionen, die in den Anwendungen auftreten, können nicht auf diese Weise integriert werden, und ihr Integral muß approximiert werden. Das kann sogar der Fall sein, wenn ein expliziter Ausdruck, etwa eine unendliche Reihe, für das Integral gegeben ist, der für eine Auswertung zu kompliziert ist. In vielen Fällen ist die Funktion f nicht einmal explizit gegeben, wenngleich sie für jeden Wert in $[a, b]$ durch ein Computerprogramm berechnet werden kann. Manchmal liegt auch nur eine Wertetabelle $\{x_i, f(x_i)\}$ für eine feste endliche Zahl von Punkten x_i aus dem Intervall vor.

In diesem Abschnitt werden wir Näherungen der Form

$$\int_a^b f(x)dx \doteq \sum_{i=0}^{n} \alpha_i f(x_i) \tag{5.1.2}$$

für das Integral (5.1.1) entwickeln. Somit wird das Integral durch eine Linearkombination von Funktionswerten von f an einer endlichen Zahl von Punkten

x_i aus dem Intervall $[a, b]$ approximiert. Eine Möglichkeit, solche Approximationen, oft *Quadraturformeln* genannt, zu erhalten, besteht darin, die Funktion f durch eine andere Funktion zu ersetzen, deren Integral vergleichsweise einfach zu berechnen ist. Jede Klasse einfacher Funktionen kann zur Approximation von f verwendet werden, etwa Polynome, stückweise Polynome, trigonometrische, Logarithmus- und Exponentialfunktionen. Welche Funktionsklasse man verwendet, kann von besonderen Eigenschaften des Integranden abhängen, aber gewöhnlich nimmt man, worauf wir uns hier beschränken, Polynome oder stückweise Polynome.

Die Newton-Cotes-Formeln

Das einfachste Polynom ist eine Konstante. Bei der *Rechteckregel* wird die Funktion f durch ihren Wert an dem Endpunkt a (oder alternativ b) approximiert, so daß sich

$$I(f) \doteq R(f) = (b-a)f(a) \tag{5.1.3}$$

ergibt. Wir könnten f auch durch eine andere Konstante approximieren, die man durch Berechnung von f an einem inneren Punkt des Intervalls erhält. Die geläufigste Wahl dafür ist $(a+b)/2$, was die *Mittelpunktsregel*

$$I(f) \doteq M(f) = (b-a)f\left(\frac{a+b}{2}\right) \tag{5.1.4}$$

ergibt. Die Rechteck- und die Mittelpunktsregel sind in Abbildung 5.1.1 dargestellt, in der die schattierten Rechtecke als Approximation für das Integral genommen werden.

Das nächsteinfache Polynom ist eine lineare Funktion. Wird sie so gewählt, daß sie mit f an den Endpunkten a und b übereinstimmt, so erhält man ein Trapez, das in Abbildung 5.1.2(a) veranschaulicht ist. Die Fläche des Trapezes - das Integral der linearen Funktion - ergibt die Näherung für das Integral über f. Sie berechnet sich zu

$$I(f) \doteq T(f) = \frac{(b-a)}{2}[f(a) + f(b)] \tag{5.1.5}$$

und ist als *Trapezregel* bekannt.

Um weitere Formeln aufzustellen, approximieren wir als nächstes f durch das interpolierende quadratische Polynom, das mit f an den Endpunkten a und b

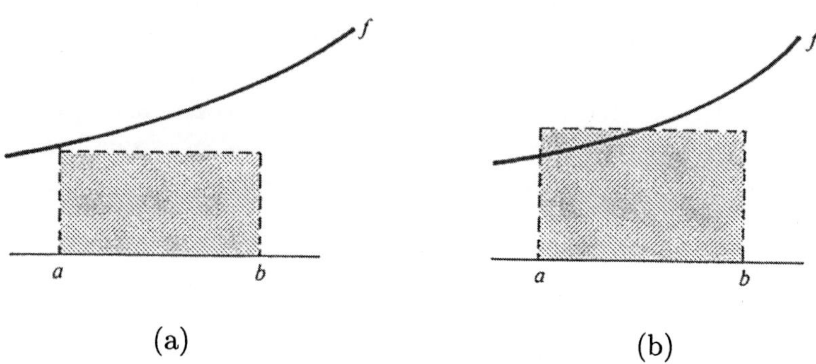

Abb. 5.1.1 *Die Rechteckregel (a) und die Mittelpunktsregel (b)*

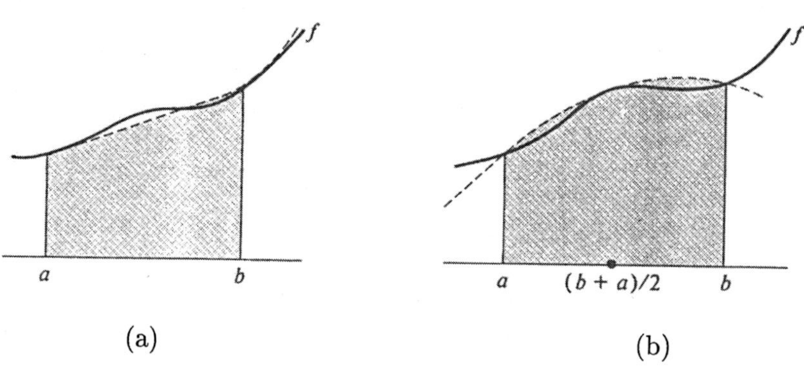

Abb. 5.1.2 *Die Trapezregel (a) und die Simpsonregel (b)*

und im Mittelpunkt $(a+b)/2$ übereinstimmt. Das Integral über diese Parabel ist (Aufgabe 5.1.1)

$$I(f) \doteq S(f) = \frac{(b-a)}{6}\left[f(a) + 4f\left(\frac{a+b}{2}\right) + f(b)\right], \tag{5.1.6}$$

womit man die *Simpsonregel* erhalten hat, die in Abbildung 5.1.2(b) dargestellt ist. Es sei darauf hingewiesen, daß sich die Simpsonregel als Linearkombination der Trapez- und der Mittelpunktsregel schreiben läßt, denn man hat

$$\frac{1}{6}\left[f(a)+4f\left(\frac{a+b}{2}\right)+f(b)\right]=\frac{1}{3}\left[\frac{f(a)+f(b)}{2}\right]+\frac{2}{3}f\left(\frac{a+b}{2}\right).$$

Wir können auf die vorangehende Weise fortfahren, Quadraturformeln durch Verwendung von Polynomen immer höheren Grades zu erzeugen. Das Intervall $[a, b]$ wird mit $n+1$ Punkten gleichen Abstandes, unter Einbeziehung der beiden Endpunkte a und b, unterteilt und das Interpolationspolynom vom Grade n gebildet, das mit f an diesen $n+1$ Punkten übereinstimmt. Dieses Polynom integriert man von a bis b, um so eine Näherung für das Integral zu erhalten. Die auf diese Weise gewonnenen Quadraturformeln heißen *Newton-Cotes-Formeln*. Sie können in der Form (5.1.2) geschrieben werden.

Ein anderer Zugang zu den Newton-Cotes-Formeln besteht darin zu verlangen, daß die Formel (5.1.2) für Polynome vom Grade n exakt ist. Im besonderen muß sie dann für $1, x, x^2, \ldots, x^n$ exakt sein. Das bedeutet, daß

$$\sum_{i=0}^{n}\alpha_i x_i^j=\frac{b^{j+1}-a^{j+1}}{j+1}, \qquad j=0,1,\ldots,n, \tag{5.1.7}$$

gelten muß, wobei auf der rechten Seite die exakten Integrale der Potenzen von x stehen. Die Beziehungen (5.1.7) stellen ein lineares Gleichungssystem für die unbekannten Koeffizienten α_i dar. Die Koeffizientenmatrix ist die Vandermondesche Matrix aus (4.1.13), die regulär ist, falls die x_i paarweise verschieden sind. Für äquidistante x_i liefert auch dieser Zugang die Newton-Cotes-Formeln.

Summierte Formeln

Aus den Abbildungen 5.1.1 und 5.1.2 ist ersichtlich, daß ein beträchtlicher Fehler auftreten kann, wenn f durch ein Polynom niedrigen Grades approximiert wird. Um eine größere Genauigkeit zu erhalten, könnte man versucht sein, Polynome höheren Grades zu verwenden, jedoch ist das meist nicht zufriedenstellend. Zwar sind für $n \leq 7$ alle Koeffizienten α_i in den Newton-Cotes-Formeln positiv, aber beginnend mit $n = 8$ werden einige Koeffizienten negativ. Das wirkt sich nachteilig auf den Rundungsfehlereinfluß aus, da Auslöschungseffekte auftreten. Außerdem ist nicht mehr sichergestellt, daß die rechte Seite von (5.1.2) gegen das Integral konvergiert, wenn $n \to \infty$ geht, nicht einmal für unendlich oft differenzierbare Funktionen (siehe die ergänzenden Bemerkungen zu Abschnitt 4.1).

Eine alternative und meist viel erfolgreichere Methode besteht in der Verwendung von stückweise Polynomen. Das bedeutet, daß wir das Intervall $[a, b]$ in n Teilintervalle $[x_{i-1}, x_i]$, $i = 1, \ldots, n$, zerlegen, wobei $x_0 = a$ und $x_n = b$ ist. Dann wird

$$I(f) = \int_a^b f(x)dx = \sum_{i=1}^{n} \int_{x_{i-1}}^{x_i} f(x)dx,$$

und bei Anwendung der Rechteckregel auf jedes Teilintervall $[x_{i-1}, x_i]$, erhalten wir die *summierte Rechteckregel*

$$I(f) \doteq I_{SR}(f) = \sum_{i=1}^{n} h_i f(x_{i-1}), \tag{5.1.8}$$

wobei $h_i = x_i - x_{i-1}$ ist. Analog stellt man die *summierte Mittelpunkts-, Trapez-* und *Simpson-Formel* auf, indem man die Grundregel auf jedes Teilintervall anwendet. Sie lauten

$$I_{SM}(f) = \sum_{i=1}^{n} h_i f\left(\frac{x_i + x_{i-1}}{2}\right), \tag{5.1.9}$$

$$I_{ST}(f) = \sum_{i=1}^{n} \frac{h_i}{2}[f(x_{i-1}) + f(x_i)], \tag{5.1.10}$$

$$I_{SS}(f) = \frac{1}{6}\sum_{i=1}^{n} h_i \left[f(x_{i-1}) + 4f\left(\frac{x_{i-1} + x_i}{2}\right) + f(x_i)\right]. \tag{5.1.11}$$

Diese Summenformeln zur Annäherung des Integrals können alle durch Approximation des Integranden f auf dem Intervall $[a, b]$ durch ein stückweises Polynom und anschließender Integration dieser Funktion erhalten werden. Bei der Rechteck- und der Mittelpunktsregel ist die approximierende Funktion stückweise konstant, bei der Trapezregel stückweise linear und bei der Simpson- Formel stückweise quadratisch.

Diskretisierungsfehler

Wir betrachten als nächstes die Fehler, die bei Verwendung der angegebenen Quadraturformeln auftreten. Es gibt zwei Fehlerquellen. Die erste besteht in den Rundungsfehlern, die bei der Ausführung der Berechnung gemäß den Formeln auftreten; darauf werden wir in Kürze zurückkommen. Die zweite ist der *Diskretisierungs-* (oder *Abschneide-)fehler*, den man bei der Ersetzung des Integrals durch eine „diskrete“ Approximation der Gestalt (5.1.2) begeht, bei der nur endlich viele Werte des Integranden f verwendet werden.

Wird f auf dem Intervall $[a, b]$ durch ein Interpolationspolynom p vom Grade n ersetzt, so ist

$$E = \int_a^b [f(x) - p(x)]dx \tag{5.1.12}$$

der Approximationsfehler. Vermöge Satz 4.1.2 kann er in der Form

$$E = \frac{1}{(n+1)!} \int_a^b (x - x_0) \cdots (x - x_n) f^{(n+1)}(z(x))dx \tag{5.1.13}$$

geschrieben werden, wobei $x_0, x_1, \ldots, x_n$ die Interpolationspunkte sind und $z(x)$ ein Punkt im Intervall $[a, b]$ ist, der von x abhängt.

Für die Rechteckregel (5.1.3) ist $n = 0$ und $x_0 = a$, so daß (5.1.13) in

$$\begin{aligned} |E_R| &= \left| \int_a^b (x - a) f'(z(x))dx \right| \\ &\leq M_1 \int_a^b (x - a)dx = \frac{M_1}{2}(b - a)^2 \end{aligned} \tag{5.1.14}$$

übergeht, wobei M_1 die Ableitung $|f'(x)|$ auf dem Intervall $[a, b]$ abschätzt. Für die Trapezformel (5.1.5) ist $n = 1$, $x_0 = a$ und $x_1 = b$. Wieder mit Hilfe von (5.1.13) erhalten wir

$$|E_T| = \frac{1}{2} \left| \int_a^b (x - a)(x - b) f''(z(x))dx \right| \leq \frac{M_2}{12}(b - a)^3, \tag{5.1.15}$$

wobei M_2 eine Schranke für $|f''(x)|$ auf $[a, b]$ ist.

Als nächstes betrachten wir die Mittelpunktsregel (5.1.4), für die $n = 0$ und $x_0 = (a+b)/2$ ist. Wir wenden (5.1.13) an und verfahren wie in (5.1.14), um

$$|E_M| = \left|\int_a^b \left[x - \frac{(a+b)}{2}\right] f'(z(x))dx\right| \le \frac{M_1}{4}(b-a)^2 \tag{5.1.16}$$

zu erschließen. Das ist allerdings nicht die beste Abschätzung, die wir erhalten können. Wir werden stattdessen den Integranden von (5.1.12) nach der Taylorformel um $m = (a+b)/2$ entwickeln. Da das Interpolationspolynom p gerade die Konstante $f(m)$ ist, erhält man

$$f(x) - p(x) = f'(m)(x-m) + \tfrac{1}{2}f''(z(x))(x-m)^2,$$

wobei z ein Punkt im Intervall ist, der von x abhängt. Daher gewinnt man für den Fehler der Mittelpunktsregel den Ausdruck

$$\begin{aligned} |E_M| &= \left|\int_a^b [f'(m)(x-m)dx + \tfrac{1}{2}f''(z(x))(x-m)^2]dx\right| \qquad (5.1.17)\\ &\le \left|f'(m)\int_a^b (x-m)dx\right| + \frac{1}{2}\left|\int_a^b f''(z(x))(x-m)^2dx\right| \\ &\le \frac{M_2}{24}(b-a)^3, \end{aligned}$$

denn es ist

$$\int_a^b (x-m)dx = 0, \qquad \int_a^b (x-m)^2dx = \frac{(b-a)^3}{12}.$$

Auf ähnliche Weise läßt sich eine Abschätzung des Fehlers der Simpson-Formel (5.1.6) erhalten, die wir ohne Beweis angeben (M_4 ist eine Schranke für die vierte Ableitung):

$$|E_S| \le \frac{M_4}{2880}(b-a)^5. \tag{5.1.18}$$

In die vorangehenden Fehlerabschätzungen geht die Länge $b-a$ des Intervalls ein, und wenn sie nicht klein ist, so werden auch die Fehlerschranken im allgemeinen nicht klein sein. Jedoch wenden wir diese Quadraturformel nur für genügend kleine Intervalle an, die wir durch eine Unterteilung des Intervalls $[a, b]$ erhalten. So können für die Summenformeln (5.1.8) - (5.1.11) die Fehlerabschätzungen für jedes Teilintervall $[x_{i-1}, x_i]$ verwendet werden. Zum Beispiel erhalten wir im Falle der Verwendung der Rechteckregel (5.1.14) die folgende Abschätzung für den Fehler der summierten Formel:

$$E_{SR} \leq \frac{M_1}{2} \sum_{i=1}^{n} h_i^2. \tag{5.1.19}$$

Man beachte, daß das Maximum M_1 von $|f'(x)|$ auf dem gesamten Intervall $[a, b]$ verwendet worden ist, obwohl (5.1.19) mit einer besseren Schranke bewiesen werden könnte, in die das Maximum von $|f'(x)|$ getrennt für jedes Teilintervall eingeht.

Im Spezialfall, daß alle Teilintervalle dieselbe Länge $h_i = h = (b-a)/n$ besitzen, geht (5.1.19) in

$$E_{SR} \leq \frac{M_1}{2}(b-a)h \quad \text{(Fehler der summierten Rechteckregel)} \tag{5.1.20}$$

über, woran man erkent, daß die summierte Rechteckregel von erster Ordnung ist, das heißt, der Fehler nimmt linear in h ab. In ähnlicher Weise kann man für die anderen summierten Formeln unter Verwendung von (5.1.15), (5.1.17) und (5.1.18) Fehlerschranken beweisen. Die folgenden Fehlerschranken erhält man für den Fall, daß die Teilintervalle alle dieselbe Länge h besitzen:

$$E_{SM} \leq \frac{M_2}{24}(b-a)h^2 \quad \text{(summierte Mittelpunktsregel)} \tag{5.1.21}$$

$$E_{ST} \leq \frac{M_2}{12}(b-a)h^2 \quad \text{(summierte Trapezformel)} \tag{5.1.22}$$

$$E_{SS} \leq \frac{M_4}{2880}(b-a)h^4 \quad \text{(summierte Simpsonformel).} \tag{5.1.23}$$

Damit sind die summierte Mittelpunkts- und die Trapezformel von zweiter und die summierte Simpsonformel von vierter Ordnung. Wegen ihrer Einfachheit und relativ hohen Genauigkeit stellt die summierte Simpsonformel eine oft verwendete Methode dar.

Eine praktische Schwierigkeit bei den vorstehenden Quadraturformeln bereitet die Wahl der Größe der Schrittweiten h_j. Ist der Integrand f in einem Teil des Intervalls schnell und in einem anderen langsam veränderlich, so ist es anschaulich klar, daß die Schrittweiten h_i in dem Bereich, in dem die Funktion schnell variiert, sehr viel kleiner gewählt werden sollten. Eine über das ganze Intervall $[a, b]$ gleichbleibende Schrittweite h wäre nicht effizient. Es ist jedoch manchmal schwierig festzustellen, wie h_i zu wählen ist, um eine gewünschte Gesamtgenauigkeit zu erhalten. Die in der Praxis zum Einsatz kommende leistungsfähige Quadratur-Software verwendet in aller Regel ein automatisches adaptives Schema, bei dem die Schrittweite abhängig von Fehlerschätzungen gewählt wird, die während des Rechnungsverlaufs ermittelt werden. Eine einfache Technik dafür besteht darin, die gerade aktuelle Schrittweite h_i zu halbieren und die Integralnäherung erneut zu berechnen. Dieser Prozeß wird dann solange wiederholt, bis zwei aufeinanderfolgende Näherungen genügend genau übereinstimmen.

Rundungsfehler

Als nächstes gehen wir kurz auf Rundungsfehler ein. Betrachten wir zum Beispiel die summierte Trapezformel (5.1.10) mit konstanter Schrittweite h. Im allgemeinen werden bei der Auswertung von f an den Punkten x_i Rundungsfehler auftreten, ebenso auch bei der Bildung der Linearkombination der Werte von f. Die wirklich berechnete Approximation ist

$$\sum_{i=1}^{n} \frac{h}{2}[f(x_{i-1}) + \varepsilon_{i-1} + f(x_i) + \varepsilon_i] + \eta,$$

wobei ε_i der Fehler in der Auswertung von $f(x_i)$ und η der Fehler bei der Bildung der Linearkombination ist. Es ist möglich, diese Fehlereinflüsse unter Verwendung von Schranken für ε_i und η abzuschätzen. Anstatt das zu tun, beschränken wir uns auf die folgende anschauliche Diskussion. Wie die Fehlerabschätzung (5.1.22) zeigt, geht der Diskretisierungsfehler für $h \to 0$ gegen Null, vorausgesetzt, daß f eine beschränkte zweite Ableitung auf $[a, b]$ besitzt. Daher können wir den Diskretisierungsfehler beliebig klein machen, wenn wir nur h genügend klein wählen. Je kleiner jedoch h ist, um so mehr Auswertungen von f und um so mehr Terme treten in der Linearkombination auf. Je kleiner h ist, desto größer wird daher im allgemeinen der Rundungsfehlereinfluß sein. In der Praxis stellt der Rundungsfehler bei einer festen Stellengenauigkeit der Rechnerarithmetik unterhalb einer gewissen Größe von h den hauptsächlichen Beitrag zum Gesamtfehler dar. Die Situation ist in Abbildung 5.1.3 schematisch dargestellt, in der h_0 das praktische Minimum darstellt, das verwendet werden kann. Dieses minimale h ist sehr schwer im voraus anzugeben, aber bei Problemen, für die nur eine durchschnittliche Genauigkeit gefordert wird, ist das tatsächlich verwendete h meist weit größer als das Minimum, und der Diskretisierungsfehler liefert den Hauptbeitrag zum Fehler. Dasselbe allgemeine Verhalten tritt bei allen Integrationsverfahren, wie auch bei den später behandelten Methoden für Differentialgleichungen auf, wenn auch das minimale h von Methode zu Methode und von Problem zu Problem verschieden sein wird.

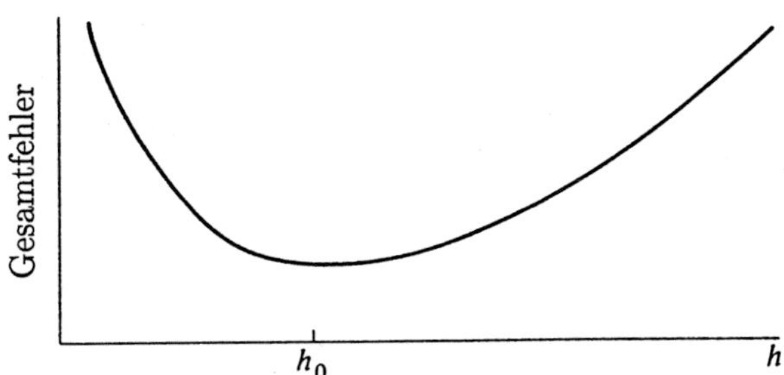

Abb. 5.1.3 *Fehler bei der Trapezformel und anderen Methoden*

Parallel- und Vektorrechnen

Die allgemeine Formel (5.1.2), unter anderem also die speziellen Formeln (5.1.8) - (5.1.11), sind für das Vektor- und Parallelrechnen gut geeignet. Wir betrachten zuerst die Vektorisierung. Dieselbe Folge von arithmetischen Operationen, um $f(x)$ zu berechnen, kann für Vektorbefehle zur Berechnung von $f(x_1), \ldots, f(x_n)$ verwendet werden. Für $f = 3x^2 + x$ zum Beispiel ist

$$\begin{bmatrix} f(x_1) \\ f(x_2) \\ \vdots \\ f(x_n) \end{bmatrix} = 3 \begin{bmatrix} x_1^2 \\ x_2^2 \\ \vdots \\ x_n^2 \end{bmatrix} + \begin{bmatrix} x_1 \\ x_2 \\ \vdots \\ x_n \end{bmatrix},$$

so daß die Vektorbefehle

$$\mathbf{y} = \mathbf{x} \star \mathbf{x}, \qquad \mathbf{f} = 3\mathbf{y} + \mathbf{x} \tag{5.1.24}$$

lauten würden. Das Symbol $\star$ in (5.1.24) bezeichnet das komponentenweise Produkt des Vektors $\mathbf{x}$ mit sich selbst, und der zweite Vektorbefehl in (5.1.24) ist eine axpy-Operation, die in Kapitel 3 behandelt worden ist. Sobald der Vektor von Funktionswerten vorliegt, wird das innere Produkt $\sum_{i=1}^{n} \alpha_i f(x_i)$ berechnet.

Für die parallele Berechnung werde angenommen, daß $x_1, \ldots, x_n$ den Prozessoren wie in Abbildung 5.1.4 zugeordnet worden sind. Jeder Prozessor berechnet dann für die ihm zugewiesenen x_i die Werte $f(x_i)$. Das ist in beinahe idealer

Weise parallel, nur wenn die Zahl p von Prozessoren kein Teiler von n ist, tritt ein geringes Ungleichgewicht in der Auslastung auf. Beispielsweise für $n = 200$ und $p = 16$ werden 12 der x_i der einen Hälfte der Prozessoren und 13 der anderen Hälfte zugeordnet.

$x_o, \ldots, x_j$	$x_{j+1}, \ldots, x_k$	$\cdots$	$x_\ell, \ldots, x_n$
P_1	P_2		P_p

Abb. 5.1.4 *Zuordnung von Daten und Prozessoren*

Nachdem die $f(x_i)$ vorliegen, berechnet jeder Prozessor einen Teil des inneren Produkts $\sum \alpha_i f(x_i)$. Anschließend können diese Teilprodukte mit Hilfe eines Fan-In aufaddiert werden. Auf einem Rechner mit verteiltem Speicher erfordert diese Addition eine Kommunikation zwischen den Prozessoren (siehe Kapitel 3).

Gauß-Quadratur

Wir behandeln als nächstes eine wichtige Klasse von Quadraturformeln, die wir für Integrale der Form

$$I(f) = \int_a^b f(x)w(x)dx \tag{5.1.25}$$

einführen wollen. Hier ist w eine nichtnegative Funktion, und weder a noch b brauchen endlich zu sein. Wir betrachten Quadraturformeln des Typs

$$I_G(f) = \sum_{i=1}^{n} \alpha_i f(x_i), \tag{5.1.26}$$

aber im Unterschied zu den bisherigen Formeln werden die Knoten x_i ebenfalls als Unbekannte angesehen.

Ein Kriterium, um sowohl die α_i als auch die x_i in (5.1.26) zu bestimmen, ist, daß die Quadraturformel für Polynome von möglichst hohem Grade exakt ist. Da in (5.1.26) $2n$ Unbekannte auftreten, erwarten wir, daß die Formel Polynome vom Grade $2n-1$ exakt integrieren könnte. Daher fordern wir

$$\sum_{i=1}^{n} \alpha_i x_i^j = \mu_j = \int_a^b x^j w(x)dx, \quad i = 0, \ldots, 2n-1, \tag{5.1.27}$$

wobei die μ_j als *Momente* bezeichnet werden. Die Bedingungen (5.1.27), die den Bedingungen (5.1.7) für die Newton-Cotes-Formeln entsprechen, stellen ein System von $2n$ Gleichungen in den $2n$ Unbekannten $\alpha_1, \ldots, \alpha_n$ und $x_1, \ldots, x_n$ dar. Sie sind nichtlinear, aber es ist möglich, sie zu lösen.

Für $n = 2$ beispielsweise lautet das nichtlineare System (5.1.27):

$$\alpha_1 + \alpha_2 = \mu_0, \qquad \alpha_1 x_1 + \alpha_2 x_2 = \mu_1, \tag{5.1.28a}$$

$$\alpha_1 x_1^2 + \alpha_2 x_2^2 = \mu_2, \qquad \alpha_1 x_1^3 + \alpha_2 x_2^3 = \mu_3. \tag{5.1.28b}$$

Es seien nun x_1 und x_2 die Wurzeln des *charakteristischen Polynoms*

$$p = (x - x_1)(x - x_2) = x^2 + \beta_1 x + \beta_0, \tag{5.1.29}$$

mit $\beta_1 = -(x_1 + x_2)$ und $\beta_0 = x_1 x_2$. Wir können das System (5.1.28) auf zwei Gleichungen für β_1 und β_0 reduzieren (Aufgabe 5.1.7):

$$\mu_0 \beta_0 + \mu_1 \beta_1 = -\mu_2, \tag{5.1.30a}$$

$$\mu_1 \beta_0 + \mu_2 \beta_1 = -\mu_3. \tag{5.1.30b}$$

Nachdem die Momente μ_j ihrer Definition (5.1.27) gemäß berechnet worden sind, ist (5.1.30) nach β_0 und β_1 aufzulösen. Wir bestimmen dann x_1 und x_2 als die Wurzeln von (5.1.29) und erhalten schließlich α_1 und α_2 aus dem System (5.1.28a).

Wir wählen nun in unserem Beispiel spezielle Werte. Sei $a = 0, b = 1$ und $w = x(1 - x)$. Dann ergeben sich die μ_j aus (5.1.27) zu (Aufgabe 5.1.8)

$$\mu_0 = \frac{1}{6}, \quad \mu_1 = \frac{1}{12}, \quad \mu_2 = \frac{1}{20}, \quad \mu_3 = \frac{1}{30}. \tag{5.1.31}$$

Das System (5.1.30) lautet dann

$$5\beta_1 + 10\beta_0 = -3, \qquad 3\beta_1 + 5\beta_0 = -2.$$

Es besitzt die Lösung $\beta_1 = -1, \beta_0 = \frac{1}{5}$. Damit ist $p = x^2 - x + \frac{1}{5}$, dessen Wurzeln gleich

$$x_1 = \frac{1}{2} + \frac{1}{10}\sqrt{5} \doteq 0.7236068, \quad x_2 = \frac{1}{2} - \frac{1}{10}\sqrt{5} \doteq 0.2763932 \tag{5.1.32}$$

sind. Mit diesen x_i erhalten wir $\alpha_1 = \alpha_2 = \frac{1}{12}$ aus (5.1.28a), und die Quadraturformel (5.1.26) lautet daher

$$I_G(f) = \frac{1}{12}[f(x_1) + f(x_2)]$$

mit x_1 und x_2 aus (5.1.32).

Als nächstes behandeln wir den allgemeinen Fall. Wir nehmen an, daß die μ_j aus (5.1.27) berechnet werden können. Das (5.1.30) entsprechende Gleichungssystem lautet dann

$$\sum_{i=0}^{n-1} \mu_{i+k}\beta_i = -\mu_{n+k}, \qquad k = 0, \ldots, n-1,$$

oder

$$M\boldsymbol{\beta} = -\boldsymbol{\mu}, \tag{5.1.33}$$

wobei

$$M = \begin{bmatrix} \mu_o & \mu_1 & \cdots & \mu_{n-1} \\ \mu_1 & \mu_2 & \cdots & \mu_n \\ \vdots & & & \\ \mu_{n-1} & \cdots & & \mu_{2n-1} \end{bmatrix}$$

die *Momentenmatrix* ist, die die Gestalt einer Hankel-Matrix besitzt (vgl. Abschnitt 4.2). Der Lösungsvektor $\boldsymbol{\beta}$ von (5.1.33) ergibt die Koeffizienten des charakteristischen Polynoms

$$p = x^n + \beta_{n-1}x^{n-1} + \cdots + \beta_1 x + \beta_0, \tag{5.1.34}$$

dessen Wurzeln $x_1, \ldots, x_n$ sind. Nachdem die x_i bekannt sind, stellt (5.1.27) ein lineares System für die α_i dar.

Die folgenden grundlegenden Eigenschaften der x_i und α_i geben wir ohne Beweis an.

1. Die x_i sind reell, paarweise verschieden und liegen im Intervall (a, b).
2. Die α_i sind positiv.

Darüberhinaus ist der Fehler der Näherung $I_G(f)$ gleich

$$I(f) - I_G(f) = \frac{f^{(2n)}(z)}{2n!} \int_a^b [p(x)]^2 w(x) dx,$$

wobei z ein in (a, b) gelegener Punkt und p durch (5.1.34) gegeben ist.

Wir bemerken, daß es für große n günstigere als die vorangehend dargestellte Vorgehensweise gibt, um die Gauß-Quadratur numerisch durchzuführen.

Ergänzende Bemerkungen und Literaturhinweise zu Abschnitt 5.1

1. Wir haben im vorangehenden Text darauf hingewiesen, daß die Simpsonformel als eine Linearkombination der Trapez- und der Mittelpunktregel betrachtet werden kann. Durch passende Linearkombinationen der summierten Trapezformel für verschiedene Schrittweiten h können wir auch Quadraturformeln noch höherer Ordnung gewinnen. Diese Methode wird als *Romberg-Integration* bezeichnet und ist ein Spezialfall der *Richardsonschen Grenzwertextrapolation*, die im nächsten Abschnitt behandelt wird. Die Grundlage für die Herleitung der Romberg-Integration liegt in der Gültigkeit der asymptotischen Entwicklung

$$T(h) = I(f) + c_2 h^2 + c_4 h^4 + \cdots + c_{2m} h^{2m} + O(h^{2m+2}) \tag{5.1.35}$$

für die Näherungen der summierten Trapezformel, in der die c_i zwar von f und dem Intervall abhängen, aber nicht von h. Die Entwicklung (5.1.35) gilt unter der Voraussetzung, daß f Ableitungen bis zur Ordnung $2m+2$ besitzt. Es werde nun eine neue Näherung

$$T_1(h) = \tfrac{1}{3}\left[4T\left(\frac{h}{2}\right) - T(h)\right] \tag{5.1.36}$$

für das Integral berechnet. Die Koeffizienten dieser Linearkombination sind so gewählt worden, daß bei der Berechnung des Fehlers von (5.1.36) mit Hilfe von (5.1.35) der Koeffizient des Terms mit h^2 verschwindet. Daher ergibt sich

$$T_1(h) = I(f) + c_4^{(1)} h^4 + \cdots + O(h^{2m+2}),$$

so daß T_1 eine Näherung vierter Ordnung für das Integral ist. Man kann diesen Prozeß durch Kombination von $T_1(h)$ und $T_1(h/2)$ in ähnlicher Weise fortsetzen, um den h^4-Term im Fehler von T_1 zu eliminieren. Allgemeiner konstruiert man ein dreieckiges Schema

$$\begin{array}{lll} T(h) & & \\ T(h/2) & T_1(h) & \\ T(h/4) & T_1(h/2) & T_2(h) \\ \vdots & \vdots & \ddots, \end{array}$$

in dem

$$T_k\left(\frac{h}{2^{j-1}}\right) = \frac{4^j T_{k-1}\left(\frac{h}{2^j}\right) - T_{k-1}\left(\frac{h}{2^{j-1}}\right)}{4^j - 1}$$

ist. Die Elemente in der i-ten Spalte dieses Schemas konvergieren mit der Ordnung h^{2i} gegen das Integral. Falls f beliebig oft differenzierbar ist, so konvergieren die Elemente auf der Diagonalen des Schemas sogar schneller als jede Potenz von h.

2. Zahlreiche weitere wichtige Fragestellungen bei der numerischen Integration haben wir nicht angesprochen: Die Verwendung von Splines und anderen Funktionen, um den Integranden zu approximieren, Techniken zur Behandlung von Integranden, die eine Singularität enthalten, mehrfache Integrale und adaptive Vorgehensweisen, bei denen versucht wird, die Schrittweitengröße automatisch an den Integranden anzupassen. Als weitere Lektüre zu diesen Fragen und ganz allgemein zu den in diesem Abschnitt angeschnittenen Themen empfehlen wir die Monografien von Davis und Rabinowitz [1984] und von Stroud [1971].

3. Obwohl die numerische Integration ausgezeichnet für das Parallelrechnen geeignet ist, werden die Möglichkeiten von Parallelrechnern nicht wirklich ausgeschöpft, außer wenn der Integrand sehr kompliziert ist. Für mehrfache Integrale jedoch wird sehr viel mehr Rechenarbeit verlangt, und Parallelrechner können dann sehr angebracht sein.

Übungsaufgaben zu Abschnitt 5.1

5.1.1. Man stelle das quadratische Interpolationspolynom auf, das mit f an den drei Punkten a, b und $(a+b)/2$ übereinstimmt. Durch Integration dieser Parabel von a bis b leite man die Simpsonformel (5.1.6) her.

5.1.2. Man zeige, daß die Trapezformel lineare Funktionen und die Simpsonformel kubische Polynome exakt integriert. (*Hinweis:* Man entwickle das kubische Polynom um den Mittelpunkt.)

5.1.3. Man wende die Rechteck-, Mittelpunkts-, Trapez- und Simpsonregel auf die Funktion $f = x^4$ im Intervall $[0, 1]$ an und vergleiche den wirklichen Fehler der Näherungen mit den in (5.1.14), (5.1.15), (5.1.17) und (5.1.18) angegebenen Abschätzungen.

5.1.4. Ausgehend von der Abschätzung (5.1.22) gebe man an, wie klein h gewählt werden muß, damit der Fehler der mit der summierten Trapezformel berechneten Näherung für das Integral von $f = x^4$ über das Intervall $[0, 1]$ kleiner gleich 10^{-6} ist. Welchen Wert für h erhält man für die summierte Simpsonformel?

5.1.5. Man schreibe ein Computerprogramm, das unter Verwendung der summierten Trapez- und Simpsonregel eine „beliebige" Funktion näherungsweise über das Intervall $[a, b]$ integriert, wobei die Unterteilung von $[a, b]$ beliebig vorgegeben werden kann. Man teste das Programm für $f = x^4$ integriert über $[0, 1]$ und finde für eine äquidistante Unterteilung durch Probieren die Größe von h heraus, so daß der Fehler der summierten Trapezformel kleiner als 10^{-6} ausfällt. Wiederhole diese Untersuchung für $f = e^{-x^2}$.

5.1.6. Man leite die Quadraturformel her, die sich durch Integration des Interpolationspolynoms dritten Grades mit vier äquidistanten Punkten ergibt. (*Hinweis:* Durch geschicktes Vorgehen läßt sich die Rechnung etwas vereinfachen.)

5.1.7. Man löse die beiden Gleichungen (5.1.28a) nach α_1 und α_2 als Funktion von μ_0, μ_1, x_1 und x_2 auf. Man verwende die erhaltenen Ausdrücke für α_1 und α_2 in (5.1.28b), um (5.1.30) herzuleiten.

5.1.8. Für $a = 0, b = 1$ und $w = x(1-x)$ zeige man, daß das in (5.1.27) definierte μ_j gleich $(j+1)^{-1}(j+2)^{-1}$ ist, und bestätige dann (5.1.31).

5.1.9. Man verwende das Hermite-Interpolationspolynom aus Aufgabe 4.1.18 zur Herleitung der *Hermite-Quadraturformel*

$$\int_0^b f(x)dx \doteq \int_a^b \sum_{i=0}^n [H_i(x)f(x_i) + h_i(x)f'(x_i)]dx.$$

Man spezialisiere die allgemeine Formel auf den Fall $n = 1, x_0 = a, x_1 = b$ und vergleiche sie mit den anderen Quadraturformeln dieses Abschnitts.

5.2 Anfangswertaufgaben

Die Aufgabe, das Integral von f zu berechnen, kann als Lösung der Differentialgleichung

$$y'(x) = f(x), \qquad y(a) = 0 \tag{5.2.1}$$

angesehen werden, deren Lösung ja

$$y(x) = \int_a^x f(s)ds \tag{5.2.2}$$

ist. Wenn die Funktion f in (5.2.1) auch von y abhängt und wir eine allgemeine Anfangsbedingung zulassen, dann geht (5.2.1) in

$$y'(x) = f(x, y(x)), \qquad y(a) = \alpha, \qquad x \geq a, \tag{5.2.3}$$

über. Damit ist ein *Anfangswertproblem* für eine gewöhnliche Differentialgleichung entstanden.

Anfangswertaufgaben für gewöhnliche Differentialgleichungen treten in einer großen Zahl von Anwendungen auf, unter ihnen die Berechnung von Raketenbahnen, chemische Reaktionen und Probleme aus der Biologie. In den meisten Anwendungen wird es sich um Systeme

$$y_i'(x) = f_i(x, y_1(x)), \ldots, y_n(x)), \qquad i = 1, \ldots, n, \qquad x \geq a, \tag{5.2.4}$$

mit den Anfangsbedingungen

$$y_i(a) = \alpha_i, \qquad i = 1, \ldots, n, \tag{5.2.5}$$

handeln. Ein einfaches Beispiel stellt das System

$$y_1'(t) = c_{11}y_1(t) + c_{12}y_1(t)y_2(t) \tag{5.2.6a}$$

$$y_2'(t) = c_{21}y_1(t) + c_{22}y_1(t)y_2(t) \tag{5.2.6b}$$

dar, wobei die Zeit die Bedeutung der unabhängigen Variablen hat und die Konstanten c_{ij} die Bedingungen $c_{ii} > 0, i = 1, 2, c_{ij} < 0, i \neq j$, erfüllen. Es handelt sich hierbei um die *Lotka-Volterra*-Gleichungen, die auch als *Räuber-Beute*-Modell bezeichnet werden.

Wir werden als erstes Verfahren für eine einzige Gleichung (5.2.3) entwickeln und zeigen dann, wie sie auf Systeme von Gleichungen erweitert werden können.

Das Euler-Verfahren

Das einfachste Verfahren zur Lösung von (5.2.3) entsteht durch Approximation von $y'(x)$ mit Hilfe des *Differenzenquotienten*

$$y'(x) \doteq \frac{1}{h}[y(x+h) - y(x)]. \tag{5.2.7}$$

Verwendet man diese Approximation in (5.2.3) an der Stelle $x = a$, so ergibt sich

$$y(a+h) \doteq y(a) + hf(x, y(a)). \tag{5.2.8}$$

Da $y(a)$ die bekannte Anfangsbedingung α darstellt, kann die rechte Seite von (5.2.8) berechnet werden, um so eine Näherung für die Lösung im Punkte $a + h$ zu erhalten. Dieser Prozeß kann wie folgt wiederholt werden. Man setze $x_k = a+kh, k = 0, 1, \ldots$, und definiere Näherungen y_{k+1} für die Lösung in x_{k+1} durch

$$y_{k+1} = y_k + hf(x_k, y_k), \qquad k = 0, 1, \ldots \quad . \tag{5.2.9}$$

Damit haben wir das *Euler-Verfahren* erhalten.

Das Euler-Verfahren läßt sich auch wie folgt herleiten. Durch Taylorentwicklung der Lösung von (5.2.3) um x_k ergibt sich

$$y(x) = y(x_k) + (x - x_k)y'(x_k) + \frac{1}{2}y''(z_k)(x - x_k)^2, \tag{5.2.10}$$

wobei z_k ein Punkt zwischen x_k und x ist. Wegen (5.2.3) erfüllt die exakte Lösung die Beziehung $y'(x_k) = f(x_k, y(x_k))$, so daß wir nach Fortlassen des Restgliedes in (5.2.10)

$$y(x) \doteq y(x_k) + (x - x_k)f(x_k, y(x_k)) \tag{5.2.11}$$

erhalten. Mit $x = x_{k+1}$ liefert dies (5.2.9). Man beachte, daß die rechte Seite von (5.2.11) die Gleichung für die Tangente an die Lösungskurve in x_k darstellt.

Das Euler-Verfahren ist sehr einfach durchzuführen: im k-ten Schritt berechnen wir $f(x_k, y_k)$ und verwenden das Ergebnis in (5.2.9). Die Durchführung des Verfahrens erfordert also im wesentlichen die Auswertung von $f(x_k, y_k)$. Wir betrachten als einfaches Beispiel

$$y'(x) = y^2(x) + 2x - x^4, \quad y(0) = 0. \tag{5.2.12}$$

Die exakte Lösung dieser Gleichung ist, wie man leicht bestätigt, $y = x^2$. Im vorliegenden Fall hat man $f(x, y) = y^2 + 2x - x^4$, so daß das Euler-Verfahren für (5.2.12) die Gestalt

$$y_{k+1} = y_k + h(y_k^2 + 2kh - k^4h^4), \quad k = 0, 1, \ldots, \qquad y_0 = 0, \qquad (5.2.13)$$

annimmt, da $x_k = kh$ ist. In Tabelle 5.2.1 geben wir einige mit Hilfe von (5.2.13) berechnete Näherungen mit $h = 0.1$ und die entsprechenden exakten Lösungswerte an.

Tab. 5.2.1 *Mit dem Euler-Verfahren berechnete und exakte Lösung für* (5.2.12)

x	Berechnete Lösung	Exakte Lösung
0.1	0.00	0.01
0.2	0.02	0.04
0.3	0.06	0.09
0.4	0.12	0.16
0.5	0.20	0.25
0.6	0.30	0.36

Wie Tabelle 5.2.1 zeigt, ist die berechnete Lösung erwartungsgemäß fehlerbehaftet. Im allgemeinen wird der Fehler aus zwei Quellen gespeist: dem Diskretisierungsfehler, der aus der Ersetzung der Differentialgleichung (5.2.3) durch die Approximation (5.2.9) herrührt und dem Rundungsfehler, der mit der Ausführung der arithmetischen Operationen in (5.2.9) einhergeht.

Der Rundungsfehlereinfluß kann in ganz ähnlicher Weise wie bei der numerischen Integration in Abschnitt 5.1 diskutiert werden. Zwar geht der Diskretisierungsfehler mit h gegen Null, aber die Zahl der erforderlichen arithmetischen Operationen, um die Näherungslösung auf einem gegebenen Intervall $[a, b]$ zu berechnen, wächst für $h \to 0$. Wir können daher die in Abbildung 5.1.3 dargestellte Situation erwarten, in der unterhalb einer Schrittweite h_0 der Rundungsfehler dominant wird. Wie schon bei der numerischen Integration wird man bei den meisten Problemen keine so kleinen Schrittweiten h verwenden, so daß der Diskretisierungsfehler den überwiegenden Teil zum Gesamtfehler beiträgt.

Diskretisierungsfehler

Ist $y_1, \ldots, y_N$ eine Näherungslösung auf dem Intervall $[a, b]$, so ist der *(globale) Diskretisierungsfehler* durch

$$e(h) = \max\ \{|y_i - y(x_i)| : \quad i = 1, \ldots, N\} \tag{5.2.14}$$

definiert, wobei $b = a + Nh$ und $y(x_i)$ die exakte Lösung der Differentialgleichung im Punkte x_i ist. Wir möchten gerne wissen, ob und wie schnell $e(h) \to 0$ für $h \to 0$ geht. Man beachte, daß $b = a + Nh$ ein fester Punkt ist, so daß $N \to \infty$ für $h \to 0$ geht. Wir lassen nur solche h zu, so daß N ganzzahlig ist.

Der erste Schritt in der Untersuchung des Diskretisierungsfehlers besteht in der Einführung des *lokalen Diskretisierungsfehlers*

$$L(h) = \max\ \{|L(x, h)| : \quad a \leq x \leq b - h\}, \tag{5.2.15a}$$

wobei

$$L(x, h) = \tfrac{1}{h}[y(x + h) - y(x)] - f(x, y(x)) \tag{5.2.15b}$$

und y wieder die exakte Lösung von (5.2.1) ist. Wegen $y'(x) = f(x, y(x))$ und unter der Annahme

$$|y''(x)| \leq M, \qquad a \leq x \leq b, \tag{5.2.16}$$

erhält man mit Hilfe der Taylorentwicklung (5.2.10) die Abschätzung

$$L(h) \leq \frac{M}{2} h = O(h). \tag{5.2.17}$$

Das mathematische Problem, das zu behandeln allerdings über den Rahmen dieses Buches hinausgeht, besteht darin zu zeigen, daß auch $e(h)$ von der Ordnung $O(h)$ ist. Ohne Beweis geben wir das folgende grundlegende Ergebnis an.

Satz 5.2.1 (Diskretisierungsfehler beim Euler-Verfahren) *Besitzt die Funktion f eine beschränkte partielle Ableitung bezüglich der zweiten Variablen und besitzt die Lösung von* (5.2.3) *eine beschränkte zweite Ableitung, dann konvergieren die Euler-Näherungen für $h \to 0$ gegen die exakte Lösung und der Diskretisierungsfehler erfüllt $e(h) = O(h)$.*

Man drückt die Tatsache, daß sich der Diskretisierungsfehler wie $O(h)$ verhält, durch die Sprechweise aus, daß das Euler-Verfahren von *erster Ordnung* ist. Die praktische Folgerung daraus ist, daß wir bei Verkleinerung von h erwarten, daß die Näherungslösung genauer wird und gegen die exakte Lösung mit einer zu h proportionalen Geschwindigkeit konvergiert, wenn h gegen Null geht. Beispielsweise erwarten wir bei einer Halbierung der Schrittweite h, daß der Fehler um etwa einen Faktor 2 abnimmt. Dieses Fehlerverhalten ist im folgenden Beispiel zu erkennen.

Wir betrachten die Gleichung $y' = y,\ y(0) = 1$, deren exakte Lösung $y = e^x$ ist. Wir berechnen die Lösung in $x = 1$ mit dem Euler-Verfahren unter Verwendung verschiedener Werte von h (vgl. Tabelle 5.2.2). Die exakte Lösung in $x = 1$ ist $e = 2.718\ldots$. Die Fehler bei Verwendung verschiedener Schrittweiten finden sich in der mittleren Spalte. Die Quotienten der Fehler bei den aufeinanderfolgenden Halbierungen von h sind in der rechten Spalte angegeben, und es ist zu erkennen, daß sie wie erwartet gegen $\frac{1}{2}$ konvergieren.

Tab. 5.2.2 *Fehler beim Euler-Verfahren*

h	Berechneter Wert	Fehler	Fehlerquotient
1	2.000	0.718	
1/2	2.250	0.468	0.65
1/4	2.441	0.277	0.59
1/8	2.566	0.152	0.55
1/16	2.638	0.080	0.53

Verfahren höherer Ordnung

Die in Tabelle 5.2.2 erkennbare sehr langsame Konvergenzgeschwindigkeit für kleiner werdendes h ist für Verfahren erster Ordnung typisch und spricht gegen ihre Verwendung. Wir halten daher nach Verfahren höherer Ordnung Ausschau, in denen sich der Diskretisierungsfehler wie $O(h^p)$ mit $p > 1$ verhält. Der konzeptionell einfachste Zugang zu Verfahren höherer Ordnung besteht in der Verwendung weiterer Glieder in der Taylorentwicklung (5.2.10). Berücksichtigen wir ein weiteres Glied und vernachlässigen das Restglied, so erhalten wir

$$y(x_{k+1}) \doteq y(x_k) + hy'(x_k) + \frac{h^2}{2}y''(x_k). \tag{5.2.18}$$

Wie vorangehend kann $y'(x_k)$ durch $f(x_k, y(x_k))$ ersetzt werden, aber wir müssen jetzt auch noch $y''(x_k)$ bereitstellen. Durch Differentiation der Beziehung $y'(x) = f(x, y(x))$ erhalten wir

$$y''(x) = \frac{d}{dx} f(x, y(x)) = f_x(x, y(x)) + f_y(x, y(x)) y'(x), \tag{5.2.19}$$

wobei der tiefgestellte Index partielle Ableitungen bezeichnet. Ersetzen wir damit $y''(x_k)$ in (5.2.18), so ergibt sich das Verfahren

$$y_{k+1} = y_k + h f(x_k, y_k) + \frac{h^2}{2} [f_x(x_k, y_k) + f_y(x_k, y_k) f(x_k, y_k)],$$

von dem gezeigt werden kann, daß es von zweiter Ordnung ist. Um Verfahren noch höherer Ordnung aufzustellen, müssen noch weitere Glieder der Taylorentwicklung berücksichtigt werden, und es wird immer mühsamer, die Verfahren durchzuführen.

Runge-Kutta-Verfahren

Es gibt zwei weitere üblicherweise verwendete Vorgehensweisen, um zu Verfahren höherer Ordnung zu kommen. Bei der ersten werden in jedem Schritt zusätzliche Auswertungen von f vorgenommen, die geeignet kombiniert werden. Damit gelangt man zu einer Klasse von Verfahren, die unter dem Namen *Runge-Kutta-Verfahren* geläufig sind. Das einfachste dieser Verfahren ist

$$y_{k+1} = y_k + \frac{h}{2} [f(x_k, y_k) + f(x_{k+1}, y_k + h f(x_k, y_k))], \tag{5.2.20}$$

was bedeutet, daß $f(x_k, y_k)$ im Euler-Verfahren durch einen Mittelwert von zwei verschiedenen f-Werten ersetzt worden ist. Es kann gezeigt werden, daß sich der Diskretisierungsfehler dieses Verfahrens wie $e(h) = O(h^2)$ verhält, und man nennt es ein *Runge-Kutta-Verfahren zweiter Ordnung.* Es ist auch unter dem Namen *Heun-Verfahren* bekannt.

Das bekannteste unter den Runge-Kutta-Verfahren ist das folgende Verfahren vierter Ordnung:

$$y_{k+1} = y_k + \frac{h}{6} (F_1 + 2F_2 + 2F_3 + F_4) \tag{5.2.21}$$

mit

$$F_1 = f(x_k, y_k), \qquad F_2 = f\left(x_k + \frac{h}{2}, y_k + \frac{h}{2}F_1\right),$$
$$F_3 = f\left(x_k + \frac{h}{2}, y_k + \frac{h}{2}F_2,\right), \qquad F_4 = f(x_{k+1}, y_k + hF_3).$$

Hier ist $f(x_k, y_k)$ im Euler-Verfahren durch das gewichtete Mittel von f-Werten an vier verschiedenen Punkten ersetzt worden. Runge-Kutta-Verfahren höherer als vierter Ordnung können unter Aufwendung zusätzlicher Auswertungen von f aufgestellt werden. Für $5 \leq p \leq 6$ gibt es Verfahren der Ordnung p, die $p+1$ Berechnungen von f benötigen, für $p = 7$ sind es $p+2$, und für $p \geq 8$ sind mindestens $p+3$ Berechnungen erforderlich. Dies ist im Vergleich zu nur p Auswertungen für $p \leq 4$ zu sehen.

Es ist von Interesse zu bemerken, daß man bei Anwendung des Euler-Verfahrens auf die Differentialgleichung (5.2.1) die summierte Rechteckregel zur numerischen Integration erhält. In ähnlicher Weise führt das Runge-Kutta-Verfahren zweiter Ordnung auf die summierte Trapezformel und das Runge-Kutta-Verfahren vierter Ordnung auf die summierte Simpsonformel (Aufgabe 5.2.4).

Mehrschrittverfahren

Bei einem anderen Weg, Verfahren höherer Ordnung aufzustellen, werden die bereits vorher berechneten Funktionswerte herangezogen und zusätzliche Auswertungen von f sind nicht erforderlich. Das einfachste dieser Verfahren ist

$$y_{k+1} = y_k + \frac{h}{2}(3f_k - f_{k-1}), \tag{5.2.22}$$

für dessen Diskretisierungsfehler $e(h) = O(h^2)$ gezeigt werden kann. Es ist unter dem Namen *Adams-Bashforth-Verfahren zweiter Ordnung* geläufig. Man beachte, daß in (5.2.22) nur die Berechnung von $f_k = f(x_k, y_k)$ nötig ist, da der Wert von f_{k-1} bereits aus dem vorangehenden Schritt bekannt ist.

Durch Verwendung mehrerer vorangehender Werte von f kann man zu Verfahren höherer Ordnung gelangen. Seien $y_k, \ldots, y_{k-N}$ bereits berechnete Näherungen für die Lösung in $x_k, \ldots, x_{k-N}$, sei $f_i = f(x_i, y_i)$, und sei p das Interpolationspolynom vom Grade N, das

$$p(x_i) = f_i, \qquad i = k, k-1, \ldots, k-N, \tag{5.2.23}$$

erfüllt. Wir sehen dann $p(x)$ als eine Näherung für $f(x, y(x))$ an. Da die Lösung der Differentialgleichung $y'(x) = f(x, y(x))$ erfüllt, ist $p(x)$ auch eine Näherung für $y'(x)$, so daß

$$y(x_{k+1}) - y(x_k) = \int_{x_k}^{x_{k+1}} y'(x)\,dx \doteq \int_{x_k}^{x_{k+1}} p(x)\,dx \tag{5.2.24}$$

gilt. Dies führt auf das „Verfahren“

$$y_{k+1} = y_k + \int_{x_k}^{x_{k+1}} p(x)\,dx. \tag{5.2.25}$$

Als nächstes stellen wir einige spezielle Verfahren vor, die aus (5.2.25) für verschiedene Werte von N hervorgehen. Im Falle $N = 0$ ist p gerade die Konstante f_k, und (5.2.25) ist das Euler-Verfahren. Für $N = 1$ ist p die lineare interpolierende Funktion, die $p(x_k) = f_k$ und $p(x_{k-1}) = f_{k-1}$ erfüllt. In Abschnitt 4.1 haben wir drei verschiedene Wege angegeben, Interpolationspolynome aufzustellen. Für unseren momentanen Zweck ist es bequem, die Newtonsche Form (4.1.19) zu verwenden, sie aber ausgehend von (x_k, f_k) rückwärts anzuwenden. Das bedeutet, wir nehmen, wenn $\Delta f_k = f_{k-1} - f_k$ bedeutet,

$$p(x) = p_1(x) = f_k - \frac{(x - x_k)}{h}\Delta f_k, \tag{5.2.26}$$

wobei das Minuszeichen wegen $h = |x_{k-1} - x_k|$ auftritt. Durch Integration von (5.2.26) von x_k bis x_{k+1} erhalten wir aus (5.2.25)

$$y_{k+1} = y_k + hf_k - \frac{h}{2}\Delta f_k = y_k + \frac{h}{2}(3f_k - f_{k-1}), \tag{5.2.27}$$

was die Adams-Bashforth-Formel zweiter Ordnung (5.2.22) darstellt. Man beachte, daß die erste in (5.2.27) angegebene Form erkennen läßt, wie das Euler-Verfahren modifiziert worden ist, um das neue Verfahren zu ergeben.

Im Falle $N = 2$ ist analog p das quadratische Interpolationspolynom durch (x_{k-2}, f_{k-2}), (x_{k-1}, f_{k-1}) und (x_k, f_k). Unter Verwendung von (4.1.19) kann dieses Polynom in der Form

$$p_2(x) = p_1(x) + \frac{(x - x_k)(x - x_{k-1})}{2h^2}\Delta^2 f_k \tag{5.2.28}$$

geschrieben werden, wobei $\Delta^2 f_k = f_k - 2f_{k-1} + f_{k-2}$ bedeutet. Aus (5.2.25) erhält man daher das Verfahren

$$y_{k+1} = y_k + hf_k - \frac{h}{2}\Delta f_k + \frac{5}{6}h\Delta^2 f_k. \tag{5.2.29}$$

Hierin ist zu erkennen, wie das Zweischrittverfahren (5.2.27) modifiziert worden ist. Wir können (5.2.29) auch in die Form

$$y_{k+1} = y_k + \frac{h}{12}(23f_k - 16f_{k-1} + 5f_{k-2}) \tag{5.2.30}$$

umschreiben. Für $N = 3$ ist das Interpolationspolynom von drittem Grade, und das sich ergebende Verfahren lautet

$$y_{k+1} = y_k + \frac{h}{24}(55f_k - 59f_{k-1} + 37f_{k-2} - 9f_{k-3}). \tag{5.2.31}$$

Es kann gezeigt werden, daß der Diskretisierungsfehler von (5.2.30) von der Ordnung $O(h^3)$ und der von (5.2.31) von der Ordnung $O(h^4)$ ist. Dementsprechend heißen sie *Adams-Bashforth-Verfahren dritter* bzw. *vierter Ordnung.* Im Prinzip läßt sich die vorangehende Konstruktion fortsetzen, um mit zunehmender Zahl berücksichtigter vorangehender Punkte und entsprechend wachsendem Grad des Interpolationspolynoms p Adams-Bashforth-Verfahren beliebig hoher Ordnung aufzustellen. Diese Formeln nehmen mit wachsendem N an Komplexität zu, die Bauweise bleibt aber dieselbe.

Die Adams-Bashforth-Verfahren gehören zu den *Mehrschrittverfahren*, da bei ihnen auch vorangehende Daten verwendet werden. Die Formel (5.2.27) stellt ein Zweischritt-, (5.2.30) ein Dreischritt- und (5.2.31) ein Vierschrittverfahren dar. Dies ist im Vergleich mit den Runge-Kutta-Verfahren zu sehen, bei denen keine vorangehenden Daten verwendet werden und die daher *Einschrittverfahren* genannt werden. Es ist auch möglich, Verfahren zu konzipieren, die eine Kombination von Mehrschritt- und Einschrittverfahren darstellen.

Das Problem der Startwerte

Bei Mehrschrittverfahren tritt ein Problem auf, das bei Einschrittverfahren nicht vorhanden ist. Betrachten wir einmal das Adams-Bashforth-Verfahren aus (5.2.31). Der Startwert y_0 ist gegeben, aber setzt man $k = 0$ in (5.2.31), so werden auch Werte an den Stellen x_{-1}, x_{-2} und x_{-3}, benötigt, die nicht vorhanden sind. Das hier sichtbar werdende Problem ist, daß Mehrschrittverfahren eine „Starthilfe“ benötigen. Wir können (5.2.31) erst ab $k \geq 3$ verwenden, und

(5.2.30) erst ab $k \geq 2$ ist. Eine übliche Taktik besteht in der anfänglichen Verwendung eines Einschrittverfahrens, etwa eines Runge-Kutta-Verfahrens derselben Fehlerordnung, bis genügend viele Werte berechnet sind, um das Mehrschrittverfahren einzusetzen. Dasselbe Problem tritt auf, wenn die Schrittweite im Laufe der Rechnung geändert werden soll. Wird zum Beispiel die Schrittweite h an der Stelle x_k auf $\frac{h}{2}$ herabgesetzt, so werden Werte von y und f in $x_k - \frac{h}{2}$ benötigt, die nicht vorliegen. Wieder könnte ein Runge-Kutta-Verfahren von x_{k-1} aus mit der Schrittweite $\frac{h}{2}$ zum Einsatz kommen. Als eine vorteilhafte Alternative dazu bietet sich die Verwendung einer Interpolationsformel an, wobei man Sorgfalt walten lassen muß, daß die Gesamtgenauigkeit gewahrt bleibt. Im allgemeinen ist es sehr viel einfacher, die Schrittweite bei einem Einschritt- als bei einem Mehrschrittverfahren zu wechseln.

Implizite und Prädiktor-Korrektor-Verfahren

Ein bedeutender Vorteil der Adams-Bashforth-Verfahren gegenüber den Runge-Kutta-Verfahren ist darin zu sehen, daß auch Verfahren hoher Ordnung nur eine Auswertung von f pro Schritt benötigen. Jedoch können sich Adams-Bashforth-Verfahren instabil verhalten, was sich aus dem Umstand verstehen läßt, daß sie durch Integration des Interpolationspolynoms außerhalb des Intervalls, das die interpolierten Daten enthält, entstanden sind. Wir können versuchen, diesem Nachteil durch Verwendung des Punktes x_{k+1} bei der Interpolation entgegenzuwirken, was auf die *Adams-Moulton-Verfahren* führt.

Ist p die lineare (x_k, f_k) und (x_{k+1}, f_{k+1}) interpolierende Funktion, so ergibt sich aus (5.2.25)

$$y_{k+1} = y_k + \frac{h}{2}(f_{k+1} + f_k), \tag{5.2.32}$$

was die *Adams-Moulton-Formel zweiter Ordnung* ist. Stellt analog p das kubische Interpolationspolynom zu den Punkten (x_{k+1}, f_{k+1}), (x_k, f_k), (x_{k-1}, f_{k-1}) und (x_{k-2}, f_{k-2}) dar, so erhält man aus (5.2.25)

$$y_{k+1} = y_k + \frac{h}{24}(9f_{k+1} + 19f_k - 5f_{k-1} + f_{k-2}), \tag{5.2.33}$$

also die *Adams-Moulton-Formel vierter Ordnung.*

In den Formeln (5.2.32) und (5.2.33) ist jedoch f_{k+1} nicht bekannt, da y_{k+1} benötigt wird, um $f(x_{k+1}, y_{k+1}) = f_{k+1}$ zu berechnen, aber y_{k+1} liegt noch nicht vor. Die Adams-Moulton-Verfahren definieren daher y_{k+1} nur implizit. Beispielsweise ist (5.2.32) in Wirklichkeit als Gleichung

$$y_{k+1} = y_k + \frac{h}{2}[f(x_{k+1}, y_{k+1}) + f_k], \tag{5.2.34}$$

für den unbekannten Wert y_{k+1} zu verstehen, und das Entsprechende gilt für (5.2.33). Die Adams-Moulton-Verfahren werden daher als *implizit* bezeichnet, wogegen die Adams-Bashforth-Verfahren *explizit* genannt werden, da bei ihnen keine Gleichung gelöst werden muß, um y_{k+1} zu erhalten.

Im Prinzip könnten wir versuchen, y_{k+1} aus (5.2.34) mit Hilfe des Newtonverfahrens oder einer der anderen in Abschnitt 4.3 behandelten Lösungsmethoden für Gleichungen zu berechnen. Es gibt aber auch eine andere Weise, implizite Verfahren zu verwenden, in dem man eine explizite Formel mit einer impliziten zu einem sogenannten *Prädiktor-Korrektor-Verfahren* kombiniert. Ein geläufiges Prädiktor-Korrektor-Verfahren besteht aus der Kombination der Adams-Verfahren (5.2.31) und (5.2.33) vierter Ordnung:

$$y_{k+1}^{(p)} = y_k + \tfrac{h}{24}(55f_k - 59f_{k-1} + 37f_{k-2} - 9f_{k-3}), \tag{5.2.35a}$$

$$f_{k+1}^{(p)} = f(x_{k+1}, y_{k+1}^{(p)}), \tag{5.2.35b}$$

$$y_{k+1} = y_k + \tfrac{h}{24}(9f_{k+1}^{(p)} + 19f_k - 5f_{k-1} + f_{k-2}). \tag{5.2.35c}$$

Dieses Verfahren ist vollständig explizit. Zuerst wird ein „vorhergesagter" Wert $y_{k+1}^{(p)}$ für y_{k+1} mit dem Adams-Bashforth-Verfahren berechnet, dann wird $y_{k+1}^{(p)}$ verwendet, um eine Näherung für f_{k+1} zu erhalten, die dann in die Adams-Moulton-Formel Eingang findet. In diesem Sinne „korrigiert" die Adams-Moulton-Formel die mit der Adams-Bashforth-Formel berechnete Näherung. Man könnte in (5.2.35c) auch weitere Korrektorschritte ausführen. Die wiederholte Anwendung der Korrektorformel stellt in der Tat ein iteratives Verfahren zur Lösung der nichtlinearen Gleichung (5.2.33) dar.

Systeme von Differentialgleichungen und ein numerisches Beispiel

Als nächstes geben wir an, wie die bisher behandelten Verfahren auf Systeme angewendet werden können. Betrachten wir das in Vektorform notierte System (5.2.4)

$$\mathbf{y}'(x) = \mathbf{f}(x, \mathbf{y}(x)). \tag{5.2.36}$$

Hier bezeichnet $\mathbf{y}(x)$ den Vektor mit den Komponenten $y_1(x), \ldots, y_n(x)$, $\mathbf{y}'(x)$ den Vektor $y_1'(x), \ldots, y_n'(x)$ und $\mathbf{f}$ den Vektor $f_1(x, \mathbf{y}(x)), \ldots, f_n(x, \mathbf{y}(x))$. Das Euler-Verfahren (5.2.9) für das System (5.2.36) kann dann in der Form

$$\mathbf{y}_{k+1} = \mathbf{y}_k + h\mathbf{f}(x_k, \mathbf{y}_k), \quad k = 0, 1, \ldots, \tag{5.2.37}$$

geschrieben werden, wobei $\mathbf{y}_1, \mathbf{y}_2, \ldots$ Vektornäherungen für die Lösung $\mathbf{y}$ sind, und $\mathbf{y}_0$ der Vektor der Anfangsbedingungen ist. Selbstverständlich können wir (5.2.37) auch komponentenweise anschreiben: für $n = 2$ ergibt dies

$$\left.\begin{aligned} y_{1,k+1} &= y_{1,k} + hf_1(x_k, y_{1,k}, y_{2,k}) \\ y_{2,k+1} &= y_{2,k} + hf_2(x_k, y_{1,k}, y_{2,k}) \end{aligned}\right\}, \quad k = 0, 1 \ldots .$$

Die komprimierte Vektornotation (5.2.37) ist natürlich von Vorteil, besonders wenn die Zahl der Gleichungen groß ist.

Analog kann das Runge-Kutta-Verfahren (5.2.20) zweiter Ordnung für (5.2.36) in der Vektorform

$$\mathbf{y}_{k+1} = \mathbf{y}_k + \frac{h}{2}[\mathbf{f}(x_k, \mathbf{y}_k) + \mathbf{f}(x_{k+1}, \mathbf{y}_k + h\mathbf{f}(x_k, \mathbf{y}_k))] \tag{5.2.38}$$

notiert werden, analog das Adams-Bashforth-Verfahren zweiter Ordnung (5.2.22) in der Gestalt

$$\mathbf{y}_{k+1} = \mathbf{y}_k + \frac{h}{2}(3\mathbf{f}_k - \mathbf{f}_{k-1}). \tag{5.2.39}$$

Wir geben als nächstes die Ergebnisse einiger numerischer Rechnungen für das Räuber-Beute-Modell (5.2.6) an, das ein System von zwei Gleichungen für zwei unbekannte Funktionen y_1 und y_2 darstellt. Wir haben dabei die Parameter in (5.2.6) wie folgt gesetzt: $c_{11} = 0.25, c_{12} = -0.01, c_{21} = -1.0, c_{22} = 0.01$. In allen Fällen wurden die Startwerte $y_1(0) = 80, y_2(0) = 30$ verwendet.

Die Abbildungen 5.2.1 und 5.2.2 zeigen Näherungslösungen für (5.2.6), die von verschiedenen Verfahren dieses Abschnitts erzeugt werden. In allen Fällen ist y_1 (die Beute) über y_2 (dem Räuber) aufgetragen, beide als Funktionen der Zeit t. Die Bewegung erfolgt mit wachsendem t im Uhrzeigersinn.

Abbildung 5.2.1 gibt für das Euler-Verfahren die Abhängigkeit der Lösung von der Schrittweitengröße h wieder. Die Werte von h sind $1, 0.5$ und 0.25. Man erkennt, daß bei Halbierung der Schrittweite der Fehler etwa halbiert wird, was die $O(h)$-Konvergenz andeutet. Es ist klar, daß die Fehler auch noch für $h = 0.25$

groß sind. Die als „exakt“ verwendete Lösung wurde mit einem Runge-Kutta-Verfahren hoher Ordnung berechnet, sie kann für den Zweck eines Vergleichs mit Verfahren niedriger Ordnung als genau angesehen werden.

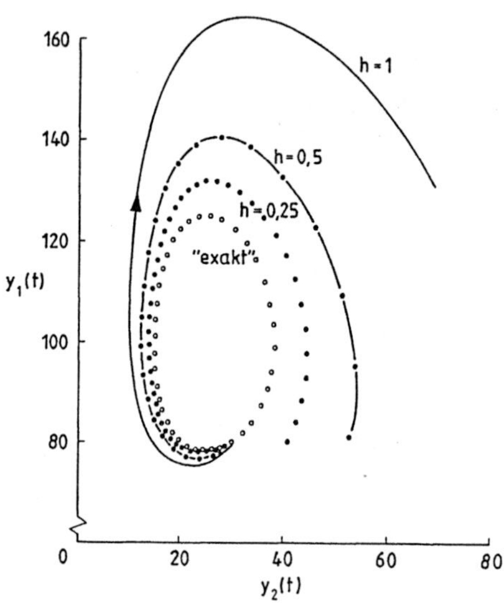

Abb. 5.2.1 *Das Euler-Verfahren für* (5.2.6) *mit verschiedenen Schrittweiten*

In Abbildung 5.2.2(a) ist die Auswirkung der Verwendung eines Verfahrens zweiter Ordnung anstelle des Euler-Verfahrens erster Ordnung zu erkennen. Hier ist der Fehler bei der Schrittweite $h = 1$ kleiner als der beim Euler-Verfahren mit $h = 0.25$. Man beachte, daß die Näherungslösung wie beim Euler-Verfahren von der exakten Lösung weg spiralförmig nach außen abdriftet.

Die Abbildung 5.2.2(b) ist mit dem Adams-Bashforth-Verfahren und mit einem Prädiktor-Korrektor-Verfahren, das auf dem Adams-Bashforth- und dem Adams-Moulton-Verfahren zweiter Ordnung beruht, gewonnen worden. Das Prädiktor-Korrektor-Verfahren arbeitet im Prinzip wie (5.2.35), es ist ausführlich in Aufgabe 5.2.12 beschrieben. Bei beiden Verfahren wurde wieder mit der Schrittweite $h = 1$ gerechnet. Man beachte die starke Auswirkung, die der Korrektorschritt mit sich bringt: die Genauigkeit verbessert sich etwas, aber auffälliger ist, daß die Näherungslösung nun spiralförmig nach innen abdriftet.

Die Fehler im Runge-Kutta- und in den Adams-Verfahren sind vergleichbar groß, obwohl das Runge-Kutta-Verfahren für das vorliegende Problem genauer ist. Diese Verfahren zweiter Ordnung erfordern zwei Auswertungen von f

pro Schritt, dagegen würde bei den entsprechenden Verfahren vierter Ordnung das Runge-Kutta-Verfahren vier und das Adams-Prädiktor-Korrektor-Verfahren weiterhin nur zwei Auswertungen von f benötigen.

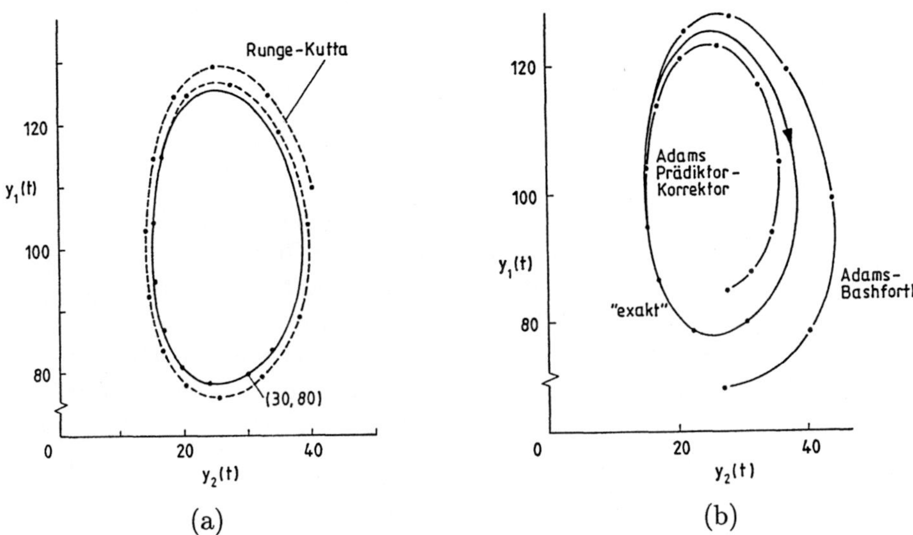

Abb. 5.2.2 *(a) Runge-Kutta-Verfahren zweiter Ordnung (spiralförmiges Abdriften) mit h = 1 (b) Adams-Bashforth-Verfahren zweiter Ordnung und Adams-Prädiktor-Korrektor-Verfahren*

Instabile Lösungen

Eine mögliche Schwierigkeit bei der Lösung von Anfangswertaufgaben besteht darin, daß die Lösung der Differentialgleichung instabil sein kann. Betrachten wir die folgende Differentialgleichung zweiter Ordnung

$$y'' - 10y' - 11y = 0 \tag{5.2.40}$$

mit den Anfangsbedingungen

$$y(0) = 1, \qquad y'(0) = -1. \tag{5.2.41}$$

Die Lösung von (5.2.40), (5.2.41) ist, wie man leicht bestätigt, $y = e^{-x}$. Wir nehmen nun an, daß die erste Anfangsbedingung um eine kleine Größe ε abgeändert wird, so daß die Anfangsbedingungen jetzt

$$y(0) = 1 + \varepsilon, \qquad y'(0) = -1 \tag{5.2.42}$$

sind. Wiederum bestätigt man leicht, daß die Lösung von (5.2.40) mit den Anfangsbedingungen (5.2.42) durch

$$y = (1 + \tfrac{11}{12}\varepsilon)e^{-x} + \frac{\varepsilon}{12}e^{11x} \tag{5.2.43}$$

gegeben ist. Man erkennt, daß der zweite Summand in (5.2.43) bewirkt, daß die Lösung für $x \to \infty$ gegen Unendlich geht, gleichgültig wie klein $\varepsilon > 0$ gewählt wird. Man sagt, daß die Lösung $y = e^{-x}$ des Problems (5.2.40), (5.2.41) *instabil* ist, denn beliebig kleine Änderungen in den Anfangsbedingungen können beliebig große Änderungen in der Lösung hervorrufen, wenn $x \to \infty$ geht. Beim wissenschaftlichen Rechnen würde man auch davon sprechen, daß das Problem *schlecht konditioniert* ist. Es ist äußerst schwierig, die Lösung numerisch zu berechnen, da Rundungs- und Diskretisierungsfehler denselben Effekt wie ein Wechsel in den Anfangsbedingungen bewirken und die Näherungslösung dazu neigt, nach Unendlich zu divergieren (Aufgabe 5.2.18).

Instabile Verfahren

Das vorangehende Beispiel beleuchtet Instabilitäten der Lösung von Differentialgleichungen selbst. Wir wenden uns nun möglichen Instabilitäten des numerischen Verfahrens zu. Betrachten wir das Verfahren

$$y_{n+1} = y_{n-1} + 2hf_n, \tag{5.2.44}$$

das dem Euler-Verfahren ähnlich ist, aber ein von zweiter Ordnung genaues Mehrschrittverfahren darstellt, was man leicht bestätigt (Aufgabe 5.2.19).

Wir wenden nun (5.2.44) auf das Problem

$$y' = -2y + 1, \qquad y(0) = 1, \tag{5.2.45}$$

an, dessen exakte Lösung

$$y = \tfrac{1}{2}e^{-2x} + \tfrac{1}{2} \tag{5.2.46}$$

ist. Diese Lösung ist stabil, da für eine geänderte Anfangsbedingung $y(0) = 1+\varepsilon$ die Lösung

$$y = (\tfrac{1}{2} + \varepsilon)e^{-2x} + \tfrac{1}{2}$$

lautet und die Änderung in (5.2.46) nur εe^{-2x} beträgt. Die Anwendung des Verfahrens (5.2.44) auf (5.2.45) ergibt

$$y_{n+1} = y_{n-1} + 2h(-2y_n + 1) = -4hy_n + y_{n-1} + 2h, \quad y_0 = 1, \quad (5.2.47)$$

wobei y_0 gleich der gegebenen Anfangsbedingung genommen wird. Da es sich jedoch bei (5.2.44) um ein Zweischrittverfahren handelt, müssen wir noch y_1 bereitstellen, damit die Rechnung losgehen kann. Wir nehmen für y_1 den exakten Lösungswert aus (5.2.46) an der Stelle $x = h$:

$$y_1 = \tfrac{1}{2}e^{-2h} + \tfrac{1}{2}. \quad (5.2.48)$$

Wenn wir nun für irgendein $h > 0$ die Folge $\{y_n\}$ mit Hilfe von (5.2.47) und (5.2.48) berechnen, dann zeigt sich, daß $|y_n| \to \infty$ für $n \to \infty$ geht, anstatt das Verhalten der Lösung (5.2.46) der Differentialgleichung, wenn $x \to \infty$ geht, wiederzuspiegeln. Das Verfahren (5.2.44) zeigt daher ein instabiles Verhalten, obwohl es von zweiter Ordnung genau ist.

Die Stabilität von Verfahren

Alle bisher beschriebenen Mehrschrittverfahren sind Spezialfälle der sogenanten *linearen Mehrschrittverfahren* der Gestalt

$$y_{k+1} = \sum_{i=1}^{m} \alpha_i y_{k+1-i} + h \sum_{i=0}^{m} \beta_i f_{k+1-i}, \quad (5.2.49)$$

wobei wie bisher $f_j = f(x_j, y_j)$ bezeichnet und m eine fest gewählte natürliche Zahl ist. Das Verfahren (5.2.49) wird als linear bezeichnet, da y_{k+1} eine Linearkombination der y_i und f_i ist. Im Falle $\beta_0 = 0$ ist das Verfahren explizit und im Falle $\beta_0 \neq 0$ implizit. In allen Adams-Verfahren ist $\alpha_1 = 1$ und $\alpha_i = 0$, $i > 1$; in den Adams-Bashforth-Verfahren ist $\beta_0 = 0$, und in den Adams-Moulton-Verfahren ist $\beta_0 \neq 0$.

Dem Verfahren (5.2.49) wird das Polynom

$$\rho(\lambda) \equiv \lambda^m - \alpha_1 \lambda^{m-1} - \cdots \alpha_{m-1}\lambda - \alpha_m \quad (5.2.50)$$

zugeordnet. Das Verfahren(5.2.49) heißt *stabil*, wenn alle Wurzeln λ_i von p die Bedingung $|\lambda_i| \leq 1$ erfüllen und jede Wurzel vom Betrage $|\lambda_i| = 1$ einfach ist. Das Verfahren heißt *stark stabil*, wenn zusätzlich $m-1$ der Wurzeln von p der Bedingung $|\lambda_i| < 1$ genügen. (Man beachte, daß manche Autoren die Bezeichnungen *schwach stabil* und *stabil* anstelle von stabil und stark stabil verwenden.)

Jedes Verfahren, daß von wenigstens erster Ordnung genau ist, muß die Bedingung $\sum_{i=1}^{m} \alpha_i = 1$ erfüllen, so daß 1 eine Wurzel von (5.2.50) ist. In diesem Fall besitzt (5.2.50) für ein stark stabiles Verfahren 1 als Wurzel, während alle anderen Wurzeln vom Betrage kleiner 1 sind. Für ein m-Schritt-Adams-Verfahren ist $\rho(\lambda) = \lambda^m - \lambda^{m-1}$, so daß $m-1$ Wurzeln gleich Null sind, und diese Verfahren sind stark stabil. Es ist möglich, diese Definitionen so zu erweitern, daß auch Runge-Kutta-Verfahren einbegriffen werden, und auch sie sind stets stark stabil.

Für das Verfahren (5.2.44) ist das Polynom (5.2.50) gleich $\rho(\lambda) = \lambda^2 - 1$, und die Wurzeln sind ± 1. Dieses Verfahren ist daher nicht stark stabil, und gerade die nicht vorhandene starke Stabilität gibt zu dem instabilen Verhalten der durch (5.2.47) und (5.2.48) definierten Folge $\{y_k\}$ Anlaß (vgl. die ergänzenden Bemerkungen).

Die eben vorgestellte Stabilitätstheorie erfaßt die Stabilität im Limes $h \to 0$, und das für Instabilität angegebene Beispiel läßt erkennen, welche Erscheinungen für beliebig kleine h auftreten können, wenn das Verfahren zwar stabil, aber nicht stark stabil und das Intervall unbeschränkt ist. Auf einem beschränkten Intervall liefert ein stabiles Verfahren für genügend kleines h genaue Ergebnisse. Andererseits können sogar stark stabile Verfahren ein instabiles Verhalten zeigen, wenn h zu groß ist. Obwohl h prinzipiell genügend klein gewählt werden kann, um diese Komplikation zu überwinden, verbietet sich dies unter Umständen aus Gründen der Rechenzeit oder der Rundungsfehler. Diese Situation tritt bei Differentialgleichungen ein, die als *steif* bezeichnet werden, und als nächstes diskutieren wir kurz diese Art von Problemen.

Steife Gleichungen

Betrachten wir die Gleichung

$$y' = -100y + 100, \qquad y(0) = y_0 = 2. \tag{5.2.51}$$

Die exakte Lösung dieses Problem ist

$$y = e^{-100x} + 1. \tag{5.2.52}$$

Die Lösung ist stabil, denn wenn wir die Anfangsbedingung in $2+\varepsilon$ abändern, so ändert sich die Lösung um εe^{-100x}. Das auf (5.2.51) angewandte Euler-Verfahren lautet

$$y_n = y_{n-1} + h(-100y_{n-1} + 100) = (1 - 100h)y_{n-1} + 100h. \tag{5.2.53}$$

Schreibt man diese Formel für y_{n-1}, y_{n-2} usw. an, so erkennt man für y_n die Darstellung

$$y_n = (1 - 100h)^n + 1. \tag{5.2.54}$$

Man beachte, daß y sehr schnell von $y_0 = 2$ auf den Grenzwert 1 abfällt; zum Beispiel ist $y(0.1) \doteq 1 + 5 \times 10^{-5}$. Am Anfang der Rechnung erwarten wir daher, daß eine kleine Schrittweite h zu verwenden ist, um die Lösung genau zu berechnen. Nachdem, sagen wir, $x = 0.1$ erreicht ist, ist die Lösung langsam veränderlich und ziemlich genau gleich 1, so daß wir anschaulich erwarten würden, eine genügende Genauigkeit mit dem Euler-Verfahren unter Verwendung eines relativ großen h erreichen zu können. Jedoch erkennen wir in (5.2.54), daß für $h > 0.02$ der Ausdruck $|1 - 100h| > 1$ wird, so daß die Näherung y_n in jedem Schritt wächst und ein instabiles Verhalten an den Tag legt. Die Größe $(1 - 100h)^n$ stellt eine Approximation an den Exponentialterm e^{-100x} dar, die für kleines h eine gute Näherung ist, aber die sehr ungenau wird, wenn h größer als 0.02 ist. Obgleich der Exponentialterm ab $x = 0.1$ so gut wie nichts mehr zur Lösung (5.2.52) beiträgt, verlangt das Euler-Verfahren, daß er allein aus Stabilitätsgründen weiterhin mit genügender (relativer) Genauigkeit approximiert wird. Das ist das typische Phänomen bei steifen Gleichungen: die Lösung enthält Komponenten, die sehr wenig zur Lösung beitragen, die aber bei Verwendung der üblichen Methoden trotzdem genau approximiert werden müssen.

Die generelle Vorgehensweise, um mit der Steifheit klar zu kommen, besteht in der Verwendung impliziter Verfahren. Es liegt außerhalb des Ziels dieses Buches, dies in größeren Einzelheiten auszuführen, und wir werden nur grob andeuten, worin die Bedeutung impliziter Verfahren in diesem Zusammenhang besteht, in dem wir eins der einfachsten Verfahren auf das Problem (5.2.51) anwenden. Für die allgemeine Gleichung $y' = f(x, y)$ ist das Verfahren

$$y_{n+1} = y_n + hf(x_{n+1}, y_{n+1}) \tag{5.2.55}$$

unter dem Namen *rückwärtige Euler-Formel* bekannt. Es besitzt die Gestalt des Euler-Verfahrens, außer daß f an den Stellen (x_{n+1}, y_{n+1}) anstatt an (x_n, y_n)

ausgewertet wird, so daß es sich um ein implizites Verfahren handelt. Bei Anwendung von (5.2.55) auf (5.2.51) erhalten wir

$$y_{n+1} = y_n + h(-100y_{n+1} + 100), \tag{5.2.56}$$

was auch in der Form

$$y_{n+1} = (1 + 100h)^{-1}(y_n + 100h) \tag{5.2.57}$$

geschrieben werden kann. Entsprechend zu (5.2.54) können die mit (5.2.57) erzeugten Näherungen auf die Gestalt

$$y_n = \frac{1}{(1 + 100h)^n} + 1 \tag{5.2.58}$$

gebracht werden, und wir sehen, daß unabhängig von der Größe von h kein instabiles Verhalten auftritt. Man beachte, daß beim Euler-Verfahren versucht wird, die Lösung durch ein Polynom anzunähern, aber kein Polynom (außer 0) ist in der Lage, e^{-x} für $x \to \infty$ zu approximieren. Mit dem rückwärtigen Euler-Verfahren approximieren wir die Lösung durch eine rationale Funktion, und solche Funktionen können in der Tat für $x \to \infty$ gegen Null gehen.

Das rückwärtige Euler-Verfahren ist wie das Euler-Verfahren selbst nur von erster Ordnung genau. Eine bessere Wahl wäre das folgende Adams-Moulton-Verfahren (5.2.34) zweiter Ordnung, das auch als *Trapezformel* bezeichnet wird:

$$y_{n+1} = y_n + \frac{h}{2}[f_n + f(x_{n+1}, y_{n+1})]. \tag{5.2.59}$$

Am Beispiel von (5.2.51) beurteilt, erscheint die Verwendung des impliziten Verfahrens einfach zu sein, was irreführend ist, da es sich um eine lineare skalare Differentialgleichung handelt, so daß man in (5.2.56) leicht nach y_{n+1} auflösen kann. Ist die Differentialgleichung jedoch nichtlinear, so erfordert die Durchführung des Verfahrens in jedem Schritt die Lösung einer nichtlinearen Gleichung für y_{n+1} und allgemeiner für ein System von Differentialgleichungen die Lösung eines Gleichungssystems (linear oder nichtlinear, abhängig von der Differentialgleichung). Das kostet zwar Rechenzeit, aber die effektive Behandlung steifer Gleichungen erfordert einen gewissen impliziten Charakter des numerischen Verfahrens.

Parallel- und Vektorrechnen

Die Lösung einer einzelnen Differentialgleichung $y' = f(x, y)$ erlaubt keine großartige Parallelisierung, außer wenn f aus einer Anzahl von Ausdrücken zusammengesetzt ist, die unabhängig voneinander berechnet werden können. Ist zum Beispiel

$$f = x^2 + \cos x + y^2 + e^y + \sin xy, \tag{5.2.60}$$

so könnten die einzelnen Summanden parallel berechnet und die Resulte dann addiert werden. Ordnet man aber die Summanden in (5.2.60) fünf verschiedenen Prozessoren zu, so tritt ein Ungleichgewicht in der Auslastung auf, da die trigonometrischen Funktionen und die Exponentialfunktion mehr Zeit als die anderen Terme für ihre Berechnung benötigen.

Eine größere Möglichkeit zur Parallelisierung liegt bei Systemen $\mathbf{y}' = \mathbf{f}(x, \mathbf{y})$ vor. Sind n Gleichungen gegeben, so liegt es nahe, die n Funktionen $f_1, \ldots, f_n$ auch n Prozessoren zur Berechnung zuzuweisen. Jedoch können bei dieser naiven Zuweisung auch hier wieder nachteilige Lastungleichgewichte auftreten, da einige der f_i sehr rechenintensiv und andere sehr leicht berechenbar sein können. Zudem kann in den Funktionsauswertungen eine Redundanz vorhanden sein, die ausgenutzt werden sollte. Betrachten wir dazu das Beispiel der beiden Funktionen

$$\begin{aligned} f_1(x, y_1, y_2) &= x^2 + y_1^3 y_2^3 + y_2^2 \\ f_2(x, y_1, y_2) &= x^2 + y_1^3 y_2^3 + y_1^2. \end{aligned}$$

Bei einer Berechnung jeder der Funktionen unabhängig von der anderen würde ein beträchtlicher Teil der Arbeit bei den gemeinsamen Ausdrücken doppelt geleistet werden.

In vielen Systemen ist die Zahl der Gleichungen klein, sagen wir 3 bis 5, und das ermöglicht keine große Parallelisierung. Entsteht das System etwa aus einer einzelnen Gleichung höherer Ordnung, so wird die Zahl der Gleichungen kaum einmal 4 überschreiten, wobei noch die meisten darunter trivial sind (vgl. dazu die ergänzenden Bemerkungen). Aber auch wenn die Zahl der Gleichungen genügend groß ist, können die f_i so heterogen sein, daß eine gute Vektorisierung nicht möglich ist. Eine Situation, in der eine große Zahl von Gleichungen und günstige Vektorisierungseigenschaften vorliegen, findet man bei der „Linienmethode“ zur Lösung partieller Differentialgleichungen vor. Diese Methode wird in Abschnitt 5.5 behandelt.

Schließlich gibt es noch eine andere mögliche Quelle für Parallelität bei steifen Systemen. Bei einem impliziten Verfahren muß in jedem Schritt ein nichtlineares Gleichungssystem gelöst werden. Dafür könnte das Newtonverfahren in Frage kommen, das die Lösung linearer Gleichungssysteme verlangt. Wir werden die parallele Lösung linearer Systeme in den Kapiteln 7 – 9 behandeln.

Ergänzende Bemerkungen und Literaturhinweise zu Abschnitt 5.2

1. Es gibt eine Zahl ausgezeichneter Bücher über die numerische Lösung von Anfangswertaufgaben gewöhnlicher Differentialgleichungen. Zwei klassische Bücher sind Henrici [1962] und Gear [1971]. Neuere umfassende Darstellungen geben Butcher [1987] und Hairer, Nørsett und Wanner [1987]. Weitere Informationen über das Räuber-Beute-Modell und andere Fragestellungen aus der mathematischen Biologie findet man zum Beispiel in Rubinov [1975].

2. Es ist üblich, Differentialgleichungen höherer Ordnung in ein System von Gleichungen erster Ordnung zu überführen. Zum Beispiel kann die folgende Gleichung n-ter Ordnung

$$y^{(n)}(x) = f(x, y(x), \ldots, y^{(n-1)}(x)) \tag{5.2.61}$$

in ein System erster Ordnung umgeschrieben werden, in dem man die Variablen

$$y_i(x) = y^{(i-1)}(x), \qquad i = 1, \ldots, n, \tag{5.2.62}$$

einführt. In den neuen Variablen geschrieben lautet (5.2.61)

$$y_n'(x) = f(x, y_1(x), \ldots, y_n(x)). \tag{5.2.63}$$

Differentiation von (5.2.62) ergibt

$$y_i'(x) = y_{i+1}(x), \qquad i = 1, \ldots, n-1, \tag{5.2.64}$$

und (5.2.63) stellt zusammen mit (5.2.64) ein System von n Gleichungen erster Ordnung dar.

3. Für das allgemeine lineare Mehrschrittverfahren (5.2.49) ist der lokale Diskretisierungsfehler $L(x, h)$ an der Stelle x durch

$$\frac{1}{h}[y(x+h) - \sum_{i=1}^{m} \alpha_i y(x-(i-1)h)] - \sum_{i=0}^{m} \beta_i y'(x-(i-1)h) \tag{5.2.65}$$

definiert, wobei y die Lösung der Differentialgleichung ist. Für jede Wahl von m und von Konstanten α_i und β_i kann man den lokalen Diskretisierungsfehler durch Taylorentwicklung von y und y' um x berechnen. Im besonderen läßt sich unter passenden Voraussetzungen über die Differenzierbarkeit der Lösung zeigen, daß die Adams-Bashforth-Verfahren (5.2.30) und (5.2.31) von dritter bzw. vierter Ordnung sind, während die Adams-Moulton-Verfahren (5.2.32) und (5.2.33) die Ordnung zwei bzw. vier besitzen. Die Bestätigung dieser Aussagen verschieben wir auf Aufgabe 5.2.14. Gute Implementierungen der Adams-Codes sehen die Möglichkeit vor, sowohl die Schrittweite als auch die Ordnung zu steuern. Weitere Einzelheiten über eine spezielle Sammlung von Codes -ODEPACK- findet man in Hindmarsh [1983]. Für weitere Gesichtspunkte zu Theorie und Praxis der Adams-Verfahren halte man sich zum Beispiel an die Bücher von Gear [1971] und Butcher [1987].

4. Bei einer anderen Herleitung der Mehrschrittverfahren geht man von der allgemeinen linearen Methode (5.2.49) aus und verlangt, daß sie exakt ist, sofern die Lösung y der Differentialgleichung ein Polynom vom Grade q ist. Das hat zur Folge, daß das Verfahren von q-ter Ordnung ist. Im Falle $q = 1$ zum Beispiel muß (5.2.65) Null sein, falls die Lösung eine Konstante ist. In diesem Fall verschwinden alle y_i', und wir erhalten die Bedingung

$$1 = \sum_{i=1}^{m} \alpha_i. \tag{5.2.66}$$

Analog führt die Forderung, daß (5.2.49) für die Lösung $y = x$ exakt ist, zu der Bedingung

$$m + 1 = \alpha_1 m + \alpha_2(m-1) + \cdots + \alpha_m + \sum_{i=0}^{m} \beta_i. \tag{5.2.67}$$

Die Beziehungen (5.2.66) und (5.2.67) zwischen den Koeffizienten α_i und β_i werden *Konsistenzbedingungen* für Mehrschrittverfahren genannt. Sie sind notwendige und hinreichende Bedingungen, daß das Verfahren von erster Ordnung ist. Man kann auf diese Weise fortfahren und Beziehungen zwischen den α_i und β_i aufstellen, die notwendig und hinreichend sind, daß ein Verfahren eine bestimmte Ordnung besitzt. Mehr über Mehrschrittverfahren erfährt man zum Beispiel in Henrici [1962] und Butcher [1987].

5. Die im vorangehenden Abschnitt diskutierte Romberg-Integration ist ein spezieller Fall der *Grenzwertextrapolation* von Richardson, die auf Differentialgleichungen und eine Vielzahl anderer Probleme angewandt werden kann, um Verfahren höherer Ordnung zu gewinnen. Man bezeichne mit $y(x^*; h)$ die Näherung

für die Lösung im Punkte x^*. Unter gewissen Voraussetzungen kann die asymptotische Entwicklung

$$y(x^*;h) = y(x^*) + c_1h + c_2h^2 + \cdots + c_ph^p + O(h^{p+1})$$

bewiesen werden, wobei die c_i Funktionen von x^* aber unabhängig von h sind. Es werde nun die Näherungslösung mit der Schrittweite $h/2$ berechnet. Dann können wir $y(x^*;h)$ mit $y(x^*;h/2)$ kombinieren, um eine bessere Näherung zu erhalten. Insbesondere gilt

$$\bar{y}(x^*;h) = 2y(x^*;\frac{h}{2}) - y(x^*;h) = y(x^*) + d_2h^2 + \cdots + O(h^{p+1}),$$

so daß $\bar{y}(x^*;h)$ eine von zweiter Ordnung genaue Näherung ist. (Man beachte, daß die genauere Lösung nur in den im Abstande h gelegenen Punkten, aber nicht in den Zwischenpunkten, erhalten wird.) Wenn es gewünscht wird, kann dieser Schritt wiederholt werden, um den Koeffizienten d_2 zu eliminieren und sich so eine von dritter Ordnung genaue Näherung zu verschaffen, usw.

6. Alle auf Runge-Kutta-Verfahren beruhenden guten Computercodes verwenden einen Kontrollmechanismus, um die Schrittweite h im Laufe der Rechnung automatisch zu steuern. Das Problem ist, vor Ausführung des nächsten Schrittes festzustellen, wie groß die Schrittweite gewählt werden sollte. Eine Möglichkeit besteht darin, den lokalen Diskretisierungsfehler zu schätzen und davon abhängig die Größe der laufenden Schrittweite zu steuern. Es gibt verschiedene Wege, den lokalen Fehler zu schätzen. Zwei einfache sind, den letzten Schritt mit halber Schrittweite zu wiederholen und die beiden Resultate miteinander zu vergleichen, oder zwei Runge-Kutta-Verfahren verschiedener Ordnung zu verwenden. Beide Wege kosten zusätzliche Auswertungen von f. Eine alternative Möglichkeit bieten die Runge-Kutta-Fehlberg-Formeln (vgl. Butcher [1987] für eine weitergehende Darstellung). Bei diesen verwendet man beispielsweise Runge-Kutta-Verfahren der Ordnung fünf, um den Fehler des Runge-Kutta-Verfahrens vierter Ordnung derart zu schätzen, daß insgesamt nur sechs Auswertungen von f benötigt werden gegenüber zehn bei Verwendung der üblichen Runge-Kutta-Formeln.

7. Die Tatsache, daß die mit (5.2.47) berechneten y_n für $n \to \infty$ divergieren, kann aus der Theorie der linearen Differenzengleichungen mit konstanten Koeffizienten hergeleitet werden. Diese Gleichungen sind von der Gestalt

$$y_{n+1} = a_my_n + \cdots + a_1y_{n-m+1} + a_0,\ n = m-1, m, m+1, \ldots, \qquad (5.2.68)$$

wobei $a_0, a_1, \ldots, a_m$ gegebene Zahlen sind. Ihre Theorie ist ähnlich der linearer Differentialgleichungen. Den Gleichungen (5.2.68) wird eine *charakteristische Gleichung*

$$\lambda^m - a_m\lambda^{m-1} - \cdots - a_1 = 0 \tag{5.2.69}$$

zugeordnet. Unter der Annahme, daß (5.2.69) m paarweise verschiedene Wurzeln $\lambda_1, \ldots, \lambda_m$ besitzt, sind $\lambda_1^k, \ldots, \lambda_m^k$ die sogenannten *Fundamentallösungen* von (5.2.68), und die allgemeine Lösung von (5.2.68) ist

$$y_k = \sum_{i=1}^{m} c_i\lambda_i^k + \frac{a_0}{1 - a_1 - \cdots - a_m}, \quad k = 0, 1 \ldots, . \tag{5.2.70}$$

(vorausgesetzt $a_m + \ldots + a_1 \neq 1$). Die willkürlichen Konstanten c_i in (5.2.70) können durch gegebene Anfangsbedingungen $y_0, y_1, \ldots, y_{m-1}$ festgelegt werden. Bei Verwendung von (5.2.70) bedeutet dies

$$\sum_{i=1}^{m} c_i\lambda_i^k + \frac{a_0}{1 - a_1 - \cdots - a_m} = y_k, \quad k = 0, 1, \ldots, m-1, \tag{5.2.71}$$

was ein System von m linearen Gleichungen in den m Unbekannten $c_1, \ldots, c_m$ darstellt, aus dem die c_i bestimmt werden können. Besitzt die charakteristische Gleichung mehrfache Wurzeln, so tauchen in der Lösung Polynome in n auf, ganz ähnlich wie bei Differentialgleichungen. Eine weitergehende Behandlung der Theorie linearer Differenzengleichungen findet sich zum Beispiel in Ortega [1987].

Wir wenden nun die vorangehende Theorie auf die Gleichungen (5.2.47) an, die auf ein Beispiel in Henrici [1962] zurückgehen. Die charakteristische Gleichung (5.2.69) für (5.2.47) ist $\lambda^2 + 4h\lambda - 1 = 0$. Sie besitzt die Wurzeln

$$\lambda_1 = -2h + \sqrt{1 + 4h^2}, \quad \lambda_2 = -2h - \sqrt{1 + 4h^2}, \tag{5.2.72}$$

und daher ist

$$y_n = c_1(-2h + \sqrt{1 + 4h^2})^n + c_2(-2h - \sqrt{1 + 4h^2})^n + \tfrac{1}{2} \tag{5.2.73}$$

die Lösung von (5.2.47). Für jedes feste $h > 0$ ist offensichtlich

$$0 < -2h + \sqrt{1 + 4h^2} < 1, \qquad 2h + \sqrt{1 + 4h^2} > 1.$$

Daher konvergiert der erste Term in (5.2.73) gegen Null für $n \to \infty$, während der zweite oszilliert und gegen Unendlich geht, außer für $c_2 = 0$ (was für die Anfangsbedingung (5.2.48) nicht der Fall ist).

Dieses Beispiel veranschaulicht die Konzepte von Stabilität und starker Stabilität auf die folgende Weise. Das Stabilitätspolynom (5.2.50) von (5.2.47) ist $\lambda^2 - 1$ und besitzt die Wurzeln ± 1. Das Verfahren (5.2.47) ist daher stabil, aber nicht stark stabil. Die mit (5.2.47) erzeugte Folge $\{y_k\}$ ist dazu gedacht, die Lösung der Differentialgleichung (5.2.45) zu approximieren, die eine einzige Gleichung erster Ordnung ist und nur eine Fundamentallösung besitzt. Diese Fundamentallösung wird bereits durch λ_1^n approximiert, während λ_2^n überflüssig ist und schnell gegen Null gehen sollte. Für jedes $h > 0$ ist jedoch $|\lambda_2| > 1$, und somit geht λ_2^n gegen Unendlich und nicht gegen Null, und das verursacht die Instabilität. Man beachte nun, daß λ_1 und λ_2 für $h \to 0$ gegen die Wurzeln des Stabilitätspolynoms $\lambda^2 - 1$ konvergieren; in der Tat ist dieses Polynom der Grenzwert für $h \to 0$ des charakteristischen Polynoms von (5.2.47). Die Idee der starken Stabilität wird damit deutlicher. Wenn alle Wurzeln des Stabilitätspolynoms außer einer vom Betrage kleiner 1 sind, dann müssen für genügend kleines h bis auf eine auch alle Wurzeln der charakteristischen Gleichung des Verfahrens betragsmäßig kleiner 1 sein, und die Potenzen dieser Wurzeln, die auch parasitäre Lösungen der Differenzengleichung genannt werden, gehen gegen Null und verursachen so keine Instabilität.

8. Die grundlegenden Ergebnisse der Stabilitätstheorie wurden in den fünfziger Jahren von G. Dahlquist erzielt. Eine ins einzelne gehende Behandlung dieser Theorie findet man in Henrici [1962]. Seitdem sind eine Reihe verfeinerter Stabilitätsdefinitionen eingeführt worden. Insbesondere betreffen die Begriffe *steif stabil* und *A-stabil* Stabilitätstypen, die bei der Behandlung steifer Gleichungen benötigt werden. Wer mehr über die verschiedenen Stabilitätsdefinitionen wissen möchte, schlage etwa bei Gear [1971] und Butcher [1987] nach. Zur Lösung steifer Gleichungen steht eine Reihe von Codes zur Verfügung. Einer der besten ist das VODE Programmpaket von Brown, Byrne und Hindmarsh [1989], das auch für nichtsteife Probleme verwendet werden kann.

9. Eine wichtige Modifikation eines Systems von Differentialgleichungen liegt vor, wenn Nebenbedingungen gegeben sind. Das System der Form

$$\begin{aligned} y_i' &= f_i(x, y,(x), \ldots, y_n(x)), \qquad && i = 1, \ldots, m, \\ 0 &= g_i(x, y,(x), \ldots, y_n(x)), && i = m+1, \ldots, n, \end{aligned}$$

beispielsweise besteht aus m Differentialgleichungen und $n - m$ nicht differentiellen Gleichungen. Ein solches System heißt *Algebro-Differentialgleichung.* Für Weiteres hierzu siehe Hairer, Lubich und Roche [1989] und Brenan, Campbell und Petzold [1989].

Übungsaufgaben zu Abschnitt 5.2

5.2.1. Schreibe die Gleichungen des Räuber-Beute-Modells (5.2.6) auf die Form (5.2.36) um, d.h. es sind die Funktionen f_1 und f_2 anzugeben.

5.2.2. Man wende das Euler-Verfahren (5.2.9) auf das Anfangswertproblem $y' = -y$, $0 \leq x \leq 1$, $y(0) = 1$ mit $h = 0.25$ an. Man vergleiche das Ergebnis mit der exakten Lösung $y = e^{-x}$. Man wiederhole die Rechnung mit $h/2$ und $h/4$. Man wende auch das Runge-Kutta-Verfahren zweiter Ordnung auf dieses Problem an und vergleiche mit dem Euler-Verfahren.

5.2.3. Man bestätige die Berechnungen in den Tabellen 5.2.1 und 5.2.2.

5.2.4. Man zeige, daß das auf (5.2.1) angewandte Euler-Verfahren gerade die summierte Rechteckregel ergibt, das Runge-Kutta-Verfahren zweiter Ordnung die summierte Trapezformel und das Runge-Kutta-Verfahren vierter Ordnung die summierte Simpson-Formel.

5.2.5. Man wende das Euler-Verfahren und das Runge-Kutta-Verfahren zweiter Ordnung auf das Problem $y'(x) = x^2 + [y(x)]^2, y(0) = 1$, $x \geq 0$, an. Man vergleiche die Ergebnisse.

5.2.6. Man wiederhole die Rechnungen zu Abb. 5.2.1 unter Verwendung des Euler-Verfahrens mit den Schrittweiten 0.5 und 0.25. Wie klein muß die Schrittweite gewählt werden, damit der Graph der numerischen Lösung in zeichnerischer Genauigkeit geschlossen erscheint?

5.2.7. Man untersuche die Stabilität der Lösung der Räuber-Beute-Gleichungen (5.2.6) gegenüber Änderungen in den Anfangsbedingungen, in dem man $x_0 = 80$, $y_0 = 30$ um den Wert 1 in jeder Richtung verändert (also vier verschiedene Fälle), wobei die Rechnung mit dem Runge-Kutta-Verfahren zweiter Ordnung durchgeführt werde.

5.2.8. Man bestätige, daß p_1 aus (5.2.26) das lineare Interpolationspolynom für (x_k, f_k) und (x_{k-1}, f_{k-1}) ist und daß (5.2.27) mit diesem p_1 aus (5.2.25) folgt. Gleichermaßen bestätige man, daß (5.2.28) das quadratische Interpolationspolynom für (x_k, f_k), (x_{k-1}, f_{k-1}) und (x_{k-2}, f_{k-2}) ist. Durch Integration von p_2 bestätige man die Formel (5.2.29). Schließlich gebe man das kubische Interpolationspolynom p_3 durch Addition des passenden kubischen Glieds zu p_2 an (vgl. (4.1.19)). Zur Herleitung der Formel (5.2.30) integriere man dann (5.2.25) mit $p = p_3$.

5.2.9. Man schreibe ein Rechnerprogramm zur Durchführung des Adams-Bashforth-Verfahrens (5.2.22) der Ordnung zwei. Man stelle den fehlenden Startwert für y_1 mit dem Runge-Kutta-Verfahren zweiter Ordnung bereit. Man verwende das Programm für die Probleme in den Aufgaben 5.2.2 und 5.2.5 und vergleiche die Ergebnisse mit denen des Euler- und des Runge-Kutta-Verfahrens zweiter Ordnung.

5.2.10. Man führe Aufgabe 5.2.9 unter Verwendung des Adams-Bashforth-Verfahrens (5.2.31) vierter Ordnung durch.

5.2.11. Man führe die Einzelheiten in der Herleitung des Adams-Moulton-Verfahrens (5.2.32) und des Verfahrens (5.2.33) aus.

5.2.12. Man verwende soviel wie möglich aus dem Programm in Aufgabe 5.2.9, um ein Programm für das Prädiktor-Korrektor-Verfahren

$$\begin{aligned} y_{k+1}^{(p)} &= y_k + \frac{h}{2}(3f_k - f_{k-1}), \\ f_{k+1}^{(p)} &= f(x_{k+1}, y_{k+1}^{(p)}), \\ y_{k+1} &= y_k + \frac{h}{2}(f_{k+1}^{(p)} + f_k) \end{aligned}$$

zu schreiben. Man verwende es dann zur Lösung des Problems $y' = -y$, $y(0) = 1$ und vergleiche die Ergebnisse mit denjenigen, die unter Verwendung der Verfahren aus Aufgabe 5.2.9 gewonnen wurden.

5.2.13. Man gebe die Koeffizienten α_i und β_i der Adams-Bashforth- und Adams-Moulton-Verfahren der Ordnung 2, 3 und 4 in der Schreibweise (5.2.49) als lineares Mehrschrittverfahren an.

5.2.14. Unter Verwendung der Definition (5.2.65) berechne man den lokalen Diskretisierungsfehler der Adams-Bashforth-Verfahren (5.2.30) und (5.2.31) und zeige, daß sie von dritter bzw. vierter Ordnung sind. (Dabei setze man voraus, daß die Lösung hinreichend oft differenzierbar ist.) Man führe dasselbe für die Adams-Moulton-Verfahren (5.2.32) und (5.2.33) durch und bestätige, daß sie von zweiter bzw. vierter Ordnung sind.

5.2.15. Vorgelegt sei das Verfahren $y_{k+1} = y_{k-1} + \frac{h}{2}(f_{k+1} + 2f_k + f_{k-1})$.

a. Man bestimme die Ordnung des Verfahrens.

b. Man gebe an, wie das Verfahren auf das System $\mathbf{y}' = \mathbf{f}(x, \mathbf{y})$ angewendet werden kann. Welche Schwierigkeiten sind bei der Durchführung des Verfahrens zu erwarten?

5.2.16. Man führe die Rechnungen zu Abb. 5.2.2 unter Verwendung des Adams-Bashforth-Verfahrens und des Prädiktor-Korrektor-Verfahrens aus Aufgabe 5.2.12 durch.

5.2.17. Man untersuche das Problem der Berechnung der „Dichte der Normalverteilung“

$$p(x) = \frac{1}{\sqrt{2\pi}} \int_0^x e^{-t^2/2} dt + \frac{1}{2}$$

durch Lösung der Differentialgleichung

$$p'(x) = \frac{1}{\sqrt{2\pi}} e^{-x^2/2}, \qquad p(0) = \frac{1}{2}.$$

Man verwende das Runge-Kutta-Verfahren sowie das Prädiktor-Korrektor-Verfahren aus Aufgabe 5.2.12 zweiter Ordnung zur Lösung der Differentialgleichung und vergleiche die Ergebnisse. Mit der Setzung $q = (2\pi)^{-\frac{1}{2}} e^{-x^{2/2}}$ sieht man, daß $p' = q$ und $q' = -xq$ gilt. Man löse auch dieses System.

5.2.18. Mit der Setzung $z = y'$ zeige man, daß das Problem (5.2.40), (5.2.41) zu dem System erster Ordnung $y' = z$, $z' = 10z + 11y$ mit den Anfangsbedingungen $y(0) = 1$ und $z(0) = -1$ äquivalent ist. Man versuche dieses System mit irgendeiner Methode dieses Kapitels zu lösen und diskutiere die Resultate.

5.2.19. Mit der Vorgehensweise aus Aufgabe 5.2.14 bestätige man, daß das Verfahren (5.2.44) von zweiter Ordnung genau ist.

5.2.20. Man führe den Algorithmus (5.2.47), (5.2.48) für einige Werte von h numerisch durch und diskutiere die Ergebnisse.

5.2.21. Gegeben sei das Verfahren $y_{n+1} = y_{n-3} + (4h/3)(2f_n - f_{n-1} + 2f_{n-2})$, das als *Milne-Verfahren* bekannt ist. Man stelle fest, ob das Verfahren stabil und/oder stark stabil ist.

5.2.22. Schreibe ein Rechnerprogramm für das Euler-Verfahren und verwende es zur Lösung von (5.2.51) mit verschiedenen Werten von h, die sowohl größer als auch kleiner als 0.02 sind. Man diskutiere die Ergebnisse.

5.2.23. Das System $y' = z$, $z' = -100y - 101z$ ist ein System erster Ordnung, das zu der Gleichung $y'' + 101y' + 100y = 0$ äquivalent ist. Mit den Anfangsbedingungen $y(0) = 2$ und $z(0) = -2$ wende man das Euler-Verfahren auf dieses System an und stelle durch Ausprobieren fest, wie klein die Schrittweite h sein muß, damit stabiles Verhalten vorliegt. Man versuche, die daraus erhaltene Kenntnis über die Größe von h analytisch zu begründen.

5.2.24. Die Funktion $y = e^{-x}$ ist die Lösung des Problems $y'' = y$, $y(0) = 1$, $y'(0) = -1$. Ist die Lösung stabil?

5.2.25. Man finde heraus, welche der folgenden Verfahren stabil und welche stark stabil sind und bestimme ihre Ordnung.

a. $y_{k+1} = y_k + \frac{h}{6}(6f_k - 3f_{k-1} + 3f_{k-2})$
b. $y_{k+1} = y_{k-1} + \frac{h}{2}(f_{k+1} + 2f_k + f_{k-1})$
c. $y_{k+1} = 3y_k - 2y_{k-1} + \frac{h}{2}(f_{k+1} + 2f_k + f_{k-1})$
d. $y_{k+1} = \frac{1}{2}(y_k + y_{k-1}) + \frac{3h}{4}(3f_k - f_{k-1})$

5.2.26. Man wende die Trapezformel (5.2.59) auf die Gleichung (5.2.51) an.

5.3 Randwertprobleme

Im vorangehenden Abschnitt haben wir Anfangswertprobleme für gewöhnliche Differentialgleichungen betrachtet. Aber in vielen Problemen werden Bedingungen in mehr als einem Punkt gestellt. Für eine einzelne Gleichung erster Ordnung $y' = f(., y)$ wird die Lösung durch Vorgabe des Wertes an einem Punkt vollständig festgelegt, so daß nur bei Gleichungen höherer Ordnung oder bei Systemen Bedingungen in mehreren Punkten gegeben sein können. Betrachten wir die Gleichung zweiter Ordnung

$$v''(x) = f(x, v(x), v'(x)), \qquad a \leq x \leq b. \tag{5.3.1}$$

Da die Gleichung von zweiter Ordnung ist, sind zwei zusätzliche Bedingungen zu stellen, und die einfachste Möglichkeit besteht in der Vorgabe der Lösungswerte in den beiden Endpunkten:

$$v(a) = \alpha, \qquad v(b) = \beta. \tag{5.3.2}$$

Die Gleichungen (5.3.1) und (5.3.2) definieren ein *Zweipunkt-Randwert*problem. Ist die Funktion f in (5.3.1) nichtlinear in v oder v', dann heißt das Randwertproblem *nichtlinear.* Lineare Probleme können in der Form

$$v''(x) = b(x)v'(x) + c(x)v(x) + d(x), \qquad a \leq x \leq b, \tag{5.3.3}$$

geschrieben werden, wobei b, c und d gegebene Funktionen von x sind. (Aus dem jeweiligen Zusammenhang heraus sollte es keine Verwechslungen zwischen der Funktion b und dem Endpunkt b des Intervalls geben.)

Differenzenapproximationen

Wir betrachten zuerst den Spezialfall $b = 0$ in (5.3.3), so daß die Gleichung

$$v''(x) = c(x)v(x) + d(x), \qquad a \leq x \leq b, \tag{5.3.4}$$

lautet. Wir nehmen $c(x) \geq 0$ für $a \leq x \leq b$ an, was eine hinreichende Bedingung ist, daß das Problem (5.3.4), (5.3.2) eine eindeutige Lösung besitzt. Um eine numerische Lösung zu erhalten, zerlegen wir das Intervall $[a, b]$ in Teilintervalle der Länge h, wie es in Abb. 5.3.1 gezeigt ist. Es sind x_0 und x_{n+1} die *Randpunkte*, und $x_1, \ldots, x_n$ sind die *inneren Gitterpunkte.*

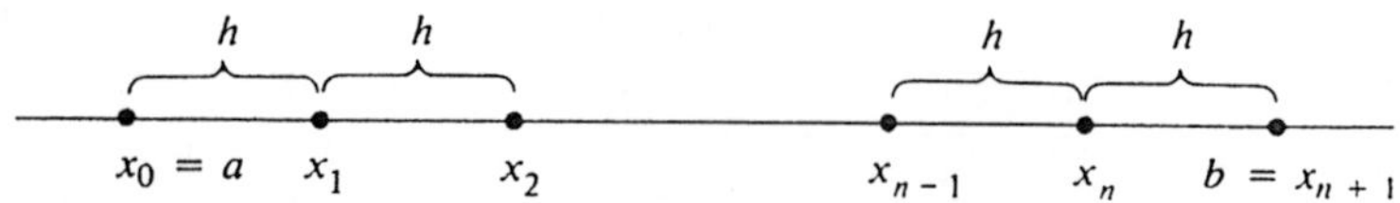

Abb. 5.3.1 *Gitterpunkte*

Wir wollen nun $v''(x)$ in (5.3.4) approximieren. Sei x_i ein innerer Gitterpunkt. An den Zwischenpunkten $x_i \pm \frac{h}{2}$ nähern wir die erste Ableitung durch

$$v'(x_i - \tfrac{h}{2}) \doteq \frac{[v(x_i) - v(x_{i-1})]}{h}, \qquad v'(x_i + \tfrac{h}{2}) \doteq \frac{[v(x_{i+1}) - v(x_i)]}{h}$$

an. Diese *Differenzenquotienten* werden dann verwendet, um die zweite Ableitung zu approximieren:

$$v''(x_i) \doteq \frac{v'(x_i + \frac{h}{2}) - v'(x_i - \frac{h}{2})}{h} \doteq \frac{v(x_{i+1}) - 2v(x_i) + v(x_{i-1})}{h^2}. \tag{5.3.5}$$

Wir setzen diese Näherung in die Gleichung (5.3.4) ein und erhalten mit der Bezeichnung c_i und d_i für die Funktionswerte von c bzw. d an der Stelle x_i

$$\frac{1}{h^2}[v(x_{i+1}) - 2v(x_i) + v(x_{i-1})] - c_i v(x_i) \doteq d_i, \quad i = 1, \ldots, n. \tag{5.3.6}$$

Bisher haben wir gezeigt, daß durch Ersetzen der zweiten Ableitung der Lösung v in der Differentialgleichung durch einen Differenzenquotienten die Näherungsgleichungen (5.3.6) entstehen, denen die Lösung genügt. Wir drehen nun den Spieß um. Es seien $v_1, \ldots, v_n$ Zahlen, die die Gleichungen

$$\frac{1}{h^2}(v_{i+1} - 2v_i + v_{i-1}) - c_i v_i = d_i, \quad i = 1, \ldots, n, \tag{5.3.7}$$

bzw.

$$-v_{i+1} + 2v_i - v_{i-1} + c_i h^2 v_i = -h^2 d_i, \quad i = 1, \ldots, n, \tag{5.3.8}$$

lösen, wobei $v_0 = \alpha$ und $v_{n+1} = \beta$ ist. Dann sehen wir $v_1, \ldots, v_n$ als Näherungen für die Lösung v des Randwertproblems (5.3.4), (5.3.2) in den Gitterpunkten $x_1, \ldots, x_n$ an. Wir wenden uns in Kürze zu der Frage zu, wie genau diese Näherungen sind.

Die Gleichungen (5.3.8) bilden ein System von n linearen Gleichungen in den n Unbekannten $v_1, \ldots, v_n$, das in der Matrix-Vektor-Form

$$\begin{bmatrix} 2 + c_1 h^2 & -1 & & & \\ -1 & 2 + c_2 h^2 & \ddots & & \\ & \ddots & \ddots & & \\ & & & & -1 \\ & & & -1 & 2 + c_n h^2 \end{bmatrix} \begin{bmatrix} v_1 \\ v_2 \\ \vdots \\ \\ v_n \end{bmatrix} = \begin{bmatrix} -h^2 d_1 + \alpha \\ -h^2 d_2 \\ \vdots \\ -h^2 d_{n-1} \\ -h^2 d_n + \beta \end{bmatrix} \tag{5.3.9}$$

notiert werden kann. Um also die Näherungen $v_1, \dots, v_n$ zu erhalten, ist ein tridiagonales lineares Gleichungssystem zu lösen. In dem Fall, daß alle c_i gleich Null sind, hat diese Matrix die Gestalt

$$\begin{bmatrix} 2 & -1 & & \\ -1 & 2 & \ddots & \\ & \ddots & \ddots & -1 \\ & & -1 & 2 \end{bmatrix}, \tag{5.3.10}$$

der man bei Diskretisierungen von Differentialgleichungen immer wieder begegnet.

Die Matrix (5.3.10) besitzt viele wünschenwerte Eigenschaften. Beispielsweise ist sie offensichtlich symmetrisch, und sie ist auch positiv definit. Das letztere folgt aus dem Umstand, daß die Eigenwerte, die explizit berechnet werden können, positiv sind (Aufgabe 5.3.5). Aus Satz 2.2.5 folgt daher die positive Definitheit. Für $c_i \geq 0, i = 1, \dots, n$, ist die Koeffizientenmatrix in (5.3.9) die Summe einer positiv definiten Matrix und einer diagonalen, positiv semidefiniten Matrix. In Aufgabe 2.2.17 wird gezeigt, daß sie dann auch positiv definit und damit regulär ist. Das System (5.3.9) besitzt daher eine eindeutige Lösung. In Kapitel 6 werden wir sehen, daß die positive Definitheit auch eine vorteilhafte Eigenschaft bei der numerischen Lösung von (5.3.9) darstellt.

Diskretisierungsfehler

Wir verfolgen als nächstes die wichtige Frage nach dem Fehler der Näherungen $v_1, \dots, v_n$. Da das lineare System (5.3.9), das diese Größen festlegt, numerisch gelöst wird, werden die berechneten v_i rundungsfehlerbehaftet sein. Diesen Gesichtspunkt diskutieren wir eingehender in Kapitel 6. Im Moment nehmen wir an, daß die v_i ohne Rundungsfehler berechnet worden sind, so daß $v_1, \dots, v_n$ die exakte Lösung des Systems (5.3.9) darstellt. Sei $v(x_i)$ wieder die exakte Lösung des Randwertproblems im Punkte x_i. Analog zu der Definition bei Anfangswertproblemen in Abschnitt 5.2 bezeichnet

$$\max_{1 \leq i \leq n} |v_i - v(x_i)| \tag{5.3.11}$$

den *(globalen) Diskretisierungsfehler*. Dieser Fehler rührt von der Ersetzung des kontinuierlichen Randwertproblems durch das diskrete Analogon (5.3.8) her.

Wir beschreiben nun, wie die Untersuchung des Diskretisierungsfehlers vonstatten geht. Zuerst definieren wir entsprechend wie bei Anfangswertproblemen den *lokalen Diskretisierungsfehler* durch

$$L(x,h) = \frac{1}{h^2}[v(x+h) - 2v(x) + v(x-h)] - c(x)v(x) - d(x), \quad (5.3.12)$$

wobei v die exakte Lösung der Differentialgleichung (5.3.4) ist. Mit Hilfe von (5.3.4) ersetzen wir $cv + d$ in (5.3.12) durch v'', so daß

$$L(x,h) = \frac{1}{h^2}[v(x+h) - 2v(x) + v(x-h)] - v''(x) \quad (5.3.13)$$

wird. Der lokale Diskretisierungsfehler ist demnach gerade der Fehler, der bei der Approximation von v'' entsteht. Zur Abschätzung dieses Fehlers nehmen wir v als viermal stetig differenzierbar an und entwickeln mit der Taylorformel $v(x+h)$ sowie $v(x-h)$. Man ordnet nach Potenzen von h (die Einzelheiten verschieben wir auf Augabe 5.3.2) und erhält mit einem $\xi \in (x-h, x+h)$

$$L(x,h) = \frac{1}{12}v^{(4)}(\xi)h^2 = O(h^2). \quad (5.3.14)$$

Die Aufgabe ist nun, den globalen Fehler (5.3.11) mit dem lokalen Diskretisierungsfehler in Beziehung zu setzen. Zu diesem Zwecke werten wir (5.3.12) an dem Gitterpunkt x_i aus, setzen $\sigma_i = L(x_i, h)$ und subtrahieren (5.3.7) von (5.3.12). Mit der Abkürzung $e_i = v(x_i) - v_i$ erhalten wir

$$\sigma_i = \frac{1}{h^2}[e_{i+1} - 2e_i + e_{i-1}] - c_i e_i, \quad i = 1, \cdots, n,$$

bzw.

$$(2 + c_i h^2)e_i - e_{i+1} - e_{i-1} = -h^2\sigma_i, \quad i = 1, \ldots, n, \quad (5.3.15)$$

wobei $e_0 = e_{n+1} = 0$ ist. Ist A die Koeffizientenmatrix von (5.3.9) und sind $\mathbf{e}$ und $\boldsymbol{\sigma}$ Vektoren mit den Komponenten $e_1, \ldots, e_n$ bzw. $\sigma_1, \ldots, \sigma_n$, so läßt sich (5.3.15) in der Form

$$A\mathbf{e} = -h^2\boldsymbol{\sigma} \quad (5.3.16)$$

und unter der Annahme der Existenz von A^{-1} auch als

$$\mathbf{e} = -h^2 A^{-1}\boldsymbol{\sigma} \quad (5.3.17)$$

schreiben. Dies stellt die grundlegende Beziehung zwischen dem globalen und dem lokalen Diskretisierungsfehler dar. Man beachte, daß die globalen Diskretisierungsfehler $e_1, \ldots, e_n$ und die Näherungen $v_1, \ldots, v_n$ einem Gleichungssystem mit derselben Koeffizientenmatrix, aber verschiedenen rechten Seiten genügen. Es verbleibt jetzt das Problem, das Verhalten von A^{-1} für $h \to 0$ zu studieren. Dabei besteht eine Schwierigkeit darin, daß die Dimension n von A für $h \to 0$ gegen Unendlich geht. Es liegt außerhalb des Rahmens des Buches, dieses Problem in einer gewissen Allgemeinheit zu behandeln, aber wir geben eine relativ einfache Analyse für den Fall

$$c(x) \geq \gamma > 0, \qquad a \leq x \leq b, \tag{5.3.18}$$

so daß $c_i \geq \gamma$, $i = 1, \ldots, n$, gilt. Wenn wir $e = \max |e_i|$ und $\sigma = \max |\sigma_i| = O(h^2)$ setzen, so erhalten wir aus (5.3.15) mit (5.3.18) das Bestehen von

$$(2 + \gamma h^2)|e_i| \leq 2e + h^2\sigma, \qquad i = 1, \ldots, n. \tag{5.3.19}$$

Da (5.3.19) für alle i gilt, folgern wir

$$(2 + \gamma h^2)e \leq 2e + h^2\sigma.$$

Wegen (5.3.14) ist $\sigma = O(h^2)$, und wir erschließen

$$e \leq \frac{\sigma}{\gamma} = O(h^2), \tag{5.3.20}$$

was zeigt, daß sich der globale Diskretisierungsfehler wie $O(h^2)$ verhält, vorausgesetzt, auch der lokale Diskretisierungsfehler ist von der Ordnung $O(h^2)$. Es kann gezeigt werden, daß dasselbe Ergebnis in größerer Allgemeinheit gilt, insbesondere in dem wichtigen Spezialfall $c = 0$, wobei aber eine tieferliegende Untersuchung erforderlich ist.

Gleichungen mit ersten Ableitungen

Als nächstes betrachten wir die Gleichung (5.3.3), in der v' auftritt. Der standardmäßige zentrale Differenzenquotient, um $v'(x)$ zu approximieren, ist

$$v'(x) \doteq \frac{1}{2h}[v(x+h) - v(x-h)] \tag{5.3.21}$$

Es ist leicht zu zeigen (Aufgabe 5.3.3), daß der Fehler dieser Approximation von der Ordnung $O(h^2)$ ist. Ersetzen wir $v'(x)$ in (5.3.3) an den Gitterpunkten durch (5.3.21) und verfahren wie vorher, so lauten die (5.3.8) entsprechenden Gleichungen jetzt

$$\left(-1 - \frac{b_i h}{2}\right) v_{i-1} + (2 + c_i h^2) v_i + \left(-1 + \frac{b_i h}{2}\right) v_{i+1} = -h^2 d_i,$$

für $i = 1 \ldots, n$, bzw.

$$r_i v_{i-1} + p_i v_i + q_i v_{i+1} = -h^2 d_i, \quad i = 1, \ldots, n,$$

wobei wir

$$p_i = 2 + c_i h^2, \qquad q_i = -1 + \frac{b_i h}{2}, \qquad r_i = -1 - \frac{b_i h}{2} \tag{5.3.22}$$

gesetzt haben. In Matrix-Vektor-Form geschrieben lauten diese Gleichungen

$$\begin{bmatrix} p_1 & q_1 & & & \\ r_2 & p_2 & q_2 & & \\ & \ddots & \ddots & \ddots & \\ & & & & q_{n-1} \\ & & & r_n & p_n \end{bmatrix} \begin{bmatrix} v_1 \\ \\ \vdots \\ \\ v_n \end{bmatrix} = -h^2 \begin{bmatrix} d_1 + r_1 \alpha / h^2 \\ d_2 \\ \vdots \\ d_{n-1} \\ d_n + q_n \beta / h^2 \end{bmatrix}. \tag{5.3.23}$$

Eine wünschenswerte Eigenschaft der Koeffizientenmatrix in (5.3.23) ist ihre Diagonaldominanz. Wir wiederholen aus Abschnitt 2.3, daß eine $n \times n$-Matrix $A = (a_{ij})$ diagonaldominant ist, wenn

$$|a_{ii}| \geq \sum_{j \neq i} |a_{ij}|, \quad i = 1, \ldots, n, \tag{5.3.24}$$

gilt, und sie ist spaltendiagonaldominant, wenn A^T diagonaldominant ist. Diagonaldominanz ist aus einer Reihe von Gründen wichtig. Beispielsweise ist Satz 2.3.3 zufolge eine strikt oder irreduzibel diagonaldominante Matrix regulär. In Kapitel 6 werden wir sehen, daß Diagonaldominanz eine günstige Eigenschaft bei der numerischen Lösung linearer Systeme darstellt.

Die Matrix in (5.3.9) ist diagonaldominant, wenn die c_i nichtnegativ sind. Damit die Matrix in (5.3.23) diagonaldominant ist, benötigen wir

$$|p_i| \geq |r_i| + |q_i|, \qquad i = 1, \ldots, n, \tag{5.3.25}$$

bzw. bei Beachtung von (5.3.22)

$$|2 + c_i h^2| \geq |1 + \frac{b_i h}{2}| + |1 - \frac{b_i h}{2}|, \qquad i = 1, \ldots, n. \tag{5.3.26}$$

Nehmen wir $c_i \geq 0$ an, so ist (5.3.26) für genügend kleines h erfüllt. Insbesondere sind unter der Bedingung

$$|b_i h| \leq 2, \qquad i = 1, \ldots, n, \tag{5.3.27}$$

die Beträge der Größen auf der rechten Seite von (5.3.26) gleich diesen Größen selber, so daß

$$|2 + c_i h^2| \geq 1 + \frac{b_i h}{2} + 1 - \frac{b_i h}{2} = 2$$

gilt. (Im Zusammenhang mit Problemen aus der Fluiddynamik wird $\frac{1}{2} \max |b_i h|$ Zellen-Reynoldszahl oder auch Zellen-Pecletzahl genannt.)

Die Bedingung (5.3.27) an h, die auch die Spaltendiagonaldominanz sichert, ist recht einschneidend. Sie kann durch Verwendung einseitiger Differenzenquotienten anstelle des zentralen aus (5.3.21) zur Approximation der ersten Ableitung vermieden werden. Genauer verwenden wir die Approximationen

$$v'(x_i) \doteq \begin{cases} \frac{1}{h}(v_{i+1} - v_i) \text{ für } b_i < 0, \\ \frac{1}{h}(v_i - v_{i-1}) \text{ für } b_i \geq 0, \end{cases} \tag{5.3.28}$$

so daß die Richtung des einseitigen Differenzenquotienten durch das Vorzeichen von b_i festgelegt ist. Diese Art von Approximation wird häufig in Problemen aus der Fluiddynamik verwendet, und sie wird dort *Upwind*-Schema genannt. Mit (5.3.28) lautet die i-te Zeile der Koeffizientenmatrix (5.3.23)

$$\begin{array}{llll} -1 & 2 + c_i h^2 - b_i h & -1 + b_i h & \text{für } b_i \leq 0, \\ -(1 + b_i h) & 2 + c_i h^2 + b_i h & -1 & \text{für } b_i > 0, \end{array} \tag{5.3.29}$$

und man bestätigt leicht die Diagonaldominanz unabhängig von der Größe von h, wenn wieder $c_i \geq 0$ vorausgesetzt wird. Wir weisen darauf hin, daß der zentrale Differenzenquotient (5.3.21) von zweiter Ordnung genau ist, während die einseitigen Approximationen (5.3.28) nur von erster Ordnung sind. Diese Verschlechterung der Ordnung des Diskretisierungsfehlers muß also gegenüber den besseren Eigenschaften der Koeffizientenmatrix abgewogen werden. Das Verfahren zweiter Ordnung tendiert zu einer „welligen" Näherungslösung, wenn keine Diagonaldominanz vorliegt.

Wenn wir (5.3.28) verwenden und die c_i positiv sind, ist die Matrix strikt diagonaldominant und somit regulär. Sind alle c_i gleich Null, so liegt keine strikte Diagonaldominanz vor, aber die Matrix ist irreduzibel, da ihr zugeordneter gerichteter Graph, wie aus Abb. 5.3.2 ersichtlich, stark zusammenhängend ist (siehe Satz 2.1.5 und Aufgabe 5.3.11). Darüberhinaus befindet sich in der ersten Zeile der Matrix nur ein einziges Nichtdiagonalelement, so daß (5.3.24) als strenge Ungleichung für $i = 1$ gilt. Die Matrix ist daher irreduzibel diagonaldominant und Satz 2.3.3 zufolge regulär.

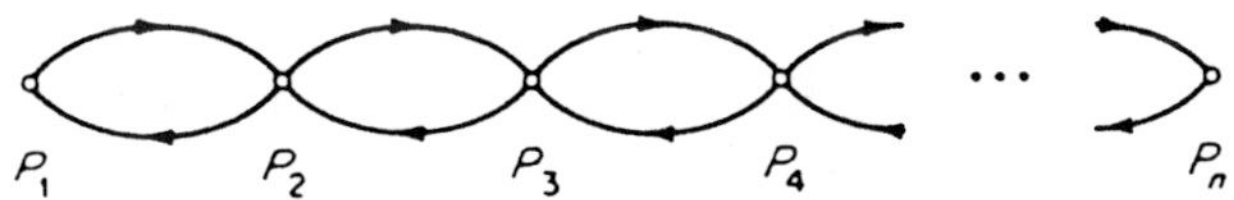

Abb. 5.3.2 *Gerichteter Graph einer tridiagonalen Matrix*

Bei Verwendung von (5.3.28) erreichen wir zwar Diagonaldominanz, aber die Symmetrie geht dabei verloren. Außer im Falle $b = 0$ liegt auch bei Verwendung von (5.3.21) keine Symmetrie vor, aber in diesem Fall ist auch die Differentialgleichung nicht symmetrisch. Beispielsweise müßte bei Verwendung von (5.3.21)

$$-1 + \frac{1}{2}b_i h = -1 - \frac{1}{2}b_{i+1}h, \qquad i = 1, \ldots, n-1,$$

sein, aber diese Beziehungen werden im allgemeinen nicht gelten. (Man lese jedoch die ergänzenden Bemerkungen nach.)

Andere Randbedingungen

Die vorangehende Diskussion legte die Randbedingungen (5.3.2) zugrunde. Bei vielen Problemen enthalten die Randbedingungen Ableitungen anstelle der Funktion selbst, und wir erläutern jetzt die Modifikationen, die für die Behandlung dieses Falls erforderlich sind.

Seien beispielsweise die Randbedingungen

$$v'(a) = \alpha, \qquad v'(b) = \beta \tag{5.3.30}$$

anstelle von (5.3.2) gegeben, das heißt, es werden die Ableitungen und nicht die Funktionswerte vorgeschrieben. Betrachten wir nun die Differenzengleichungen (5.3.8). In der Gleichung für $i = 1$ ist der Wert v_0 nicht länger aus der Randbedingung an der Stelle $x = a$ bekannt. Stattdessen ist v_0 eine zusätzliche Unbekannte, und wir benötigen eine weitere Gleichung, die wie folgt aufgestellt werden kann. Wir approximieren v'' an der Stelle $x = a$ durch

$$v''(a) \doteq \frac{1}{h^2}[v_{-1} - 2v_0 + v_1], \tag{5.3.31}$$

wobei der außerhalb des Intervalls gelegene Gitterpunkt $-h$ verwendet wird. Durch die Approximation

$$\alpha = v'(a) \doteq \frac{1}{2h}[v_1 - v_{-1}] \tag{5.3.32}$$

der Randbedingung erhalten wir die Beziehung $v_{-1} \doteq v_1 - 2\alpha h$, die wir zur Elimination von v_{-1} in (5.3.31) verwenden:

$$v''(a) \doteq \frac{1}{h^2}[2v_1 - 2v_0 - 2\alpha h]. \tag{5.3.33}$$

Auf diese Weise ist eine Approximation zweiter Ordnung gelungen. Mit (5.3.33) haben wir eine zusätzliche Gleichung gewonnen, so daß insgesamt $n + 1$ Gleichungen in den $n + 1$ Unbekannten $v_0, \ldots, v_n$ vorliegen. Ist weiterhin $v(b) = \beta$ vorgeschrieben, dann liegt damit das zu lösende Gleichungssystem bereits vor. Ist dagegen $v'(b)$ gegeben, so gelangt man wie in (5.3.30) vermittels der Approximation

$$v''(b) \doteq \frac{1}{h^2}[2v_n - 2v_{n+1} + 2\beta h] \tag{5.3.34}$$

zu einer weiteren Gleichung, und v_{n+1} ist eine zusätzliche Unbekannte.

Sind nur die Funktionswerte wie in (5.3.2) vorgeschrieben, so spricht man von *Dirichlet*bedingungen, wenn nur Ableitungen wie in (5.3.30) vorgeschrieben sind, von *Neumann*schen Randbedingungen. Allgemeiner können gemischte Randbedingungen gestellt sein, die Linearkombinationen von Funktionswert und Ableitung in den Endpunkten sind:

$$\eta_1 v(0) + \eta_2 v'(0) = \alpha, \qquad \gamma_1 v(1) + \gamma_2 v'(1) = \beta.$$

In diesem Fall kann man entsprechende Approximationen wie vorangehend verwenden.

Wir wenden uns wieder den Randbedingungen (5.3.30) und der Differentialgleichung (5.3.4) zu. Die Approximationen (5.3.33) und (5.3.34) sind zwei Gleichungen

$$
\begin{aligned}
(2 + c_0 h^2)v_0 - 2v_1 &= -2\alpha h - h^2 d_0, \\
(2 + c_{n+1} h^2)v_{n+1} - 2v_n &= 2\beta h - h^2 d_{n+1},
\end{aligned}
$$

die dem System (5.3.8) hinzugefügt werden, so daß $n+2$ Gleichungen in den $n+2$ Unbekannten $v_0, \ldots, v_{n+1}$ vorliegen. Die Koeffizientenmatrix dieses Systems ist

$$
A = \begin{bmatrix} 2 + c_0 h^2 & -2 & & & \\ -1 & 2 + c_1 h^2 & -1 & & \\ & & & \ddots & \\ & \ddots & \ddots & & -1 \\ & & -2 & & 2 + c_{n+1} h^2 \end{bmatrix}. \tag{5.3.35}
$$

Diese Matrix ist nicht mehr symmetrisch, aber sie kann, wenn es nötig ist, symmetrisiert werden (Aufgabe 5.3.8). Ist $c_i > 0$, $i = 0, \ldots, n+1$, so folgt aus Satz 2.3.3, daß A regulär ist. Sind aber alle c_i gleich Null, so ist sie singulär, denn es ist $A\mathbf{e} = 0$, wobei $\mathbf{e} = (1, 1, \ldots, 1)^T$ bedeutet. Die Singularität von A spiegelt die nicht eindeutige Lösbarkeit der Differentialgleichung selber wieder: ist $c = 0$ in (5.3.4) und ist v eine Lösung, die den Randbedingungen (5.3.30) genügt, so ist auch $v + \gamma$ für jede Konstante γ eine Lösung. Obwohl die Lösung nicht eindeutig ist, gibt es viele Probleme, in denen wenigstens eine dieser Lösungen gesucht wird, aber die Behandlung dieser singulären Probleme liegt außerhalb des Rahmens dieses Buches.

Periodische Randbedingungen stellen einen weiteren Typ von Bedingungen dar, der auf nicht eindeutige Lösungen führt:

$$
v(a) = v(b), v'(a) = v'(b). \tag{5.3.36}
$$

In diesem Fall sind die beiden Unbekannten v_0 und v_{n+1} einander gleich, und es kann eine von beiden sofort aus dem Gleichungssystem eliminiert werden. Wir verwenden wieder (5.3.31), um eine zusätzliche Gleichung zu erhalten. Wegen (5.3.36) können wir annehmen, daß die Lösung v außerhalb von $[a, b]$ periodisch fortgesetzt ist; insbesondere nehmen wir $v_{-1} = v_n$ in (5.3.31), so daß sich

$$
v''(a) \doteq \frac{1}{h^2}[v_n - 2v_0 + v_1] \tag{5.3.37}
$$

ergibt. Entsprechend verwenden wir $v_{n+1} = v_0$ in der Approximation im Punkte x_n und erhalten

$$v''(x_n) \doteq \frac{1}{h^2}[v_{n-1} - 2v_n + v_{n+1}] = \frac{1}{h^2}[v_{n-1} - 2v_n + v_0]. \tag{5.3.38}$$

Dies ist ein System in den $n+1$ Unbekannten $v_0, \ldots, v_n$. Für das Problem (5.3.4) lautet die Koeffizientenmatrix

$$A = \begin{bmatrix} 2 + c_0h^2 & -1 & & -1 \\ -1 & 2 + c_1h^2 & \ddots & \\ & \ddots & \ddots & -1 \\ -1 & & -1 & 2 + c_nh^2 \end{bmatrix}. \tag{5.3.39}$$

Die tridiagonale Struktur ist aufgrund der in den Ecken stehenden Zahlen -1 verlorengegangen. Wie für (5.3.35) folgt aus Satz 2.3.3, daß die Matrix A in (5.3.39) regulär ist, wenn alle c_i positiv sind, aber sie ist singulär, wenn alle c_i Null sind. (Wie zuvor ist $A\mathbf{e} = 0$.) Auch diese Singularität korrespondiert zur Differentialgleichung, da im Falle $c = 0$ in (5.3.4) für jede Lösung v, die (5.3.36) erfüllt, auch $v + \gamma$ eine Lösung ist, wobei γ eine beliebige Konstante bezeichnet.

Nichtlineare Probleme

Wir kehren nun zur ursprünglichen Gleichung (5.3.1) zurück, in der die Funktion f nichtlinear ist. Der Einfachheit halber betrachten wir nur den Fall, daß die Funktion allein von v und nicht von v' abhängt. Die Gleichung besitzt daher die Gestalt

$$v''(x) = f(x, v(x)), \qquad a \le x \le b, \tag{5.3.40}$$

wobei f eine gegebene Funktion zweier Veränderlicher ist. Wiederum der Einfachheit halber werden nur Dirichlet-Randbedingungen (5.3.2) zugrunde gelegt. Wie in dem linearen Problem (5.3.4) approximieren wir $v''(x)$ in (5.3.40) durch (5.3.5). Damit werden wir auf das (5.3.8) entsprechende Gleichungssystem

$$-v_{i+1} + 2v_i - v_{i-1} + h^2 f(x_i, v_i) = 0, \qquad i = 1, \ldots, n, \tag{5.3.41}$$

geführt, wobei $v_0 = \alpha$ und $v_{n+1} = \beta$ aus den Randbedingungen (5.3.2) bekannt sind. Dies ist ein System von n Gleichungen in den n Unbekannten $v_1, \ldots, v_n$, das nichtlinear ist, da die Funktion f nichtlinear von v abhängt.

Wir schreiben das System (5.3.41) in der Matrix-Vektor-Form

$$\mathbf{F}(\mathbf{v}) = A\mathbf{v} + \mathbf{g}(\mathbf{v}) = 0, \tag{5.3.42}$$

wobei $\mathbf{v}$ den Vektor mit den Komponenten $v_1, \ldots, v_n$ sowie A die $(2, -1)$-Tridiagonalmatrix aus (5.3.10) bezeichnet und $\mathbf{g}$ die nichtlineare Funktion

$$\mathbf{g}(\mathbf{v}) = h^2 \begin{bmatrix} f(x_1, v_1) \\ \\ \vdots \\ \\ f(x_n, v_n) \end{bmatrix} - \begin{bmatrix} \alpha \\ 0 \\ \vdots \\ 0 \\ \beta \end{bmatrix} \tag{5.3.43}$$

ist. Als ein Beispiel sei das Problem

$$v''(x) = 3v(x) + x^2 + 10[v(x)]^3,\ 0 \le x \le 1, \quad v(0) = v(1) = 0 \tag{5.3.44}$$

gegeben. Hier ist

$$f(x, v) = 3v + x^2 + 10v^3, \tag{5.3.45}$$

und mit $h = 1/(n+1)$ sowie

$$x_i = ih, \qquad i = 0, 1, \ldots, n+1, \tag{5.3.46}$$

lauten die Differenzengleichungen (5.3.41)

$$-v_{i+1} + 2v_i - v_{i-1} + h^2(3v_i + i^2h^2 + 10v_i^3) = 0,\ i = 1, \ldots, n, \tag{5.3.47}$$

wobei aufgrund der Randbedingungen $v_0 = v_{n+1} = 0$ ist. Die i-te Komponente der Funktion $\mathbf{g}$ aus (5.3.43) ist daher gleich $h^2(3v_i + i^2h^2 + 10v_i^3)$.

Wir verwenden das Newton-Verfahren (4.3.32) zur Lösung von (5.3.42). Die Jacobi-Matrix ist gegeben durch (Aufgabe 5.3.12)

$$\mathbf{F}'(\mathbf{v}) = A + \mathbf{g}'(\mathbf{v}). \tag{5.3.48}$$

Da die i-te Komponente $g_i(\mathbf{v}) = h^2 g(x_i, v_i)$ von $\mathbf{g}$ nur von v_i abhängt, gilt $\dfrac{\partial g_i}{\partial v_j} = 0,\ j \neq i$. Daher ist die Matrix $\mathbf{g}'(\mathbf{v})$ diagonal, und $\mathbf{F}'(\mathbf{v})$ ist tridiagonal, wobei eine typische Zeile durch

$$-1 \qquad 2 + h^2 \frac{\partial f}{\partial v}(x_i, v_i) \qquad -1$$

gegeben ist. Die Newton-Iteration lautet dann

$$\begin{aligned} &1.\ \text{Löse } [A + \mathbf{g}'(\mathbf{v}^k)]\boldsymbol{\delta}^k = -[A\mathbf{v}^k + \mathbf{g}(\mathbf{v}^k)], \\ &2.\ \text{Setze } \mathbf{v}^{k+1} = \mathbf{v}^k + \boldsymbol{\delta}^k, \end{aligned} \tag{5.3.49}$$

so daß in jedem Iterationsschritt ein tridiagonales lineares System zu lösen ist. Wenn die Funktion f kompliziert auszuwerten ist, so stellt die Berechnung von $\mathbf{g}(\mathbf{v}^k)$ und $\mathbf{g}'(\mathbf{v}^k)$ einen großen Teil des numerischen Aufwandes in jedem Newton-Schritt dar.

In dem Randwertproblem (5.3.44) ist f durch (5.3.45) gegeben, und man berechnet

$$\frac{\partial f}{\partial v}(x, v) = 3 + 30v^2,$$

so daß das i-te Diagonalelement der Jacobi-Matrix (5.3.48) gleich $2+h^2(3+30v_i^2)$ ist. Die $(2, -1)$-Tridiagonalmatrix A ist diagonaldominant, und sie bleibt es erst recht unter der Addition der positiven Ausdrücke $h^2(3 + 30v_i^2)$ zur Diagonalen. Allgemeiner gilt für die $(2, -1)$-Tridiagonalmatrix A, daß unter der Voraussetzung

$$\frac{\partial f}{\partial v}(x, v) \geq 0, \qquad a \leq x \leq b, \qquad -\infty < v < \infty, \tag{5.3.50}$$

die Matrix

$$A + \mathbf{g}'(\mathbf{v}) \text{ diagonaldominant,} \tag{5.3.51}$$

$$A + \mathbf{g}'(\mathbf{v}) \text{ symmetrisch und positiv definit} \tag{5.3.52}$$

ist. Die Eigenschaft (5.3.52) läßt sich mit Aufgabe 2.2.17 beweisen. Unter jeder der Bedingungen (5.3.51) oder (5.3.52) ist gesichert, daß das System (5.3.42) eine eindeutige Lösung besitzt (ein Beweis dafür liegt außerhalb des Rahmens dieses Buches). Wenn andererseits (5.3.50) nicht gilt, so braucht die Differentialgleichung (5.3.40) keine eindeutige Lösung zu besitzen, und dieser Sachverhalt spiegelt sich in dem diskreten System (5.3.42) wieder. Ist beispielsweise $f(x, v) = v^4$, so existieren sowohl für (5.3.40) als auch für (5.3.42) zwei Lösungen. In Aufgabe 5.3.15 wird dieses Beispiel weiter verfolgt.

Das Schießverfahren

Wir diskutieren kurz eine weitere Methode zur Lösung nichtlinearer Randwertprobleme. Wir betrachten die Gleichung (5.3.1) unter den Randbedingungen (5.3.2). Bezeichne $v(x;s)$ die Lösung des zugehörigen Anfangswertproblems

$$v''(x) = f(x, v(x), v'(x)), \qquad v(a) = \alpha, \quad v'(a) = s. \tag{5.3.53}$$

Wenn es möglich ist, einen Wert von s, sagen wir $s^\star$, zu finden, so daß

$$v(b; s^\star) = \beta \tag{5.3.54}$$

gilt, dann ist das Randwertproblem (5.3.1), (5.3.2) gelöst. Dies legt die folgende Vorgehensweise nahe. Man wähle einen Wert s_0 und löse das Anfangswertproblem (5.3.53) mit $v'(a) = s_0$ auf numerischen Wege. (Zu diesem Zwecke wird man gewöhnlich (5.3.53) in ein System erster Ordnung überführen; vgl. die ergänzenden Bemerkungen zu Abschnitt 5.2). Man versucht dann, anstelle von s_0 den Parameter s_1 so zu wählen, daß die Lösung mit $v'(a) = s_1$ genauer wird. Diese Art des Vorgehens ist in Abb. 5.3.2 dargestellt. Sie wird *Schießverfahren* genannt, in Analogie zu einem Artilleristen, der den Abschußwinkel auf das gewünschte Ziel einpendelt.

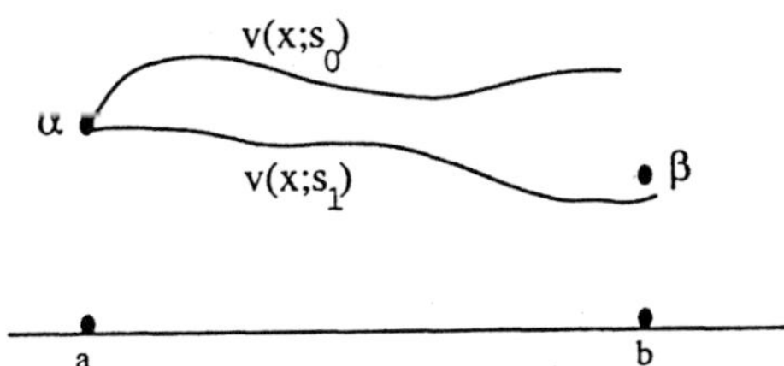

Abb. 5.3.3 *Schießverfahren*

Die Einstellung des Parameters s kann auf systematische Art und Weise geschehen, sobald man erkannt hat, daß es im Prinzip darum geht, eine Gleichung in s zu lösen. Wir definieren

$$g(s) = v(b; s) - \beta. \tag{5.3.55}$$

Dann ist (5.3.54) zum Auffinden einer Lösung der Gleichung $g(s) = 0$ äquivalent. Dafür können wir jede der Methoden aus Abschnitt 4.3 verwenden, zum Beispiel das Bisektionsverfahren. Man beachte jedoch, daß die Berechnung von g kostspielig sein kann, da dazu die Lösung eines Anfangswertproblems benötigt wird. Das Sekantenverfahren, das schneller konvergent ist, wird gewöhnlich dem Bisektionsverfahren überlegen sein, vorausgesetzt natürlich, es konvergiert. Auch das Newtonverfahren kommt in Frage (vgl. die ergänzenden Bemerkungen). Das Schießverfahren ist vorteilhaft anzuwenden, aber es kann fehlschlagen, wenn das Anfangswertproblem instabil ist, worauf wir in Abschnitt 5.2 näher eingegangen sind.

Systeme von Differentialgleichungen

Abschließend behandeln wir Systeme erster Ordnung

$$\mathbf{y}' = \mathbf{f}(x, \mathbf{y}), \qquad a \le x \le b, \tag{5.3.56}$$

wobei $\mathbf{y}$ und $\mathbf{f}$ n-Vektoren sind. Randbedingungen können für dieses System in verschiedener Weise gestellt sein. Die einfachste Situation liegt vor, wenn $y_1, \ldots, y_m$ im Punkte a und $y_{m+1}, \ldots, y_n$ im Punkte b vorgeschrieben sind. Damit liegen die erforderlichen n Bedingungen vor. Aber in vielen Problemen sind einige der Variablen y_i an beiden Endpunkten vorgegeben, während andere überhaupt nicht festgelegt sind. Allgemein können Linearkombinationen der Funktionswerte an beiden Endpunkten vorgeschrieben sein. Wir betrachten daher Randbedingungen der Gestalt

$$B_a\mathbf{y}(a) + B_b\mathbf{y}(b) = \mathbf{c}, \tag{5.3.57}$$

wobei B_a und B_b gegebene $n \times n$-Matrizen sind.

Zur Lösung von (5.3.56) kommt eine Reihe von Methoden in Frage. Eine der einfachsten ist die *Trapezformel* (vgl. (5.2.59))

$$\mathbf{y}_{i+1} - \mathbf{y}_i = \frac{h_i}{2}[f(x_i, \mathbf{y}_i) + f(x_{i+1}, \mathbf{y}_{i+1})], \qquad i = 0, \ldots, N, \tag{5.3.58}$$

wobei $x_0 = a, x_{N+1} = b$ und $h_i = x_{i+1} - x_i$ ist. Zudem ist $\mathbf{y}_0 = \mathbf{y}(a), \mathbf{y}_{N+1} = \mathbf{y}(b)$, und (5.3.58), (5.3.57) stellt ein System von $N+2$ Vektorgleichungen in den $N+2$ unbekannten Vektoren $\mathbf{y}_0, \ldots, \mathbf{y}_{N+1}$ dar. Im allgemeinen sind diese Gleichungen nichtlinear, und wir können zu ihrer Lösung das Newtonverfahren verwenden (Aufgabe 5.3.16). Das lineare System, das bei der Durchführung des Newtonverfahrens zu lösen ist, besitzt dieselbe Form wie bei linearen Differentialgleichungen, was wir jetzt näher ausführen.

Wir betrachten das allgemeine lineare Differentialgleichungssystem erster Ordnung

$$\mathbf{y}' = A(x)\mathbf{y} + \mathbf{d}(x), \qquad a \le x \le b, \tag{5.3.59}$$

wobei $A(x)$ für jedes x eine gegebene $n \times n$-Matrix und $\mathbf{d}(x)$ ein gegebener Vektor ist. Dann nimmt (5.3.58) die Gestalt

$$\mathbf{y}_{i+1} - \mathbf{y}_i = \frac{h_i}{2}[A(x_i)\mathbf{y}_i + A(x_{i+1})\mathbf{y}_{i+1}] + \frac{h_i}{2}[\mathbf{d}(x_i) + \mathbf{d}(x_{i+1})] \tag{5.3.60}$$

für $i = 0, \ldots, N$ an. Die Gleichungen (5.3.60) bilden zusammen mit (5.3.57) ein lineares Gleichungssystem, das in Matrix-Vektor-Form geschrieben

$$\begin{bmatrix} G_0 & H_0 & & & & \\ & G_1 & H_1 & & & \\ & & \ddots & \ddots & & \\ & & & G_N & H_N \\ B_a & & & & B_b \end{bmatrix} \begin{bmatrix} \mathbf{y}_0 \\ \mathbf{y}_1 \\ \vdots \\ \mathbf{y}_N \\ \mathbf{y}_{N+1} \end{bmatrix} = \begin{bmatrix} \mathbf{d}_0 \\ \mathbf{d}_1 \\ \vdots \\ \mathbf{d}_N \\ \mathbf{c} \end{bmatrix} \tag{5.3.61}$$

lautet mit

$$G_i = -h_i^{-1} I - \frac{1}{2}A(x_i), \qquad H_i = h_i^{-1} I - \frac{1}{2}A(x_{i+1}), \tag{5.3.62}$$

und

$$\mathbf{d}_i = \frac{1}{2}[\mathbf{d}(x_i) + \mathbf{d}(x_{i+1})]. \tag{5.3.63}$$

In dem wichtigen Spezialfall, daß die Randbedingungen (5.3.57) *separiert* sind, besitzen sie die Gestalt

$$\hat{B}_a \mathbf{y}(a) = \mathbf{c}_1, \qquad \hat{B}_b \mathbf{y}(b) = \mathbf{c}_2, \tag{5.3.64}$$

wobei $\hat{B}_a$ eine $m_1 \times n$- sowie $\hat{B}_b$ eine $m_2 \times n$-Matrix ist und $m_1 + m_2 = n$ gilt. Das System (5.3.60), (5.3.64) kann in diesem Fall in der Form

$$\begin{bmatrix} \hat{B}_a & & & & \\ G_0 & H_0 & & & \\ & G_1 & & & \\ & \ddots & \ddots & & \\ & & & G_N & H_N \\ & & & & \hat{B}_b \end{bmatrix} \begin{bmatrix} \mathbf{y}_0 \\ \mathbf{y}_1 \\ \\ \vdots \\ \mathbf{y}_N \\ \mathbf{y}_{N+1} \end{bmatrix} = \begin{bmatrix} \mathbf{c}_1 \\ \mathbf{d}_0 \\ \\ \vdots \\ \mathbf{d}_N \\ \mathbf{c}_2 \end{bmatrix} \tag{5.3.65}$$

geschrieben werden. Lineare Gleichungssysteme der Gestalt (5.3.65) oder (5.3.61) lassen sich mit den in 6 und 7 behandelten Methoden lösen, wiewohl ihre sehr spezielle Struktur die Verwendung effektiverer Techniken gestattet (vgl. die ergänzenden Bemerkungen).

Ergänzende Bemerkungen und Literaturhinweise zu Abschnitt 5.3

1. Zur weiteren Lektüre über Zweipunkt-Randwertprobleme und im besonderen über spezielle Techniken zur Lösung von Systemen der Gestalt (5.3.61) und (5.3.65) empfehlen wir Ascher et al. [1988].

2. In der vorangehenden Darstellung sind nur Diskretisierungen zweiter Ordnung behandelt worden, aber es gibt auch eine Reihe von Verfahren höherer Ordnung. Bei einem werden Approximationen höherer Ordnung an die Ableitungen verwendet. Beispielsweise liefert

$$v''(x_i) \doteq \frac{1}{12h^2}(-v_{i-2} + 16v_{i-1} - 30v_i + 16v_{i+1} - v_{i+2}) \tag{5.3.66}$$

eine Approximation vierter Ordnung (der Fehler ist proportional zu h^4), vorausgesetzt, daß v genügend oft differenzierbar ist. Eine der Schwierigkeiten in der Verwendung dieser Art von Approximationen bei Zweipunkt-Randwertproblemen taucht in der Nähe des Randes auf. Verwenden wir zum Beispiel die Approximation (5.3.66) an dem ersten inneren Gitterpunkt x_1, so kommen nicht nur Werte von v an den Stellen x_0, x_1 und x_2 ins Spiel, sondern auch im Punkte x_{-1}, der außerhalb des Intervalls liegt. Jedoch können in diesem Fall Approximationen zweiter Ordnung an den Stellen x_1 und x_n verwendet werden, ohne daß die Genauigkeit vierter Ordnung der Näherungslösung verloren geht.

3. Eine andere Methode, Näherungen höherer Ordnung zu erhalten und dennoch nur Approximationen zweiter Ordnung an die Ableitungen zu verwenden, ist die Richardson-Extrapolation. In Abschnitt 5.2 wurde sie für Anfangswertaufgaben vorgestellt, und sie läßt sich auch für Randwertprobleme verwenden. Eine noch andere Methode sind die sogenannten *Differenzenkorrekturen*. Bei diesen stellt man mit Hilfe der schon bestimmten Näherungslösung eine Approximation für den lokalen Diskretisierungsfehler auf, unter deren Verwendung man dann eine neue Näherungslösung der Genauigkeit $O(h^4)$ berechnen kann. Dieser Prozeß kann wiederholt werden, um noch höhere Ordnung zu erhalten.

4. In der vorangehenden Darstellung ist darauf hingewiesen worden, daß die Symmetrie der Koeffizientenmatrix verloren geht, wenn die Differentialgleichung

Ableitungen erster Ordnung enthält. Jedoch liegen in vielen wichtigen Anwendungen die Differentialgleichungen in der sogenannten „formal selbstadjungierten“ Form

$$[a(x)v'(x)]' = d(x) \tag{5.3.67}$$

vor. In diesem Fall kann die Symmetrie der Koeffizientenmatrix durch „symmetrisches Differenzieren“ folgendermaßen erreicht werden. Wie bei der Herleitung von (5.3.5) verwenden wir Hilfsgitterpunkte $x_i \pm \frac{h}{2}$ und approximieren die äußere Ableitung von $(av')'$ an der Stelle x_i durch

$$[a(x)v'(x)]_i' \doteq \frac{1}{h}(a_{i+\frac{1}{2}}v'_{i+\frac{1}{2}} - a_{i-\frac{1}{2}}v'_{i-\frac{1}{2}}), \tag{5.3.68}$$

wobei die Indizes den Gitterpunkt kennzeichnen, an dem die Funktionswerte berechnet werden. Als nächstes approximieren wir die Ableitungen durch zentrale Differenzen

$$v'_{i+\frac{1}{2}} \doteq \frac{1}{h}(v_{i+1} - v_i), \qquad v'_{i-\frac{1}{2}} \doteq \frac{1}{h}(v_i - v_{i-1}),$$

die in (5.3.68) verwendet werden und auf

$$\begin{aligned}[a(x)v'(x)]_i' &\doteq \frac{1}{h^2}[a_{i+\frac{1}{2}}(v_{i+1} - v_i) - a_{i-\frac{1}{2}}(v_i - v_{i-1})] \\ &= \frac{1}{h^2}[a_{i-\frac{1}{2}}v_{i-1} - (a_{i+\frac{1}{2}} + a_{i-\frac{1}{2}})v_i + a_{i+\frac{1}{2}}v_{i+1}]\end{aligned}$$

führen. Die Koeffizientenmatrix des Systems von Differenzengleichungen ist dann symmetrisch.

5. Ein Beweis dafür, daß die Bedingungen (5.3.51) oder (5.3.52) die Existenz und Eindeutigkeit einer Lösung des Systems (5.3.42) sichern, findet sich in Ortega und Rheinboldt [1970].

6. Um das Newtonverfahren beim Schießverfahren anzuwenden, benötigen wir die Ableitungen der Funktion g in (5.3.55), denn es ist $g'(s) = v_s(b; s)$, wobei $v_s(b; s)$ die partielle Ableitung von $v(x; s)$ bezüglich s an der Stelle $x = b$ ist. Wir wollen die Möglichkeit ihrer Berechnung für den Fall angeben, daß die Funktion f in (5.3.53) nur von v abhängt. Dies bedeutet $v''(x; s) = f(x, v(x; s))$, und durch Differentiation bezüglich s erhalten wir

$$\frac{\partial}{\partial s}(v''(x; s)) = f_v(x, v(x; s))v_s(x; s), \tag{5.3.69}$$

wobei $f_v(x, v)$ die partielle Ableitung von $f(x, v)$ bezüglich v ist. Unter der Annahme, daß die Differentiation bezüglich s und x auf der linken Seite von (5.3.69) vertauscht werden darf, ergibt sich

$$v_s''(x; s) = f_v(x, v(x, s))v_s(x; s), \tag{5.3.70}$$

die sogenannte *Variationsgleichung* für v_s. In der Beziehung (5.3.70) betrachten wir s als festgehalten, so daß eine Differentialgleichung für $v_s(x; s)$, aufgefaßt als Funktion von x, vorliegt. Die Anfangsbedingungen für (5.3.70) gewinnt man durch Differentiation von (5.3.53) bezüglich s, nämlich

$$v_s(a; s) = 0, \qquad v_s'(a; s) = 1. \tag{5.3.71}$$

Wäre die exakte Lösung $v(x; s)$ von (5.3.53) bekannt, so könnten wir sie in f_v in (5.3.70) einsetzen, um so eine bekannte Funktion von x zu erhalten, und (5.3.70), (5.3.71) würde dann ein lineares Anfangswertproblem für $v_s(x; s)$ darstellen. Als Lösung dieses Anfangswertproblems erhielten wir $g'(s) = v_s(b; s)$. Da die exakte Lösung von (5.3.53) nicht bekannt ist, lösen wird dieses Anfangswertproblem näherungsweise, um Werte für $v_i \doteq v(x_i; s)$ an den Gitterpunkten x_i zu erhalten. Diese Näherungen verwenden wir, um f_v in (5.3.70) zu berechnen, und auf diese Weise erhalten wir eine Näherungslösung für (5.3.70) gleichzeitig mit einer Näherungslösung für (5.3.53). Damit sind wir in der Lage, das Newtonverfahren für $g(s) = 0$, wenigstens näherungsweise, durchzuführen.

7. Die parallele Lösung von Randwertproblemen erfordert die parallele Lösung der linearen Gleichungssysteme, falls zur Diskretisierung das Differenzenverfahren verwendet wird. Dies wird in Kapitel 7 behandelt. Beim Schießverfahren ist, wie in Abschnitt 5.2 ausgeführt, die parallele Lösung von Anfangswertproblemen erforderlich. Es gibt jedoch eine Modifikation des Schießverfahrens, die eine zusätzliche natürliche Parallelität beinhaltet. Diese Modifikation, die *Mehrfach-Schießverfahren* genannt wird, ist manchmal auch für serielle Rechner nützlich, um Stabilitätsprobleme beim Schießverfahren zu überwinden. Für eine weitere Diskussion von parallelem und Mehrfach-Schießverfahren schlage man bei Ascher et al. [1988] nach.

Übungsaufgaben zu Abschnitt 5.3

5.3.1. Vorgelegt sei das Randwertproblem $u''(z) = g(z, u(z), u'(z))$ mit $u(a) = \alpha$, $u(b) = \beta$. Mit Hilfe der Variablentransformation $t = (b - a)x + a$ zeige man, daß dieses Problem zu (5.3.1) und (5.3.2) mit $a = 0, b = 1$ äquivalent ist, sofern $v(x) = u((b-a)x+a)$ und $f(x, v(x), v'(x)) = (b-a)^2 g((b-a)x+a, v(x), (b-a)^{-1}v'(x))$ gesetzt wird. Man spezialisiere dieses Resultat auf das lineare Problem (5.3.3). Man erkennt, daß ohne Einschränkung der Allgemeinheit allein auf dem Intervall $[0, 1]$ gearbeitet werden kann.

5.3.2. Es werde vorausgesetzt, daß die Funktion v genügend oft differenzierbar ist. Durch Taylorentwicklung von $v(x+h)$ und $v(x-h)$ bestätige man (5.3.14).

5.3.3 Unter der Voraussetzung, daß die Funktion v zweimal differenzierbar ist, zeige man, daß der Fehler des zentralen Differenzenquotienten (5.3.21) von der Ordnung $O(h^2)$ ist.

5.3.4. Man betrachte das Zweipunkt-Randwertproblem

$$v'' + 2xv' - x^2 v = x^2, v(0) = 1, v(1) = 0.$$

a. Für $h = \frac{1}{4}$ schreibe man die Differenzengleichungen (5.3.23) explizit an.

b. Man wiederhole Teil **a** unter Verwendung der einseitigen Approximationen (5.3.28) für v'.

c. Man wiederhole die Teile **a** und **b** für die Randbedingungen $v'(0) = 1$, $v(1) = 0$ sowie $v'(0) + v(0) = 1$, $v'(1) + \frac{1}{2}v(1) = 0$.

5.3.5. Unter Verwendung des Additionstheorems $\sin(\alpha \pm \beta) = \sin\alpha\cos\beta \pm \cos\alpha\sin\beta$ bestätige man, daß die Eigenwerte der Matrix (5.3.10) gleich $\lambda_k = 2 - 2\cos(kh), h = \pi/(n+1)$, und die zugehörigen Eigenvektoren gleich

$$\mathbf{x}_k = (\sin(kh), \sin(2kh), \ldots, \sin(nkh))^T$$

sind. Das heißt, es ist $A\mathbf{x}_k = \lambda_k \mathbf{x}_k$, $k = 1, \ldots, n$, zu bestätigen.

5.3.6. Es werde vorausgesetzt, daß die Funktion a in (5.3.67) zweimal differenzierbar ist. Mit Hilfe der Variablentransformation $w(x) = \sqrt{a(x)}v(x)$ zeige man, daß (5.3.67) zu einer Gleichung der Form $w''(x) = c(x)w(x) + f(x)$ äquivalent ist. Man gebe einen Ausdruck für c an und überlege, wie er numerisch approximiert werden kann.

5.3.7. Unter der Annahme, daß v genügend oft differenzierbar ist, zeige man, daß (5.3.33) im allgemeinen nur eine Approximation erster Ordnung an $v''(a)$ darstellt (die Näherungslösung konvergiert gleichwohl mit der Ordnung 2). Im Falle $\alpha = 0$ jedoch zeige man, daß sie von zweiter Ordnung ist, indem man verwendet, daß v außerhalb des Intervalls $[0, 1]$ so fortgesetzt werden kann, daß $v(-h) = v(h)$ gilt.

5.3.8. Seien A und B die Tridiagonalmatrizen

$$A = \begin{bmatrix} a_1 & b_1 & & & \\ c_1 & \ddots & \ddots & & \\ & \ddots & & & \\ & & & & b_{n-1} \\ & & & c_{n-1} & a_n \end{bmatrix}, \qquad B = \begin{bmatrix} a_1 & \gamma_1 & & & \\ \gamma_1 & \ddots & \ddots & & \\ & \ddots & & & \\ & & & & \gamma_{n-1} \\ & & & \gamma_{n-1} & a_n \end{bmatrix},$$

wobei $b_i c_i > 0$ und $\gamma_i = \sqrt{b_i c_i}$, $i = 1, \ldots, n-1$, ist. Mit der Setzung

$$D = \operatorname{diag}\left(1, \frac{b_1}{c_1}, \frac{b_1 b_2}{c_1 c_2}, \ldots, \frac{b_1 \cdots b_{n-1}}{c_1 \cdots c_{n-1}}\right),$$

zeige man $B = D^{1/2}AD^{-1/2}$, wobei $D^{1/2} = \text{diag}(d_1^{1/2}, d_2^{1/2}, \ldots, d_n^{1/2})$ ist. Man zeige auch, daß die Matrix DA unter den Bedingungen $b_i c_i \neq 0, i = 1, \ldots, n-1$, symmetrisch ist.

5.3.9. Man leite die Approximationen (5.3.5) und (5.3.21) unter Verwendung von Interpolationspolynomen her. Sei l das lineare Polynom, das $l(x \pm h) = v(x \pm h)$ erfüllt. Man zeige, daß $l'(x)$ auf die Approximation (5.3.21) führt. Sei dann q das quadratische Polynom, das $q(x) = v(x)$ und $q(x \pm h) = v(x \pm h)$ erfüllt. Man zeige, daß $q''(x)$ die Approximation (5.3.5) liefert.

5.3.10. Es seien die b_i in (5.3.22) alle gleich einer Konstanten b. Man gebe eine Bedingung dafür an, daß die Matrix in (5.3.23) wie in Aufgabe 5.3.8 symmetrisiert werden kann. Im Falle $c_i = 0$ in (5.3.22) leite man eine Entwicklung für die Größen d_n in Aufgabe 5.3.8 für $n \to \infty$ her.

5.3.11. Sei A eine Tridiagonalmatrix, deren Elemente außerhalb der Diagonalen sämtlich nicht verschwinden. Man zeige, daß der gerichtete Graph von A das in Abb.5.3.2 gezeigte Aussehen besitzt. Damit erschließe man, daß er stark zusammenhängend und somit Satz 2.1.5 zufolge A irreduzibel ist.

5.3.12. Ist $\mathbf{F}(\mathbf{v}) = A\mathbf{v} + \mathbf{g}(\mathbf{v})$ mit einer Matrix A, so verifiziere man $\mathbf{F}'(\mathbf{v}) = A + \mathbf{g}'(\mathbf{v})$.

5.3.13. Man schreibe die Differenzengleichungen (5.3.41) und die zugehörigen Jacobi-Matrizen für die folgenden Funktionen an:

a. $f(x, v) = v + v^2$

b. $f(x, v) = xv^3$

c. $f(x, v) = e^v$.

5.3.14. Man schreibe das Newtonverfahren (5.3.49) in expliziter Form für die Differenzengleichungen (5.3.41) an, wobei f die Funktionen aus Aufgabe 5.3.13 sind.

5.3.15. Man betrachte das Zweipunkt-Randwertproblem

$$v'' = v^4, \quad 0 \leq x \leq 1, \quad v(0) = 1, \quad v(1) = \frac{1}{2}.$$

a. Man berechne eine Näherungslösung vermittels eines Ansatzes mit einem Polynom dritten Grades, das durch $v(0)$, $v(1)$, $v''(0)$, $v''(1)$ bestimmt wird.

b. Man bestimme mit dem Schießverfahren eine Näherungslösung, wobei sowohl das Bisektions- als auch das Sekantenverfahren zur Lösung der entstehenden skalaren nichtlinearen Gleichung verwendet werden.

5.3.16. Man löse das System (5.3.58), (5.3.57) mit dem Newtonverfahren. Man zeige, daß die Jacobi-Matrix dieselbe Struktur wie die Koeffizientenmatrix in (5.3.61) besitzt.

5.3.17. Man zeige, daß die Inverse der $n \times n$-Matrix (5.3.10) gleich

$$\frac{1}{n+1}\begin{bmatrix} n & n-1 & n-2 & \cdots & 1 \\ & 2(n-1) & 2(n-2) & & 2 \\ & & 3(n-2) & & \vdots \\ & & & \ddots & \\ \text{symmetrisch} & & & & n \end{bmatrix}$$

ist. Allgemeiner zeige man, daß eine symmetrische, reguläre Tridiagonalmatrix A, deren Diagonal- und Nebendiagonalelemente $a_1, \ldots, a_n$ bzw. $-b_1, \ldots, -b_{n-1}$ nicht verschwinden, die Inverse

$$A^{-1} = \begin{bmatrix} u_1v_1 & u_1v_2 & \cdots & u_1v_n \\ u_1v_2 & u_2v_2 & \cdots & u_2v_n \\ \vdots & & & \\ u_1v_n & u_2v_n & \cdots & u_nv_n \end{bmatrix}$$

besitzt, wobei

$$u_1 = 1, \quad u_2 = \frac{a_1}{b_1}, \quad u_i = \frac{a_{i-1}u_{i-1} - b_{i-2}u_{i-2}}{b_{i-1}}, \quad i = 3, \ldots, n,$$

$$v_n = \frac{1}{-b_{n-1}u_{n-1} + a_nu_n}, \quad v_i = \frac{1 + b_iu_iv_{i+1}}{a_iu_i - b_{i-1}u_{i-1}}, \quad i = n-1, \ldots, 2,$$

und

$$v_1 - \frac{1 + b_1v_2}{a_1}$$

ist.

5.4 Raum und Zeit

Wir wenden nun die im vorangehenden Abschnitt entwickelten Techniken auf die Lösung partieller Differentialgleichungen an, bei denen Anfangs- und Randbedingungen gestellt sind. Die vielleicht einfachste derartige Gleichung ist die *Wärmeleitungs*gleichung (manchmal auch *Diffusions*gleichung genannt):

$$u_t = u_{xx}, \qquad a \le x \le b, \qquad t \ge 0, \tag{5.4.1}$$

wobei die Indizes partielle Ableitungen bezeichnen. Zu (5.4.1) gehörige Anfangs- und Randbedingungen sind

$$u(0,x) = g(x), \qquad a \le x \le b, \tag{5.4.2}$$

$$u(t,a) = \alpha, \qquad u(t,b) = \beta, \qquad t \ge 0, \tag{5.4.3}$$

wobei g eine gegebene Funktion und α, β gegebene Konstanten sind. Wie bei Zweipunkt-Randwertproblemen können Randbedingungen, die die Ableitungen u_x enthalten, auftreten, aber wir beschränken uns auf (5.4.3).

Die Gleichung (5.4.1), die das Standardbeispiel einer *parabolischen* partiellen Differentialgleichung darstellt (siehe die ergänzenden Bemerkungen), tritt bei der mathematischen Modellierung vieler wichtiger physikalischer Prozesse wie etwa der Diffusion von Gasen auf. Insbesondere ergibt sich (5.4.1) zusammen mit (5.4.2) und (5.4.3) als mathematisches Modell der Temperaturverteilung u in einem dünnen Draht, dessen Temperatur an den Drahtenden auf dem Wert α bzw. β gehalten wird. Die Lösung $u(t,x)$ stellt dann die Temperatur im Punkte x zur Zeit t dar, wobei die Funktion g die anfängliche Temperaturverteilung beschreibt.

Differenzengleichungen für die Wärmeleitungsgleichung

Zur numerischen Lösung von (5.4.1) überziehen wir die (x,t)-Ebene mit einem Gitter der Maschenweiten Δx und Δt, wie es in Abb. 5.4.1 gezeigt ist. Das einfachste Differenzenverfahren für (5.4.1) beruht auf der Ersetzung der zweiten Ableitung auf der rechten Seite von (5.4.1) durch den zentralen Differenzenquotient zweiter Ordnung in x und von u_t durch den vorwärts genommenen Differenzenquotienten in t. Bezeichnet u_j^m die Näherungslösung im Punkte $x_j = j\Delta x$ und $t_m = m\Delta t$, so lautet das Differenzenanalogon von (5.4.1)

$$\frac{u_j^{m+1} - u_j^m}{\Delta t} = \frac{1}{(\Delta x)^2}(u_{j+1}^m - 2u_j^m + u_{j-1}^m) \tag{5.4.4}$$

bzw.

$$u_j^{m+1} = u_j^m + \mu(u_{j+1}^m - 2u_j^m + u_{j-1}^m), \qquad j = 1, \ldots, n, \tag{5.4.5}$$

mit der Abkürzung

$$\mu = \frac{\Delta t}{(\Delta x)^2}. \tag{5.4.6}$$

Die Randbedingungen (5.4.3) stellen die Werte

$$u_0^m = \alpha, \qquad u_{n+1}^m = \beta, \quad m = 0, 1, \ldots,$$

bereit, und der Anfangsbedingung (5.4.2) entnimmt man

$$u_j^0 = g(x_j), \qquad j = 1, \ldots, n.$$

Somit stellt (5.4.5) eine Vorschrift dar, mit der die Näherungslösung Schritt für Schritt in Richtung wachsender Zeiten berechnet werden kann: Als erstes erhält man sämtliche u_j^1, $j = 1, \ldots, n$, und nachdem diese bekannt sind, lassen sich die u_j^2, $j = 1, \ldots, n$, berechnen, und so fort. Man beachte, daß diese Methode in ausgezeichneter Weise parallel ist, da die Berechnung der u_j auf der nächsten Zeitschicht voneinander unabhängig erfolgt.

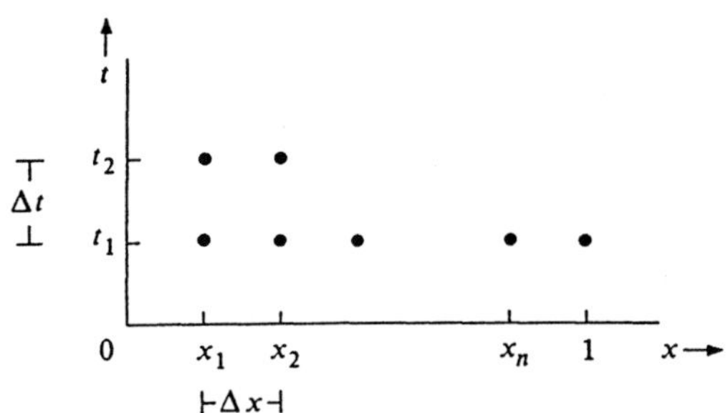

Abb. 5.4.1 *Gitter für die Wärmeleitungsgleichung*

Diskretisierungsfehler

Wie genau ist die mit (5.4.5) berechnete Näherung? Eine strenge Antwort auf diese Frage zu geben, stellt größere Anforderungen und liegt außerhalb des Rahmens des Buches, aber wir werden versuchen, durch die Behandlung von zwei Aspekten der Fehleranalysis wenigstens ein gewisses Verständnis des zu erwartenden Fehlerverhaltens zu erwecken.

Sei $u(t, x)$ die exakte Lösung von (5.4.1) unter den Anfangs- und Randbedingungen (5.4.2) bzw. (5.4.3). Setzen wir die Lösung in die Differenzengleichungen (5.4.4) ein, so werden sie nicht erfüllt sein. Der sich ergebende Rest wird *lokaler Diskretisierungsfehler* genannt und mit e bezeichnet. Im Punkte (t, x) gilt

$$e = \frac{u(t + \Delta t, x) - u(t, x)}{\Delta t}$$

$$-\frac{1}{(\Delta x)^2}[u(t,x+\Delta x)-2u(t,x)+u(t,x-\Delta x)]. \tag{5.4.7}$$

Diese Definition ist völlig analog zu der des lokalen Diskretisierungsfehlers für gewöhnliche Differentialgleichungen.

Die Größe e in (5.4.7) läßt sich leicht durch Δt und Δx ausdrücken. Betrachten wir u nur als Funktion von t bei festgehaltenem x, so ergibt die Taylorentwicklung

$$u(t+\Delta t,x)=u(t,x)+u_t(t,x)\Delta t+O[(\Delta t)^2],$$

daß

$$\frac{u(t+\Delta t,x)-u(t,x)}{\Delta t}=u_t(t,x)+O(\Delta t)$$

ist. Entsprechend erhalten wir durch Taylorentwicklung in x

$$\frac{u(t,x+\Delta x)-2u(t,x)+u(t,x-\Delta x)}{(\Delta x)^2}=u_{xx}(t,x)+O[(\Delta x)^2].$$

Durch Einsetzen dieser Ausdrücke in (5.4.7) und Verwendung von $u_t=u_{xx}$ (denn u ist die exakte Lösung der Differentialgleichung), gelangen wir zu

$$e=O(\Delta t)+O[(\Delta x)^2]. \tag{5.4.8}$$

Die Tatsache, daß Δt in diesem Ausdruck für den lokalen Diskretisierungsfehler in erster und Δx in zweiter Potenz auftritt, erfaßt man gewöhnlich mit der Sprechweise, daß die Diskretisierung (5.4.4) von *erster Ordnung in der Zeit* und von *zweiter Ordnung im Ort* genau ist.

Stabilität

Man ist versucht, aus (5.4.8) zu schließen, daß der Diskretisierungsfehler in u_j^m mit Δt und Δx gegen Null konvergiert. Leider ist diese Schlußfolgerung nicht legitim. Der Beweis, daß der Diskretisierungsfehler auf einem ganzen Zeitintervall $[0,T]$ gegen Null geht, ist nicht so leicht zu führen, und es werden dabei zusätzliche Bedingungen verlangt, in welchem Verhältnis zueinander Δt und Δx gegen Null gehen. Eine Beziehung der Art (5.4.8), oder allgemeiner die Aussage, daß der lokale Diskretisierungsfehler mit Δt und Δx gegen Null geht, ist im wesentlichen eine notwendige Bedingung, daß der globale Diskretisierungsfehler gegen Null geht, die *Konsistenz* des Differenzenschemas genannt wird. Der Grund, daß die Konsistenz des Differenzenverfahrens nicht notwendig die Konvergenz des Diskretisierungsfehlers nach sich zieht, hat mit der *Stabilität* des Differenzenschemas zu tun, die wir jetzt im Zusammenhang mit (5.4.5) ansatzweise diskutieren.

Damit (5.4.5) stabil ist, müssen Δt und Δx der Beziehung

$$\Delta t \leq \frac{1}{2}(\Delta x)^2 \tag{5.4.9}$$

genügen, die *Stabilitätsbedingung* für (5.4.5) genannt wird. (Siehe die ergänzenden Bemerkungen für eine Herleitung von (5.4.9).) Ist diese Bedingung nicht erfüllt, so entwickeln die mit (5.4.5) berechneten u_j^m ein instabiles Verhalten. Dieses ist in Tabelle 5.4.1 zu erkennen, in der die berechnete Lösung an ausgewählten t und x für $a = 0, b = 1, \alpha = \beta = 0$ und $g = \sin(\pi x)$ angegeben ist. Die exakte Lösung der Differentialgleichung geht für $t \to \infty$ gegen 0, und dieses Abklingen wird in Tabelle 5.4.1 bis zur Zeit $t = 0.28$ auch sichtbar. Ab $t = 0.32$ jedoch entwickelt sich merklich ein instabiles Verhalten, das sich schnell verstärkt bemerkbar macht. Die Rechnung wurde mit $\Delta x = 0.1$ und $\Delta t = .04$ durchgeführt, so daß (5.4.9) nicht erfüllt ist. Diese Instabilität hat nichts mit Rundungsfehlern zu tun und tritt bei exakter Arithmetik ebenso auf.

Tab. 5.4.1 *Instabiles Verhalten*

t/x	0.2	0.4	0.6	0.8
0.	0.59	0.95	0.95	0.59
0.16	0.08	0.13	0.13	0.08
0.24	0.03	0.05	0.05	0.03
0.28	0.02	0.03	0.02	0.004
0.32	0.01	0.02	0.09	0.20
0.36	0.005	−0.14	−1.22	−2.43
0.40	0.12	3.20	19.0	32.2
0.44	−3.97	−62.0	−286.9	−428.0

Die Bedingung (5.4.9) wird nicht nur benötigt, um sicherzustellen, daß sich im Laufe der Rechnung keine Instabilitäten entwickeln, sondern sie ist auch die richtige Bedingung dafür, daß der globale Diskretisierungsfehlers mit Δt und Δx gegen Null konvergiert. Es handelt sich hier um einen Spezialfall eines allgemeineren Prinzips, das unter der Bezeichnung *Äquivalenzsatz von Lax* bekannt ist und für recht allgemeine Differentialgleichungen und konsistente Differenzenverfahren aussagt, daß der globale Diskretisierungsfehler dann und nur dann gegen Null geht, wenn das Verfahren stabil ist.

Tab. 5.4.2 *Maximale Zeitschrittweite für gegebenes* Δx

Δx	Δt
0.1	$0.5 \cdot 10^{-2}$
0.01	$0.5 \cdot 10^{-4}$
0.001	$0.5 \cdot 10^{-6}$

Die Bedingung (5.4.9) verlangt, wie Tabelle 5.4.2 zeigt, eine immer stärkere Einschränkung der Zeitschrittweite Δt mit kleiner werdendem Δx. Es kann daher vorkommen, daß eine viel kleinere Zeitschrittweite verlangt wird als nötig ist, um den zeitlichen Verlauf der Lösung der Differentialgleichung genau genug zu berechnen. Zwar haben wir nur unsere Darlegung auf den einfachsten Fall einer Differentialgleichung und das einfachste Differenzenverfahren beschränkt, jedoch ist das Erfordernis kleiner Zeitschrittweiten bei expliziten Differenzenverfahren bei parabolischen und verwandten Gleichungen ein allgemeines Problem und stellt die hauptsächliche Motivation für die als nächstes behandelten impliziten Verfahren dar.

Implizite Verfahren

Das Differenzenverfahren (5.4.5) wird *explizit* genannt, da die u_j^{m+1} in der nächsten Zeitschicht mit Hilfe einer expliziten Formel aus den Näherungen der vorangehenden Zeitschicht gewonnen werden. Im Gegensatz dazu betrachte man die Differenzenapproximation

$$\frac{u_j^{m+1} - u_j^m}{\Delta t} = \frac{1}{(\Delta x)^2}(u_{j+1}^{m+1} - 2u_j^{m+1} + u_{j-1}^{m+1}),\ j = 1, \ldots, n, \tag{5.4.10}$$

an die Wärmeleitungsgleichung. Sie ist ähnlich wie (5.4.4) gebaut, weist aber den wichtigen Unterschied auf, daß die Werte von u_j jetzt an der $(m+1)$-ten Zeitschicht anstelle der m-ten eingehen. Selbst wenn die u_j^m, $j = 1, \ldots, n$, bekannt sind, so sind alle Variablen u_j auf der rechten Seite von (5.4.10) unbekannt, und (5.4.10) ist folglich ein Gleichungssystem, durch das die Werte u_j^{m+1}, $j = 1, \ldots, n$, implizit festgelegt sind. Das ist einer der grundlegenden Unterschiede zwischen impliziten und expliziten Verfahren: bei einem expliziten Verfahren liegt eine Formel wie (5.4.5) vor, in der u_j^{m+1} durch die bekannten u_j an vorangehenden Zeitschichten ausgedrückt wird, wogegen bei einem impliziten Verfahren Gleichungen gelöst werden müssen, um zur nächsten Zeitschicht voranzuschreiten. Es handelt sich um denselben Unterschied wie zwischen expliziten und impliziten Verfahren bei gewöhnlichen Differentialgleichungen, der in Abschnitt 5.2 diskutiert worden ist.

Wenn wir wieder $\mu = \Delta t/(\Delta x)^2$ setzen, so läßt sich (5.4.10) in

$$(1 + 2\mu)u_j^{m+1} - \mu(u_{j+1}^{m+1} + u_{j-1}^{m+1}) = u_j^m, \qquad j = 1, \ldots, n, \tag{5.4.11}$$

umschreiben und dann auf die Matrix-Vektor-Form

$$(I + \mu A)\mathbf{u}^{m+1} = \mathbf{u}^m + \mathbf{b}, \qquad m = 0, 1, \ldots, \tag{5.4.12}$$

bringen. Hier ist A die $(2, -1)$-Tridiagonalmatrix aus (5.3.10) und $\mathbf{u}^{m+1}$, $\mathbf{u}^m$ sind Vektoren mit den Komponenten u_i^{m+1} bzw. u_i^m, $i = 1, \ldots, n$. Die Randbedingungen (5.4.3) ergeben $u_0^k = \alpha$ und $u_{n+1}^k = \beta$ für $k = 0, 1, \ldots$. Der Vektor $\mathbf{b}$ in (5.4.12) ist daher gleich Null mit Ausnahme von $\mu\alpha$ und $\mu\beta$ in der ersten bzw. letzten Komponente. Als Anfangsbedingungen nehmen wir (5.4.2), so daß wie vorher $u_j^0 = g(x_j)$, $j = 1, \ldots, n$, ist.

Bei der Durchführung des impliziten Verfahrens wird nun in jedem Schritt das lineare Gleichungssystem (5.4.12) gelöst, um $\mathbf{u}^{m+1}$ aus $\mathbf{u}^m$ zu erhalten. Die Matrix in (5.4.12) ist tridiagonal und auch strikt diagonaldominant, da $\mu > 0$ ist. Wir werden in Kapitel 6 sehen, daß diese tridiagonalen Systeme sehr effizient gelöst werden können. Trotzdem ist jeder Zeitschritt (5.4.12) etwas rechenaufwendiger als (5.4.5). Aber für diesen zusätzlichen Aufwand erhalten wir als Lohn einen spürbaren Vorteil im Stabilitätsverhalten des Verfahrens, das es in vielen Fällen erlaubt, sehr viel größere Schrittweiten als beim expliziten Verfahren zu verwenden, was den gesamten Rechenaufwand gewaltig reduziert.

Stabilität und Diskretisierungsfehler

Es kann gezeigt werden, daß die Stabilitätsbedingung für (5.4.10)

$$0 < \frac{1}{1 + 2\mu(1 + \cos k\pi\Delta x)} < 1 \tag{5.4.13}$$

lautet. Wegen $\mu > 0$ und $1 + \cos k\pi\Delta x > 0$ ist (5.4.13) stets erfüllt. Höchst wichtig ist aufgrund der Bedeutung von $\mu = \Delta t/(\Delta x)^2$, daß daher (5.4.13) für *jedes* Verhältnis der Schrittweiten Δt und Δx erfüllt ist. Wir nennen das Verfahren in diesem Fall *unbedingt stabil*, womit wir ausdrücken, daß es ohne Einschränkungen an die relative Größe von Δt und Δx stabil ist.

Die Tatsache, daß (5.4.10) unbedingt stabil ist, bedeutet *nicht*, daß wir für jedes Δt und Δx eine gute Näherungslösung erwarten können; die Schrittweiten müssen genügend klein gewählt werden, um den Diskretisierungsfehler unter Kontrolle zu behalten. Es kann gezeigt werden (Aufgabe 5.4.3), daß (5.4.10) wie das entsprechende explizite Verfahren (5.4.4) von erster Ordnung in der Zeit und von zweiter Ordnung im Ort genau ist; das heißt, der lokale Diskretisierungsfehler verhält sich wie

$$e = O(\Delta t) + O(\Delta x)^2. \tag{5.4.14}$$

Nehmen wir einmal an, daß

$$e = c_1 \Delta t + c_2 (\Delta x)^2$$

gilt. Um die Beiträge der Zeit- und Ortsdiskretisierung zueinander passend zu halten, verlangen wir

$$\Delta t \doteq c_3 (\Delta x)^2,$$

was an die Stabilitätsbedingung (5.4.9) für das explizite Verfahren erinnert. Wir erkennen daher, daß zwar aus Stabilitätsgründen keine Einschränkungen an die relative Größe von Δt und Δx verlangt werden, aber möglicherweise aus Genauigkeitsgründen.

Das Crank-Nicolson-Verfahren

Eine in dieser Hinsicht bessere implizite Methode liegt im *Crank-Nicolson-Verfahren* vor, das durch Mittelung des expliziten Verfahrens (5.4.4) und des impliziten (5.4.10) hervorgeht:

$$\begin{aligned} &u_j^{m+1} - u_j^m \\ &= \frac{\Delta t}{2(\Delta x)^2}(u_{j+1}^{m+1} - 2u_j^{m+1} + u_{j-1}^{m+1} + u_{j+1}^m - 2u_j^m + u_{j-1}^m). \end{aligned} \tag{5.4.15}$$

In Matrix-Vektor-Form geschrieben lautet es

$$(I + \frac{\mu}{2}A)\mathbf{u}^{m+1} = (I - \frac{\mu}{2}A)\mathbf{u}^m + \mathbf{b}, \qquad m = 0, 1, \ldots, \tag{5.4.16}$$

wobei A wieder für die $(2, -1)$-Tridiagonalmatrix steht. Daher ist zur Durchführung von (5.4.15) in jedem Zeitschritt ein tridiagonales Gleichungsystem zu lösen. Der Vorteil des Verfahrens (5.4.15) gegenüber (5.4.10) besteht darin, daß es nicht nur unbedingt stabil, sondern von zweiter Ordnung in der Zeit und im Ort ist (Aufgabe 5.4.3). Diese Eigenschaften machen es zu einem der am häufigsten benutzten Verfahren für parabolische Gleichungen.

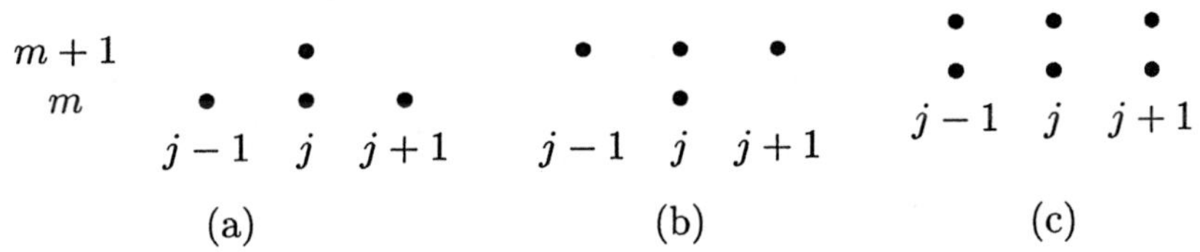

Abb. 5.4.2 *Differenzensterne für die Verfahren (a) Explizit: (5.4.4) (b) Voll implizit: (5.4.10) (c) Crank-Nicolson: (5.4.15)*

Die in Abb. 5.4.2 dargestellten „Differenzensterne" aus Gitterpunkten bieten eine einfache Möglichkeit, sich die drei verschiedenen Verfahren (5.4.4), (5.4.10) und (5.4.15) einzuprägen. Sie zeigen, welche Gitterpunkte in das Differenzenverfahren eingehen.

Es ist übliche Praxis, parabolische partielle Differentialgleichungen mit impliziten Verfahren zu lösen, da ihre guten Stabilitätseigenschaften den zusätzlichen numerischen Aufwand mehr als ausgleichen. Die meisten gebräuchlichen Verfahren sind von komplizierterer Bauart als das Crank-Nicolson-Verfahren, jedoch ist das Prinzip dasselbe. Aber bei Problemen mit mehr als einer Raumdimension sind direkte Verallgemeinerungen der impliziten Verfahren dieses Abschnitts nicht zufriedenstellend, und zusätzliche Maßnahmen sind erforderlich. Eine der dabei eingesetzten Techniken wird im nächsten Abschnitt dargestellt.

Die Linienmethode

Wir beenden diesen Abschnitt mit der Behandlung einer im Vergleich zu den vorangehenden konzeptionell verschiedenen Methode. Es werde (5.4.1) nur in der Ortsvariablen diskretisiert und die Zeit kontinuierlich gelassen. An den Gitterpunkten $x_1, \dots, x_n$ gilt dann die Näherungsbeziehung

$$u_t(t, x_i) \doteq \frac{1}{(\Delta x)^2}[u(t, x_{i+1}) - 2u(t, x_i) + u(t, x_{i-1})]. \tag{5.4.17}$$

Wir suchen nun n Funktionen $v_1(t), \dots, v_n(t)$, so daß

$$v_i(t) \doteq u(t, x_i), \qquad i = 1, \dots, n,$$

wird. Wir versuchen also, die Lösung von (5.4.1) durch Funktionen anzunähern, die auf den Geraden $x_i = a + ih$ in der (t, x)-Ebene definiert sind. Die Näherungsbeziehung (5.4.17) legt es nahe, diese Funktionen als Lösung des folgenden Systems gewöhnlicher Differentialgleichungen zu finden:

$$v_i'(t) = \frac{1}{(\Delta x)^2}[v_{i+1}(t) - 2v_i(t) + v_{i-1}(t)], \qquad i = 1, \dots, n, \tag{5.4.18}$$

in dem aufgrund der Randbedingungen (5.4.3) die Funktionen v_0 und v_{n+1} identisch gleich α bzw. β genommen werden. Die Anfangsbedingung (5.4.2) liefert

$$v_i(0) = g(x_i), \qquad i = 1, \dots, n. \tag{5.4.19}$$

Das System (5.4.18) kann in der Matrixform

$$\mathbf{v}'(t) = \frac{-1}{(\Delta x)^2} A\mathbf{v}(t) \tag{5.4.20}$$

notiert werden, wobei A die $(2, -1)$-Tridiagonalmatrix (5.3.10) ist. Bei Anwendung des Euler-Verfahrens auf dieses System erhalten wir

$$\mathbf{v}^{m+1} = \mathbf{v}^m - \frac{\Delta t}{(\Delta x)^2} A\mathbf{v}^m, \qquad m = 0, 1, \dots .$$

In Komponentenform geschrieben ergibt sich für $m = 0, 1, \dots$

$$v_i^{m+1} = v_i^m + \frac{\Delta t}{(\Delta x)^2}(v_{i+1}^m - 2v_i^m + v_{i-1}^m), \quad i = 1, \dots, n,$$

was das explizite Verfahren (5.4.5) ist. In ähnlicher Weise erhält man das implizite Verfahren (5.4.10) durch Anwendung der rückwärtigen Eulerformel (5.2.55) auf (5.4.20), und das Crank-Nicolson-Verfahren (5.4.15) entsteht durch Anwendung der Trapezformel (5.2.59) auf (5.4.20). Wir können aber auch andere Verfahren für Anfangswertaufgaben auf (5.4.20) anwenden. Insbesondere stellt für allgemeinere parabolische Gleichungen die Verwendung der verfügbaren, qualitativ hochwertigen Softwarepakete für Anfangswertaufgaben gewöhnlicher Differentialgleichungen eine effektive Möglichkeit dar, Lösungen solcher partieller Differentialgleichungen mit relativ wenig Aufwand für den Benutzer zu erhalten. Man beachte jedoch, daß (5.4.20) und die sich für allgemeinere parabolische Aufgaben ergebenden entsprechenden Gleichungen dazu neigen, äußerst steif zu sein, so daß Pakete für steife Systeme gewöhnlicher Differentialgleichungen verwendet werden sollten.

Ergänzende Bemerkungen und Literaturhinweise zu Abschnitt 5.4

1. Eine weitere Dskussion und Analyse der Methoden dieses Abschnitts sowie auch von Verfahren höherer Ordnung findet man in den Büchern von Ames [1992], Hall und Porsching [1990], Isaacson und Keller [1966], Richtmeyer und Morton [1967] und Strikwerda [1989]. Die Linienmethode betreffend siehe auch Schiesser [1991].

2. Vorgelegt sei eine partielle Differentialgleichung der Gestalt

$$au_{xx} + bu_{xt} + cu_{tt} + du_x + eu_t + fu = g,$$

wobei die Koeffizienten $a, b, \ldots$ Funktionen von x und t sind. Die Gleichung heißt *elliptisch*, wenn

$$[b(x,t)]^2 < a(x,t)c(x,t),$$

hyperbolisch, wenn $b^2 > ac$ und *parabolisch*, wenn $b^2 = ac$ für alle x, t in dem interessierenden Bereich ausfällt. Bei der Wärmeleitungsgleichung (5.4.1) ist $b = c = d = f = g = 0$ und $e \neq 0$, so daß sie parabolisch ist. Das einfachste Beispiel einer hyperbolischen Gleichung ist die *Wellengleichung* $u_{tt} = u_{xx}$, und das einfachste Beispiel einer elliptischen Gleichung ist die *Laplacegleichung* $u_{xx} + u_{tt} = 0$. In der letzteren Gleichung, die in Abschnitt 5.5 behandelt wird, hat die Variable t üblicherweise die Bedeutung einer zweiten Raumvariablen y. Dieses Klassifikationsschema läßt sich auch auf mehr als zwei Variablen ausdehnen. Die Modellierung vieler physikalischer Phänomene erfolgt mit Systemen von Differentialgleichungen anstatt nur einer einzigen Gleichung. Die Typeneinteilung in elliptisch, hyperbolisch und parabolisch kann auf Systeme verallgemeinert werden, jedoch lassen sich nur vergleichsweise wenige Systeme, die realistische physikalische Sachverhalte modellieren, in dieses nette Klassifikationsschema einpassen. Weiteres zur Theorie partieller Differentialgleichungen findet man zum Beispiel in Haberman [1983] und Keener [1988] sowie, auf fortgeschrittenem Niveau, in Courant und Hilbert [1968] und Garabedian [1986].

3. Für hyperbolische Gleichungen können zu den parabolischen Gleichungen analoge Verfahren aufgestellt werden. Für die Wellengleichung zum Beispiel ist das einfachste Differenzenverfahren

$$\frac{u_j^{m+1} - 2u_j^m + u_j^{m-1}}{(\Delta t)^2} = \frac{1}{(\Delta x)^2}(u_{j+1}^m - 2u_j^m + u_{j-1}^m). \tag{5.4.21}$$

Es ist auch möglich, implizite Verfahren anzugeben, aber die Stabilitätsbedingung für (5.4.21) lautet $\Delta t \leq \Delta x$, was keine einschneidende Bedingung an die Zeitschrittweite darstellt. Aus diesem Grunde werden implizite Verfahren bei hyperbolischen Gleichungen ziemlich selten verwendet.

4. Die Stabilitätsbedingung (5.4.9) kann durch die Methode der Trennung der Variablen für Differenzengleichungen erhalten werden. Wir skizzieren die Grundidee für die Gleichung (5.4.5) mit $\alpha = \beta = 0$ in (5.4.3). Es werde angenommen, daß die mit (5.4.5) berechneten u_j^m in der Form

$$u_j^m = v_m w_j, \qquad j = 1, \ldots, n, \qquad m = 0, 1, \ldots\,, \tag{5.4.22}$$

dargestellt werden können. Wir setzen (5.4.22) in (5.4.5) ein und erhalten nach dem Zusammenfassen gleicher Terme

$$\frac{v_{m+1} - v_m}{\mu v_m} = \frac{w_{j+1} - 2w_j + w_{j-1}}{w_j}, \qquad j = 1, \ldots, n, \quad m = 0, 1, \ldots\,.$$

Da die linke Seite unabhängig von j und die rechte unabhängig von m ist, müssen beide Seiten gleich einer Konstanten, sagen wir $-\lambda$, sein. Das ergibt

$$v_{m+1} - v_m = -\lambda \mu v_m, \qquad m = 0, 1, \ldots, \tag{5.4.23a}$$

$$w_{j+1} - 2w_j + w_{j-1} = -\lambda w_j, \qquad j = 1, \ldots, n, \tag{5.4.23b}$$

wobei aus den Randbedingungen $w_0 = w_{n+1} = 0$ übernommen wird. Gleichung (5.4.23b) stellt ein Eigenwertproblem für die $(2, -1)$-Tridiagonalmatrix aus (5.3.10) dar. Die Eigenwerte dieser Matrix sind (Aufgabe 5.3.5)

$$\lambda_k = 2 - 2\cos k\pi\Delta x, \qquad k = 1, \ldots, n, \tag{5.4.24}$$

mit zugehörigen Eigenvektoren

$$\mathbf{w} = [\sin(k\pi\Delta x), \sin(2k\pi\Delta x), \ldots, \sin(nk\pi\Delta x)]^T, \qquad k = 1, \ldots, n,$$

wobei $\Delta x = 1/(n+1)$ bedeutet. Für jedes $\lambda = \lambda_k$ ist daher

$$w_j = \sin(jk\pi\Delta x), \qquad j = 0, 1, \ldots, n+1, \tag{5.4.25}$$

eine Lösung von (5.4.23b). Offensichtlich ist

$$v_m = (1 - \lambda\mu)^m v_0, \qquad m = 0, 1, \ldots,$$

für jedes λ eine Lösung von (5.4.23a), so daß für $m = 0, 1, \ldots$

$$u_j^m = v_m w_j = (1 - \lambda_k\mu)^m \sin(jk\pi\Delta x), \quad j = 0, 1, \ldots, n+1,$$

für jedes k die Gleichungen (5.4.5) löst und damit auch jede Linearkombination

$$u_j^m = \sum_{k=1}^{n} a_k (1 - \lambda_k\mu)^m \sin(jk\pi\Delta x). \tag{5.4.26}$$

Sind die a_k so gewählt, daß

$$a_k = 2\Delta x \sum_{l=1}^{n} g(x_l) \sin(k\pi l\Delta x) \tag{5.4.27}$$

gilt, so genügen die u_j^m auch den Anfangsbedingungen $u_j^0 = g(x_j), j = 1, \ldots, n$. Wir verwenden die Darstellung (5.4.26) nun auf die folgende Weise. Aus unserer vorangehenden Diskussion geht hervor, daß die Gleichung $u_t = u_{xx}$ zusammen mit den Randbedingungen $u(t,0) = u(t,1) = 0$ ein Modell für die Temperaturverteilung in einem dünnen isolierten Stab darstellt, dessen Enden auf der Temperatur Null gehalten werden. Da keine Wärmequellen vorhanden sind, erwarten wir eine Temperaturabnahme auf den Wert Null, also daß $u(t,x) \to 0$ für $t \to \infty$ konvergiert. Es ist daher vernünftig zu verlangen, daß die mit der Differenzenapproximationen gewonnenen Näherungen u_j^m auch gegen Null streben, wenn m gegen Unendlich geht, und zwar für jede Anfangsbedingung. Man entnimmt (5.4.26), daß dies dann und nur dann der Fall ist, wenn

$$|1 - \mu\lambda_k| < 1, \qquad k = 1, \ldots, n, \tag{5.4.28}$$

gilt. Da μ und alle λ_k positiv sind, gilt (5.4.28) genau dann, wenn

$$-(1 - \mu\lambda_k) < 1, \qquad k = 1, \ldots, n,$$

bzw. da das größte λ_k gleich λ_n ist,

$$\mu < \min_k \frac{2}{\lambda_k} = \frac{1}{1 - \cos(\pi n \Delta x)} = \frac{1}{1 + \cos(\pi \Delta x)}, \tag{5.4.29}$$

erfüllt ist. Wegen $\mu = \Delta t / (\Delta x)^2$ ist (5.4.29) gleichbedeutend mit

$$\Delta t < \frac{(\Delta x)^2}{1 + \cos(\pi \Delta x)}, \tag{5.4.30}$$

und die Bedingung (5.4.9) garantiert, daß die Ungleichung (5.4.30) für jedes Δx besteht.

Übungsaufgaben zu Abschnitt 5.4

5.4.1. Man verwende (5.4.5) zur Approximation einer Lösung von $u_t = u_{xx}$ unter den Rand- und Anfangsbedingungen $u(t, 0) = 0$, $u(t, 1) = 1$, $u(0, x) = \sin(\pi x) + x$. Man arbeite mit verschiedenen Werten von Δt und Δx und diskutiere die erhaltenen Näherungslösungen. Was läßt sich daraus über das Größenverhältnis zwischen Δt und Δx folgern, damit die Näherungslösung stabil ist?

5.4.2. Man führe die Rechnungen zu Tabelle 5.4.1 aus und bestätige die Einträge.

5.4.3. Mit Hilfe der Taylorformel zeige man, daß der lokale Diskretisierungsfehler für (5.4.10) die Ordnung (5.4.14) besitzt. Dasselbe führe man für (5.4.15) durch, um die Genauigkeit zweiter Ordnung in Ort und Zeit nachzuweisen.

5.4.4. Vorgelegt sei die nichtlineare parabolische Gleichung

$$u_t = u_{xx} - u - x^2 - u^3$$

mit den Rand- und Anfangsbedingungen $u(t, 0) = u(t, 1) = 0$, $u(0, x) = \sin(\pi x)$.

a. Man gebe ein explizites Verfahren für dieses Problem an.

b. Man gebe ein vollständig implizites Verfahren an und zeige, wie sich das Newtonverfahren einsetzen läßt, um einen Zeitschritt durchzuführen.

c. Die zugehörige *stationäre* Gleichung ist das Zweipunkt-Randwertproblem $v'' = v + x^2 + v^3$, $v(0) = v(1) = 0$. Wenn man nur an der stationären Lösung interessiert ist, sollte man die Gleichung direkt mit den Verfahren aus Abschnitt 5.3 angehen oder besser die partielle Differentialgleichung bis zum stationären Zustand mit den Methoden aus Teil **a** und **b** integrieren?

5.5 Der Fluch der Dimension

Im vorangehenden Abschnitt haben wir partielle Differentialgleichungen in zwei unabhängigen Veränderlichen betrachtet: der Zeit und einer Ortsveränderlichen. Da sich physikalische Phänomene in der dreidimensionalen Welt abspielen, beinhalten mathematische Modelle in nur einer Ortsvariablen meist ein beträchtliche Vereinfachung der wirklichen physikalischen Situation, obwohl sie in vielen Fällen ausreichen, wenn Symmetrien vorliegen oder die Vorgänge in zwei der drei Raumdimensionen so langsam verlaufen, daß diese Richtungen vernachlässigt werden können. Jedoch wendet sich das wissenschaftliche Großrechnen in wachsendem Maße einer ins Einzelne gehenden Analyse von Problemen zu, bei denen drei Raumdimensionen eine Rolle spielen. In diesem Abschnitt wenden wir uns Problemen in mehr als einer Raumdimension zu, obwohl wir der Einfachheit der Darstellung wegen hauptsächlich zweidimensionale Probleme behandeln.

Im vorangehenden Abschnitt betrachteten wir die Wärmeleitungsgleichung

$$u_t = u_{xx} \tag{5.5.1}$$

als ein mathematisches Modell für die Temperaturverteilung in einem langen, dünnen Draht. Ist der interessierende Körper dreidimensional, so ist (5.5.1) auf drei Dimensionen zu erweitern unter Einführung der partiellen Ableitungen nach allen drei Veränderlichen x, y und z:

$$u_t = u_{xx} + u_{yy} + u_{zz}. \tag{5.5.2}$$

Gleichung (5.5.2) ist ein Modell für die Temperaturverteilung u als Funktion der Zeit und den Punkten innerhalb des Körpers. Wie gewohnt benötigen wir zur Vervollständigung des Modells Randbedingungen, und für diesen Zweck ist es zur Vereinfachung der Darstellung bequem, Probleme in zwei Raumdimensionen zu betrachten:

$$u_t = u_{xx} + u_{yy}. \tag{5.5.3}$$

Wir sehen (5.5.3) als das mathematische Modell für die Temperaturverteilung in einer ebenen, dünnen Platte an, etwa wie in Abb 5.5.1 dargestellt, wo die Platte die Form des Einheitsquadrats besitzt.

Bei der einfachsten Art von Randbedingungen wird die Temperatur an den vier Seiten der Patte vorgeschrieben:

$$u(t,x,y) = g(x,y), \qquad (x,y) \text{ auf dem Rand,} \tag{5.5.4}$$

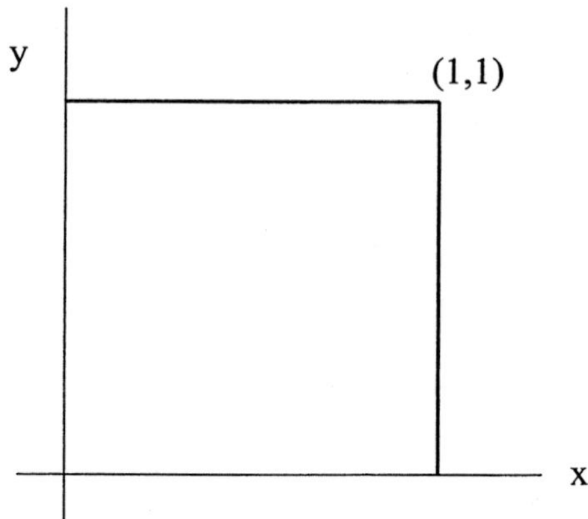

Abb. 5.5.1 *Ebene, dünne Platte*

wobei g eine gegebene Funktion ist. Eine andere Möglichkeit ist anzunehmen, daß eine der Seiten, sagen wir $x = 0$, ideal isoliert ist. Es tritt dann an dieser Seite kein Wärmeverlust und damit kein Temperaturgradient auf, so daß die Randbedingung

$$u_x(t, 0, y) = 0, \qquad 0 \leq y \leq 1, \tag{5.5.5}$$

zusammen mit (5.5.4) auf den restlichen drei Seiten zu stellen ist. Wie bei Zweipunkt-Randwertproblemen heißt die Vorgabe einer Ableitung auf dem Rand *Neumannbedingung*, während (5.5.4) *Dirichletbedingung* genannt wird. Selbstverständlich gibt es zahlreiche andere Möglichkeiten, unter anderem auch periodische Randbedingungen. Für das dreidimensionale Problem können Randbedingungen in ähnlicher Weise gestellt werden. Auch müssen wir eine Temperaturverteilung zu einem festen Zeitpunkt, für den wir $t = 0$ nehmen, vorgeben. Diese Anfangsbedingung für (5.5.3) lautet

$$u(0, x, y) = f(x, y). \tag{5.5.6}$$

Sind die Anfangsbedingung (5.5.6) und Randbedingungen der Gestalt (5.5.4) und/oder (5.5.5) gestellt, so ist es anschaulich klar, daß die Temperaturverteilung mit der Zeit in einen stationären Zustand übergeht, der nur durch die Randbedingungen bestimmt ist. In vielen Fällen ist es die stationäre Lösung, die primär interessiert, und da sie nicht mehr von der Zeit abhängt, sollte sie der Gleichung (5.5.3) mit $u_t = 0$ genügen:

$$u_{xx} + u_{yy} = 0. \tag{5.5.7}$$

Das ist die Laplace-Gleichung, die, wie im vorangehenden Abschnitt erwähnt, der Prototyp einer elliptischen Gleichung ist. Sind wir nur an der stationären Temperaturverteilung des Wärmeleitungsproblems interessiert, können wir im Prinzip auf zweierlei Weise vorgehen: Wir lösen Gleichung (5.5.3) für u als Funktion der Zeit bis der stationäre Zustand erreicht ist, oder wir lösen (5.5.7) für die stationäre Lösung allein.

Differenzenverfahren für die Poisson-Gleichung

Wir werden in Kürze zu den zeitabhängigen Problemen zurückkehren, nachdem wir ein Differenzenverfahren für (5.5.7) und allgemeiner für die *Poisson-Gleichung*

$$u_{xx} + u_{yy} = f \tag{5.5.8}$$

vorgestellt haben, wobei f eine gegebene Funktion von x und y ist. Wir nehmen an, daß das zugrunde liegende Lösungsgebiet des Problems das Einheitsquadrat $0 \leq x,\ y \leq 1$ ist und daß Dirichlet-Randbedingungen

$$u(x,y) = g(x,y), \qquad (x,y) \text{ auf dem Rand,} \tag{5.5.9}$$

gestellt sind, wobei g eine bekannte Funktion ist. Wir legen ein Netz von Gitterpunkten über das Quadrat, wobei h der Abstand der Punkte sowohl in horizontaler als auch in vertikaler Richtung sei, was in Abb. 5.5.2 dargestellt ist.

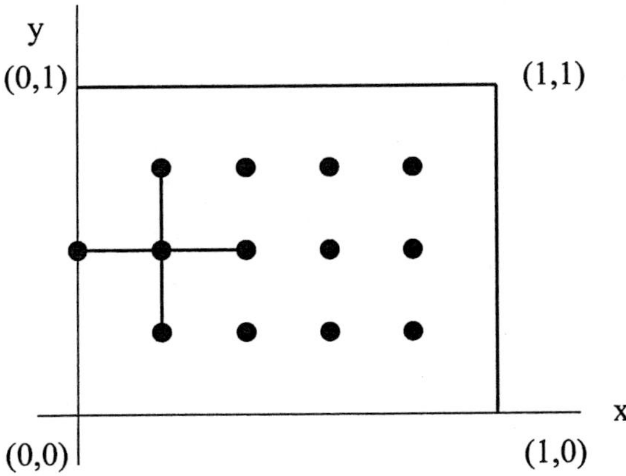

Abb. 5.5.2 *Gitterpunkte im Einheitsquadrat*

Die inneren Gitterpunkte sind durch

$$(x_i, y_j) = (ih, jh), \qquad i, j = 1, \ldots, N, \tag{5.5.10}$$

gegeben, wobei $(N+1)h = 1$ ist. An einem inneren Gitterpunkt (x_i, y_j) approximieren wir u_{xx} und u_{yy} mit zentralen Differenzenquotienten:

$$u_{xx}(x_i, y_j) \doteq \frac{1}{h^2}[u(x_{i-1}, y_j) - 2u(x_i, y_j) + u(x_{i+1}, y_j)], \tag{5.5.11a}$$

$$u_{yy}(x_i, y_j) \doteq \frac{1}{h^2}[u(x_i, y_{j-1}) - 2u(x_i, y_j) + u(x_i, y_{j+1})]. \tag{5.5.11b}$$

Setzen wir diese Approximationen in die Differentialgleichung (5.5.8) ein, so erhalten wir

$$\begin{aligned} &u(x_{i-1}, y_j) + u(x_{i+1}, y_j) + u(x_i, y_{j-1}) + u(x_i, y_{j+1}) - 4u(x_i, y_j) \\ &\doteq h^2 f(x_i, y_j), \end{aligned} \tag{5.5.12}$$

was eine Näherungsgleichung für die exakte Lösung u von (5.5.8) an jedem inneren Gitterpunkt des Gebietes darstellt.

Ganz analog wie in Abschnitt 5.3 definieren wir nun Näherungen u_{ij} für die exakte Lösung $u(x_i, y_j)$ an den N^2 inneren Gitterpunkte, indem wir verlangen, daß sie die Beziehungen (5.5.12) exakt, das heißt

$$-u_{i-1,j} - u_{i+1,j} - u_{i,j+1} - u_{i,j-1} + 4u_{ij} = -h^2 f_{ij}, \tag{5.5.13}$$

für $i, j = 1, \ldots, N$, erfüllen, wobei wir (5.5.12) mit -1 multipliziert haben. Dies ist ein lineares Gleichungssystem in den $(N+2)^2$ Veränderlichen u_{ij}. Man beachte, daß die Veränderlichen $u_{0,j}$, $u_{N+1,j}$, $j = 0, \ldots, N+1$, und $u_{i,0}$, $u_{i,N+1}$, $i = 0, \ldots, N+1$, den Gitterpunkten auf dem Rand entsprechen und somit durch die Randbedingung (5.5.9) gegeben sind:

$$\begin{aligned} u_{0,j} &= g(0, y_j), \quad & u_{N+1,j} &= g(1, y_j), \quad & j &= 0, 1, \ldots, N+1, \\ u_{i,0} &= g(x_i, 0), \quad & u_{i,N+1} &= g(x_i, 1), \quad & i &= 0, 1, \ldots, N+1. \end{aligned} \tag{5.5.14}$$

Daher ist (5.5.13) ein lineares System von N^2 Gleichungen in den N^2 Unbekannten u_{ij}, $i, j = 1, \ldots, N$, wobei jede Gleichung einem inneren Gitterpunkt entspricht. Es ist leicht zu zeigen (Aufgabe 5.5.1), daß der lokale Diskretisierungsfehler der u_{ij} von der Ordnung $O(h^2)$ ist. Man beachte, daß (5.5.13) die natürliche Verallgemeinerung der in Abschnitt 5.3 aufgestellten diskreten Gleichungen

$$-u_{i+1} + 2u_i - u_{i-1} = -h^2 f_i, \qquad i = 1, \ldots, N,$$

für die „eindimensionale Poisson-Gleichung" $u'' = f$ auf zwei Raumdimensionen ist.

Wir schreiben jetzt das System (5.5.13) in Matrix-Vektor-Form. Zu diesem Zweck numerieren wir die inneren Gitterpunkte in der in Abb. 5.5.3 gezeigten Weise, was die *natürliche* oder *zeilenweise Numerierung* genannt wird. Entsprechend der Numerierung der Gitterpunkte ordnen wir die Unbekannten u_{ij} in dem Vektor

$$(u_{11}, \ldots, u_{N1}, u_{12}, \ldots, u_{N2}, \ldots, u_{1N}, \ldots, u_{NN}) \tag{5.5.15}$$

an und schreiben das Gleichungssystem in derselben Anordnung. Für $N = 2$ beispielsweise ergibt sich

$$\begin{bmatrix} 4 & -1 & -1 & 0 \\ -1 & 4 & 0 & -1 \\ -1 & 0 & 4 & -1 \\ 0 & -1 & -1 & 4 \end{bmatrix} \begin{bmatrix} u_{11} \\ u_{21} \\ u_{12} \\ u_{22} \end{bmatrix} = -h^2 \begin{bmatrix} f_{11} \\ f_{21} \\ f_{12} \\ f_{22} \end{bmatrix} + \begin{bmatrix} u_{01} + u_{10} \\ u_{20} + u_{31} \\ u_{02} + u_{13} \\ u_{32} + u_{23} \end{bmatrix}, \tag{5.5.16}$$

wobei wir die aus den Randbedingungen bekannten u_{ij} auf die rechte Seite der Gleichung gebracht haben (Aufgabe 5.5.2).

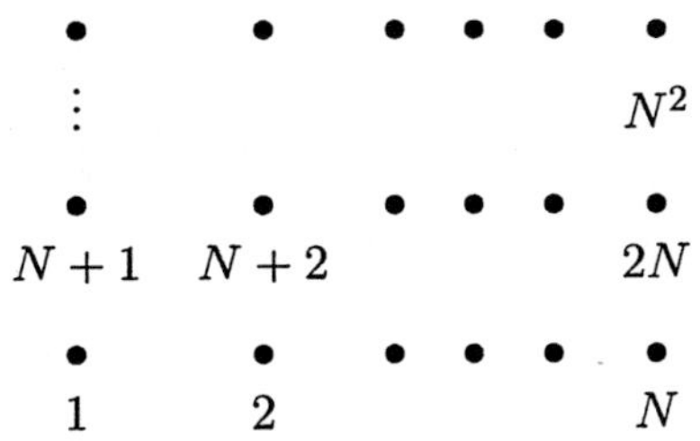

$$\begin{array}{cccccc} \bullet & \bullet & \bullet & \bullet & \bullet & \bullet \\ \vdots & & & & & N^2 \\ \bullet & \bullet & \bullet & \bullet & \bullet & \bullet \\ N+1 & N+2 & & & & 2N \\ \bullet & \bullet & \bullet & \bullet & \bullet & \bullet \\ 1 & 2 & & & & N \end{array}$$

Abb. 5.5.3 *Natürliche Numerierung der inneren Gitterpunkte*

Für allgemeines N ist

$$-1\;0\cdots 0\;-1\;4\;-1\;0\cdots 0\;-1$$

eine typische Zeile der Matrix, wobei die Zahlen -1 in beiden Richtungen durch $N-2$ Nullen getrennt sind. Die Gleichungen, die einem am Rande gelegenen inneren Gitterpunkt entsprechen, enthalten einen bekannten Randwert, der auf die rechte Seite der Gleichung gebracht wird, womit die entsprechende -1 aus der Matrix eliminiert wird. In (5.5.16) kommt das aufgrund der Größe von N in jeder Gleichung vor. Abb. 5.5.4 zeigt die Koeffizientenmatrix für $N = 4$ (Aufgabe 5.5.2).

$$\begin{bmatrix}
4 & -1 & & & -1 & & & & & & & & & & & \\
-1 & 4 & -1 & & & -1 & & & & & & & & & & \\
 & -1 & 4 & -1 & & & -1 & & & & & & & & & \\
 & & -1 & 4 & & & & -1 & & & & & & & & \\
-1 & & & & 4 & -1 & & & -1 & & & & & & & \\
 & -1 & & & -1 & 4 & -1 & & & -1 & & & & & & \\
 & & -1 & & & -1 & 4 & -1 & & & -1 & & & & & \\
 & & & -1 & & & -1 & 4 & & & & -1 & & & & \\
 & & & & -1 & & & & 4 & -1 & & & -1 & & & \\
 & & & & & -1 & & & -1 & 4 & -1 & & & -1 & & \\
 & & & & & & -1 & & & -1 & 4 & -1 & & & -1 & \\
 & & & & & & & -1 & & & -1 & 4 & & & & -1 \\
 & & & & & & & & -1 & & & & 4 & -1 & & \\
 & & & & & & & & & -1 & & & -1 & 4 & -1 & \\
 & & & & & & & & & & -1 & & & -1 & 4 & -1 \\
 & & & & & & & & & & & -1 & & & -1 & 4
\end{bmatrix}$$

Abb. 5.5.4 *Koeffizientenmatrix von* (5.5.13) *für* $N = 4$

Aus Abb. 5.5.4 ist die generelle Struktur der Koeffizientenmatrix zu erkennen, aber für große N ist es schwerfällig, sie in dieser Form anzugeben. Alternativ können wir die Matrix in Blockgestalt schreiben. Dazu definieren wir die $N \times N$-Tridiagonalmatrix

$$T = \begin{bmatrix}
4 & -1 & & & \\
-1 & \ddots & & & \\
 & \ddots & & & \\
 & \ddots & & -1 & \\
 & & -1 & 4 &
\end{bmatrix}, \tag{5.5.17}$$

und bezeichnen mit I die $N \times N$-Einheitsmatrix. Die $N^2 \times N^2$-Koeffizientenmatrix von (5.5.13) ist dann die *Block-Tridiagonalmatrix*

$$A = \begin{bmatrix} T & -I & & & \\ -I & T & \ddots & & \\ & -I & \ddots & & \\ & & \ddots & & -I \\ & & & -I & T \end{bmatrix}. \tag{5.5.18}$$

Die Matrix in (5.5.16) ist der Spezialfall von (5.5.18) für $N = 2$, und Abb. 5.5.4 zeigt die Matrix für $N = 4$. Führen wir noch die Vektoren

$$\begin{aligned} \mathbf{u}_i &= (u_{1i}, \ldots, u_{Ni})^T, \qquad \mathbf{f}_i = (f_{1i}, \ldots, f_{Ni})^T, \qquad i = 1, \ldots, N, \\ \mathbf{b}_1 &= (u_{01} + u_{10}, u_{20}, \ldots, u_{N-1,0}, u_{N0} + u_{N+1,1})^T, \\ \mathbf{b}_i &= (u_{0i}, 0, \ldots, 0, u_{N+1,i})^T, \qquad i = 2, \ldots, N-1, \\ \mathbf{b}_N &= (u_{0N} + u_{1,N+1}, u_{2,N+1}, \ldots, u_{N-1,N+1}, u_{N,N+1} + u_{N+1,N})^T \end{aligned}$$

ein, so läßt sich das System (5.5.13) in der folgenden Gestalt schreiben:

$$\begin{bmatrix} T & -I & & \\ -I & \ddots & \ddots & \\ & \ddots & & -I \\ & & -I & T \end{bmatrix} \begin{bmatrix} \mathbf{u}_1 \\ \mathbf{u}_2 \\ \vdots \\ \mathbf{u}_N \end{bmatrix} = \begin{bmatrix} \mathbf{b}_1 - h^2\mathbf{f}_1 \\ \mathbf{b}_2 - h^2\mathbf{f}_2 \\ \vdots \\ \mathbf{b}_N - h^2\mathbf{f}_N \end{bmatrix}. \tag{5.5.19}$$

Wir schließen nun einige Bemerkungen über dieses Gleichungssytem an. Ist N von mittlerer Größe, sagen wir $N = 100$, dann ist $N^2 = 10^4$ die Zahl der Unbekannten, und (5.5.19) ist eine 10.000×10.000-Matrix. In jeder Matrixzeile jedoch gibt es höchstens fünf nichtverschwindende Elemente, unabhängig von der Größe von N, so daß das Verhältnis von Elementen ungleich Null zu den Nullelementen für großes N sehr „dünn“ ist. Beim entsprechenden dreidimensionalen Problem wären es 10^6 Gleichungen mit höchstens sieben nichtverschwindenden Elementen in jeder Matrixzeile. Derartige Matrizen heißen *große dünnbesetzte Matrizen.* Sie treten in vielfältigem Zusammenhang auch außerhalb der numerischen Lösung partieller Differentialgleichungen auf. Die Eigenschaft der in regelmäßiger Struktur vorliegenden dünnen Besetztheit macht es möglich, solche großen Gleichungssysteme auf den heutigen Rechnern vergleichsweise leicht zu lösen.

Methoden zur Lösung dieser Systeme werden besonders in den Kapiteln 8 und 9 behandelt.

Regularität der Matrizen

Wir zeigen als nächstes, auf zwei verschiedene Weisen, daß die Matrix (5.5.18) regulär ist, so daß das System (5.5.19) eindeutig lösbar ist. Als erstes geben wir in Abb. 5.5.5 für $N = 3$ den gerichteten Graph der Matrix (5.5.18) an. Dieses Muster bleibt für jedes N bestehen, und man erkennt, daß der Graph stark zusammenhängend ist (Aufgabe 5.5.3). Die Matrix ist daher Satz 2.1.5 zufolge irreduzibel. Offensichtlich ist sie auch diagonaldominant, und da in der ersten Zeile außerhalb der Diagonalen nur zweimal eine -1 und sonst Nullen stehen, ist sie irreduzibel diagonaldominant. Somit ist sie gemäß Satz 2.3.3 regulär.

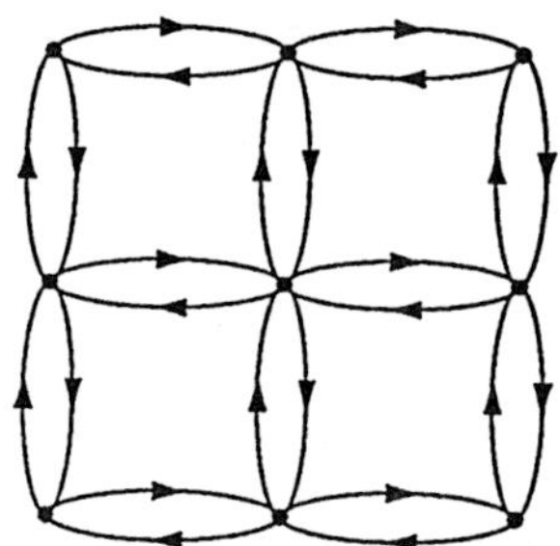

Abb. 5.5.5 *Gerichteter Graph von* (5.5.18). $N = 3$

Die Matrix (5.5.18) ist auch positiv definit. In der Tat können ihre Eigenwerte explizit berechnet werden und ergeben sich zu

$$4 - 2(\cos\frac{k\pi}{N+1} + \cos\frac{j\pi}{N+1}), \qquad j, k = 1, \ldots, N. \tag{5.5.20}$$

Ersichtlich sind alle diese Eigenwerte positiv, so daß Satz 2.2.5 die positive Definitheit der Matrix ergibt. Eine Möglichkeit, (5.5.20) zu beweisen, besteht in der Verwendung von Kronecker-Produkten und -Summen. Das *Kronecker-Produkt* von zwei $m \times m$-Matrizen B und C ist die $m^2 \times m^2$-Matrix

$$B \otimes C = \begin{bmatrix} b_{11}C & \cdots & b_{1m}C \\ \vdots & & \\ b_{m1}C & \cdots & b_{mm}C \end{bmatrix}. \tag{5.5.21}$$

Eine *Kronecker-Summe* von zwei $m \times m$-Matrizen B und C ist die $m^2 \times m^2$-Matrix

$$(I \otimes B) + (C \otimes I), \tag{5.5.22}$$

wobei I die $m \times m$-Einheitsmatrix ist. Es ist dann leicht zu sehen (Aufgabe 5.5.4), daß die Matrix (5.5.18) als

$$A = (I \otimes T) + (T \otimes I) \tag{5.5.23}$$

geschrieben werden kann.

Eigenwerte von Kronecker-Produkten und -Summen lassen sich leicht durch die Eigenwerte der sie bildenden Matrizen ausdrücken. Ohne Beweis geben wir den folgenden Satz an.

SATZ 5.5.1. *Seien B und C zwei $m \times m$-Matrizen mit den Eigenwerten $\lambda_1, \ldots, \lambda_m$ bzw. $\mu_1, \ldots, \mu_m$. Die Eigenwerte des Kronecker-Produktes* (5.5.21) *lauten*

$$\lambda_i \mu_j, \qquad i, j = 1, \ldots, m, \tag{5.5.24}$$

und die Eigenwerte der Kronecker-Summe (5.5.22) *lauten*

$$\lambda_i + \mu_j, \qquad i, j = 1, \ldots, m. \tag{5.5.25}$$

Für eine Anwendung dieses Satzes auf die Matrix (5.5.23) bemerken wir, daß (Aufgabe 5.3.5) die Eigenwerte der $(2, -1)$-Tridiagonalmatrix (5.3.10) der Dimension N gleich $2 - 2\cos k\pi/(N+1)$ und die von T daher gleich $4 - 2\cos(k\pi/(N+1))$ sind. In Satz 5.5.1 ist $B = C = T$ zu nehmen, und (5.5.25) liefert die Eigenwerte (5.5.20).

Die Wärmeleitungsgleichung

Zum Abschluß dieses Abschnitts verwenden wir die Diskretisierung der Poisson-Gleichung in der Wärmeleitungsgleichung (5.5.3), wobei wir wieder zur Vereinfachung der Darstellung als Gebiet in der (x, y)-Ebene das Einheitsquadrat aus Abb. 5.5.2 und Dirichlet-Randbedingungen (5.5.4) auf den Seiten des Quadrats zugrunde legen. Als Anfangsbedingung nehmen wir (5.5.6).

Analog zu dem Verfahren (5.4.5) im Falle nur einer Ortsvariablen, betrachten wir die folgende explizite Methode für (5.5.3):

$$u_{ij}^{m+1} = u_{ij}^m + \frac{\Delta t}{h^2}(u_{i,j+1}^m + u_{i,j-1}^m + u_{i+1,j}^m + u_{i-1,j}^m - 4u_{ij}^m) \qquad (5.5.26)$$

für $m = 0, 1, \ldots,$ und $i, j = 1, \ldots, N$. Hier bezeichnet u_{ij}^m die Näherung im Gitterpunkt (i, j) in der m-ten Zeitschicht $m\Delta t$, und u_{ij}^{m+1} ist die Näherung zum darauffolgenden Zeitpunkt. Die Ausdrücke in der Klammer auf der rechten Seite von (5.5.26) entsprechen genau der Diskretisierung (5.5.13) mit $f_{ij} = 0$. Die Vorschrift (5.5.26) besitzt dieselben Eigenschaften wie ihr eindimensionales Gegenstück (5.4.5): Sie ist von erster Ordnung in der Zeit und von zweiter im Ort, und sie ist leicht auszuführen. Sie unterliegt auch einer ähnlichen Stabilitätsbedingung,

$$\Delta t \leq \frac{h^2}{4}, \qquad (5.5.27)$$

und wenn h klein ist, werden daher sehr kleine Zeitschritte verlangt.

Wir können versuchen, diese Einschränkung an die Zeitschrittweite in derselben Weise wie in Abschnitt 5.4 durch Verwendung impliziter Verfahren zu umgehen. Das implizite Verfahren (5.4.10) zum Beispiel lautet jetzt

$$u_{ij}^{m+1} = u_{i,j}^m + \frac{\Delta t}{h^2}(u_{i,j+1}^{m+1} + u_{i,j-1}^{m+1} + u_{i+1,j}^{m+1} + u_{i-1,j}^{m+1} - 4u_{ij}^{m+1}), \qquad (5.5.28)$$

und es ist unbedingt stabil. Aber bei der Durchführung dieses Verfahrens ist in jedem Zeitschritt die Lösung des linearen Gleichungssystems

$$\left(4 + \frac{h^2}{\Delta t}\right) u_{ij}^{m+1} - u_{i,j+1}^{m+1} - u_{i,j-1}^{m+1} - u_{i+1,j}^{m+1} - u_{i-1,j}^{m+1} = \frac{h^2}{\Delta t} u_{ij}^m \qquad (5.5.29)$$

für $i, j = 1, \ldots, N$ erforderlich. Dieses System besitzt dieselbe Form wie das System (5.5.13) für die Poisson-Gleichung, nur daß der Koeffizient von u_{ij}^{m+1} ein anderer ist.

Im Falle nur einer Ortsvariablen verursacht die Verwendung eines impliziten Verfahrens wie (5.4.10) geringe numerische Schwierigkeiten, da die Lösung tridiagonaler Gleichungssysteme sehr schnell vonstatten geht, wie wir in Kapitel 6 noch sehen werden. Dagegen verlangt (5.5.29) in jedem Zeitschritt die Lösung einer zweidimensionalen Gleichung vom Poisson-Typ, die erheblichere numerische Anforderungen stellt. Das Crank-Nicolson-Verfahren (5.4.14) kann ebenfalls leicht auf die Gleichung (5.5.3) erweitert werden (Aufgabe 5.5.5), aber unterliegt derselben Schwierigkeit, daß in jedem Zeitschritt eine Gleichung vom Poisson-Typ gelöst werden muß. Wir betrachten stattdessen eine andere Klasse von Methoden, bei denen der hauptsächliche Rechenaufwand in jedem Schritt in der Lösung von tridiagonalen Gleichungssystemen besteht. Es handelt sich um sogenannte *Splittingverfahren*, in denen das Zeitintervall $(t, t+\Delta t)$ weitergehend unterteilt wird und in jedem Zeitschritt im wesentlichen nur eindimensionale Probleme gelöst werden.

Ein Verfahren alternierender Richtungen

Eins der ersten Splittingverfahren war das Verfahren *alternierender Richtungen von Peaceman-Rachford*, auch *ADI-Verfahren* genannt, bei dem die Rechenvorschrift

$$
\begin{aligned}
u_{ij}^{m+1/2} &= u_{ij}^m \\
&+ \mu(u_{i+1,j}^{m+1/2} + u_{i-1,j}^{m+1/2} - 2u_{ij}^{m+1/2} + u_{i,j+1}^m + u_{i,j-1}^m - 2u_{ij}^m)
\end{aligned} \tag{5.5.30a}
$$

und anschließend

$$
\begin{aligned}
u_{ij}^{m+1} &= u_{ij}^{m+1/2} \\
&+ \mu(u_{i,j+1}^{m+1} + u_{i,j-1}^{m+1} - 2u_{ij}^{m+1} + u_{i+1,j}^{m+1/2} + u_{i-1,j}^{m+1/2} - 2u_{ij}^{m+1/2})
\end{aligned} \tag{5.5.30b}
$$

lautet mit $\mu = \Delta t/(2h^2)$. Es handelt sich hier um ein Zweischritt-Verfahren, bei dem im ersten Schritt (5.5.30a) Zwischenwerte $u_{ij}^{m+1/2}$, $i, j = 1, \ldots, N$, berechnet werden. Diese $u_{ij}^{m+1/2}$ werden als Näherungen für die Lösung zur Zeit $m + \frac{1}{2}$ aufgefaßt. Dies erklärt den Faktor $\frac{1}{2}$ in der Definition von μ, da die effektive Zeitschrittweite $\frac{1}{2}\Delta t$ beträgt.

Mit der Abkürzung $\alpha = 2h^2/\Delta t$ stellen die Gleichungen

$$
\begin{aligned}
&(2+\alpha)u_{ij}^{m+1/2} - u_{i+1,j}^{m+1/2} - u_{i-1,j}^{m+1/2} \\
&= (\alpha - 2)u_{ij}^m + u_{i,j+1}^m + u_{i,j-1}^m
\end{aligned} \tag{5.5.31}
$$

für $i = 1, \ldots, N$ bei festgehaltenem j ein tridiagonales System mit der Lösung $u_{ij}^{m+1/2}$, $i = 1, \ldots, N$, dar. Der Schritt (5.5.30a) erfordert für $j = 1, \ldots, N$ die

Lösung von N dieser tridiagonalen Systeme mit der Koeffizientenmatrix $\alpha I + A$, wobei A die $(2, -1)$-Tridiagonalmatrix (5.3.10) bedeutet.

Sobald die Zwischenwerte $u_{ij}^{m+1/2}$ berechnet worden sind, erhält man die endgültigen Werte u_{ij}^{m+1} aus (5.5.30b) durch Lösen der sich für $i = 1, \ldots, N$ ergebenden N tridiagonalen Systeme

$$
\begin{aligned}
&(2+\alpha)u_{ij}^{m+1} - u_{i,j+1}^{m+1} - u_{i,j-1}^{m+1} \\
&= (\alpha - 2)u_{ij}^{m+1/2} + u_{i+1,j}^{m+1/2} + u_{i-1,j}^{m+1/2},\ j = 1, \ldots, N. \qquad (5.5.32)
\end{aligned}
$$

Wieder sind alle Koeffizientenmatrizen gleich $\alpha I + A$. Für die Durchführung eines vollen Zeitschritt sind daher $2N$ tridiagonale Systeme der Dimension N zu lösen. Es kann gezeigt werden, daß das Verfahren unbedingt stabil ist.

Die Bezeichnung *alternierende Richtungen* leitet sich aus dem Umstand her, daß in gewissem Sinne mit (5.5.30a) Näherungen für die Lösung in x-Richtung und mit (5.5.30b) in y-Richtung berechnet werden. Es gibt zahlreiche Varianten des ADI-Verfahrens bzw. allgemeiner der Splittingverfahren, und diese Verfahren werden in großem Umfang bei parabolischen Gleichungen eingesetzt.

Ergänzende Bemerkungen und Literaturhinweise zu Abschnitt 5.5

1. Die Diskussion in diesem Abschnitt war auf die Poisson-Gleichung in zwei Veränderlichen in einem quadratischen Gebiet und die entsprechende Wärmeleitungsgleichung beschränkt. Die in der Praxis auftretenden Probleme werden im allgemeinen beträchtlich von diesen Idealbedingungen abweichen: Das Gebiet kann nicht quadratisch sein; die Differentialgleichung kann variable Koeffizienten besitzen oder auch nichtlinear sein; die Randbedingungen können als Mischung von Dirichlet-, Neumann- und periodischen Bedingungen gestellt sein; es kann mehr als nur eine Gleichung - das heißt ein System gekoppelter partieller Differentialgleichungen - gegeben sein; in den Gleichungen können Ableitungen der Ordnung größer zwei auftreten; und es können drei oder mehr unabhängige Veränderliche vorkommen. Das allgemeine Prinzip der Diskretisierung durch Differenzenquotienten dieses Abschnitts bleibt weiterhin anwendbar, aber die vorangehend aufgeführten Faktoren rufen Komplikationen hervor.

2. Einer der klassischen Literaturverweise zur Diskretisierung elliptischer Gleichungen mit Differenzenverfahren ist Forsythe und Wasow [1960]. Man lese auch bei Hall und Porsching [1990] nach. Eine Diskussion und Analyse der Verfahren alternierender Richtungen und verwandter Verfahren, wie die Zwischenschritt-Methode, sind in einer Reihe von Büchern zu finden, etwa in Varga [1962], Richtmeyer und Morton [1967] und Strikwerda [1989].

3. Für eine weitergehende Behandlung der Kronecker-Produkte und -Summen sowie einen Beweis von Satz 5.5.1 schlage man bei Ortega [1987] nach. Eine ausführliche Darstellung dieses Punktes findet man in Horn und Johnson [1985], [1991].

4. Finite Elemente und andere Verfahren vom „Projektionstyp“ spielen eine ständig wichtiger werdende Rolle bei der Lösung elliptischer und parabolischer Gleichungen. Obwohl die mathematische Grundlage der Finite-Elemente-Methode auf die vierziger Jahre zurückgeht, wurde ihre Entwicklung in ein brauchbares Verfahren vorwiegend von Ingenieuren in den fünfziger und sechziger Jahren bewirkt, insbesondere für Probleme aus der Strukturmechanik. Seit dieser Zeit ist die mathematische Basis erweitert und vertieft und die Anwendbarkeit auf zahlreiche partielle Differentialgleichungen unter Beweis gestellt worden. Einer der Hauptvorteile dieses Verfahrens besteht in seiner Fähigkeit, mit gekrümmten Rändern gut klar zu kommen. Eine Einführung in die Finite-Elemente-Methode wird in Strang und Fix [1973], Becker, Carey und Oden [1981], Carey und Oden [1984], Axelsson und Barker [1984], Johnson [1987] und Hall und Porsching [1990] gegeben.

Übungsaufgaben zu Abschnitt 5.5

5.5.1. Man setze voraus, daß die Funktion u so oft wie benötigt stetig differenzierbar ist. Man entwickle u mit der Taylorformel um (x_i, y_j) und zeige, daß die Differenzenquotienten (5.5.11) von zweiter Ordnung genau sind:

$$u_{xx}(x_i, y_j) - \frac{1}{h^2}[u(x_{i-1}, y_j) - 2u(x_i, y_j) + u(x_{i+1}, y_j)] = O(h^2),$$

und entsprechend für u_{yy}. Damit erschließe man, daß der lokale Diskretisierungsfehler der Differenzenapproximation (5.5.13) von der Ordnung $O(h^2)$ ist.

5.5.2. Man bestätige, daß mit der Numerierung (5.5.15) das Gleichungssystem (5.5.13) für $N = 2$ die Gestalt (5.5.16) annimmt. Man bestätige auch, das Abb. 5.5.4 die Koeffizientenmatrix für $N = 4$ richtig wiedergibt. Wie sieht die rechte Seite des Systems in diesem Fall aus?

5.5.3. Verallgemeinere den in Abb. 5.5.5 abgebildeten Graphen auf beliebiges N und überlege, ob er stark zusammenhängend ist.

5.5.4. Bestätige, daß die Matrix (5.5.18) als Kronecker-Summe (5.5.23) geschrieben werden kann.

5.5.5. Man schreibe das Crank-Nicolson-Verfahren für (5.5.3) an.

5.5.6. Vorgelegt sei die Gleichung $au_{xx} + bu_{yy} = f$ unter Dirichlet-Randbedingungen im Einheitsquadrat, wobei a und b konstant sind. Man diskretisiere u_{xx} und u_{yy} mit (5.5.11), um ein Gleichungssystem $A\mathbf{u} = \mathbf{b}$ zu erhalten. Unter Verwendung von Satz 5.5.1 zeige man, daß die Größen

$$a(2 - 2\cos\frac{k\pi}{N+1}) + b(2 - 2\cos\frac{j\pi}{N+1}), \qquad j, k = 1, \ldots, N,$$

die Eigenwerte von A sind.

5.5.7. Man zeige, daß $u = x^2 + y^2$ die exakte Lösung sowohl der Poisson-Gleichung (5.5.8) mit $f = 4$ als auch der diskreten Gleichungen (5.5.13) ist. (Damit verfügt man über ein bequemes Testbeispiel mit einer bekannten Lösung für die Differential- und die Differenzengleichungen.)

6 Direkte Lösung linearer Gleichungen

In den vorangehenden Kapiteln sahen wir, daß eine Vielzahl von Problemen schließlich darauf führt, lineare Gleichungssysteme $A\mathbf{x} = \mathbf{b}$ zu lösen. Ein entscheidender Gesichtspunkt bei der Lösung solcher Systeme ist die Struktur der Matrix A. Bei manchen Problemen, beispielsweise Ausgleichsproblemen, kann die Matrix A vollbesetzt sein, das heißt nur relativ wenige Elemente sind gleich Null. Andererseits sahen wir bei gewissen Zweipunkt-Randwertproblemen, daß A tridiagonal war, und bei Randwertproblemen für partielle Differentialgleichungen war A groß und sehr dünn besetzt. Generell muß den Nullelementen in der Matrix A bei der numerischen Lösung soweit wie möglich Rechnung getragen werden, um effiziente Algorithmen zu erhalten.

Es gibt zwei grundlegende Methoden zur Lösung linearer Systeme. Mit *direkten Verfahren* erhält man die exakte Lösung (in Gleitpunktarithmetik) mit endlich vielen Rechenschritten, wogegen bei *iterativen Verfahren* eine Folge von Näherungen erzeugt wird, die erst im Limes x Im allgemeinen sind direkte Verfahren am besten für vollbesetzte oder Bandmatrizen geeignet, dagegen iterative Verfahren am besten für große, dünnbesetzte Matrizen, insbesondere für solche, die bei partiellen Differentialgleichungen in mehreren Raumdimensionen auftreten. In Kapitel 6 behandeln wir direkte Verfahren und ihre grundlegenden Eigenschaften und dann in Kapitel 7 ihre parallele und vektorielle Implementierung. Die Kapitel 8 and 9 sind iterativen Verfahren gewidmet.

6.1 Gaußsche Elimination

Wir betrachten das lineare System

$$A\mathbf{x} = \mathbf{b}, \tag{6.1.1}$$

wobei A eine gegebene, als regulär vorausgesetzte $n \times n$-Matrix, $\mathbf{b}$ ein gegebener Spaltenvektor und $\mathbf{x}$ der zu berechnende Lösungsvektor ist. Das grundlegendste

Verfahren, um (6.1.1) zu lösen, ist das *Gaußsche Eliminationsverfahren.* Um dieses Verfahren darzustellen, schreiben wir (6.1.1) komponentenweise an:

$$\begin{aligned} a_{11}x_1 + \cdots + a_{1n}x_n &= b_1 \\ a_{21}x_1 + \cdots + a_{2n}x_n &= b_2 \\ \vdots \qquad\quad & \vdots \\ a_{n1}x_1 + \cdots + a_{nn}x_n &= b_n. \end{aligned} \tag{6.1.2}$$

Unter der Annahme $a_{11} \neq 0$ subtrahieren wir zuerst die mit a_{21}/a_{11} multiplizierte erste Gleichung von der zweiten Gleichung, um den Koeffizienten von x_1 in der zweiten Gleichung zu eliminieren. Dann subtrahieren wir die mit a_{31}/a_{11} multiplizierte erste Gleichung von der dritten Gleichung, die mit a_{41}/a_{11} multiplizierte erste Gleichung von der vierten Gleichung und so weiter, bis alle Koeffizienten von x_1 in den Gleichungen 2 bis n eliminiert sind. Das ergibt das modifizierte Gleichungssystem

$$\begin{aligned} a_{11}x_1 + a_{12}x_2 + \cdots + a_{1n}x_n &= b_1 \\ a_{22}^{(1)}x_2 + \cdots + a_{2n}^{(1)}x_n &= b_2^{(1)} \\ \vdots \qquad\qquad & \\ a_{n2}^{(1)}x_2 + \cdots + a_{nn}^{(1)}x_n &= b_n^{(1)} \end{aligned} \tag{6.1.3}$$

mit

$$a_{ij}^{(1)} = a_{ij} - a_{1j}\frac{a_{i1}}{a_{11}}, \qquad b_i^{(1)} = b_i - b_1\frac{a_{i1}}{a_{11}}, \qquad i,j = 2,\ldots,n. \tag{6.1.4}$$

Der analoge Prozeß wird nun auf die verbleibenden $n-1$ Gleichungen des Systems (6.1.3) angewandt, um die Koeffizienten von x_2 in den Gleichungen 3 bis n zu eliminieren, und so weiter, bis das gesamte System auf *Dreiecksgestalt*

$$\begin{bmatrix} a_{11} & a_{12} & \cdots & a_{1n} \\ & a_{22}^{(1)} & \cdots & a_{2n}^{(1)} \\ & & \ddots & \vdots \\ & & & a_{nn}^{(n-1)} \end{bmatrix} \begin{bmatrix} x_1 \\ x_2 \\ \vdots \\ x_n \end{bmatrix} = \begin{bmatrix} b_1 \\ b_2^{(1)} \\ \vdots \\ b_n^{(n-1)} \end{bmatrix} \tag{6.1.5}$$

gebracht worden ist. Die oberen Indizes geben an, wie oft die Elemente bei den vorher erfolgten Rechnungen verändert worden sind. Damit ist die Phase der *Vorwärtselimination* (auch *Reduktion auf Dreiecksgestalt* genannt) des

Gaußschen Eliminationsverfahrens abgeschlossen. Man beachte, daß wir stillschweigend angenommen haben, daß alle $a_{ii}^{(i-1)}$ nicht Null werden, da durch diese Elemente dividiert worden ist. Im nächsten Abschnitt gehen wir auf die wichtige Frage ein, wie verschwindende oder kleine Divisoren behandelt werden.

Das Gaußsche Eliminationsverfahren beruht auf der (üblicherweise in den einführenden Vorlesungen zur linearen Algebra behandelten) Tatsache, daß die Lösung von (6.1.2) dieselbe bleibt, wenn eine der Gleichungen durch eine Linearkombination von sich selbst mit einer anderen Gleichung ersetzt wird. Das gestaffelte System (6.1.5) besitzt daher dieselbe Lösung wie das ursprüngliche System. Das Ziel der Vorwärtselimination ist, das ursprüngliche Problem in ein einfacher zu lösendes zu überführen; das ist eine übliche Vorgehensweise beim wissenschaftlichen Rechnen. Der zweite Teil des Gaußschen Eliminationsverfahrens besteht dann darin, die Lösung von (6.1.5) durch *Rückwärtssubstitution* zu lösen, in der die Gleichungen in umgekehrter Reihenfolge abgearbeitet werden:

$$\left.\begin{aligned} x_n &= \frac{b_n^{(n-1)}}{a_{nn}^{(n-1)}} \\ x_{n-1} &= \frac{b_{n-1}^{(n-2)} - a_{n-1,n}^{(n-2)} x_n}{a_{n-1,n-1}^{(n-2)}} \\ &\vdots \\ x_1 &= \frac{b_1 - a_{12}x_2 - \cdots - a_{1n}x_n}{a_{11}}. \end{aligned}\right\} \tag{6.1.6}$$

Dem Gaußschen Eliminationsverfahren kann die in Abb. 6.1.1 dargestellte algorithmische Form gegeben werden. Man beachte, daß bei diesem Algorithmus die Speicherplätze der ursprünglichen Elemente a_{ij} durch die $a_{ij}^{(k)}$ überschrieben werden. Auf diese Weise geht die ursprüngliche Matrix im Laufe des Eliminationsprozesses verloren. Analog werden die ursprünglichen b_i durch die neuen $b_i^{(k)}$ überschrieben. Die Multiplikatoren l_{ik} können auf den Speicherplätzen derjenigen a_{ik} abgelegt werden, die nicht mehr benötigt werden, nachdem l_{ik} berechnet worden ist.

LU-Zerlegung

Das Gaußsche Eliminationsverfahren hängt eng mit einer Zerlegung der Matrix A in der Form

$$A = LU \tag{6.1.7}$$

For $k = 1, \ldots, n-1$	For $k = n, n-1, \ldots, 1$
For $i = k+1, \ldots, n$	$x_k = b_k$
$l_{ik} = \frac{a_{ik}}{a_{kk}}$	For $i = k+1, \ldots, n$
For $j = k+1, \ldots, n$	$x_k = x_k - a_{ki} x_i$
$a_{ij} = a_{ij} - l_{ik} a_{kj}$	$x_k = x_k / a_{kk}$
$b_i = b_i - l_{ik} b_k$	
(a) Vorwärtselimination	(b) Rückwärtssubstitution

Abb. 6.1.1 *Gaußsches Eliminationsverfahren*

zusammen. Hierbei ist U die während der Vorwärtselimination erhaltene obere Dreiecksmatrix aus (6.1.5), und L ist eine untere Dreiecksmatrix, deren Hauptdiagonale aus Einsen besteht und deren Subdiagonalelemente l_{ij} die Multiplikatoren bei der Elimination der j-ten Veränderlichen aus der i-ten Gleichung sind. Ist zum Beispiel das System

$$\begin{bmatrix} 4 & -9 & 2 \\ 2 & -4 & 4 \\ -1 & 2 & 2 \end{bmatrix} \begin{bmatrix} x_1 \\ x_2 \\ x_3 \end{bmatrix} = \begin{bmatrix} 2 \\ 3 \\ 1 \end{bmatrix} \tag{6.1.8}$$

gegeben, so lautet das gestaffelte System (6.1.5)

$$\begin{bmatrix} 4 & -9 & 2 \\ 0 & 0.5 & 3 \\ 0 & 0 & 4 \end{bmatrix} \begin{bmatrix} x_1 \\ x_2 \\ x_3 \end{bmatrix} = \begin{bmatrix} 2 \\ 2 \\ 2.5 \end{bmatrix}. \tag{6.1.9}$$

Die Multiplikatoren, um (6.1.9) aus (6.1.8) zu erhalten, sind 0.5, −0.25 und −0.5. Daher ist

$$L = \begin{bmatrix} 1 & 0 & 0 \\ 0.5 & 1 & 0 \\ -0.25 & -0.5 & 1 \end{bmatrix}, \tag{6.1.10}$$

und A ergibt sich als Produkt von (6.1.10) und der Matrix U aus (6.1.9). Die Umformungen anzugeben, die auf die vorangehenden Zahlen führen, bildet den Inhalt der Aufgabe 6.1.1.

Allgemeiner bestätigt man leicht (Aufgabe 6.1.2), daß der Eliminationsschritt, der (6.1.2) in (6.1.3) überführt, als Multiplikation von (6.1.2) mit der Matrix

$$L_1 = \begin{bmatrix} 1 & & & \\ -l_{21} & 1 & & \\ \vdots & & \ddots & \\ -l_{n1} & & & 1 \end{bmatrix} \tag{6.1.11}$$

verstanden werden kann, wobei $l_{i1} = a_{i1}/a_{11}$ ist. Fährt man in dieser Weise fort, so erkennt man, daß (6.1.5) durch die Transformation

$$\hat{L}A\mathbf{x} = \hat{L}\mathbf{b}, \qquad \hat{L} = L_{n-1}\cdots L_2 L_1, \tag{6.1.12}$$

erhalten wird, wobei

$$L_i = \begin{bmatrix} 1 & & & & \\ & \ddots & & & \\ & & 1 & & \\ & & -l_{i+1,i} & & \\ & & \vdots & \ddots & \\ & & -l_{n,i} & & 1 \end{bmatrix} \tag{6.1.13}$$

ist. Jede Matrix L_i ist regulär, da ihre Determinante gleich 1 ist. Daher ist auch ihr Produkt $\hat{L}$ regulär. Außerdem besitzt $\hat{L}$ untere Dreiecksgestalt und Einsen auf der Diagonalen, und dasselbe trifft dann auch auf $\hat{L}^{-1}$ zu. Nach Konstruktion ist U die Koeffizientenmatrix von (6.1.12), und mit der Setzung $L = \hat{L}^{-1}$ erhalten wir

$$U = \hat{L}A = L^{-1}A, \tag{6.1.14}$$

was zu (6.1.7) äquivalent ist. Die Bestätigung der vorangehenden Aussagen ist Inhalt der Aufgabe 6.1.3.

Die Faktorisierung (6.1.7) wird als *LU-Zerlegung* (oder auch *LU-Faktorisierung*) von A bezeichnet. Die rechte Seite von (6.1.12) ist $L^{-1}\mathbf{b}$, also gleich der Lösung von $L\mathbf{y} = \mathbf{b}$. Das Gaußsche Eliminationsverfahren zur Lösung von $A\mathbf{x} = \mathbf{b}$ ist daher zu den folgenden drei Rechenschritten mathematisch äquivalent:

1. Zerlege $A = LU$. (6.1.15a)
2. Löse $L\mathbf{y} = \mathbf{b}$. (6.1.15b)
3. Löse $U\mathbf{x} = \mathbf{y}$. (6.1.15c)

Die Matrixformulierung des Gaußschen Eliminationsverfahrens ist für theoretische Zwecke sehr nützlich, und sie bildet auch die Grundlage für einige Berechnungsvarianten des Eliminationsprozesses. Insbesondere beruhen die LU-Zerlegungen von Crout und Doolittle auf Berechnungsformeln für die Elemente von L und U, die durch Gleichsetzen von LU und A gewonnen werden. Eine andere Verwendung von (6.1.15) ist gegeben, wenn mehrere rechte Seiten $\mathbf{b}$ vorliegen; in diesem Fall werden die Faktoren aus dem ersten Durchlauf von Schritt 1 aufgehoben und nur die Schritte 2 und 3 wiederholt durchlaufen. Wir werden dies später noch ausführlicher darstellen.

Operationszählung

Eine wichtige Frage stellt sich hinsichtlich der Effizienz des Gaußschen Eliminationsverfahrens. Wir zählen als nächstes die Zahl der arithmetischen Operationen ab, die zur Berechnung des Lösungvektors $\mathbf{x}$ aufgewendet werden muß. Der Hauptteil des numerischen Aufwandes besteht darin, die Elemente von A während der Vorwärtselimination gemäß dem Anweisungsteil $a_{ij} = a_{ij} - l_{ik}a_{kj}$ in Abb. 6.1.1(a) umzurechnen. Er enthält eine Addition und eine Multiplikation, und daher erfordert die j-Schleife in Abb. 6.1.1(a) gerade $n-k$ Additionen. In der i-Schleife wird dies $(n-k)$-mal wiederholt, so daß der Gesamtaufwand in der k-ten Schleife

$$\sum_{k=1}^{n-1}(n-k)^2 = \sum_{k=1}^{n-1}k^2$$

beträgt. Unter Verwendung der Summationsformel aus Aufgabe 6.1.4 erhalten wir daher

$$\text{Zahl der Additionen} = \sum_{k=1}^{n-1}k^2 = \frac{(n-1)n(2n-1)}{6} \doteq \frac{n^3}{3}, \tag{6.1.16}$$

und dieselbe Zählung trifft auch auf die Multiplikationen zu. Die in (6.1.16) verwendete Näherung ist für große n zulässig, da die vernachlässigten Terme die Ordnung n^2 oder darunter besitzen. Wir benötigen auch die Zahl der Divisionen bei der Berechnung der l_{ik} und die Zahl der Operationen, um die rechte Seite $\mathbf{b}$ zu transformieren und die Rücksubstitution auszuführen. Alle diese erfordern nicht mehr als n^2 Operationen (Aufgabe 6.1.5). Für genügend großes n verbraucht daher die Dreieckszerlegung den überwiegenden Teil der Rechenzeit, der sich als proportional zu n^3 herausstellt. Man beachte, daß dies bedeutet, daß der Rechenaufwand bei Verdopplung von n um ungefähr einen Faktor 8 wächst.

Um eine Vorstellung davon zu erhalten, welchen Zeitaufwand das Gaußsche Eliminationsverfahren für ein mäßig großes Problem erfordert, nehmen wir $n = 100$ an und veranschlagen $1\mu s$ bzw. $2\mu s$ für die Zeit einer Addition bzw. Multiplikation (μs= Mikrosekunde $= 10^{-6}$ Sekunden). Die Zeit für die Additionen und Multiplikationen in der Zerlegung beträgt dann ungefähr

$$\frac{100^3}{3}(3\mu s) = 10^6\mu s = 1 \text{ Sekunde.}$$

Die anderen arithmetischen Operationen zur Vervollständigung des Eliminationsschrittes benötigen ebenfalls Rechenzeit, die aber weit geringer als 1 Sekunde ist. Gewichtiger ist der sonstige Aufwand (Overhead), wie der Datentransport vom und zum Speicher und Indexrechnungen. Dadurch kann die Gesamtrechenzeit leicht verdoppelt und verdreifacht werden, aber auf einem Rechner der oben angenommenen Geschwindigkeit wäre ein 100×100-System jedenfalls in wenigen Sekunden gelöst.

Bandmatrizen

Bisher haben wir angenommen, daß die Matrix des Systems „voll"besetzt ist, das heißt, daß nur wenige Elemente verschwinden. Bei vielen in der Praxis auftretenden Matrizen, insbesondere bei der Lösung von Differentialgleichungen, sind die Matrixelemente überwiegend gleich Null. Das einfachste Beispiel dafür liefern die in Abschnitt 5.3 behandelten tridiagonalen Matrizen, bei denen unabhängig von der Größe von n nicht mehr als drei nichtverschwindende Elemente pro Zeile auftreten.

Tridiagonale Matrizen sind Spezialfälle von Bandmatrizen, die in Abschnitt 3.3 behandelt wurden. In Abschnitt 5.3 traten tridiagonale Matrizen bei der Differenzenapproximation von Zweipunkt-Randwertproblemen auf. Wenn Ableitungen durch Differenzenquotienten höherer Ordnung approximiert werden, erhalten die Matrizen größere Bandbreiten. Die durch (5.3.66) gegebene Approximation vierter Ordnung zum Beispiel führt auf eine Matrix der Bandbreite 5. In den meisten auftretenden Fällen sind die Bänder der Matrix symmetrisch (Abschnitt 3.3), was wir im folgenden annehmen.

Das Gaußsche Eliminationsverfahren für Bandmatrizen besitzt den Vorteil, daß es sich um außerhalb der Bänder gelegene Nullelemente nicht kümmern muß. Besitzt A die halbe Bandbreite β, so sind β Koeffizienten in der ersten Spalte zu eliminieren, und diese Eliminationen berühren nur die Elemente in der zweiten bis zur $(\beta+1)$-ten Zeile und Spalte von A. An Operationen sind β^2 Multiplikationen und Additionen und β Divisionen erforderlich (wobei die Operationen auf der rechten Seite des Systems nicht gezählt worden sind). Die einmal eliminierte Matrix ist eine Bandmatrix derselben Bandbreite, und man erhält entsprechend wie vorangehend die Operationszahl für den nächsten Schritt. Nach $n-\beta-1$ Eliminationen verbleibt eine vollbesetzte $(\beta+1)\times(\beta+1)$-Matrix zu eliminieren. Die Zahl der Additionen (bzw. Multiplikationen) bis zur Dreiecksgestalt beträgt daher

$$(n-\beta-1)\beta^2+\tfrac{1}{6}\beta(\beta+1)(2\beta+1) \doteq n\beta^2-\tfrac{2}{3}\beta^3. \tag{6.1.17}$$

Ist n gegenüber β groß (zum Beispiel $n=1000$, $\beta=7$), so stellt $n\beta^2$ den dominanten Anteil in der Operationszahl dar. Wie bei voll besetzten Matrizen ist die zur Transformation der rechten Seiten und zur Rücksubstitution erforderliche Zahl der Operationen von niedrigerer Ordnung, nämlich $O(n\beta)$ (Aufgabe 6.1.7). Wenn jedoch die Bandbreite abnimmt, stellen die Operationszahlen für die rechte Seite, die Rücksubstitution und die Divisionen in der Vorwärtselimination einen relativ größeren Anteil an dem Gesamtaufwand dar. Insbesondere für Tridiagonalmatrizen, das heißt im Falle $\beta=1$, erfordert die Vorwärtselimination nur $n-1$ Paare von Additionen/Multiplikationen und $n-1$ Divisionen, während die rechte Seite und die Rücksubstitution $(2n-1)$ Additionen/Multiplikationen sowie n Divisionen benötigen, was insgesamt

$$3(n-1)\text{ Add }+3(n-1)\text{ Mult}+(2n-1)\text{ Div} \tag{6.1.18}$$

Operationen einbringt.

Bei der Speicherung einer Bandmatrix benötigt man kein volles zweidimensionales $n\times n$-Feld, was sehr ineffizient sein würde. Man kommt vielmehr mit $2\beta+1$ eindimensionalen Feldern aus, in denen die nichtverschwindenden Diagonalen gespeichert werden. Insbesondere kann eine Tridiagonalmatrix in drei eindimensionalen Feldern abgelegt werden. Für größeres β ist es jedoch wahrscheinlich besser, die Diagonalen von A als Spalten in einem zweidimensionalen $(2\beta+1)\times n$-Feld abzuspeichern. Der insgesamt bereitzustellende Speicherplatz, für die rechte Seite und den Lösungsvektor mit eingeschlossen, umfaßt nicht mehr als $(2\beta+3)n$ Plätze, insbesondere für tridiagonale Systems sind es höchstens $5n$.

Für eine Bandmatrix behalten die Faktoren L und U der LU-Zerlegung dieselbe Bandbreite (Aufgabe 6.1.8). Insbesondere ist für Tridiagonalmatrizen

$$L = \begin{bmatrix} 1 & & & \\ l_2 & 1 & & \\ & \ddots & \ddots & \\ & & l_n & 1 \end{bmatrix}, \quad U = \begin{bmatrix} u_1 & a_{12} & & \\ & u_2 & a_{23} & \\ & & \ddots & \ddots \\ & & & a_{n-1,n} \\ & & & u_n \end{bmatrix}. \tag{6.1.19}$$

Man beachte, daß die Elemente oberhalb der Diagonalen in U die ursprünglichen Elemente von A sind. Matrizen der Gestalt (6.1.19) heißen *bidiagonal.*

Determinanten und Inversen

Wir kehren nun zu allgemeinen (nicht notwendig in Bandgestalt vorliegenden) Matrizen zurück. Wir bemerken zunächst, daß die Determinante der Koeffizientenmatrix A ein einfach zu erhaltendes Nebenprodukt des Eliminationsverfahrens ist. Unter Verwendung der Tatsache (Satz 2.1.1), daß die Determinante des Produkts zweier Matrizen das Produkt ihrer Determinanten und daß die Determinante einer Dreiecksmatrix das Produkt ihrer Diagonalelemente ist, erhalten wir aus der LU-Zerlegung von A die Formel

$$\det A = \det LU = \det L \det U = u_{11}u_{22}\cdots u_{nn}\,, \tag{6.1.20}$$

da auf der Hauptdiagonalen von L Einsen stehen und somit $\det L = 1$ ist. Daher ergibt sich die Determinante gerade als das Produkt der Diagonalelemente der eliminierten Dreiecksmatrix, das sich mit $n-1$ zusätzlichen Multiplikationen berechnen läßt. Auch wenn nur die Determinante der Matrix und nicht die Lösung des linearen Systems gewünscht wird, stellt die Transformation auf Dreiecksgestalt mit dem Gaußschen Eliminationsverfahren die im allgemeinen beste Methode für ihre Berechnung dar.

Das Gaußsche Eliminationsverfahren ist im allgemeinen auch die Methode der Wahl, um die Inverse von A, wenn sie einmal benötigt wird, zu berechnen. Sei $\mathbf{e}_i$ der Vektor mit 1 als i-ter Komponente und Nullen sonst. Dann ist $\mathbf{e}_i$ die i-te Spalte der Einheitsmatrix I, und aus der elementaren Beziehung $AA^{-1} = I$ folgt, daß die i-te Spalte von A^{-1} die Lösung des linearen Gleichungssystems $A\mathbf{x} = \mathbf{e}_i$ darstellt. Folglich können wir A^{-1} durch Lösen der n Gleichungssysteme

$$A\mathbf{x}_i = \mathbf{e}_i, \qquad i = 1, \ldots, n, \tag{6.1.21}$$

erhalten, wobei die Lösungsvektoren $\mathbf{x}_1, \ldots, \mathbf{x}_n$ die Spalten von A^{-1} darstellen.

Wir betonen, daß man ein System $A\mathbf{x} = \mathbf{b}$ *nicht* durch Berechnung von A^{-1} und Bildung von $\mathbf{x} = A^{-1}\mathbf{b}$ löst. Dieser Weg würde im allgemeinen wesentlich mehr Rechenaufwand verursachen, als bei der alleinigen Lösung des Systems entstehen würde.

Mehrere rechte Seiten

Die vorangehend beschriebene Berechnung von A^{-1} überträgt sich allgemeiner auf die Lösung mehrerer Systeme mit derselben Koeffizientenmatrix:

$$A\mathbf{x}_i = \mathbf{b}_i, \qquad i = 1, \ldots, m. \tag{6.1.22}$$

Unter Verwendung der LU-Zerlegung von A kann (6.1.22) mit der folgenden Abwandlung von (6.1.15) effizient durchgeführt werden:

1. Zerlege $A = LU$. (6.1.23a)
2. Löse $L\mathbf{y}_i = \mathbf{b}_i, \quad i = 1, \ldots, m.$ (6.1.23b)
3. Löse $U\mathbf{x}_i = \mathbf{y}_i, \quad i = 1, \ldots, m.$ (6.1.23c)

Man beachte, daß die Matrix A unabhängig von der Zahl der rechten Seiten nur einmal zerlegt wird. Somit beträgt die Operationzahl $O(n^3) + O(mn^2)$, wobei der zweite Term von den Teilen 2 und 3 in (6.1.23) herrührt. Nur wenn m beinahe so groß wie n ist, erreicht der Rechenaufwand für die Teile 2 und 3 eine vergleichbare Größenordnung wie für die Zerlegung, wenigstens für voll besetzte Matrizen. Im Fall der Berechnung von A^{-1} ist $m = n$, aber der gesamte Aufwand bleibt immer noch $O(n^3)$ (vgl. auch Aufgabe 6.1.12).

Bei der Umsetzung von (6.1.23) im Eliminationsprozeß, kann man die Teile 1 und 2 gemeinsam durchführen, indem man die rechten Seiten während der Elimination mit transformiert, oder man kann zuerst die Zerlegung allein vornehmen und die Multiplikatoren l_{ij} für die Durchführung von Schritt 2 abspeichern.

Matrixauffüllung

Im ersten Teilschritt des Gaußschen Eliminationsverfahrens gehen die Elemente a_{ij} in $a_{ij}^{(1)}$ über gemäß der Vorschrift

$$a_{ij}^{(1)} = a_{ij} - \frac{a_{i1}}{a_{11}} a_{1j}.$$

Ist $a_{ij} = 0$, aber sind a_{i1} und a_{1j} ungleich Null, so ist $a_{ij}^{(1)} \neq 0$, so daß ein nichtverschwindendes Element in eine Position der Matrix eingeschleppt worden ist, in der ursprünglich eine Null stand. Diese Erscheinung wird *Matrixauffüllung* oder oft auch *Fill-In* genannt. Sie kann in jedem Stadium des Gaußschen Eliminationsverfahrens auftreten. Je mehr Nullelemente in der Matrix auf diese Weise zum Verschwinden gebracht werden, um so größer wird der Rechenaufwand, da die Elemente, die nun nicht mehr gleich Null sind, bei Fortschreiten des Verfahrens eliminiert werden müssen. Es wäre ideal, wenn kein Fill-In auftreten würde, da dann der Rechenaufwand durch die ursprüngliche Belegung der Matrix A bestimmt sein würde.

Ein einfaches Beispiel für die Auswirkung des Fill-In liefert die Matrix (5.3.39), die bei einem Zweipunkt-Randwertproblem mit periodischen Randbedingungen auftrat. Die Belegung der Matrix machen wir durch die mit * gekennzeichneten Positionen sichtbar:

$$\begin{bmatrix} * & * & & & * \\ * & * & \ddots & & \\ & \ddots & \ddots & & \\ & & & & * \\ & & & * & * \\ * & & & * & * \end{bmatrix}. \tag{6.1.24}$$

Wird das Gaußsche Eliminationsverfahren auf ein System mit dieser Koeffizientenmatrix angewendet, so wird bei der Elimination des (2,1)-Elements, wenn die erste Zeile von der zweiten Zeile subtrahiert wird, ein nichtverschwindendes Element in die $(2, n)$-Position eingeschleppt. Entsprechend kommt bei der Elimination des $(n, 1)$-Elements ein nichtverschwindendes Element an die $(n, 2)$-Position. Im nächsten Durchgang des Gaußschen Eliminationsverfahrens muß das $(n, 2)$-Element eliminiert werden, womit ein Fill-In in die $(n, 3)$-Position bewirkt wird. Dieses Muster pflanzt sich in jedem Teilschritt fort, so daß schließlich alle Elemente der letzten Zeile aufgefüllt werden, die dann wieder zu eliminieren sind. Ebenso werden alle Elemente in der letzten Spalte aufgefüllt. In der LU-Zerlegung drückt sich das dadurch aus, daß die letzte Zeile von L und die letzte Spalte von U nicht Null sind, so daß L und U die folgende Belegung aufweisen:

$$L = \begin{bmatrix} * & & & & \\ * & * & & & \\ \bigcirc & \ddots & \ddots & & \\ * & * & \cdots & * & * \end{bmatrix}, \quad U = \begin{bmatrix} * & * & \bigcirc & * \\ & * & \ddots & \vdots \\ & & \ddots & * \\ & & & * \end{bmatrix}, \tag{6.1.25}$$

was zu den bidiagonalen Faktoren (6.1.19) bei einer Tridiagonalmatrix kontrastiert. Dieses Fill-In verursacht einen zusätzlichen Rechenaufwand, um die neu hinzugekommenen Elemente der letzten Zeile zu eliminieren, die letzte Spalte von U zu berechnen und das Dreieckssystem zu lösen. Damit berechnet sich die Operationszahl (Aufgabe 6.1.21), um das System mit der Koeffizientenmatrix (6.1.24) zu lösen, zu

$$6(n-1) \text{ Add } + 8(n-1) \text{ Mult} + (3n-2) \text{ Div}. \tag{6.1.26}$$

Das Hinzutreten der zwei zusätzlichen Elemente in (6.1.24) gegenüber einer Tridiagonalmatrix hat die Operationszahl im Vergleich mit (6.1.18) für eine bloße Tridiagonalmatrix ungefähr verdoppelt.

Die Sherman-Morrison-Formel

Bei der Lösung eines Systems mit einer Koeffizientenmatrix der Gestalt (6.1.24) wächst nicht nur der Rechenaufwand gegenüber einer Tridiagonalmatrix beträchtlich an, sondern auch der Code wird um einiges komplizerter (Aufgabe 6.1.21). Wir behandeln als nächstes eine Technik, bei der der Rechenaufwand geringfügig verringert wird, und die, was wichtiger ist, einen Code für tridiagonale Matrizen verwendet.

Wir erinnern daran, daß das Produkt $\mathbf{u}\mathbf{v}^T$ zweier Spaltenvektoren $\mathbf{u}$ und $\mathbf{v}$ der Länge n, die nicht der Nullvektor sind, eine $n \times n$-Matrix vom Range 1 definiert, deren (i, j)-Element gleich $u_i v_j$ ist. Sei nun A die Matrix aus (6.1.24) und B der tridiagonale Teil der Matrix. Das $(1, n)$-Element von A sei gleich c und das $(n, 1)$-Element gleich d. Dann kann A in der Form

$$A = B + c\mathbf{e}_1\mathbf{e}_n^T + d\mathbf{e}_n\mathbf{e}_1^T \tag{6.1.27}$$

geschrieben werden, wobei $\mathbf{e}_i$ der Vektor mit einer 1 in der i-ten Komponente und Nullen sonst ist. Daher läßt sich A als die Summe seines tridiagonalen Teils und zweier Rang-1-Matrizen schreiben, die die beiden außen liegenden Elemente beisteuern. Wir können A auch in der Form

$$A = T + \mathbf{u}\mathbf{v}^T \tag{6.1.28}$$

darstellen, wobei $T = B + \text{ diag } (-c, 0, \ldots, 0, -d), \mathbf{u} = c\mathbf{e}_1 + d\mathbf{e}_n$ und $\mathbf{v} = \mathbf{e}_1 + \mathbf{e}_n$ ist. Dadurch wird die ursprüngliche tridiagonale Matrix zwar verändert, aber der Vorteil ist, daß A jetzt als Summe einer Tridiagonalmatrix und einer einzigen Rang-1-Matrix dargestellt ist.

Als nächstes sei nun C eine reguläre Matrix und $\mathbf{uv}^T$ eine Rang-1-Matrix. Die *Sherman-Morrison*-Formel ergibt dann

$$(C+\mathbf{uv}^T)^{-1} = C^{-1} - \alpha^{-1}C^{-1}\mathbf{uv}^TC^{-1}, \quad \alpha = 1+\mathbf{v}^TC^{-1}\mathbf{u}, \tag{6.1.29}$$

was leicht zu bestätigen ist (Aufgabe 6.1.20). Die Bedingung für die Regularität von $C+\mathbf{uv}^T$ ist $\alpha \neq 0$. Man beachte, daß die auf der rechten Seite von (6.1.29) zu C^{-1} addierte Matrix auch eine Rang-1-Matrix ist.

Zur Lösung eines linearen Systems der Gestalt

$$(C+\mathbf{uv}^T)\mathbf{x} = \mathbf{b} \tag{6.1.30}$$

möchte man keine Inverse wie in (6.1.29) bilden, sondern nur lineare Systeme lösen. Wir verwenden daher (6.1.29), um die Lösung von (6.1.30) in der Form

$$\begin{aligned} \mathbf{x} &= (C+\mathbf{uv}^T)^{-1}\mathbf{b} = C^{-1}\mathbf{b} - \alpha^{-1}C^{-1}\mathbf{uv}^TC^{-1}\mathbf{b} \\ &= \mathbf{y} - \alpha^{-1}(\mathbf{v}^T\mathbf{y})\mathbf{z}, \qquad \alpha = 1+\mathbf{v}^T\mathbf{z}, \end{aligned} \tag{6.1.31}$$

zu schreiben, wobei $\mathbf{y}$ die Lösung von $C\mathbf{y} = \mathbf{b}$ und $\mathbf{z}$ die Lösung von $C\mathbf{z} = \mathbf{u}$ ist. Ist insbesondere C eine Tridiagonalmatrix, so kann man das System (6.1.30) durch Lösen zweier tridiagonaler Systeme gewinnen, die dann wie in (6.1.31) angegeben kombiniert werden. Für die Matrix aus (6.1.28) verläuft die Lösung von $A\mathbf{x} = \mathbf{b}$ daher in den folgenden Schritten:

$$\text{Löse } T\mathbf{y} = \mathbf{b}, \quad T\mathbf{z} = \mathbf{u}. \tag{6.1.32}$$

$$\text{Bilde } \alpha = 1+\mathbf{v}^T\mathbf{z}, \qquad \mathbf{x} = \mathbf{y} - \alpha^{-1}(\mathbf{v}^T\mathbf{y})\mathbf{z}. \tag{6.1.33}$$

Aus Aufgabe 6.1.22 geht hervor, daß der Rechenaufwand bei dieser Methode etwas geringer als bei (6.1.26) ausfällt. Von größerer Bedeutung ist, daß nur ein Code zur Lösung tridiagonaler Systeme benötigt wird, abgesehen von den zusätzlichen Operationen in (6.1.33).

Vorangehend haben wir die Möglichkeit gezeigt, die Matrix A aus (6.1.27) in die Form (6.1.28) zu überführen, wobei nur eine einzige Rang-1-Matrix ins Spiel kam. In vielen Fällen liegt aber eine Matrix der Gestalt $C+R$ vor, wobei R eine Matrix vom Range m ist. Eine Rang-m-Matrix kann in der Form $R = UV^T$ geschrieben werden, wobei U und V jetzt $n \times m$-Matrizen sind. Es läßt sich

(6.1.29) auf diesen Fall verallgemeinern (Aufgabe 6.1.20), und man erhält die *Sherman-Morrison-Woodbury*-Formel

$$(C+UV^T)^{-1} = C^{-1} - C^{-1}U(I+V^TC^{-1}U)^{-1}V^TC^{-1}. \tag{6.1.34}$$

Es ist $I + V^TC^{-1}U$ eine $m \times m$-Matrix, und die Sherman-Morrison-Formel (6.1.29) ergibt sich gerade im Spezialfall $m = 1$. Es kann (6.1.34) auch zur Lösung des Systems $A\mathbf{x} = \mathbf{b}$ herangezogen werden, wobei A durch (6.1.27) gegeben ist, obwohl es etwas effizienter ist, (6.1.28) und (6.1.29) zu verwenden. Bei der Verwendung der Formel (6.1.34) setzen wir $C = B$, $U = (c\mathbf{e}_1, d\mathbf{e}_n)$ und $V = (\mathbf{e}_n, \mathbf{e}_1)$. Die Einzelheiten der Rechnung sind Bestandteil der Aufgabe 6.1.23.

Fill-In bei der Poisson-Matrix

Als nächstes geben wir ein weiteres Beispiel einer Matrixauffüllung und ihrer Konsequenzen. Die durch Diskretisierung der Poissongleichung gewonnene Matrix (5.5.18) besitzt fünf nichtverschwindende Diagonalen. Lägen diese Diagonalen zur Hauptdiagonalen benachbart, so daß eine Matrix der halben Bandbreite 2 vorläge, so ergäbe (6.1.17) für die Operationzahl der LU-Zerlegung ungefähr $4N^2$, da $n = N^2$ ist. Die weiter außen stehenden Diagonalen in (5.5.18) bewirken jedoch ein beträchtliches Fill-In und folglich eine sehr viel größere Operationszahl. Wir wollen die Ursache für die Auffüllung näher betrachten, beschränken uns aber auf den Fall der 3×3-Blockform in (5.5.18), da man an ihr das Muster der Auffüllung sehr übersichtlich verfolgen kann. Es ist bequem, die Betrachtung anhand der LU-Zerlegung von A vorzunehmen. Bei Partitionierung von L und U entsprechend zu A erhalten wir

$$\begin{bmatrix} T & -I & \\ -I & T & -I \\ & -I & T \end{bmatrix} = \begin{bmatrix} L_{11} & & \\ L_{21} & L_{22} & \\ & L_{32} & L_{33} \end{bmatrix} \begin{bmatrix} U_{11} & U_{12} & \\ & U_{22} & U_{23} \\ & & U_{33} \end{bmatrix}. \tag{6.1.35}$$

Durch Gleichsetzen entsprechender Untermatrizen in (6.1.35) ergibt sich

$$L_{11}U_{11} = T, \tag{6.1.36a}$$

$$L_{21}U_{11} = -I \text{ bzw. } L_{21} = -U_{11}^{-1}; \quad U_{12} = -L_{11}^{-1}, \tag{6.1.36b}$$

$$L_{22}U_{22} = T - L_{21}U_{12} = T - U_{11}^{-1}L_{11}^{-1} = T - T^{-1}, \tag{6.1.36c}$$

$$L_{32} = -U_{22}^{-1}, \qquad U_{23} = -L_{22}^{-1}, \tag{6.1.36d}$$

$$L_{33}U_{33} = T - L_{32}U_{23} = T - U_{22}^{-1}L_{22}^{-1}. \tag{6.1.36e}$$

Hierbei sind L_{11} und U_{11} die LU-Faktoren der Tridiagonalmatrix T, und gemäß (6.1.19) besitzen diese Faktoren die Gestalt

$$L_{11} = \begin{bmatrix} 1 & & & \\ l_2 & 1 & & \\ & \ddots & \ddots & \\ & & l_N & 1 \end{bmatrix}, \qquad U_{11} = \begin{bmatrix} u_1 & -1 & & \\ & u_2 & \ddots & \\ & & \ddots & -1 \\ & & & u_N \end{bmatrix}, \tag{6.1.37}$$

wobei die Elemente der oberen Nebendiagonalen von U_{11} gleich den Nebendiagonalelementen von T und damit alle gleich -1 sind. Obwohl L_{11} nur zwei nichtverschwindende Diagonalen aufweist, ist dies für die L_{11}^{-1} nicht länger der Fall, es liegt vielmehr eine vollbesetzte untere Dreiecksmatrix vor. Um dies einzusehen, erinnern wir an (6.1.21), woraus hervorgeht, daß die i-te Spalte von L_{11}^{-1} die Lösung des Systems

$$L_{11}\mathbf{x}_i = \mathbf{e}_i \tag{6.1.38}$$

ist, wobei $\mathbf{e}_i$ der Vektor mit 1 als i-ter Komponente und Nullen sonst ist. Die Lösung von (6.1.38) für $i = 1$ ist

$$x_1 = 1, x_2 = -l_2x_1 = -l_2, x_3 = -l_3x_2 = l_2l_3, \cdots, x_N = \pm l_2 \cdots l_N.$$

Ist nun kein l_i gleich Null, was bei dem Faktor L_{11} von T der Fall ist, so sind alle Komponenten der ersten Spalte von L_{11}^{-1} ungleich Null. Mit der entsprechenden Überlegung für allgemeines i erkennt man, daß die erste nichtverschwindende Komponente der Lösung an der i-ten Stelle auftritt und daß dann jede folgende Komponente der Lösung ungleich Null ist. Daraus folgt, daß in jeder Spalte von L_{11}^{-1} unterhalb der Diagonalen nur Elemente ungleich Null auftreten. Dasselbe trifft auf $(U_{11}^{-1})^T$ zu, so daß U_{11}^{-1} oberhalb der Hauptdiagonalen voll besetzt ist. Man bestätigt leicht (Aufgabe 6.1.26), daß dann das Produkt $U_{11}^{-1}L_{11}^{-1}$ eine voll besetzte Matrix ist, und daher sind die Faktoren L_{22} und U_{22} in (6.1.36c) oberhalb bzw. unterhalb der Hauptdiagonalen voll besetzt. Dasselbe trifft auf die Faktoren L_{32}, L_{33}, U_{23} und U_{33} zu. In Abb. 6.1.2 ist das Besetzungsmuster des Faktors L von (6.1.35) dargestellt.

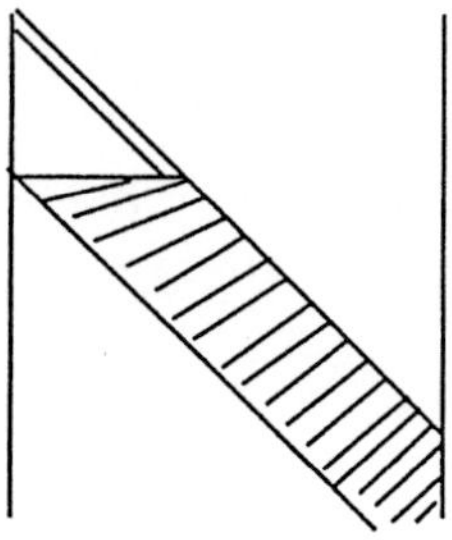

Abb. 6.1.2 *Besetzungsmuster von L und U^T*

U^T weist dasselbe Besetzungsmuster auf, so daß eine komplette Auffüllung innerhalb des Bandes mit Ausnahme des ersten Blocks stattgefunden hat. Genau dasselbe tritt für Matrizen A ein, die beliebig viele Blöcke besitzen, die 3×3-Blockstruktur von (6.1.35) ist nur als ein typisches Beispiel benutzt worden. Der Rechenaufwand für die LU-Zerlegung von A ist daher beinahe ebenso groß wie für eine vollbesetzte Bandmatrix: die dünne Besetztheit von A innerhalb des Bandes ist im wesentlichen durch Auffüllung verloren gegangen. Da die Halbe Bandbreite von A gleich N ist, ergibt sich mit (6.1.17) als Operationszahl für die LU-Zerlegung (Aufgabe 6.1.31) ungefähr der Wert N^4. Bei einem dreidimensionalen Problem auf einem $N \times N \times N$-Gitter ist die halbe Bandbreite gleich N^2, und die Operationszahl beträgt $O(N^7)$, da jetzt $n = N^3$ ist. Ist zum Beispiel $N = 100$, so sind $O(10^{14})$ Operationen erforderlich. Ein Rechner mit einer Rechenleistung von 1 Gigaflop würde dafür 10^5 Sekunden entsprechend etwa 28 Stunden benötigen.

Umordnung zur Verminderung des Fill-In

Eine Methode, das Problem des Fill-In abzumindern, besteht in der Umordnung der Gleichungen und Unbekannten. Betrachten wir eine Matrix, die wie in Abb. 6.1.3(a) dargestellt nichtverschwindende Elemente nur in der ersten Zeile, der ersten Spalte und der Hauptdiagonalen besitzt. Wird das Gaußsche Eliminationsverfahren auf diese Matrix angewandt, so werden im allgemeinen sämtliche Elemente aufgefüllt. Andererseits tritt bei der Matrix in Abb. 6.1.3(b) kein Fill-In auf. Diese Matrixgestalt kann man aus der in Abb. 6.1.3(a) gezeigten durch Umordnen der Unbekannten und Gleichungen erhalten (Aufgabe 6.1.27). Im allgemeinen ist im Vornherein nicht bekannt, wie die Umordnung vorgenommen werden muß, um das Fill-In zu minimieren, aber man kennt Algorithmen, mit denen das wenigstens näherungsweise gelingt (siehe die ergänzenden Bemerkungen).

Abb. 6.1.3 *Pfeilspitzenförmige Matrizen*

Umordnung durch Gebietszerlegung

Wir behandeln jetzt einen anderen Weg, das Gleichungssystem (5.5.13) des diskreten Poissonproblems umzuordnen, so daß das Gaußsche Eliminationsverfahren mit geringerer Auffüllung durchgeführt werden kann und daher weniger arithmetische Operationen als bei natürlicher Anordnung benötigt werden. Zur Veranschaulichung verwenden wir ein rechteckiges Gitter mit 22 inneren Punkten, wie es in Abb. 6.1.4 dargestellt ist. Wir unterteilen das Gitter in drei Teilgebiete D_1, D_2 und D_3 sowie in zwei mit S gekennzeichnete vertikale Gitterpunktlinien, die *innere Ränder* genannt werden. Eine derartige Partitionierung bildet ein Beispiel für eine *Gebietszerlegung*. Im vorliegenden Zusammenhang wird sie manchmal auch *Einweg-Zerlegung* genannt. Die Gitterpunkte im ersten Teilgebiet erhalten nun die natürliche Numerierung, es folgen die Punkte des zweiten und dritten Teilgebiets und schließlich die in den inneren Rändern. Dieses Vorgehen wird durch die Gitterpunktnummern in dem Beispiel aus Abb. 6.1.4 veranschaulicht.

• 4	• 5	• 6	• 20	• 10	• 11	• 12	• 22	• 16	• 17	• 18
• 1	• 2	• 3	• 19	• 7	• 8	• 9	• 21	• 13	• 14	• 15
	D_1		S		D_2		S		D_3	

Abb. 6.1.4 *Gebietszerlegung*

Wir ordnen nun die Gleichungen und Unbekannten gemäß der Gitterpunktnumerierung in Abb. 6.1.4 an. Die sich ergebende Koeffizientenmatrix ist in

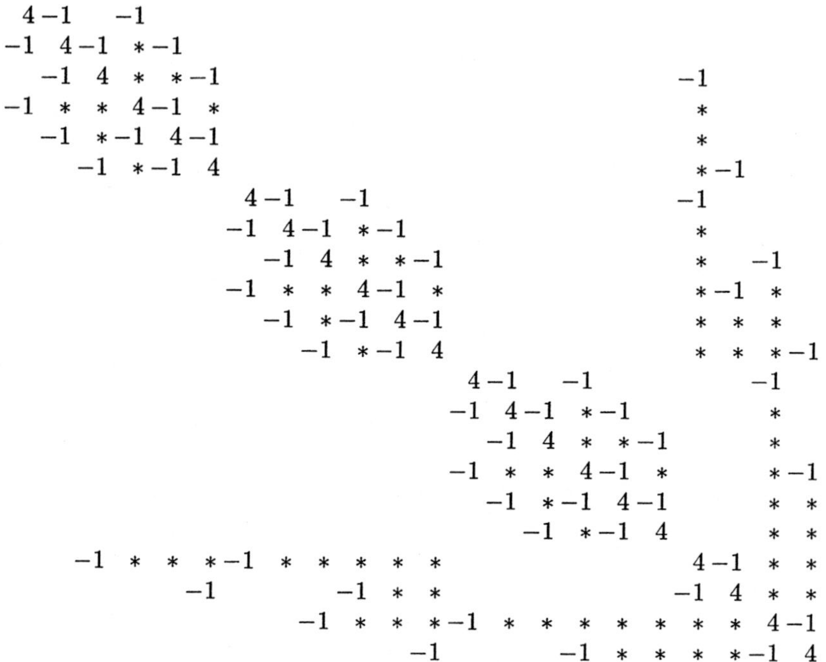

Abb. 6.1.5 *Gebietszerlegungsmatrix und Muster des Fill-In*

Abb. 6.1.5 gezeigt. Ebenfalls aus Abb. 6.1.5 geht das Muster des Fill-In bei der Gaußschen Elimination hervor: die ursprünglichen Elemente der Matrix sind 4 und −1, und Sterne deuten Fill-In-Elemente an. Die Bestätigung der Einzelheiten von Abb. 6.1.5 ist der Aufgabe 6.1.28 überlassen. Es treten 72 Fill-In-Elemente auf, was mit den 182 zu vergleichen ist, die bei Anwendung des Gaußschen Eliminationsverfahrens auf die Bandmatrix, die der natürlichen Anordnung entspricht, zu verzeichnen sind (Aufgabe 6.1.30). Wir weisen darauf hin, daß die Matrix in Abb. 6.1.5 (ohne Fill-In) durch Anwendung einer Permutationsmatrix auf die Matrix, die der natürlichen Anordnung entspricht, hervorgeht (Aufgabe 6.1.29).

Die vorangehende Darstellung veranschaulicht in einem sehr einfachen Fall das Prinzip der Gebietszerlegung. Allgemeiner haben wir p Teilgebiete und entsprechende innere Ränder, mit denen verhindert wird, daß die Unbekannten eines Teilgebiets mit denen aus einem anderen Teilgebiet verbunden sind, und die

Koeffizientenmatrix nimmt dann die Form einer *pfeilspitzenförmigen Blockmatrix* an:

$$A = \begin{bmatrix} A_1 & & & & B_1^T \\ & A_2 & & & B_2^T \\ & & \ddots & & \vdots \\ & & & A_p & B_p^T \\ B_1 & B_2 & \cdots & B_p & A_s \end{bmatrix}. \tag{6.1.39}$$

Abb. 6.1.5 (ohne Fill-In) ergibt sich im Spezialfall $p = 3$. Die Idee der Gebietszerlegung kann auch bei allgemeineren partiellen Differentialgleichungen, Gebieten und Diskretisierungen verwendet werden. Sie ist, wie wir später sehen werden, von besonderer Bedeutung beim Parallelrechnen.

Die verschiedenen Algorithmen dieses Abschnitts sind unter der Annahme aufgestellt worden, daß a_{11} und alle weiteren Diagonalelemente der reduzierten Matrix nicht verschwinden. In der Praxis ist es nicht ausreichend, daß diese Divisoren allein ungleich Null sind; sie müssen in einem gewissen Sinne groß genug sein, da sonst größere Rundungsfehlerprobleme eintreten können. Im Abschnitt 6.2 werden wir diese Fragen untersuchen und die Abänderungen im Eliminationsprozeß angeben, die für ein brauchbares Verfahren erforderlich sind.

Ergänzende Bemerkungen und Literaturhinweise zu Abschnitt 6.1

1. Es gibt viele Bücher zur numerischen linearen Algebra, die ebenso wie elementare Bücher über numerische Verfahren die Lösung linearer Gleichungssysteme behandeln. Eine fortgeschrittene Darstellung und weitere Literaturzitate findet man in Golub und Van Loan [1989].

2. Der gegenwärtige Stand in der Lösung linearer Gleichungen hat ein hohes Niveau erreicht, besonders für vollbesetzte Systeme und solchen mit Bandmatrizen. Das wahrscheinlich beste Softwarepaket ist LINPACK, das aus einer Zusammenfassung von FORTRAN Unterprogrammen besteht. In letzter Zeit hat sich aus LINPACK ein neues Paket, LAPACK genannt, entwickelt, das speziell zur Verwendung auf Vektor- und Parallelrechnern gedacht ist. Eine Beschreibung von LINPACK findet man bei Dongarra und Bunch et al. [1979] und von LAPACK bei Anderson et al. [1992].

3. Einen Überblick über die Geschichte und viele Anwendungen der Formeln (6.1.29) und (6.1.34) gibt Hager [1989]. Insbesondere wurde die Formel (6.1.29) zuerst von J. Sherman und W. Morrison im Jahre 1949 für den Spezialfall

angegeben, das nur die Elemente in einer Spalte von C abgeändert worden sind; in diesem Fall ist $\mathbf{v} = \mathbf{e}_i$, falls die i-te Spalte betroffen ist. Die allgemeine Formel (6.1.29) wurde von M. Bartlett im Jahre 1951 aufgestellt. Zur selben Zeit wurde die noch allgemeinere Formel (6.1.34) von M. Woodbury im Jahre 1950 in einem Bericht angegeben, aber sie war bereits in einer früheren Arbeit Mitte der vierziger Jahre publiziert worden. Sowohl (6.1.29) als auch (6.1.34) müssen wegen ihres Rundungsfehlerverhaltens mit Vorsicht verwendet werden.

4. Aufgrund ihrer speziellen Struktur können Systeme, deren Koeffizientenmatrix eine Hankel-, Toeplitz- oder Vandermondesche Matrix ist, mit $O(n^2)$ Operationen gelöst werden. (Eine Toeplitz-Matrix besitzt konstante Diagonalen; die tridiagonale $(2, -1)$-Matrix (5.3.10) ist ein Beispiel dafür.) Für Weiteres siehe Golub und Van Loan [1989].

5. Eine ausgezeichnete Literaturstelle für die weitere Lektüre über direkte Verfahren für dünn besetzte lineare Systeme ist George und Liu [1981]. Dieses Buch enthält insbesondere eine ins Einzelne gehende Analyse der Speicherung und des Rechenaufwandes für die Einweg-Zerlegung und eine allgemein gehaltene Behandlung der *geschachtelten Zerlegung*, in der horizontale und vertikale innere Ränder eingeführt werden. Auch werden Umordnungstechniken, die das Fill-In vermindern, dargestellt und analysiert. Für allgemeinere Probleme (die nicht von der Poissongleichung herrühren), gehört der *Minimalgrad-Algorithmus* mit zu den besten. Eine weitere gute Literaturstelle betreffend dünn besetzte Systeme ist Duff et al. [1986].

Für allgemeine dünn besetzte lineare Systeme sieht das algorithmische Vorgehen wie folgt aus:

Schritt 1. Verwende eine Umordnungsstrategie, um das Fill-In klein zu halten.
Schritt 2. Führe eine symbolische Zerlegung zur Bestimmung des Fill-In durch Richte die Datenspeicherung entsprechend ein.
Schritt 3. Berechne die LU-Zerlegung numerisch.
Schritt 4. Löse das sich ergebende gestaffelte System.

Die symbolische Zerlegung in Schritt 2 kann überraschend schnell zuwege gebracht werden. Nachdem sie vorliegt, ist das genaue Muster des Fill-In bekannt, so daß die Größe des Speichers, der für die Zerlegung benötigt wird, ebenfalls bekannt ist. Es ist dann nur noch nötig, Speicherplatz für die nichtverschwindenden Elemente der Faktoren bereitzuhalten.

Übungsaufgaben zu Abschnitt 6.1

6.1.1. Bestätige die Vorwärtselimination in (6.1.8), um (6.1.9) zu erhalten. Dann verifiziere man $A = LU$, wobei L durch (6.1.10) gegeben ist und U die obere Dreiecksmatrix in (6.1.9) bedeutet.

6.1.2. Man überprüfe, daß sich (6.1.3) als Resultat der Multiplikation von (6.1.2) mit (6.1.11) ergibt. Dann bestätige man, daß (6.1.5) sinngemäß übertragen wie in (6.1.4) angegeben erhalten werden kann.

6.1.3. Man bestätige die folgenden Aussagen:

a. Die Determinanten der L_i aus (6.1.13) haben den Wert 1.

b. Produkt und Inverse unterer Dreiecksmatrizen mit einer Diagonale aus Einsen bleiben ebensolche.

c. Die Inverse von L_i in (6.1.13) ist die gleiche Matrix, nur daß die Elemente außerhalb der Diagonalen das entgegengesetzte Vorzeichen besitzen.

6.1.4. Durch vollständige Induktion bestätige man die folgenden Summationsformeln:

$$\sum_{i=1}^{n} i = \tfrac{1}{2}n(n+1), \qquad \sum_{i=1}^{n} i^2 = \tfrac{1}{6}n(n+1)(2n+1).$$

6.1.5. Man beweise die folgenden Operationszahlen für das Gaußsche Eliminationsverfahren:

a. Zahl der Additionen (Multiplikationen), um die neue rechte Seite zu berechnen: $n(n-1)/2$.

b. Zahl der Divisionen, um die Multiplikatoren l_{ik} zu berechnen: $n(n-1)/2$.

c. Zahl der Divisionen in der Rücksubstitution: n.

d. Zahl der Additionen (Multiplikationen) in der Rücksubstitution: $n(n-1)/2$.

6.1.6. Unter Verwendung eines auf dem Gaußschen Eliminationsverfahren beruhenden Codes (entweder aus einem Paket oder ein selbstgeschriebener), messe man die Zeit, um vollbesetzte lineare Systeme der Größe $n = 50$ und $n = 100$ zu lösen. Man diskutiere, warum die Zeit für das größere System nicht genau 8-mal so groß wie für das kleinere ist, wie es der zu $O(n^3)$ ermittelte Rechenaufwand nahe legen würde.

6.1.7. Ist A eine Bandmatrix der halben Bandbreite β, so zeige man, daß $O(\beta n)$ Operationen benötigt werden, um die rechte Seite zu transformieren und die Rücksubstitution auszuführen.

6.1.8. Sei A eine Matrix der Bandbreite $p + q + 1$ mit p Diagonalen unterhalb und q Diagonalen oberhalb der Hauptdiagonalen. Für die LU-Zerlegung von A zeige man, daß L die Bandbreite $p + 1$ und U die Bandbreite $q + 1$ besitzt. Insbesondere zeige man für tridiagonale Matrizen, daß (6.1.19) die Form von L und U richtig wiedergibt.

6.1.9. Man bestätige, daß das Produkt von L und U in (6.1.19) tridiagonal ist.

6.1.10. Programmiere das Gaußsche Eliminationsverfahren für Bandmatrizen mit p unteren und q oberen Nebendiagonalen. Schreibe einen gesonderten Code für tridiagonale Systeme, bei dem eindimensionale Felder zur Speicherung der Matrix verwendet werden.

6.1.11. Multipliziere zwei tridiagonale $n \times n$-Matrizen. Wieviele arithmetische Operationen benötigt man dazu? Ist die Produktmatrix wieder tridiagonal?

6.1.12. Ist $A = LU$ und A regulär, so zeige man $A^{-1} = U^{-1}L^{-1}$. Man verwende dies, um einen Algorithmus zur Berechnung von A^{-1} aufzustellen, der sich die Dreiecksgestalt von U^{-1} und L^{-1} zunutze macht. Wie ist dieser Algorithmus im Vergleich zur Lösung der Systeme (6.1.21) zu sehen?

6.1.13. Es ist gezeigt worden, daß das Gaußsche Eliminationsverfahren für eine vollbesetzte Matrix $O(n^3)$ und für eine tridiagonale Matrix nur $O(n)$ Operationen erfordert. Für welche halbe Bandbreite werden $O(n^2)$ Operationen benötigt?

6.1.14. Man betrachte das folgende Zweipunkt-Randwertproblem auf dem unbeschränkten Intervall $(0, \infty)$:

$$y''(x) = y(x)(2x+2)/(x+2), \; y(0) = 2, \; y(\infty) = 0.$$

a. Approximiere eine Lösung dieses Problems, indem die Randbedingung bei ∞ durch $y(5) = 0$ ersetzt und dann ein Differenzenverfahren mit den Schrittweiten $h = 1/10, 1/20$ und $1/32$ verwendet wird.

b. Man beachte, daß $(2x+2)/(x+2) \to 2$ für $x \to \infty$ konvergiert. Man betrachte daher das Problem

$$z''(x) = 2z(x), \; z(0) = 2, \; z(\infty) = 0$$

und löse es exakt, um einen Ausdruck für $z'(x)$ als Funktion von $z(x)$ zu finden. Diesem Ausdruck entnimmt man einen Näherungswert für $y'(x)$, wenn $x \to \infty$ geht, den man in der Lösung des abgeschnittenen tridiagonalen Systems verwende. Man vergleiche mit der Lösung des abgeschnittenen Systems aus Teil **a**.

6.1.15. Schreibe ein Programm, um (5.4.11) auszuführen und wende es auf das Problem aus Aufgabe 5.4.1 an. Man wähle verschiedene Werte von Δt und Δx und bestätige auf numerischem Wege die Stabilität der Verfahren. Man vergleiche die erhaltenen Resultate mit denen aus Aufgabe 5.4.1, wobei man die Bequemlichkeit und Effizienz in der Durchführung der beiden Methoden mit einbeziehe. Man modifiziere das Programm, um das Crank-Nicolson-Verfahren (5.4.15) durchzuführen. Man diskutiere die Ergebnisse und vergleiche dieses Verfahren mit (5.4.11).

6.1.16. Man betrachte das komplexe $n \times n$-System $(A + iB)(\mathbf{u} + i\mathbf{v}) = \mathbf{b} + i\mathbf{c}$, wobei $A, B, \mathbf{u}, \mathbf{v}, \mathbf{b}$, und $\mathbf{c}$ reell sind. Man zeige, wie sich es sich in ein reelles $2n \times 2n$-System umschreiben läßt. Man vergleiche den Rechenaufwand des Gaußschen Eliminationsverfahrens für das reelle System und des ursprünglichen komplexen Systems unter der Annahme, daß eine komplexe Multiplikation vier reelle Multiplikationen und zwei Additionen benötigt. (Was erfordert eine komplexe Division?)

6.1.17. (Eindeutigkeit der *LU*-Zerlegung) Sei A regulär, und es werde $A = LU = \hat{L}\hat{U}$ angenommen, wobei L und $\hat{L}$ untere Dreiecksmatrizen mit Einsen auf der Hauptdiagonalen sowie U und $\hat{U}$ obere Dreiecksmatrizen sind. Man zeige $L = \hat{L}$ und $U = \hat{U}$.

6.1.18. Sei $A = LU$. Unter Verwendung von Aufgabe 6.1.17 gebe man die *LU*-Zerlegung von AT an, wobei T eine obere Dreiecksmatrix ist. Spezialisiere dieses Ergebnis auf den Fall eines diagonalen T. Was bedeutet dies für die Multiplikatoren im Gaußschen Eliminationsverfahren, wenn die Spalten von A skaliert werden?

6.1.19. (Jordan-Elimination) Man zeige, daß es möglich ist, sowohl die Elemente oberhalb wie unterhalb der Hauptdiagonalen zu eliminieren, so daß das reduzierte System die Form $D\mathbf{x} = \hat{\mathbf{b}}$ besitzt, wobei D diagonal ist. Wieviele Operationen erfordert dieses Verfahren, um das lineare System zu lösen?

6.1.20. Man bestätige die Formeln (6.1.29), (6.1.31) und (6.1.34).

6.1.21. Man zeige bei Anwendung des Gaußschen Eliminationsverfahrens auf die Matrix (5.3.39), daß der Faktor L in der *LU*-Zerlegung dasselbe Belegungsmuster besitzt wie der untere Dreiecksteil von A mit Ausnahme der letzten Zeile, in der im allgemeinen nichtverschwindende Elemente vorhanden sind. Man zeige, daß (6.1.26) den Rechenaufwand angibt, wenn angenommen wird, daß keine Operationen auf Elementen ausgeführt werden, deren Verschwinden von vornherein bekannt ist. Man schreibe dann ein auf dem Gaußschen Eliminationsverfahren beruhendes Programm, in dem dieser Rechenaufwand realisiert wird.

6.1.22. Wieder für die Matrix (5.3.39) zeige man, daß die Lösung von $A\mathbf{x} = \mathbf{b}$ mit Hilfe von (6.1.32), (6.1.33) die folgende Zahl von Operationen benötigt, wobei angenommen werde, daß die *LU*-Zerlegung von T nur einmal durchgeführt wird: $6n - 1$ Multiplikationen, $6n - 1$ Additionen und $3n - 2$ Divisionen. Vergleiche diesen Rechenaufwand mit dem in Aufgabe 6.1.21 angegebenen.

6.1.23. Man überlege, daß die Sherman-Morrison-Woodbury-Formel (6.1.34) zur Lösung des Systems $A\mathbf{x} = \mathbf{b}$ verwendet werden kann, wobei A durch (6.1.27) gegeben sei, indem man die folgenden Schritte durchführt:

1. Löse $B\mathbf{y} = \mathbf{b}$, $B\mathbf{w}_1 = \mathbf{e}_1$, $B\mathbf{w}_n = \mathbf{e}_n$.

2. Bilde die 2×2-Matrix

$$U^T W = \begin{pmatrix} \mathbf{e}_1^T \\ \mathbf{e}_n^T \end{pmatrix} (\mathbf{w}_1, \mathbf{w}_n) = \begin{pmatrix} \mathbf{e}_1^T \mathbf{w}_1 & \mathbf{e}_1^T \mathbf{w}_n \\ \mathbf{e}_n^T \mathbf{w}_1 & \mathbf{e}_n^T \mathbf{w}_n \end{pmatrix}.$$

3. Berechne den 2-Vektor

$$\mathbf{q} = (I + U^T W)^{-1} U^T \mathbf{y}.$$

4. Bestimme die Lösung

$$\mathbf{x} = \mathbf{y} - W\mathbf{q}.$$

Man zeige, daß dafür $8n-6$ Multiplikationen, $8n-5$ Additionen und $4n-3$ Divisionen aufgewendet werden müssen.

6.1.24. Sei T eine symmetrische, reguläre Tridiagonalmatrix. Man gebe einen Algorithmus an, um Zahlen $p_1, \ldots, p_n$ und $q_1, \ldots, q_n$ zu bestimmen, so daß das (i,j)-Element von T^{-1} gleich $p_i q_j$ für $i \geq j$ und gleich $p_j q_i$ für $i < j$ ist. (*Hinweis*: Man sehe sich die erste Spalte von T^{-1} an.)

6.1.25. Man schreibe ein Programm, um einen kubischen Spline zu berechnen, indem man zuerst das tridiagonale System (4.1.36) löst und dann (4.1.34) verwendet. Man schreibe auch ein Programm, um den Spline an einer gegebenen Stelle x auszuwerten.

6.1.26. Seien L und U eine untere bzw. obere Dreiecksmatrix, für die $l_{ij} \neq 0$, $i \geq j$, und $u_{ij} \neq 0$, $i \leq j$, ist. Man zeige, daß im allgemeinen alle Elemente von UL ungleich Null sind.

6.1.27. Man betrachte das System

$$\begin{bmatrix} * & * & * & * & * \\ * & * & & & \\ * & & * & & \\ * & & & * & \\ * & & & & * \end{bmatrix} \begin{bmatrix} x_1 \\ x_2 \\ x_3 \\ x_4 \\ x_5 \end{bmatrix} = \begin{bmatrix} b_1 \\ b_2 \\ b_3 \\ b_4 \\ b_5 \end{bmatrix},$$

wobei $*$ ein nichtverschwindendes Element kennzeichnet. Man zeige, daß nach der Umnumerierung $x_1 \leftrightarrow x_5$, $x_2 \leftrightarrow x_4$, $x_3 \leftrightarrow x_3$ der Unbekannten und der entsprechenden Umnumerierung der Gleichungen das System in der Form

$$\begin{bmatrix} * & & & & * \\ & * & & & * \\ & & * & & * \\ & & & * & * \\ * & * & * & * & * \end{bmatrix} \begin{bmatrix} x_5 \\ x_4 \\ x_3 \\ x_2 \\ x_1 \end{bmatrix} = \begin{bmatrix} b_5 \\ b_4 \\ b_3 \\ b_2 \\ b_1 \end{bmatrix}$$

geschrieben werden kann. Verallgemeinere dies auf den Fall des analogen $n \times n$-Systems.

6.1.28. Man zeige, daß die Umnumerierung der Gitterpunkte (und damit der Unbekannten) gemäß Abb. 6.1.4 auf die Koeffizientenmatrix mit den Elementen 4 und -1 der Abb. 6.1.5 für das Gleichungssystem (5.5.13) führt. Danach wende man das Gaußsche Eliminationsverfahren auf diese Matrix an und zeige, daß sich das Fill-In wie in Abb. 6.1.5 angegeben entwickelt.

6.1.29. Man zeige, daß sich die Koeffizientenmatrix A in Abb. 6.1.5 (ohne Fill-In) durch eine Transformation $A = P\hat{A}P$ aus der Matrix $\hat{A}$ ergibt, die man durch die natürliche Anordnung erhält. Hier ist P eine Permutationsmatrix.

6.1.30. Für das Gitter in Abb. 6.1.4 schreibe man die 22×22-Koeffizientenmatrix unter Verwendung der natürlichen Numerierung an. Unter Heranziehung der Techniken, die auf Abb. 6.1.2 geführt haben, bestätige man, daß beim Gaußschen Eliminationsverfahren 182 Elemente aufgefüllt werden.

6.1.31. Man stütze sich auf die Tatsache, daß die Matrixauffüllung wie in Abb. 6.1.2 angegeben verläuft, um zu zeigen, daß der Rechenaufwand bei Anwendung des Gaußschen Eliminationsverfahren auf das Systems (5.5.19) gleich $O(N^4)$ ist.

6.1.32. Sei A die Blocktridiagonalmatrix

$$A = \begin{bmatrix} A_1 & B_1 & & \\ C_2 & \ddots & \ddots & \\ & \ddots & & B_{p-1} \\ & & C_{p-1} & A_p \end{bmatrix}.$$

Man gehe wie bei der Herleitung von (6.1.36) vor, um eine Block-LU-Zerlegung von A herzuleiten, wobei

$$L = \begin{bmatrix} I & & & \\ L_1 & I & & \\ & \ddots & \ddots & \\ & & L_{p-1} & I \end{bmatrix}, \quad U = \begin{bmatrix} U_1 & V_1 & & \\ & & \ddots & \\ & & \ddots & V_{p-1} \\ & & & U_p \end{bmatrix}$$

ist. Welche Voraussetzungen sind zu stellen, damit sich die Zerlegung mathematisch durchführen läßt?

6.1.33. Man schreibe die in Abb. 6.1.5 dargestellte Matrix (ohne Fill-In) in der Form

$$\begin{bmatrix} A_1 & & B_1^T \\ & A_2 & B_2^T \\ B_1 & B_2 & A_s \end{bmatrix} = \begin{bmatrix} A_1 & & \\ & A_2 & \\ & & A_s \end{bmatrix} + \begin{bmatrix} & & B_1^T \\ & & B_2^T \\ B_1 & B_2 & \end{bmatrix}.$$

Man zeige, daß die zweite Matrix den Rang 8 besitzt und gebe an, wie die Sherman-Morrison-Woodbury-Formel anzuwenden ist. Man verallgemeinere dies auf die Matrix (6.1.39).

6.1.34. Sei A eine $n \times n$-Matrix. Man zeige, daß die ersten p Schritte des Gaußschen Eliminationsverfahrens zu einer Zerlegung der Gestalt

$$A = \begin{bmatrix} L_1 \\ F \end{bmatrix} [U_1 E] + \begin{bmatrix} 0 & 0 \\ 0 & X \end{bmatrix}$$

äquivalent sind, wobei L_1 und U_1 eine obere bzw. untere $p \times p$-Dreicksmatrix ist. Man gebe Ausdrücke für E, F und X an.

6.1.35. Unter dem *Profil* einer Matrix A versteht man die Menge S von Indizes (i, i_1), $i = 1, \ldots, n$, des ersten nichtverschwindenden Elementes in jeder Zeile. Zum Beispiel ist für die Matrix

$$A = \begin{bmatrix} 2 & 1 & 2 & 3 \\ 0 & 1 & 2 & 3 \\ 2 & 0 & 1 & 2 \\ 0 & 2 & 1 & 1 \end{bmatrix}$$

$S = \{(1,1),(2,2),(3,1),(4,2)\}$. Es werde vorausgesetzt, daß A eine LU-Zerlegung besitzt. Man zeige, daß der Faktor L dasselbe Profil wie A besitzt.

6.1.36. Man zeige, daß die folgenden Randwertprobleme die angegebenen Lösungen besitzen. Löse diese Probleme numerisch unter Aufstellung der (5.3.41) entsprechenden Differenzengleichungen und anschließender Verwendung des Newton-Verfahrens (5.3.49). Man verwende verschiedene Schrittweiten h und diskutiere den Diskretisierungsfehler.

a. $v'' = 2v^3, v(0) = 1, v(\frac{1}{2}) = 2$. Lösung: $v = (1-x)^{-1}$.
b. $v'' = 2v^3 + 6v' - 6(1-x)^{-1} + 2, v(0) = 0, v(\frac{1}{2}) = 1$.
Lösung: $v = (1-x)^{-1} - 1$.
c. $v'' = \frac{3}{2}v^2, v(0) = 4, v(1) = 1$. Lösung: $v = 4(1+x)^{-2}$.
(Beachte: Diese Lösung ist nicht eindeutig.)

6.1.37. Als *Hauptminoren* einer $n \times n$-Matrix A bezeichnet man die Determinanten

$$a_{11}, \det \begin{bmatrix} a_{11} & a_{12} \\ a_{21} & a_{22} \end{bmatrix}, \quad \det \begin{bmatrix} a_{11} & a_{12} & a_{13} \\ a_{21} & a_{22} & a_{23} \\ a_{31} & a_{32} & a_{33} \end{bmatrix}, \cdots .$$

Man zeige, daß A genau dann eine LU-Zerlegung besitzt, wenn alle Hauptminoren ungleich Null sind.

6.2 Fehlerverhalten beim Gaußschen Eliminationsverfahren

Da bei Verwendung einer exakten Arithmetik das Gaußsche Eliminationsverfahren die exakte Lösung des linearen Systems nach endlich vielen Schriten liefert, ist der Rundungsfehler der einzige während der Rechnung auftretende Fehler. Wenn es sachgerecht implementiert wird, besitzt das Gaußsche Eliminationsverfahren ausgezeichnetes Rundungsfehlerverhalten. Trotzdem wird dadurch, wie wir sehen werden, nicht unbedingt eine genaue Lösung des linearen Systems garantiert.

Zeilenvertauschungen

Bei der Darstellung des Gaußschen Eliminationsverfahrens im vorangehenden Abschnitt gingen wir davon aus, daß a_{11} und alle folgenden Divisoren ungleich Null waren. Jedoch ist diese Annahme unnötig, wenn wir den Algorithmus so gestalten, daß erforderlichenfalls Gleichungen miteinander vertauscht werden, was wir jetzt beschreiben.

Wie gewohnt setzen wir voraus, daß die Koeffizientenmatrix A regulär ist. Ist $a_{11} = 0$, so muß ein anderes Element in der ersten Spalte von A ungleich Null sein, denn anderenfalls wäre A singulär (Aufgabe 6.2.1). Wenn, sagen wir, $a_{k1} \neq 0$ ist, vertauschen wir die erste Gleichung des Systems mit der k-ten, wobei natürlich die Lösung nicht verändert wird. In dem neuen System ist der $(1,1)$-Koeffizient nunmehr ungleich Null und die Elimination kann vorgenommen werden. In derselben Weise kann jedes berechnete Diagonalelement, das im folgenden Schritt ein Divisor wird und gleich Null ist, vertauscht werden. Nehmen wir zum Beispiel an, daß die Elimination bereits bis zu dem Punkt

$$\begin{matrix} a_{11} \cdots & & a_{1n} \\ \ddots & & \vdots \\ & a_{ii}^{(i-1)} \cdots & a_{in}^{(i-1)} \\ & \vdots & \vdots \\ & a_{ni}^{(i-1)} \cdots & a_{nn}^{(i-1)} \end{matrix},$$

fortgeschritten und $a_{ii}^{(i-1)} = 0$ ist. Sind alle verbleibenden Elemente der i-ten Spalte unterhalb von $a_{ii}^{(i-1)}$ gleich Null, so ist die Matrix singulär (Aufgabe 6.2.2). Da die Addition des Vielfachen einer Zeile zu einer anderen Zeile, was bei der Berechnung dieser teilreduzierten Matrix vorgenommen wurde, die Determinante ungeändert läßt, und eine Zeilenvertauschung nur das Vorzeichen der Determinante umdreht (Satz 2.1.1), wäre die ursprüngliche Matrix, im Gegensatz zu unserer Voraussetzung, ebenfalls singulär. Daher ist wenigstens eins der Elemente $a_{ki}^{(i-1)}$, $k = i+1, \ldots, n$, ungleich Null, und wir können eine Zeile, die ein nichtverschwindendes Element enthält, mit der i-ten Zeile vertauschen, womit sich ein neues (i,i)-Element ungleich Null ergibt. Wieder wird durch den Zeilentausch die Lösung des Systems nicht verändert. Der Zeilentausch ändert jedoch das Vorzeichen der Determinante der Koeffizientenmatrix, so daß für den Fall, daß die Determinante berechnet werden soll, im Laufe der Elimination vermerkt werden muß, ob die Zahl der Vertauschungen gerade oder ungerade war. Jedenfalls können wir bei exakter Arithmetik sicherstellen, daß das Gaußsche Eliminationsverfahren mit Zeilenvertauschung so durchgeführt werden kann, daß kein Divisor verschwindet.

Rundungsfehler und Instabilität

Rundungsfehler können auf zwei Weisen die berechnete Lösung beeinträchtigen. Die erste Möglichkeit besteht in einer Akkumulation von Rundungsfehlern während einer großen Zahl arithmetischer Operationen. Für $n = 1000$ zum

Beispiel haben wir im vorangegangenen Abschnitt gezeigt, daß sich der Rechenaufwand in der Größenordnung von $n^3 = 10^9$ Operationen bewegt; selbst wenn der Fehler jeder einzelnen Operation klein ist, kann er insgesamt doch ein beträchtliches Ausmaß annehmen. Wir werden später sehen, daß die mögliche Akkumulation der Rundungsfehler nicht so gravierend ist, wie man vielleicht erwarten könnte.

Die zweite Möglichkeit betrifft fatale Rundungsfehler. Wenn einem Algorithmus diese nachteilige Charakterisierung zukommt, wird er *numerisch instabil* genannt, und er ist dann nicht als Grundlage eines allgemeinen Verfahrens geeignet. Obwohl die weiter oben beschriebenen Zeilenvertauschungen sichern, daß das Gaußsche Eliminationsverfahren in mathematischem Sinne für jede reguläre Matrix durchgeführt werden kann, kann der Algorithmus dennoch zu fatalen Rundungsfehlern Anlaß geben, so daß er numerisch instabil ist. Wir untersuchen ein einfaches Beispiel für eine 2×2-Matrix, um zu sehen, wie das vor sich gehen kann.

Betrachten wir das System

$$\begin{bmatrix} -10^{-5} & 1 \\ 2 & 1 \end{bmatrix} \begin{bmatrix} x_1 \\ x_2 \end{bmatrix} = \begin{bmatrix} 1 \\ 0 \end{bmatrix}, \tag{6.2.1}$$

dessen exakte Lösung

$$x_1 = -0.4999975\cdots, \qquad x_2 = 0.999995\cdots$$

ist. Es werde nun angenommen, daß wir auf einem Dezimalrechner mit vierstelliger Wortlänge arbeiten; das heißt, die Zahlen werden in der Form $0.{*}{*}{*}{*} \times 10^p$ dargestellt. Wir wollen nun das Gaußsche Eliminationsverfahren auf diesem hypothetischen Rechner ausführen. Als erstes bemerken wir $a_{11} \neq 0$, so daß keine Zeilenvertauschung vorgenommen werden muß. Der Multiplikator ist

$$l_{21} = \frac{-0.2 \times 10^1}{0.1 \times 10^{-4}} = -0.2 \times 10^6,$$

er wird in der vierstelligen Arithmetik exakt dargestellt, und die Berechnung des neuen a_{22} verläuft wie folgt:

$$\begin{aligned} a_{22}^{(1)} &= 0.1 \times 10^1 - (-0.2 \times 10^6)(0.1 \times 10^1) \\ &= 0.1 \times 10^1 + 0.2 \times 10^6 \doteq 0.2 \times 10^6. \end{aligned} \tag{6.2.2}$$

Die exakte Summe in (6.2.2) ist 0.200001×10^6, aber da der Rechner nur mit einer Wortlänge von vier Dezimalen arbeitet, wird diese Zahl im Rechner als 0.2000×10^6 dargestellt; das ist der erste Fehler in der Rechnung.

Das neue b_2 ist gleich

$$b_2^{(1)} = -(-0.2 \times 10^6)(0.1 \times 10^1) = 0.2 \times 10^6. \tag{6.2.3}$$

In dieser Berechnung tritt kein Rundungsfehler auf, ebenfalls keiner bei der Rücksubstitution:

$$x_2 = \frac{b_2^{(1)}}{a_{22}^{(1)}} = \frac{0.2 \times 10^6}{0.2 \times 10^6} = 0.1 \times 10^1,$$

$$x_1 = \frac{0.1 \times 10^1 - 0.1 \times 10^1}{-0.1 \times 10^{-4}} = 0.$$

Das berechnete x_2 stimmt ausgezeichnet mit dem exakten x_2 überein, aber bei dem berechneten x_1 ist keine einzige Ziffer genau. Man beachte, daß allein in der Berechnung von $a_{22}^{(1)}$ ein Fehler begangen wurde, und zwar in der sechsten Dezimalstelle. Alle weiteren Operationen waren exakt. Wie kann ein einziger „kleiner" Fehler eine derart drastische Abweichung des berechneten x_1 vom exakten Wert bewirken?

Rückwärtsanalyse

Eine Antwort gibt das Prinzip der *Rückwärtsanalyse* des Rundungsfehlers, eins der wichtigsten Konzepte beim wissenschaftlichen Rechnen. Die grundlegende Idee der Rückwärtsanalyse ist, „nicht nach dem Fehler selbst zu fragen, sondern welches Problem mit den erhaltenen Ergebnissen gelöst worden ist". Wir werden dieses Prinzip hier in der folgenden Form heranziehen. Man beachte, daß die Größe 0.000001×10^6, die in dem berechneten $a_{22}^{(1)}$ in (6.2.2) fortgelassen wurde, gleich dem ursprünglichen Element a_{22} ist. Da dies die einzige Stelle ist, an der a_{22} in die Rechnung eingeht, ist die berechnete Lösung dieselbe, die man für a_{22} gleich Null erhalten würde. Auf einem Rechner mit vier Dezimalstellen ist die erhaltene Lösung also gleich der exakten Lösung des Systems

$$\begin{bmatrix} -10^{-5} & 1 \\ 2 & 0 \end{bmatrix} \begin{bmatrix} x_1 \\ x_2 \end{bmatrix} = \begin{bmatrix} 1 \\ 0 \end{bmatrix}. \tag{6.2.4}$$

Rein gefühlsmäßig würden wir erwarten, daß die beiden Systeme (6.2.1) und (6.2.4) sehr verschiedene Lösungen besitzen, und das ist in der Tat der Fall. Wie kommt dieser Fehler zustande? Der „Bösewicht" ist der große Multiplikator l_{21}, der dafür sorgte, daß a_{22} in der Summe in (6.2.2) aufgrund der Wortlänge der Maschine nicht berücksichtigt werden konnte. Der große Multiplikator rührte von der Kleinheit von a_{11} relativ zu a_{21} her, und das Gegenmittel liegt hier wieder in der Vertauschung von Gleichungen. Tatsächlich, wenn wir das System

$$\begin{bmatrix} 2 & 1 \\ -10^{-5} & 1 \end{bmatrix} \begin{bmatrix} x_1 \\ x_2 \end{bmatrix} = \begin{bmatrix} 0 \\ 1 \end{bmatrix} \tag{6.2.5}$$

auf unserem hypothetischen vierstelligen Rechner lösen, so erhalten wir

$$\begin{aligned} l_{21} &= \frac{-0.1 \times 10^{-4}}{0.2 \times 10^{1}} = -0.5 \times 10^{-5} \\ a_{22}^{(1)} &= 0.1 \times 10^{1} - (-0.5 \times 10^{-5})(1) \doteq 0.1 \times 10^{1} \\ b_{2}^{(1)} &= 0.1 \times 10^{1} - (-0.5 \times 10^{-5})(0) = 0.1 \times 10^{1} \\ x_2 &= \frac{0.1 \times 10^{1}}{0.1 \times 10^{1}} = 1.0 \\ x_1 &= \frac{-(0.1 \times 10^{1})(1)}{0.2 \times 10^{1}} = -0.5 \;. \end{aligned}$$

Die berechnete Lösung stimmt nun ausgezeichnet mit der exakten überein.

Teilpivotisierung

Mit einer relativ einfachen Strategie können wir erreichen, daß die Multiplikatoren während der Elimination betragsmäßig kleiner gleich 1 bleiben. Sie ist unter dem Namen *Teilpivotisierung* bekannt: im k-ten Eliminationsschritt wird, wenn erforderlich, die Zeilenvertauschung so vorgenommen, daß das betragsgrößte Element der k-ten Spalte (von der Diagonale ab abwärts) in die Diagonalposition gelangt. Nehmen wir diese Vertauschungsstrategie in den Ablauf der in Abb. 6.1.1(a) dargestellten Vorwärtselimination auf, so erhält man das in Abb. 6.2.1 gezeigte Resultat.

Das Gaußsche Eliminationsverfahren mit Teilpivotisierung hat sich in der Praxis als ein äußerst zuverlässiger Algorithmus erwiesen. Dennoch gibt es zwei

For $k = 1, \ldots, n-1$
  Bestimme $m \geq k$ mit $|a_{mk}| = \max\{|a_{ik}| : i \geq k\}$.
  If $a_{mk} = 0$, then stop (da A singulär ist).
      else vertausche a_{kj} mit a_{mj}, $j = k, k+1, \ldots, n$.
      vertausche b_k mit b_m.
  For $i = k+1, k+2, \ldots, n$
    $l_{ik} = a_{ik}/a_{kk}$
    For $j = k+1, k+2, \ldots, n$
      $a_{ij} = a_{ij} - l_{ik}a_{kj}$
    $b_i = b_i - l_{ik}b_k$.

Abb. 6.2.1 *Vorwärtselimination mit Teilpivotisierung*

wird, muß die Matrix geeignet skaliert werden. Zur Veranschaulichung dieses Punktes betrachten wir das System

$$\begin{bmatrix} 10 & -10^6 \\ 2 & 1 \end{bmatrix} \begin{bmatrix} x_1 \\ x_2 \end{bmatrix} = \begin{bmatrix} -10^6 \\ 0 \end{bmatrix}, \tag{6.2.6}$$

das sich aus (6.2.1) nach Multiplikation der ersten Gleichung mit -10^6 ergibt. Die Teilpivotisierungsstrategie verlangt keine Vertauschung, da das $(1,1)$-Element bereits das betragsgrößte in der ersten Spalte ist. Wenn wir jedoch die Elimination auf unserem hypothetischen vierstelligen Rechner durchführen (Aufgabe 6.2.5), so treffen wir auf genau dasselbe Problem, das wir mit dem System (6.2.1) hatten.

Der Einsatz der Teilpivotisierungsstrategie ist für eine Koeffizientenmatrix vielversprechender, die geeignet skaliert ist, so daß das betragsgrößte Element in jeder Zeile und Spalte dieselbe Größenordnung besitzt. Diese Art der Skalierung wird *Equilibrierung* der Matrix genannt. Bedauerlicherweise ist keine sichere allgemeine Vorgehensweise bekannt, wie die Skalierung vorzunehmen ist, aber es ist meist klar, daß einige Zeilen oder Spalten der Matrix skaliert werden müssen, und dies kann vor Beginn der Elimination vorgenommen werden. Ist beispielsweise das System (6.2.6) vorgelegt, so sollte die erste Zeile skaliert werden, damit

Ist beispielsweise das System (6.2.6) vorgelegt, so sollte die erste Zeile skaliert werden, damit das betragsgrößte Element ungefähr gleich 1 ist. Dann wird a_{11} klein, und die Teilpivotisierungsstrategie bewirkt eine Vertauschung der ersten mit der zweiten Zeile.

Der zweite Punkt, bei dem man bei Teilpivotisierung Vorsicht walten lassen muß, betrifft den Umstand, daß sie selbst bei einer equilibrierten Matrix numerisch instabil sein kann. Beispiele dafür sind bekannt (Aufgabe 6.2.25), aber solche Matrizen scheinen in praktischen Rechnungen genügend selten aufzutreten, so daß die damit einhergehende Gefahr in aller Regel vernachlässigt werden kann. (Zusätzliche Ausführungen findet man in den ergänzenden Bemerkungen.)

LU mit Zeilenvertauschungen

Werden Zeilenvertauschungen vorgenommen, so ist das Gaußsche Eliminationsverfahren nicht mehr zu einer Zerlegung der Matrix A in das Produkt einer unteren und einer oberen Dreiecksmatrix äquivalent; die untere Dreiecksmatrix muß in der folgenden Weise abgeändert werden. Die Zeilenvertauschung in einer Matrix kann durch Multiplikation von links mit einer Permutationsmatrix (siehe Kapitel 2) bewirkt werden. Zum Beispiel bleiben bei der Multiplikation einer 4×4-Matrix mit der Permutationsmatrix

$$P = \begin{bmatrix} 1 & 0 & 0 & 0 \\ 0 & 0 & 0 & 1 \\ 0 & 0 & 1 & 0 \\ 0 & 1 & 0 & 0 \end{bmatrix} \tag{6.2.7}$$

die erste und die dritte Zeile ungeändert, während die zweite mit der vierten vertauscht wird (Aufgabe 6.2.6). Die Zeilenvertauschungen in der Koeffizientenmatrix A, die bei der Teilpivotisierung vorgenommen werden, können also durch Multiplikation von A mit passenden Permutationsmatrizen von links dargestellt werden. Bezeichnet P_i die Permutationsmatrix, die die Vertauschung im i-ten Schritt bewirkt, so erzeugen wir im Prinzip die Dreieckszerlegung der Matrix

$$P_{n-1}P_{n-2}\cdots P_2P_1A = PA = LU \tag{6.2.8}$$

anstatt von A selbst. Die Zerlegung lautet daher $A = (P^{-1}L)U$. Da das Produkt von Permutationsmatrizen und die Inverse einer Permutationsmatrix wieder eine Permutationsmatrix ist (Aufgabe 6.2.7), stellt der erste Faktor eine

Permutation einer unteren Dreiecksmatrix dar, wogegen der zweite wieder eine obere Dreiecksmatrix ist. Man beachte, wenn im i-ten Schritt keine Vertauschung verlangt wird, so ist die Permutationsmatrix P_i einfach die Einheitsmatrix.

Systeme mit Bandmatrizen

Zeilenvertauschungen verbrauchen zusätzliche Zeit und, im Falle von Bandmatrizen, wird auch die Speicherung komplizierter. Betrachten wir zunächst ein tridiagonales System. Wird im ersten Schritt eine Vertauschung vorgenommen, so sind die ersten beiden Zeilen wie folgt belegt:

$$\begin{array}{l} * \; * \; * \; 0 \cdots \\ * \; * \; 0 \cdots \end{array}$$

Die Elimination bringt dann (im allgemeinen) ein nichtverschwindendes Element in die $(2,3)$-Position, und die reduzierte $(n-1) \times (n-1)$-Matrix ist wieder tridiagonal. Als Auswirkung der Vertauschung werden also möglicherweise nichtverschwindende Elemente in die zweite obere Nebendiagonale der reduzierten Tridiagonalmatrix eingeschleppt. Daher ist der Faktor U in der Zerlegung von A nicht mehr bidiagonal, aber es treten nur drei (im allgemeinen) nichtverschwindende Diagonalen auf. Die vielleicht einfachste Art der Speicherung besteht in der Hinzufügung eines zusätzlichen eindimensionalen Feldes, um die Elemente der zweiten Nebendiagonalen aufzunehmen.

Bei einer Bandmatrix mit der halben Bandbreite β treten dieselben Probleme auf. Eine Vertauschung der ersten und $(\beta+1)$-ten Zeile im ersten Schritt bringt zusätzliche β Elemente in die erste Zeile, die sich ihrerseits während der weiteren Elimination in die Zeilen 2 bis $\beta+1$ ausbreiten. Daher ist Speicherplatz für zusätzliche β Nebendiagonalen bereitzuhalten. Die einfachste Weise, dies zu bewerkstelligen, ist die Reservierung eines zusätzlichen $n \times \beta$-Feldes zu Beginn der Elimination. Eine Alternative beruht auf der Beobachtung, daß der zusätzlich benötigte Speicherplatz höchstens so groß ist, wie zur Speicherung der nichtverschwindenden unteren Nebendiagonalen erforderlich ist. Nachdem diese Nebendiagonalen eliminiert sind, wird ihr Speicherplatz nicht mehr in Anspruch genommen, und die neuen Elemente aus den oberen Nebendiagonalen können dorthin abgelegt werden. Aber normalerweise werden diese Plätze bereits mit den Multiplikatoren belegt, sofern sie weiterhin benötigt werden; in diesem Fall bleibt nichts weiter übrig, als zusätzlichen Speicherplatz zu reservieren.

Diagonaldominante und positiv definite Matrizen

Im allgemeinen ist es erforderlich, bei der Elimination eine Teilpivotisierung vorzunehmen, aber es gibt einige Matrizentypen, bei denen von vornherein bekannt ist, daß Vertauschungen entfallen können. Die wichtigsten unter ihnen sind die diagonaldominanten und die symmetrischen, positiv definiten Matrizen. In beiden Fällen läuft das Gaußsche Eliminationsverfahren ohne Vertauschungen glatt durch (vgl. die ergänzenden Bemerkungen), obwohl bei positiv definiten Matrizen die Genauigkeit durch Zeilen- und Spaltenvertauschungen oft etwas erhöht werden kann. Daß keine Vertauschungen benötigt werden, ist besonders bei Bandmatrizen von Vorteil, und so ist es ein glückliches Zusammentreffen, daß viele der Bandmatrizen, die in den Anwendungen auftreten, speziell im Zusammenhang mit Differentialgleichungen, entweder diagonaldominant oder symmetrisch und positiv definit sind. Insbesondere werden keine Vertauschungen für diejenigen Tridiagonalmatrizen benötigt, die in Kapitel 5 als diagonaldominant nachgewiesen wurden.

Schlechte Kondition

Obwohl sich das Gaußsche Eliminationsverfahren mit Teilpivotisierung als eine effiziente und zuverlässige Methode in der Praxis bewährt hat, kann es bei der Berechnung genauer Lösungen von „schlecht konditionierten“ Gleichungssystemen versagen. Ein lineares Gleichungssystem heißt *schlecht konditioniert*, wenn kleine Änderungen in den Elementen der Koeffizientenmatrix und/oder rechten Seite große Änderungen in der Lösung verursachen. In diesem Fall können von keinem numerischen Verfahren genaue Lösungen erwartet werden, in vielen Fällen sollte eine Lösung gar nicht erst versucht werden.

Wir beginnen mit einem 2×2-Beispiel. Wir betrachten das System

$$\begin{aligned} 0.832x_1 + 0.448x_2 &= 1.00 \\ 0.784x_1 + 0.421x_2 &= 0 \end{aligned} \tag{6.2.9}$$

und nehmen an, daß das Gaußsche Eliminationsverfahren auf einem Rechner durchgeführt wird, der über drei Dezimalstellen verfügt. Da a_{11} das betragsgrößte Element der Matrix ist, entfällt eine Vertauschung, und die Berechnung der neuen Elemente $a_{22}^{(1)}$ und $b_2^{(1)}$ erfolgt in der Form

$$\begin{aligned} l_{21} &= \frac{0.784}{0.832} = 0.942 \mid 308 \cdots \doteq 0.942 \\ a_{22}^{(1)} &= 0.421 - 0.942 \times 0.448 = 0.421 - 0.422 \mid 016 \doteq -0.001 \\ b_2^{(1)} &= 0 - 1.00 \times 0.942 = -0.942, \end{aligned} \tag{6.2.10}$$

wobei wir durch die senkrechten Striche angedeutet haben, welche Ziffern während der Rechnung verloren gehen. Das berechnete Dreieckssystem ist

$$\begin{aligned} 0.832x_1 + 0.448x_2 &= 1.00 \\ -0.001x_2 &= -0.942, \end{aligned} \tag{6.2.11}$$

und die Rücksubstitution ergibt die angenäherte Lösung

$$x_1 = -506, \qquad x_2 = 942. \tag{6.2.12}$$

Aber die auf drei Stellen genaue Lösung von (6.2.9) ist

$$x_1 = -439, \qquad x_2 = 817, \tag{6.2.13}$$

so daß die berechnete Lösung einen Fehler von circa 15% aufweist. Wie erklärt sich das?

Die erste einfache Antwort ist, daß ein Genauigkeitsverlust bei der Berechnung von $a_{22}^{(1)}$ eingetreten ist. In der Tat ist es klar, daß der für $a_{22}^{(1)}$ berechnete Wert nur auf eine gültige Stelle genau ist, so daß die am Ende berechnete Lösung nicht mehr als eine signifikante Ziffer aufweist. Aber das ist nur die sichtbar werdende Auswirkung des wahren Problems. Wir greifen wieder auf das Prinzip der Rückwärtsanalyse zurück. Mit Hilfe einer detaillierteren Rechnung kann gezeigt werden, daß die berechnete Lösung (6.2.12) die exakte Lösung des Systems

$$\begin{aligned} 0.832x_1 + 0.447974\cdots x_2 &= 1.00 \\ 0.783744\cdots x_1 + 0.420992\cdots x_2 &= 0 \end{aligned} \tag{6.2.14}$$

ist. Die maximale prozentuale Abweichung zwischen den Elementen dieses Systems und denen des Originalsystems (6.2.9) beträgt nur 0.03%; dies bedeutet, daß die Datenfehler etwa um einen Faktor 500 verstärkt worden sind.

Die Ursache für diese schlechte Kondition ist, daß die Koeffizientenmatrix von (6.2.9) „beinahe singulär“ ist. Geometrisch bedeutet dies, daß die beiden Geraden, die durch die Gleichungen (6.2.9) definiert werden, beinahe parallel sind, wie es Abb. 6.2.2 zum Ausdruck bringt. Betrachten wir nun das Gleichungssystem

$$\begin{aligned} 0.832x_1 + 0.448x_2 &= 1.00 \\ 0.784x_1 + (0.421 + \varepsilon)x_2 &= 0. \end{aligned} \tag{6.2.15}$$

Die zweite Gleichung definiert eine Familie von Geraden, die von dem Parameter ε abhängen. Wenn ε von Null auf etwa den Wert 0.0012 anwächst, so dreht sich die Gerade entgegen dem Uhrzeigersinn und ihr Schnittpunkt mit der Geraden, die durch die erste Gleichung definiert wird, bewegt sich nach Unendlich, solange, bis die Geraden genau parallel verlaufen und das lineare System keine Lösung besitzt.

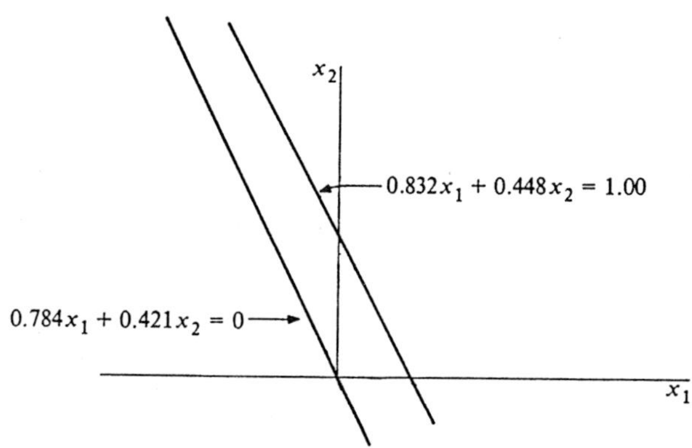

Abb. 6.2.2 *Beinahe parallele, durch* (6.2.9) *definierte Geraden.*

Die Koeffizientenmatrix von (6.2.15) ist für nur einen Wert von ε, sagen wir ε_0, singulär, aber für unendlich viele Werte von ε in der Nähe von ε_0 ist die Matrix beinahe singulär. Ganz allgemein ist die Wahrscheinlichkeit, daß eine Matrix genau singulär ist, sehr klein, es sei denn, sie ist gleich so aufgestellt worden, daß sie singulär wird. Zum Beispiel sahen wir in Abschnitt 5.3, daß periodische Randbedingungen auf singuläre Koeffizientenmatrizen führen können. In vielen Situationen ist es jedoch aus der Problemstellung nicht evident, ob die sich ergebende Matrix singulär oder beinahe singulär ist. Erst im Laufe des Lösungsprozesses stellt sich das heraus, und es kann eine Warnung gegeben werden. Aber es ist im allgemeinen äußerst schwierig, numerisch festzustellen, ob eine gegebene Matrix genau singulär ist. Ist beispielsweise LU die berechnete Zerlegung von A und $u_{nn} = 0$, so ist U singulär. Aber u_{nn} kann rundungsfehlerbehaftet sein, so daß wir nicht behaupten können, daß A selbst singulär ist. Ist umgekehrt das berechnete u_{nn} nicht Null, so wird dadurch nicht die Regularität von A garantiert. Es ist ein grundlegendes Problem, in der Gegenwart von

Rundungsfehlern auf das Vorhandensein einer Null zu schließen. Jedoch ist die Beinahe-Singularität einfacher festzustellen, und wenn sie vorliegt, sollte das Problem umformuliert werden. Zum Beispiel könnten wir Variablen gewählt haben, die beinahe linear abhängig sind und die dann entfernt oder durch einen neuen Satz von Variablen ersetzt werden sollten.

Auswirkungen schlechter Kondition

Betrachten wir wieder das System (6.2.9) und nehmen wir an, daß (6.2.14) das „wirkliche“ System ist, das zu lösen ist, aber daß die Koeffizienten dieses Systems mit einem physikalischen Gerät gemessen werden müssen, das nur auf drei Stellen genaue Werte liefert. Somit ist (6.2.9) nicht das System, daß wir wirklich lösen wollen, sondern es stellt nur die beste erhältliche Approximation dar. Es werde angenommen, daß auch die Koeffizienten von (6.2.9) auf wenigstens 0.05% genau sind, was in der Tat nach Vergleich mit (6.2.14) zutrifft. Ein oft gehörtes Argument ist, daß es möglich sein sollte, die Lösung des Systems mit etwa derselben Genauigkeit zu berechnen. Aber wie wir gesehen haben, ist dem nicht so; durch die schlechte Kondition der Koeffizientenmatrix werden kleine Fehler in den Koeffizienten im Falle von (6.2.9) um ungefähr einen Faktor 500 verstärkt. Unabhängig davon, wie genau das System (6.2.9) gelöst wird, bleibt daher der Fehler erhalten, der durch die Meßungenauigkeiten in den Koeffizienten hereinkommt. Benötigen wir zum Beispiel die Lösung des „wirklichen“ Systems (6.2.14) auf wenigstens 1% genau, so müssen wir die Koeffizienten sehr viel präziser auf drei Dezimalstellen genau messen.

In anderen Fällen mag die Koeffizientenmatrix exakt vorliegen. Ein berühmtes Beispiel einer Klasse schlecht konditionierter Matrizen sind die *Hilbert-Matrizen*, in denen die Elemente der Matrix bekannte rationale Zahlen sind:

$$H_n = \begin{bmatrix} 1 & 1/2 \cdots & 1/n \\ 1/2 & & \\ \vdots & & \vdots \\ 1/n & \cdots & 1/(2n-1) \end{bmatrix}. \tag{6.2.16}$$

Diese Matrizen sind mit zunehmendem n immer schlechter konditioniert. Liest man im Falle $n = 8$ die Koeffizienten so genau gerundet wie möglich in einen Rechner ein, der mit einer 27-stelligen binären Arithmetik arbeitet (was etwa 8 Dezimalstellen entspricht), so unterscheidet sich die exakte Inverse der Matrix im Rechner von der exakten Inversen von H_8 in der ersten Stelle!

Das Folgende gibt ein weiteres Beispiel der Auswirkung schlechter Kondition. Wir nehmen an, daß $\bar{\mathbf{x}}$ eine berechnete Lösung des Systems $A\mathbf{x} = \mathbf{b}$ ist. Ein

Weg, um die Genauigkeit von $\bar{\mathbf{x}}$ festzustellen, ist die Bildung des *Residuum-Vektors*

$$\mathbf{r} = \mathbf{b} - A\bar{\mathbf{x}}. \tag{6.2.17}$$

Wenn $\bar{\mathbf{x}}$ die exakte Lösung darstellte, so wäre $\mathbf{r}$ gleich Null. Daher würden wir erwarten, daß $\mathbf{r}$ „klein" ist, wenn $\bar{\mathbf{x}}$ eine gute Approximation an die exakte Lösung ist, und umgekehrt, daß $\bar{\mathbf{x}}$ eine gute Approximation ist, falls $\mathbf{r}$ klein ist. Das ist in einigen Fällen so, aber wenn A schlecht konditioniert ist, kann die Größe von $\mathbf{r}$ sehr irreführend sein. Als ein Beispiel betrachten wir das System

$$\begin{aligned} 0.780x_1 + 0.563x_2 &= 0.217 \\ 0.913x_1 + 0.659x_2 &= 0.254 \end{aligned} \tag{6.2.18}$$

und

$$\bar{\mathbf{x}} = \begin{bmatrix} 0.341 \\ -0.087 \end{bmatrix} \tag{6.2.19}$$

als Näherungslösung. Der Residuum-Vektor ist dann

$$\mathbf{r} = \begin{bmatrix} 10^{-6} \\ 0 \end{bmatrix}. \tag{6.2.20}$$

Wir betrachten nun eine weitere, sehr verschiedene Näherungslösung

$$\bar{\mathbf{x}} = \begin{bmatrix} 0.999 \\ -1.001 \end{bmatrix}, \tag{6.2.21}$$

und den zugehörigen Residuum-Vektor

$$\mathbf{r} = \begin{bmatrix} 0.0013\cdots \\ -0.0015\cdots \end{bmatrix}. \tag{6.2.22}$$

Durch Vergleich der Residuen (6.2.20) und (6.2.22) könnten wir leicht versucht sein zu schließen, daß (6.2.19) die bessere Näherungslösung ist. Die exakte Lösung von (6.2.18) ist jedoch gleich $(1, -1)$, so daß die Residuen eine völlig irreführende Information geben.

Determinanten und schlechte Kondition

Da eine Matrix singulär ist, falls die Determinante gleich Null ist, wird manchmal vorgeschlagen, die Kleinheit der Determinante als ein Maß für schlechte Kondition zu nehmen. Das ist jedoch nicht allgemein zutreffend, wie das folgende Beispiel zeigt:

$$\det \begin{bmatrix} 10^{-10} & 0 \\ 0 & 10^{-10} \end{bmatrix} = 10^{-20}, \qquad \det \begin{bmatrix} 10^{10} & 0 \\ 0 & 10^{10} \end{bmatrix} = 10^{20}. \tag{6.2.23}$$

Die Größe der beiden Determinanten ist sehr verschieden voneinander, aber die Geraden, die durch die jeweils zugehörigen Gleichungen definiert werden, das sind

$$\begin{aligned} 10^{-10}x_1 &= 0 \qquad & 10^{10}x_1 &= 0 \\ 10^{-10}x_2 &= 0 \qquad & 10^{10}x_2 &= 0, \end{aligned} \tag{6.2.24}$$

stimmen überein, es sind die Koordinatenachsen. Wie wir gleich genauer sehen werden, ist das System „perfekt konditioniert“, wenn die beiden Geraden, die durch die Gleichungen des Systems definiert werden, zueinander senkrecht stehen. Daher ist die Determinante der Koeffizientenmatrix kein gutes Maß für die Beinahe-Singularität einer Matrix. Sie kann aber die Grundlage eines derartigen Maßes abgeben, wenn die Matrix passend skaliert ist, wie wir gleich sehen werden.

Bei zwei vorliegenden Gleichungen ist es klar, daß der Winkel zwischen den entsprechenden Geraden ein gutes Maß für die „Beinahe-Parallelität“ abgibt. Ein im wesentlichen äquivalentes Maß stellt die Fläche des in Abb. 6.2.3 abgebildeten Parallelogramms dar, in dem die Seiten die Länge 1 besitzen. Die Höhe wird mit h bezeichnet. Die Fläche des Parallelogramms ist dann gleich h, da die Basis gleich 1 ist, und der Winkel θ zwischen den Geraden, die durch die beiden Gleichungen definiert sind, hängt mit h über die Beziehung $h = \sin\theta$ zusammen. Die Fläche, das heißt h, variiert zwischen 0 und 1, je nachdem, ob die Geraden zusammenfallen oder zueinander senkrecht stehen.

In der analytischen Geometrie wird gelehrt, daß der Abstand des Punktes (β, γ) von der Geraden $a_{21}x_1 + a_{22}x_2 = 0$ gleich

$$h = \frac{|a_{21}\beta + a_{22}\gamma|}{\alpha_2}, \qquad \alpha_2 = (a_{21}^2 + a_{22}^2)^{1/2},$$

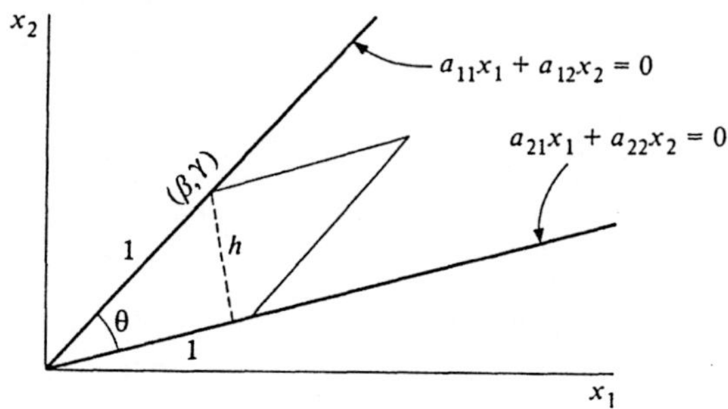

Abb. 6.2.3 *Das Einheits-Parallelogramm*

ist. Wenn wir $a_{11} \geq 0$ annehmen, so sind die Koordinaten (β, γ) durch

$$\beta = \frac{-a_{12}}{\alpha_1}, \qquad \gamma = \frac{a_{11}}{\alpha_1}, \qquad \alpha_1 = (a_{11}^2 + a_{12}^2)^{1/2},$$

gegeben, so daß

$$h = \frac{|a_{11}a_{22} - a_{21}a_{12}|}{\alpha_1\alpha_2} = \frac{|\det A|}{\alpha_1\alpha_2} \tag{6.2.25}$$

gilt. Daher ist h gerade gleich der durch das Produkt $\alpha_1\alpha_2$ dividierten Determinante.

Dieses Maß läßt sich leicht auf n Gleichungen erweitern. Sei $A = (a_{ij})$ die Koeffizientenmatrix, und man setze

$$V = \frac{|\det A|}{\alpha_1\alpha_2\cdots\alpha_n} = \left|\det \begin{bmatrix} a_{11}/\alpha_1 & \cdots & a_{1n}/\alpha_1 \\ \vdots & & \vdots \\ a_{n1}/\alpha_n & \cdots & a_{nn}/\alpha_n \end{bmatrix}\right|, \tag{6.2.26}$$

wobei

$$\alpha_i = (a_{i1}^2 + a_{i2}^2 + \cdots + a_{in}^2)^{1/2}$$

ist. Wir haben die Größe in (6.2.26) V anstatt h genannt, da sie das Volumen des n-dimensionalen Einheits-Parallelepipeds angibt, das aus den Geraden gebildet wird, die durch die Zeilen der Matrix A definiert werden. Das bedeutet, daß

$$\frac{1}{\alpha_i}(a_{i1}, a_{i2}, \ldots, a_{in}), \qquad i = 1, \ldots, n,$$

die Koordinaten von n Punkten im n-dimensionalen Raum sind, die den euklidischen Abstand 1 vom Ursprung besitzen, und diese n Punkte definieren ein Parallelepiped mit Seiten der Länge 1. Es ist anschaulich klar und kann streng bewiesen werden, daß das Volumen dieses Parallelepipeds zwischen 0 und 1 liegt, je nachdem, ob zwei oder mehr Seiten zusammenfallen oder alle Seiten aufeinander senkrecht stehen. Im Falle $V = 0$ ist $\det A = 0$, und die Matrix ist singulär. Im Falle $V = 1$ sind die Seiten so weit wie irgend möglich davon entfernt, parallel zu sein, und in diesem Fall heißt die Matrix *perfekt konditioniert.*

Auf Normen beruhende Konditionszahlen

Die schlechte Kondition einer Matrix läßt sich auch mit Hilfe von Normen messen, was wir jetzt behandeln (vgl. Abschnitt 2.3 für einen Rückblick auf Vektor- und Matrixnormen). Nehmen wir zunächst an, daß $\hat{\mathbf{x}}$ die Lösung von $A\mathbf{x} = \mathbf{b}$ und $\hat{\mathbf{x}} + \Delta\mathbf{x}$ die Lösung des Systems mit der rechten Seite $\mathbf{b} + \Delta\mathbf{b}$ ist:

$$A(\hat{\mathbf{x}} + \Delta\mathbf{x}) = \mathbf{b} + \Delta\mathbf{b}. \tag{6.2.27}$$

Aus $A\hat{\mathbf{x}} = \mathbf{b}$ folgt $A(\Delta\mathbf{x}) = \Delta\mathbf{b}$ und $\Delta\mathbf{x} = A^{-1}(\Delta\mathbf{b})$, wobei wir wie gewohnt annehmen, daß A regulär ist. Somit erhält man die Abschätzung

$$||\Delta\mathbf{x}|| \leq ||A^{-1}|| \; ||\Delta\mathbf{b}||, \tag{6.2.28}$$

die zeigt, daß die Änderung der Lösung aufgrund der Änderung der rechten Seite durch $||A^{-1}||$ abgeschätzt wird. Eine kleine Änderung in $\mathbf{b}$ kann daher eine große Änderung in $\hat{\mathbf{x}}$ hervorrufen, wenn $||A^{-1}||$ groß ist. Die Bedeutung von „groß“ ist jedoch immer relativ, so daß es nützlicher ist, die relative Änderung $||\Delta\mathbf{x}||/||\hat{\mathbf{x}}||$ zu betrachten. Aus $A\hat{\mathbf{x}} = \mathbf{b}$ folgt

$$||\mathbf{b}|| \leq ||A|| \; ||\hat{\mathbf{x}}||,$$

und durch Kombination mit (6.2.28) ergibt sich

$$||\Delta \mathbf{x}||\ ||\mathbf{b}|| \leq ||A||\ ||A^{-1}||\ ||\Delta \mathbf{b}||\ ||\hat{\mathbf{x}}||,$$

oder äquivalent dazu (wenn $\mathbf{b} \neq 0$ ist),

$$\frac{||\Delta \mathbf{x}||}{||\hat{\mathbf{x}}||} \leq ||A||\ ||A^{-1}|| \frac{||\Delta \mathbf{b}||}{||\mathbf{b}||}. \tag{6.2.29}$$

Dieser Ungleichung entnimmt man, daß die relative Änderung in $\hat{\mathbf{x}}$ durch die relative Änderung in $\mathbf{b}$ multipliziert mit $||A||\ ||A^{-1}||$ abgeschätzt werden kann. Die letztgenannte Größe besitzt eine große Bedeutung, sie wird *Konditionszahl* (oder auch nur *Kondition*) von A (bezüglich der verwendeten Norm) genannt, in Zeichen: cond(A). Es handelt sich hier also um die Konditionszahl für das Problem der Lösung von $A\mathbf{x} = \mathbf{b}$ bzw. der Berechnung von A^{-1}. Für andere Probleme hat man andere Konditionszahlen.

Betrachten wir als nächstes den Fall, daß die Elemente von A geändert werden, so daß die gestörten Gleichungen von der Form

$$(A + \delta A)(\hat{\mathbf{x}} + \delta \mathbf{x}) = \mathbf{b} \tag{6.2.30}$$

sind. Da $A\hat{\mathbf{x}} = \mathbf{b}$ ist, erhält man somit

$$A\delta \mathbf{x} = \mathbf{b} - A\hat{\mathbf{x}} - \delta A(\hat{\mathbf{x}} + \delta \mathbf{x}) = -\delta A(\hat{\mathbf{x}} + \delta \mathbf{x})$$

bzw.

$$-\delta \mathbf{x} = A^{-1}\delta A(\hat{\mathbf{x}} + \delta \mathbf{x}).$$

Daraus folgt die Abschätzung

$$||\delta \mathbf{x}|| \leq ||A^{-1}||\ ||\delta A||\ ||\hat{\mathbf{x}} + \delta \mathbf{x}|| = \mathrm{cond}(A) \frac{||\delta A||}{||A||} ||\hat{\mathbf{x}} + \delta \mathbf{x}||,$$

so daß sich schließlich

$$\frac{||\delta \mathbf{x}||}{||\hat{\mathbf{x}} + \delta \mathbf{x}||} \leq \mathrm{cond}(A) \frac{||\delta A||}{||A||} \tag{6.2.31}$$

ergibt. Wiederum spielt die Kondition eine wesentliche Rolle in der Abschätzung. Man beachte, daß (6.2.31) die Änderung in $\hat{\mathbf{x}}$ relativ zur gestörten Lösung $\hat{\mathbf{x}}+\delta \mathbf{x}$

ausdrückt und nicht wie in (6.2.29) zu $\hat{\mathbf{x}}$ selber, obwohl es auch möglich ist, eine Abschätzung relativ zu $\hat{\mathbf{x}}$ zu erhalten (Aufgabe 6.2.20).

Die Ungleichungen (6.2.29) und (6.2.31) müssen richtig interpretiert werden. Man beachte zunächst, daß stets $\text{cond}(A) \geq 1$ ist (Aufgabe 6.2.12). Liegt $\text{cond}(A)$ nahe an 1, dann rufen kleine relative Änderungen in den Daten nur kleine relative Änderungen in der Lösung hervor. In diesem Fall sagen wir, daß das Problem *gut konditioniert* ist. Dies garantiert auch, daß der Residuum-Vektor eine zutreffende Schätzung der Genauigkeit einer Näherungslösung $\bar{\mathbf{x}}$ liefert. Man entnimmt (6.2.17) den Zusammenhang

$$\mathbf{r} = A(A^{-1}\mathbf{b} - \bar{\mathbf{x}}), \tag{6.2.32}$$

so daß für den Fehler $\mathbf{e} = A^{-1}\mathbf{b} - \bar{\mathbf{x}}$ der Näherungslösung die Gleichung

$$\mathbf{e} = A^{-1}\mathbf{r} \tag{6.2.33}$$

besteht. Das ist der grundlegende Zusammenhang zwischen Residuum und Fehler. Es folgt

$$||\mathbf{e}|| \leq ||A^{-1}||\ ||\mathbf{r}|| = \text{cond}(A)\frac{||\mathbf{r}||}{||A||}, \tag{6.2.34}$$

so daß der Fehler durch $\text{cond}(A)$ mal dem normalisierten Residuum-Vektor abgeschätzt wird. Man beachte die Notwendigkeit, den Residuum-Vektor auf irgendeine Weise zu normalisieren, da wir die Gleichung $A\mathbf{x} - \mathbf{b}$ mit einer beliebigen Konstante multiplizieren können, ohne die Lösung zu ändern, aber durch die Multiplikation würde sich das Residuum um denselben Betrag ändern. Die Abschätzung (6.2.34) läßt erkennen, daß der Fehler klein ist, wenn $\text{cond}(A)$ und $||\mathbf{r}||/||A||$ klein sind. Andererseits folgt aus $\mathbf{r} = A\mathbf{e}$ die Abschätzung

$$\frac{||\mathbf{r}||}{||A||} \leq ||\mathbf{e}||,$$

so daß mit $||\mathbf{r}||/||A||$ auch der Fehler groß wird.

Ist die Konditionszahl groß, dann können kleine Änderungen in den Daten große Änderungen in der Lösung hervorrufen, aber ob das eintritt, hängt noch von der einzelnen Störung ab. Die praktische Auswirkung einer großen Konditionszahl ist von der Genauigkeit der Daten und der Wortlänge des verwendeten Rechners abhängig. Ist beispielsweise $\text{cond}(A) = 10^6$, dann können möglicherweise 6 gültige Dezimalstellen verloren gehen. Auf einem Rechner mit einer

Wortlänge von 8 Dezimalstellen kann sich dies verheerend auswirken; wenn andererseits die Wortlänge 14 Dezimalstellen beträgt, so ist das verursachte Problem weniger bedeutend. Gehen die Daten jedoch aus Meßgrößen hervor, so kann es vorkommen, daß der erhaltenen Lösung keinerlei Bedeutung mehr zukommt, auch wenn sie genau berechnet wurde.

Berechnung der Konditionszahl

Im allgemeinen ist es sehr schwierig, die Konditionszahl $||A||\ ||A^{-1}||$ ohne Kenntnis von A^{-1} zu berechnen, obwohl die Softwarepakete LINPACK und LAPACK (siehe die ergänzende Bemerkungen zu Abschnitt 6.1) in der Lage sind, cond(A) im Laufe der Lösung eines linearen Systems zu schätzen. In einigen interessierenden Fällen jedoch ist es relativ einfach, die Konditionszahl explizit zu berechnen, was wir am Beispiel der $(2,-1)$-Tridiagonalmatrix aus (5.3.10) vorführen.

Wie in Abschnitt 2.3 angegeben ist die l_2-Norm einer symmetrischen Matrix gleich ihrem Spektralradius $\rho(A)$. Daher gilt

$$\mathrm{cond}_2(A) = ||A||_2||A^{-1}||_2 = \rho(A)\rho(A^{-1}). \tag{6.2.35}$$

Für die $(2,-1)$-Tridiagonalmatrix aus (5.3.10) können wir die Eigenwerte explizit berechnen (Aufgabe 5.3.5):

$$\lambda_k = 2 - 2\cos\frac{k\pi}{n+1} = 2 - 2\cos(kh), \tag{6.2.36}$$

wobei wir $h = \pi/(n+1)$ gesetzt haben. Der größte Eigenwert von A ist daher

$$\rho(A) = \lambda_n = 2 - 2\cos(nh),$$

und der kleinste ist

$$\lambda_1 = 2 - 2\cos h > 0.$$

Da $\lambda_1^{-1}, \ldots, \lambda_n^{-1}$ die Eigenwerte von A^{-1} sind (Satz 2.2.4), ist λ_1^{-1} der Spektralradius von A^{-1}. Daher ergibt sich

$$\mathrm{cond}_2(A) = \lambda_n\lambda_1^{-1} = \frac{1-\cos(nh)}{1-\cos h} = \frac{1+\cos h}{1-\cos h}.$$

Für kleine h können wir den Kosinus durch die ersten beiden Glieder der Taylorentwicklung approximieren:

$$\cos h \doteq 1 - \frac{h^2}{2}.$$

Das ergibt

$$\mathrm{cond}_2(A) \doteq \frac{4-h^2}{h^2} = O(h^{-2}) = O(n^2),$$

woran man erkennt, daß die Konditionszahl ungefähr mit dem Quadrat der Dimension der Matrix bzw. wie h^{-2} wächst. Dieses Verhalten ist typisch für Matrizen, die aus Randwertproblemen entstehen.

Ergänzende Bemerkungen und Literaturhinweise zu Abschnitt 6.2

1. Die Zeilenvertauschung bei der Teilpivotisierung muß nicht explizit ausgeführt werden. Vielmehr genügt es, sie implizit vorzunehmen, indem ein Permutationsvektor verwendet wird, in dem die vorgenommenen Zeilenvertauschungen vermerkt werden. Ob Vertauschungen nur logisch vorgenommen oder explizit ausgeführt werden sollten, hängt von der Zeit, die der Rechner dafür benötigt, von der Zeit, die für die Indizierung verbraucht wird, von der Transparenz des Programmaufbaus und anderen Gesichtspunkten ab.

2. In den Fällen, in denen die Teilpivotisierung zum Erreichen der gewünschten Genauigkeit nicht ausreicht, können wir eine andere Strategie einsetzen, die *Totalpivotisierung* genannt wird. Bei ihr werden Zeilen und Spalten vertauscht, so daß das betragsgrößte Element der im jeweiligen Schritt gerade zu eliminierenden Matrix in die Diagonalposition des Divisors gebracht wird. Durch die Totalpivotisierung wird der Zeitaufwand des Gaußschen Eliminationsverfahrens merklich vergrößert, so daß sie in Standardprogrammen kaum zu finden ist. Für eine weitere Diskussion schlage man bei Wilkinson [1961] nach.

3. In einer bedeutenden Veröffentlichung hat Wilkinson [1961] nachgewiesen, daß die Auswirkung der Rundungsfehler beim Gaußschen Eliminationsverfahren sich dadurch beschreiben läßt, daß die berechnete Lösung die exakte Lösung eines gestörten Systems $(A+E)\mathbf{x} = \mathbf{b}$ ist (siehe zum Beispiel auch Golub and Van Loan [1989] oder Ortega [1990] im Rahmen einer Lehrbuchdarstellung). Für die Matrix E läßt sich eine Abschätzung in der Form

$$||E||_\infty \leq p(n)g(n)\varepsilon||A||_\infty$$

angeben, wobei $p(n)$ ein kubisches Polynom in der Dimension der Matrix, ε der elementare relative Rundungsfehler des Rechners (beispielsweise 2^{-27}) und $g(n)$ der durch

$$g = \frac{\max_{i,j,k} |a_{ij}^{(k)}|}{a}, \qquad a = \max_{i,j} |a_{ij}|,$$

definierte *Wachstumsfaktor* ist, wobei $a_{ij}^{(k)}$ die Elemente der sukzessive reduzierten Matrizen während der Vorwärtselimination bezeichnet. Der Wachstumsfaktor hängt entscheidend von der verwendeten Vertauschungsstrategie ab. Ganz ohne Vertauschungen kann g beliebig groß werden. Bei Verwendung von Teilpivotisierung (und exakter Arithmetik) kann $g(n)$ durch 2^{n-1} abgeschätzt werden, wogegen $p(n)$ für großes n nur eine untergeordnete Rolle spielt. Wilkinson hat Matrizen angegeben, für die $g(n) = 2^{n-1}$ ist (Aufgabe 6.2.25), doch scheinen solche Matrizen in der Praxis selten vorzukommen. Diese Beobachtung wird durch umfangreiche Untersuchungen von Wilkinson gestützt, in denen er die Größe von g für eine große Zahl von praktischen Problemen bestimmt und unabhängig von der Dimension der Matrizen selten Werte größer als 10 gefunden hat. Für die Totalpivotisierung ist von Wilkinson eine zwar komplizierte, aber viel bessere Schranke für g angegeben worden. Eine lange bestehende Vermutung war $g(n) \leq n$, die aber von Gould [1991] für das Rundungsfehlerverhalten des Gaußschen Eliminationsverfahrens widerlegt worden ist. Bald danach zeigten Edelman and Ohlrich [1991] unter Verwendung von MATHEMATICA, daß die Vermutung auch bei exakter Arithmetik falsch ist. Die Gestalt der besten Schranke für g bei Verwendung von Totalpivotisierung bleibt eine offene Frage.

Für (spalten)diagonaldominante Matrizen ist der Wachstumsfaktor g durch 2 beschränkt, ohne daß pivotisiert wird. Für symmetrische, positiv definite Matrizen ist g gleich 1 (Aufgabe 6.2.24). Das erklärt, weshalb für diese beiden wichtigen Klassen von Matrizen keine Pivotisierung erforderlich ist.

4. Bei Verwendung der Teilpivotisierung ist gesichert, daß die Multiplikatoren betragsmäßig kleiner oder gleich 1 sind. Für Probleme mit dünn besetzten Matrizen jedoch ist es manchmal wünschenswert, nur zu verlangen, daß $|l_{ij}| \leq \alpha$ für einen gewissen vorgegebenen Wert $\alpha > 1$ ist. Wie wir in Abschnitt 6.1 gesehen haben, kann eine Vertauschung von Zeilen und Spalten das Fill-In bei dünnbesetzten Matrizen vermindern. Aber es kann vorkommen, daß Vertauschungen aus Stabilitätsgründen zu denjenigen mit dem Ziel der Verringerung des Fill-In im Widerspruch stehen. Hier wird man im allgemeinen auf einen Kompromiß ausweichen, der *Schwellenwertpivotisierung* genannt wird. Bei diesem Vorgehen werden Vertauschungen aus Stabilitätsgründen nur vorgenommen, wenn das Pivotelement zu klein ist, sagen wir kleiner als 10% des betragsgrößten Elementes

in der Spalte. In diesem Fall kann es verschiedene Kandidaten für das neue Pivotelement geben, und der Algorithmus kann das günstigste auswählen, um die Dünnbesetztheit zu erhalten. Bei einem verwandten Vorgehen bei vollbesetzten Matrizen hat Businger [1971] die folgende Strategie vorgeschlagen. Wenn $|l_{ij}| \leq \alpha$ angestrebt wird, so verwende man Teilpivotisierung solange, wie eine (einfach zu berechnende) obere Schranke für $|a_{ij}^{(k)}|$ kleiner als α ist. Ist diese Bedingung verletzt, so gehe man zur Totalpivotisierung über.

5. Ein Weg, um die genaue Lösung eines schlecht konditionierten Systems zu erreichen - und auch, um schlechte Kondition festzustellen, - besteht in der sogenannten *iterativen Verbesserung*, die wir jetzt beschreiben. Sei $\mathbf{x}_1$ die berechnete Lösung des Systems $A\mathbf{x} = \mathbf{b}$, und sei $\mathbf{r}_1 = \mathbf{b} - A\mathbf{x}_1$. Ist $\mathbf{x}_1$ nicht die exakte Lösung, dann ist $\mathbf{r}_1 \neq 0$. Man löse nun das System $A\mathbf{z}_1 = \mathbf{r}_1$. Wäre $\mathbf{z}_1$ die exakte Lösung dieses Systems, dann gälte

$$\mathbf{A}(\mathbf{x}_1 + \mathbf{z}_1) = A\mathbf{x}_1 + \mathbf{r}_1 = \mathbf{b},$$

und $\mathbf{x}_1+\mathbf{z}_1$ wäre die exakte Lösung des ursprünglichen Systems. Selbstverständlich werden wir nicht in der Lage sein, $\mathbf{z}_1$ genau zu berechnen, aber es ist zu hoffen, daß $\mathbf{x}_2 = \mathbf{x}_1 + \mathbf{z}_1$ eine bessere Approximation an die exakte Lösung als $\mathbf{x}_1$ ist. Um diesen Trend zu unterstützen, wird das Residuum gewöhnlich mit doppelter Genauigkeit berechnet, obwohl auch einfache Genauigkeit in gewissen Fällen sinnvoll sein kann (siehe Skeel [1980] und Arioli et al. [1989]). Der Prozeß kann wiederholt werden: bilde $\mathbf{r}_2 = \mathbf{b} - A\mathbf{x}_2$, löse $A\mathbf{z}_2 = \mathbf{r}_2$, setze $\mathbf{x}_3 = \mathbf{x}_2 + \mathbf{z}_2$, und so fort. Normalerweise werden eine oder zwei Iterationen ausreichen, um eine genügend genaue Lösung zu erhalten, es sei denn, das Problem ist sehr schlecht konditioniert. Eine weitergehende Diskussion der iterativen Verbesserung findet man bei Golub und Van Loan [1989].

6. Weitere Störungsresultate wie etwa (6.2.31) sind in Stewart und Sun [1990] zu finden.

Übungsaufgaben zu Abschnitt 6.2

6.2.1. Die i-te Spalte der Matrix A bestehe nur aus Nullelementen. Man zeige unter Verwendung der folgenden unterschiedlichen Argumentation, daß A singulär ist:

a. Die Determinante von A ist Null.

b. Es ist $A\mathbf{e}_i = 0$, wobei $\mathbf{e}_i$ der Vektor mit 1 als i-ter Komponente und Nullen sonst ist.

c. A besitzt höchstens $n-1$ linear unabhängige Spalten.

6.2.2. Sei A eine Matrix der Gestalt

$$\begin{bmatrix} a_{11} & \cdots & & & a_{1n} \\ & \ddots & & & \vdots \\ & & a_{i-1,i-1} & & \\ & & a_{ii} & & \\ & & \vdots & \ddots & \\ & & a_{ni} & \cdots & a_{nn} \end{bmatrix}.$$

Zeige, daß A singulär ist, falls $a_{ii} = a_{i+1,i} = \cdots = a_{ni} = 0$ ist.

6.2.3. Man löse das folgende 3×3-System mit dem Gaußschen Eliminationsverfahren, wobei man Zeilenvertauschungen vornehme, um Divisionen durch Null zu vermeiden:

$$\begin{aligned} 2x_1 + 2x_2 + 3x_3 &= 1 \\ x_1 + x_2 + 2x_3 &= 2 \\ 2x_1 + x_2 + 2x_3 &= 3. \end{aligned}$$

6.2.4. Man übersetze den Algorithmus aus Abb. 6.2.1 in ein Rechnerprogramm, wobei man die Rücksubstitution mit einbeziehe.

6.2.5. Man wende das Gaußsche Eliminationsverfahren auf das System (6.2.6) unter Verwendung des im Text vorgesehenen Rechners an, der mit vier Dezimalstellen arbeitet. Man wiederhole die Rechnung unter Einschluß von Zeilenvertauschungen.

6.2.6. a. Man zeige, daß die Multiplikation einer 4×4-Matrix mit der Permutationsmatrix (6.2.7) von links die Vertauschung der zweiten mit der vierten Zeile bewirkt und die erste und dritte Zeile unverändert läßt.

b. Man zeige, daß die Multiplikation mit der Permutationsmatrix von rechts die Vertauschung der zweiten und vierten Spalte bewirkt.

c. Man gebe die 4×4-Permutationsmatrix an, welche die erste mit der dritten Zeile vertauscht und die zweite und vierte Zeile ungeändert läßt.

6.2.7. Zeige, daß das Produkt zweier $n \times n$-Permutationsmatrizen und die Inverse einer Permutationsmatrix wieder eine Permutationsmatrix ist. Ferner zeige man, daß eine Permutationsmatrix eine orthogonale Matrix ist.

6.2.8. Unter welchen Voraussetzungen ist die Block-LU-Zerlegung in Aufgabe 6.1.32 numerisch stabil?

6.2.9. Eine Matrix H heißt *Hessenberg*-Matrix, wenn $h_{ij} = 0$ für $i > j+1$ ist. Wieviele Operationen sind erforderlich, um das System $H\mathbf{x} = \mathbf{b}$ mit dem Gaußschen Eliminationsverfahren zu lösen? Wenn H in dem Sinne normalisiert ist, daß $|h_{ij}| \leq 1$ ist für alle i, j und das Gaußsche Eliminationsverfahren mit Teilpivotisierung verwendet wird, so zeige man, daß alle Elemente von U betragsmäßig kleiner als n sind.

6.2.10. Es werde angenommen, daß die Bedingung der positiven Definitheit, $\mathbf{x}^T A\mathbf{x} > 0$ für $\mathbf{x} \neq 0$, für alle reellen $\mathbf{x}$ gilt, ohne daß A als symmetrisch vorausgesetzt wird (solche Matrizen werden manchmal *reell positiv* genannt). Man zeige die Existenz der LU-Zerlegung von A.

6.2.11. Man berechne die Determinante und die normalisierte Determinante (6.2.26) der Matrix

$$A = \begin{bmatrix} 1 & 2 & 3 \\ 2 & 3 & 4 \\ 3 & 4 & 4 \end{bmatrix}.$$

6.2.12. Unter Verwendung der Eigenschaften von Matrixnormen beweise man $\text{cond}(A) \geq 1$.

6.2.13. Berechne $\text{cond}(A)$ für die Matrix in Aufgabe 6.2.11 für die l_1- und l_∞-Norm (vgl. Abschnitt 2.3 für die Definition dieser Normen).

6.2.14. Man löse das System (6.2.9) für verschiedene rechte Seiten. Man vergleiche die Differenz dieser Lösungen mit der Abschätzung (6.2.29) für die l_∞-Norm.

6.2.15 Aus der Voraussetzung $\text{cond}_2(A) = 1$ leite man her, daß A das skalare Vielfache einer orthogonalen Matrix ist.

6.2.16. Sei A die Matrix aus (5.3.9), wobei $c_1 = c_2 = \cdots = c_n = c$ ist. Man verwende die Tatsache (Satz 2.2.3), daß $B + cI$ die Eigenwerte $\lambda_i + c$ besitzt, wenn λ_i die Eigenwerte von B sind, um zu zeigen, daß A die Eigenwerte $2 + c - 2\cos(kh)$, $k = 1, \ldots, n$, besitzt. Man verwende dieses Ergebnis, um $\text{cond}_2(A)$ zu berechnen, und diskutiere $\text{cond}_2(A)$ in Abhängigkeit von c.

6.2.17. Sei A eine obere $n \times n$-Dreiecksmatrix mit 1 auf der Hauptdiagonalen und im gesamten oberen Dreieck. Man zeige $\det A = 1$, aber daß die normalisierte Determinante aus (6.2.26) gleich $(n!)^{-1/2}$ ist. Daher ist A sehr schlecht konditioniert. Man zeige auch $\|A^{-1}\|_2 \doteq 2^{n-1}$.

6.2.18. Sei A die $n \times n$-Matrix aus (5.3.10). Man zeige, daß $\det A = n + 1$ und daher die normalisierte Determinante aus (6.2.26) gleich $(n+1)/(5 \times \sqrt{6}^{(n-2)})$ ist. (*Hinweis*: Es bezeichne A_n die $n \times n$-Matrix. Man verwende die Kofaktorentwicklung aus Satz 2.1.1, um die Rekursion $\det A_n = 2 \det A_{n-1} - \det A_{n-2}$ zu erhalten.)

6.2.19. Sei

$$A = \begin{pmatrix} 1.6384 & 0.8065 \\ 0.8321 & 0.4096 \end{pmatrix}, \qquad \mathbf{b} = \begin{pmatrix} 0.8319 \\ 0.4225 \end{pmatrix}.$$

Man bestätige, daß $(1, -1)^T$ die exakte Lösung von $A\mathbf{x} = \mathbf{b}$ ist. Man gebe ein $\bar{\mathbf{x}}$ an, so daß das Residuum $\mathbf{r} = \mathbf{b} - A\bar{\mathbf{x}}$ genau gleich $\mathbf{r} = (10^{-8}, -10^{-8})$ ist. Man bestimme $\text{cond}_\infty(A)$. Unter der Annahme, daß $\mathbf{b}$ nicht fehlerbehaftet ist, überlege man, wie klein der relative Fehler in A sein muß, damit garantiert werden kann, daß die Lösung einen relativen Fehler $\leq 10^{-8}$ besitzt.

6.2.20. **a.** Sei X eine angenäherte Inverse von A, so daß $\|R\| < 1$ ausfällt, wobei $R = I - AX$ ist. Unter Verwendung von Aufgabe 2.3.18 zeige man

$$\|A^{-1}\| \leq \frac{\|X\|}{1 - \|R\|}$$

und dann

$$\|A^{-1} - X\| \leq \frac{\|X\|\|R\|}{1 - \|R\|}.$$

b. Die Matrix E erfülle $\|A^{-1}E\| < 1$. Man beweise die Existenz von $(A+E)^{-1}$ und die Abschätzung

$$\|(A+E)^{-1} - A^{-1}\| \leq \frac{\|A^{-1}E\|\|A^{-1}\|}{1 - \|A^{-1}E\|} \leq \frac{\|A^{-1}\|^2\|E\|}{1 - \|A^{-1}\|\|E\|}.$$

Mit diesem Resultat zeige man, daß aus $A\mathbf{x} = \mathbf{b}$ und $(A+E)(\mathbf{x} + \delta\mathbf{x}) = \mathbf{b}$ die Abschätzung

$$\frac{\|\delta\mathbf{x}\|}{\|\mathbf{x}\|} \leq \frac{\operatorname{cond}(A)\alpha}{1 - \operatorname{cond}(A)\alpha}$$

folgt, wobei $\alpha = \|E\|/\|A\|$ ist.

6.2.21. Sei A eine reguläre Diagonalmatrix. Man zeige, daß die Größe V aus (6.2.26) immer gleich 1 ist, aber daß $\|A\|\|A^{-1}\|$ beliebig groß werden kann.

6.2.22. Für das System $A\mathbf{x} = \mathbf{b}$, wobei A eine $m \times n$-Matrix mit $m \leq n$ und $\operatorname{Rang}(A) = r$ ist, gebe man an, wie das Gaußsche Eliminationsverfahren mit Zeilenvertauschungen zu verwenden ist, um eine Lösung zu erhalten, falls überhaupt eine existiert.

6.2.23. Sei $\hat{A} = A - \mathbf{e}_1\mathbf{e}_1^T$, wobei A die $n \times n$-Matrix (5.3.10) ist. Man zeige $\hat{A} = LL^T$, wobei

$$L = \begin{bmatrix} 1 & & & \\ -1 & \ddots & & \\ & \ddots & & \\ & & -1 & 1 \end{bmatrix}$$

ist, und erschließe $\det \hat{A} = 1$ für jedes n.

6.2.24. Sei A symmetrisch und positiv definit, und es werde $a = \max|a_{ij}|$ gesetzt. Es werde das Gaußsche Eliminationsverfahren ohne Pivotisierung durchgeführt, und es bezeichne $A^{(k)}$ die Teilmatrix der Ordnung $n - k + 1$, auf die im k-ten Schritt die Elimination angewendet wird. Man zeige, daß $A^{(k)}$, $k = 2, \ldots, n-1$, symmetrisch und positiv definit ist. Ist $a_k = \max_{ij} |a_{ij}^{(k)}|$, so zeige man $a_k \leq a$ für $k = 2, \ldots, n-1$. (Mit der in den ergänzenden Bemerkungen eingeführten Sprechweise ausgedrückt ist also der Wachstumsfaktor $g \leq 1$.)

6.2.25. Sei

$$A_5 = \begin{bmatrix} 1 & 0 & 0 & 0 & 1 \\ 1 & 1 & 0 & 0 & -1 \\ -1 & 1 & 1 & 0 & 1 \\ 1 & -1 & 1 & 1 & -1 \\ -1 & 1 & -1 & 1 & 1 \end{bmatrix},$$

und sei A_n die entsprechende Matrix der Ordnung n. Man zeige, daß der Wachstumsfaktor (siehe die ergänzenden Bemerkungen) für das Gaußsche Eliminationsverfahren mit Teilpivotisierung gleich 2^{n-1} ist.

6.2.26. Sei $E = \alpha A$ mit $|\alpha| < 1$. Man zeige, daß die Lösungen von $A\mathbf{x} = \mathbf{b}$ und $(A + E)\bar{\mathbf{x}} = \mathbf{b}$ der Abschätzung

$$\|\mathbf{x} - \bar{\mathbf{x}}\| \leq |\alpha| \|\mathbf{x}\| / (1 - |\alpha|)$$

genügen (man beachte, daß cond(A) nicht auftritt.)

6.2.27. Gegeben seien die Matrizen

$$A = \begin{bmatrix} 1 & -1 \\ 1 & -1.00001 \end{bmatrix}, \quad B = \begin{bmatrix} 1 & -1 \\ -1 & 1.00001 \end{bmatrix}.$$

Man zeige, daß der Quotient aus maximalem und minimalem Eigenwert für A etwa gleich 1, für B aber etwa gleich $4 \cdot 10^5$ ist, daß jedoch $\text{cond}_2(A) = \text{cond}_2(B)$ gilt. Man erschließe daraus, daß der Quotient von maximalem zu minimalem Eigenwert keine geeignete Konditionzahl für nichtsymmetrische Matrizen ist. Ist A gut oder schlecht konditioniert?

6.3 Andere Zerlegungen

Bisher haben wir in diesem Kapitel nur das Gaußsche Eliminationsverfahren und die zugehörige LU-Zerlegung betrachtet. Aber es gibt noch andere Zerlegungen einer Matrix A, die manchmal sehr nützlich sind.

Cholesky-Zerlegung

Im Falle einer symmetrischen, positiv definiten Matrix gibt es eine wichtige Variante der LU-Zerlegung, die *Cholesky-Zerlegung*:

$$A = LL^T. \tag{6.3.1}$$

Hier ist L eine untere Dreiecksmatrix, die aber nicht notwendig Einsen auf der Hauptdiagonalen wie bei der LU-Zerlegung besitzt. Die Zerlegung (6.3.1) ist eindeutig, wenn man verlangt, daß L positive Diagonalelemente besitzt (Aufgabe 6.3.1).

Das Produkt in (6.3.1) ist

$$\begin{bmatrix} l_{11} & & & & \\ \vdots & \ddots & & & \\ l_{il} & & l_{ii} & & \\ \vdots & & & \ddots & \\ l_{n1} & & \cdots & & l_{nn} \end{bmatrix} \begin{bmatrix} l_{11} & \cdots & l_{i1} & \cdots & l_{n1} \\ & \ddots & & & \\ & & l_{ii} & & \vdots \\ & & & \ddots & \\ & & & & l_{nn} \end{bmatrix}. \tag{6.3.2}$$

Setzt man die Elemente der ersten Spalte von (6.3.2) mit den entsprechenden Elementen von A gleich, so erhält man $a_{i1} = l_{i1}l_{11}$. Daher ist die erste Spalte von L durch

$$l_{11} = (a_{11})^{1/2}, \qquad l_{i1} = \frac{a_{i1}}{l_{11}}, \qquad i = 2, \ldots, n, \tag{6.3.3}$$

bestimmt. Allgemeiner ist

$$a_{ii} = \sum_{k=1}^{i} l_{ik}^2, \qquad a_{ij} = \sum_{k=1}^{j} l_{ik}l_{jk}, \qquad j < i, \tag{6.3.4}$$

was die Grundlage dafür bildet, die Spalten von L eine nach der anderen zu berechnen. Nachdem L berechnet ist, kann die Lösung des linearen Systems ganz wie in (6.1.15) für die LU-Zerlegung erfolgen: löse $L\mathbf{y} = \mathbf{b}$ und löse dann $L^T\mathbf{x} = \mathbf{y}$. Der Algorithmus für die Zerlegung ist in Abb. 6.3.1 angegeben. Damit die Cholesky-Zerlegung durchgeführt werden kann, ist es notwendig, daß die Größen $a_{jj} - \sum l_{jk}^2$ positiv sind, so daß die Quadratwurzeln gezogen werden können. Im Falle einer positiv definiten Koeffizientenmatrix A sind sie tatsächlich positiv; darüberhinaus ist der Algorithmus numerisch stabil.

Die Cholesky-Zerlegung weist gegenüber der LU-Zerlegung zwei Vorteile auf. Zunächst einmal benötigt sie nur ungefähr halb so viele arithmetische Operationen (Aufgabe 6.3.2). Zwar werden bei der Cholesky-Zerlegung auch Quadratwurzeln benötigt, es gibt aber auch eine Variante des Algorithmus, bei der dies vermieden wird (Aufgabe 6.3.3). Der zweite Vorteil ergibt sich aus der Symmetrie, derzufolge man nur den unteren Dreiecksteil von A zu speichern braucht. Wie bei der LU-Zerlegung können die l_{ij} bei der Berechnung an den entsprechenden Speicherplätzen von A abgelegt werden. Der Formelsatz der Cholesky-Zerlegung ist direkt auf Bandmatrizen anwendbar. Die Bandbreite

For $j = 1, \ldots, n$

$$l_{jj} = \left(a_{jj} - \sum_{k=1}^{j-1} l_{jk}^2 \right)^{1/2}$$

For $i = j + 1, \ldots, n$

$$l_{ij} = \frac{a_{ij} - \sum_{k=1}^{j-1} l_{ik} l_{jk}}{l_{jj}}$$

Abb. 6.3.1 *Cholesky-Faktorisierung*

bleibt erhalten, genauso wie bei der LU-Zerlegung ohne Zeilenvertauschung (Aufgabe 6.3.4). Allgemeiner besitzt die Cholesky-Zerlegung genau dieselben Eigenschaften beim Fill-In wie die LU-Zerlegung; insbesondere stimmt das Belegungsmuster von L in der LU-Zerlegung einer symmetrischen, positiv definiten Matrix und das von L in der Cholesky-Zerlegung genau überein (Aufgabe 6.3.3).

Dic QR-Zerlegung

Die Cholesky-Zerlegung ist nur auf symmetrische, positiv definite Matrizen anwendbar. Wir geben als nächstes eine Zerlegung an, die für jede Matrix vorgenommen werden kann. Später in diesem Abschnitt werden wir diese Zerlegung sogar für rechteckige Matrizen verwenden, aber im Augenblick setzen wir voraus, daß A eine reelle $n \times n$-Matrix ist. Die *QR-Zerlegung* ist dann von der Form

$$A = QR, \tag{6.3.5}$$

wobei Q eine orthogonale (vgl. Kapitel 2) und R eine obere Dreiecksmatrix ist. (Es läge nahe, im englischen Sprachraum statt R die Bezeichnung U zu verwenden, aber in der Vergangenheit hat sich in diesem Zusammenhang R eingebürgert.)

Wir werden die Matrix Q als Produkt einfach gebauter orthogonaler Matrizen erhalten, die auf der Rotationsmatrix

$$\begin{bmatrix} \cos\theta & \sin\theta \\ -\sin\theta & \cos\theta \end{bmatrix} \tag{6.3.6}$$

beruhen. Wir verallgemeinern diese Rotationsmatrizen zu $n \times n$-Matrizen der Form

$$P_{ij} = \begin{bmatrix} 1 & & & & & & & & \\ & \ddots & & & & & & & \\ & & 1 & & & & & & \\ & & & c_{ij} & & & s_{ij} & & \\ & & & & 1 & & & & \\ & & & & & \ddots & & & \\ & & & & & & 1 & & \\ & & & -s_{ij} & & & c_{ij} & & \\ & & & & & & & 1 & \\ & & & & & & & & \ddots \\ & & & & & & & & & 1 \end{bmatrix}, \tag{6.3.7}$$

wobei, wie abgebildet, $c_{ij} = \cos(\theta_{ij})$ und $s_{ij} = \sin(\theta_{ij})$ in der i-ten und j-ten Zeile und Spalte stehen. Solche Matrizen heißen *ebene Rotationsmatrizen* oder auch *Givens-* bzw. *Jacobi-Transformationen.* Gerade wie (6.3.6) eine Drehung in der Ebene definiert, bewirkt eine Matrix der Form (6.3.7) eine Drehung in der (i, j)-Ebene im n-dimensionalen Raum. Es ist leicht zu zeigen (Aufgabe 6.3.5), daß die Matrizen (6.3.6) und (6.3.7) orthogonal sind.

Wir verwenden die Matrizen P_{ij} in der folgenden Weise, um die QR-Zerlegung (6.3.5) zu bewerkstelligen. Bezeichne $\mathbf{a}_i$ die i-te Zeile von A. Durch Multiplikation von A mit P_{12} erhält man die Matrix

$$A_1 = P_{12}A = \begin{bmatrix} c_{12}\mathbf{a}_1 + s_{12}\mathbf{a}_2 \\ -s_{12}\mathbf{a}_1 + c_{12}\mathbf{a}_2 \\ \mathbf{a}_3 \\ \vdots \\ \mathbf{a}_n \end{bmatrix}. \tag{6.3.8}$$

Man beachte, daß nur die ersten zwei Zeilen von A durch die Multiplikation berührt werden. Wählen wir s_{12} und c_{12} so, daß

$$-a_{11}s_{12} + a_{21}c_{12} = 0 \tag{6.3.9}$$

gilt, dann verschwindet das $(2,1)$-Element von A_1. Auch die anderen Elemente in den ersten zwei Zeilen von A werden von der Transformation betroffen, während die restlichen ungeändert bleiben. Wir berechnen nicht wirklich den Winkel θ_{12}, um die Lösung von (6.3.9) zu erhalten, da wir den gesuchten Sinus und Kosinus direkt aus

$$c_{12} = a_{11}(a_{11}^2 + a_{21}^2)^{-1/2}, \qquad s_{12} = a_{21}(a_{11}^2 + a_{21}^2)^{-1/2} \tag{6.3.10}$$

erhalten. Der Nenner in (6.3.10) ist ungleich Null, sofern nicht a_{11} und a_{21} gleichzeitig verschwinden; aber im Falle $a_{21} = 0$ kann dieser Schritt sowieso übersprungen werden, da sich an der gewünschten Stelle bereits eine Null befindet.

Die Transformation (6.3.8) erfolgt analog zum ersten Schritt des Gaußschen Eliminationsverfahrens, insofern ein Vielfaches der ersten Zeile von A von der zweiten Zeile subtrahiert wird, um an der $(2,1)$-Position eine Null zu erzeugen. Wir gehen nun wie beim Gaußschen Eliminationsverfahren vor, um in die verbleibenden Positionen der ersten Spalte Nullen zu bringen. Wir bilden $A_2 = P_{13}A$, wodurch die erste und dritte Zeile von A_1 betroffen sind, während die restlichen Zeilen unverändert bleiben; insbesondere bleibt die im ersten Schritt in die $(2,1)$-Position gelangte Null erhalten. Die Elemente c_{13} und s_{13} von P_{13} werden analog zu (6.3.10) so gewählt, daß das $(3,1)$-Element von A_2 verschwindet. In dieser Weise fahren wir fort und bringen eins nach dem anderen der in der ersten Spalte verbleibenden Elemente auf Null, dann verfahren wir ebenso mit den Elementen der zweiten Spalte in der Reihenfolge $(3,2), (4,2), \ldots, (n,2)$, und so weiter. Insgesamt verwenden wir $(n-1) + (n-2) + \cdots + 1$ ebene Rotationsmatrizen P_{ij}, und als Resultat erhält man

$$PA = P_{n-1,n} \cdots P_{12}A = R, \tag{6.3.11}$$

wobei R eine obere Dreiecksmatrix ist. Da das Produkt orthogonaler Matrizen wieder orthogonal ist (Aufgabe 2.1.14), ist das Produkt P orthogonal. Auch die Inverse einer orthogonalen Matrix ist orthogonal (Aufgabe 2.1.13), so daß $Q = P^{-1}$ orthogonal ist, und nach Multiplikation von (6.3.11) mit Q erhält man (6.3.5).

Wir zählen als nächstes die Operationen, um die obige QR-Zerlegung durchzuführen. Den Hauptteil der Arbeit verbraucht die Transformation der Elemente in den beiden Zeilen, die bei jeder Rotation verändert werden. Man ersieht aus (6.3.8), daß die Transformation der ersten zwei Zeilen $4n$ Multiplikationen und $2n$ Additionen erfordert. (Der Einfachheit halber haben wir die Operationen, um die Null in der $(2,1)$-Position zu erzeugen, mitgezählt, obwohl sie nicht ausgeführt zu werden braucht.) Die entsprechende Abzählung nimmt man für die Erzeugung der Nullen in den verbleibenden $n-2$ Positionen der ersten Spalte vor. Im ersten Schritt werden daher $4n(n-1)$ Multiplikationen und $2n(n-1)$ Additionen benötigt. In jedem der folgenden $n-2$ Schritte ist n in dieser Formel um 1 herunterzuzählen, so daß sich als Gesamtzahl

$$\begin{aligned} &4\textstyle\sum_{k=2}^{n} k(k-1) \text{ Mult } +2\sum_{k=2}^{n} k(k-1) \text{ Add} \\ &\doteq \tfrac{4}{3}n^3 \text{ Mult } \; +\tfrac{2}{3}n^3 \text{ Add} \end{aligned} \tag{6.3.12}$$

ergibt, wobei wir die Summationformeln aus Aufgabe 6.1.4 herangezogen haben. Auch die c_{ij} und s_{ij} müssen berechnet werden, aber dafür sind nur $O(n^2)$ Operationen aufzuwenden. Man entnimmt daher (6.3.12), daß die QR-Zerlegung gegenüber der LU-Zerlegung ungefähr viermal soviele Multiplikationen und die doppelte Zahl von Additionen benötigt (vgl. Abschnitt 6.1). Wir werden gleich die jeweiligen Vorzüge der QR- und der LU-Zerlegung diskutieren, aber zuerst zeigen wir, daß sich mit einer anderen orthogonalen Transformation die QR-Zerlegung sparsamer berechnen läßt.

Householder-Transformationen

Eine *Householder-Transformation* ist eine Matrix der Form $I-2\mathbf{w}\mathbf{w}^T$, wobei $\mathbf{w}^T\mathbf{w}=1$ ist. Man bestätigt leicht (Aufgabe 6.3.6), daß solche Matrizen symmetrisch und orthogonal sind. Sie werden auch *elementare Reflexions*-Matrizen genannt (Aufgabe 6.3.6). Wir zeigen jetzt, wie Householder-Transformationen eingesetzt werden können, um die QR-Zerlegung von A zu erhalten. Sei $\mathbf{a}_1$ die erste Spalte von A. Man definiere (Aufgabe 6.3.11)

$$\mathbf{w}_1 = \mu_1 \mathbf{u}_1, \quad \mathbf{u}_1^T = (a_{11}-s_1, a_{21}, \ldots, a_{n1}), \tag{6.3.13}$$

wobei

$$s_1 = \pm(\mathbf{a}_1^T\mathbf{a}_1)^{1/2}, \qquad \mu_1 = (2s_1^2 - 2a_{11}s_1)^{-1/2} \tag{6.3.14}$$

ist. Das Vorzeichen von s_1 muß entgegengesetzt zu dem von a_{11} gewählt werden, so daß bei der Berechnung von μ_1 keine Auslöschung auftritt; anderenfalls wäre der Algorithmus numerisch instabil. Der Vektor $\mathbf{w}_1$ erfüllt

$$\mathbf{w}_1^T\mathbf{w}_1 = \mu_1^2[(a_{11}-s_1)^2 + \sum_{j=2}^n a_{j1}^2] = \mu_1^2(a_{11}^2 - 2a_{11}s_1 + 2s_1^2 - a_{11}^2) = 1,$$

so daß $P_1 = I - 2\mathbf{w}_1\mathbf{w}_1^T$ eine Householder-Transformation ist. Darüberhinaus gilt

$$\mathbf{w}_1^T\mathbf{a}_1 = \mu_1[(a_{11}-s_1)a_{11} + \sum_{j=2}^n a_{j1}^2] = \mu_1(s_1^2 - a_{11}s_1) = \frac{1}{2\mu_1},$$

und es ergibt sich

$$a_{11} - 2w_1\mathbf{w}_1^T\mathbf{a}_1 = a_{11} - \frac{2(a_{11}-s_1)\mu_1}{2\mu_1} = s_1$$

sowie

$$a_{i1} - 2w_i\mathbf{w}_1^T\mathbf{a}_1 = a_{i1} - \frac{2a_{i1}\mu_1}{2\mu_1} = 0, \qquad i = 2,3,\ldots,n.$$

Man erkennt daraus, daß sich die erste Spalte von P_1A zu

$$P_1\mathbf{a}_1 = \mathbf{a}_1 - 2\mathbf{w}_1^T\mathbf{a}_1\mathbf{w}_1 = (s_1, 0, \ldots, 0)^T$$

ergibt. Es ist daher mit dieser einen orthogonalen Transformation gelungen, alle Elemente der ersten Spalte unterhalb der Diagonalen auf Null zu bringen, ebenso wie vorher mit $n-1$ Givens-Rotationen.

Der zweite Schritt verläuft analog. Es wird eine Householder-Transformation $P_2 = I - 2\mathbf{w}_2\mathbf{w}_2^T$ definiert mit einem Vektor $\mathbf{w}_2$, dessen erste Komponente Null ist und dessen restliche Komponenten wie in (6.3.13), (6.3.14) gebildet werden, nur diesmal mit der zweiten Spalte von P_1A von der Hauptdiagonalen ab abwärts. Die Elemente der Matrix P_2P_1A in den ersten beiden Spalten unterhalb der Hauptdiagonalen sind dann gleich Null. Wir fahren auf diese Weise fort, mit Householder-Matrizen $P_i = I - 2\mathbf{w}_i\mathbf{w}_i^T$ Nullen in die Positionen unterhalb der Hauptdiagonalen zu bringen, wobei $\mathbf{w}_i$ Vektoren sind, deren erste $i-1$ Komponenten verschwinden. Das Produkt

$$P_{n-1}\cdots P_1A = R$$

ist daher eine obere Dreiecksmatrix. Die Matrizen P_i sind orthogonal, so daß auch $P = P_{n-1} \cdots P_1$ und P^{-1} orthogonal sind. Mit $Q = P^{-1}$ erhält man daher die orthogonale Matrix in (6.3.5).

Bisher haben wir nur die Bildung der Vektoren $\mathbf{w}_i$ diskutiert, die die Householder-Transformationen definieren, und wir wenden uns nun dem verbleibenden Teil der Rechnung zu. Sind $\mathbf{a}_1, \mathbf{a}_2, \ldots, \mathbf{a}_n$ die Spalten von A, so gilt

$$P_1 A = A - 2\mathbf{w}_1 \mathbf{w}_1^T A = A - 2\mathbf{w}_1(\mathbf{w}_1^T \mathbf{a}_1, \mathbf{w}_1^T \mathbf{a}_2, \ldots, \mathbf{w}_1^T \mathbf{a}_n). \qquad (6.3.15)$$

Die i-te Spalte von $P_1 A$ ist daher

$$\mathbf{a}_i - 2\mathbf{w}_1^T \mathbf{a}_i \mathbf{w}_1 = \mathbf{a}_i - \gamma_1 \mathbf{u}_1^T \mathbf{a}_i \mathbf{u}_1, \qquad (6.3.16)$$

wobei

$$\gamma_1 = 2\mu_1^2 = (s_1^2 - s_1 a_{11})^{-1}$$

bedeutet. Es ist für die Rechnung effizienter, den Vektor $\mathbf{w}_1$ nicht explizit zu berechnen, sondern wie in (6.3.16) angegeben mit γ_1 und $\mathbf{u}_1$ zu arbeiten. Mit entsprechenden Rechnungen erhält man die weiteren transformierten Matrizen $P_2 P_1 A, \ldots$; der vollständige Algorithmus ist in Abb. 6.3.2 zusammengestellt.

For $k = 1$ to $n - 1$

$$s_k = -\text{sgn}(a_{kk}) \left(\sum_{l=k}^{n} a_{lk}^2 \right)^{1/2}$$

$$\mathbf{u}_k^T = (0, \ldots, 0, a_{kk} - s_k, a_{k+1,k}, \ldots, a_{nk})$$

$$\gamma_k = (s_k^2 - s_k a_{kk})^{-1}$$

$$a_{kk} = s_k$$

For $j = k + 1$ to n

$$\alpha_j = \gamma_k \mathbf{u}_k^T \mathbf{a}_j$$

$$\mathbf{a}_j = \mathbf{a}_j - \alpha_j \mathbf{u}_k$$

Abb. 6.3.2 *Householder-Transformation*

Als nächstes zählen wir die Operationen bei der Householder-Transformation. Der Hauptteil der Arbeit liegt in der Bildung der neuen Spalten in den transformierten Matrizen. Wir beginnen mit der inneren Schleife in Abb. 6.3.2. Im k-ten Schritt ist das innere Produkt $\mathbf{u}_k^T \mathbf{a}_j$ zu bilden, was $n-k+1$ Multiplikationen und $n-k$ Additionen erfordert, und für die Operation $\mathbf{a}_j - \alpha_j \mathbf{u}_k$ benötigt man $n-k+1$ Additionen und Multiplikationen. Da im k-ten Schritt $n-k$ Spalten zu transformieren sind, ergeben sich zusammen etwa $2(n-k)$ Additionen und Multiplikationen. Nach Summation über alle $n-1$ Schritte erhalten wir

$$2\sum_{k=1}^{n-1}(n-k)^2 = \frac{n(n-1)(2n-1)}{3} \doteq \frac{2}{3}n^3 \tag{6.3.17}$$

Additionen und ebensoviele Multiplikationen. Die Zahl der anderen Operationen übersteigt nicht die Ordnung n^2. Bei Vergleich von (6.3.17) mit der Zahl (6.3.12) für die QR-Zerlegung unter Verwendung von Givens-Rotationen erkennt man, daß grob gerechnet nur halb soviele Multiplikationen benötigt werden, wogegen die Zahl der Additionen dieselbe bleibt. Auch die Zahl der zu berechnenden Quadratwurzeln nimmt beträchtlich ab. Die Householder-Transformation ist daher offensichtlich effizienter, obwohl es auch Aufgaben gibt, bei denen Givens-Rotationen vorteilhafter einzusetzen sind.

Sowohl die Givens- als auch die Householder-Zerlegung ist numerisch stabil. Sie stellen Alternativen zum Gaußschen Eliminationsverfahren mit Teilpivotisierung dar. Jedoch ist der Rechenaufwand des Householder-Verfahrens ungefähr doppelt so groß wie der des Gaußschen Eliminationsverfahrens, und auch der noch hinzukommende Aufwand für die Teilpivotisierung macht diesen Unterschied nicht wett. Zudem vergrößert das Givens- und das Householder-Verfahren die Breite von Bandmatrizen (Aufgabe 6.3.13), geradeso wie die Teilpivotisierung. Dies hat zur Folge, daß die QR-Zerlegung bei der Lösung regulärer Gleichungssysteme kaum zum Einsatz gelangt, aber ihr kommt eine Schlüsselstellung bei einigen der besten Algorithmen für die Berechnung von Eigenwerten zu. Sie ist auch nützlich, die rechteckigen Matrizen in Ausgleichsproblemen zu transformieren. Als nächstes sagen wir mehr über diese Anwendung.

Anwendung auf Ausgleichsprobleme

Wir wiederholen aus Abschnitt 4.2, daß bei einem Ausgleichsproblem der Gestalt (4.2.12) die Funktion

$$\sum_{i=1}^{m} \left[\sum_{j=0}^{n} a_j \phi_{ij} - f_i \right]^2 \tag{6.3.18}$$

bezüglich $a_0, \ldots, a_n$ minimiert werden soll, wobei $\phi_{ij} = \phi_j(x_i)$ ist und wir der Einfachheit halber die Gewichte $w_i = 1$ genommen haben. Ist E die Matrix mit den Elementen ϕ_{ij}, so können wir (6.3.18) in der folgenden Form schreiben (Aufgabe 6.3.12):

$$(E\mathbf{a} - \mathbf{f})^T (E\mathbf{a} - \mathbf{f}) = ||E\mathbf{a} - \mathbf{f}||_2^2. \tag{6.3.19}$$

Wir wollen nun die QR-Zerlegung der (im allgemeinen rechteckigen) $m \times (n+1)$-Matrix E vornehmen, wobei $m \geq n+1$ sei. Beispielsweise kann dazu die vorangehend beschriebene Householder-Zerlegung verwendet werden; man braucht dabei nur so vorzugehen, als ob E eine $m \times m$-Matrix wäre, beendet aber die Transformationsschritte, sobald die ersten $n+1$ Spalten unterhalb der Diagonalen auf Null gebracht worden sind. Wir erhalten daher

$$E = Q \begin{bmatrix} R \\ 0 \end{bmatrix} \quad \text{bzw.} \quad PE = \begin{bmatrix} R \\ 0 \end{bmatrix} = \hat{R}, \tag{6.3.20}$$

wobei R eine obere $(n+1) \times (n+1)$-Dreiecksmatrix und $P = Q^{-1}$ ist. Da für jeden Vektor $\mathbf{x}$ die Beziehung $||P\mathbf{x}||_2 = ||\mathbf{x}||_2$ besteht (Aufgabe 6.3.8), gelangen wir zu

$$||E\mathbf{a} - \mathbf{f}||_2 = ||P(E\mathbf{a} - \mathbf{f})||_2 = ||\hat{R}\mathbf{a} - \hat{\mathbf{f}}||_2, \tag{6.3.21}$$

wobei $\hat{\mathbf{f}} = P\mathbf{f}$ gesetzt worden ist. Wir partitionieren $\hat{\mathbf{f}}$ passend zu $\hat{R}$ und erhalten

$$\hat{R}\mathbf{a} - \hat{\mathbf{f}} = \begin{bmatrix} R \\ 0 \end{bmatrix} \mathbf{a} - \begin{bmatrix} \hat{\mathbf{f}}_1 \\ \hat{\mathbf{f}}_2 \end{bmatrix} = \begin{bmatrix} R\mathbf{a} - \hat{\mathbf{f}}_1 \\ -\hat{\mathbf{f}}_2 \end{bmatrix}. \tag{6.3.22}$$

Dies ergibt schließlich

$$||E\mathbf{a} - \mathbf{f}||_2^2 = ||R\mathbf{a} - \hat{\mathbf{f}}_1||_2^2 + ||\hat{\mathbf{f}}_2||_2^2, \tag{6.3.23}$$

und ersichtlich wird $||E\mathbf{a} - \mathbf{f}||_2$ minimiert, wenn $||R\,\mathbf{a} - \hat{\mathbf{f}}_1||_2$ minimiert wird, da $\hat{\mathbf{f}}_2$ unabhängig von $\mathbf{a}$ ist.

Wir erinnern nun an Abschnitt 4.2, wo gezeigt worden ist, daß die Bedingung für die Existenz eines eindeutigen Minimums von (6.3.18) die Regularität der Matrix E^TE ist, die wir voraussetzen wollen. Wegen (6.3.20) gilt

$$E^TE = \hat{R}^TQ^TQ\hat{R} = \hat{R}^T\hat{R} = R^TR. \tag{6.3.24}$$

Daher ist R^TR ebenfalls regulär, und als quadratische Matrix ist R selbst regulär. (Man beachte, daß R^TR die Cholesky-Zerlegung von E^TE ist, wenn die Vorzeichen der Diagonalelemente von R positiv gewählt werden.) Das System $R\,\mathbf{a} = \hat{\mathbf{f}}_1$ besitzt daher eine eindeutige Lösung $\hat{\mathbf{a}}$. Mit diesem $\hat{\mathbf{a}}$ wird (6.3.23) und damit auch (6.3.18) minimiert. Wir fassen den gesamten Algorithmus wie folgt zusammen:

Bestimme die QR -Zerlegung (6.3.20). (6.3.25a)

Bilde den Vektor $P\mathbf{f}$, um $\hat{\mathbf{f}}_1$ zu erhalten. (6.3.25b)

Löse das System $R\,\mathbf{a} = \hat{\mathbf{f}}_1$. (6.3.25c)

Dieser Algorithmus ist numerisch sehr viel stabiler, als wenn E^TE explizit berechnet wird und dann die Normalgleichungen gelöst werden. Die Zahl der Operationen ist demgegenüber jedoch etwas größer (Aufgabe 6.3.15).

Schnelle Poissonlöser

Sei A eine symmetrische Matrix mit den Eigenwerten $\lambda_1, \ldots, \lambda_n$ und zugehörigen orthonormalen Eigenvektoren $\mathbf{q}_1, \ldots, \mathbf{q}_n$. Eine Folgerung aus Satz 2.2.8 ist dann, daß A die (spektrale) Zerlegung

$$A = QDQ^T \tag{6.3.26}$$

besitzt, wobei $D = \operatorname{diag}(\lambda_1, \ldots, \lambda_n)$ und Q die orthogonale Matrix $Q = (\mathbf{q}_1, \ldots, \mathbf{q}_n)$ ist. Die Lösung des Systems $A\mathbf{x} = \mathbf{b}$ berechnet sich daher zu

$$\mathbf{x} = A^{-1}\mathbf{b} = QD^{-1}Q^T\mathbf{b}. \tag{6.3.27}$$

Im allgemeinen ist diese Methode, $A\mathbf{x} = \mathbf{b}$ zu lösen, praktisch nicht durchführbar, da dazu die Eigenwerte und Eigenvektoren von A bekannt sein müssen, und deren Berechnung ist eine unangenehmere Aufgabe als die Lösung von $A\mathbf{x} = \mathbf{b}$. In dem wichtigen Spezialfall jedoch, in dem A die Matrix (5.5.18) ist, die bei der Diskretisierung der Poisson-Gleichung entstand, sind die Eigenwerte und

Eigenvektoren explizit bekannt (siehe Abschnitt 5.5). Um die Darstellung zu vereinfachen, beschränken wir uns auf die eindimensionale Poisson-Gleichung, für die die Koeffizientenmatrix A gleich der $(2,-1)$-Matrix (5.3.10) ist. Diese Matrix besitzt die Eigenwerte und Eigenvektoren (Aufgabe 5.3.5)

$$\lambda_k = 2 - 2\cos(kh), \quad k = 1, \dots, n, \tag{6.3.28a}$$

$$\mathbf{q}_k = c(\sin(kh), \sin(2kh), \dots, \sin(nkh))^T, \quad k = 1, \dots, n, \tag{6.3.28b}$$

wobei $h = \pi/(n+1)$ und c so bestimmt ist, daß $\mathbf{q}_k^T \mathbf{q}_k = 1$ gilt.

Zur Aufstellung von $Q^T\mathbf{b}$ in (6.3.27) benötigt man die inneren Produkte von $\mathbf{b}$ mit den Vektoren $\mathbf{q}_k$:

$$\mathbf{q}_k^T \mathbf{b} = c \sum_{j=1}^{n} b_j \sin(jkh), \quad k = 1, \dots, n. \tag{6.3.29}$$

Ähnliche Summationen treten bei der Multiplikation mit Q auf. Ungeachtet des Vorteils, daß alle Eigenwerte und Eigenvektoren in diesem Falle bekannt sind, würde eine direkte Auswertung von (6.3.29) noch zu kostspielig sein. Summationen der Form (6.3.29) können jedoch sehr schnell ausgeführt werden, was wir jetzt näher ausführen.

Die schnelle Fouriertransformation

Mit der Bedeutung von $i = \sqrt{-1}$ gilt

$$e^{\pm ix} = \pm \sin x + i \cos x, \tag{6.3.30}$$

so daß trigonometrische Funktionen durch die komplexe Exponentialfunktion ausgedrückt werden können:

$$\sin x = \frac{1}{2}(e^{ix} - e^{-ix}), \quad \cos x = \frac{1}{2i}(e^{ix} + e^{-ix}). \tag{6.3.31}$$

Betrachten wir nun die Summen

$$y_k = \sum_{j=0}^{n-1} a_j w^{jk}, \quad k = 0, \dots, n-1, \tag{6.3.32}$$

wobei $w = e^{2\pi i/n}$ eine n-te Einheitswurzel ist. Unter der Annahme, daß die a_j in (6.3.32) komplexe Zahlen und alle w^{jk} bekannt sind, erfordert die Berechnung der Summen in (6.3.32) n komplexe Multiplikationen und $n-1$ komplexe Additionen. Eine komplexe Multiplikation beinhaltet vier reelle Multiplikationen und zwei reelle Additionen (vgl. jedoch Aufgabe 6.3.20), so daß ungefähr $8n^2$ reelle Operationen benötigt werden, um alle n Summen in (6.3.32) zu berechnen. Mit Hilfe der schnellen Fouriertransformation (FFT) ist es möglich, diese Summen mit $O(n \log_2 n)$ Operationen zu berechnen.

Die Summen (6.3.32) können als Matrix-Vektor-Multiplikation $\mathbf{y} = W\mathbf{a}$ aufgefaßt werden, wobei W die $n \times n$-Matrix mit den Elementen w^{jk}, $j, k = 0, \ldots, n-1$, ist. Von jetzt ab nehmen wir der Einfachheit halber an, daß $n = 2^q$ gilt. Die FFT kann so verstanden werden, daß eine Zerlegung von W der Gestalt

$$W = W_q \ldots W_1 P^T \tag{6.3.33}$$

vorgenommen wird, wobei P eine Permutationsmatrix ist und jedes W_j nur zwei nichtverschwindende Einträge pro Zeile hat. Aufgrund der zweitgenannten Eigenschaft kann $W\mathbf{a}$ mit $O(n \log_2 n)$ anstatt $O(n^2)$ Operationen berechnet werden.

Wir geben als nächstes an, wie die Faktoren W_i in (6.3.33) erhalten werden können. Man definiere die $m \times m$-Matrix

$$B_m = \begin{bmatrix} I_{m_1} & D_{m_1} \\ I_{m_1} & -D_{m_1} \end{bmatrix}, \tag{6.3.34a}$$

wobei hier I_{m_1} und D_{m_1} $m_1 \times m_1$-Matrizen mit $m_1 = m/2$ sind und

$$D_{m_1} = \operatorname{diag}(1, w_m, \ldots, w_m^{m_1-1}) \tag{6.3.34b}$$

mit $w_m = e^{-2i\pi/m}$ gesetzt worden ist. Wir definieren dann

$$W_s = \operatorname{diag}(B_m, B_m, \ldots, B_m), \tag{6.3.35}$$

wobei B_m insgesamt r-mal wiederholt wird und $r = n/m$ mit $m = 2^s$ ist. Daher besteht W_1 aus $n/2$ Blöcken von 2×2-Matrizen B_2, W_2 besteht aus $n/4$ Blöcken von 4×4-Matrizen B_4 und so weiter, bis schließlich $W_q = B_n$ ist. Wie bereits vorangehend erwähnt, sind nur zwei Elemente in jeder Zeile von W_j ungleich Null, eins in der Einheitsmatrix und eins in D_{m_1}.

Wir veranschaulichen die vorangehende Konstruktion, indem wir den Vektor $\mathbf{y}$ aus (6.3.32) für $n = 8$ berechnen. In diesem Fall ist der permutierte Vektor $P^T\mathbf{a}$ gleich

$$\hat{\mathbf{a}} = P^T\mathbf{a} = (a_0, a_4, a_2, a_6, a_1, a_5, a_3, a_7)^T, \tag{6.3.36}$$

was wir gleich näher ausführen werden. Die Matrizen D_i in (6.3.34a) sind

$$D_1 = 1, \quad D_2 = \mathrm{diag}(1, w^2), \quad D_4 = \mathrm{diag}(1, w, w^2, w^3)$$

mit $w = e^{-i\pi/4}$. Die berechneten Vektoren sind dann (Aufgabe 6.3.24)

$$\begin{aligned} W_1\hat{\mathbf{a}} = (&a_0 + a_4, a_0 - a_4, a_2 + a_6, a_2 - a_6, \\ &a_1 + a_5, a_1 - a_5, a_3 + a_7, a_3 - a_7)^T, \end{aligned} \tag{6.3.37a}$$

$$\begin{aligned} W_2(W_1\hat{\mathbf{a}}) = (&a_0 + a_4 + a_2 + a_6, a_0 - a_4 + w^2(a_2 - a_6), \\ &a_0 + a_4 - a_2 - a_6, a_0 - a_4 - w^2(a_2 - a_6), \\ &a_1 + a_5 + a_3 + a_7, a_1 - a_5 + w^2(a_3 - a_7), \\ &a_1 + a_5 - a_3 - a_7, a_1 - a_5 - w^2(a_3 - a_7))^T, \end{aligned} \tag{6.3.37b}$$

$$\mathbf{y} = \begin{bmatrix} a_0 + a_4 + a_2 + a_6 + a_1 + a_5 + a_3 + a_7 \\ a_0 - a_4 + w^2(a_2 - a_6) + w(a_1 - a_5) + w^3(a_3 - a_7) \\ a_0 + a_4 - a_2 - a_6 + w^2(a_1 + a_5 - a_3 - a_7) \\ a_0 - a_4 - w^2(a_2 - a_6) + w^3(a_1 - a_5) - w^5(a_3 - a_7) \\ a_0 + a_4 + a_2 + a_6 - a_1 - a_5 - a_3 - a_7 \\ a_0 - a_4 + w^2(a_2 - a_6) - w(a_1 - a_5) - w^3(a_3 - a_7) \\ a_0 + a_4 - a_2 - a_6 - w^2(a_1 + a_5 - a_3 - a_7) \\ a_0 - a_4 - w^2(a_2 - a_6) - w^3(a_1 - a_5) - w^5(a_3 - a_7) \end{bmatrix}. \tag{6.3.37c}$$

Das ist natürlich dasselbe Ergebnis, als wenn die Summation in (6.3.32) direkt ausgeführt worden wäre (Aufgabe 6.3.24).

Wir wenden uns nun dem permutierten Vektor $\hat{\mathbf{a}}$ in (6.3.36) zu. Sei Q_j eine $j \times j$-Permutationsmatrix, die $\mathbf{x} = (x_0, x_1, \ldots)^T$ nach gerade und ungerade indizierten Komponenten sortiert:

$$Q_j\mathbf{x} = (x_0, x_2, \ldots, x_1, x_3, \ldots)^T.$$

Für $n = 2^q$ definieren wir dann rekursiv $n \times n$-Permutationsmatrizen P_n durch

$$P_2 = Q_2, \quad P_4 = Q_4 \operatorname{diag}(P_2, P_2), \quad P_8 = Q_8 \operatorname{diag}(P_4, P_4), \tag{6.3.38}$$

und so weiter. Nun gilt $Q_j^T = Q_j$, da die Matrix Q_j gleich ihrer eigenen Inversen ist. Außerdem ist Q_2 die Einheitsmatrix. Aus (6.3.38) erhält man daher

$$P_4^T = Q_4, \quad P_8^T = \operatorname{diag}(Q_4, Q_4)Q_8,$$

und so weiter. Es ist dann leicht zu sehen, daß $P_8^T \mathbf{a}$ der Vektor (6.3.36) ist. Die Permutationsmatrizen P_n werden *Bitumkehr-Permutationen* genannt.

Die schnelle Sinustransformation

Die vorangehend dargestellte schnelle Fouriertransformation ist auf komplexe Arithmetik abgestellt. Im allgemeinen kann der Vektor $\mathbf{a}$ komplex sein, was einen komplexen transformierten Vektor $\mathbf{y}$ zur Folge hat. Bei der von uns beabsichtigten Verwendung der FFT als Grundlage für einen schnellen Poisson-Löser sind alle Daten reell. Aber selbst wenn die $\mathbf{a}_j$ in (6.3.32) reell sind, so bleiben die w^{jk} doch komplex. Wir möchten daher die FFT so modifizieren, daß Summen der Form (6.3.29) vollständig in reeller Arithmetik berechnet werden können. Das ist mit dem folgenden Algorithmus möglich, der unter dem Namen *schnelle Sinustransformation* (FST) bekannt ist.

Angenommen, wir möchten

$$y_k = \sum_{j=1}^{n} b_j \sin \frac{kj\pi}{n+1}, \quad k = 1, \ldots, n, \tag{6.3.39}$$

berechnen, wobei $n = 2^q - 1$ ist. Der FST-Algorithmus geht dann wie folgt:

Schritt 1. Setze

$$\begin{aligned}
\mathbf{u} &= (0, b_2, b_4, \ldots, b_{n-1}, 0, -b_{n-1}, \ldots, -b_2)^T \\
\mathbf{v} &= (b_1, b_3, \ldots, b_n, -b_n, -b_{n-2}, \ldots, -b_1)^T \\
&\quad -(-b_1, b_1, b_3, \ldots, b_n, -b_n, \ldots, -b_3)^T
\end{aligned}$$

Schritt 2. Berechne die FFT $\mathbf{z}$ von $\mathbf{v} + \mathrm{i}\,\mathbf{u}$.

Schritt 3. Setze

$$\mathbf{w} = \frac{1}{8}(z_1 + z_1, z_2 + z_{n+1}, z_3 + z_n, \ldots, z_{n+1} + z_2)^T$$
$$\mathbf{x} = \frac{1}{4}(z_1 - z_1, z_2 - z_{n+1}, z_3 - z_{n+1}, \ldots, z_{n+1} - z_2)^T$$

Schritt 4. $y_k = x_k + w_k / \sin \frac{k\pi}{n+1}, \quad k = 1, \ldots, n.$

Die in Schritt 4 berechneten y_k sind die gewünschten Summen (6.3.39).

Wir veranschaulichen den Algorithmus für $n = 3$. In diesem Fall ist

$$\mathbf{u} = (0, b_2, 0, -b_2)^T, \quad \mathbf{v} = (2b_1, b_3 - b_1, -2b_3, b_3 - b_1).$$

Für dieses einfache Beispiel berechnen wir die FFT $\mathbf{z}$ direkt mit (6.3.32), wobei $a_j = v_{j+1} + iu_{j+1}, y_j = z_{j+1}$ und $w = e^{-2i\pi/4} = -i$ ist. Daher wird $w^2 = -1$ und $w^3 = i$. Man erhält dann $\mathbf{z}$ als Ergebnis der Matrix-Vektor-Multiplikation

$$\mathbf{z} = \begin{bmatrix} 1 & 1 & 1 & 1 \\ 1 & -i & -1 & i \\ 1 & -1 & 1 & -1 \\ 1 & i & -1 & -i \end{bmatrix} \begin{bmatrix} 2b_1 \\ b_3 - b_1 + ib_2 \\ -2b_3 \\ b_3 - b_1 - ib_2 \end{bmatrix} = 2 \begin{bmatrix} 0 \\ b_1 + b_2 + b_3 \\ 2b_1 - 2b_3 \\ b_1 - b_2 + b_3 \end{bmatrix}.$$

Man beachte, daß $\mathbf{z}$ reell ist. Mit Schritt 3 ergibt sich dann

$$\mathbf{w} = \frac{1}{8}(0, 4b_1 + 4b_3, 8b_1 - 8b_3, 4b_1 + 4b_3)$$
$$\mathbf{x} = \frac{1}{4}(0, 4b_2, 0, -4b_2),$$

und Schritt 4 liefert

$$y_1 = b_2 + \tfrac{1}{2}(b_1 + b_3)/\sin(\tfrac{\pi}{4}) = b_2 + \tfrac{\sqrt{2}}{2}(b_1 + b_3), \tag{6.3.40a}$$

$$y_2 = b_1 - b_3, \tag{6.3.40b}$$

$$y_3 = -b_2 + \tfrac{\sqrt{2}}{2}(b_1 + b_3). \tag{6.3.40c}$$

Man bestätigt leicht, daß (6.3.40) mit dem Ergebnis der direkten Berechnung gemäß (6.3.39) übereinstimmt (Aufgabe 6.3.24). Im vorangehenden Beispiel war der Vektor $\mathbf{z}$ reell, was auch im allgemeinen Fall so ist. Diesen Sachverhalt kann man für eine sparsame Berechnung von $\mathbf{z}$ ausnutzen.

Ergänzende Bemerkungen und Literaturhinweise zu Abschnitt 6.3

1. Eine weitergehende Behandlung der QR-Zerlegung und ihrer Verwendung bei der Lösung von Ausgleichsproblemen findet man in Golub und Van Loan [1989], Lawson und Hanson [1974] und Stewart [1973].

2. Um den Rundungsfehlereinfluß bei der Berechnung des Sinus und Kosinus im Givens-Verfahren zu verringern, ersetzt man die Berechnung gemäß (6.3.10) durch

$$\text{für } |a_{21}| \geq |a_{11}| : \quad r = a_{11}/a_{21}, \quad s_{12} = (1+r^2)^{-1/2}, \quad c_{12} = s_{12}r,$$

$$\text{für } |a_{21}| < |a_{11}| : \quad r = a_{21}/a_{11}, \quad c_{12} = (1+r^2)^{-1/2}, \quad s_{12} = c_{12}r.$$

In ähnlicher Weise ist es bei der Householder-Transformation möglich, daß ein Überlauf oder Unterlauf bei der Berechnung von s_k nach den Formeln in Abb. 6.3.2 auftritt. Dieses Problem kann durch Skalierung vermieden werden; siehe zum Beispiel Stewart [1973].

3. Aus Aufgabe 6.3.3 geht hervor, daß die Cholesky-Zerlegung in der Form $A = LDL^T$ geschrieben werden kann. Mit A ist auch D positiv definit und umgekehrt. Bedauerlicherweise ist für diese Art der Zerlegung die numerische Stabilität nicht gewährleistet, wenn A nicht positiv definit ist. Jedoch kann man eine Zerlegung der Form $A = PLDL^TP^T$ finden, in der P eine Permutationsmatrix und D blockdiagonal ist mit 1×1- oder 2×2-Blöcken. Hierauf beruht der Bunch-Kaufman-Algorithmus (und auch andere) zur Lösung symmetrischer Systeme, die nicht positiv definit sind. Weiteres dazu kann man in Golub und Van Loan [1989] nachlesen.

4. Ein schwieriges Problem stellt die numerische Bestimmung des Ranges einer Matrix A dar. Da, wie in Abschnitt 2.2 dargestellt, die Anzahl der nichtverschwindenden singulären Werte gleich dem Rang ist, wird der Rang numerisch gewöhnlich mit der Singuläre-Werte-Zerlegung ermittelt. Eine andere Methode beruht auf einer besonderen Art von QR-Zerlegung, bei der der Rang sichtbar

wird. In diesem Fall bestimmt man eine Zerlegung $AP = QR$, wobei P eine Permutationsmatrix ist, die so gewählt wird, daß R die Gestalt

$$R = \begin{bmatrix} R_1 & R_2 \\ & R_3 \end{bmatrix}$$

annimmt und die Elemente von R_3 genügend klein sind, und als Rang von R und damit auch von A wird dann der Rang von R_1 genommen. Die notwendigen Einzelheiten dieses Vorgehens und einige Anwendungen werden in Chan und Hansen [1992] behandelt.

5. Die Darstellung der schnellen Fourier- und Sinustransformation folgt Van Loan [1991], wo auch ausführliche Literaturhinweise gegeben werden.

6. Schnelle Poisson-Löser können sowohl für Dirichlet- als auch Neumann- und periodische Randbedingungen entwickelt werden. Jedoch muß das Lösungsgebiet der Poisson-Gleichung rechteckig oder eine andere geeignete Form besitzen, so daß das Problem *separabel* ist (das heißt, es kann im Prizip durch Trennung der Veränderlichen gelöst werden). Die Technik kann auch auf allgemeinere Gleichungen wie $a(x)u_{xx} + b(y)u_{yy} = f$ ausgedehnt werden, wieder vorausgesetzt, daß das Problem separabel ist.

7. Außer den im Text dargestellten Methoden gibt es noch weitere Vorgehensweisen, um zu schnellen Poisson-Lösern zu kommen. Es kann etwa die zyklische Reduktion (siehe Kapitel 7) verwendet werden. Beim FACR-Algorithmus wird die Fouriertransformation mit zyklischer Reduktion kombiniert. Einen Überblick der verschiedenen Verfahren einschließlich ihrer Parallelisierungseigenschaften geben Hockney und Jesshope [1988] und Swarztrauber und Sweet [1989].

Übungsaufgaben zu Abschnitt 6.3

6.3.1. Sei $A = LL^T$ eine Zerlegung einer symmetrischen, positiv definiten Matrix A, wobei L untere Dreiecksgestalt und eine positive Hauptdiagonale besitzt. Die Matrix $\hat{L}$ gehe aus L durch Vorzeichenwechsel sämtlicher Elemente der i-ten Zeile hervor. Man beweise $A = \hat{L}\hat{L}^T$. (Dies zeigt, daß die LL^T-Zerlegung nicht eindeutig ist, jedoch gibt es ein eindeutiges L mit positiven Diagonalelementen.)

6.3.2. Man zeige, daß die Zahl der Additionen und Multiplikationen in der Cholesky-Zerlegung ungefähr halb so groß wie bei der LU-Zerlegung ist.

6.3.3. Man modifiziere die in Abb. 6.3.1 angegebene Cholesky-Zerlegung, um die *wurzelfreie* Cholesky-Zerlegung in der Gestalt $A = LDL^T$ zu berechnen, wobei L eine untere Dreiecksmatrix mit Einsen auf der Diagonalen ist. Dies verwende man, um zu zeigen, daß $U = DL^T$ die obere Dreiecksmatrix in der LU-Zerlegung von A ist.

6.3.4. Zeige für eine Bandmatrix A mit der halben Bandbreite β, daß die Cholesky-Zerlegung in Abb. 6.3.1 wie folgt geschrieben werden kann:

For $j = 1, \ldots, n$

$$q = \max(1, j - \beta)$$

$$l_{jj} = \left(a_{jj} - \sum_{k=q}^{j-1} l_{jk}^2\right)^{1/2}$$

For $i = j + 1, \ldots, \min(j + \beta, n)$

$$r = \max(1, i - \beta)$$

$$l_{ij} = \frac{a_{ij} - \sum_{k=r}^{j-1} l_{ik} l_{jk}}{l_{jj}}.$$

Man ermittle den Rechenaufwand dieses Algorithmus als Funktion von β und n und vergleiche ihn mit dem für die LU-Zerlegung von Bandmatrizen.

6.3.5. Zeige, daß die Matrizen (6.3.6) und (6.3.7) orthogonal sind.

6.3.6. Zeige, daß die Matrix $P = I - 2\mathbf{w}\mathbf{w}^T$ stets symmetrisch und orthogonal genau dann ist, wenn $\mathbf{w}^T\mathbf{w} = 1$ gilt. Im Falle $\mathbf{w}^T\mathbf{w} = 1$ beweise man $P\mathbf{w} = -\mathbf{w}$ und im Falle $\mathbf{u}^T\mathbf{w} = 0$ auch $P\mathbf{u} = \mathbf{0}$. Interpretiere dieses Ergebnis in zwei Raumdimensionen geometrisch als eine Householder-Reflexion an der Ebene durch den Ursprung, die senkrecht zu $\mathbf{w}$ verläuft.

6.3.7. Man gebe die Eigenwerte und Eigenvektoren sowie die Determinante einer Householder-Transformation $I - 2\mathbf{w}\mathbf{w}^T$ an. Was läßt sich allgemeiner über die Eigenwerte und Eigenvektoren von $I + \mathbf{u}\mathbf{v}^T$ sagen, wobei $\mathbf{u}$ und $\mathbf{v}$ gegebene Vektoren sind? (Ein besonderer Fall liegt für $\mathbf{v}^T\mathbf{u} = 0$ vor.)

6.3.8. Für eine orthogonale Matrix P zeige man $||P\mathbf{x}||_2 = ||\mathbf{x}||_2$ für jeden Vektor $\mathbf{x}$, wobei $||\ ||_2$ die euklidische Norm ist.

6.3.9. Ist $A = QR$ eine QR-Zerlegung, so gebe man eine Beziehung zwischen $\det R$ und $\det A$ an. Was kann man im Falle einer orthogonalen Matrix A über R aussagen?

6.3.10. a. Man gebe an, wie eine orthogonale Matrix berechnet werden kann, deren Elemente in der ersten Zeile sämtlich gleich $1/\sqrt{n}$ sind.

b. Wie läßt sich eine „zufällige" orthogonale Matrix Q berechnen, bei der die folgenden Bedingungen erfüllt sind:

$$\sum_{j=1}^{n} q_{ij} = 0, i = 1, \ldots, n.$$

6.3.11. Der Vektor $\mathbf{w}_1 = (w_1, \cdots, w_n)^T$ aus (6.3.13) kann wie folgt erhalten werden:

a. Da $P_1 = I - 2\mathbf{w}_1\mathbf{w}_1^T$ orthogonal ist, verwende man Aufgabe 6.3.8, um zu zeigen, daß aus $P_1\mathbf{a}_1 = s_1\mathbf{e}_1$ folgt $\|\mathbf{a}_1\|_2 = \|P_1\mathbf{a}_1\|_2 = |s_1|$ und daher $s_1 = \pm\|\mathbf{a}_1\|_2$ gelten muß. (Der Vektor $\mathbf{e}_1$ hat eine 1 als erste Komponente und Nullen sonst.)

b. Unter Ausnutzung der Symmetrie von P_1 zeige man $\mathbf{a}_1 = s_1 P_1 \mathbf{e}_1 = s_1(\mathbf{e}_1 - 2w_1\mathbf{w}_1)$, so daß $a_{11} = s_1(1 - 2w_1^2), a_{1j} = -2s_1 w_1 w_j,\ j > 1$, gilt. woraus (6.3.13) sowie (6.3.14) folgen.

c. Man verallgemeinere die vorangehende Argumentation, um zu zeigen, wie man eine Householder-Transformation P finden kann, mit der $P\mathbf{p} = \mathbf{q}$ gilt, wobei $\mathbf{p}$ und $\mathbf{q}$ reelle Vektoren mit $\|\mathbf{p}\|_2 = \|\mathbf{q}\|_2$ sind. Wie kann man verfahren, wenn $\mathbf{p}$ und $\mathbf{q}$ komplex sind?

6.3.12. Man bestätige, daß (6.3.18) und (6.3.19) übereinstimmen.

6.3.13. Sei A eine Bandmatrix mit der halben Bandbreite β. Gilt $A = QR$ und ist Q mit Givens-Rotationen oder Householder-Transformationen berechnet worden, so zeige man, daß R im allgemeinen 2β nichtverschwindende Diagonalen oberhalb der Hauptdiagonalen besitzt.

6.3.14. Sei

$$A = \begin{bmatrix} 1&1&1&1 \\ \varepsilon&0&0&0 \\ 0&\varepsilon&0&0 \\ 0&0&\varepsilon&0 \\ 0&0&0&\varepsilon \end{bmatrix}, A^TA = \begin{bmatrix} 1+\varepsilon^2 & 1 & 1 & 1 \\ 1 & 1+\varepsilon^2 & 1 & 1 \\ 1 & 1 & 1+\varepsilon^2 & 1 \\ 1 & 1 & 1 & 1+\varepsilon^2 \end{bmatrix}.$$

Man zeige, daß A^TA die Eigenwerte $4+\varepsilon^2, \varepsilon^2, \varepsilon^2, \varepsilon^2$ besitzt und somit für $\varepsilon \neq 0$ regulär ist. Es sei nun η die größte positive Zahl mit der auf dem Rechner $(1+\eta) = 1$ berechnet wird. Man zeige für $|\varepsilon| < \sqrt{\eta}$, daß

$$\text{berechnetes}(A^TA) = \begin{bmatrix} 1&1&1&1 \\ 1&1&1&1 \\ 1&1&1&1 \\ 1&1&1&1 \end{bmatrix}$$

gilt, was eine Rang-1-Matrix ist. Daher ist die auf dem Rechner erhaltene Approximation an die Normalgleichungen für allgemeines $\mathbf{b}$ nicht lösbar. (Man beachte, daß ε nicht unrealistisch klein ist. Auf Rechnern mit einer Mantisse aus 27 Binärstellen ist $\eta \doteq 10^{-8}$, so daß der obige Fehler für $\varepsilon < 10^{-4}$ auftritt.)

6.3.15. In Anlehnung an (6.3.17) zeige man, daß der Rechenaufwand für die QR-Zerlegung einer $m \times n$-Matrix ungefähr gleich $2mn^2 - \frac{2}{3}n^3$ ist. Man bestätige, daß dies auch der führende Term im Rechenaufwand des Algorithmus (6.3.25) ist. Als nächstes zeige man, daß der Rechenaufwand für die Minimierung von (6.3.19) durch Aufstellen und Lösen der Normalgleichungen etwa gleich $mn^2 + \frac{1}{3}n^3$ ist. Damit erschließe man für $m >> n$, daß das Verfahren mit Verwendung der QR-Zerlegung ungefähr halb so schnell ist.

6.3.16. Man betrachte das Ausgleichsproblem, $\|E\mathbf{a} - \mathbf{f}\|_2$ unter der Nebenbedingung $F^T\mathbf{a} = \mathbf{g}$ zu minimieren, wobei $\mathbf{g}$ ein gegebener Vektor ist. Man zeige, wie die QR-Zerlegung von F zur Lösung dieses Problems verwendet werden kann.

6.3.17. Man betrachte die Normalgleichungen $E^TE\mathbf{a} = E^T\mathbf{f}$ und setze $\mathbf{r} = \mathbf{f} - E\mathbf{a}$, $\mathbf{g} = \mathbf{f} + \alpha\mathbf{r}$, wobei α eine Konstante ist. Wenn $\mathbf{b}$ die Lösung von $E^TE\mathbf{b} = E^T\mathbf{g}$ ist, so zeige man $\mathbf{b} = \mathbf{a}$. Damit erschließe man, daß es möglich ist, den Vektor $\mathbf{f}$ in beliebiger Größenordnung zu stören, ohne daß sich die Lösung der Normalgleichungen ändert.

6.3.18. Man betrachte den Spezialfall von (6.1.39), in dem

$$A = \begin{bmatrix} A_1 & B_1^T \\ B_1 & 0 \end{bmatrix}$$

ist, und man setze A_1 als symmetrisch und positiv definit voraus. Man zeige, daß A nicht positiv definit ist, aber daß eine Art Cholesky-Zerlegung der Gestalt

$$A = \begin{bmatrix} F & 0 \\ G & H \end{bmatrix} \begin{bmatrix} F^T & G^T \\ 0 & -H^T \end{bmatrix}$$

existiert. Man gebe einen effizienten Algorithmus zur Berechnung dieser Zerlegung an.

6.3.19. Man betrachte den Spezialfall der Aufgabe 6.3.18, in dem $A_1 = I$ und $B_1 = E^T$ ist. Man zeige, daß sich die Lösung der Normalgleichungen $E^TE\mathbf{a} = E^T\mathbf{f}$ durch Lösen des Systems

$$\begin{bmatrix} I & E \\ E^T & 0 \end{bmatrix} \begin{bmatrix} \mathbf{r} \\ \mathbf{a} \end{bmatrix} = \begin{bmatrix} \mathbf{f} \\ 0 \end{bmatrix}$$

erhalten läßt. Man überlege, unter welchen Gegebenheiten es vorzuziehen ist, dieses erweiterte System anstelle der Normalgleichungen zu lösen.

6.3.20. Man zeige, daß das Produkt von zwei komplexen Zahlen unter Verwendung von drei reellen Multiplikationen berechnet werden kann. Wieviele Additionen werden benötigt?

6.3.21. Für eine $m \times n$-Matrix A mit $m \geq n = \operatorname{rank} A$ existiert die Matrix $P = A(A^TA)^{-1}A^T$. Es besitzt P die Eigenschaften einer *Projektions*matrix.

a. Man beweise $P^T = P$ und $P^2 = P$, so daß $(I - 2P)^2 = I$ ist.

b. Für $A = Q \begin{bmatrix} R \\ 0 \end{bmatrix}$ zeige man, wie sich P aus Q und R berechnen läßt.

c. Welche Eigenwerte besitzt P?

d. Man zeige, daß die Lösung des Ausgleichsproblems $\min \|A\mathbf{x} - \mathbf{b}\|_2$ durch Lösen des Systems $A\mathbf{x} = P\mathbf{b}$ erhalten werden kann.

6.3.22. Sei $A = LL^T$ die Cholesky-Zerlegung von A, und man setze $\tilde{L} = LQ$, wobei Q orthogonal ist. Man zeige $A = \tilde{L}\tilde{L}^T$ und daß $\tilde{L}$ im allgemeinen genau dann untere Dreiecksgestalt besitzt, wenn Q diagonal ist. Man charakterisiere die Klasse der orthogonalen Diagonalmatrizen.

6.3.23. Sei $A = LL^T$ die Cholesky-Zerlegung von A, und sei $\overline{A} = A + \alpha \mathbf{z}\mathbf{z}^T$ eine Rang-1-Störung von A. Es werde angenommen, daß $\overline{A}$ positiv definit ist und $\overline{A} = \overline{L}\overline{L}^T$ gilt. Man beweise $\overline{L} = L\tilde{L}$, wobei $\tilde{L}$ der Cholesky-Faktor von $I + \alpha L^{-1}\mathbf{z}(L^{-1}\mathbf{z})^T$ ist.

6.3.24. Man bestätige die Rechnungen in (6.3.37). Dann verwende man (für $n = 8$) die Eigenschaft $w^4 = -1$ (und somit $w^5 = -w, w^6 = -w^2, w^7 = -w^3$), um zu zeigen, daß

$$W = \begin{bmatrix} 1 & 1 & 1 & 1 & 1 & 1 & 1 & 1 \\ 1 & w & w^2 & w^3 & -1 & -w & -w^2 & -w^3 \\ 1 & w^2 & -1 & -w^2 & 1 & w^2 & -1 & -w^2 \\ 1 & w^3 & -w^2 & w & -1 & -w^3 & w^2 & -w \\ 1 & -1 & 1 & -1 & 1 & -1 & 1 & -1 \\ 1 & -w & w^2 & -w^3 & -1 & w & -w^2 & w^3 \\ 1 & -w^2 & -1 & w^2 & 1 & -w^2 & -1 & w^2 \\ 1 & -w^3 & -w^2 & -w & -1 & w^3 & w^2 & w \end{bmatrix}$$

die Matrix in (6.3.33) ist und verifiziere, daß $W\mathbf{a}$ mit (6.3.37c) übereinstimmt.

6.3.25. Berechne die Summen (6.3.39) für $n = 3$ und bestätige, daß sie mit (6.3.40) übereinstimmen.

7 Direkte parallele Verfahren

In diesem Kapitel betrachten wir die Implementierung der in Kapitel 6 vorgestellten Verfahren zur Lösung der Gleichung $A\mathbf{x} = \mathbf{b}$ auf Parallel- und Vektorrechnern. In diesem und dem nächsten Abschnitt nehmen wir an, daß A eine vollbesetzte Matrix sei. Um die jeweils betrachtete Rechnerarchitektur effizient nutzen zu können, sind oft unterschiedliche Varianten der Algorithmen erforderlich. Hierzu untersuchen wir in Abschnitt 7.2 einige Beispiele. In Abschnitt 7.3 behandeln wir Systeme mit Bandmatrizen.

7.1 Basisverfahren

Vektorisierung der LU-Zerlegung

Wie in Abschnitt 6.1 bemerkt, kann der Prozeß des Gaußschen Eliminationsverfahrens ohne Pivotsuche zur Lösung von $A\mathbf{x} = \mathbf{b}$ als eine LU-Zerlegung betrachtet werden, die von der Lösung des Dreieckssystems $L\mathbf{c} = \mathbf{b}, U\mathbf{x} = \mathbf{c}$ gefolgt wird. Wir konzentrieren uns zunächst auf die LU-Zerlegung, den zeitaufwendigen Teil des Prozesses, und kehren dann zur Lösung des Dreieckssystems zurück. Ein Pseudocode für die Zerlegung ist in Abb. 7.1.1. angegeben.

```
For k = 1 to n - 1
    For i = k + 1 to n
        l_ik = a_ik / a_kk
        For j = k + 1 to n
            a_ij = a_ij - l_ik a_kj
```

Abb. 7.1.1 *Zeilenorientierte LU-Zerlegung*

Die j-Schleife in Abb. 7.1.1 subtrahiert Vielfache der k-ten Zeile der aktuellen Matrix A von den folgenden Zeilen. Dies sind axpy-Operationen, in denen die

Vektoren Zeilen von A sind. Diese axpy-Operationen *aktualisieren (update)* die Zeilen von A und stellen den Hauptteil der Arbeit in der LU-Zerlegung dar. Auf der k-ten Stufe des Algorithmus sind $n-k$ Vektoroperationen der Vektorlänge $n-k$ durchzuführen. Die durchschnittliche Vektorlänge der Aktualisierungsoperationen beträgt daher

$$\frac{(n-1)(n-1)+(n-2)(n-2)+\cdots+1}{n-1+n-2+\cdots+1} = O(2n/3). \tag{7.1.1}$$

Die Verifikation dieser Gleichung ist Inhalt von Aufgabe 7.1.1. (Wie vorher verwenden wir die Schreibweise $O(cn^p)$ für den Term mit der höchsten Ordnung in einem Ausdruck.) Auf einigen Vektorrechnern kann es vorteilhaft sein, von Vektor- zu Skalararithmetik zu wechseln, wenn die Vektorlänge unter eine gewisse Schranke fällt, obwohl dies den Code kompliziert. Die Geschwindigkeit des Codes wird durch die skalaren Divisionen bei der Bildung der Quotienten auf jeder Stufe etwas vermindert. Eine weitere Verringerung ergibt sich aus einer eventuell erforderlichen Pivotsuche. Bei der im ersten Schritt verwendeten Teilpivotsuche müssen wir das betragsmäßig größte Element der ersten Zeile bestimmen. Einige Vektorrechner verfügen über Hardwareinstruktionen, die diese Suche unterstützen. Wenn wir jedoch annehmen, daß A zeilenweise abgespeichert ist, so befinden sich die Elemente der ersten Spalte nicht in einem zusammenhängenden Speicherbereich. Ist der Index des betragsgrößten Elements einmal bekannt, kann die betreffende Zeile mit der ersten Zeile mittels entsprechender Vektoroperationen vertauscht werden, oder die Indizierung wird modifiziert. Wie die Pivotstrategie durchgeführt wird, hängt vom jeweils verwendeten Rechner ab.

Bei der Vorwärtssubstitution $\mathbf{c} = L^{-1}\mathbf{b}$ kann die rechte Seite $\mathbf{b}$ ebenfalls als Teil der Reduktion auf Dreiecksgestalt behandelt werden. Wenn A zeilenweise abgespeichert ist, ist es sinnvoll, b_i an die i-te Zeile anzuhängen, sofern dies im Speicherkonzept des Kontextes möglich ist. Dann würde die j-Schleife in Abb. 7.1.1 bis $n+1$ laufen, und die Vektorlängen würden sich um Eins erhöhen.

Wir haben bisher angenommen, daß A zeilenweise abgespeichert ist. In Fortran werden zweidimensionale Felder jedoch spaltenweise abgelegt. In diesem Falle würde der in Abb. 7.1.1 gezeigte Algorithmus auf die Zeilen von A als Vektoren mit dem Indexinkrement n zugreifen. Wie in Kapitel 3 diskutiert, kann dies zu Speicherbankkonflikten führen. Wir können dieses Problem dadurch umgehen, daß wir die Operationen im Gaußschen Eliminationsverfahren gemäß der in Abb. 7.1.2 angegebenen Reihenfolge umordnen. Im k-ten Schritt bildet der Algorithmus aus Abb. 7.1.2 zunächst die k-te Spalte von L. Dies kann mittels einer Vektordivision erfolgen. Die innerste Schleife, die i-Schleife, subtrahiert ein Vielfaches dieser k-ten Spalte von L von der $n-k$ Elemente langen j-ten Spalte des aktuellen A. Die grundlegende Vektoroperation ist somit wieder eine axpy-Operation, wobei nun jedoch die Vektoren Spalten von L und dem aktuellen A sind. Zur Durchführung der Vorwärtssubstitution kann die rechte Seite **b** in gleicher Weise wie die Spalten von A behandelt werden.

```
For k = 1 to n − 1
    For s = k + 1 to n
        l_sk = a_sk / a_kk
    For j = k + 1 to n
        For i = k + 1 to n
            a_ij = a_ij − l_ik a_kj
```

Abb. 7.1.2 *Spaltenorientierte LU-Zerlegung*

Wenn man die Bildung der Quotienten oder die Behandlung der rechten Seite unberücksichtigt läßt, sind auf der k-ten Stufe $n-k$ axpy-Operationen mit Vektorlängen von $n-k$ auszuführen. (7.1.1) zeigt daher wieder die durchschnittliche Vektorlänge. Nur eine detailliertere Analyse für einen speziellen Rechner kann zeigen, ob die zeilenorientierte Form effizienter als die spaltenorientierte Form ist. Möglicherweise ist jedoch die spaltenorientierte Form vorzuziehen, da die Bildung der Quotienten dann durch eine Vektoroperation erfolgen kann. Die Art und Weise, in der die Matrix A eventuell schon abgespeichert ist, stellt natürlich einen entscheidenden Faktor dar.

In der spaltenorientierten Form muß die Pivotsuche in einer etwas anderen Art und Weise erfolgen. Die Suche nach dem Pivotelement kann nun mittels einer Vektoroperation durchgeführt werden, sofern der jeweilige Rechner dies zuläßt. Die Vertauschung der Zeilen führt jedoch zu Vektoroperationen mit dem Inkrement n.

Lösung von Dreieckssystemen

Am Ende der LU-Zerlegung müssen die Dreieckssysteme $L\mathbf{c} = \mathbf{b}, U\mathbf{x} = \mathbf{c}$ behandelt werden. Wie bereits gesagt, wird die Lösung von $L\mathbf{c} = \mathbf{b}$ üblicherweise in die LU-Zerlegung integriert. Wir werden uns daher auf die Lösung von $U\mathbf{x} = c$ konzentrieren. Die Lösung von unteren Dreieckssystemen erfolgt nach dem gleichen Prinzip (Aufgabe 7.1.2).

Der übliche Algorithmus für die Rückwärtssubstitution ist

$$x_i = (c_i - u_{i,i+1}x_{i+1} - \cdots - u_{in}x_n)/u_{ii}, \qquad i = n, \ldots, 1. \tag{7.1.2}$$

Dieser wird auch in Abb. 7.1.3(b) gezeigt. Wir betrachten nun seine Implementierung mit Vektoroperationen. Wenn die Vorwärtssubstitution für eine zeilenweise abgespeicherte Matrix durchgeführt wird, wird auch U zeilenweise abgespeichert. Die Durchführung von (7.1.2) erfordert dann Skalarprodukte, deren Vektorlängen von 1 bis $n-1$ schwanken, und n skalare Divisionen. Bei Vernachlässigung der Divisionen ergibt sich eine durchschnittliche Vektorlänge von $O(n/2)$.

Einen alternativen Algorithmus, der für spaltenweise abgespeichertes U nützlich ist, zeigt der Pseudocode in Abb. 7.1.3(a). Dieser Algorithmus ist unter dem Namen *Column-Sweep-* (oder *Vektorsummen-*)*Algorithmus* bekannt. Nach der Berechnung von x_n werden $x_n u_{in}, i = 1, \ldots, n-1$, bestimmt und von den entsprechenden c_i subtrahiert. Der Beitrag von x_n zu den anderen Lösungskomponenten erfolgt daher vor dem Übergang zum nächsten Schritt. Der j-te Schritt besteht aus einer Skalardivision, gefolgt von einer axpy-Operation der Länge $j-1$. Die durchschnittliche Vektorlänge beträgt daher wieder $O(n/2)$, wobei nun jedoch axpy-Operationen als Vektoroperationen verwendet werden. Das Speicherschema von U bestimmt mit großer Wahrscheinlichkeit, welcher der beiden Algorithmen gewählt wird, sofern dies schon durch die LU-Zerlegung festgelegt ist.

```
For j = n down to 1
  x_j = c_j/u_jj
  For i = 1 to j-1
    c_i = c_i - x_j u_ij
```

(a)

```
For i = n down to 1
  For j = i+1 to n
    c_i = c_i - u_ij x_j
  x_i = c_i/u_ii
```

(b)

Abb. 7.1.3 *Lösung von* $U\mathbf{x} = \mathbf{c}$. *(a) Column-Sweep-Algorithmus (b) Skalarprodukt-Algorithmus*

Mehrere rechte Seiten

Wir betrachten nun die Lösung von Systemen

$$A\mathbf{x}_i = \mathbf{b}_i, \qquad i = 1, \dots, q, \tag{7.1.3}$$

mit unterschiedlichen rechten Seiten $\mathbf{b}_i$, aber derselben Koeffizientenmatrix A. Wir können (7.1.3) äquivalent als $AX = B$ schreiben, wobei X und B $n \times q$-Matrizen sind. Der spaltenorientierte Algorithmus aus Abb. 7.1.2 kann dergestalt modifiziert werden, daß alle Spalten von B so behandelt werden, als wären sie zusätzliche Spalten von A. Die Vektorlängen bleiben bei $n-k$ im k-ten Schritt, jedoch sind nun $n-k+q$ Vektoroperationen auszuführen. Die durchschnittliche Vektorlänge beträgt daher (Aufgabe 7.1.3)

$$\frac{(n-1+q)(n-1)+\cdots+(1+q)}{(n-1+q)+\cdots+(1+q)} = O\left(\frac{2n^2+3qn}{3n+6q}\right). \tag{7.1.4}$$

Sie nimmt als Funktion von q leicht ab und beträgt $O(5n/9)$ für $q = n$ im Vergleich zu $O(2n/3)$ für $q = 1$.

Andererseits können wir den zeilenorientierten Algorithmus aus Abb. 7.1.1 modifizieren, indem die Zeilen von B an die Zeilen von A angehängt werden, so daß im k-ten Schritt eine Vektorlänge von $n-k+q$ erreicht wird. Da noch immer nur $n-k$ Vektoroperationen durchzuführen sind, beträgt die durchschnittliche Vektorlänge (Aufgabe 7.1.3)

$$\frac{(n-1)(n-1+q)+\cdots+(1+q)}{(n-1)+\cdots+1} = O(\frac{2}{3}n+q). \tag{7.1.5}$$

Diese ist nun eine wachsende Funktion von q. Für $q = n$ erhält man mit $O(5n/3)$ einen mehr als doppelt so großen Wert wie für $q = 1$. Wir schließen daraus, daß der zeilenorientierte Algorithmus, obwohl für $q = 1$ möglicherweise leicht nachteilig, für wachsendes q immer attraktiver wird.

Es bleibt die Rückwärtssubstitution. Wenn hinreichend viele rechte Seiten zu behandeln sind, kann es vorteilhaft sein, das folgende Schema anzuwenden. Die zu behandelnden Systeme seien durch $UX = C$ bezeichnet, wobei X und C $n \times q$-Matrizen sind und $\mathbf{x}_i$ beziehungsweise $\mathbf{c}_i$ die jeweils i-te Zeile bezeichnet. Dann berechnet man mit dem Algorithmus

$$\mathbf{x}_i = (\mathbf{c}_i - u_{i,i+1}\mathbf{x}_{i+1} - \cdots - u_{in}\mathbf{x}_n)/u_{ii}, \quad i = n, n-1, \dots, 1, \tag{7.1.6}$$

die Zeilen $\mathbf{x}_n, \mathbf{x}_{n-1}, \ldots$ mittels axpy-Operationen auf Vektoren der Länge q. Dies ist gerade der Skalarprodukt-Algorithmus (7.1.2), und zwar „simultan“ angewendet zur Berechnung der i-ten Komponenten aller Lösungsvektoren „auf einmal“. Die grundlegende Vektoroperation ist daher eine axpy-Operation und kein Skalarprodukt. Ob dies dem auf jede rechte Seite angewendeten Skalarprodukt-Algorithmus vorzuziehen ist, hängt von der Größe von q und n sowie vom jeweiligen Rechner ab.

Cholesky-Faktorisierung

Für eine symmetrische und positiv definite Matrix A ist die Cholesky-Faktorisierung $A = LL^T$ in Abb. 6.3.1 angegeben. Wir notieren den Algorithmus in einer etwas anderen Form in Abb. 7.1.4. Die innerste Schleife, in Abb. 7.1.4 die i-Schleife, modifiziert Spalten von A durch Subtraktion von Vielfachen von Spalten von L. Die grundlegende Vektoroperation ist daher wieder eine axpy-Operation.

```
l_11 = a_11^(1/2)
For j = 2 to n
  For s = j to n
    l_(s,j-1) = a_(s,j-1) / l_(j-1,j-1)
  For k = 1 to j - 1
    For i = j to n
      a_ij = a_ij - l_ik l_jk
  l_jj = a_jj^(1/2)
```

$$
\begin{aligned}
&l_{11} = a_{11}^{1/2}\\
&\text{For } j = 2 \text{ to } n\\
&\quad \text{For } s = j \text{ to } n\\
&\quad\quad l_{s,j-1} = a_{s,j-1}/l_{j-1,j-1}\\
&\quad \text{For } k = 1 \text{ to } j-1\\
&\quad\quad \text{For } i = j \text{ to } n\\
&\quad\quad\quad a_{ij} = a_{ij} - l_{ik}l_{jk}\\
&\quad l_{jj} = a_{jj}^{1/2}
\end{aligned}
$$

Abb. 7.1.4 *Spaltenorientierte Cholesky-Faktorisierung*

Im j-ten Schritt fallen $j-1$ axpy-Operationen auf Vektoren der Länge $n-j$ an. Die durchschnittliche Vektorlänge beträgt daher (Aufgabe 7.1.3)

$$\frac{n-1+2(n-2)+\cdots+(n-1)1}{1+2+\cdots+n-1} = O\left(\frac{n}{3}\right), \tag{7.1.7}$$

also nur die Hälfte derjenigen der LU-Zerlegung. Dies ist zu erwarten, da wir bei der Anwendung des Cholesky-Algorithmus die Symmetrie der Koeffizientenmatrix ausnutzen, um den sequentiellen Anteil an der Rechenarbeit um den Faktor

2 zu senken. Auf Vektorrechnern mit hoher Startup-Zeit fällt der relative Geschwindigkeitsgewinn der Cholesky-Faktorisierung bezüglich der LU-Zerlegung sehr viel kleiner aus als der nominelle Faktor zwei auf seriellen Rechnern.

QR-Faktorisierung

Wir betrachten nun die Faktorisierung $A = QR$ und beginnen mit dem Householder-Algorithmus aus Abb. 6.3.2, den wir in Abb. 7.1.5 wiedergeben.

For $k = 1$ to $n-1$

$$s_k = -\mathrm{sgn}(a_{kk}) \left(\sum_{l=k}^{n} a_{lk}^2 \right)^{1/2}$$

$$\mathbf{u}_k^T = (0, \ldots, 0, a_{kk} - s_k, a_{k+1,k}, \ldots, a_{nk})$$

$$\gamma_k = (s_k^2 - s_k a_{kk})^{-1}$$

$$a_{kk} = s_k$$

For $j = k+1$ to n

$$\alpha_j = \gamma_k \mathbf{u}_k^T \mathbf{a}_j$$

$$\mathbf{a}_j = \mathbf{a}_j - \alpha_j \mathbf{u}_k$$

Abb. 7.1.5 *Spaltenorientierte Householder-Transformation: Skalarprodukte*

Im k-ten Schritt erfordert die Berechnung von s_k ein Skalarprodukt der Länge $n-k+1$; Skalaroperationen werden dann für γ_k und $a_{kk} - s_k$ benötigt. Wie in Abschnitt 6.3 diskutiert, besteht der Hauptteil der Rechenarbeit der Householder-Transformation in der Aktualisierung der Spalten der reduzierten Matrizen; dies entspricht der abschließenden j-Schleife in Abb. 7.1.5. Diese innere Schleife enthält ein Skalarprodukt, welches von einer axpy-Operation gefolgt wird. Die Vektorlänge beträgt $n-k$. Daher ist die durchschnittliche Vektorlänge $O(2n/3)$ die gleiche wie für die LU-Zerlegung, und die innere Schleife erfordert axpy-Operationen der gleichen Gestalt. Der wesentliche Unterschied besteht darin, daß die innere Schleife auch Skalarprodukte $\mathbf{u}_k^T \mathbf{a}_j$ enthält.

Wir betrachten nun eine alternative Form der Householder-Transformation, in der die innere Schleife nur axpy-Operationen enthält. $\mathbf{a}_i$ bezeichnet die i-te Zeile von A. Die Aktualisierung (6.3.15) kann dann auch in der Form

$$P_1 A = A - \mathbf{w}_1 \mathbf{z}^T, \qquad \mathbf{z}^T = 2\mathbf{w}_1^T A = 2\mu \sum_{i=1}^n u_i \mathbf{a}_i = 2\mu \mathbf{v}^T, \tag{7.1.8a}$$

geschrieben werden, wobei $u_1, \ldots, u_n$ die Komponenten von $\mathbf{u}_1$ sind. Die neue i-te Zeile von A lautet dann

$$\mathbf{a}_i - w_i \mathbf{z}^T = \mathbf{a}_i - \gamma u_i \mathbf{v}^T, \tag{7.1.8b}$$

wobei die w_i die Komponenten von $\mathbf{w}_1$ sind. Dies wird häufig als *Rang-Eins-Modifikation* bezeichnet, da $\mathbf{w}\mathbf{z}^T$ eine Matrix vom Rang Eins ist. Der vollständige Algorithmus ist in Abb. 7.1.6 angegeben.

For $k = 1$ to $n - 1$
 $s_k = -\operatorname{sgn}(a_{kk}) \left(\sum_{l=k}^n a_{lk}^2\right)^{1/2}, \gamma_k = (s_k^2 - s_k a_{kk})^{-1}$
 $\mathbf{u}_k^T = (0, \ldots, 0, a_{kk} - s_k, a_{k+1,k}, \ldots, a_{nk})$
 $\mathbf{v}_k^T = \sum_{l=k}^n u_{lk} \mathbf{a}_l$
 $\hat{\mathbf{v}}_k^T = \gamma_k \mathbf{v}_k^T$
 For $j = k$ to n
  $\mathbf{a}_j = \mathbf{a}_j - u_{jk} \hat{\mathbf{v}}_k^T$

Abb. 7.1.6 *Zeilenorientierte Householder-Transformation: Rang-Eins-Modifikation*

Auch in diesem Algorithmus beträgt die durchschnittliche Vektorlänge $O(2n/3)$, und alle Vektoroperationen sind nun axpy-Operationen. Es ist jedoch zu beachten, daß die Berechnung von s_k nun weniger befriedigend ist, da die Elemente der Spalten von A nicht in zusammenhängenden Speicherbereichen liegen, wenn A zeilenweise abgespeichert ist.

Givens-Rotation

In Abschnitt 6.3 haben wir gesehen, daß die QR-Faktorisierung Givens-Rotationen verwendet, was aufwendiger ist als die Verwendung von Householder-Transformationen. Auf Vektorrechnern fällt der Vergleich jedoch nicht so klar aus.

Im ersten Schritt der Givens-Rotation, nach der Berechnung von c_{12} und s_{12} durch skalare Operationen, werden die ersten beiden Zeilen wie in (6.3.8) angegeben modifiziert. Dies erfordert eine Multiplikation Skalar mal Vektor, gefolgt von einer axpy-Operation. Wir wissen, daß das neue Element (2,1) gleich Null ist, und wir wissen auch, daß das neue Element (1,1) den Wert $\pm(a_{11}^2 + a_{21}^2)^{1/2}$ besitzt, da die Euklidische Norm der ersten Spalte unter der Multiplikation mit P_{12} erhalten werden muß. Dieser Wert ist schon berechnet worden. Die Vektorlängen betragen daher $n-1$. Die Transformation der Elemente der ersten Spalte zu Null erfordert $4(n-1)$ Vektoroperationen mit einer Vektorlänge von $n-1$. Die Transformation der Elemente der j-ten Spalte zu Null erfordert analog $4(n-j)$ Vektoroperationen der Vektorlänge $n-j$, so daß die durchschnittliche Vektorlänge für die gesamte Reduktion

$$\frac{4(n-1)(n-1) + 4(n-2)(n-2) + \cdots + 4}{4(n-1) + 4(n-2) + \cdots + 4} = O(2n/3) \tag{7.1.9}$$

beträgt (Aufgabe 7.1.3). Man erhält also den gleichen Wert wie bei der *LU*-Zerlegung und der Householder-Transformation. Abb. 7.1.7 zeigt einen Pseudocode für die Givens-Rotation, in dem $\mathbf{a}_k$ die k-te Zeile des aktuellen A und $\hat{\mathbf{a}}_k$ die Aktualisierung von $\mathbf{a}_k$ bezeichnen. Man beachte, daß bei der Modifikation von $\mathbf{a}_i$ das aktuelle $\mathbf{a}_k$ und nicht $\hat{\mathbf{a}}_k$ verwendet wird.

For $k = 1$ to n
  For $i = k+1$ to n
    Berechne s_{ki}, c_{ki}
    $\hat{\mathbf{a}}_k = c_{ki}\mathbf{a}_k + s_{ki}\mathbf{a}_i$
    $\hat{\mathbf{a}}_i = -s_{ki}\mathbf{a}_k + c_{ki}\mathbf{a}_i$

Abb. 7.1.7 *Zeilenorientierte Givens-Rotation*

Der Givens-Algorithmus erfordert doppelt soviele Vektoroperationen wie der Householder-Algorithmus, aber diese können mit halb sovielen Speicherzugriffen wie beim Householder-Algorithmus ausgeführt werden. Wir betrachten den ersten Schritt, in dem die erste Spalte von A zu Null transformiert wird. Die Vektoren $\mathbf{a}_1$ und $\mathbf{a}_2$ (oder Teile von ihnen) werden in Vektorregister geladen, und die notwendigen arithmetischen Operationen werden ausgeführt. Die modifizierte Komponente $\mathbf{a}_1$ wird in einem Register abgelegt, so daß für die Transformation des Elements (3,1) nur $\mathbf{a}_3$ geladen werden muß. Daher erfordert die Transformation zu Null der $n-1$ Elemente der ersten Spalte nur eine einzige Ladeoperation für jede der Zeilen von A, also insgesamt n vollständige Vektor-Ladeoperationen. Für den Householder-Algorithmus werden $O(2n)$ Vektor-Ladeoperationen benötigt. Das Verfahren von Givens ist auf Vektorrechnern konkurrenzfähiger, als eine einfache Zählung der arithmetischen Operationen ergeben würde.

Parallele LU-Zerlegung

Wir beginnen nun mit der Betrachtung von parallelen Algorithmen für die Cholesky-, die LU- und die QR-Zerlegung. Wir beginnen mit der LU-Zerlegung und betrachten zuerst einen Rechner mit verteiltem Speicher und $p = n$ Prozessoren. Eine mögliche Realisierung der LU-Zerlegung ist die folgende. Die i-te Zeile von A sei in Prozessor i abgespeichert. Im ersten Schritt wird die erste Zeile von A an alle anderen Prozessoren geschickt. Die Berechnung von

$$l_{i1} = a_{i1}/a_{11}, \qquad a_{ij} = a_{ij} - l_{i1}a_{1j}, \qquad j = 2, \ldots, n, \tag{7.1.10}$$

kann dann parallel auf den Prozessoren $P_2, \ldots, P_n$ erfolgen. Die Berechnung wird fortgesetzt, indem zunächst die neue zweite Zeile der reduzierten Matrix von Prozessor P_2 an die Prozessoren $P_3, \ldots, P_n$ gesandt wird, dann die nächsten Rechnungen analog (7.1.10) parallel ausgeführt werden, und so weiter. Dieses Vorgehen weist zwei wesentliche Nachteile auf. Zwischen den einzelnen Schritten erfolgt eine Datenkommunikation von erheblichem Umfang, und die Anzahl der aktiven Prozessoren nimmt in jedem Schritt um Eins ab.

Eine Alternative zur zeilenweisen Speicherung besteht darin, die i-te Spalte von A in Prozessor i zu speichern. In diesem Fall werden im ersten Schritt alle Quotienten l_{i1} von Prozessor 1 berechnet und dann allen anderen Prozessoren gesandt. Die Modifikationen

$$a_{ij} = a_{ij} - l_{i1}a_{1j}, \qquad j = 2, \ldots, n, \tag{7.1.11}$$

werden dann parallel in den Prozessoren $2, \ldots, n$ durchgeführt. Prozessor 1 beendet seine Aktivität nach der Berechnung der Quotienten l_{i1}, und im allgemeinen wird in jedem Schritt ein weiterer Prozessor beschäftigungslos. Dies stellt das gleiche Lastverteilungsproblem wie beim zeilenorientierten Algorithmus dar.

In der realistischeren Situation $p << n$ werden die obigen Lastverteilungsprobleme bis zu einem gewissen Grad vermieden. Für $n = kp$ ordnen wir in der zeilenweisen Speicherstrategie die ersten k Zeilen von A Prozessor 1 zu, die zweiten k Prozessor 2, und so weiter. Dies wird als *blockweise* oder *feldartige* Speicherung bezeichnet. Die erste Zeile wird von Prozessor 1 an die anderen Prozessoren gesandt. Die Berechnung (7.1.10) wird dann in Blöcken von k Operationsfolgen auf jedem Prozessor ausgeführt. Wie vorher werden Prozessoren im Laufe der Berechnung beschäftigungslos, aber das Gesamtverhältnis von Rechenzeit zu Kommunikationszeit wird nun zu einer wachsenden Funktion von k.

Ein attraktiveres Schema stellt die verschränkte Verteilung der Zeilen auf die Prozessoren dar. Wieder für $n = kp$ seien die Zeilen $1,\ p+1, 2p+1, \ldots$ in Prozessor 1 gespeichert, die Zeilen $2,\ p+2, 2p+2, \ldots$ in Prozessor 2, und so weiter, wie in Abb. 7.1.8 illustriert. Wir nennen dieses Speichermuster *zyklisch verschränkte Speicherung*. Sie vermeidet größtenteils das Problem ungenutzter Prozessoren, da beispielsweise Prozessor 1 bis zum Abschluß der Reduktion arbeitet, insbesondere bis zum Abschluß der Bearbeitung von Zeile $(k-1)p+1$. Die Lastverteilung auf die Prozessoren bleibt jedoch in gewissem Maße ungleichgewichtig. Nach dem ersten Schritt ist beispielsweise Zeile 2 berechnet, und Prozessor 2 hat im nächsten Schritt eine Zeile weniger als die anderen Prozessoren zu bearbeiten. Ein ähnliches Ungleichgewicht entsteht in dem nicht unwahrscheinlichen Fall, daß n kein Vielfaches der Anzahl der Prozessoren ist.

Analog kann für die spaltenweise Speicherung ein verschränktes Speicherschema angewendet werden, in dem Prozessor 1 die Spalten $1, p+1, \ldots, (k-1)p+1$ erhält, Prozessor 2 die Spalten $2, p+2, \ldots, (k-1)p+2$, und so weiter. Wieder

$1, p+1, \ldots, (k-1)p+1$	$2, p+2, \ldots, (k-1)p+2$	$\cdots$	$p, 2p, \ldots, kp$
Prozessor 1	Prozessor 2		Prozessor p

Abb. 7.1.8 *Verteilung der Zeilen bei zyklisch verschränkter zeilenweiser Speicherung*

arbeiten alle Prozessoren mit geringfügig ungleicher Lastverteilung bis zum Ende der Reduktion. Ein Vergleich der beiden Algorithmen ist Gegenstand der Aufgaben 7.1.8 und 7.1.9. Im folgenden verwenden wir die Begriffe „zyklisch", „verschränkt" und „zyklisch verschränkt" synonym.

Das Prinzip der verschränkten Speicherung ist vorrangig durch Rechner mit verteiltem Speicher motiviert. Es kann auch auch Systemen mit gemeinsamem Speicher angewendet werden, um einzelnen Prozessoren Teilaufgaben zuzuweisen. Bei zeilenweiser verschränkter Speicherung würde Prozessor 1 beispielsweise die Zeilen $p+1, 2p+1, \ldots,$ modifizieren, und so weiter. Auf Rechnern mit gemeinsamem Speicher kann eine dynamische Lastverteilung auch mittels des Konzepts eines Aufgabenpools verwirklicht werden. Eine derartige dynamische

Lastverteilung ist jedoch auf Systemen mit verteiltem Speicher weniger befriedigend, da zwischen den Prozessoren Speicherbereiche neu zugewiesen werden müssen.

Die obigen Betrachtungen gelten in gleicher Weise für die Cholesky-Faktorisierung mit dem wesentlichen Unterschied, daß die Hälfte der Matrix A abgespeichert werden muß.

Vorabsenden und Vorabberechnen

Wir untersuchen nun etwas detaillierter die LU-Zerlegung mit zyklisch verschränkter zeilenweiser Speicherung. Wir betrachten zunächst ein System mit verteiltem Speicher. Wir beginnen mit dem ersten Schritt, in dem Nullen in der ersten Spalte entstehen. Wenn wir in der üblichen sequentiellen Weise vorgehen, werden zunächst die Quotienten l_{i1} berechnet, die entsprechenden Zeilen modifiziert und dann der zweite Schritt begonnen. Zu Beginn des zweiten Schrittes muß derjenige Prozessor, auf dem die zweite Zeile abgelegt ist, diese allen anderen Prozessoren senden. Durch dieses Versenden entsteht eine Verzögerung. Eine naheliegende Modifikation besteht darin, Prozessor 2 die zweite Zeile unmittelbar nach ihrer Modifikation zu senden. Wir nennen dies die Strategie des *Vorabsendens*. Wenn Kommunikation und Rechnung überlappt werden können, können alle Prozessoren die jeweiligen Modifikationen des ersten Schrittes ausführen, während diese Daten versandt werden. Dies kann analog in allen weiteren Schritten erfolgen. Im k-ten Schritt wird die $(k+1)$-te Zeile unmittelbar nach ihrer Modifikation versandt. Wie gut diese Strategie funktioniert, hängt von den Kommunikationseigenschaften des jeweiligen Rechners ab.

Die Strategie des Vorabsendens findet ihre Anwendung auch auf Systemen mit gemeinsamem Speicher. In diesem Fall würde eine einfache Implementierung nach jedem Schritt eine Synchronisation enthalten, so daß kein Prozessor den nächsten Schritt beginnen würde, bevor nicht alle Prozessoren den vorangehenden beendet hätten. Im k-ten Schritt würde der Prozessor, dem die Zeile $k+1$ zugeordnet wäre, mindestens genauso viel Arbeit wie jeder andere Prozessor haben, da ihm wenigstens genauso viele Zeilen zugeordnet wären. Andere Prozessoren müßten daher unter Umständen warten, bis dieser Prozessor seine Arbeit im jeweiligen Schritt beendet hätte, bevor sie den nächsten Schritt beginnen könnten. Die Strategie des Vorabsendens, die hier eher eine Strategie des *Vorabberechnens* ist, modifiziert dies, indem sie die $(k+1)$-te Zeile als „fertig“ markiert, sobald sie aktualisiert ist. Sobald dann andere Prozessoren ihre Arbeit im k-ten Schritt beendet haben, können sie unmittelbar mit dem

$(k+1)$-ten Schritt beginnen, wenn die $(k+1)$-te Zeile als „fertig" markiert worden ist. Diese Kennzeichnung erfordert, die notwendige Synchronisation ohne unnötige Verzögerungen auszuführen. Es sei bemerkt, daß die Strategie des Vorabsendens und Vorabberechnens auch als *Pipelining* bezeichnet werden.

Teilpivotsuche

Die Teilpivotisierung zur Erhaltung der numerischen Stabilität führt zu weiteren Überlegungen hinsichtlich der Frage der Speicherung. A sei zunächst spaltenweise zyklisch verschränkt gespeichert. Die Suche nach einem Pivotelement erfolgt dann in einem einzigen Prozessor. Dies hat den Vorteil der Einfachheit, birgt aber auch das Risiko in sich, daß alle anderen Prozessoren während dieser Suche arbeitslos sind. Dieses Problem kann potentiell durch eine Strategie der Vorabberechnung und -sendung gemildert werden, in der im k-ten Schritt das Pivotelement in der $(k+1)$-ten Spalte berechnet wird, sobald diese Spalte aktualisiert worden ist. In jedem Falle muß diese Information allen anderen Prozessoren übermittelt werden, sobald die Pivotzeile bestimmt worden ist. Eine Zeilenvertauschung kann dann parallel auf allen Prozessoren durchgeführt werden. Die Vertauschung kann auch implizit durch eine entsprechende Indizierung erfolgen.

Bei zeilenweise zyklischer Speicherung ergibt sich eine andere Situation. Die Suche nach dem betragsmäßig größten Element in der aktuellen, etwa der k-ten Spalte muß über alle Prozessoren verteilt ausgeführt werden. Dies kann mittels eines Fan-In wie in Abschnitt 3.2 beschrieben erfolgen (Aufgabe 3.2.3). Nach Beendigung des Fan-In kennt ein einziger Prozessor die nächste Pivotzeile. Diese Information muß allen anderen Prozesoren gesandt werden. Erneut müssen wir entscheiden, ob die Zeilen physikalisch vertauscht werden. Wenn dies der Fall ist, so sind nur zwei Prozessoren betroffen, und alle anderen bleiben während der Vertauschung ungenutzt. Wenn wir nicht vertauschen, zerstören wir andererseits die zeilenweise zyklische Speicherung im Laufe der nachfolgenden Rechnung. In der Tat gewinnt das Speicherschema immer mehr das Aussehen einer zufälligen Verteilung auf die lokalen Speicher, je mehr Zeilenvertauschungen nicht physikalisch durchgeführt werden.

Lösung von Dreieckssystemen

Nach der LU- oder Cholesky-Zerlegung müssen Dreieckssysteme gelöst werden. Wir betrachten nur obere Systeme $U\mathbf{x} = \mathbf{c}$, da die Behandlung von unteren Dreieckssystemen analog verläuft (Aufgabe 7.1.10). Die grundlegenden Verfahren sind wieder der Column-Sweep- und der Skalarprodukt-Algorithmus aus Abb. 7.1.3.

Wir betrachten zunächst Systeme mit verteiltem Speicher. Unter der Annahme, daß das Dreieckssystem einer vorangehenden LU- oder Cholesky-Zerlegung entstammt, ist das Speicherschema für U schon durch dasjenige der Zerlegung festgelegt. Wenn wir beispielsweise die zeilenweise zyklische Speicherung aus Abb. 7.1.8 gewählt haben, so besitzt das Speicherschema für U das gleiche zeilenweise verschränkte Muster. Wir nehmen ferner an, daß die rechte Seite $\mathbf{c}$ ebenso in verschränkten Zeilen gespeichert ist. Dann zeigt Abb. 7.1.9 das Speicherschema des Gesamtsystems, wobei $\mathbf{u}_i$ die i-te Zeile von U bezeichnet. Der Column-Sweep-Algorithmus kann wie in Abb. 7.1.10 angegeben implementiert werden. In dieser Abbildung und der nachfolgenden Diskussion bezeichnet $P(i)$ denjenigen Prozessor, auf dem die i-te Zeile (oder Spalte) von U gespeichert ist. Im ersten Schritt befinden sich c_n und u_{nn} auf demselben Prozessor. Nachdem x_n an alle Prozessoren gesandt worden ist, aktualisiert jeder Prozessor diejenigen Komponenten der rechten Seite, die in ihm gespeichert sind. Dann wird x_{n-1} in dem Prozessor berechnet, der die $(n-1)$-te Zeile enthält. Dieser Prozeß wird nun wiederholt, um x_{n-2}, dann x_{n-3}, und so weiter, zu erhalten. Die zur Modifikation der c_i erforderliche Arbeit ist im wesentlichen solange gleich verteilt, bis das aktuelle Dreieckssystem zu klein wird. In den letzten Schritten bleiben zunehmend mehr Prozessoren ungenutzt.

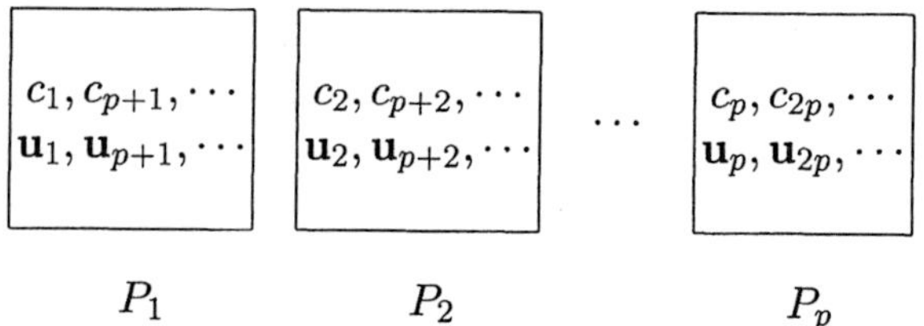

Abb. 7.1.9 *Zyklisch verschränkte zeilenweise Speicherung für* $U\mathbf{x} = \mathbf{c}$

Ein nachteiliger Gesichtspunkt beim Column-Sweep-Algorithmus ist die Tatsache, daß die Berechnung von x_i in einem einzigen Prozessor erfolgt, während alle anderen Prozessoren ungenutzt sind. Es kann daher vorteilhaft sein, die Berechnung der nachfolgenden x_i mit einer Strategie der Vorabberechnung zu überlappen. Derjenige Prozessor, der die $(n-1)$-te Zeile enthält, modifiziert c_{n-1} und berechnet und verschickt dann x_{n-1}, bevor er die anderen c_i aktualisiert. Damit ist x_{n-1} allen Prozessoren so schnell wie möglich zugänglich.

Wenn U spaltenweise verschränkt abgespeichert ist, führt eine unmittelbar naheliegende Implementierung des Column-Sweep-Algorithmus zu einem im wesentlichen sequentiellen Code. Wir nehmen an, daß der Prozessor $P(n)$, der die letzte Spalte von U hält, auch $\mathbf{c}$ speichert. $P(n)$ berechnet dann x_n, modifiziert

Berechne $x_n = c_n/u_{nn}$ auf $P(n)$
Sende x_n an alle Prozessoren
Berechne $c_i = c_i - u_{in}x_n, \quad i = 1, \ldots, n-1,$
Berechne $x_{n-1} = c_{n-1}/u_{n-1,n-1}$ auf $P(n-1)$
Sende x_{n-1} an alle Prozessoren
Berechne $c_i = c_i - u_{i,n-1}x_{n-1}, \quad i = 1, \ldots, n-2,$
$\vdots$

Abb. 7.1.10 *Paralleler Column-Sweep-Algorithmus für zeilenweise abgespeichertes U*

c und übermittelt das neue **c** an $P(n-1)$. $P(n-1)$ berechnet dann x_{n-1}, aktualisiert **c**, sendet dieses an $P(n-2)$, und so weiter. Zu jedem Zeitpunkt rechnet somit nur ein einziger Prozessor. Es gibt Möglichkeiten, diese Problem durch verschiedene Strategien der Vorabrechnung und Vorabsendung abzumildern; vergleiche hierzu die ergänzenden Bemerkungen zu diesem Abschnitt. Wir werden stattdessen den Skalarprodukt-Algorithmus betrachten, der von vornherein attraktiv ist, wenn U spaltenweise abgespeichert ist.

Im Skalarprodukt-Algorithmus aus Abb. 7.1.3(b) erfordert die Berechnung von x_i das Skalarprodukt der i-ten Zeile von U mit Ausnahme des Hauptdiagonalelements, und des Vektors mit den Komponenten $x_{i+1}, \ldots, x_n$. Wir nehmen $x_j \in P(j)$ an. Prozessor $P(j)$ kann daher $\sum u_{ij}x_j$ für alle x_j berechnen, die auf ihm gespeichert sind, da die entsprechenden u_{ij} auch in $P(j)$ liegen. Nach der parallelen Berechnung dieser partiellen Skalarprodukte auf allen Prozessoren können diese mittels eines Fan-In so aufsummiert werden, daß das Skalarprodukt in $P(i)$ liegt. Wir nehmen an, daß die rechte Seite derart abgespeichert ist, daß $c_i \in P(i)$ gilt und $P(i)$ dann x_i berechnet. Wir fassen diesen Skalarprodukt-Algorithmus in Abb. 7.1.11 zusammen.

Für große n und i erhält man eine fast vollständige Parallelität in der Berechnung der partiellen Skalarprodukte. Der Fan-In ist weniger befriedigend, da er Kommunikation mit sich bringt. Außerdem wird eine zunehmende Anzahl von Prozessoren beschäftigungslos. Ferner ist die Parallelität in den Anfangsschritten, wenn i nahe bei n liegt, sogar bei der Berechnung der partiellen Skalarprodukte gering. Einige dieser Probleme können durch Vorabrechnung gemildert werden. So kann zum Beispiel im i-ten Schritt ein Prozessor, sobald

```
For i = n down to 1
  Alle Prozessoren berechnen ihren Anteil am
    i-ten Skalarprodukt
  Fan-In der partiellen Skalarprodukte auf P(i)
  P(i) berechnet x_i
```

Abb. 7.1.11 *Paralleler Skalarprodukt-Algorithmus*

er seine Rechnungen in diesem Schritt beendet hat, mit der Berechnung seines partiellen Skalarproduktes für den nächsten Schritt beginnen.

Wir bemerken eine grundsätzliche Schwierigkeit bei der Lösung von Dreieckssystemen auf Rechnern mit verteiltem Speicher: Nur $O(n^2)$ arithmetische Operationen stehen den zu amortisierenden Kommunikationskosten gegenüber. Dies ist im Vergleich zu $O(n^3)$ Operationen der Faktorisierung zu sehen.

Nach einer Cholesky-Zerlegung müssen Dreiecksssysteme $L^T\mathbf{y} = \mathbf{b}$ und $L\mathbf{x} = \mathbf{y}$ gelöst werden. Wenn A zeilenweise abgespeichert worden ist, so gilt dies auch für L, und ein Column-Sweep-Algorithmus analog zu Abb. 7.1.10 kann auf $L\mathbf{x} = \mathbf{y}$ angewendet werden. Der einzige Unterschied besteht darin, daß die Unbekannten in der Reihenfolge $x_1, \ldots, x_n$ berechnet werden (Aufgabe 7.1.10). Bei der Lösung von $L^T\mathbf{y} = \mathbf{b}$ entspricht die zeilenweise Speicherung von L der spaltenweisen Speicherung von L^T. Wenn A spaltenweise abgespeichert worden ist, dann ist L spaltenweise und L^T zeilenweise gespeichert. In beiden Fällen müssen Dreieckssysteme sowohl mit einem spaltenweisen als auch einem zeilenweisen Speicherschema gelöst werden. Beim Gaußschen Eliminationsverfahren ist es üblich, die Vorwärtssubstitution (die Lösung von $L\mathbf{y} = \mathbf{b}$) als Teil der Faktorisierung auszuführen. Die Komponenten von $\mathbf{b}$ können bei zeilenweiser Speicherung an die Zeilen von A angehängt werden oder, bei spaltenweiser Speicherung, als weitere Spalte von A angesehen werden.

Die Lösung von Dreieckssystemen auf Rechnern mit gemeinsamem Speicher kann entweder durch dynamische oder durch statische Zuweisung von Teilaufgaben (tasks) erfolgen. Wir können beispielsweise ein spalten- oder zeilenorientiertes verschränktes Zuweisungsschema anwenden, in dem Prozessor i die im Zusammenhang mit den Spalten (oder Zeilen) $i, i+p, i+2p, \ldots$ anfallende Arbeit zugewiesen wird. Abb. 7.1.12 zeigt einen Pseudocode für jeden Prozessor.

```
If (Zeile n diesem Prozessor zugeordnet)
  x_n = c_n/u_nn
  Kennzeichne x_n als erledigt
For j = n − 1 down to 1
  Warte auf Kennzeichnung von x_{j+1} als erledigt
  If (Zeile j diesem Prozessor zugeordnet)
    c_j = c_j − u_{j,j+1} x_{j+1}
    x_j = c_j/u_jj
    Kennzeichne x_j als erledigt
For i = 1 to j − 1
  If (Zeile i diesem Prozessor zugeordnet)
    c_i = c_i − u_{i,j+1} x_{j+1}
```

Abb. 7.1.12 *Column-Sweep-Algorithmus für* $U\mathbf{x} = c$ *auf Rechnern mit einem gemeinsamen Hauptspeicher*

In Abb. 7.1.12 wird die notwendige Synchronisation realisiert, indem die Unbekannten x_i nach ihrer Berechnung als „erledigt" gekennzeichnet werden. Prozessoren warten, bis die für die nachfolgenden Berechnungen benötigten x_i berechnet und damit auch verfügbar sind. Die Kennzeichung und der Warteprozeß kann abhängig vom jeweiligen Rechner auf verschiedene Weise implementiert werden. Die x_i werden berechnet, bevor die aktuelle Modifikation der rechten Seite beendet ist, damit sie allen anderen Prozessoren so schnell wie möglich zugänglich gemacht werden können.

Householder-Transformation

Wir haben die orthogonale Givens-Rotation und die ebenfalls orthogonale Householder-Transformation für Vektorrechner diskutiert und wollen nun ihre Implementierung auf parallelen Systemen betrachten. Wir behandeln zunächst die Householder-Transformation. A sei zeilenweise verschränkt gespeichert. Wir beginnen mit dem Vektorcode aus Abb. 7.1.5. Dabei sei $\mathbf{a}_i$ die i-te Zeile des aktuellen A.

Der erste Schritt eines parallelen Codes auf einem System mit verteiltem Speicher kann wie in Abb. 7.1.13 angegeben implementiert werden. Dabei sind die einzelnen Schritte so konzipiert, daß eine gute Lastverteilung erreicht wird.

Wenn beispielsweise s_1 auf Prozessor 1 berechnet wird, so können die anderen Prozessoren die Berechnung der Skalarprodukte $\mathbf{u}_1^T\mathbf{a}_j$ beginnen, obwohl diese natürlich nicht abgeschlossen werden können, bevor nicht s_1 auf allen Prozessoren verfügbar ist. Wir ziehen es auch vor, γ_1 und $a_{11} - s_1$ auf allen Prozessoren zu berechnen, statt sie auf Prozessor 1 zu berechnen und dann zu verschicken. Kommunikation erfolgt in diesem Schritt nur in Gestalt des Versandes der ersten Spalte und von s_1 an alle Prozessoren. Dies führt zu einer signifikanten Verzögerung in Schritt 1. Im Schritt 2 wäre es vorteilhaft, die zweite Spalte unmittelbar nach ihrer Modifikation zu versenden. Der Hauptteil der Arbeit fällt in jedem Schritt der Householder-Transformation bei der Aktualisierung der Spalten an. Wir vermerken die ausgezeichnete Lastverteilung, die bis in die letzten Schritte anhält.

1. Sende die erste Zeile von A an alle Prozessoren.
2. Berechne s_1 in Prozessor 1. Beginne die Berechnung von $\mathbf{u}_1^T\mathbf{a}_j$ auf den anderen Prozessoren.
   Sende s_1 an alle anderen Prozessoren.
3. Berechne γ_1 und $a_{11} - s_1$ auf allen Prozessoren. Fahre fort mit der Berechnung der $\mathbf{u}_1^T\mathbf{a}_j$.
   Ersetze a_{11} durch s_1 in Prozessor 1.
4. Berechne $\alpha_i = \gamma_1\mathbf{u}_1^T\mathbf{a}_i$ auf allen Prozessoren.
5. Berechne $\mathbf{a}_i - \alpha_i\mathbf{u}_1$ auf allen Prozessoren.

Abb. 7.1.13 *Erster Schritt der parallelen Skalarprodukt-Form der Householder-Transformation*

Wir betrachten nun die in Abb. 7.1.6 skizzierte Rang-Eins-Modifikation der Householder-Transformation. Der erste Schritt des entsprechenden parallelen Codes ist in Abb. 7.1.14 gezeigt. In Abb. 7.1.6 bezeichnen die $\mathbf{a}_i$ die Zeilen von A. Da wir jedoch annehmen, daß A spaltenweise abgespeichert ist, stimmen die Rechnungen in Schritt 4 von Abb. 7.1.14 mit denen in Schritt 4 von Abb. 7.1.13 überein. Dies bedeutet, daß die Berechnung von $\hat{\mathbf{v}}^T$ gerade γ_1 mal den Skalarprodukten $\mathbf{u}_1$ und den von jedem Prozessor gespeicherten Spalten von A entspricht. Analog sind die Berechnungen in Schritt 5 beider Abbildungen gleich. Daher sind die parallelen Versionen in Abb. 7.1.13 und 7.1.14 identisch.

Wenn A zeilenweise verschränkt abgespeichert ist, sind die parallelen Algorithmen nicht annähernd so befriedigend wie bei spaltenweiser Speicherung.

1. Sende die erste Spalte von A an alle Prozessoren.
2. Berechne s_1 in Prozessor 1. Beginne die Berechnung von $\mathbf{v}_1$ auf den anderen Prozessoren.
   Sende s_1 an alle anderen Prozessoren.
3. Berechne μ_1 und $a_{11} - s_1$ auf allen Prozessoren.
   Fahre mit der Berechnung von $\mathbf{v}_1$ auf allen Prozessoren fort.
   Ersetze a_{11} durch s_1 auf Prozessor 1.
4. Berechne $\hat{\mathbf{v}}_1$ auf allen Prozessoren.
5. Berechne $\mathbf{a}_j - u_j\hat{\mathbf{v}}_1^T$ auf allen Prozessoren.

Abb. 7.1.14 *Erster Schritt der parallelen Rang-Eins-Form der Householder-Transformation*

Wir betrachten zunächst die Skalarproduktform. Hier werden die Skalarprodukte $\mathbf{u}_j^T\mathbf{a}_i$ benötigt. Zunächst werden die Teil-Skalarprodukte mit den schon in jedem Prozessor vorhandenen Elementen berechnet. Um ein Skalarprodukt jeweils vollständig zu berechnen, ist jedoch ein Fan-In über alle Prozessoren erforderlich. Dann muß jedes dieser Skalarprodukte an alle Prozessoren versandt werden. Die Rang-Eins-Version leidet unter dem gleichen Problem. In diesem Fall muß der Vektor $\mathbf{v}_j^T$ berechnet werden, der eine Linearkombination von Zeilen von A darstellt. Um dies zu vollenden, muß wieder ein Fan-In über alle Prozessoren ausgeführt werden, und das Ergebnis muß an alle Prozessoren versandt werden. Wir schließen daraus, daß bei der Householder-Transformation die spaltenweise der zeilenweisen Speicherung vorzuziehen ist.

Givens-Rotation

Wie in (6.3.8) angegeben werden im ersten Schritt der Givens-Rotation die ersten beiden Zeilen von A wie folgt modifiziert

$$\hat{\mathbf{a}}_1 = c_{12}\mathbf{a}_1 + s_{12}\mathbf{a}_2, \qquad \hat{\mathbf{a}}_2 = -s_{12}\mathbf{a}_1 + c_{12}\mathbf{a}_2, \tag{7.1.12}$$

wobei s_{12} und c_{12} die in (6.3.10) definierten Cosinus- und Sinuswerte bezeichnen. Dieser Schritt erzeugt eine Null in der Position (2,1) von A. Die nachfolgenden Schritte erzeugen Nullen in den verbleibenden Elementen der ersten Spalte, dann in den Subdiagonalelementen der zweiten Spalte, und so weiter. Der vollständige zeilenorientierte Algorithmus ist in Abb. 7.1.7 angegeben. Wir wollen jedoch zunächst einen spaltenorientierten Algorithmus betrachten.

A sei spaltenweise verschränkt abgespeichert. Abb. 7.1.15. zeigt die Anfangsschritte eines parallelen Algorithmus. Zu Beginn entsteht eine Verzögerung bei der Berechnung des ersten Sinus-Cosinus-Paares und seinem Versand an alle Prozessoren. In den nachfolgenden Schritten wird das jeweils nächste Sinus-Cosinus-Paar sofort nach seiner Berechnung verschickt. Sobald beispielsweise Prozessor 1 das Element (1,1) in Schritt 2 modifiziert hat, kann er Schritt 3 ausführen, während die anderen Prozessoren mit der Modifikation der Zeilen 1 und 3 fortfahren. Im ersten Schritt hat Prozessor 1 die zusätzliche Aufgabe, alle Sinus-Cosinus-Paare zu berechnen, so daß er den ersten Schritt nach allen anderen Prozessoren beendet. Spalte 1 ist nun jedoch fertig. Daher hat Prozessor 1 eine Spalte weniger zu bearbeiten und holt auf, während Prozessor 2 im nächsten Schritt zurückfällt, und so weiter. Alles in allem hat diese Form der Givens-Rotation gute parallele Eigenschaften.

1. Berechne c_{12} und s_{12} auf Prozessor 1.
   Sende das Ergebnis an alle anderen Prozessoren.
2. Beginne die Modifikation der Zeilen 1, 2 auf allen Prozessoren.
3. Berechne c_{13} und s_{13} auf Prozessor 1.
   Sende das Ergebnis an alle anderen Prozessoren.
4. Beende die Modifikation der Zeilen 1, 2 auf allen Prozessoren.
5. Beginne die Modifikation der Zeilen 1, 3 auf allen Prozessoren.

   $\vdots$

Abb. 7.1.15 *Spaltenversion der parallelen Givens-Rotation*

Für zeilenweise verschränkte Speicherung ist dies nicht mehr so offensichtlich der Fall. Im ersten Schritt sind nur die Prozessoren 1 und 2 bei der Bearbeitung der Zeilen 1 und 2 aktiv, im zweiten Schritt nur die Prozessoren 2 und 3 und so weiter. Diese Problem wird bis zu einem gewissen Maß durch eine etwas andere Art der Parallelität des Givens-Verfahrens gemildert. Vergleiche hierzu die ergänzenden Bemerkungen und Aufgabe 7.1.12.

Mehrere rechte Seiten

Wir stellen nun einige Betrachtungen zum System $AX = B$ mit $n \times q$-Matrizen X und B an. Wir nehmen an, daß durch eines der in diesem Abschnitt besprochenen Verfahren eine Zerlegung $A = SU$ erzeugt worden sei, wobei U

eine obere Dreiecksmatrix ist und S von der Art der verwendeten Zerlegung abhängt. Dann müssen die Systeme

$$SY = B, \qquad UX = Y \tag{7.1.13}$$

gelöst werden. Wir betrachten zunächst $UX = Y$. Unter der Annahme, daß q Prozessoren zur Verfügung stehen, daß U in jedem Prozessor abgespeichert wird und daß die jeweils i-te Spalte von Y in Prozessor i gespeichert ist, können die q Systeme $U\mathbf{x}_i = \mathbf{y}_i$ parallel gelöst werden. Bei $SY = B$ kann analog vorgegangen werden. Somit können sämtliche Rechnungen vollständig parallel ausgeführt werden, und wir diskutieren nun die Durchführbarkeit dieses Ansatzes.

Wie schon erwähnt, treten mehrfache rechte Seiten vor allem in zwei Fällen auf. Der eine ist $B = I, q = n$ und $X = A^{-1}$. Im anderen kann es sich um unterschiedliche Kräfte in einem Strukturproblem oder analoge Situationen in anderen Aufgabenstellungen handeln. In diesem Fall kann q zwischen sehr kleinen und sehr großen Werten variieren. Der vorgenannte Ansatz ist sicherlich für $q << p$, wenn p die Anzahl der Prozessoren bezeichnet, nicht brauchbar, da dann $p - q$ Prozessoren ungenutzt bleiben. Dann böte sich beispielsweise eher der Column-Sweep-Algorithmus an. Für $q = 5$ und $p = 20$ könnte man zum Beispiel jedem System vier Prozessoren zuordnen.

Für $p << q$ ist andererseits die Lösung von q/p Systemen auf jedem Prozessor grundsätzlich attraktiv. Jedoch tritt folgendes Problem auf. Wenn die Reduktion beispielsweise durch LU-Zerlegung mit zeilenweise verschränkter Speicherung erfolgt ist, dann wird U gemäß dem gleichen Speicherschema auf die Prozessoren verteilt. Vor Beginn der Rechnung müssen daher sämtliche Teile von U erst von allen Prozessoren geholt werden. Nur mittels einer detaillierteren Analyse für ein konkretes paralleles System kann entschieden werden, ob dieses Vorgehen effizienter ist als jedes System $U\mathbf{x}_i = \mathbf{y}_i$ über alle Prozessoren verteilt zu lösen.

Ergänzende Bemerkungen und Literaturhinweise zu Abschnitt 7.1

1. Eine Variation des Gaußschen Eliminationsverfahrens stellt der Gauß-Jordan-Algorithmus dar, in dem A in eine Diagonalmatrix anstelle einer oberen

Dreiecksmatrix transformiert wird. Im k-ten Schritt hat die partiell transformierte Matrix folgende Gestalt.

$$\begin{array}{ccccc} a_{11} & & \hat{a}_{1k} & \cdots & \hat{a}_{1n} \\ & \ddots & \vdots & & \vdots \\ & & \hat{a}_{k-1,k-1} & & \\ & & & & \\ & & \hat{a}_{kk} & \cdots & \hat{a}_{kn} \\ & & \vdots & & \vdots \\ & & \hat{a}_{nk} & \cdots & \hat{a}_{nn} \end{array}$$

Dabei geben die „Dächer“ an, daß Elemente möglicherweise modifiziert worden sind. Unter der Annahme $\hat{a}_{kk} \neq 0$ wird ein Vielfaches der k-ten Zeile von allen anderen Zeilen subtrahiert, um so alle Einträge in der k-ten Spalte außer dem Diagonalelement zu eliminieren. Der grundlegende Schritt ist die axpy-Operation $\mathbf{a}_j - a_{kj}\mathbf{m}_k$, wobei $\mathbf{a}_j$ die aktuelle Spalte von A und $\mathbf{m}_k$ den Vektor der Quotienten a_{ik}/a_{kk} darstellt und die k-te Komponente von $\mathbf{m}_k$ gleich Null gesetzt ist. Eine Teilpivotsuche kann leicht ergänzt werden. Peters und Wilkinson [1975] haben gezeigt, daß der Gauß-Jordan-Algorithmus im wesentlichen die gleiche numerische Stabilität wie das Gaußsche Eliminationsverfahren besitzt, mit der Ausnahme, daß das Residuum der berechneten Lösungen beim Gauß-Jordan-Algorithmus - insbesondere für schlecht konditionierte Matrizen - größer sein kann. Dieser Mangel wurde von Dekker und Hoffman [1989] durch Teilpivotisierung mit Spalten- statt Zeilenvertauschungen behoben. Der mögliche Vorteil des Gauß-Jordan-Algorithmus auf Vektor- oder Parallelrechnern besteht darin, daß die Vektorlängen im Verlauf der gesamten Rechnung den Wert n behalten, anstatt mit fortschreitender Reduktion abzunehmen. Allerdings beträgt die sequentielle arithmetische Komplexität $O(n^3)$ anstelle der $O(2n^3/3)$ Operationen des Gaußschen Eliminationsverfahrens. Der Zusatzaufwand dürfte den Vorteil der größeren Vektorlängen aufwiegen. Außerdem werden Bandmatrizen im allgemeinen oberhalb der Diagonale vollständig aufgefüllt. Die Elimination dieser zusätzlich auftretenden Elemente erhöht die arithmetische Komplexität nachhaltig im Vergleich zum Gaußschen Eliminationsverfahren.

2. Die Idee der verschränkten Speicherung wurde unabhängig von O'Leary und Stewart [1985], die sie *Torus-Speicherung* nennen, Ipsen et al. [1986], die sie *verstreute Speicherung* nennen, und Geist und Heath [1986], die sie als *zyklische* Abbildung bezeichnen, betrachtet. O'Leary und Stewart [1985] behandeln ferner eine verwandte gespiegelte Speicherung.

3. In der Diskussion der Givens-Rotation wurde angenommen, daß Nullen im linken unteren Dreieck von A in der üblichen Reihenfolge erzeugt werden. Es

gibt jedoch viele andere, als *Eliminationsmuster* bezeichnete Anordnungen mit der Eigenschaft, daß ein einmal zu Null transformiertes Element auch den Wert Null behält. Viele dieser Anordnungen besitzen gute Parallelitätseigenschaften und sind zur Verwendung im Verfahren von Givens vorgeschlagen worden, siehe beispielsweise Aufgabe 7.1.12. Vergleiche Ortega [1988a] bezüglich einer weitergehenden Diskussion und zusätzlicher Literaturangaben.

4. Der Aufwand für die Teilpivotsuche im Gaußschen Eliminationsverfahren kann durch *paarweise Pivotsuche* stark reduziert werden. Im ersten Schritt wird a_{11} mit a_{21} verglichen. Die Zeilen 1 und 2 werden vertauscht, wenn $|a_{11}| < |a_{21}|$. Im nächsten Schritt wird a_{31} mit dem aktuellen a_{11} verglichen, und so weiter. Offensichtlich erfüllen alle Quotienten l_{ij} die Beziehung $|l_{ij}| \leq 1$, obwohl dieser Algorithmus nicht ganz so stabil wie eine Teilpivotsuche ist. Vergleiche Sorenson [1985] für eine weitergehende Diskussion und Analyse.

Aufgaben zu Abschnitt 7.1

7.1.1. Verwende die Summationsformeln aus Aufgabe 6.1.4, um zu zeigen, daß der Ausdruck in (7.1.1) wie folgt geschrieben werden kann:

$$\frac{1}{3}\frac{n(n-1)(2n-1)}{n(n-1)} = \frac{1}{3}(2n-1) = O(2n/3).$$

7.1.2. Formuliere den Skalarprodukt- und den Column-Sweep-Algorithmus zur Lösung eines unteren Dreieckssystems $L\mathbf{x} = \mathbf{b}$.

7.1.3. Verwende die Summationsformeln aus Aufgabe 6.1.4 zum Nachweis von (7.1.4), (7.1.5), (7.1.7) and (7.1.9).

7.1.4. Formuliere eine spaltenorientierte Rang-Eins-Modifikations-Version der Householder-Transformation durch Verwendung von Householder-Transformationen von rechts: $A(I - \alpha\mathbf{w}\mathbf{w}^T)$. Anstelle einer QR-Zerlegung von A erzeugt somit die Folge von Transformationen

$$AP_1P_2\cdots P_{n-1} = L$$

eine LQ-Zerlegung mit einer unteren Dreiecksmatrix L und einer Orthogonalmatrix Q. Dies ist äquivalent zur QR Zerlegung von A^T, jedoch ohne explizite Transposition von A.

7.1.5. Formuliere eine spaltenorientierte Givens-Rotation und diskutiere ihre Vektoreigenschaften im Vergleich zum zeilenorientierten Algorithmus aus Abb. 7.1.7.

7.1.6. Ein paralleles System benötige t Zeiteinheiten für arithmetische Operationen und αt Zeiteinheiten, um ein Datenwort von einem an beliebig viele Prozessoren zu senden. Die Prozessoranzahl betrage $p = n$ und stimme mit der Systemgröße überein. Berechne die Gesamtzeit für die LU-Zerlegung ohne Pivotsuche bei der im Text diskutierten zeilenweisen und spaltenweisen Speicherung. Ermittle den besseren Algorithmus als Funktion von α.

7.1.7. Ein paralleles System habe die in Aufgabe 7.1.6 genannten Eigenschaften. Der Vergleich der Absolutbeträge zweier Zahlen benötige ebenfalls t Zeiteinheiten. Vergleiche die beiden Algorithmen unter Hinzufügung einer Teilpivotsuche.

7.1.8. Ein paralleles System habe die in Aufgabe 7.1.6 genannten Eigenschaften, und es gelte $n = kp$. Vergleiche die Anzahl der Zeitschritte für die LU-Zerlegung ohne Pivotsuche, wenn (a) die ersten k Zeilen von A in Prozessor 1 gespeichert sind, die nächsten k in Prozessor 2, und so weiter, und wenn (b) die Speicherung der Zeilen wie in Abb. 7.1.8 verschränkt erfolgt. Wiederhole die Analyse für den Fall, daß eine Teilpivotsuche erfolgt.

7.1.9. Wiederhole 7.1.8 für den Fall, daß A spaltenweise gespeichert ist.

7.1.10. Diskutiere den parallelen Column-Sweep- und den parallelen Skalarproduktalgorithmus für ein unteres Dreieckssytem.

7.1.11. Zeige, daß eine einfache Implementierung des Column-Sweep-Algorithmus auf einem Rechner mit gemeinsamem Speicher mit einer Zuordnung von Teilaufgaben auf der Basis von verschränkten Spalten eine sehr unbefriedigende Lastverteilung besitzt. Diskutiere Möglichkeiten zur Verbesserung dieser Implementierung.

7.1.12. Betrachte das im folgenden für eine 8×8-Matrix illustrierte *Sameh-Kuck*-Eliminationsmuster.

Zeile							
2	7						
3	6	8					
4	5	7	9				
5	4	6	8	10			
6	3	5	7	9	11		
7	2	4	6	8	10	12	
8	1	3	5	7	9	11	13

Erweitere diese Muster für allgemeines n und diskutiere, welche Givens-Rotationen parallel ausgeführt werden können. Vergleiche dies mit der Parallelität von (6.3.11). Ist es möglich, ein Eliminationsmuster mit größerer Parallelität zu finden?

7.2 Weitere Formen der Organisation von Faktorisierungen

Im vorangehenden Abschnitt haben wir verschiedene Grundformen der Vektorisierung und Parallelisierung der LU-Zerlegung und anderer Faktorisierungen diskutiert. Es gibt jedoch viele andere Formen der Organisation von Faktorisierungsalgorithmen, die gegebenfalls erwünschte Eigenschaften auf Parallel- und Vektorrechnern besitzen. In diesem Abschnitt diskutieren wir einige derartige Möglichkeiten.

Die ijk-Formen der LU-Zerlegung

Wie für die in Kapitel 3 besprochene Matrix-Multiplikation gibt es sechs verschiedene Formen der LU-Faktorisierung, die man durch Permutation der Indizes i, j, k in der generischen Dreifachschschleife

```
For ___
  For ___
    For ___
      a_ij = a_ij - l_ik a_kj
```
(7.2.1)

erhält. Die Permutation von i, j, k erfolgt nur in den *For*-Anweisungen; die arithmetischen Anweisungen bleiben in allen Fällen gleich. Wir berücksichtigen hier nicht die Bildung der Quotienten. Der endgültige Code fällt etwas komplizierter aus, als (7.2.1) nahelegen würde. (Vergleiche Abb. 7.1.1, 7.1.2, 7.2.1 und Aufgabe 7.2.3.) Der zeilenorientierte Algorithmus aus Abb. 7.1.1 ist beispielsweise die kij-Form und der spaltenorientierte Algorithmus aus Abb. 7.1.2 die kji-Form. Eine andere wichtige Variante ist die jki-Form in Abb. 7.2.1. Diese entspricht einem spaltenorientierten Algorithmus. Die ikj-Form ergibt den entsprechenden zeilenorientierten Algorithmus (Aufgabe 7.2.3).

Abb. 7.2.2 zeigt die Datenzugriffsmuster des kji- und des jki-Algorithmus. Im k-ten Schritt der kji-Form werden die k-te Spalte von L und die $(k+1)$-te Zeile von U berechnet, und die verbleibende Restmatrix wird aktualisiert. Die vorher berechneten Teile von L und U werden nicht mehr berührt. Dies wird oft als eine *Rechts-(right-looking)*-Variante der LU-Zerlegung bezeichnet, da Datenzugriffe rechts erfolgen. Im Gegensatz dazu werden im j-ten Schritt der jki-Form die jeweils j-ten Spalten von L und U unter Verwendung der vorher modifizierten Spalten von L berechnet. Daher erfolgen Datenzugriffe links von der aktuellen Spalte, so daß dies als *Links(left-looking)*-Variante bezeichnet wird.

```
For j = 2 to n
  For s = j to n
    l_{s,j-1} = a_{s,j-1}/a_{j-1,j-1}
  For k = 1 to j - 1
    For i = k + 1 to n
      a_{ij} = a_{ij} - l_{ik} a_{kj}
```

Abb. 7.2.1 *Die jki-Form der LU-Zerlegung*

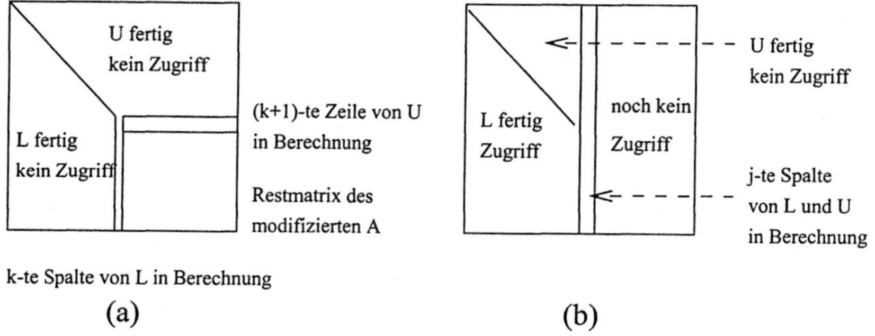

Abb. 7.2.2 *Datenzugriffsmuster der (a) kji- und der (b) jki-Form*

Ein weiterer wichtiger Unterschied zwischen der kji- und der jki-Form besteht darin, daß der kji-Algorithmus die verbleibende Teilmatrix so früh wie möglich modifiziert, während der jki-Algorithmus alle Transformationen der j-ten Spalte im j-ten Schritt ausführt. Daher ist die kji-Form als ein Algorithmus mit *sofortiger Modifikation* und die jki-Form als ein Algorithmus mit *verzögerter Modifikation* bekannt. Andererseits ist die innere Schleife sowohl der kji- als auch der jki-Form (genauso wie in deren zeilenorientierten Versionen kij und ikj) eine axpy-Operation. Dies steht im Gegensatz zu der ijk- und der jik-Form, deren innere Schleife ein Skalarprodukt ist. Vergleiche hierzu wie auch hinsichtlich der sechsten Form Aufgabe 7.2.3. Die grundlegenden Eigenschaften der sechs ijk-Formen sind in Tabelle 7.2.1 zusammengefaßt. Man beachte, daß die ijk- und die jik-Form sowohl zeilen- als auch spaltenweise Zugriffe erfordern, so daß - gleichgültig wie A gespeichert ist - einige Vektoren ein Indexinkrement größer als Eins haben.

Form	Operation	Modifikation	Zugriff auf A	Zugriff auf L
kij	axpy	sofort	Zeile	Skalar
kji	axpy	sofort	Spalte	Spalte
ikj	axpy	verzögert	Zeile	Skalar
jki	axpy	verzögert	Spalte	Spalte
ijk	Skalarprodukt	verzögert	Spalte	Zeile
jik	Skalarprodukt	verzögert	Spalte	Zeile

Tab. 7.2.1 Die ijk-Formen der LU-Zerlegung

Die jki-Form

Die jki-Form weist gegenüber der kji-Form auf einigen Vektorrechnern mit Registern Vorteile auf. Im j-ten Schritt der LU-Zerlegung sind folgende Schritte auszuführen:

> Lade die erste Spalte von L
>
> Lade die j-te Spalte von A
>
> Modifiziere die j-te Spalte von A; lade die zweite Spalte von L
>
> Modifiziere die j-te Spalte von A; lade die dritte Spalte von L
>
> $\vdots$

Der Vorteil besteht darin, daß die j-te Spalte von A nach Beendigung ihrer Modifikation nur einmal gespeichert werden muß. Dies steht im Gegensatz zur kji-Form, in welcher eine Spalte von A geladen, durch eine axpy-Operation modifiziert und dann gespeichert wird. Die jki-Form war auf der CRAY-1 besonders nützlich, da auf diesem Rechner auf Vektorregistern nicht gleichzeitig Lade- und Speicheroperationen ausgeführt werden konnten.

Ein Problem der jki-Form besteht darin, daß die axpy-Operationen im j-ten Schritt mit Vektoren verschiedener Länge arbeiten, da sie die Spalten von L verwenden. Es ist sinnvoll, diesen Algorithmus mittels Matrix-Vektor-Operationen umzuformulieren. Es seien die ersten $j-1$ Spalten von L berechnet und die ersten j Spalten von A modifiziert. Zu Beginn des nächsten Schrittes wird die j-te Spalte von L berechnet. Die Modifikation der $(j+1)$-ten Spalte von A kann dann in zwei Schritten vollzogen werden. Im ersten Schritt werden die ersten $j+1$ Komponenten der $(j+1)$-ten Spalte von A modifiziert, indem die

i-Schleife in Abb. 7.2.1 nur bis $j+1$ läuft. Es ist leicht zu sehen (Aufgabe 7.2.1), daß dies äquivalent zur Lösung des Dreieckssystems

$$\begin{bmatrix} 1 & & & \\ l_{21} & 1 & & \\ \vdots & & \ddots & \\ l_{j+1,1} & \cdots & l_{j+1,j} & 1 \end{bmatrix} \begin{bmatrix} a'_{1,j+1} \\ \vdots \\ a'_{j+1,j+1} \end{bmatrix} = \begin{bmatrix} a_{1,j+1} \\ \vdots \\ a_{j+1,j+1} \end{bmatrix} \tag{7.2.2}$$

ist, wobei die $a'_{i,j+1}$ die modifizierten Komponenten der $(j+1)$-ten Spalte bezeichnen. Der Rest der $(j+1)$-ten Spalte kann gemäß

$$\begin{bmatrix} a'_{j+2,j+1} \\ \vdots \\ a'_{n,j+1} \end{bmatrix} = \begin{bmatrix} a_{j+2,j+1} \\ \vdots \\ a_{n,j+1} \end{bmatrix} - \begin{bmatrix} l_{j+2,1} & \cdots & l_{j+2,j} \\ \vdots & & \vdots \\ l_{n,1} & \cdots & l_{n,j} \end{bmatrix} \begin{bmatrix} a'_{1,j+1} \\ \vdots \\ a'_{j,j+1} \end{bmatrix} \tag{7.2.3}$$

modifiziert werden. Man beachte, daß (7.2.2) der Modifikation der Spalten von A unter Verwendung von Spalten von L verschiedener Länge entspricht.

Blockalgorithmen

Wie in Abschnitt 3.3 diskutiert, können Blockalgorithmen für die Matrixmultiplikation auf Rechnern mit Cachespeicher oder Vektorregistern effizienter sein. Dies gilt auch für die LU-Zerlegung. Wir beschreiben nun die Grundstruktur eines der kji-Form aus Abb. 7.1.2 entsprechenden Block-LU-Zerlegungsalgorithmus.

Es sei n_b die Blockgröße. Wir schreiben A als

$$A = \begin{bmatrix} A_{11} & A_{12} \\ A_{21} & A_{22} \end{bmatrix}, \tag{7.2.4}$$

mit einer $n_b \times n_b$-Matrix A_{11}. Der erste Schritt der ersten Stufe besteht aus der Faktorisierung

$$\begin{bmatrix} A_{11} \\ A_{21} \end{bmatrix} = \begin{bmatrix} L_{11} \\ L_{21} \end{bmatrix} U_{11}, \tag{7.2.5}$$

wobei L_{11} eine untere Dreiecksmatrix mit Einsen in der Hauptdiagonale ist. Dies entspricht der Bestimmung der ersten Spalte von Quotienten im kji-Algorithmus und ist auch äquivalent zur Durchführung des Gaußschen Eliminationsverfahrens der ersten n_b Spalten von A. Die Faktorisierung (7.2.5) kann mittels der kji-Form des Gaußschen Eliminationsverfahrens ausgeführt werden, wenn erforderlich mit Teilpivotsuche. Wir besprechen weiter unten die Integration der Teilpivotsuche in den Gesamtblockalgorithmus.

Danach wird U_{12} durch Lösung von

$$L_{11}U_{12} = A_{12} \tag{7.2.6}$$

berechnet, einem Dreieckssystem mit mehreren rechten Seiten. Die erste Stufe wird mit der Modifikation von A_{22} abgeschlossen:

$$A'_{22} = A_{22} - L_{21}U_{12}. \tag{7.2.7}$$

Hier ist die Grundoperation eine Matrixmultiplikation, gefolgt von der angegebenen Subtraktion. Man beachte, daß dies eine sofortige Modifikation im Sinne der bei der kji-Form eingeführten Bezeichnungsweise ist.

Zeilenvertauschungen können, sofern erforderlich, problemlos in den Algorithmus eingearbeitet werden. Ein Protokoll der in der Faktorisierung (7.2.5) vorgenommenen Zeilenvertauschungen wird erstellt. Vor der Ausführung von (7.2.6) und (7.2.7) werden die gleichen Vertauschungen bezüglich der Zeilen von A_{12} und A_{22} ausgeführt.

Am Ende der ersten Stufe hat die Matrix die Gestalt

$$\begin{bmatrix} U_{11} & U_{12} \\ 0 & A'_{22} \end{bmatrix}.$$

Der gleiche Prozeß wird nun auf die modifizierte Matrix A'_{22} angewendet. Wir fahren in dieser Weise fort, bis A auf obere Dreiecksgestalt reduziert ist.

Wir beschreiben nun die Grundstruktur einer Blockversion des jki-Algorithmus. A sei als

$$A = \begin{bmatrix} A_{11} & A_{12} \cdots & A_{1p} \\ \vdots & & \vdots \\ A_{p1} & \cdots & A_{pp} \end{bmatrix} \tag{7.2.8}$$

geschrieben, wobei alle Untermatrizen A_{ij} die Größe $n_b \times n_b$ besitzen, möglicherweise mit Ausnahme derjenigen in der letzten Blockzeile und Blockspalte. Wenn n von n_b geteilt wird, dann sind auch diese $n_b \times n_b$-Matrizen. Die erste

Stufe dieses Algorithmus ist wieder durch Gleichung (7.2.5) gegeben, die mit der Notation aus (7.2.8) zu

$$\begin{bmatrix} A_{11} \\ \vdots \\ A_{p1} \end{bmatrix} = \begin{bmatrix} L_{11} \\ \vdots \\ L_{p1} \end{bmatrix} U_{11} \tag{7.2.9}$$

wird. U_{12} erhält man dann durch Lösung des Dreieckssystems

$$L_{11}U_{12} = A_{12}. \tag{7.2.10}$$

Der Rest der zweiten Blockzeile von A wird dann gemäß

$$\begin{bmatrix} A'_{22} \\ \vdots \\ A'_{p2} \end{bmatrix} = \begin{bmatrix} A_{22} \\ \vdots \\ A_{p2} \end{bmatrix} - \begin{bmatrix} L_{21} \\ \vdots \\ L_{p1} \end{bmatrix} U_{12} \tag{7.2.11}$$

modifiziert. Im Sinne der verzögerten Modifikation der jki-Form wird der Rest von A auf dieser Stufe nicht modifiziert.

In der zweiten Stufe wird die modifizierte zweite Blockspalte zunächst faktorisiert:

$$\begin{bmatrix} A'_{22} \\ \vdots \\ A'_{p2} \end{bmatrix} = \begin{bmatrix} L_{22} \\ \vdots \\ L_{p2} \end{bmatrix} U_{22}. \tag{7.2.12}$$

U_{13} und U_{23} erhält man dann durch Lösung des Blockdreieckssystems

$$\begin{bmatrix} L_{11} & \\ L_{21} & L_{22} \end{bmatrix} \begin{bmatrix} U_{13} \\ U_{23} \end{bmatrix} = \begin{bmatrix} A_{13} \\ A_{23} \end{bmatrix}. \tag{7.2.13}$$

Der Rest der dritten Blockspalte von A wird gemäß

$$\begin{bmatrix} A'_{33} \\ \vdots \\ A'_{p3} \end{bmatrix} = \begin{bmatrix} A_{33} \\ \vdots \\ A_{p3} \end{bmatrix} - \begin{bmatrix} L_{31} \\ \vdots \\ L_{p1} \end{bmatrix} U_{13} - \begin{bmatrix} L_{32} \\ \vdots \\ L_{p2} \end{bmatrix} U_{23}$$

$$= \begin{bmatrix} A_{33} \\ \vdots \\ A_{p3} \end{bmatrix} - \begin{bmatrix} L_{31} & L_{32} \\ \vdots & \vdots \\ L_{p1} & L_{p2} \end{bmatrix} \begin{bmatrix} U_{13} \\ U_{23} \end{bmatrix} \tag{7.2.14}$$

modifiziert. Man beachte, daß die Modifikation von A_{23} in der Lösung von (7.2.13) mit enthalten ist. (7.2.13) ist äquivalent zu

$$U_{13} = L_{11}^{-1} A_{13}, \qquad U_{23} = L_{22}^{-1}(A_{23} - L_{21}U_{13}),$$

wobei $A_{23} - L_{21}U_{13}$ die Modifikation von A_{23} ist. Außerdem enthält (7.2.14) sowohl die aktuelle als auch die aus der ersten Stufe verzögerte Modifikation.

Der Algorithmus wird wie folgt fortgesetzt. Zu Beginn der $(k+1)$-ten Stufe haben wir

$$\begin{bmatrix} L_{11} & & \\ & \ddots & \\ \vdots & & L_{kk} \\ & & \vdots \\ L_{p1} & \cdots & L_{pk} \end{bmatrix} \begin{bmatrix} U_{11} & \cdots & & U_{1k} & A_{1,k+1} & \cdots & A_{1p} \\ & \ddots & & \vdots & \vdots & & \vdots \\ & & U_{k-1,k-1} & U_{k-1,k} & & & \\ & & & A'_{kk} & & & \\ & & & \vdots & & & \\ & & & A'_{pk} & A_{p,k+1} & \cdots & A_{pp} \end{bmatrix},$$

wobei die angegebenen Teile von L und U berechnet worden sind, der Rest der k-ten Blockspalte von A modifiziert worden ist und die verbleibenden Blockspalten von A noch nicht behandelt worden sind. Die folgenden Schritte der $(k+1)$-ten Stufe entsprechen dann (7.2.12), (7.2.13) und (7.2.14): Faktorisierung, Lösung und Modifikation:

$$\begin{bmatrix} A'_{kk} \\ \vdots \\ A'_{pk} \end{bmatrix} = \begin{bmatrix} L_{kk} \\ \vdots \\ L_{pk} \end{bmatrix} U_{kk}, \tag{7.2.15}$$

$$\begin{bmatrix} L_{11} & & \\ \vdots & \ddots & \\ L_{k1} & \cdots & L_{kk} \end{bmatrix} \begin{bmatrix} U_{1,k+1} \\ \vdots \\ U_{k,k+1} \end{bmatrix} = \begin{bmatrix} A_{1,k+1} \\ \vdots \\ A_{k,k+1} \end{bmatrix}, \tag{7.2.16}$$

$$\begin{bmatrix} A'_{k+1,k+1} \\ \vdots \\ A'_{p,k+1} \end{bmatrix} = \begin{bmatrix} A_{k+1,k+1} \\ \vdots \\ A_{p,k+1} \end{bmatrix} - \begin{bmatrix} L_{k+1,1} & \cdots & L_{k+1,k} \\ \vdots & & \vdots \\ L_{p,1} & \cdots & L_{p,k} \end{bmatrix} \begin{bmatrix} U_{1,k+1} \\ \vdots \\ U_{k,k+1} \end{bmatrix}. \tag{7.2.17}$$

Eine Teilpivotsuche wird in diesen Algorithmus analog zum Block-kji-Algorithmus integriert: In den Faktorisierungen (7.2.9), (7.2.12) oder (7.2.15) benötigte Vertauschungen werden in der Restmatrix von A vor der endgültigen Bearbeitung vorgenommen. Das heißt, daß alle erforderlichen Vertauschungen bezüglich der $(k+1)$-ten Blockspalte vor Beginn der Berechnungen (7.2.16) und (7.2.17) der $(k+1)$-ten Stufe durchgeführt werden.

Ergänzende Bemerkungen und Literaturhinweise zu Abschnitt 7.2

1. Dongarra et al. [1984] haben auf systematische Weise die ijk-Formen der LU-Zerlegung eingeführt. Vorher hat Moler [1972] die kji-Form für serielle Rechner mit virtuellem Speicher eingeführt. Diese Version wurde auch der Standard für die CDC-Vektorcomputer. Fong und Jordan [1977] beobachteten, daß die jki-Form für die CRAY-1 gut geeignet war. Vergleiche Ortega [1988a,b] bezüglich einer detaillierteren Behandlung der ijk-Form für die LU- und Cholesky-Faktorisierung sowie einige andere Algorithmen. Vergleiche auch Mattingly et al. [1989] hinsichtlich einer Diskussion von ijk-Formen für die Givens-Rotation und die Householder-Transformation.

2. Ein Vorteil, den jki-Algorithmus in der Matrixform (7.2.2) und (7.2.3) zu sehen, besteht darin, daß BLAS-Routinen bei der Durchführung der Rechnungen angewendet werden können. In Abschnitt 3.3 wurde erwähnt, daß BLAS eine Sammlung von Unterprogrammen für Vektor- und Matrix-Grundoperationen ist, wobei davon ausgegangen wird, daß sie für jeden Maschinentyp jeweils in hochoptimierter Form vorliegen.

3. Blockalgorithmen bilden die Basis für LAPACK, den Nachfolger von LINPACK. Vergleiche Anderson et al. [1992] und Dongarra und Duff et al. [1990] hinsichtlich einer weitergehenden Diskussion von Blockalgorithmen im Kontext von LAPACK.

4. Dongarra und van de Geijn [1992] schlagen für die Implementierung von Blockalgorithmen auf Rechnern mit verteiltem Speicher vor, die spaltenweise verschränkte Speicherung aus Abschnitt 7.1 auf die verschränkte Speicherung von Blöcken von Spalten zu verallgemeinern. Sie bezeichnen dies als verschränkte *feldartige Speicherung.*

5. Die auf der Householder-Transformation basierende QR-Faktorisierung kann auch blockweise durchgeführt werden, vergleiche Bischof und Van Loan [1987], Schreiber und Van Loan [1989] und Puglisi [1992].

Übungsaufgaben zu Abschnitt 7.2

7.2.1. Man zeige, daß die Modifikation der ersten $j+1$ Elemente von A im Algorithmus der jki-LU-Zerlegung durch die Lösung des Dreieckssystems (7.2.2) gegeben ist.

7.2.2. Wiederhole die Diskussion dieses Abschnitts für die Cholesky-Faktorisierung anstelle der LU-Faktorisierung.

7.2.3. Man zeige, daß die folgenden Algorithmen LU-Zerlegungen von A ergeben und daß Skalarprodukte die Grundoperationen der ijk- und der jik-Form sind.

```
For i=2 to n
  For j=2 to i
    l_{i,j-1}=a_{i,j-1}/a_{j-1,j-1}
    For k=1 to j-1
      a_{ij}=a_{ij}-l_{ik}a_{kj}
  For j=i+1 to n
    For k=1 to i-1
      a_{ij}=a_{ij}-l_{ik}a_{kj}
```

ijk-Form

```
For j=2 to n
  For s=j to n
    l_{s,j-1}=a_{s,j-1}/a_{j-1,j-1}
  For i=2 to j
    For k=1 to i-1
      a_{ij}=a_{ij}-l_{ik}a_{kj}
  For i=j+1 to n
    For k=1 to j-1
      a_{ij}=a_{ij}-l_{ik}a_{kj}
```

jik-Form

```
For i=2 to n
  For k=1 to i-1
    l_{ik}=a_{ik}/a_{kk}
    For j=k+1 to n
      a_{ij}=a_{ij}-l_{ik}a_{kj}
```

ikj-Form

7.3 Band- und Tridiagonalsysteme

In den vorangehenden beiden Abschnitten sind wir von vollbesetzten Matrixzen A ausgegangen. Nun behandeln wir Systeme mit Bandmatrizen. Wie in Abschnitt 6.1 betrachten wir der Einfachheit halber nur symmetrische Bandmatrizen mit der halben Bandbreite β. Jedoch kann die Diskussion größtenteils problemlos auf allgemeine Bandmatrizen verallgemeinert werden.

LU-Zerlegung

Wir beginnen mit der LU-Zerlegung. Abb. 7.3.1 zeigt die für Systeme mit halber Bandbreite β angepaßten Pseudocodes aus Abb. 7.1.1 und 7.1.2. Adaptationen der anderen ijk-Formen der LU-Zerlegung aus Abschnitt 7.1 können leicht angegeben werden (siehe Aufgabe 7.3.1 hinsichtlich der jki-Form).

Auf seriellen Computern ist es üblich, Bandmatrizen wie in Abschnitt 6.1 diskutiert in Diagonalen abzuspeichern. Auf Vektorrechnern ist dies jedoch unbefriedigend. Für den kij-Algorithmus aus Abb. 7.3.1 ist beispielsweise die

For $k = 1$ to $n - 1$
  For $i = k + 1$ to $\min(k + \beta, n)$
    $l_{ik} = a_{ik}/a_{kk}$
    For $j = k + 1$ to $\min(k + \beta, n)$
      $a_{ij} = a_{ij} - l_{ik}a_{kj}$

$(a)\; kij$

For $k = 1$ to $n - 1$
  For $s = k + 1$ to $\min(k + \beta, n)$
    $l_{sk} = a_{sk}/a_{kk}$
  For $j = k + 1$ to $\min(k + \beta, n)$
    For $i = k + 1$ to $\min(k + \beta, r$
      $a_{ij} = a_{ij} - l_{ik}a_{kj}$

$(b)\; kji$

Abb. 7.3.1 *Band-LU-Zerlegung*

zeilenweise Speicherung das natürliche Speicherschema. Die Verwendung eines vollständigen zweidimensionalen $n \times n$-Feldes hierfür würde jedoch, insbesondere für kleines β, eine große Verschwendung darstellen. Alternativ können die Zeilen, wie in Abb. 7.3.2 gezeigt, in einem eindimensionalen Feld gespeichert werden. Dabei bezeichnet $\mathbf{a}_i$ die i-te Zeile, wobei die entsprechende Zeilenlänge in der Abbildung angegeben ist. Abb. 7.3.2 gibt auch ein Schema für spaltenweise Speicherung an, wenn $\mathbf{a}_i$ als i-te Spalte interpretiert wird.

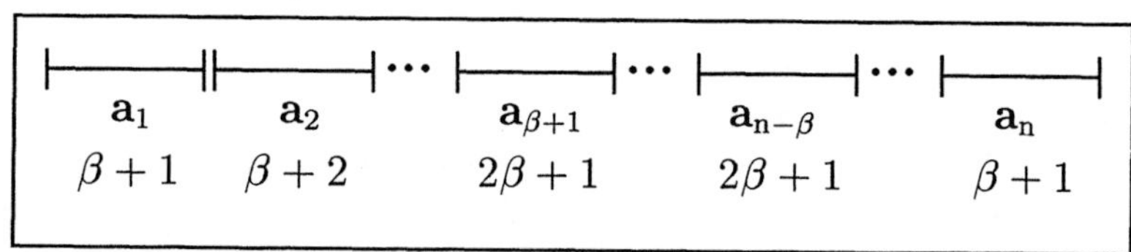

Abb. 7.3.2 *Zeilenweise (spaltenweise) Speicherung von Bandmatrizen*

Die Spalten- oder Zeilenmodifikationen in den letzten Schleifen von Abb. 7.3.1 können auf Vektoren der Länge β erfolgen, bis die abschließende $\beta \times \beta$-Untermatrix erreicht ist und die Längen in den folgenden Schritten jeweils um Eins abnehmen. Für hinreichend großes β bildet also Abb. 7.3.1 die Basis für potentiell für Vektorrechner geeignete Algorithmen, die jedoch mit abnehmendem β zunehmend ineffizient werden. Insbesondere für $\beta = 1$, also Tridiagonalsysteme, sind sie vollkommen ungeeignet. Wir werden in Kürze andere Algorithmen für geringe Bandbreiten betrachten.

Parallele Implementierung

Wir behandeln nun die parallele Implementierung der LU-Zerlegung. Wie in Abschnitt 7.1 nehmen wir an, daß die in Abb. 7.1.8 veranschaulichte spaltenweise oder zeilenweise verschränkte zyklische Speicherung verwendet wird. Die allgemeinen Betrachtungen des Abschnitts 7.1 für die LU-Zerlegung lassen sich auch auf den Fall von Bandmatrizen anwenden. Der hauptsächliche Aspekt ist jedoch nun die Auswirkung der Bandbreite auf die Parallelität.

Die grundlegende Parallelität der Modifikationen der letzten Schleife der Algorithmen aus Abb. 7.3.1 beträgt β, wie die Vektorlänge. Insbesondere bei zeilenweise verschränkter Speicherung muß im ersten Schritt in den Zeilen $2, \ldots, \beta+1$ ein Element in der ersten Spalte eliminiert werden. Diese β Zeilen können dann in der kij-Form parallel modifiziert werden. Für $\beta < p$, wobei p die Prozessoranzahl bezeichnet, werden daher im ersten Schritt nur β Prozessoren genutzt. Um alle Prozessoren voll nutzen zu können, muß somit $\beta \geq p$ gelten. Auch im Fall $\beta \geq p$ besteht jedoch eine weitere Gefahr für eine ungünstige Lastverteilung bei Systemen mit Bandmatrizen. Unter der Annahme, daß $p = 30$ und $n = 10.032$ gilt, erhalten 32 Prozessoren jeweils 201 Zeilen und 18 jeweils 200 Zeilen zur Bearbeitung. Bei einem vollbesetzten System würde dies nur zu einem leichten Ungleichgewicht führen. Es gelte jedoch $\beta = 75$. Jeder der Prozessoren erhält immer noch 201 oder 200 Zeilen. In einer einfachen Implementation des kij-Algorithmus wären im zweiten Teil jedes Schrittes nur etwa die Hälfte der Prozessoren aktiv. Der ungünstigste Fall tritt offensichtlich für $\beta = p + 1$ ein, wenn nur ein einziger Prozessor im zweiten Teil jedes Schrittes aktiv wäre. Dieses Ungleichgewicht in der Lastverteilung kann durch eine Strategie der Vorabberechnung zu einem großen Teil verringert werden. Im k-ten Schritt wird beispielsweise die Zeile $k + 1$ unmittelbar nach ihrer Modifikation an alle anderen Prozessoren gesandt. Wenn dann ein Prozessor seine Arbeit im k-ten Schritt beendet hat, beginnt er unmittelbar mit dem $(k + 1)$-ten Schritt.

Dreieckssysteme

Die Betrachtung der Lösung von Dreieckssystemen auf Vektorrechnern in Abschnitt 7.1 kann unmittelbar auf Systeme mit Bandmatrizen übertragen werden. Wir betrachten zunächst die Lösung eines Dreieckssystems $U\mathbf{x} = \mathbf{c}$, wobei U eine obere halbe Bandbreite β besitzt, wie nachfolgend gezeigt wird:

$$\begin{bmatrix} u_{11} \cdots u_{1\beta+1} & & \\ & \ddots & \\ & \ddots & u_{n-\beta,n} \\ & & \vdots \\ & & u_{nn} \end{bmatrix} \begin{bmatrix} x_1 \\ \\ \vdots \\ \\ x_n \end{bmatrix} = \begin{bmatrix} c_1 \\ \\ \vdots \\ \\ c_n \end{bmatrix}. \tag{7.3.1}$$

Wenn U spaltenweise bezüglich der innerhalb des Bandes befindlichen Spalten abgespeichert ist, kann der Column-Sweep-Algorithmus aus Abb. 7.1.3 wie in Abb. 7.3.3 formuliert werden. In Abb. 7.3.3 besteht $\mathbf{u}_j$ aus denjenigen Elemente der j-ten Spalte vom Rand des Bandes bis zur Diagonale, jedoch ohne das Diagonalelement einzuschließen. Diese Vektoren besitzen alle die Länge β, solange bis $j \leq \beta$ ausfällt. Danach nehmen die Vektorlängen bis hin zu 1 ab, während j bis 2 abnimmt. Die Vektorlängen der axpy-Operationen betragen β im größten Teil der Rechnung und nehmen dann bis zum Wert 1 im letzten Schritt ab.

For $j = n$ down to 2
  $x_j = c_j/u_{jj}$
  $\mathbf{c} = \mathbf{c} - x_j\mathbf{u}_j$
$x_1 = c_1/u_{11}$

Abb. 7.3.3 *Column-Sweep-Algorithmus*

Wenn U zeilenweise gespeichert ist, würden wir den Skalarprodukt-Algorithmus (7.1.2) anwenden, der nun folgende Form annimmt ($i = n - \beta, \ldots, 1$):

$$x_i = (c_i - u_{i,i+1}x_{i+1} - \cdots - u_{i,i+\beta+1}x_{i+\beta+1})/u_{ii}. \tag{7.3.2}$$

Für $i = n, \ldots, n-\beta+1$ muß (7.3.2) für Zeilenlängen kleiner als $\beta+1$ modifiziert werden. Ein auf (7.3.2) basierender Algorithmus besteht aus Skalarprodukten von Vektoren der Länge β, während die entsprechenden Skalarprodukte für $i = n, \ldots, n - \beta + 1$ Vektoren der Längen $1, \ldots, \beta - 1$ verwenden.

Wie bei vollbesetzten Matrizen kann der Column-Sweep-Algorithmus auf einigen Vektorrechnern aufgrund der axpy-Operationen dem Zeilenalgorithmus mit Skalarprodukten vorzuziehen sein. Beim zeilenorientierten kij-Algorithmus aus Abb. 7.3.1 mit dem in Abb. 7.3.2 angegebenen Speicherschema kann die Komponente b_i der rechten Seite nicht wie bei vollbesetzten Systemen an die i-te Zeile von A angehängt werden. Dies weist darauf hin, daß im Gegensatz zu vollbesetzten Systemen die spaltenweise Speicherung vorzuziehen ist. Für kleine Werte von β oder mehrere rechte Seiten gilt dies jedoch nicht, wie wir in Kürze sehen werden.

Wir betrachten nun Rechner mit verteiltem Speicher und nehmen an, daß U zeilenweise verschränkt gespeichert sei. Der parallele Column-Sweep-Algorithmus aus Abb. 7.1.10 wird für Systeme mit Bandmatrizen wie in Abb. 7.3.4 gezeigt modifiziert. In den Anfangsschritten besitzt dieser Algorithmus offensichtlich die Parallelität β. Bei $\beta < p$ werden $p - \beta$ Prozessoren nicht genutzt. Sogar für $\beta > p$ ist eine ungleiche Lastverteilung wahrscheinlich, wenn nicht eine Strategie der Vorabberechnung der bei der Reduktionsphase diskutierten Art zusätzlich angewendet wird. Für spaltenweise verschränkt abgespeichertes U kann der Skalarprodukt-Algorithmus aus Abb. 7.1.11 leicht für den Fall von Bandmatrizen angepaßt werden.

Berechne $x_n = c_n/u_{nn}$. Sende x_n an alle Prozessoren.
Berechne $c_i = c_i - u_{in}x_n, \quad i = n - \beta, \ldots, n - 1$.
Berechne $x_{n-1} = c_{n-1}/u_{n-1,n-1}$. Sende x_{n-1} an alle Prozessoren.
Berechne $c_i = c_i - u_{i,n-1}x_{n-1}, \quad i = n - \beta - 1, \ldots, n - 2$.
$\vdots$

Abb. 7.3.4 *Paralleler Column-Sweep-Algorithmus für Bandmatrizen*

Vertauschungen

Wie in Abschnitt 6.2 diskutiert, erhalten die LU- und die Cholesky-Zerlegung die Bandbreite (das heißt, daß die obere Dreiecksmatrix U die gleiche Bandbreite wie A besitzt). Jedoch erhöhen die für die Teilpivotsuche erforderlichen Vertauschungen die Bandbreite. Dies führt zu Konsequenzen, die auf Vektor- und Parallelrechnern etwas schwerwiegender als auf seriellen Rechnern sind. Ein Weg zur Behandlung derart vergrößerter Bandbreiten besteht einfach darin, zu Beginn einen ausreichenden zusätzlichen Speicherplatz vorzusehen. Für zeilenweise gespeichertes A würde man dann Abb. 7.3.2 wie in Abb. 7.3.5 gezeigt modifizieren, so daß β zusätzliche Speicherworte für jede Zeile bis hinunter zur Zeile $n-2\beta$ reserviert würden. Ab dieser Zeile nimmt der zusätzliche Speicherbedarf mit jeder Zeile um Eins ab. In der LU-Zerlegung mit diesem Speicherschema ist man bestrebt, die Vektorlänge auf das unbedingt notwendige Maß zu beschränken. Wenn beispielsweise im ersten Schritt keine Vertauschungen erforderlich werden, treten wie vorher nur Vektorlängen β auf. Allgemein wird die Vektorlänge für nachfolgende Operationen immer dann angepaßt, wenn eine Vertauschung auszuführen ist. Dies führt zu einem zusätzlichen Aufwand und erhöht die Programmkomplexität, dürfte jedoch der Verwendung der maximalen Vektorlängen aus Abb. 7.3.5 vorzuziehen sein, wenn nur wenige Vertauschungen anfallen, oder die Vertauschungen nur wenige zusätzliche nichtverschwindende Elemente verursachen. Für spaltenweise Speicherung können analoge Überlegungen angestellt werden.

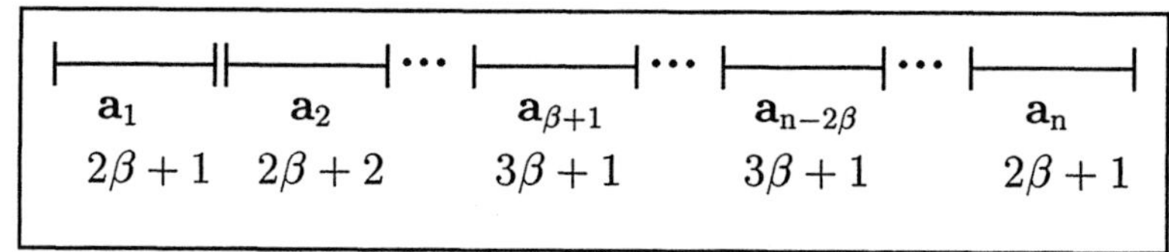

Abb. 7.3.5 *Zeilenweise Speicherung für Vertauschungen*

Mehrere rechte Seiten

Für den Fall mehrerer rechter Seiten $(\mathbf{b}_1, \ldots, \mathbf{b}_q) = B$ und spaltenweiser Speicherung von A und B kann der Algorithmus aus Abb. 7.3.1(b) so modifiziert werden, daß die q rechten Seiten während der Reduktionsphase behandelt werden. Dies führt wie bei Systemen mit vollbesetzten Matrizen zu zusätzlichen q axpy-Operationen in jedem Reduktionsschritt.

Bei zeilenweise gespeichertem A ist man bestrebt, die Zeilen von B an die Zeilen von A anzuhängen. Wie in Abschnitt 7.1 für vollbesetzte Matrizen A diskutiert, erhöht dies die Vektorlängen während der Reduktion um q. Bei Systemen mit Bandmatrizen werden wir jedoch mit dem folgenden Problem konfrontiert:

$$\begin{array}{llllll} a_{11} \cdots a_{1\beta+1} & b_{11} & & \cdots b_{1q} & \\ a_{21} \cdots a_{2\beta+1} & a_{2\beta+2} & b_{21} \cdots & & b_{2q}. \end{array}$$

Aufgrund der wechselnden Zeilenlängen von A werden die Spalten von B auseinandergerissen. Für hinreichend große Werte von β und q verzichtet man auf die Idee, die Zeilen von B anzuhängen und behandelt A und B getrennt.

Von Interesse ist der Fall kleiner Werte von β, wenn gleichzeitig q so groß ist, daß Vektoroperationen der Länge q effizient sind. In diesem Fall kann es unter dem Gesichtspunkt der arithmetischen Komplexität günstig sein, die Zerlegung von A durchzuführen und dann alle rechten Seiten „auf einmal" mittels geeigneter Vektoroperationen zu behandeln.

Zyklische Reduktion

Die bisher diskutierten Verfahren für Systeme mit Bandmatrizen sind für eine hinreichend große Bandbreite β geeignet. Für kleines β jedoch sind die Vektorlängen beziehungsweise der Grad der Parallelität zu gering. Im Gegensatz zu der in Abschnitt 3.3 diskutierten Matrix-Vektor-Multiplikation gibt es keine effizienten Eliminationsalgorithmen, die auf den Diagonalen von A basieren.

Die obigen Algorithmen sind in dem wichtigen Spezialfall $\beta = 1$ der Tridiagonalmatrizen vollkommen ungeeignet. Wir beschreiben nun einen anderen Ansatz zur Lösung von Tridiagonalsystemen, die wir in der folgenden Form schreiben:

$$\begin{aligned} a_1 x_1 + b_1 x_2 &= d_1 \\ c_1 x_1 + a_2 x_2 + b_2 x_3 &= d_2 \\ c_2 x_2 + a_3 x_3 + b_3 x_4 &= d_3 \\ &\vdots \\ c_{n-1} x_{n-1} + a_n x_n &= d_n. \end{aligned} \tag{7.3.3}$$

Wir multiplizieren die erste Gleichung in (7.3.3) mit c_1/a_1 und subtrahieren sie dann von der zweiten Gleichung, um den Koeffizienten von x_1 in der zweiten Gleichung zu eliminieren. Dies ist auch der übliche erste Schritt des Gaußschen Eliminationsverfahrens. Dann multiplizieren wir allerdings die dritte Gleichung mit b_2/a_3 und subtrahieren auch diese von der zweiten Gleichung, um den Koeffizienten von x_3 in der zweiten Gleichung zu eliminieren. Damit erzeugen wir eine neue zweite Gleichung der Gestalt

$$a_2' x_2 + b_2' x_4 = d_2'.$$

Analog gehen wir nun bei den Gleichungen 3, 4 and 5 vor, indem wir Vielfache der Gleichungen 3 und 5 von der Gleichung 4 subtrahieren, um eine neue Gleichung der Gestalt

$$c_2' x_2 + a_4' x_4 + b_4' x_6 = d_4'$$

zu erzeugen, in der die Koeffizienten von x_3 und x_5 aus der ursprünglichen vierten Gleichung eliminiert sind. Wir fahren in dieser Weise fort, in dem aus überlappenden Gruppen von drei Gleichungen jeweils neue mittlere Gleichungen erzeugt werden, in denen alle Variablen mit ungeradem Index eliminiert worden sind. Abb. 7.3.6 veranschaulicht dies schematisch für $n = 7$. Für ungerades n erhalten wir schließlich ein modifiziertes System

$$\begin{aligned} a_2'x_2 + b_2'x_4 &= d_2' \\ c_2'x_2 + a_4'x_4 + b_4'x_6 &= d_4', \\ &\vdots \end{aligned} \tag{7.3.4}$$

das nur die Variablen $x_2, x_4, \ldots, x_{n-1}$ enthält.

$$\left.\begin{matrix} x_1\ x_2 & & \\ x_1\ x_2\ x_3 & \\ \ \ x_2\ x_3\ x_4 \end{matrix}\right\} x_2\,x_4 \qquad \left.\begin{matrix} x_2\ x_3\ x_4 & & \\ x_3\ x_4\ x_5 \\ x_4\ x_5\ x_6 \end{matrix}\right\} x_2\,x_4\,x_6 \qquad \left.\begin{matrix} x_4\ x_5\ x_6 \\ x_5\ x_6\ x_7 \\ x_6\ x_7 \end{matrix}\right\} x_4\,x_6$$

Abb. 7.3.6 *Zyklische Reduktion*

Das System (7.3.4) ist tridiagonal in den Variablen $x_2, x_4, \ldots$. Wir können den obigen Prozeß wiederholen, um ein neues System zu erzeugen, das nur die Variablen $x_4, x_8, \ldots$ enthält. Wir fahren in dieser Weise solange fort, bis keine weitere Reduktion mehr möglich ist. Für $n = 2^q - 1$ endet der Algorithmus mit einer einzigen Gleichung. Diese letzte verbleibende Gleichung wird gelöst. Daran schließt sich eine Rückwärtssubstitution an. Dies wird in der Abb. 7.3.7, die das Schema der Abb. 7.3.6 fortsetzt, für $n = 7$ veranschaulicht. In Abb. 7.3.7 werden die drei im ersten Schritt (siehe Abb. 7.3.6) erzeugten Gleichungen derart kombiniert, daß man eine abschließende Gleichung für die eine Unbekannte x_4 erhält. Diese wird dann gelöst. Danach können die erste und die letzte der reduzierten Gleichungen nach x_2 und x_6 aufgelöst werden. Die ursprünglich erste und die ursprünglich letzte Gleichung werden dann nach x_1 und x_7 gelöst werden. x_3 und x_5 erhält man aus der dritten und fünften Ausgangsgleichung. Für $n \neq 2^q - 1$ kann dieser Prozeß mit einem System mit einer kleinen Anzahl von Unbekannten abgeschlossen werden, welches separat vor Beginn der Rücksubstitution gelöst wird. Alternativ kann man dem System Scheingleichungen der Gestalt $x_i = 1$ hinzufügen, so daß die Gesamtzahl an Variablen $2^q - 1$ mit geeignetem q erreicht.

Der obige Algorithmus ist als *Zyklische* oder *Gerade-Ungerade-Reduktion* bekannt. Obwohl er ursprünglich ohne den Gedanken an Parallelität entwickelt

$$\left.\begin{array}{r} x_2\, x_4 \\ x_2\, x_4\, x_6 \\ x_4\, x_6 \end{array}\right\} a x_4 = d \begin{array}{l} \nearrow x_2 \to x_1, x_3 \\ \\ \searrow x_6 \to x_7, x_5 \end{array}$$

Abb. 7.3.7 *Rückwärtssubstitution*

wurde, besitzt er eine beträchtliche Parallelität, die wir nun untersuchen. Wir bemerken zunächst, daß die Operationen, die zu den neuen Gleichungen für $x_2, x_4, \ldots, x_{n-1}$ führen, unabhängig sind und somit parallel ausgeführt werden können. Wir nehmen nun an, daß $p = (n-1)/2$ Prozessoren zur Verfügung stehen und daß das System wie in Abb. 7.3.8 veranschaulicht auf die Prozessoren verteilt sei. Die Prozessoren können alle Operationen, die zum ersten reduzierten System der Variablen mit geradem Index führen, parallel ausführen. Am Ende dieses Schrittes enthält jeder Prozessor die Koeffizienten genau einer neuen Gleichung. Vor Beginn des nächsten Schrittes müssen die Koeffizienten von zwei weiteren Gleichungen an andere Prozessoren übermittelt werden. Ein naheliegendes Schema sieht vor, daß jeder „mittlere" Prozessor diese Information wie folgt erhält:

$$P_1 \to P_2 \leftarrow P_3 \to P_4 \leftarrow P_5.$$

Die Prozessoren mit ungeradem Index haben ihre Arbeit nun beendet, und die Prozessoren mit geradem Index führen den nächsten Eliminationsschritt aus. Dieser Prozeß wird fortgesetzt, wobei nach jedem Schritt etwa die Hälfte der verbleibenden Prozessoren beschäftigungslos wird. Die abschließende Kombination von drei Gleichungen zu der letzten verbleibenden Gleichung wird in einem Prozessor durchgeführt. Für die Reduktion werden $q-1 = \log[(n+1)/2]$ parallele Schritte benötigt. Die Rücksubstitution erfolgt im wesentlichen in umgekehrter Reihenfolge. Die letzte Gleichung wird auf einem Prozessor gelöst. Weitere Prozessoren können im Laufe der Rücksubstitution eingesetzt werden.

Zeilen 1, 2, 3	Zeilen 3, 4, 5	...	Zeilen $n-2, n-1, n$
P_1	P_2		P_p

Abb. 7.3.8 *Prozessorzuordnung bei der Zyklischen Reduktion*

In dem häufig auftretenden Fall $p << n$ werden anfangs jedem Prozessor mehrere Zeilen zugeordnet, so daß die Prozessoren in den ersten Schritten mit hoher paralleler Effizienz arbeiten. Es können jedoch ungleichgewichtige Lastverteilungen in Abhängigkeit der relativen Größe von p und n auftreten. Abb. 7.3.9 zeigt das Berechnungsschema für das Beispiel $n = 15$ und $p = 2$.

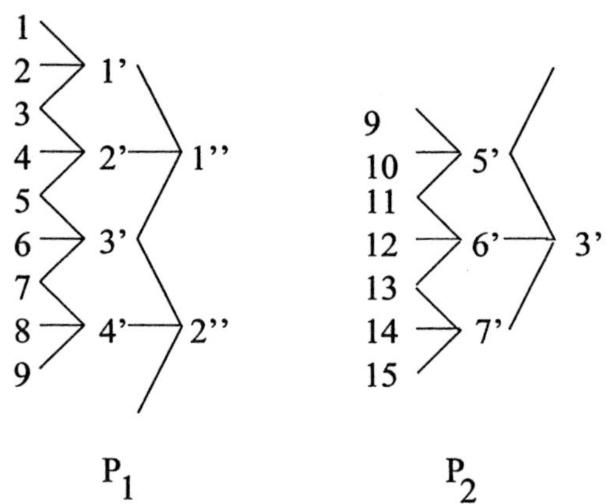

Abb. 7.3.9 *Zyklische Reduktion auf zwei Prozessoren für $n = 15$*

Der erste Schritt besteht aus sieben Reduktionen, die zu den mit $1', \ldots, 7'$ bezeichneten Zeilen in der neuen Tridiagonalmatrix führen. Wie in Abb. 7.3.9 gezeigt, führt P_1 davon vier und P_2 die anderen drei aus, so daß eine Ungleichverteilung der Arbeit im ersten Schritt auftritt. Man beachte, daß Zeile 9 für beide Prozessoren zugänglich sein muß. Im zweiten Schritt führen drei Reduktionsschritte zu den neuen Zeilen $1'', 2'', 3''$; zwei dieser Schritte werden von P_1, der dritte von P_2 ausgeführt, was eine weitere ungleiche Lastverteilung bedeutet. Zeile $5'$ muß von P_2 an P_1 vor diesem Schritt gesandt werden. Schließlich wird Zeile $3''$ an P_1 gesandt und die letzte Reduktion dort durchgeführt. Die in diesem Beispiel auftretenden ungleichgewichtigen Lastverteilungen verlieren mit wachsendem n ihre Bedeutung.

Das Verhältnis der Zyklischen Reduktion zum Gaußschen Eliminationsverfahren

Wir zeigen nun, daß der Algorithmus der Zyklischen Reduktion nichts anderes ist als die Anwendung des Gaußschen Eliminationsverfahrens auf ein permutiertes Gleichungssystem. Wir ordnen die Unbekannten gemäß

$$x_1, x_3, \ldots, x_n, x_2, x_4, \ldots, x_{n-1}, \tag{7.3.5}$$

um. Dies ist als *Gerade-Ungerade*-Anordnung oder auch Rot-Schwarz-Anordnung bekannt. Mit dieser Anordnung der Variablen erhält das Gleichungssystem (7.3.3) die Gestalt

$$\begin{bmatrix} a_1 & & & & b_1 & & & \\ & a_3 & & & c_2 & b_3 & & \\ & & & & & c_4 & \ddots & \\ & & \ddots & & & & \ddots & b_{n-2} \\ & & & a_n & & & & c_{n-1} \\ c_1 & b_2 & & & a_2 & & & \\ & c_3 & & & & a_4 & & \\ & & \ddots & & & & \ddots & \\ & \ddots & & & & & & \\ & & c_{n-2} & b_{n-1} & & & & a_{n-1} \end{bmatrix} \begin{bmatrix} x_1 \\ x_3 \\ \vdots \\ \\ x_n \\ x_2 \\ \\ \vdots \\ \\ x_{n-1} \end{bmatrix} = \begin{bmatrix} d_1 \\ d_3 \\ \vdots \\ \\ d_n \\ d_2 \\ \\ \vdots \\ \\ d_{n-1} \end{bmatrix}. \tag{7.3.6}$$

Der erste Schritt der Zyklischen Reduktion ist dann äquivalent (Aufgabe 7.3.3) zur Anwendung des Gaußschen Eliminationsverfahrens auf die ersten $(n+1)/2$ Spalten von (7.3.6). Damit werden die Subdiagonalelemente in diesen Spalten eliminiert und das folgende Tridiagonalsystem in den Variablen mit geradem Index erzeugt:

$$\begin{bmatrix} a_2' & b_2' & & & \\ c_2' & a_4' & \ddots & & \\ & \ddots & \ddots & & \\ & & \ddots & & b_{n-3}' \\ & & & c_{n-3}' & a_{n-1}' \end{bmatrix} \begin{bmatrix} x_2 \\ \\ \vdots \\ \\ x_{n-1} \end{bmatrix} = \begin{bmatrix} d_2' \\ \\ \vdots \\ \\ d_{n-1}' \end{bmatrix}. \tag{7.3.7}$$

Der nächste Schritt der Zyklischen Reduktion entspricht dem ersten, aber nun angewendet auf das System (7.3.7). Dies kann wieder interpretiert werden als Umordnung von (7.3.7) gemäß dem Gerade-Ungerade-Schema mit dem nachfolgenden Gaußschen Eliminationsverfahren bezüglich des entsprechenden ersten Teils der permutierten Matrix. Jeder Schritt der Zyklischen Reduktion verläuft analog, so daß in den $q-1$ Schritten dieses Prozesses $q-1$ Permutationen ausgeführt werden. Um nun die Zyklische Reduktion in Beziehung zu einer vollständigen LU-Zerlegung zu setzen, müssen diese Permutationen auf die gesamte $n \times n$-Matrix und nicht nur auf die kleineren Tridiagonalsysteme angewendet werden. Entsprechend dem zweiten Schritt führen wir eine Gerade-Ungerade-Permutation der letzten $(n-1)/2$ Zeilen und Spalten des Ausgangssystems durch. Analog wird in allen Schritten verfahren. Abb. 7.3.9

$$
\begin{bmatrix}
a_1 & & & & & & & & b_1 & & & & & & \\
& a_3 & & & & & & & c_2 & & & & b_3 & & \\
& & a_5 & & & & & & & b_5 & & & c_4 & & \\
& & & a_7 & & & & & & c_6 & & & & & b_7 \\
& & & & a_9 & & & & & & b_9 & & & & c_8 \\
& & & & & a_{11} & & & & & c_{10} & & & b_{11} & \\
& & & & & & a_{13} & & & & & b_{15} & & c_{12} & \\
& & & & & & & a_{15} & & & & c_{14} & & & \\
c_1 & b_2 & & & & & & & a_2 & & & & F_1 & & \\
& & c_5 & b_6 & & & & & & a_6 & & & F_1 & & F_1 \\
& & & & c_9 & b_{10} & & & & & a_{10} & & & & F_1 \\
& & & & & c_{13} & b_{14} & & & & & a_{14} & & F_1 & \\
& c_3 & b_4 & & & & & & F_1 & F_1 & & & a_4 & & F_2 \\
& & & & & c_{11} & b_{12} & & & & F_1 & F_1 & & a_{12} & F_2 \\
& & & c_7 & b_8 & & & & & F_1 & F_1 & & F_2 & F_2 & a_8
\end{bmatrix}
$$

Abb. 7.3.10 *Zyklische Reduktion - Umgeordnete Matrix für $n = 15$*

zeigt die Gestalt der umgeordneten Matrix für $n = 15$ (Aufgabe 7.3.4). In dieser Abbildung ignoriere man die F_i, die später diskutiert werden.

Wenn A symmetrisch und positiv definit oder diagonaldominant ist, gelten die gleichen Eigenschaften für die umgeordnete Matrix (Aufgabe 7.3.5). Die Zyklische Reduktion ist daher numerisch stabil. Wenn jedoch das Gaußsche Eliminationsverfahren ohne Pivotsuche bei Anwendung auf die umgeordnete Matrix numerisch instabil ist, so gilt dies auch für die Zyklische Reduktion.

Arithmetische Komplexität der Zyklischen Reduktion

Die F_i in Abb. 7.3.10 geben Elemente an, die in der Ursprungsmatrix mit Null besetzt sind und während der Anwendung des Gaußschen Eliminationsverfahrens Werte ungleich Null erhalten. Diese Auffüllung der Matrix vergrößert die arithmetische Komplexität, so daß die Zyklische Reduktion aufwendiger als das Gaußsche Eliminationsverfahren angewendet auf das ursprüngliche Tridiagonalsystem ist. Die arithmetische Komplexität für die Reduktionsphase der Zyklischen Reduktion erhält man (Übung 7.3.7) entweder direkt aus dem Algorithmus oder aus der LU-Zerlegung der Matrix aus Abb. 7.3.10. Sie beträgt

$$O_R = (2n - 2q) \text{ Div} + (4n - 6q + 2) \text{ Mult} + (2n - 2q) \text{ Add}, \qquad (7.3.8)$$

wobei, wie vorher, $n = 2^q - 1$ gilt. Die arithmetische Komplexität der Behandlung der rechten Seite und der Rücksubstitution beträgt

$$O_{RES} = (2n - 2q)\ \text{Mult} + (2n - 2q)\ \text{Add} \tag{7.3.9}$$

und

$$O_{RS} = n\ \text{Div} + (2n - 2q)\ \text{Mult} + (2n - 2q)\ \text{Add}. \tag{7.3.10}$$

Die arithmetische Gesamtkomplexität zur Lösung des Tridiagonalsystems durch Zyklische Reduktion beträgt daher

$$O_{ZR} = (3n - 2q)\ \text{Div} + (8n - 10q + 2)\ \text{Mult} + (6n - 2q)\ \text{Add}$$

$$\doteq 3n\ \text{Div} + 8n\ \text{Mult} + 6n\ \text{Add}, \tag{7.3.11}$$

wobei die letzte Näherung für $q << n$ gilt.

Vergleicht man (7.3.11) mit der arithmetischen Komplexität (6.1.18) der Lösung des ursprünglichen Tridiagonalsystems mittels des Gaußschen Eliminationsverfahrens, so erkennt man, daß die Zyklische Reduktion etwa doppelt soviele Additionen, etwa dreimal soviele Multiplikationen und etwa eineinhalbmal soviele Divisionen benötigt. Wenn man Additionen, Multiplikationen und Divisionen gleich gewichtet, benötigt die Zyklische Reduktion etwa $17n$ Operationen im Vergleich zu $8n$ Operationen des Gaußschen Eliminationsverfahrens. Hieraus folgt unter anderem, daß die Zyklische Reduktion auf p Prozessoren höchsten eine Beschleunigung von $p/2$ im Vergleich zum Gaußschen Eliminationsverfahren erreicht. In der Realität wird die Beschleunigung aufgrund einer nicht vollständigen Parallelität, der Kommunikation und aus weiteren Gründen erheblich geringer ausfallen. Trotzdem ist die Zyklische Reduktion, oder eine ihrer zahlreichen Varianten, der beste bekannte parallele Algorithmus zur Lösung von Tridiagonalsystemen, obwohl die Systeme recht groß sein müssen, um einen Vorteil gegenüber dem sequentiellen Gaußschen Eliminationsverfahren zu erzielen.

Gebietszerlegung für Systeme mit Bandmatrizen

Wir interpretieren die Matrix in (7.3.6) nun im Sinne der Gebietszerlegung. Wir haben die Gebietszerlegung in Abschnitt 6.1 als einen Weg kennengelernt, aus der Diskretisierung der Poisson-Gleichung entstehende Gleichungssysteme so umzuordnen, daß die Auffüllung der Matrix bei Anwendung des Gaußschen

Eliminationsverfahrens vermindert wird. Hier benutzen wir die Gebietszerlegung zur Erzeugung von Parallelität bei der Lösung von Gleichungssystemen mit Bandmatrizen. Derartige Systeme entstehen beispielsweise bei der Diskretisierung von Differentialgleichungen, aber auch bei anderen Anwendungen. In jedem Falle können wir wie folgt vorgehen. Wir teilen die Unbekannten in $2p-1$ Teilmengen $D_1, \ldots, D_p$ und $S_1, \ldots, S_{p-1}$ auf, so daß jedes D_i q Unbekannte enthält und die Unbekannten in den Mengen S_i die Unbekannten in den D_i „trennen". Wir betrachten folgende Aufteilung und Anordnung der Unbekannten

$$D_1 \qquad S_1 \qquad D_2 \qquad S_2 \qquad \cdots \qquad S_{p-1} \qquad D_p. \tag{7.3.12}$$

Jede der Mengen S_i in (7.3.12) enthält β Unbekannte, wobei β die halbe Bandbreite bezeichnet. Da die j-te Gleichung des Systems $A\mathbf{x} = \mathbf{b}$ ausgeschrieben

$$\sum_{k=j-\beta}^{j+\beta} a_{jk}x_k = b_j \tag{7.3.13}$$

lautet, wenn $x_j \in D_i$ enthalten ist, kann keine der Unbekannten der Gleichung (7.3.13) in einer der anderen Mengen D_k enthalten sein. Die Mengen S_i trennen die Unbekannten in den Mengen D_i, so daß jede Gleichung des Systems nur Unbekannte aus einer Menge D_i enthält.

Wenn wir nun die Unbekannten dergestalt umordnen, daß die zu den „trennenden" Mengen gehörigen zuletzt aufgeführt werden, und die Gleichungen entsprechend anordnen, dann können wir das System in der pfeilförmigen Blockform

$$\begin{bmatrix} A_1 & & & & B_1 \\ & A_2 & & & B_2 \\ & & \ddots & & \vdots \\ & & & A_p & B_p \\ C_1 & C_2 & \cdots & C_p & A_S \end{bmatrix} \begin{bmatrix} \mathbf{x}_1 \\ \mathbf{x}_2 \\ \vdots \\ \mathbf{x}_p \\ \mathbf{x}_S \end{bmatrix} = \begin{bmatrix} \mathbf{b}_1 \\ \mathbf{b}_2 \\ \vdots \\ \mathbf{b}_p \\ \mathbf{b}_S \end{bmatrix} \tag{7.3.14}$$

schreiben, in der die Matrizen $A_1, \ldots, A_p$ die Größe $q \times q$ und A_S die Größe $s \times s$ besitzen. Hier bezeichnet $s = \beta(p-1)$ die Anzahl der Unbekannten in der Vereinigung S aller Mengen S_i. Die B_i sind dann $q \times s$- und die C_i entsprechend $s \times q$-Matrizen. Wir haben der Einfachheit halber $n = pq + s$ angenommen, worauf wir in Kürze zurückkommen werden.

Es sei nun

$$A_I = \mathrm{diag}(A_1, \ldots, A_p), B^T = (B_1^T, \ldots, B_p^T), C = (C_1, \ldots, C_p). \quad (7.3.15)$$

Dann kann das System (7.3.15) als

$$A_I \mathbf{x}_I + B\mathbf{x}_S = \mathbf{b}_I \tag{7.3.16a}$$

$$C\mathbf{x}_I + A_S\mathbf{x}_S = \mathbf{b}_S \tag{7.3.16b}$$

geschrieben werden, in dem $\mathbf{x}_I^T = (\mathbf{x}_1^T, \ldots, \mathbf{x}_p^T)$ und $\mathbf{b}_I^T = (\mathbf{b}_1^T, \ldots, \mathbf{b}_p^T)$ sei. Wir unterstellen, daß A_I regulär ist. Wenn wir dann (7.3.16a) mit CA_I^{-1} multiplizieren und von (7.3.16b) subtrahieren, erhalten wir die Gleichung

$$\hat{A}\mathbf{x}_S = \mathbf{b} \tag{7.3.17a}$$

mit

$$\hat{A} = A_S - CA_I^{-1}B, \qquad \hat{\mathbf{b}} = \mathbf{b}_S - CA_I^{-1}\mathbf{b}_I. \tag{7.3.17b}$$

Dies ist genau die Blockversion des Gaußschen Eliminationsverfahrens für das System (7.3.16). Die Matrix $\hat{A}$ wird als *Schur-Komplement* oder *Gauß-Transformation* bezeichnet. Nach der Lösung von System (7.3.17a) bezüglich $\mathbf{x}_S$ können die verbleibenden $\mathbf{x}_i$ durch die Lösung der folgenden, aus (7.3.14) resultierenden Gleichungen berechnet werden:

$$A_i\mathbf{x}_i = \mathbf{b}_i - B_i\mathbf{x}_S, \qquad i = 1, \ldots, p. \tag{7.3.18}$$

Wir diskutieren die Berechnung nun ausführlicher. Wir nehmen an, daß die A_i stabile LU-Zerlegungen

$$A_i = L_iU_i, \qquad i = 1, \ldots, p, \tag{7.3.19}$$

besitzen, obwohl auch andere Faktorisierungen oder andere Wege zur Lösung der Systeme mit den Koeffizientenmatrizen A_i anwendbar sind. Wir lösen dann die Systeme

$$L_iY_i = B_i, \qquad L_i\mathbf{y}_i = \mathbf{b}_i, \qquad i = 1, \ldots, p, \tag{7.3.20}$$

$$U_iZ_i = Y_i, \qquad U_i\mathbf{z}_i = \mathbf{y}_i, \qquad i = 1, \ldots, p. \tag{7.3.21}$$

Wegen

$$C_i A_i^{-1} B_i = C_i (L_i U_i)^{-1} B_i = C_i U_i^{-1} Y_i = C_i Z_i$$

und analog $C_i A_i^{-1} \mathbf{b}_i = C_i \mathbf{z}_i$ gilt

$$\hat{A} = A_S - \sum_{i=1}^{p} C_i A_i^{-1} B_i = A_S - \sum_{i=1}^{p} C_i Z_i \tag{7.3.22}$$

und

$$\hat{\mathbf{b}} = \mathbf{b}_S - \sum_{i=1}^{p} C_i A_i^{-1} \mathbf{b}_i = \mathbf{b}_S - \sum_{i=1}^{p} C_i \mathbf{z}_i. \tag{7.3.23}$$

Dies zeigt, wie $\hat{A}$ und $\hat{\mathbf{b}}$ zu berechnen sind. Das Gesamtverfahren kann wie in Abb. 7.3.11 gezeigt zusammengefaßt werden.

Schritt 1. Bilde die Zerlegungen (7.3.20) und löse die Systeme (7.3.20) und (7.3.21).
Schritt 2. Bilde $C_i Z_i$und $C_i \mathbf{z}_i$, $\quad i = 1, \ldots, p$.
Schritt 3. Bilde $\hat{A}$ und $\hat{\mathbf{b}}$ und löse $\hat{A}\mathbf{x}_S = \hat{\mathbf{b}}$.
Schritt 4. Bilde $\mathbf{c}_i = \mathbf{b}_i - B_i \mathbf{x}_S$, $\quad i = 1, \ldots, p$.
Schritt 5. Löse $A_i \mathbf{x}_i = \mathbf{c}_i, i = 1, \ldots, p$, unter Verwendung der Zerlegungen (7.3.19).

Abb. 7.3.11 *Gebietszerlegungs-Algorithmus*

Es ist einsichtig, daß die Schritte 1, 2, 4 und 5 hochgradig parallel sind. Auf einem Rechner mit verteiltem Speicher seien beispielsweise A_i, B_i, C_i und $\mathbf{b}_i$ Prozessor i zugeordnet. Die Berechnungen in den beiden Schritten 1 and 2 erfolgen dann parallel und erfordern keinerlei Kommunikation. Der mögliche Engpaß liegt in Schritt 3. Eine Möglichkeit zur Lösung des Systems $\hat{A}\mathbf{x}_S = \hat{\mathbf{b}}$ ist die Bearbeitung auf einem Prozessor, etwa P_1. In diesem Fall würden die Summationen in (7.3.22), (7.3.23) mittels eines Fan-In über alle Prozessoren ausgeführt, wobei die Ergebnisse jeweils in P_1 zu liegen kämen. Alternativ können wir $\hat{A}\mathbf{x}_S = \hat{\mathbf{b}}$ parallel mittels des Gaußschen Eliminationsverfahrens mit verschränkter Speicherung lösen. Die Fan-In-Additionen in (7.3.22) sollten dann dergestalt erfolgen, daß die erste Zeile von $\hat{A}$ in Prozessor 1 liegt, die zweite in Prozessor 2, und so weiter. In jedem Falle müßten nach der Berechnung von $\mathbf{x}_S$ Kopien davon an alle Prozessoren gesandt werden. Dann sind die Schritte 4 und 5 in Abb. 7.3.11 parallel ohne weitere Kommunikation ausführbar.

Wir fassen nun kurz die Änderungen des Gebietszerlegungs-Algorithmus für den wichtigen Spezialfall zusammen, daß A symmetrisch und positiv definit ist. Da die Matrix in (7.3.14), hier als $\bar{A}$ bezeichnet, aus A durch Vertauschung von Gleichungen und Unbekannten entsteht, steht sie zu A in der Beziehung $\bar{A} = PAP^T$ mit einer Permutationsmatrix P. Daher ist $\bar{A}$ symmetrisch und positiv definit (Aufgabe 7.3.5), was dann auch für A_S und die A_i gilt (Satz 2.1.3). In Schritt 1 in Abb. 7.3.11 können wir zum Beispiel die Cholesky-Zerlegungen $A_i = L_i L_i^T$ verwenden. Da aus Symmetriegründen $C_i = B_i^T$ gilt, erhalten wir

$$\hat{A} = A_S - \sum_{i=1}^{p} B_i^T A_i^{-1} B_i, \qquad \hat{\mathbf{b}} = \mathbf{b}_S - \sum_{i=1}^{p} B_i^T A_i^{-1} \mathbf{b}_i.$$

Wenn wir

$$B_i^T A_i^{-1} B_i = B_i^T (L_i L_i^T)^{-1} B_i = Y_i^T Y_i$$

mit $Y_i = L_i^{-1} B_i$ schreiben, gilt mit $\mathbf{y}_i = L_i^{-1} \mathbf{b}_i$ auch

$$\hat{A} = A_S - \sum_{i=1}^{p} Y_i^T Y_i, \qquad \hat{\mathbf{b}} = \mathbf{b}_S - \sum_{i=1}^{p} Y_i^T \mathbf{y}_i. \tag{7.3.24}$$

Wir fassen den Gebietszerlegungs-Algorithmus für symmetrische, positiv definite Matrizen in Abb. 7.3.12 zusammen. Wieder sind die Schritte 1 und 3 hochgradig parallel, und Schritt 2 stellt den möglichen Engpaß dar.

Eine wichtige Beobachtung ist, daß die Matrix $\hat{A}$ symmetrisch und positiv definit ist, wenn dies für A selbst gilt. Dann ist sicherlich $\hat{A}$ symmetrisch. Zum Nachweis, daß diese Matrix auch positiv definit ist, sei $\mathbf{x}_2$ ein beliebiger nichtverschwindender Vektor der Länge s, und es sei $\mathbf{x}_1 = -A_I^{-1} B \mathbf{x}_2$. Dann folgt

$$0 < (\mathbf{x}_1^T, \mathbf{x}_2^T) \begin{bmatrix} A_I & B \\ B^T & A_S \end{bmatrix} \begin{bmatrix} \mathbf{x}_1 \\ \mathbf{x}_2 \end{bmatrix},$$

Schritt 1.	Führe die Cholesky-Zerlegungen $A_i = L_i L_i^T$ aus und löse die Systeme $L_i Y_i = B_i, L_i \mathbf{y}_i = \mathbf{b}_i, i = 1, \ldots, p$.
Schritt 2.	Bilde $\hat{\mathbf{A}}$ und $\hat{\mathbf{b}}$ gemäß (7.3.24) und löse $\hat{\mathbf{A}}\mathbf{x}_S = \hat{\mathbf{b}}$.
Schritt 3.	Bilde $\mathbf{c}_i = \mathbf{b}_i - B_i \mathbf{x}_S$ und löse die Systeme $A_i \mathbf{x}_i = \mathbf{c}_i, i = 1, \ldots, p$.

Abb. 7.3.12 *Gebietszerlegung bei symmetrischer, positiv definiter Koeffizientenmatrix*

weil A positiv definit ist. Multipliziert man dies aus, so erhält man

$$0 < \mathbf{x}_1^T A_I \mathbf{x}_1 + 2\mathbf{x}_1^T B \mathbf{x}_2 + \mathbf{x}_2^T A_S \mathbf{x}_2 = \mathbf{x}_2^T \hat{A} \mathbf{x}_2. \tag{7.3.25}$$

Dies zeigt, daß $\hat{A}$ positiv definit ist.

Wir setzen nun das Gebietszerlegungsverfahren in Beziehung zur Zyklischen Reduktion für Tridiagonalmatrizen. Bei Tridiagonalmatrizen beträgt die halbe Bandbreite $\beta = 1$ und jede der „Trennmengen“ S_i in (7.3.12) kann so gewählt werden, daß sie jeweils nur einen Punkt enthält. Wenn auch jede der Mengen D_i nur einen Punkt enthält, gilt $p = (n+1)/2$, und die Matrix (7.3.14) stimmt mit derjenigen aus (7.3.6) überein, wobei letztere dem ersten Schritt der Zyklischen Reduktion entspricht.

Struktur der umgeordneten Matrix und Komplexität

Der Algorithmus aus Abb. 7.3.11 ist auf jede Matrix der Gestalt (7.3.14) anwendbar, wenn die A_i LU-zerlegbar sind. Entsteht jedoch (7.3.14) aus der Umordnung einer Bandmatrix, so besitzt diese Matrix eine weitere nützliche Struktur.

Wir schreiben die ursprüngliche Bandmatrix in zerlegter Gestalt

$$\begin{bmatrix} A_{11} & B_{11} & & & & & \\ C_{11} & A_{12} & B_{12} & & & & \\ & C_{12} & A_{21} & B_{21} & & & \\ & & C_{21} & A_{22} & B_{22} & & \\ & & & C_{22} & A_{31} & B_{31} & \\ & & & & C_{31} & A_{32} & B_{32} \\ & & & & & C_{32} & A_{41} \end{bmatrix} \begin{bmatrix} \mathbf{x}_{11} \\ \mathbf{x}_{12} \\ \mathbf{x}_{21} \\ \mathbf{x}_{22} \\ \mathbf{x}_{31} \\ \mathbf{x}_{32} \\ \mathbf{x}_{41} \end{bmatrix} = \begin{bmatrix} \mathbf{b}_{11} \\ \mathbf{b}_{12} \\ \mathbf{b}_{21} \\ \mathbf{b}_{22} \\ \mathbf{b}_{31} \\ \mathbf{b}_{32} \\ \mathbf{b}_{41} \end{bmatrix}, \tag{7.3.26}$$

wobei wir zum Zwecke der Anschaulichkeit $p = 4$ Teilgebiete annehmen. In (7.3.26) entsprechen die Unbekannten in den Vektoren $\mathbf{x}_{11}, \mathbf{x}_{21}, \mathbf{x}_{31}$ und $\mathbf{x}_{41}$ den Teilgebieten D_1, D_2, D_3 und D_4, und diejenigen in $\mathbf{x}_{12}, \mathbf{x}_{22}$ und $\mathbf{x}_{32}$ den „Trennmengen". Daher sind A_{12}, A_{22} und A_{32} jeweils $\beta\times\beta$-Matrizen und A_{11}, A_{21}, A_{31} und A_{41} $m \times m$-Matrizen, wobei $m = (n - 3\beta)/4$ gilt. Wir nehmen der Einfachheit halber an, daß m ganzzahlig ist, andernfalls wäre A_{41} kleiner. Die Dimensionen der B_{ij} und C_{ij} werden dann entsprechend festgelegt: B_{11} und C_{12} sind $m \times \beta-$, B_{12} und C_{11} sind $\beta \times m$-Matrizen, und so weiter.

Die Umordnung für die Gebietszerlegung in (7.3.26) erzeugt das permutierte System

$$\begin{bmatrix} A_{11} & & & & B_{11} & & \\ & A_{21} & & & C_{12} & B_{21} & \\ & & A_{31} & & & C_{22} & B_{31} \\ & & & A_{41} & & & C_{32} \\ C_{11} & B_{12} & & & A_{12} & & \\ & C_{21} & B_{22} & & & A_{22} & \\ & & C_{31} & B_{32} & & & A_{32} \end{bmatrix} \begin{bmatrix} \mathbf{x}_{11} \\ \mathbf{x}_{21} \\ \mathbf{x}_{31} \\ \mathbf{x}_{41} \\ \mathbf{x}_{12} \\ \mathbf{x}_{22} \\ \mathbf{x}_{32} \end{bmatrix} = \begin{bmatrix} \mathbf{b}_{11} \\ \mathbf{b}_{21} \\ \mathbf{b}_{31} \\ \mathbf{b}_{41} \\ \mathbf{b}_{12} \\ \mathbf{b}_{22} \\ \mathbf{b}_{32} \end{bmatrix}. \tag{7.3.27}$$

Multipliziert man (7.3.26) und (7.3.27) aus, so erkennt man, daß die einzelnen Gleichungen exakt die gleichen sind. Das Gebietszerlegungsverfahren ist mathematisch äquivalent zur Lösung von (7.3.27) mittels LU-Zerlegung.

Um (7.3.27) wieder in Beziehung zu (7.3.14) zu setzen, bemerken wir, daß $A_i = A_{i1}, i = 1, \ldots, 4, A_S = \mathrm{diag}(A_{12}, A_{22}, A_{32}), B_1 = (B_{11}, 0, 0), B_2 = (C_{12}, B_{21}, 0)$, und so weiter, gilt. Die Matrix $\hat{A}$ aus (7.3.17) hat dann die Gestalt

$$\hat{A} = \begin{bmatrix} A'_{12} & B'_{21} & 0 \\ C'_{12} & A'_{22} & B'_{31} \\ 0 & C'_{22} & A'_{32} \end{bmatrix}. \tag{7.3.28}$$

Dabei gilt unter anderem

$$C'_{12} = -C_{21}A_{21}^{-1}C_{12}, \quad C'_{22} = -C_{31}A_{31}^{-1}C_{22}. \tag{7.3.29}$$

Die B'_{i1} sind ähnlich definiert. Die Matrizen C'_{i2} und B'_{i1} in (7.3.28) sind, genau wie die A'_{i2}, vollbesetzte $\beta \times \beta$-Matrizen. Die halbe Bandbreite von (7.3.28) beträgt daher $2\beta - 1$ (Aufgabe 7.3.8). Diese Eigenschaften bleiben für größere Werte von p erhalten: $\hat{A}$ ist blocktridiagonal mit der halben Bandbreite $2\beta - 1$.

Wie bei der Zyklischen Reduktion ist es möglich, das Gebietszerlegungsverfahren auf das reduzierte System mit der Koeffizientenmatrix $\hat{A}$ anzuwenden. Da jedoch $\hat{A}$ die halbe Bandbreite $2\beta - 1$ besitzt, dürfte es effizienter sein, einen Algorithmus für Bandmatrizen anzuwenden. Im Falle $\beta = 1$ einer Tridiagonalmatrix gilt $2\beta - 1 = 1$, so daß das reduzierte System wieder tridiagonal ist. Genau diese Eigenschaft wird bei der Zyklischen Reduktion ausgenutzt.

Für große Werte von n und kleine β kann gezeigt werden, daß das Gebietszerlegungsverfahren etwa viermal mehr Multiplikationen und Additionen und doppelt soviele Divisionen wie das Gaußsche Eliminationsverfahren bei Anwendung auf das ursprüngliche Bandsystem benötigt. Wie bei der Zyklischen Reduktion kann diese erhöhte arithmetische Komplexität als Konsequenz der Auffüllung der Koeffizientenmatrix bei Anwendung des Gaußschen Eliminationsverfahrens auf das umgeordnete System (7.3.27) interpretiert werden. Man beachte das scheinbare Paradoxon, daß in Abschnitt 6.1 eine Umordnung gemäß dem Gebietszerlegungszerlegungsprinzip angewendet wurde, um die Auffüllung der Matrix bei Anwendung des Gaußschen Eliminationsverfahrens auf das Poisson-System (5.5.18) zu verringern.

Als Konsequenz der erhöhten arithmetischen Komplexität ist die Beschleunigung des Gebietszerlegungs-Algorithmus für Systeme mit Bandmatrizen gegenüber dem Gaußschen Eliminationsverfahren für das Ursprungssystem für p Prozessoren auf $p/4$ beschränkt. Trotzdem sind dieser Algorithmus und seine Varianten bisher die besten bekannten parallelen Algorithmen für schmale Bandsysteme.

Ergänzende Bemerkungen und Literaturhinweise zu Abschnitt 7.3

1. Die Erkenntnis, daß der Grad der Vektorisierbarkeit oder der Parallelität der *LU*- oder Cholesky-Zerlegung von der Bandbreite des Systems abhängt, hat sehr stark die Erforschung von Systemen mit schmalen Bandmatrizen, insbesondere Tridiagonalmatrizen, beflügelt. Stone [1973] hat einen Algorithmus für Tridiagonalsysteme angegeben, der auf „rekursivem Doppeln“ basiert. Von Lambiotte und Voigt [1975] und auch Stone [1975] ist dieser Algorithmus modifiziert worden, ohne daß diese Verfahren eine weite Verbreitung gefunden hätten.

2. Die Zyklische Reduktion - beziehungsweise ihre Varianten - ist eines der meistbenutzten Verfahren für Tridiagonalsysteme sowohl auf Parallel- als auch auf Vektorrechnern. Ursprünglich wurde sie von G. Golub für allgemeine Tridiagonalsysteme vorgeschlagen und von R. Hockney für spezielle blocktridiagonale Systeme entwickelt (vergleiche Hockney [1965]). Heller [1976] zeigte, daß unter gewissen Bedingungen während der Zyklischen Reduktion die Größe der

Nichtdiagonalelemente relativ zu derjenigen der Diagonalelemente quadratisch abnimmt. Dies gestattet es, den Algorithmus vor Beendigung der ganzen $\log n$ Schritte abzubrechen. G. Golub (vergleiche Lambiotte und Voigt [1975]) erkannte, daß, wie hier gezeigt, die Zyklische Reduktion nichts anderes als das Gaußsche Eliminationsverfahren für die Matrix PAP^T mit einer geeigneten Permutationsmatrix P darstellt. Wenn daher A symmetrisch und positiv definit ist, so gilt dies auch für PAP^T, und die Zyklische Reduktion ist numerisch stabil. Es ist jedoch trotzdem notwendig, die Behandlung der rechten Seite mit einiger Sorgfalt anzugehen, um die numerische Stabilität zu gewährleisten (vergleiche Golub und Van Loan [1989]). Der hier diskutierte Algorithmus für die Zyklische Reduktion verliert in den letzten Schritten der Reduktionsphase und in den ersten Schritten der Substitutionsphase an Parallelität. Eine Version, die die Parallelität im wesentlichen durch Elimination der Rücksubstitution besser erhält, wurde von Hockney und Jesshope [1988] angegeben (vergleiche auch Swarztrauber und Sweet [1989]). In Hockney und Jesshope [1988] und Johnsson [1987] findet man weitere Betrachtungen zur Zyklischen Reduktion und zu einigen ihrer Varianten.

3. Das Gebietszerlegungsverfahren für Systeme mit Bandmatrizen ist eng verwandt mit einem von Johnsson [1985] vorgestellten Verfahren. Weitere ähnliche Verfahren wurden von Lawrie und Sameh [1984] und Meier [1985] für Systeme mit Bandmatrizen und von Wang [1981] für Tridiagonalsysteme angegeben. Man schlage bei Ortega [1988a] bezüglich einer Zusammenfassung und weiteren Kommentierung der Lösung von Tridiagonal- und Bandsystemen nach. Die Idee der Gebietszerlegung hat, unabhängig von der Entwicklung paralleler Verfahren, eine lange Geschichte im Ingenieurwesen, wo sie als *Substrukturierung* bezeichnet wird. Die ursprüngliche Motivation entsprang dem Wunsch, ein großes Problem in separat zu lösende kleinere Teilaufgaben zu zerlegen und die Gesamtlösung dann aus den Lösungen der Teilprobleme zu ermitteln.

4. Die Tatsache, daß das Gebietszerlegungsverfahren für Bandsysteme die arithmetische Komplexität beträchtlich erhöht, ist zwar enttäuschend, aber unvermeidlich. Cleary [1989] hat gezeigt, daß eine Umordnung, die eine Parallelität von p erzeugt, zu einer Auffüllung von mindestens $p-2$ Matrixblöcken führt und somit eine wesentliche höhere arithmetische Komplexität besitzt.

Übungsaufgaben zu Abschnitt 7.3

7.3.1. Entsprechend der Abb. 7.3.1 für die kij- und kji-Form für Bandmatrizen gebe man einen Pseudocode für die jki-Form der LU-Zerlegung an.

7.3.2. Man diskutiere die vektoriellen und parallelen Eigenschaften der Cholesky-Zerlegung für symmetrische, positiv definite Bandmatrizen in Anlehnung an die obige Diskussion der LU-Zerlegung.

7.3.3. Man weise nach, daß der erste Schritt der Zyklischen Reduktion der Anwendung des Gaußschen Eliminationsverfahrens auf die ersten $(n+1)/2$ Spalten von (7.3.6) entspricht.

7.3.4. Man weise für $n = 15$ nach, daß die Zyklische Reduktion zum Gaußschen Eliminationsverfahren für ein System mit der Koeffizientenmatrix aus Abb. 7.3.9 äquivalent ist (ohne die F_i). Wie lautet die rechte Seite des umgeordneten Systems?

7.3.5. Man zeige, daß die Koeffizientenmatrix $\hat{A}$ aus (7.3.6) in der Gestalt $\hat{A} = P^TAP$ geschrieben werden kann, wobei A die ursprüngliche Tridiagonalmatrix und P eine Permutationsmatrix ist. Man schließe daraus, daß $\hat{A}$ symmetrisch und positiv definit ist, wenn dies für A gilt. Man zeige dies auch für die Matrix aus Abb. 7.3.10 ohne die F_i. Man weise ferner nach, daß diese Matrix diagonaldominant ist, wenn dies für die Tridiagonalmatrix gilt.

7.3.6. Man zeige für $n = 15$, daß das Gaußsche Eliminationsverfahren bei Anwendung auf die Matrix aus (7.3.6) die durch die F's in Abb. 7.3.10 definierten neuen nichtverschwindenden Elemente erzeugt.

7.3.7. Verifiziere die Berechnung (7.3.8)–(7.3.11) der arithmetischen Komplexität für die Zyklische Reduktion.

7.3.8. Zeige, daß die Matrizen C'_{i2} in (7.3.29) (wie auch die Matrizen B'_{i1} in (7.3.28)) im allgemeinen vollbesetzte $\beta \times \beta$ Matrizen sind und daß daher die halbe Bandbreite von (7.3.28) $2\beta - 1$ beträgt.

7.3.9. (Zweiweg-Gauß-Eliminationsverfahren) Für ein System $A\mathbf{x} = \mathbf{b}$ mit einer $n \times n$-Tridiagonalmatrix A mit ungeradem n beginne man das Gaußsche Eliminationsverfahren simultan mit der ersten und der letzten Gleichung. Man fahre in Richtung auf die mittleren Gleichungen fort, indem man die Subdiagonalelemente von oben und die Superdiagonalelemente von unten eliminiert. Am Ende der Eliminationschritte verbleibt eine einzige Gleichung mit einer Unbekannten. Dann kann die Rücksubstitution ausgeführt werden, die in jedem Schritt zwei Unbekannte mehr liefert. Man formuliere dieses Verfahren im Detail und diskutiere seine Parallelitätseigenschaften. Kann man diesen Ansatz auf Bandsysteme ausdehnen?

7.3.10. a. A sei die Koeffizientenmatrix von (7.3.16). A_I besitze eine LU-Zerlegung. Zeige, daß die Matrix $\hat{A}$ aus (7.3.17) genau diejenige reduzierte Matrix ist, die das Gaußsche Eliminationsverfahren bei Anwendung auf die A_I entsprechenden Spalten von A erzeugen würde.

b. Betrachte die Matrix

$$A = \begin{bmatrix} C & B \\ B^T & 0 \end{bmatrix},$$

wobei C eine symmetrische und positiv definite $r \times r$-Matrix ist. Ist A positiv definit? Wende das Gaußsche Eliminationsverfahren auf die ersten r Spalten von A an und zeige, daß 0 durch das Schur-Komplement $-B^T C^{-1} B$ ersetzt wird.

7.3.11. Zeige, daß jede Bandmatrix A als eine Blocktridiagonalmatrix

$$A = \begin{bmatrix} A_1 & B_1 & & \\ C_1 & \ddots & \ddots & \\ & \ddots & & B_{2m-1} \\ & & C_{2m-1} & A_{2m} \end{bmatrix}$$

geschrieben werden kann. A sei eine $n \times n$-Matrix mit der halben Bandbreite β. Welches ist die Maximalgröße von m?

7.3.12. Man zeige, daß

$$\begin{bmatrix} A_1 & B \\ B_1^T & A_2 \end{bmatrix} = \begin{bmatrix} \hat{A}_1 & 0 \\ 0 & \hat{A}_2 \end{bmatrix} + \begin{bmatrix} L \\ H \end{bmatrix} (L^T H^T)$$

geschrieben werden kann. Man verwende dies zusammen mit der Sherman-Morrison-Woodbury-Formel (6.1.34) zur Entwicklung eines Algorithmus, der $A\mathbf{x} = \mathbf{b}$ durch die unabhängige Lösung zweier Systeme mit etwa halber Größe löst.

8 Iterative Verfahren

Kapitel 6 hat gezeigt, daß die Anwendung des Gaußschen Eliminationsverfahrens auf große dünnbesetzte Systeme, wie sie etwa bei der Diskretisierung der Poisson-Gleichung entstehen, zur Auffüllung der Matrix mit zusätzlichen nichtverschwindenden Elemente und damit zu einer erhöhten arithmetischen Komplexität und einem erhöhten Speicherplatzbedarf führen. Alternativ lassen sich iterative Verfahren anwenden. Im allgemeinen benötigen diese Verfahren bedeutend weniger Speicherplatz als direkte Verfahren und können, abhängig vom Problem und vom Verfahren, schneller sein. Meist besitzen sie auch bessere Parallelisierungs- und Vektorisierungseigenschaften. In diesem Kapitel betrachten wir iterative Verfahren, die auf dem Prinzip der „Relaxation" basieren. Einige dieser Verfahren sollten in der Praxis nicht verwendet werden. Sie bieten jedoch einen nützlichen Rahmen für die Einführung anderer iterativer Verfahren und werden auch als Teil der ausgefeilteren Mehrgitterverfahren und Verfahren der konjugierten Gradienten verwendet, die in Abschnitt 8.3 und Kapitel 9 diskutiert werden.

8.1 Relaxationsverfahren

Wir betrachten das lineare System $A\mathbf{x} = \mathbf{b}$ und nehmen an, daß die Diagonalelemente von A nicht verschwinden:

$$a_{ii} \neq 0, \qquad i = 1, \ldots, n. \tag{8.1.1}$$

Das vielleicht einfachste iterative Verfahren ist das *Jacobi-Verfahren*. Es sei eine Anfangsnäherung $\mathbf{x}^0$ der Lösung gewählt. Die nächste Iterierte ergibt sich aus

$$x_i^{(1)} = \frac{1}{a_{ii}}(b_i - \sum_{j \neq i} a_{ij} x_j^{(0)}), \qquad i = 1, \ldots, n. \tag{8.1.2}$$

Es ist nützlich, dieses Verfahren in Matrix-Vektor-Notation zu schreiben. Hierzu sei $D = \mathrm{diag}(a_{11}, \ldots, a_{nn})$ und $B = D - A$. Es kann leicht gezeigt werden, daß (8.1.2) als

$$\mathbf{x}^1 = D^{-1}(\mathbf{b} + B\mathbf{x}^0)$$

geschrieben werden kann. Die vollständige Folge der Jacobi-Iterierten ist dann durch

$$\mathbf{x}^{k+1} = D^{-1}(\mathbf{b} + B\mathbf{x}^k), \qquad k = 0, 1, \ldots, \tag{8.1.3}$$

definiert, wobei die Indizes die Nummer des jeweiligen Iterationsschrittes angeben.

Das Gauß-Seidel-Verfahren

Eine dem Jacobi-Verfahren eng verwandte Iteration resultiert aus der folgenden Beobachtung. Nach der Berechnung von $x_1^{(1)}$ in (8.1.2) kann dieser Wert in der Berechnung von $x_2^{(1)}$ genutzt werden. Es liegt daher nahe, diesen anstelle des ursprünglichen Wertes $x_1^{(0)}$ zu nutzen. Wenn wir nun grundsätzlich neue Werte verwenden, sobald sie bereitstehen, wird (8.1.2) zu

$$x_i^{(1)} = \frac{1}{a_{ii}}(b_i - \sum_{j<i} a_{ij}x_j^{(1)} - \sum_{j>i} a_{ij}x_j^{(0)}), \qquad i = 1, \ldots, n. \tag{8.1.4}$$

Dies ist der erste Schritt der *Gauß-Seidel-Iteration.* Um diese Iteration in Matrix-Vektor-Form schreiben zu können, definieren wir $-L$ und $-U$ als die echte untere beziehungsweise echte obere Dreiecksteilmatrix von A. Somit haben sowohl L als auch U eine mit Null besetzte Hauptdiagonale, und es gilt

$$A = D - L - U. \tag{8.1.5}$$

Multiplizieren wir (8.1.4) mit a_{ii}, so kann leicht gezeigt werden, daß die n Gleichungen in (8.1.4) als

$$D\mathbf{x}^1 - L\mathbf{x}^1 = \mathbf{b} + U\mathbf{x}^0 \tag{8.1.6}$$

geschrieben werden können. Die Matrix $D-L$ ist als eine untere Dreiecksmatrix mit nichtverschwindenden Diagonalelementen regulär. Die vollständige Folge der Gauß-Seidel-Iteratierten ist dann durch

$$\mathbf{x}^{k+1} = (D - L)^{-1}(U\mathbf{x}^k + \mathbf{b}), \qquad k = 0, 1, \ldots, \tag{8.1.7}$$

definiert. Die Matrix-Vektor-Darstellungen (8.1.3) und (8.1.7) der Jacobi- und der Gauß-Seidel-Iteration sind für theoretische Überlegungen nützlich. Für konkrete Rechnungen nutzt man jedoch eher die komponentenweisen Darstellungens (8.1.2) und (8.1.4).

In diesen iterativen Verfahren müssen nur die nichtverschwindenden Elemente von A, die rechte Seite $\mathbf{b}$ und die aktuelle sowie die vorangehende Iterierte $\mathbf{x}^k$ und $\mathbf{x}^{k+1}$ gespeichert werden. Beim Gauß-Seidel-Verfahren reicht ein Vektor für $\mathbf{x}^k$ und $\mathbf{x}^{k+1}$, da neue Komponenten von $\mathbf{x}^{k+1}$ die entsprechenden Komponenten von $\mathbf{x}^k$ unmittelbar nach ihrer Berechnung überschreiben können. Im Gegensatz zu einem direkten Verfahren wie dem Gaußschen Eliminationsverfahren wird kein zusätzlicher Speicherplatz für zusätzlich entstehende nichtverschwindende Elemente benötigt, da die Ursprungsmatrix nicht modifiziert wird.

Anwendung auf die Laplace-Gleichung

Wir betrachten nun die Anwendung dieser Iterationsverfahren auf die Laplace-Gleichung auf einem Quadrat. Die Differenzengleichungen für dieses Problem wurden bereits in (5.5.13) (mit $f_{ij} = 0$) in der Form

$$-u_{i+1,j} - u_{i-1,j} - u_{i,j+1} - u_{i,j-1} + 4u_{ij} = 0, \quad i,j = 1, \ldots, N, \quad (8.1.8)$$

angegeben. Hier werden $u_{ij}, i,j = 1, \ldots, N$, als Unbekannte betrachtet, und die Werte der verbleibenden u_{ij} seien aus den Randbedingungen bekannt. Für eine vorgegebene Anfangsnäherung $u_{ij}^{(0)}$ liefert ein Jacobi-Schritt bei Anwendung auf (8.1.8)

$$u_{ij}^{(1)} = \frac{1}{4}(u_{i+1,j}^{(0)} + u_{i-1,j}^{(0)} + u_{i,j+1}^{(0)} + u_{i,j-1}^{(0)}),$$

so daß die neue Jacobi-Näherung im Gitterpunkt (i,j) nichts anderes als der Mittelwert der vorherigen Näherungen in den vier benachbarten Gitterpunkten ist. Dies erklärt, warum das Jacobi-Verfahren manchmal als *Verfahren der simultanen Verschiebung* bezeichnet wird. Man beachte, daß es beim Jacobi-Verfahren unerheblich ist, in welcher Reihenfolge die Gleichungen behandelt werden, obwohl die Berücksichtigung der Art der Speicherung zur Bevorzugung bestimmter Anordnungen führen kann. Im Gegensatz dazu entspricht beim Gauß-Seidel-Verfahren jede Anordnung der Gleichungen einem anderen Iterationsprozeß. Wenn wir die Gitterpunkte wie in Abschnitt 5.5 von links nach rechts und von unten nach oben anordnen, lautet ein typischer Gauß-Seidel-Schritt

$$u_{ij}^{(1)} = \frac{1}{4}(u_{i-1,j}^{(1)} + u_{i,j-1}^{(1)} + u_{i+1,j}^{(0)} + u_{i,j+1}^{(0)}).$$

Diese neue Näherung im Gitterpunkt (i, j) stellt wieder einen Mittelwert aus den vier benachbarten Gitterpunkten dar, jedoch werden jetzt zwei neue und zwei alte Werte verwendet. Der Unterschied zwischen beiden Verfahren ist schematisch in Abbildung 8.1.1 dargestellt. Da das Jacobi- und das Gauß-Seidel-Verfahren neue Iterierte durch Mittelung aktueller Werte an Nachbarpunkten berechnen, sind sie historisch als *Relaxationsverfahren* bekannt.

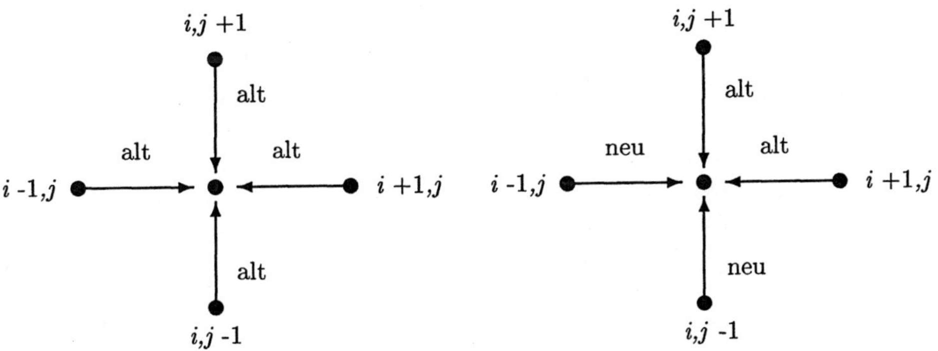

Abb. 8.1.1 *Jacobi- und Gauß-Seidel-Schritte*

Konvergenz

Als nächstes betrachten wir die Konvergenz iterativer Verfahren. Sowohl das Jacobi- als auch das Gauß-Seidel-Verfahren können in der Form

$$\mathbf{x}^{k+1} = H\mathbf{x}^k + \mathbf{d}, \qquad k = 0, 1, \ldots, \tag{8.1.9}$$

geschrieben werden, wobei $H = D^{-1}B$ und $\mathbf{d} = D^{-1}\mathbf{b}$ für das Jacobi-Verfahren und $H = (D-L)^{-1}U$ und $\mathbf{d} = (D-L)^{-1}\mathbf{b}$ für das Gauß-Seidel-Verfahren gilt. Wir nehmen nun an, daß $\mathbf{x}^*$ die exakte Lösung des Systems $A\mathbf{x} = \mathbf{b}$ sei. Für das Jacobi-Verfahren erhalten wir dann

$$(D - B)\mathbf{x}^* = \mathbf{b} \quad \text{oder} \quad \mathbf{x}^* = D^{-1}B\mathbf{x}^* + D^{-1}\mathbf{b}$$

und für das Gauß-Seidel-Verfahren

$$(D - L - U)\mathbf{x}^* \quad \text{oder} \quad \mathbf{x}^* = (D - L)^{-1}U\mathbf{x}^* + (D - L)^{-1}\mathbf{b}.$$

In beiden Fällen gilt also

$$\mathbf{x}^* = H\mathbf{x}^* + \mathbf{d}. \tag{8.1.10}$$

Wenn wir (8.1.10) von (8.1.9) subtrahieren, so erhalten wir

$$\mathbf{e}^{k+1} = H\mathbf{e}^k, \qquad k = 0, 1, \ldots, \tag{8.1.11}$$

wobei $\mathbf{e}^k = \mathbf{x}^k - \mathbf{x}^*$ den Fehler im k-ten Schritt angibt.

Iterative Verfahren der Gestalt (8.1.9) werden als *stationäre einstufige* Verfahren bezeichnet, und (8.1.11) gibt die grundlegende Fehlerformel für diese Verfahren an. Wir können den Fehler wie folgt analysieren. Die Matrix H besitze n linear unabhängige Eigenvektoren $\mathbf{v}_1, \ldots, \mathbf{v}_n$ mit zugehörigen Eigenwerten $\lambda_1, \ldots, \lambda_n$. (Vergleiche Kapitel 2 bezüglich der Beziehungen und Resultate aus der Linearen Algebra, die hier benutzt werden.) Der Anfangsfehler $\mathbf{e}^0$ kann dann als Linearkombination der Eigenvektoren dargestellt werden:

$$\mathbf{e}^0 = c_1\mathbf{v}_1 + c_2\mathbf{v}_2 + \cdots + c_n\mathbf{v}_n. \tag{8.1.12}$$

Daher gilt

$$\mathbf{e}^k = H^k\mathbf{e}^0 = c_1\lambda_1^k\mathbf{v}_1 + c_2\lambda_2^k\mathbf{v}_2 + \cdots + c_n\lambda_n^k\mathbf{v}_n. \tag{8.1.13}$$

Damit bei beliebigem $\mathbf{x}^0$ (und daher bei beliebigem c_i in (8.1.12)) $\mathbf{e}^k \to 0$ für $k \to \infty$ konvergiert, muß $|\lambda_i| < 1, i = 1, \ldots, n$, gelten; der Spektralradius $\rho(H)$ muß also kleiner als Eins sein. Ferner ist es der Wert $\rho(H)$, der die *asymptotische Konvergenzgeschwindigkeit* bestimmt, das heißt die Konvergenzrate für großes k. Es gelte $|\lambda_n| = \rho(H)$ und $|\lambda_n| > |\lambda_i|, i = 1, \ldots, n-1$. Der Term $\lambda_n^k\mathbf{v}_n$ in (8.1.13) wird am langsamsten gegen Null gehen, und für großes k reduziert jeder zusätzliche Iterationsschritt den Fehler etwa um den Faktor $|\lambda_n|$. Daher wird $\rho(H)$ als *asymptotischer Konvergenzfaktor* bezeichnet. Diese Ergebnisse gelten auch, wenn H keine n linear unabhängigen Eigenvektoren besitzt. Die Beweise hierfür sind jedoch schwieriger (vergleiche hierzu die ergänzenden Bemerkungen). Wir formulieren diesen grundlegenden Konvergenzsatz wie folgt:

SATZ 8.1.1 *Die Iterierten (8.1.9) konvergieren gegen die Lösung* $\mathbf{x}^*$ *von (8.1.10) für jeden Startvektor* $\mathbf{x}^0$ *genau dann, wenn* $\rho(H) < 1$ *gilt. Ferner wächst die asymptotische Konvergenzgeschwindigkeit mit abnehmendem* $\rho(H)$.

Satz 8.1.1 stellt das grundlegende theoretische Ergebnis für Iterationsverfahren der Gestalt (8.1.9) dar. Er gibt jedoch nicht unmittelbar an, ob ein konkretes Iterationsverfahren konvergent ist. Hierzu müssen wir sicherstellen, daß der Spektralradius der Iterationsmatrix dieses Verfahrens kleiner als Eins ist. Im allgemeinen ist dies ein schwieriges Problem. Aber für einige Iterationsverfahren und gewisse Klassen von Matrizen ist es recht leicht, die Erfüllung dieses Konvergenzkriteriums zu überprüfen. Im folgenden werden hierfür Beispiele für das Jacobi- und das Gauß-Seidel-Verfahren angegeben.

SATZ 8.1.2 *Die Matrix* A *sei streng diagonaldominant:*

$$|a_{ii}| > \sum_{j \neq i} |a_{ij}|, \qquad i = 1, \ldots, n. \tag{8.1.14}$$

Dann konvergieren für jeden Startvektor $\mathbf{x}^0$ *sowohl das Jacobi- als auch das Gauß-Seidel-Verfahren gegen die eindeutige Lösung von* $A\mathbf{x} = \mathbf{b}$.

Der Beweis dieses Satzes gestaltet sich für das Jacobi-Verfahren sehr einfach. Wegen $H = D^{-1}B$ folgt aus (8.1.14), daß die Summe der Absolutwerte der Elemente in jeder Zeile von H kleiner als 1 ist. Daher gilt $\|H\|_\infty < 1$, folglich sind alle Eigenwerte von H betragsmäßig kleiner als Eins. Satz 8.1.1 kann somit angewendet werden. Der Beweis für das Gauß-Seidel-Verfahren ist etwas schwieriger. Es sei λ ein Eigenwert von H und $\mathbf{v}$ ein zugehöriger Eigenvektor. Dann folgt

$$\lambda \mathbf{v} = H\mathbf{v} = (D - L)^{-1} U \mathbf{v},$$

oder

$$\lambda (D - L)\mathbf{v} = U\mathbf{v}. \tag{8.1.15}$$

Es sei

$$|v_k| = \max\{|v_i| : i = 1, \ldots, n\}. \tag{8.1.16}$$

Die k-te Gleichung aus (8.1.15) lautet

$$\lambda(a_{kk}v_k + \sum_{j<k} a_{kj}v_j) = -\sum_{j>k} a_{kj}v_j, \tag{8.1.17}$$

und wir setzen

$$\alpha = \sum_{j<k} \frac{a_{kj}v_j}{a_{kk}v_k}, \qquad \beta = \sum_{j>k} \frac{a_{kj}v_j}{a_{kk}v_k}.$$

Dann kann (8.1.17) als

$$\lambda(1+\alpha) = -\beta$$

geschrieben werden, so daß mit (8.1.14) und (8.1.16)

$$|\lambda| \leq \frac{|\beta|}{|1+\alpha|} \leq \frac{|\beta|}{1-|\alpha|} < 1$$

folgt. Damit haben wir $\rho(H) < 1$ gezeigt, so daß Satz 8.1.1 Anwendung findet.

Die Forderung nach strenger Diagonaldominanz ist eine recht starke Bedingung, die für die Differenzengleichungen (8.1.8) der Laplace-Gleichung nicht gilt: In den meisten Zeilen der Koeffizientenmatrix stehen vier Elemente vom Betrag Eins in den Nebendiagonalen, so daß in (8.1.14) keine echte Ungleichheit besteht. Wie jedoch in Abschnitt 5.5 gezeigt, ist die Koeffizientenmatrix für (8.1.8) irreduzibel diagonaldominant. Dies ist eine hinreichende Bedingung für die Konvergenz sowohl des Jacobi- als auch des Gauß-Seidel-Verfahrens (vergleiche die ergänzenden Bemerkungen).

Wir haben in Abschnitt 5.5 auch gezeigt, daß die Koeffizientenmatrix der Gleichungen (8.1.8) symmetrisch und positiv definit ist. In der Tat ist die Koeffizientenmatrix für viele diskrete Analoga elliptischer partieller Differentialgleichungen symmetrisch und positiv definit. In diesem Falle konvergiert das Gauß-Seidel-Verfahren immer, jedoch reicht Positiv-Definitheit für die Konvergenz des Jacobi-Verfahrens im allgemeinen nicht aus. Wir formulieren dies im folgenden Satz ohne Beweis:

SATZ 8.1.3 *Die Matrix $A = D - B$ sei symmetrisch und positiv definit. Dann konvergieren die Gauß-Seidel-Iterierten gegen die Lösung von $A\mathbf{x} = \mathbf{b}$ für jeden Startvektor $\mathbf{x}^0$. Die Jacobi-Iterierten konvergieren für jedes $\mathbf{x}^0$ genau dann, wenn auch die Matrix $D + B$ positiv definit ist.*

Das SOR-Verfahren

Selbst im Falle der Konvergenz des Jacobi- oder des Gauß-Seidel-Verfahrens kann diese so langsam erfolgen, daß die Anwendung der Verfahren sinnlos wird. Wählen wir beispielsweise $N = 44$ in Gleichung (8.1.8), so nimmt in jedem Iterationsschritt der Fehler des Gauß-Seidel-Verfahrens asymptotisch nur um einen Faktor von etwa 0.995 ab. Das Jacobi-Verfahren ist in diesem Beispiel etwa zweimal langsamer. Zudem wird die Konvergenzrate mit wachsendem N immer schlechter.

In einigen Fällen ist es möglich, das Gauß-Seidel-Verfahren beträchtlich zu beschleunigen. Ist die aktuelle Näherung $\mathbf{x}^k$ gegeben, so berechnen wir zunächst die Gauß-Seidel-Iterierte

$$\hat{x}_i^{(k+1)} = \frac{1}{a_{ii}}(b_i - \sum_{j<i} a_{ij}x_j^{(k+1)} - \sum_{j>i} a_{ij}x_j^{(k)}) \tag{8.1.18}$$

als Zwischenergebnis und wählen als endgültigen Wert für die neue Näherung der i-ten Komponente

$$x_i^{(k+1)} = x_i^{(k)} + \omega(\hat{x}_i^{(k+1)} - x_i^{(k)}). \tag{8.1.19}$$

Hierbei bezeichnet ω einen Parameter, der zur Beschleunigung der Konvergenz eingeführt wird.

Wir können (8.1.18) und (8.1.19) folgendermaßen umschreiben. Wir setzen zunächst (8.1.18) in (8.1.19) ein:

$$x_i^{(k+1)} = (1-\omega)x_i^{(k)} + \frac{\omega}{a_{ii}}(b_i - \sum_{j<i} a_{ij}x_j^{(k+1)} - \sum_{j>i} a_{ij}x_j^{(k)}) \tag{8.1.20}$$

und ordnen diese Gleichung dann gemäß

$$a_{ii}x_i^{(k+1)} + \omega\sum_{j<i} a_{ij}x_i^{(k+1)} = (1-\omega)a_{ii}x_i^{(k)} - \omega\sum_{j>i} a_{ij}x_j^{(k)} + \omega b_i$$

um. Diese Beziehung zwischen den neuen Iterierten $x_i^{(k+1)}$ und den alten Iterierten $x_i^{(k)}$ gilt für $i = 1, \ldots, n$. Unter Verwendung von (8.1.5) können wir sie in Matrix-Vektor-Form als

$$D\mathbf{x}^{k+1} - \omega L\mathbf{x}^{k+1} = (1-\omega)D\mathbf{x}^k + \omega U\mathbf{x}^k + \omega\mathbf{b}$$

schreiben. Die Matrix $D - \omega L$ ist wieder eine untere Dreiecksmatrix, die nach Annahme keine verschwindenden Diagonalelemente besitzt, und somit regulär. Wir erhalten daher

$$\mathbf{x}^{k+1} = (D - \omega L)^{-1}[(1 - \omega)D + \omega U]\mathbf{x}^k + \omega(D - \omega L)^{-1}\mathbf{b}. \quad (8.1.21)$$

Diese Formel definiert das *Relaxationsverfahren*, aus dem englischen Sprachgebrauch kommend auch als *SOR-Verfahren* bezeichnet, wobei *SOR* für „successive overrelaxation" steht. Für die praktische Rechnung wird, wie beim Gauß-Seidel-Verfahren, eher die komponentenweise Schreibweise (8.1.18), (8.1.19) verwendet. Es sei bemerkt, daß das Verfahren (8.1.21) für $\omega = 1$ in die Gauß-Seidel-Iteration übergeht.

Für reelle Werte des Parameters ω lautet eine notwendige Bedingung für die Konvergenz der SOR-Iteration (8.1.21), daß $0 < \omega < 2$ gilt (Aufgabe 8.1.5). Im allgemeinen wird eine beliebige Wahl von ω aus diesem Intervall *nicht* die Konvergenz garantieren. Im Falle einer symmetrischen und positiv definiten Matrix A erhalten wir jedoch folgende Erweiterung von Satz 8.1.3, die wir ebenfalls ohne Beweis notieren:

SATZ 8.1.4 (Satz von Ostrowski) *Wenn A symmetrisch und positiv definit ist, so konvergieren die Iterierten des SOR-Verfahrens (8.1.21) für jedes $\omega \in (0,2)$ und jeden Startvektor $\mathbf{x}^0$ gegen die Lösung von $A\mathbf{x} = \mathbf{b}$.*

Wir würden nun gern den Parameter ω so wählen können, daß die Konvergenzrate der Iteration (8.1.21) optimiert wird. Im allgemeinen ist dies ein sehr schwieriges Problem. Wir versuchen, einige Tatsachen ohne Beweis zusammenzustellen, die zur Lösung dieses Problems bekannt sind. Für eine Klasse von als *konsistent geordnet mit „Property A"* bezeichneten Matrizen gibt es eine im wesentlichen vollständige Theorie, welche die Konvergenzrate des SOR-Verfahrens mit der des Jacobi-Verfahrens in Beziehung setzt und die wichtige Hinweise auf die Wahl eines optimalen Wertes für ω gibt. Wir werden diese Klasse von Matrizen nicht präzise definieren und bemerken nur, daß sie die Matrix (5.5.18) der Gleichungen (8.1.8) sowie viele andere Matrizen enthält.

Das grundlegende Ergebnis, welches für diese Klasse von Matrizen gilt, besteht in einer Beziehung zwischen den Eigenwerten der Iterationsmatrix

$$H_\omega = (D - \omega L)^{-1}[(1 - \omega)D + \omega U] \quad (8.1.22)$$

des SOR-Verfahrens und den Eigenwerten μ_i der Iterationsmatrix $J = D^{-1}(L+U)$ des Jacobi-Verfahrens. Unter der Annahme, daß die μ_i alle reell und betragsmäßig kleiner als 1 sind, kann gezeigt werden, daß der durch ω_0 bezeichnete optimale Wert von ω durch einen vom Spektralradius $\rho(J)$ von J abhängigen Ausdruck

$$\omega_0 = \frac{2}{1+\sqrt{1-\rho^2}}, \qquad \rho = \rho(J), \tag{8.1.23}$$

gegeben ist, der immer zwischen 1 und 2 liegt, was die Bezeichnung „Überrelaxation" (siehe weiter oben) erklärt. Der entsprechende Wert des Spektralradius von H_ω lautet

$$\rho(H_{\omega_0}) = \omega_0 - 1, \tag{8.1.24}$$

und es ist dieser Wert, der letztlich die asymptotische Konvergenzgeschwindigkeit bestimmt. Ferner können wir, wie in Abb. 8.1.2 gezeigt, das Verhalten von $\rho(H_\omega)$ als Funktion von ω bestimmen.

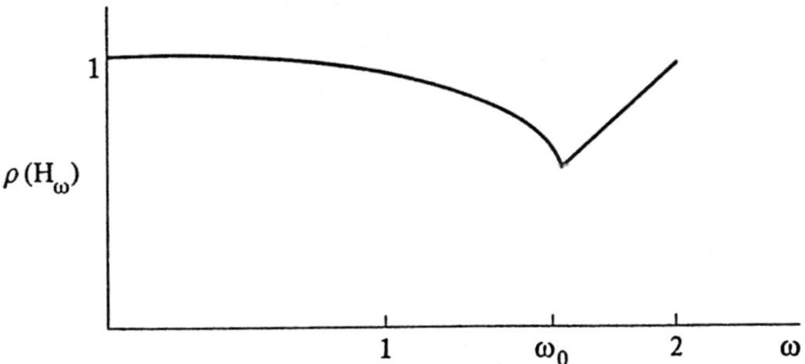

Abb. 8.1.2 *$\rho(H_\omega)$ als Funktion von ω*

Als ein Beispiel vermitteln die Gleichungen (8.1.8) einen Eindruck von der erreichbaren Konvergenzbeschleunigung. Die Eigenwerte der Jacobi-Iterationsmatrix können in diesem Fall explizit berechnet werden. Der größte Eigenwert ist

$$\rho(J) = \cos(\pi h), \qquad h = \frac{1}{N+1}. \tag{8.1.25}$$

In (8.1.23) eingesetzt erhalten wir

$$\omega_0 = \frac{2}{1+\sqrt{1-\cos^2(\pi h)}}, \qquad \rho(H_{\omega_0}) = \frac{1-\sqrt{1-\cos^2(\pi h)}}{1+\sqrt{1-\cos^2(\pi h)}}. \qquad (8.1.26)$$

Wird, wieder zur Veranschaulichung, $N = 44$ gewählt, so erhalten wir

$$p(J) \doteq 0.9976,\ \rho(H_1) \doteq 0.995,\ \omega_0 \doteq 1.87,\ \rho(H_{\omega_0}) \doteq 0.87. \qquad (8.1.27)$$

Dies zeigt, daß der Fehler im Jacobi-Verfahren asymptotisch in jedem Schritt um den Faktor 0.9976 verringert wird, während der enstsprechende Faktor des Gauß-Seidel-Verfahrens $0.995 = (.9976)^2$ beträgt, die Geschwindigkeit also fast zweimal so groß ist. Durch das SOR-Verfahren wird der Fehler jedoch um den Faktor $0.87 = (.995)^{30}$ verringert, so daß dieses Verfahren etwa dreißigmal schneller als das Gauß-Seidel-Verfahren ist. Ferner nimmt diese Verbesserung mit wachsendem N noch zu (Aufgaben 8.1.8 und 8.1.9).

Die obige Diskussion zeigt, daß dramatische Verbesserungen der Konvergenzrate des Gauß-Seidel-Verfahrens möglich sind. Jedoch sind einige Warnungen angebracht. Zunächst genießen viele, wenn nicht die meisten der in der Praxis auftretenden großen dünnbesetzten Matrizen nicht den Vorteil, die Eigenschaft „konsistent geordnet mit Property A“ zu besitzen, so daß der vorangehende Satz nicht angewendet werden kann. Es ist immer noch möglich, daß die Einführung des Parameters ω im Gauß-Seidel-Verfahren zu einer wesentlichen Erhöhung der Konvergenzrate führt. Diese ist jedoch nicht von vornherein bekannt. Auch ist nicht bekannt, wie ein optimaler Wert für ω zu wählen ist. Selbst wenn die Koeffizientenmatrix „konsistent geordnet mit Property A“ ist, kann die Wahl einer guten Näherung für ω_0 schwierig sein. Die explizite Berechnung der Ausdrücke in (8.1.27) war nur aufgrund der sehr speziellen Gestalt der Gleichungen (8.1.8) möglich, die eine exakte Berechnung von $\rho(J)$ gestatten. Im allgemeinen ist dies nicht möglich. Die Verwendung von (8.1.23) erfordert die Abschätzung von $\rho(J)$, was allein schon ein schwieriges Problem ist. Daher kann es selbst in den Fällen, in denen die obige Theorie anwendbar ist, erforderlich sein, einen Näherungsprozeß zur Ermittlung eines geeigneten Wertes für ω durchzuführen. Insbesondere gibt es „adaptive Verfahren“, die die näherungsweise Ermittlung geeigneter Werte für ω während des Ablaufs der SOR-Iteration unterstützen (vergleiche die ergänzenden Bemerkungen). Abschließend sei bemerkt, daß in den meisten Anwendungen die in Abschnitt 8.3 besprochenen Mehrgitterverfahren und die in Kapitel 9 diskutierten Verfahren der konjugierten Gradienten den Verfahren dieses Abschnitts vorgezogen werden.

Ergänzende Bemerkungen und Literaturhinweise zu Abschnitt 8.1

1. Das Jacobi- und das Gauß-Seidel-Verfahren sind klassische Verfahren, die bis ins vorige Jahrhundert zurückverfolgt werden können. Die grundlegende Theorie des SOR-Verfahrens wurde von Young [1950], [1954] entwickelt. Ausführliche Diskussionen des Jacobi-, des Gauß-Seidel- und von SOR-Verfahren sowie ihrer zahlreichen Varianten sind in Varga [1962] und Young [1971] zu finden. Möglichkeiten zur adaptiven Berechnung des Parameters ω in SOR-Verfahren sind in Hageman und Young [1981] sowie Young und Mai [1990] enthalten.

2. Der grundlegende Konvergenzsatz 8.1.1 ist äquivalent zur Konvergenz einer Folge von Matrixpotenzen gegen Null. Die Bedingung $H^k\mathbf{e}^0 \to 0$ für $k \to \infty$ für beliebiges $\mathbf{e}^0$ ist äquivalent zu $H^k \to 0$ für $k \to \infty$. Wenn $H = PJP^{-1}$ gilt, wobei J die Jordansche Normalform zu H bezeichnet, dann folgt $H^k = PJ^kP^{-1}$, und es konvergiert $H^k \to 0$ genau dann, wenn $J^k \to 0$ für $k \to \infty$ strebt. Wenn J eine Diagonalmatrix ist, dann entspricht das Ergebnis im wesentlichen dem im Text bewiesenen. Andernfalls müssen Potenzen von Jordanblöcken untersucht werden. Wenn E eine Matrix bezeichnet, deren erste obere Nebendiagonale mit Einsen besetzt ist, dann ist leicht einzusehen, daß für $k \geq n$

$$(\lambda I + E)^k = \begin{bmatrix} \lambda^k & k\lambda^{k-1} & \binom{k}{2}\lambda^{k-2} & \cdots & \binom{k}{n-1}\lambda^{k-n+1} \\ & & & & \vdots \\ & & \ddots & \ddots & \\ & & & & k\lambda^{k-1} \\ & & & & \lambda^k \end{bmatrix}$$

gilt. Dies zeigt, daß Potenzen eines Jordanblocks genau dann gegen die Nullmatrix streben, wenn $|\lambda| < 1$ gilt. Obwohl $\rho(H) < 1$ eine notwendige und hinreichende Bedingung dafür ist, daß die Iterierten (8.1.9) für beliebiges $\mathbf{x}^0$ konvergieren, gilt für die Fehlervektoren nicht notwendig die Beziehung $||\mathbf{e}^{k+1}|| < ||\mathbf{e}^k||$ in den üblicherweise verwendeten Normen (Aufgabe 8.1.10).

3. Satz 8.1.2 kann dahingehend verallgemeinert werden, daß für eine irreduzibel diagonaldominante Matrix A sowohl das Jacobi- als auch das Gauß-Seidel-Verfahren gegen die eindeutige Lösung von $A\mathbf{x} = \mathbf{b}$ für beliebige Startvektoren $\mathbf{x}^0$ konvergieren. (Vergleiche beispielsweise Ortega [1990] oder Varga [1962].)

4. Satz 8.1.4 stellt einen Spezialfall eines allgemeineren Konvergenzsatzes dar: Wenn A symmetrisch und positiv definit ist und $A = P - Q$ gilt, wobei P regulär ist und $\mathbf{x}^T(P + Q)\mathbf{x} > 0$ für alle $\mathbf{x} \neq 0$ gilt, dann folgt $\rho(P^{-1}Q) < 1$.

Diese Aussage wird manchmal als Satz von Householder und John zitiert, ist jedoch Weissinger zu verdanken (vergleiche Ortega [1990]), wo dies als P-reguläre Zerlegung bezeichnet wird. Umgekehrt gilt auch die folgende Aussage: Ist A eine symmetrische Matrix mit positiven Diagonalelementen und konvergiert das SOR-Verfahren für ein $\omega \in (0,2)$ und beliebiges $\mathbf{x}^0$, dann ist A positiv definit. Zusammen mit dieser Aussage ist Satz 8.1.4 auch unter dem Namen Satz von Ostrowski-Reich bekannt.

Übungsaufgaben zu Abschnitt 8.1

8.1.1. Wende das Jacobi- und das Gauß-Seidel-Verfahren auf das System $A\mathbf{x} = \mathbf{b}$ mit

$$A = \begin{bmatrix} 3 & 1 & 1 \\ 1 & 3 & 1 \\ 1 & 1 & 3 \end{bmatrix}, \qquad \mathbf{b} = \begin{bmatrix} 1 \\ 2 \\ 3 \end{bmatrix},$$

an. Verwende dabei die Startnäherung $\mathbf{x}^0 = (1,1,1)$ und führe soviele Schritte aus, daß das Konvergenzverhalten des iterativen Prozesses klar wird.

8.1.2. Schreibe Computerprogramme für das Jacobi- und das Gauß-Seidel-Verfahren. Teste beide für das Beispiel aus Aufgabe 8.1.1.

8.1.3. Schreibe im Detail die Jacobi- und die Gauß-Seidel-Iteration für die Gleichungen (8.1.8) für $N = 3$ auf.

8.1.4. Betrachte die *Helmholtz-Gleichung* $u_{xx} + u_{yy} + cu = 0$ auf einem Rechteckgebiet mit auf dem Rand vorgegebenem u. Leite die (8.1.8) entsprechenden Differenzengleichungen her. Zeige, daß die sich ergebende Koeffizientenmatrix für eine negative Konstante c streng diagonaldominant ist.

8.1.5. (Lemma von Kahan) Zeige für die Matrix aus (8.1.22) $\det(D-\omega L)^{-1} = \det D^{-1}$ und dann $\det H_\omega = (1-\omega)^n$. Schließe daraus unter Verwendung der Tatsache, daß die Determinante einer Matrix das Produkt ihrer Eigenwerte ist, daß für reelles ω im Falle von $\omega \leq 0$ oder $\omega \geq 2$ mindestens ein Eigenwert von H_ω betragsmäßig größer oder gleich Eins sein muß.

8.1.6. Führe mehrere Schritte der SOR-Iteration für das Beispiel aus Aufgabe 8.1.1 aus. Verwende die Werte $\omega = 0.6$ und $\omega = 1.4$ und vergleiche die Konvergenzrate mit der der Gauß-Seidel-Iteration.

8.1.7. Schreibe ein Computerprogramm für die Anwendung der SOR-Iteration auf (8.1.8).

8.1.8. Verwende die Beziehungen (8.1.25) und (8.1.26) zur Berechnung von $\rho(J)$, ω_0 und $\rho(H_{\omega_0})$ in (8.1.8) für $N = 99$ und $N = 999$.

8.1.9. Entwickle $\cos(\pi h)$ in eine Taylorreihe, um mittels (8.1.25) $\rho(J) = 1 - O(h^2) = 1 - O(N^{-2})$ zu zeigen. Verifiziere analog $\sqrt{1-\cos^2(\pi h)} = O(h)$ und mit (8.1.26) auch

$$\rho(H_{\omega_0}) = \frac{1-O(h)}{1+O(h)} = [1-O(h)][1-O(h)] = 1-O(h) = 1-O(N^{-1}).$$

8.1.10. Es sei $H = \begin{bmatrix} 0.5 & \alpha \\ 0 & 0 \end{bmatrix}$. Berechne H^k und zeige $\mathbf{e}^k = H^k\mathbf{e}^0 = (\alpha 2^{-k+1}, 0)^T$ für $\mathbf{e}^0 = (0,1)^T$. Für $\alpha = 2^p$ gilt folglich $||\mathbf{e}^k||_2 \geq ||\mathbf{e}^0||_2$ für $k \leq p+1$.

8.1.11. **a.** Es sei

$$A = \begin{bmatrix} 1 & \alpha & \alpha \\ \alpha & 1 & \alpha \\ \alpha & \alpha & 1 \end{bmatrix}.$$

Zeige, daß A für $-1 < 2\alpha < 2$ positiv definit ist, daß aber die Bedingungen aus Satz 8.1.3 für die Konvergenz der Jacobi-Iteration nur für $-1 < 2\alpha < 1$ erfüllt sind. Schließe hieraus, daß die Gauß-Seidel-Iteration für $1 \leq 2\alpha < 2$ konvergiert, die Jacobi-Iteration jedoch nicht.

b. Zeige für die Matrix

$$A = \begin{bmatrix} 1 & -2 & 2 \\ -1 & 1 & -1 \\ -2 & -2 & 1 \end{bmatrix},$$

daß die Jacobi-Iteration konvergiert, die Gauß-Seidel-Iteration jedoch nicht.

8.1.12. Verwende Aufgabe 5.3.5 für die $(2,-1)$-Tridiagonalmatrix A aus (5.3.10), um zu zeigen, daß die Eigenwerte der Jacobi-Iterationsmatrix die Werte

$$\cos\frac{k\pi}{N+1}, \quad k = 1, \ldots, N,$$

besitzen und daß die Eigenvektoren mit denjenigen von A übereinstimmen. Schließe hieraus, daß die Jacobi-Iteration konvergent ist.

8.1.13. Gib ein Beispiel für eine Folge von Matrizen $B_0, B_1, \ldots$ an, so daß $\rho(B_i) = 0$ für alle i gilt, daß aber die Vektoren

$$\mathbf{e}^{k+1} = B_k\mathbf{e}^k, \quad k = 0, 1, \ldots$$

nicht gegen Null konvergieren.

8.1.14. Die Jacobi-Iterationsmatrix $H = D^{-1}B$ besitze reelle Eigenwerte $\mu_1 \leq \cdots \leq \mu_n$. Betrachte die Iteration

$$\mathbf{x}^{k+1} = \mathbf{x}^k + \omega(H\mathbf{x}^k + \mathbf{d} - \mathbf{x}^k)$$

mit $\mathbf{d} = D^{-1}\mathbf{b}$.

a. Wie lautet die Iterationsmatrix H_ω?

b. Kann ω im Falle von $\rho(H) \geq 1$ so gewählt werden, daß $\rho(H_\omega) < 1$ ausfällt?

c. Welcher Wert von ω als Funktion von $\mu_1, \ldots, \mu_n$ minimiert $\rho(H_\omega)$?

d. Zeige für $-\mu_1 = \mu_n$, daß $\omega = 1$ optimal ist.

8.1.15. Es sei

$$A = \begin{bmatrix} 1 & \alpha \\ -\alpha & 1 \end{bmatrix}.$$

a. Unter welchen Voraussetzungen bezüglich α konvergieren das Jacobi- und das Gauß-Seidel-Verfahren ?

b. Unter welchen Voraussetzungen an α und ω konvergiert das SOR-Verfahren ?

8.2 Parallel- und Vektorimplementierungen

Wir diskutieren nun die Implementierung der Verfahren aus Abschnitt 8.1 auf Parallel- und Vektorrechnern. Für das Jacobi-Verfahren folgt aus (8.1.8), daß grundsätzlich alle $x_j^{(1)}$ parallel berechnet werden können. Aus diesem Grunde wird das Jacobi-Verfahren als Prototyp eines parallelen Verfahrens angesehen. Für eine Implementierung auf Parallel- und Vektorrechnern müssen jedoch verschiedene Einzelheiten beachtet werden. Im folgenden diskutieren wir die einfachsten Aspekte paralleler Rechner. Dabei verbleiben wir zunächst beim Beispiel der Laplace-Gleichung (8.1.8).

Der Parallelrechner bestehe zunächst aus einem Prozessorfeld von $p = q^2$ Prozessoren P_{ij}, die in einem zweidimensionalen Gitter angeordnet sind. Jeder Prozessor ist, wie in Abb. 8.2.1. illustriert, jeweils mit seinem nördlichen, südlichen, westlichen und östlichen Nachbarn verbunden. Es sei $N^2 = mp$. Es ist dann naheliegend, jedem Prozessor m Unbekannte zuzuordnen, was auf verschiedene Arten geschehen kann. Die einfachste Möglichkeit besteht in der Vorstellung, daß das Prozessorfeld über die Gitterpunkte gelegt wird, wie dies in Abb. 8.2.1 für vier Unbekannte pro Prozessor illustriert ist. Wir nehmen dabei an, daß diejenigen Prozessoren, denen innere Punkte nahe den Rändern zugeordnet sind, auch über die benötigten Randwerte verfügen.

Auf einem Rechner mit verteiltem Speicher müssen am Ende jeder Iteration die neuen Iterierten an gewissen Gitterpunkten an benachbarte Prozessoren übermittelt werden. Wir besprechen dies nun detaillierter. Ein Grenzfall der obigen Anordnung ist durch $p = N^2$ Prozessoren gegeben, wobei jeder Prozessor

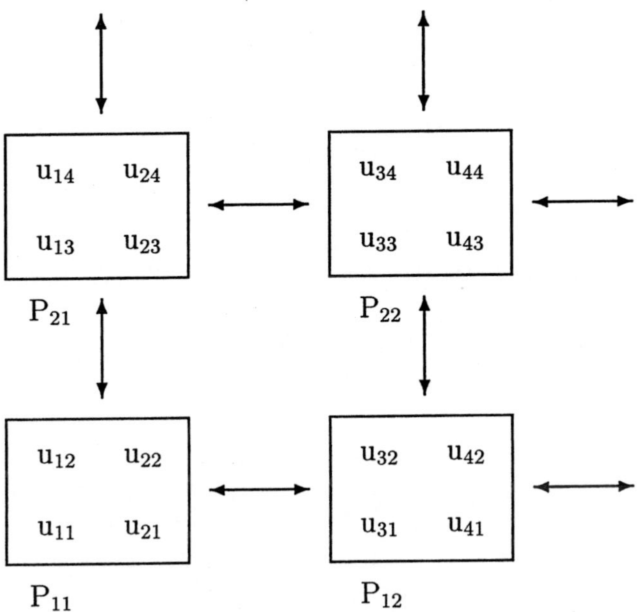

Abb. 8.2.1 *Zuordnung von Gitterpunkten und Unbekannten*

genau eine Unbekannte bearbeitet. In diesem Falle würde der Arbeitsablauf eines „inneren" Prozessors wie folgt aussehen:

$$\begin{array}{l} \text{Berechne } u_{ij}^{k+1} \text{ in Prozessor } P_{ij}. \\ \text{Sende } u_{ij}^{k+1} \text{ an die Prozessoren } P_{i+1,j}, P_{i-1,j}, P_{i,j-1}, P_{i,j+1}. \end{array} \qquad (8.2.1)$$

Daher folgt im Falle der Laplace-Gleichung bei Verwendung von (8.1.8) in jedem Stadium auf einen Rechenschritt eine Sendephase, während der die modifizierten Iterierten an diejenigen Prozessoren gesandt werden, die diese in der nächsten Iteration benötigen. Obwohl diese Zuordnung die vollständige Parallelität des Jacobi-Verfahrens veranschaulicht, ist die Forderung nach N^2 Prozessoren im allgemeinen unrealistisch. Zusätzlich würde eine exorbitant lange Zeit für Kommunikation verbraucht.

Es werde nun $N^2 = mp$ angenommen, und jeder Prozessor verfüge über m Unbekannte. Dies ist in Abb. 8.2.1 für $m = 4$ veranschaulicht. In einem realistischen Fall könnte $N = 100$ und $p = 20$, also $m = 500$, sein. Jeder Prozessor berechnet Iterierte für diejenigen Unbekannten, über die er verfügt. Im Beispiel der Abb. 8.2.1 würde die Arbeit von Prozessor P_{22} aus den folgenden Schritten bestehen

$$\begin{array}{l} \text{Berechne } u_{33}^{k+1}, u_{43}^{k+1}, \text{ sende diese an } P_{12}. \\ \text{Berechne } u_{34}^{k+1}, \text{ sende } u_{33}^{k+1}, u_{34}^{k+1} \text{ an } P_{21}\ . \\ \vdots \end{array} \tag{8.2.2}$$

Die anderen Prozessoren führen analoge Arbeiten bezüglich ihrer jeweiligen Unbekannten aus.

Wir bezeichnen als *Kantenwerte* diejenigen Werte von u_{ij}, die von anderen Prozessoren im nächsten Iterationsschritt benötigt werden und daher übersandt werden müssen. In Abb. 8.2.2 ist dies für einen Prozessor illustriert. Eine Vorabberechnungs- und Vorabsendestrategie sollte verfolgt werden, in der die Kantenwerte zuerst berechnet und dann versandt werden. Während der Ausführung dieser Kommunikation werden die inneren Unbekannten aktualisiert. Verfügt ein Prozessor über $m = q^2$ Unbekannte, dann müssen alle m aktualisiert, aber höchstens $4q$ versandt werden. Bei einer festen Anzahl von Prozessoren wächst somit das Verhältnis von Rechenzeit zu Kommunikationszeit mit wachsender Problemgröße. Insbesondere wächst die Anzahl der inneren Gitterpunkte, für die keine Kommunikation erforderlich wird, quadratisch als Funktion der Anzahl der Unbekannten, während die Anzahl der Gitterpunkte, für die Kommunikationsbedarf besteht, nur linear wächst. Dies ist als *Volumen-Oberfläche-Effekt* bekannt. Für hinreichend große Probleme kann die Kommunikationszeit im Vergleich zur Rechenzeit zunehmend vernachlässigt werden.

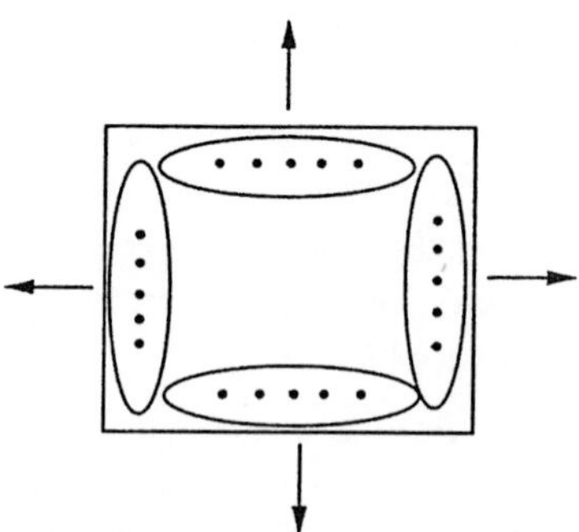

Abb. 8.2.2 *Kommunikation von Kantenwerten*

Synchrone und asynchrone Verfahren

In dem in (8.2.2) angegebenen Berechnungsschema ist es erforderlich, einen Synchronisationsmechanismus vorzusehen, um sicherzustellen, daß die Jacobi-Iteration korrekt ausgeführt wird. Beispielsweise kann die Berechnung von u_{22}^{k+1} nicht beendet werden, bevor nicht u_{32}^{k} und u_{23}^{k} von den Nachbarprozessoren empfangen worden sind. Wie in Abschnitt 3.2 diskutiert, führt die für die Ausführung der Synchronisation benötigte Zeit sowie die Wartezeit eines Prozessors bis zur Verfügbarkeit der von ihm benötigten Daten zu einem zusätzlichen Zeitaufwand.

Für gewisse Iterationsverfahren wie etwa das Jacobi-Verfahren besteht eine grundsätzlich attraktive Alternative in einer asynchronen Ausführung auf den Prozessoren (als *asynchrones Jacobi-Verfahren* bezeichnet), ohne daß irgendeine Synchronisation erforderlich würde. In diesem Falle werden einige Iterierte möglicherweise nicht korrekt berechnet. Beispielsweise sei in Abb. 8.2.1 angenommen, daß zum Zeitpunkt der Berechnung von u_{12}^{k+1} der Wert von u_{13}^{k} durch Prozessor P_{12} noch nicht empfangen worden ist. Der vorangehende Wert u_{13}^{k-1} wird dann bei der Berechnung von u_{12}^{k+1} verwendet. Diese neue Iterierte ist nicht die Jacobi-Iterierte, was jedoch nicht übermäßig nachteilig für die Gesamtrechnung ist. In einigen Fällen kann die asynchrone Ausführung iterativer Verfahren die Zeitkomplexität verringern.

Konvergenztests

Bei der Ausführung jedes Iterationsverfahrens muß die Konvergenz der Iterierten getestet werden. Bezeichnet $\{\mathbf{x}^k\}$ die Folge der Iterierten, so sind

$$\|\mathbf{x}^{k+1} - \mathbf{x}^k\| \leq \varepsilon \quad \text{oder} \quad \|\mathbf{x}^{k+1} - \mathbf{x}^k\| \leq \varepsilon \|\mathbf{x}^k\|, \tag{8.2.3}$$

wobei $\| \quad \|$ eine Vektornorm bezeichnet, zwei gebräuchliche Tests. Häufig wird auch das Residuum $\mathbf{r}^k = \mathbf{b} - A\mathbf{x}^k$ verwendet und anstelle von (8.2.3)

$$\|\mathbf{r}^k\| \leq \varepsilon \quad \text{oder} \quad \|\mathbf{r}^k\| \leq \varepsilon \|\mathbf{r}^0\| \tag{8.2.4}$$

gefordert. Wir betrachten nun die Implementierung der Tests (8.2.3) für das Jacobi-Verfahren für die in Abb. 8.2.1 illustrierte Situation. Zwei nützliche Normen sind die l_2- und die l_∞-Norm, die für einen Vektor $\mathbf{x}$ durch (vergleiche Kapitel 2)

$$\|\mathbf{x}\|_2 = \left(\sum_{i=1}^{n} x_i^2 \right)^{\frac{1}{2}}, \qquad \|\mathbf{x}\|_\infty = \max_{1 \leq i \leq n} |x_i|, \tag{8.2.5}$$

definiert sind. Die Verwendung der l_2-Norm erfordert die über alle Prozessoren verteilte Berechnung eines Skalarproduktes, was in Abschnitt 3.3 diskutiert worden ist. Andererseits kann der erste Test in (8.2.3) folgendermaßen in der l_∞-Norm implementiert werden. Jeder Prozessor testet seine Unbekannten nach jedem Iterationsschritt, um festzustellen, ob alle die Ungleichung

$$|u_{ij}^{k+1} - u_{ij}^k| \leq \varepsilon$$

erfüllen. Wenn dies der Fall ist, wird eine „Flagge“ gesetzt, die die Konvergenz der Iterierten dieses Prozessors angibt. Anschließend muß ein geeigneter Mechanismus zur Überprüfung der „Flaggen“ aller Prozessoren eingesetzt werden. Wenn alle „Flaggen“ gesetzt sind, ist die Konvergenz des Gesamtverfahrens eingetreten, und die Iteration wird gestoppt, andernfalls fortgesetzt. Diese Prozedur ähnelt sehr einem Synchronisationsmechanismus. Es ist zu beachten, daß die Vektornorm zur Überprüfung der Konvergenz nicht berechnet wird.

Der zweite Test in (8.2.3) überprüft den relativen Fehler und ist nützlich, wenn die Größenordnung der Lösung nicht vorab bekannt ist und somit keine Orientierung bei der Wahl von ε gegeben ist. Dies erfordert jedoch die auf alle Prozessoren verteilte Auswertung einer Vektornorm mit anschließendem Versand der berechneten Norm an alle Prozessoren und ist wesentlich aufwendiger zu implementieren.

Vektorisierung der Jacobi-Iteration

In vielen Anwendungen ist die Iterationsmatrix H des Jacobi-Verfahrens diagonal dünnbesetzt, jedoch sind die Diagonalelemente nicht wie bei der Poisson-Gleichung alle gleich. Wir veranschaulichen dies für die wichtige „verallgemeinerte“ Poisson-Gleichung

$$(au_x)_x + (bu_y)_y = f, \tag{8.2.6}$$

in der a und b gegebene positive, nicht notwendig stetige Funktionen von x und y bezeichnen. Der Einfachheit halber nehmen wir wieder an, daß das Gebiet in (8.2.6) das Einheitsquadrat mit auf dem Rand vorgeschriebener Lösung u sei. Eine standardmäßige Diskretisierung von (8.2.6) mit dem Differenzenverfahren ist (vergleiche die ergänzenden Bemerkungen zu Abschnitt 5.3 bezüglich der entsprechenden eindimensionalen Diskretisierung)

$$\begin{aligned} a_{i-\frac{1}{2},j}u_{i-1,j} + a_{i+\frac{1}{2},j}u_{i+1,j} + b_{i,j-\frac{1}{2}}u_{i,j-1} \\ + b_{i,j+\frac{1}{2}}u_{i,j+1} - c_{ij}u_{ij} = h^2 f_{ij} \end{aligned} \tag{8.2.7}$$

mit

$$c_{ij} = a_{i-\frac{1}{2},j} + a_{i+\frac{1}{2},j} + b_{i,j-\frac{1}{2}} + b_{i,j+\frac{1}{2}}. \tag{8.2.8}$$

In (8.2.7) werden die Koeffizienten a und b an den Mittelpunkten der Intervalle zwischen je zwei Gitterpunkten ausgewertet, etwa $a_{i-\frac{1}{2},j} = a(ih - \frac{1}{2}h, jh)$ und analog für die anderen Punkte. Dies garantiert die Symmetrie der Koeffizientenmatrix, wie wir weiter unten sehen werden. Man beachte, daß (8.2.7) für $a = b = 1$ in (5.5.13) übergeht.

Die Gleichungen (8.2.7) könne in der Form $A\mathbf{x} = \mathbf{b}$ geschrieben werden, wobei $\mathbf{x}$ den durch

$$\mathbf{x}^T = (u_{11}, \ldots, u_{N1}, u_{12}, \ldots, u_{N2}, \ldots, u_{1N}, \ldots, u_{NN}) \tag{8.2.9}$$

gegebenen Vektor der Unbekannten u_{ij} bezeichnet, $\mathbf{b}$ den Vektor, der die Randwerte und $-h^2 f_{ij}$ enthält, und wobei ferner

$$A = \begin{bmatrix} T_1 & B_1 & & & \\ B_1 & & \ddots & & \\ & \ddots & \ddots & & \\ & & & & B_{N-1} \\ & & & B_{N-1} & T_N \end{bmatrix}, \tag{8.2.10}$$

mit

$$T_j = \begin{bmatrix} c_{1j} & -a_{\frac{1}{2},j} & & & \\ -a_{\frac{1}{2},j} & c_{2j} & -a_{\frac{3}{2},j} & & \\ & \ddots & \ddots & & \\ & & \ddots & & -a_{N-\frac{1}{2},j} \\ & & & -a_{N-\frac{1}{2},j} & c_{Nj} \end{bmatrix} \tag{8.2.11}$$

und

$$B_j = \operatorname{diag}(-b_{1,j+\frac{1}{2}}, \ldots, -b_{N,j+\frac{1}{2}}).$$

definiert sind. In der Matrix A in (8.2.10) sind fünf Diagonalen besetzt. Die Jacobi-Iterationsmatrix H besitzt die gleiche Struktur, mit Ausnahme der

Hauptdiagonale, die mit Nullen besetzt ist. Die Matrix H sei nach Diagonalen abgespeichert, und die Multiplikation $H\mathbf{x}^k$ in der Jacobi-Iteration werde als Multiplikation entlang der Diagonalen gemäß der in Abschnitt 3.3 beschriebenen Prozedur ausgeführt. Die Vektorlängen bei Ausführung der Jacobi-Iteration betragen daher $O(N^2)$. Genauer besitzt die Hauptdiagonale von H die Länge N^2, die nächsten Nebendiagonalen die Länge $N^2 - 1$, während die entfernteren Nebendiagonalen die Länge $N^2 - N$ aufweisen. Daher hat die Matrix H einen Speicherbedarf von $2N^2 - N - 1$ Worten, da aus Symmetriegründen nur der obere Dreiecksteil abgespeichert werden muß. $N-1$ Speicherworte werden für die Nullen in den nahen Nebendiagonalen zusätzlich aufgewendet, aber dies ist notwendig, um die hohen Vektorlängen zu erzielen. Die obige Methode zur Implementierung der Jacobi-Iteration mittels langer Vektoroperationen ist für diejenigen Aufgaben mit variablen Koeffizienten effizient, für die das Äquivalent zur Matrix H in jedem Falle abgespeichert werden muß. Bei der Poisson-Gleichung besitzt H nur Elemente mit den Werten 0 und $\frac{1}{4}$, so daß keine Notwendigkeit der Abspeicherung der Matrix besteht.

Blockverfahren

Eine gegebene Matrix A sei wie folgt in Untermatrizen partitioniert:

$$A = \begin{bmatrix} A_{11} & \cdots & A_{1q} \\ \vdots & & \vdots \\ A_{q1} & \cdots & A_{qq} \end{bmatrix}. \tag{8.2.12}$$

Hierbei seien alle A_{ii} als regulär angenommen. Das entsprechende *Block-Jacobi-Verfahren* zur Lösung von $A\mathbf{x} = \mathbf{b}$ lautet dann

$$A_{ii}\mathbf{x}_i^{k+1} = -\sum_{j \neq i} A_{ij}\mathbf{x}_j^k + \mathbf{b}_i, \quad i = 1, \ldots, q, \quad k = 0, 1, \ldots, \tag{8.2.13}$$

wobei $\mathbf{x}$ und $\mathbf{b}$ analog zu A partitioniert seien. Um einen Schritt der Block-Jacobi-Iteration auszuführen, ist daher die Lösung der q Systeme aus (8.2.13) mit den Koeffizientenmatrizen A_{ii} erforderlich. Man beachte, daß im Spezialfall, daß jedes A_{ij} eine 1×1-„Matrix“ ist, (8.2.13) in das oben diskutierte Punkt-Jacobi-Verfahren übergeht. Es ist bekannt, daß Blockverfahren in gewissen Fällen weniger Iterationen als Punktverfahren benötigen.

Als Beispiel eines Block-Jacobi-Verfahrens betrachten wir wieder die diskrete Poisson-Gleichung (5.5.19). In diesem Falle gilt $q = N, A_{ii} = T, A_{i,i+1} =$

$A_{i+1,i} = -I$, alle anderen A_{ij} sind gleich Null. Die Gleichung (8.2.13) wird daher zu

$$T\mathbf{x}_i^{k+1} = \mathbf{x}_{i+1}^k + \mathbf{x}_{i-1}^k + \mathbf{b}_i, \qquad i = 1, \ldots, N, \tag{8.2.14}$$

wobei wir unterstellen, daß $\mathbf{x}_0^k$ und $\mathbf{x}_{N+1}^k$ die Randwerte aus dem unteren beziehungsweise dem oberen Rand und daß die $\mathbf{b}_i$ die Randwerte an den seitlichen Rändern des Gebietes sowie die Werte $h^2 f$ enthalten. Die Wirkung von (8.2.14) besteht in der simultanen Aktualisierung aller Unbekannten in jeder Zeile von Gitterpunkten unter Verwendung der Werte der Unbekannten aus der vorangehenden Iteration auf den angrenzenden Gitterlinien. Daher ist (8.2.14) als ein *Linien-Jacobi-Verfahren* bekannt. Wir würden (8.2.14) derart implementieren, daß zu Beginn einmalig eine Cholesky- oder LU-Zerlegung von T erfolgen würde und daß dann die Faktoren der Zerlegung zur Lösung der Systeme in (8.2.14) verwendet würden. Falls $T = LU$ gilt, würde somit (8.2.14) wie in Abb 8.2.3 gezeigt ausgeführt werden.

$\mathbf{d}_i^k = \mathbf{x}_{i+1}^k + \mathbf{x}_{i-1}^k + \mathbf{b}_i, \; i = 1, \ldots, N,$
Löse $L\mathbf{y}_i^k = \mathbf{d}_i^k, \qquad i = 1, \ldots, N,$
Löse $U\mathbf{x}_i^{k+1} = \mathbf{y}_i^k, \qquad i = 1, \ldots, N,$

Abb. 8.2.3 *Linien-Jacobi-Verfahren*

Die Systeme für die Zwischenlösungen $\mathbf{y}_i^k$ sind voneinander unabhängig und können daher parallel gelöst werden, ähnliches gilt für die $\mathbf{x}_i^{k+1}$, nachdem die $\mathbf{y}_i^k$ bekannt sind. Für $p = N$ Prozessoren ist es möglich, jedem Prozessor aus dem in Abb. 8.2.4 illustrierten Feld ein Paar von Systemen zuzuordnen. Nach jeder Iteration müssen die neuen Iterierten $\mathbf{x}_i^{k+1}$ jeweils an beide Nachbarprozessoren P_{i-1} und P_{i+1} übersandt werden. In dem meist wahrscheinlichen Fall $N >> p$ würden jedem Prozessor jeweils mehrere Systeme zugeordnet, wodurch die Kommunikation vermindert würde.

Block-Verfahren sind auch asynchron ausführbar, wie vorher für Punktverfahren diskutiert. Abhängig von der Art des Datenaustauschs kann es jedoch nun geschehen, daß ganze Blöcke nicht rechtzeitig vor der nächsten Iteration aktualisiert werden.

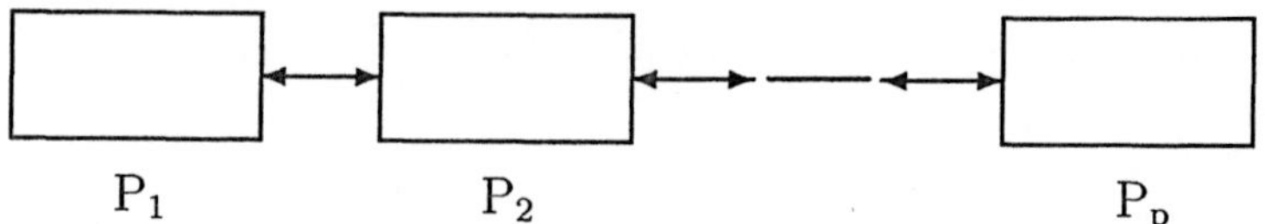

Abb. 8.2.4 *Ein lineares Feld für das parallele Linien-Jacobi-Verfahren*

Vektorisierung von Blockverfahren

Wir diskutieren nun die Implementierung des Linien-Jacobi-Verfahrens (8.2.14) auf Vektorrechnern. Die Matrix T sei in LU faktorisiert, wobei L eine untere Dreiecksmatrix ist, deren Diagonale mit Einsen besetzt ist. Die Vorwärts- und Rückswärtssubstitutionen aus Abb. 8.2.3 können dann, wie in Abb. 8.2.5 illustriert, durch „Vektorisierung über die Systeme" erfolgen.

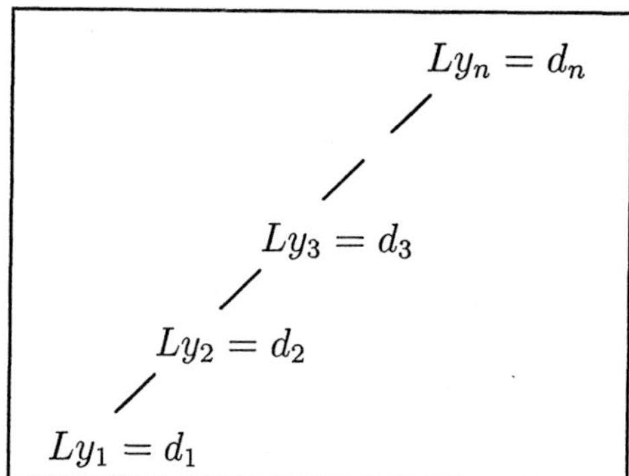

Abb. 8.2.5 *Vektorisierung bezüglich des Index der Systeme*

Ein Pseudocode ist in Abb. 8.2.6 enthalten, in dem $L1$ ein eindimensionales Feld sei, welches die Elemente aus der ersten unteren Nebendiagonale von L enthalte und in dem y ein zweidimensionales Feld sei, so daß $y(\ ,j)$ der Vektor der Länge N mit den j-ten Komponenten aller Lösungsvektoren sei. Analog ist $d(\ ,j)$ der Vektor der Länge N mit den j-ten Komponenten aller rechten Seiten. Alle Vektorlängen in Abb. 8.2.6 betragen somit N. Die Rücksubstitution $U\mathbf{x} = \mathbf{y}$ kann analog gehandhabt werden.

In jeder Iteration müssen ferner neue rechte Seiten bestimmt werden, wie dies in (8.2.14) illustriert ist. Diese können unter Verwendung von Vektoren über die $\mathbf{x}_i$ berechnet werden. In der Tat ist diese Speicherung der $\mathbf{x}_i$ gerade das Resultat der Rückwärtssubstitution, da der zu Abb. 8.2.6 analoge Code $x(\ ,j)$ erzeugt,

$y(\ ,1) = d(\ ,1)$
For $j = 2$ to N
  $y(\ ,j) = -L1(j)^*y(\ ,j-1) + d(\ ,j)$

Abb. 8.2.6 *Vektorielle Vorwärtssubstitution für mehrere Systeme*

also die Vektoren mit den j-ten Komponenten. Daher erfolgt die Berechnung der nächsten rechten Seiten gemäß

For $j = 1$ to N
  $d(\ ,j) = x(\ ,j)_{-1} + x(\ ,j)_{+1} + b(\ ,j),$

wobei $x(\ ,j)_{\pm 1}$ den um eine Position nach oben bzw. unten verschobenen Vektor $x(\ ,j)$ bezeichnet.

Diese Idee der „Vektorisierung über die Systeme“ kann in vielen anderen Situationen angewendet werden, sofern die Strukturen aller beteiligten Größen einheitlich sind.

Die Gauß-Seidel-Iteration

Obwohl die Gauß-Seidel-Iteration in gewisser Weise der Jacobi-Iteration ähnlich ist, ist sie wesentlich schwieriger zu parallelisieren. Nach (8.1.7) erfordert ein Gauß-Seidel-Schritt die Lösung eines unteren Dreieckssystems, eine Aufgabe, für die die bisher vorgestellten parallelen Verfahren im allgemeinen nur bedingt geeignet sind. Die Gauß-Seidel-(oder SOR-)Iteration wird jedoch in der Praxis nur auf große dünnbesetzte Gleichungssysteme angewendet. In diesem Falle können die vorangehend genannten Verfahren für Dreieckssysteme vollkommen unbefriedigend sein.

Ein Ansatz für eine erfolgreiche parallele Implementierung des SOR-Verfahrens besteht in einer Umordnung der Gleichungen dergestalt, daß die Lösung des unteren Dreieckssystems effizient parallelisiert werden kann. Eine wichtige, klassische Anordnung der Gitterpunkte ist die in Abb. 8.2.7 illustrierte *Rot-Schwarz-* (oder *Schachbrett-*)Ordnung. Die Gitterpunkte werden zunächst in zwei Klassen, rot und schwarz, unterteilt und dann innerhalb jeder Klasse geordnet. Abb. 8.2.7 zeigt die Ordnung von links nach rechts und von unten nach oben innerhalb jeder der beiden Klassen. Die Unbekannten an den Gitterpunkten können analog geordnet werden, so daß beispielsweise u in $R1$ die erste Unbekannte ist, u in $R2$ die zweite, und so weiter, bis alle Punkte verbraucht sind. Danach wird die Anordnung mit den schwarzen Punkten fortgesetzt. Dies ist in Abb. 8.2.8 durch Ausschreiben der Gleichungen für $N = 2$ für die Poisson-Gleichung veranschaulicht.

•$R6$	•$B6$	•$R7$	•$B7$	•$R8$
•$B3$	•$R4$	•$B4$	•$R5$	•$B5$
•$R1$	•$B1$	•$R2$	•$B2$	•$R3$

Abb. 8.2.7 *Die Schachbrettanordnung von Gitterpunkten*

$\dot{B}2$	$\dot{R}2$
$\dot{R}1$	$\dot{B}1$

(a) Gitter

$$\begin{bmatrix} 4 & 0 & -1 & -1 \\ 0 & 4 & -1 & -1 \\ -1 & -1 & 4 & 0 \\ -1 & -1 & 0 & 4 \end{bmatrix} \begin{bmatrix} u_{R1} \\ u_{R2} \\ u_{B1} \\ u_{B2} \end{bmatrix} = \begin{bmatrix} b_1 \\ b_2 \\ b_3 \\ b_4 \end{bmatrix}.$$

(b) Gleichungen

Abb. 8.2.8 *Schachbrettgleichungen für vier Unbekannte*

Für allgemeines N sind an jedem inneren Punkt rote Gitterpunkte nur mit schwarzen Gitterpunkten gekoppelt, und umgekehrt, wie in Abb. 8.2.8 und Abb. 8.2.9 illustriert. Wenn wir die Gleichungen derart aufschreiben, daß zunächst die Gleichungen für rote Gitterpunkte aufgeführt werden, dann besitzt das System die Gestalt

$$\begin{bmatrix} D_R & C \\ C^T & D_B \end{bmatrix} \begin{bmatrix} \mathbf{u}_R \\ \mathbf{u}_B \end{bmatrix} = \begin{bmatrix} \mathbf{b}_1 \\ \mathbf{b}_2 \end{bmatrix}. \tag{8.2.15}$$

Hierbei gilt $D_R = 4I_R$ und $D_B = 4I_B$, wobei I_R (I_B) die Einheitsmatrix mit der Größe der Anzahl der inneren roten (schwarzen) Gitterpunkte bezeichnet. Die Matrix C definiert die Kopplungen zwischen roten und schwarzen Unbekannten. Der Spezialfall (8.2.15) für $N = 2$ war in Abb. 8.2.8 illustriert. Man beachte, daß die Koeffizientenmatrix in (8.2.15) symmetrisch ist, da sie die Gestalt PAP^T mit einer Permutationsmatrix P und der symmetrischen Matrix A der Gleichungen in natürlicher Anordnung besitzt.

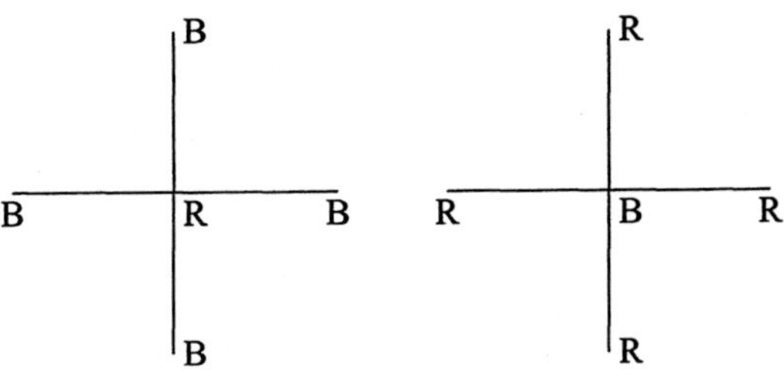

Abb. 8.2.9 *Rot-Schwarz-(Red-Black-)Muster*

Wir betrachten nun die Anwendung der Gauß-Seidel-Iteration auf (8.2.15):

$$\begin{bmatrix} D_R & 0 \\ C^T & D_B \end{bmatrix} \begin{bmatrix} \mathbf{u}_R^{k+1} \\ \mathbf{u}_B^{k+1} \end{bmatrix} = \begin{bmatrix} \mathbf{b}_1 \\ \mathbf{b}_2 \end{bmatrix} - \begin{bmatrix} 0 & C \\ 0 & 0 \end{bmatrix} \begin{bmatrix} \mathbf{u}_R^k \\ \mathbf{u}_B^k \end{bmatrix}. \tag{8.2.16}$$

Diese Gleichung zerfällt in zwei separate Teile

$$\mathbf{u}_R^{k+1} = D_R^{-1}(\mathbf{b}_1 - C\mathbf{u}_B^k), \qquad \mathbf{u}_B^{k+1} = D_B^{-1}(\mathbf{b}_2 - C^T\mathbf{u}_R^{k+1}). \tag{8.2.17}$$

Obwohl (8.2.16) immer noch in jedem Iterationsschritt die Lösung eines unteren Dreieckssystems erfordert, wird die Lösung des Systems auf die durch (8.2.17) angegebenen Matrix-Vektor-Multiplikationen reduziert, da D_R und D_B Diagonalmatrizen sind.

Im Falle der Poisson-Gleichung sind die Multiplikationen in (8.2.17) besonders leicht auszuführen, da alle Elemente von C gleich Eins sind. Auch für allgemeinere Differentialgleichungen wie (8.2.6) kann die Rot-Schwarz-Anordnung der Gitterpunkte verwendet werden (Aufgabe 8.2.5), und die daraus resultierenden Gleichungen sind in (8.2.15) angegeben. Daher ist (8.2.17) weiter gültig, und C ist diagonal dünnbesetzt, so daß Matrix-Vektor-Multiplikationen mit Diagonalen ausgeführt werden können.

Der Parameter ω für das SOR-Verfahren kann leicht eingefügt werden. Wenn $\hat{\mathbf{u}}_R^{k+1}$ die Gauß-Seidel-Werte an den roten Punkten bezeichnet, dann lautet die SOR-Iterierte

$$\mathbf{u}_R^{k+1} = \mathbf{u}_R^k + \omega(\hat{\mathbf{u}}_R^{k+1} - \mathbf{u}_R^k). \tag{8.2.18}$$

Unter Verwendung der aktualisierten Werte an den roten Punkten können die neuen Werte an den schwarzen Punkten analog ermittelt werden. Die neue Gauß-Seidel-Iterierte für die roten Punkte stimmt mit der Jacobi-Iterierten für diese Punkte überein. Analoges gilt für die schwarzen Punkte. Die SOR-Iteration wird daher durch zwei Jacobi-Schritte durch das Gitter implementiert, jeder auf etwa der halben Anzahl der Gitterpunkte.

Parallele Implementierung

Zunächst seien $p = N^2/2$ Prozessoren in einem gitterförmigen Prozessorfeld gegeben. Wir ordnen jedem Prozessor einen roten und einen schwarzen inneren Gitterpunkt zu, wie in Abb. 8.2.10 illustriert. Es sei angenommen, daß diejenigen Prozessoren, die randnahe Gitterpunkte erhalten haben, auch die entsprechenden Randwerte enthalten. Zur Ausführung eines Gauß-Seidel-Schrittes aktualisieren alle Prozessoren zunächst parallel ihre roten Unbekannten und dann, ebenfalls parallel, ihre schwarzen Unbekannten. Wie weiter oben erwähnt, entspricht dies genau dem Vorgehen für Jacobi-Schritte. Der Relaxationsparameter ω wird nach jedem Halbschritt eingefügt, und, vergleiche (8.2.18), man erhält die SOR-Werte für die roten Punkte und dann analog für die schwarzen Punkte. In dem realistischen Fall $p << N^2$, beispielsweise $N^2 = 2mp$, werden jedem Prozessor m rote und m schwarze Punkte zugeordnet. Wenn p kein geradzahliges Vielfaches von N^2 ist, so werden jedem Prozessor möglichst gut übereinstimmende Anzahlen roter und schwarzer Punkte zugeordnet.

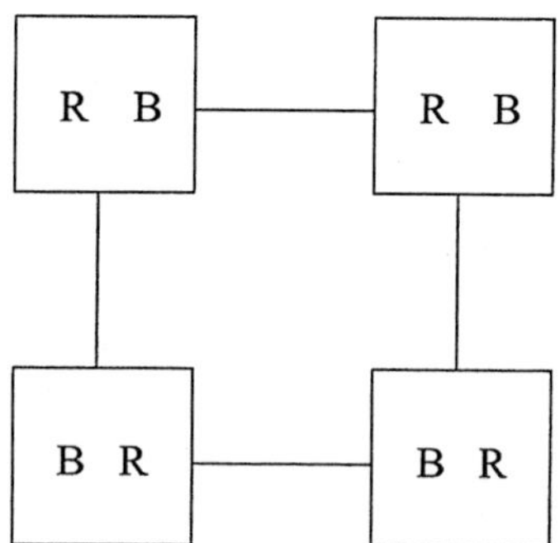

Abb. 8.2.10 *Rot-Schwarz-Prozessorzuordnungen*

Für die obige SOR-Iteration gelten die gleichen Überlegungen wie für das Jacobi-Verfahren hinsichtlich der Kommunikation, des Konvergenztests und der Synchronisation auf Rechnern mit verteiltem Speicher. Die Synchronisation erfolgt hier nach jedem Jacobi-(Halb-)Schritt. So werden etwa alle neuen schwarzen Punkte denjenigen Prozessoren, die sie jeweils benötigen, übersandt, ehe die Berechnung der roten Punkte begonnen wird, und umgekehrt. Alternativ kann die Iteration wie beim Jacobi-Verfahren asynchron ausgeführt werden, was wir als *asynchrones Rot-Schwarz-SOR-Iterationsverfahren* bezeichnen werden.

Mehrfarbenschemata

Die Implementierung des SOR-Verfahrens mittels der Rot-Schwarz-Anordnung der Gitterpunkte ist auf verhältnismäßig einfache partielle Differentialgleichungen wie die Poisson-Gleichung und eher einfache Diskretisierungen beschränkt, was wir im folgenden veranschaulichen wollen.

Wir betrachten die Gleichung

$$u_{xx} + u_{yy} + a u_{xy} = 0 \tag{8.2.19}$$

wieder auf dem Einheitsquadrat. Dabei bezeichne a eine Konstante. Dies ist gerade die Laplace-Gleichung mit einem zusätzlichen Term. Die standardmäßige Diskretisierung mit dem Differenzenverfahren für u_{xy} lautet

$$u_{xy} \doteq \frac{1}{4h^2}[u_{i+1,j+1} - u_{i-1,j+1} - u_{i+1,j-1} + u_{i-1,j-1}]. \tag{8.2.20}$$

Kombiniert mit der vorangehenden Näherung (8.1.8) für die Laplace-Gleichung ergibt dies das Gleichungssystem

$$\begin{aligned} u_{i+1,j} &+ u_{i-1,j} + u_{i,j+1} + u_{i,j-1} - 4u_{ij} \\ &+ \frac{a}{4}[u_{i+1,j+1} - u_{i-1,j+1} - u_{i+1,j-1} + u_{i-1,j-1}] = 0 \end{aligned} \tag{8.2.21}$$

für $i, j = 1, \ldots, N$. Für eine Rot-Schwarz-Anordnung der Gitterpunkte wie in Abb. 8.2.7 kann leicht gezeigt werden (Aufgabe 8.2.7), daß das System (8.2.21), wie für die Poisson-Gleichung, in der Form (8.2.15) geschrieben werden kann. Die Matrizen D_R und D_B in (8.2.15) sind jedoch keine Diagonalmatrizen mehr. Das Problem besteht nun darin, daß die Unbekannte am Gitterpunkt (i, j) mit den acht nächsten Nachbarn gekoppelt ist, von denen einige dieselbe Farbe wie der Punkt im Zentrum besitzen. Dies ist in Abb. 8.2.11 illustriert.

Die Lösung dieses Problems besteht in der Einführung weiterer Farben, wie in Abb. 8.2.12 illustriert. Wenn wir die Gleichungen für die roten Punkte zuerst,

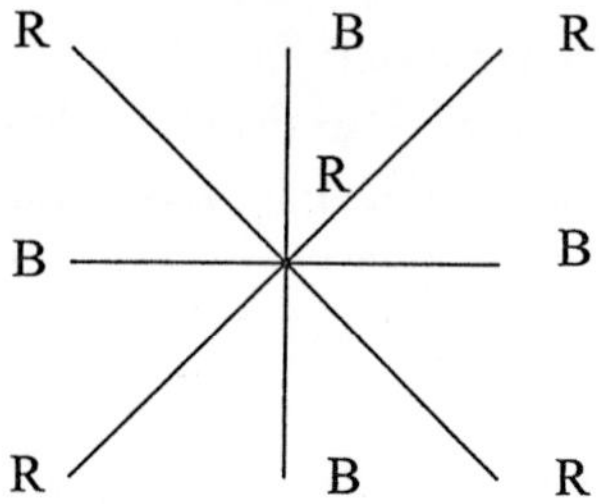

Abb. 8.2.11 *Rot-Schwarz-Anordnung für* (8.2.21)

dann die für alle schwarzen Punkte, und so weiter, aufschreiben, erhält das System die Gestalt

$$\begin{bmatrix} D_1 & B_{12} & B_{13} & B_{14} \\ B_{21} & D_2 & B_{23} & B_{24} \\ B_{31} & B_{32} & D_3 & B_{34} \\ B_{41} & B_{42} & B_{43} & D_4 \end{bmatrix} \begin{bmatrix} \mathbf{u}_R \\ \mathbf{u}_B \\ \mathbf{u}_G \\ \mathbf{u}_W \end{bmatrix} = \begin{bmatrix} \mathbf{b}_1 \\ \mathbf{b}_2 \\ \mathbf{b}_3 \\ \mathbf{b}_4 \end{bmatrix}. \tag{8.2.22}$$

Dabei sind die Diagonalblöcke D_i diagonal. Die Gauß-Seidel-Iteration kann dann als

$$D_1\mathbf{u}_R^{k+1} = -B_{12}\mathbf{u}_B^k - B_{13}\mathbf{u}_G^k - B_{14}\mathbf{u}_W^k + \mathbf{b}_1, \tag{8.2.23a}$$

$$D_2\mathbf{u}_B^{k+1} = -B_{21}\mathbf{u}_R^{k+1} - B_{23}\mathbf{u}_G^k - B_{24}\mathbf{u}_W^k + \mathbf{b}_2, \tag{8.2.23b}$$

und ähnlich für die beiden anderen Farben geschrieben werden. Da die D_i diagonal sind, ist die Lösung des Dreieckssystems bei der Ausführung eines Gauß-Seidel-Iterationsschrittes wieder auf Matrixmultiplikationen reduziert worden.

•G •W •R •B •G •W •R •B
•R •B •G •W •R •B •G •W
•G •W •R •B •G •W •R •B
•R •B •G •W •R •B •G •W

Abb. 8.2.12 *Eine Vierfarben-Anordnung*

Die Vierfarben-Anordnung aus Abb. 8.2.12 basiert auf der in Abb. 8.2.11 illustrierten Kopplung der Gitterpunkte. Wir bezeichnen ein solches Muster als *Differenzenstern.* Ein Differenzenstern zeigt die Verbindungen eines Gitterpunktes zu seinen Nachbarn und hängt sowohl von der Differentialgleichung als auch der Diskretisierung ab. Die Festlegung der benötigten Farbanzahl wird vereinfacht, wenn an allen Gitterpunkten der gleiche Differenzenstern verwendet wird. Das Kriterium für eine erfolgreiche Färbung besteht dann darin, daß bei Betrachtung des Differenzensterns an jedem Gitterpunkt der zentrale Punkt eine andere Farbe als alle Nachbarpunkte besitzt, mit denen er verbunden ist. Diese „lokale Entkopplung" der Unbekannten erlaubt eine Matrixdarstellung des Problems, welche im allgemeinen die Gestalt

$$\begin{bmatrix} D_1 & B_{12} & \cdots & & B_{1c} \\ B_{21} & & & & \vdots \\ & & \ddots & & \\ \vdots & & & & B_{c-1,c} \\ B_{c1} & \cdots & & B_{c,c-1} & D_c \end{bmatrix} \begin{bmatrix} \mathbf{u}_1 \\ \mathbf{u}_2 \\ \vdots \\ \mathbf{u}_c \end{bmatrix} = \begin{bmatrix} \mathbf{b}_1 \\ \mathbf{b}_2 \\ \vdots \\ \mathbf{b}_c \end{bmatrix} \tag{8.2.24}$$

besitzt, in der die Diagonalblöcke D_i diagonal sind. Beachte, daß $c = 4$ in (8.2.22) und $c = 2$ bei der Rot-Schwarz-Anordnung gilt. Für ein System der Gestalt (8.2.24) kann die Gauß-Seidel-Iteration analog zu (8.2.23) gemäß

$$\mathbf{u}_i^{k+1} = D_i^{-1} \left[\mathbf{b}_i - \sum_{j<i} B_{ij} \mathbf{u}_j^{k+1} - \sum_{j>i} B_{ij} \mathbf{u}_j^k \right], \; i = 1, \ldots, c, \tag{8.2.25}$$

ausgeführt werden. Wieder ist die Lösung des Dreieckssystems auf Matrix-Vektor-Multiplikationen reduziert.

Im allgemeinen ist man bestrebt, die minimale zum Erreichen der Matrixgestalt (8.2.24) erforderliche Farbanzahl zu verwenden. Für beliebige Differenzensterne, die an jedem Punkt des Gitters variieren können, und für beliebige Gitter ist dies ein schwieriges Problem. Wenn jedoch an jedem Gitterpunkt der gleiche Stern verwendet wird, ist die im obigen Sinne richtige Farbwahl meist offensichtlich. Das Färbungsschema muß jedoch selbst dann nicht eindeutig sein, wenn die minimale Farbanzahl verwendet wird. Aufgabe 8.2.9 zeigt von Abb. 8.2.12 differierende Vierfarbenschemata für den Stern aus Abb. 8.2.11.

Die Farbanzahl muß im allgemeinen für Systeme partieller Differentialgleichungen mit der Anzahl der Gleichungen multipliziert werden. Wenn, beispielsweise, ein Gitterstern drei Farben erfordert und zwei partielle Differentialgleichungen zu behandeln sind, so werden für (8.2.24) sechs Farben benötigt.

Parallel- und Vektorimplementierung

Die Implementierung des Gauß-Seidel- und des SOR-Verfahrens mittels Mehrfarbenschemata ist der der Rot-Schwarz-Anordnung ähnlich. Der Einfachheit halber betrachten wir wieder nur ein quadratisches Gitter mit N^2 inneren Gitterpunkten. Wir beginnen mit einem Parallelrechner mit verteiltem Speicher mit p gitterartig angeordneten Prozessoren. Wir nehmen ferner $N^2 = cmp$ an, wobei c die Farbanzahl bezeichnet. Somit erhält jeder Prozessor mc Unbekannte. Dies ist in Abb. 8.2.13 für $m = 1$ und $c = 4$ illustriert, wobei das Farbenschema aus Abb. 8.2.12 verwendet wird. Die Prozessoren aktualisieren zunächst ihre roten Punkte und übersenden dann die neuen Werte an alle Prozessoren, die sie benötigen.

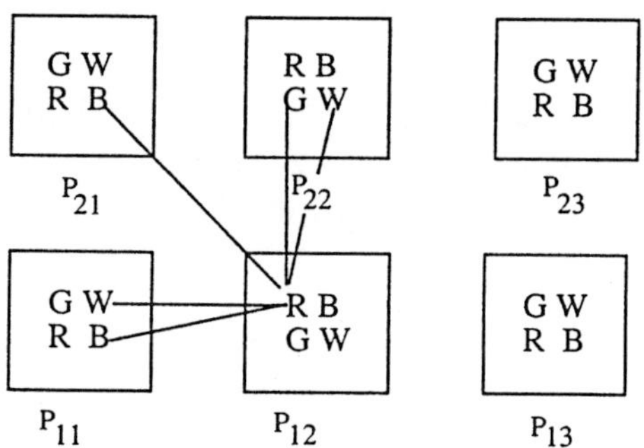

Abb. 8.2.13 *Prozessorzuordnung bei vier Farben*

In Abb. 8.2.13 verwenden wir den Differenzenstern aus Abb. 8.2.11, um ein Beispiel für ein Kommunikationsschema zu zeigen. So muß etwa der in Prozessor P_{12} aktualisierte Wert an die Prozessoren P_{11}, P_{21} und P_{22}, jedoch nicht an die Prozessoren P_{13} and P_{23} gesandt werden. Dann werden die schwarzen Werte aktualisiert, gefolgt von den grünen und schließlich den weißen Werten. Nach jedem dieser Teilschritte ist eine Kommunikation und eine Synchronisation erforderlich. Alternativ kann die Iteration asynchron ausgeführt werden. Für jeden Satz an Farbwerten führen wir ausschließlich Jacobi-Operationen sowie die SOR-Modifikation mit ω aus. Daher wird die Iteration im wesentlichen durch vier Jacobi-Schritte durch das Gitter beschrieben, wobei jeder Schritt $O(N^2/4)$ Punkte aktualisiert, oder allgemein c Teilschritte bei Verwendung von

c Farben. Die Annahme $N^2 = cmp$ basiert auf der stillschweigenden Unterstellung, daß jeder Gitterpunkt den gleichen Arbeitsaufwand erfordert, so daß die Zuordnung von mc Unbekannten zu jedem Prozessor zu einer gleichmäßigen Verteilung der Gesamtlast führt.

Auf Vektorrechnern ist die effiziente Implementierung der Matrix-Vektor-Multiplikationen in (8.2.25) ein kritisches Problem. Wie bei der Rot-Schwarz-Anordnung für Aufgaben wie (8.2.21) sind die Matrizen B_{ij} diagonal dünnbesetzt, so daß entlang der Diagonalen multipliziert werden kann. Im allgemeinen sinkt die Vektorlänge jedoch mit zunehmender Farbanzahl.

Block- und Linien-SOR-Verfahren

Wie bei der Jacobi-Iteration können wir beim Gauß-Seidel-Verfahren eine Matrixzerlegung

$$A = \begin{bmatrix} A_{11} & \cdots & A_{1q} \\ \vdots & & \vdots \\ A_{q1} & \cdots & A_{qq} \end{bmatrix} \tag{8.2.26}$$

anwenden, um das *Block-Gauß-Seidel-Verfahren*

$$A_{ii}\mathbf{x}_i^{k+1} = -\sum_{j<i} A_{ij}\mathbf{x}_j^{k+1} - \sum_{j>i} A_{ij}\mathbf{x}_j^k + \mathbf{b}_i, \qquad i = 1, \ldots, q, \tag{8.2.27}$$

zu erhalten. Hierbei sind $\mathbf{x}^k$ und $\mathbf{b}$ entsprechend zu A zerlegt. Alle A_{ii} seien regulär. Der Parameter ω wird analog zu (8.2.18) durch

$$\mathbf{x}_i^{k+1} = \mathbf{x}_i^k + \omega(\hat{\mathbf{x}}_i^{k+1} - \mathbf{x}_i^k) \tag{8.2.28}$$

eingebracht, wobei $\hat{\mathbf{x}}_i^{k+1}$ die durch (8.2.27) erzeugte Gauß-Seidel-Iterierte bezeichnet. Dies ergibt das *Block-SOR-Verfahren.* Als ein Beispiel für diese Blockverfahren betrachten wir wieder die diskrete Poisson-Gleichung (5.5.19). In diesem Fall lautet eine Form von (8.2.27)

$$T\mathbf{x}_i^{k+1} = \mathbf{x}_{i-1}^{k+1} + \mathbf{x}_{i+1}^k + \mathbf{b}_i, \qquad i = 1, \ldots, N. \tag{8.2.29}$$

Wie beim entsprechenden Linien-Jacobi-Verfahren (8.2.14) werden die neuen Iterierten auf jeder Gitterzeile simultan aktualisiert. Der Unterschied besteht nun darin, daß diese neuen Iterierten so schnell wie möglich beim Übergang zur nächsten Zeile verwendet werden. Daher wird (8.2.29) als *Linien-Gauß-Seidel-Verfahren* und die entsprechende SOR-Iteration im allgemeinen als *Linienrelaxations-(SLOR- oder LSOR-) Verfahren* bezeichnet.

Wir diskutieren nun kurz die parallele und vektorielle Implementierung des Linien-Gauß-Seidel-Verfahrens (8.2.29). Wenn die Gleichungen in der natürlichen Anordnung notiert werden, führt die Parallelisierung von (8.2.29) zu der gleichen Schwierigkeit wie das Punkt-Gauß-Seidel-Verfahren. Der Ausweg besteht wieder in der Umordnung der Gleichungen. Diesmal wenden wir jedoch ein Rot-Schwarz-Schema auf Zeilenbasis an, wie in Abb. 8.2.14 illustriert. Dies wird manchmal als „Zebra-Anordnung“ bezeichnet. Mit der Anordnung aus Abb. 8.2.14 koppeln die Gleichungen für die Unbekannten auf der i-ten Zeile rote Punkte ausschließlich mit schwarzen Punkten auf den benachbarten Gitterlinien. Bezeichnen wir den Vektor der Unbekannten auf der i-ten roten Zeile mit $\mathbf{u}_{Ri}$ und gehen analog für die schwarzen Unbekannten vor, so lautet ein Linien-Gauß-Seidel-Schritt zur Modifikation der i-ten roten Zeile

$$T\mathbf{u}_{Ri}^{k+1} = \mathbf{u}_{Bi-1}^{k} + \mathbf{u}_{Bi}^{k} + \mathbf{b}_i. \tag{8.2.30}$$

Analog werden die schwarzen Punkte aktualisiert. Die Tridiagonalsysteme (8.2.30) können nun, genau wie beim Linien-Jacobi-Verfahren, parallel oder über die Systeme vektorisiert gelöst werden. Der einzige Unterschied besteht darin, daß nun die Vektorlängen $O(N/2)$ anstelle von $O(N)$ betragen. Für allgemeinere Gleichungen oder Diskretisierungen kann nach den gleichen Prinzipien vorgegangen werden, wobei jedoch zusätzliche Farben erforderlich werden können (Aufgabe 8.2.10).

$$\begin{matrix} B\,B\,B \cdots B \\ R\,R\,R \cdots R \\ B\,B\,B \cdots B \\ R\,R\,R \cdots R \end{matrix}$$

Abb. 8.2.14 *Linien-Rot-Schwarz- oder Zebra-Anordnung*

Die Diagonalanordnung

Wir kehren nun zu der in Abb. 5.5.3 gezeigten natürlichen Anordnung zurück und betrachten einen anderen Ansatz zur Erzeugung von Parallelität. Wir illustrieren dies durch das in Abb. 8.2.15 gezeigte 4×4-Gitter.

Wenn wir die Gauß-Seidel-Iteration in der natürlichen Anordnung für den Fünf-Punkte-Stern ausführen, werden zunächst von links nach rechts die Unbekannten aktualisiert, die Gitterpunkten auf der ersten Zeile entsprechen, dann auf

•	•	•	•
10	13	15	16
•	•	•	•
6	9	12	14
•	•	•	•
3	5	8	11
•	•	•	•
1	2	4	7

Abb. 8.2.15 *Diagonalanordnung von Gitterpunkten*

der zweiten Zeile, und so weiter. Die Aktualisierung des mit 3 gekennzeichneten Gitterpunktes in Abb. 8.2.15 hängt jedoch vom neuen Wert in Gitterpunkt 1 und nicht von neuen Werten auf dem Rest der ersten Zeile ab. Wir können daher die Punkte 2 und 3 parallel modifizieren. Das gleiche gilt für die nächste Diagonale von Gitterpunkten: Die Punkte 4, 5 und 6 können parallel aktualisiert werden, sobald dies für die Punkte 2 und 3 geschehen ist, und so weiter. Dies wird manchmal als das *„Rechne-Sobald-Du-Kannst-“* Prinzip bezeichnet.

Auf einem $N \times N$-Gitter betragen die Längen der Gitterpunkt-Diagonalen $1, 2, 3, \ldots, N-1, N, N-1, \ldots, 1$. Der Parallelitätsgrad variiert somit entsprechend den verschiedenen Diagonalen. Eine größere Parallelität ist jedoch zu erzielen, da der zweite Iterationsschritt in Gitterpunkt 1 schon begonnen werden kann, sobald die Unbekannten in den Punkten 2 und 3 aktualisiert worden sind. Die Unbekannten an den Gitterpunkten 1, 4, 5, 6 können daher parallel berechnet werden, danach jene an den Punkten 2, 3, 7, 8, 9, 10, und so weiter. Sowie die Punkte 2 und 3 ein zweites Mal modifiziert worden sind, kann ein dritter Iterationsschritt gestartet werden, dann ein vierter, und so weiter. Dies wird manchmal als *„Wellenfront-“* Algorithmus bezeichnet, der in Abb. 8.2.16 schematisch illustriert ist. In dieser Abbildung werden die aktuell in den Iterationsschritten 1 bis 5 bearbeiteten Diagonalen gezeigt. Man kann sich leicht die Wellen einer Berechnung vorstellen, die über das Gitter laufen.

Die gleiche Grundidee läßt sich auf dreidimensionale Probleme anwenden, wobei man dann mit „Diagonalebenen“ statt Linien arbeitet. In einem $3 \times 3 \times 3$-Gitter ist beispielsweise die erste Ebene ein einziger Punkt; auf der zweiten Ebene liegen drei Punkte, die parallel aktualisiert werden können, sechs Punkte liegen auf der dritten Ebene, und so weiter. In einem $N \times N \times N$-Gitter beträgt die Maximalanzahl an Punkten auf einer Ebene $O(N^2)$.

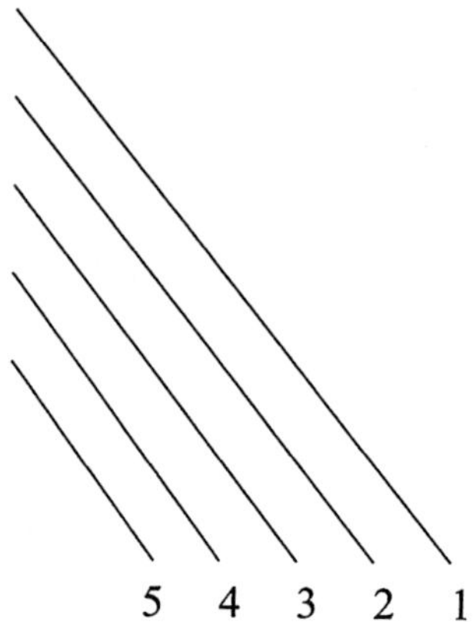

Abb. 8.2.16 *Wellenfront-Berechnung*

Vektorisierung der Diagonalanordnung

Wir kehren nun zum zweidimensionalen Problem und der in Abb. 8.2.15 illustrierten Diagonalanordnung zurück. Wenn wir die Gleichungen und Unbekannten entsprechend dieser Anordnung der Gitterpunkte numerieren, nimmt die Koeffizientenmatrix die in Abb. 8.2.17 illustrierte Gestalt an (Aufgabe 8.2.11).

Diese Matrix hat die Gestalt (8.2.24). Daher kann die Diagonalanordnung als Mehrfarbenschema angesehen werden, wenn jeder Diagonale eine Farbe zugeordnet wird. Die Gauß-Seidel-Iteration wird dann wie in (8.2.25) ausgeführt. Der Schlüsselaspekt ist dabei die Multiplikation mit den Nebendiagonalblöcken. Diese Blöcke werden in Abb. 8.2.17 gezeigt. Der (3,2)-Block besitzt Diagonalen der Länge 2, der (4,3)-Block besitzt Diagonalen der Länge 3, und so weiter. Die Diagonalen werden die Vektoren in den Matrix-Vektor-Multiplikationen in (8.2.25). Diese Vektoren besitzen in einem $N \times N$-Gitter die Längen $1, 2, \ldots, N-1, \ldots, 1$, sind folglich genau um Eins geringer als die Länge der Diagonalen im Gitter und spiegeln die oben diskutierten Parallelität wider. Die Diagonalanordnung liefert eine eher bescheidene Parallelität im Vergleich zur Rot-Schwarz-Anordnung, in welcher die Vektorlängen $O(\frac{1}{2}N^2)$ betragen. Wir werden jedoch im nächsten Kapitel sehen, daß die Diagonalanordnung unter bestimmten Umständen im Zusammenhang mit dem Verfahren der konjugierten Gradienten nützlich ist.

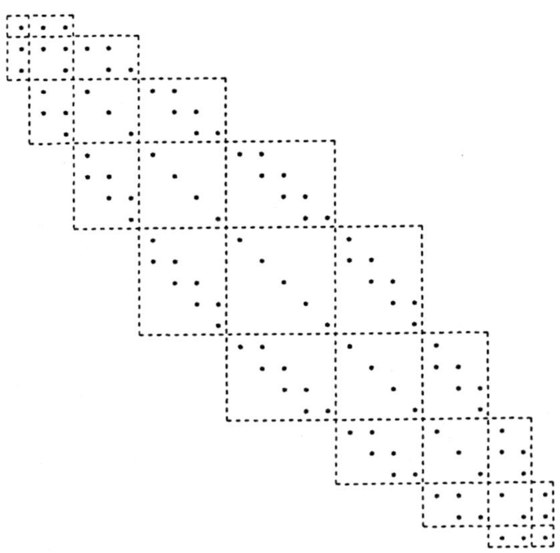

Abb. 8.2.17 *Matrix für die Diagonalanordnung (zweidimensional)*

Konvergenzraten

Umordnungen von Gleichungen und Unbekannten können die Konvergenzrate des Gauß-Seidel- (und des SOR-)Verfahrens beeinflussen. Die natürliche und die Diagonalanordnung besitzen die gleiche Konvergenzgeschwindigkeit, da, wie oben diskutiert, in beiden Fällen exakt dieselben Iterierten erzeugt werden. Die natürliche Anordnung erzeugt jedoch andere Iterierte als die Rot-Schwarz-Anordnung. Falls die Matrizen D_R und D_B in (8.2.15) Diagonalmatrizen sind, ist die asymptotische Konvergengeschwindigkeit des SOR-Verfahrens als Konsequenz der in Abschnitt 8.1 diskutierten Theorie der „konsistent geordneten" Matrizen in beiden Fällen dieselbe. Die Anzahl der zur Erfüllung eines Konvergenzkriteriums benötigten Iterationsschritte kann aber verschieden sein. Die Rot-Schwarz-Anordnung scheint in vielen Fällen eine geringfügig schnellere Konvergenz zu zeigen. Die Wirkung von Mehrfarbenschemata auf die Konvergenzgeschwindigkeit ist noch nicht zufriedenstellend untersucht worden. (Vergleiche die ergänzenden Bemerkungen.)

Ergänzenden Bemerkungen und Literaturhinweise zu Abschnitt 8.2

1. Wir haben hier nur die einfachste Art der Aufteilung der Gitterpunkte auf die Prozessoren eines Parallelrechners diskutiert. Zu den schwierigeren Problemen gehören unregelmäßig berandete Gebiete, Gitter mit ungleichmäßiger oder mit dynamisch variierender Schrittweite. Bezüglich dieser und anderer Fragen sei beispielsweise auf Berger und Bokhari [1987] sowie Morison und Otto [1987] verwiesen. In der zuletzt genannte Arbeit wird die Abbildung von unregelmäßig berandeten Gebieten durch *verteilte Zerlegung* auf Hypercubes oder andere Parallelrechner mit gitterorientierter Topologie behandelt.

2. Die Idee der asynchronen Iteration kann auf die „chaotische Relaxation“ von Chazan und Miranker [1969] zurückgeführt werden. Eine detaillierte Untersuchung asynchroner Iterationsverfahren wurde von Baudet [1978] durchgeführt. Diese Arbeit enthält auch die Ergebnisse einer größeren Anzahl von Experimenten.

3. Block-Jacobi- und SOR-Verfahren sind klassische Methoden. Varga [1962] enthält eine ausführliche Diskussion von Linienverfahren und ihrer Konvergenzgeschwindigkeit. Neuere Ergebnisse über Blockverfahren sind in Parter und Steuerwalt [1980,1982] enthalten.

4. In der Frühzeit der Parallelen Numerik wurde erkannt (siehe zum Beispiel Lambiotte [1975]), daß die Rot-Schwarz-Anordnung für die diskrete Poisson-Gleichung eine hohe Parallelität im SOR-Verfahren ermöglicht. Einige Jahre später haben mehrere Autoren unabhängig voneinander mehr als zwei Farben für kompliziertere Situationen eingesetzt. Der hier vorliegende Text folgt Adams und Ortega [1982]. Die Wirkung von Mehrfarbenschemata auf die Konvergenzgeschwindigkeit ist immer noch nicht ganz geklärt, obwohl Adams und Jordan [1985] gezeigt haben, daß in einigen Situationen die asymptotische Konvergenzrate bestimmter Mehrfarbenschemata mit derjenigen der natürlichen Anordnung übereinstimmt. Hierzu informiere man sich auch bei Adams et al. [1988] bezüglich einer Untersuchung der Konvergenzrate von Vierfarbenschemata für eine Neun-Punkte-Diskretisierung der Poisson-Gleichung und bei Adams [1986] hinsichtlich weiterer Betrachtungen von Mehrfarbenschemata.

5. O'Leary [1984] hat weitere Typen von Mehrfarbenschemata vorgeschlagen, von denen einer im folgenden dargestellt sei.

3 3 1 1 3 3 1 2 3 3
3 3 2 2 3 3 2 2 3 1
3 1 2 2 1 1 2 2 1 1
1 1 2 3 1 1 3 3 1 1
1 1 3 3 1 2 3 3 2 2

Die Knoten sind hier, mit Ausnahme der Ränder, in Fünferblöcken zusammengefaßt. Zunächst werden alle mit 1, dann alle mit 2 und dann alle mit 3 gekennzeichneten Punkte angeordnet. Hieraus ergibt sich ein System der Gestalt (8.2.24) mit $c = 3$. Die D_i sind nun jedoch Blockdiagonalmatrizen mit 5×5- oder kleineren Blöcken. Ein Block-SOR-Verfahren kann dann mit Block-Jacobi-Schritten unter Lösung von Systemen der Dimension 5×5 oder kleiner gelöst werden.

6. O'Leary und White [1985] betrachten *Multisplittings* von A der Gestalt

$$A = B_i - C_i, \qquad i = 1, \ldots, k, \qquad \sum_{i=1}^{k} D_i = I,$$

$$H = \sum_{i=1}^{k} D_i B_i^{-1} C_i, \qquad \mathbf{d} = \left(\sum_{i=1}^{k} D_i B_i^{-1} \right) \mathbf{b}.$$

Dies führt zur Iteration $\mathbf{x}^{k+1} = H\mathbf{x}^k + \mathbf{d}$. Eine Anzahl von Standardverfahren, einschließlich des SOR-Verfahrens, kann in diese Form gebracht werden, was einen anderen Zugang zur Parallelität ermöglicht.

7. Die Diagonalanordnung wird in Young [1971] als Beispiel zur Erzeugung einer konsistent geordneten Matrix benutzt. Von Hayes [1978] wurde sie als ein Ansatz für die Vektorisierung vorgeschlagen. Seitdem wurde sie von verschiedenen Autoren betrachtet, zum Beispiel Ashcraft und Grimes [1988] und van der Vorst [1989a], [1989b]. Elman und Golub [1990] führen eine verwandte „Torus“-Anordnung ein, in der die Diagonalen zyklisch „umlaufen“.

Übungsaufgaben zu Abschnitt 8.2

8.2.1. Für ein Gleichungssystem mit drei Unbekannten schreibe man die sechs möglichen Anordnungen, die man durch das Vertauschen von Gleichungen und der entsprechenden Unbekannten erhält.

8.2.2. Es sei ein Parallelrechner mit verteiltem Speicher und p Prozessoren gegeben, in dem arithmetische Operationen α Zeiteinheiten pro Ergebnis und der Versand von q Datenworten zwischen zwei Prozessoren $s+\beta q$ Zeiteinheiten erfordert. Es sei $N^2 = mp$, so daß jedem Prozessor m Unbekannte zugeordnet werden. Berechne die Zeit für eine Jacobi-Iteration für die diskrete Poisson-Gleichung.

8.2.3. Man schätze die Zeit für eine Linien-Jacobi-Iteration (8.2.14) für den Parallelrechner aus Aufgabe 8.2.2 mit $p = N$.

8.2.4. Man schreibe die Gleichungen (8.2.15) explizit für $N = 3$ und $N = 4$ für die diskrete Poisson-Gleichung aus.

8.2.5. Man zeige, daß das Gleichungssystem (8.2.7) in der Rot-Schwarz-Form (8.2.15) geschrieben werden kann, wobei D_R und D_B wieder Diagonalmatrizen sind.

8.2.6. Man zeige, daß die Matrixdarstellung des SOR-Verfahrens für das System (8.2.15) durch

$$\begin{bmatrix} D_R & 0 \\ \omega C^T & D_B \end{bmatrix} \begin{bmatrix} \mathbf{u}_R^{k+1} \\ \mathbf{u}_B^{k+1} \end{bmatrix} = \begin{bmatrix} \omega \mathbf{b}_1 \\ \omega \mathbf{b}_2 \end{bmatrix} + \begin{bmatrix} (1-\omega)D_R & -\omega C \\ 0 & (1-\omega)D_B \end{bmatrix} \begin{bmatrix} \mathbf{u}_R^k \\ \mathbf{u}_B^k \end{bmatrix}$$

gegeben ist.

8.2.7. Man schreibe die Gleichungen (8.2.21) in der Form (8.2.15) unter der Verwendung der Rot-Schwarz-Anordnung und gebe die Struktur der Matrizen D_R und D_B an. Notiere die Gleichungen explizit für den Fall $N = 4$.

8.2.8. Man schreibe das System (8.2.22) für die Gleichungen (8.2.21) unter Verwendung des Vierfarbenschemas aus Abb. 8.2.12 für $N = 4$ auf.

8.2.9. Man zeige für den Neun-Punkte-Stern aus Abb.8.2.11, daß die drei Vierfarbenschemata

$$\begin{array}{lll} GORB & OBOB & GOGO \\ RBGO & GRGR & RBRB \\ GORB & BOBO & GOGO \\ RBGO & RGRG & RBRB \end{array}$$

bis auf Permutationen der Farben die einzigen sind, die die Punkte im Differenzenstern entkoppeln.

8.2.10. Man zeige, daß das zeilenorientierte Dreifarbenschema

$$\begin{array}{l} G\,G\,G \cdots G \\ R\,R\,R \cdots R \\ B\,B\,B \cdots B \\ G\,G\,G \cdots G \\ R\,R\,R \cdots R \end{array}$$

für ein Linien-SOR-Verfahren und den folgenden Differenzenstern geeignet ist.

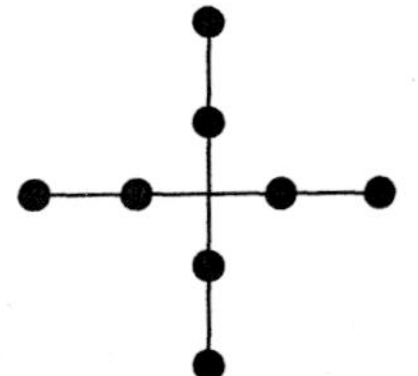

8.2.11 Man beweise, daß die Koeffizientenmatrix im diskreten Poisson-Problem die in Abb. 8.2.17 gezeigt Struktur besitzt, wenn die Gleichungen und Unbekannten gemäß Abb. 8.2.15 angeordnet sind.

8.2.12. Man zeige, daß das Block-Jacobi-Verfahren (8.2.13) konvergiert, wenn A gemäß (8.2.12) zerlegt ist und

$$\sum_{j=1}^{q} \|A_{ii}^{-1}A_{ij}\| < 1, \quad i = 1, \ldots, q,$$

in einer beliebigen Norm gilt.

8.2.13. Man zeige, daß die Diskretisierung von u_{xy} in (8.2.20) von zweiter Ordnung genau ist.

8.3 Das Mehrgitterverfahren

Das System $A\mathbf{x} = \mathbf{b}$ sei aus der Diskretisierung (8.2.7) der einer Poissongleichung ähnelnden zweidimensionalen Gleichung (8.2.6) auf dem Einheitsquadrat mit Dirichlet-Randbedingungen entstanden. Eine Möglichkeit, um eine Startnäherung für ein Iterationsverfahren wie etwa das SOR-Verfahren zu erhalten, besteht darin, das Problem auf einem gröberen Gitter zu lösen. Beispielsweise sind in Abb. 8.3.1 die mit x markierten Punkte mit der Schrittweite $2h$ voneinander entfernt, während im ursprünglichen Gitter die Schrittweite h verwendet wird. Besitzt das ursprüngliche Gitter (*feines* Gitter genannt) N^2 Gitterpunkte, wobei N gerade sei, dann enthält das grobe Gitter $(N-1)^2/4$ Punkte. Dies ist in Abb. 8.3.1 für $N = 5$ illustriert.

Da das Grobgitterproblem wesentlich kleiner ist, kann es einfacher gelöst werden. Wir wenden unser iteratives Verfahren zur näherungsweisen Lösung auf dem groben Gitter an und interpolieren dann linear, um Näherungswerte auf den anderen Punkten des feinen Gitters zu erhalten, was im folgenden genauer diskutiert werden soll. Damit erzeugt man eine Startnäherung auf dem feinen Gitter für das Iterationsverfahren. Mit diesem Vorgehen wird natürlich bezweckt, daß die für die Berechnung der Näherungslösung aufgewendete

Arbeit dadurch mehr als aufgewogen wird, da man nun über eine bessere Startnäherung für die Iteration auf dem feinen Gitter verfügt.

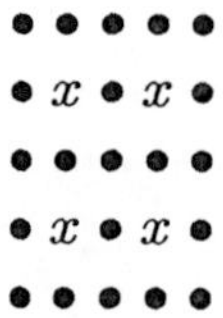

```
• • • • •
• x • x •
• • • • •
• x • x •
• • • • •
```

Abb. 8.3.1 *Grobes Gitter und feines Gitter*

Die gleiche Idee kann zur Erzeugung einer Startnäherung für das Grobgitterproblem und in der Folge dann analog für immer gröbere Gitter angewendet werden. Im Falle von $N = 2^q - 1$ für eine ganze Zahl q besitzen die groben Gitter $(2^i - 1)^2$ Punkte für $i = q-1, q-2, \ldots, 1$. Somit können wir damit beginnen, ein Problem mit einer Unbekannten zu lösen. Das nächstfeinere Gitter enthält dann $(2^2 - 1)^2 = 9$ Gitterpunkte. Eine Startnäherung erhält man durch Interpolation der Werte vom vorangehenden groben Gitter und der Randwerte. Dieses Problem mit 9 Punkten wird dann näherungsweise gelöst. Die dabei berechneten Näherungen werden zur Festlegung einer Startnäherung auf dem nächstfeineren Gitter verwendet, und so weiter. Dieser Prozeß wird oft *verschachtelte Iteration („nested iteration")* genannt und ist in Abb. 8.3.2 skizziert.

> Löse ein Problem auf dem gröbsten Gitter
> Interpoliere die Lösung auf dem nächstfeineren Gitter
> Berechne eine Näherungslösung auf diesem Gitter
> Interpoliere die Lösung auf dem nächstfeineren Gitter
> ⋮
> Interpoliere die Lösung auf dem nächstfeineren Gitter
> Berechne eine Näherungslösung auf dem feinsten Gitter

Abb. 8.3.2 *Startnäherung unter Verwendung grober Gitter*

Interpolation

Für die folgenden Betrachtungen ist es nützlich, die Einzelheiten dieses Prozesses zu entwickeln. Wir beginnen mit der linearen Interpolation und betrachten dazu das entsprechende eindimensionale Problem

$$u''(x) = f(x), \quad 0 \le x \le 1, \quad u(0) = \alpha, \quad u(1) = \beta. \tag{8.3.1}$$

Abb. 8.3.3 zeigt ein grobes und ein feines Gitter für dieses Problem, wobei grobe Gitterpunkte durch c_1, c_2 und c_3 gekennzeichnet sind.

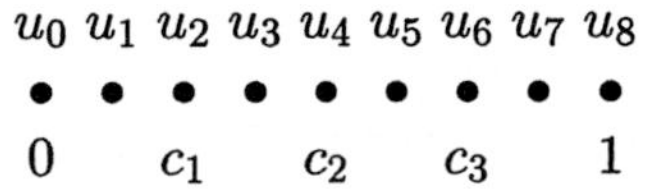

$u_0 \; u_1 \; u_2 \; u_3 \; u_4 \; u_5 \; u_6 \; u_7 \; u_8$

$\bullet \; \bullet \; \bullet \; \bullet \; \bullet \; \bullet \; \bullet \; \bullet \; \bullet$

$0 \quad c_1 \quad c_2 \quad c_3 \quad 1$

Abb. 8.3.3 *Feines und grobes eindimensionales Gitter*

Nachdem die u_{2i} an den Grobgitterpunkten bekannt sind, können Werte zwischen den Punkten des feinen Gitters durch lineare Interpolation berechnet werden:

$$u_{2i+1} = \frac{1}{2}(u_{2i+2} + u_{2i}), \qquad i = 0, \ldots, (N-1)/2. \tag{8.3.2}$$

Dabei bezeichnet N die als ungerade angenommene Anzahl der inneren Gitterpunkte ($N = 7$ in Abb. 8.3.3). An den groben Gitterpunkte werden die Werte übernommen. In Matrix-Vektor-Form erhält man

$$\begin{bmatrix} u_1 \\ u_2 \\ u_3 \\ u_4 \\ u_5 \\ u_6 \\ u_7 \end{bmatrix} = \frac{1}{2} \begin{bmatrix} 1 & 0 & 0 \\ 2 & 0 & 0 \\ 1 & 1 & 0 \\ 0 & 2 & 0 \\ 0 & 1 & 1 \\ 0 & 0 & 2 \\ 0 & 0 & 1 \end{bmatrix} \begin{bmatrix} u_2 \\ u_4 \\ u_6 \end{bmatrix} + \frac{1}{2} \begin{bmatrix} u_0 \\ 0 \\ 0 \\ 0 \\ 0 \\ 0 \\ u_8 \end{bmatrix}. \tag{8.3.3}$$

Man beachte, daß (8.3.3) eine *affine* Transformation (eine lineare Transformation plus ein fester Vektor) ist, in der die Randwerte in einem gesonderten Vektor liegen. An den im folgenden zu beschreibenden Schlüsselstellen des Mehrgitterverfahrens sind diese Randwerte gleich Null, so daß (8.3.3) dann eine lineare Transformation ist.

$$\begin{array}{ccc} x & \bullet & x \\ i-1,j+1 & i,j+1 & i+1,j+1 \\ \bullet & \bullet & \bullet \\ i-1,j & i,j & i+1,j \\ x & \bullet & x \\ i-1,j-1 & i,j-1 & i+1,j-1 \end{array}$$

Abb. 8.3.4 *Zweidimensionale grobe und feine Gitter*

Für den entsprechenden Interpolationsprozeß in zwei Dimensionen betrachten wir den in Abb.8.3.4 dargestellten Teil des Gitters, wobei Grobgitterpunkte durch x gekennzeichnet sind. Die vier Feingitterpunkte an den Kanten werden durch eindimensionale lineare Interpolation

$$u_{i-1,j} = \tfrac{1}{2}(u_{i-1,j+1} + u_{i-1,j-1}), \quad u_{i+1,j} = \tfrac{1}{2}(u_{i+1,j+1} + u_{i+1,j-1}), \tag{8.3.4a}$$

$$u_{i,j+1} = \tfrac{1}{2}(u_{i-1,j+1} + u_{i+1,j+1}), \quad u_{i,j-1} = \tfrac{1}{2}(u_{i-1,j-1} + u_{i+1,j-1}) \tag{8.3.4b}$$

approximiert. Der Wert im mittleren Punkt wird durch Mittelung der Werte in (8.3.4a) oder (8.3.4b) berechnet, womit man die Beziehung

$$u_{ij} = (u_{i-1,j+1} + u_{i+1,j+1} + u_{i-1,j-1} + u_{i+1,j-1})/4 \tag{8.3.4c}$$

erhält. Die Matrix-Vektor-Form der Interpolationsformeln (8.3.4) ist in (8.3.5) für den Fall $N = 5$ angegeben.

$$\begin{bmatrix} u_{11} \\ u_{21} \\ u_{31} \\ u_{41} \\ u_{51} \\ u_{12} \\ u_{22} \\ u_{32} \\ u_{42} \\ u_{52} \\ u_{13} \\ \vdots \end{bmatrix} = \frac{1}{4} \begin{bmatrix} 1\,0\,0\,0 \\ 2\,0\,0\,0 \\ 1\,1\,0\,0 \\ 0\,2\,0\,0 \\ 0\,1\,0\,0 \\ 2\,0\,0\,0 \\ 4\,0\,0\,0 \\ 2\,2\,0\,0 \\ 0\,4\,0\,0 \\ 0\,2\,0\,0 \\ 1\,0\,1\,0 \\ \vdots \end{bmatrix} \begin{bmatrix} u_{22} \\ u_{42} \\ u_{24} \\ u_{44} \end{bmatrix} + \frac{1}{4} \begin{bmatrix} u_{00} + u_{20} + u_{02} \\ 2u_{20} \\ u_{20} + u_{40} \\ 2u_{40} \\ u_{40} + u_{60} + u_{62} \\ \vdots \\ \\ \\ \\ \\ \\ \end{bmatrix} \tag{8.3.5}$$

In Abb. 8.3.5 wird ein 5×5-Gitter innerer Gitterpunkte gezeigt (Aufgabe 8.3.1). In dieser Abbildung bezeichnen die ganzen Zahlen die Indizes von x_i und y_j, und die x-Punkte stellen die inneren Punkte des groben Gitters dar. Die Beziehung (8.3.5) ist, wie (8.3.3), eine affine Transformation, wobei der konstante Vektor die Randwerte enthält. Sie geht in eine lineare Transformation über, wenn alle Randwerte gleich Null sind.

• • • • • • •
06 16 26 36 46 56 66
• • • • • • •
05 15 25 35 45 55 65
• • x • x • •
04 14 24 34 44 54 64
• • • • • • •
03 13 23 33 43 53 63
• • x • x • •
02 12 22 32 42 52 62
• • • • • • •
01 11 21 31 41 51 61
• • • • • • •
00 10 20 30 40 50 60

Abb. 8.3.5 *Ein feines und ein grobes Gitter, unter Einschluß der Randpunkte*

Ein einfaches Mehrgitterverfahren

Die oben beschriebene Prozedur zur Berechnung einer Startnäherung auf dem feinen Gitter ist noch kein Mehrgitter-(MG-)-Verfahren. Die Grundidee eines Mehrgitterverfahrens, von dem es viele Varianten gibt, besteht darin, daß alle groben Gitter während des gesamten Lösungsprozesses verwendet werden. Um diese Vorgehensweise zu erklären, beschreiben wir eine einfache Prozedur und diskutieren einige Varianten. Im Kontext von Mehrgitterverfahren wird die Interpolation auch *Prolongation* genannt. Im folgenden werden wir beide Bezeichnungen gleichberechtigt verwenden.

Die Gitter seien durch $G_1, \ldots, G_q$ bezeichnet, wobei G_1 das gröbste und G_q das feinste Gitter sei. Der Einfachheit halber sei im folgenden das iterative Verfahren das Gauß-Seidel-Verfahren. Der Vektor $\mathbf{u}_q$ sei eine Näherungslösung auf dem feinsten Gitter; $\mathbf{u}_q$ kann etwa durch den vorher diskutierten verschachtelten Iterationsprozeß berechnet worden sein. Wir bilden das Residuum

$\mathbf{r}_q = \mathbf{b} - A\mathbf{u}_q$ und restringieren $\mathbf{r}_q$ auf das Gitter G_{q-1}, um den Vektor $\tilde{\mathbf{r}}_{q-1}$ zu erhalten. Die einfachste derartige Restriktion ist die *Injektion*, bei der die Werte von $\mathbf{r}_q$ an den Gitterpunkten von G_{q-1} als Elemente von $\tilde{\mathbf{r}}_{q-1}$ gewählt werden. Oft sind auch andere Restriktionen wünschenswert. Diese werden später diskutiert. Es werden dann m Gauß-Seidel-Schritte für die Gleichung

$$A_{q-1}\mathbf{e}_{q-1} = \tilde{\mathbf{r}}_{q-1} \tag{8.3.6}$$

ausgeführt, um eine Näherungslösung $\mathbf{e}_{q-1}$ für (8.3.6) zu erhalten. Hierbei ist A_{q-1} die dem Gitter G_{q-1} entsprechende Koeffizientenmatrix, deren Bildung später diskutiert wird.

Wir setzen diesen Prozeß auf dem gröberen Gitter fort. Zunächst untersuchen wir jedoch, warum (8.3.6) benutzt wird. Wir nehmen an, das die Fehlergleichung $A\mathbf{e} = \mathbf{r}_q$ auf dem feinen Gitter lösbar sei. Dann gilt

$$A(\mathbf{u}_q + \mathbf{e}) = \mathbf{b} - \mathbf{r}_q + \mathbf{r}_q = \mathbf{b}, \tag{8.3.7}$$

so daß $\mathbf{u}_q + \mathbf{e}$ die gewünschte Lösung des Systems $A\mathbf{u} = \mathbf{b}$ darstellt. Der Vektor $\mathbf{e}$ kann daher als Korrektur der Näherungslösung $\mathbf{u}_q$ interpretiert werden. Wenn $\mathbf{e}_{q-1}$, in der durch (8.3.6) erzeugten Form, auf G_q prolongiert (zurückinterpoliert) wird, so erhält man ein $\mathbf{e}_q$ auf dem feinen Gitter, welches eine Näherung von $\mathbf{e}$ ist, die als näherungsweise Korrektur von $\mathbf{u}_q$ betrachtet werden kann.

Wir setzen nun den Prozeß auf dem groben Gitter fort. Anstatt $\mathbf{e}_{q-1}$ auf G_q zu prolongieren, bilden wir das Residuum $\mathbf{r}_{q-1} = \tilde{\mathbf{r}}_{q-1} - A_{q-1}\mathbf{e}_{q-1}$ der Fehlergleichung auf G_{q-1}, restringieren dieses Residuum auf G_{q-2}, was $\tilde{\mathbf{r}}_{q-2}$ liefert, führen m Gauß-Seidel-Schritte für die Gleichung $A_{q-2}\mathbf{e} = \tilde{\mathbf{r}}_{q-2}$ aus, womit wir $\mathbf{e}_{q-2}$ erhalten, und fahren in dieser Weise fort, bis wir zu $\mathbf{e}_1$ auf dem gröbsten Gitter G_1 gelangen. Danach können wir den Korrekturprozeß beginnen. Dieser ähnelt der Berechnung der Startnäherung auf dem feinsten Gitter durch verschachtelte Iteration. Wir arbeiten nun jedoch mit Korrekturtermen. Zunächst wird $\mathbf{e}_1$ auf G_2 prolongiert und zu $\mathbf{e}_2$ addiert, was $\hat{\mathbf{e}}_2$ ergibt. Dann wird $\hat{\mathbf{e}}_2$ durch m Gauß-Seidel-Iterationen für die Fehlergleichung $A_2\mathbf{e} = \tilde{\mathbf{r}}_2$ verbessert, was $\tilde{\mathbf{e}}_2$ liefert. Anschließend wird $\tilde{\mathbf{e}}_2$ auf G_3 prolongiert. Der Prozeß wird solange fortgesetzt, bis schließlich $\tilde{\mathbf{e}}_{q-1}$ auf das feinste Gitter prolongiert und zu $\mathbf{u}_q$ addiert wird und eine neue Näherung der Lösung von $A\mathbf{u} = \mathbf{b}$ ergibt. Wir bemerken, daß unter der Annahme, daß die ursprüngliche Differentialgleichung mit Dirichlet-Randbedingungen formuliert ist, die Fehler an den Gitterpunkten, die Randwerten entsprechen, gleich Null sind. Die Interpolationen für die verschiedenen Fehlervektoren sind daher lineare statt affine Transformationen.

Der eben beschriebene Prozeß ist als *V-Zyklus* bekannt und in Abb. 8.3.6(a) aufgezeichnet. Der Punkt am Fuße des V stellt das gröbste Gitter, der oberste Punkt das feinste Gitter dar. Eine gebräuchliche Variante des V-Zyklus besteht darin, auf jeder Stufe zwei Korrekturschritte vor der Rückkehr zur nächsthöheren Stufe auszuführen. Dies ist der in Abb. 8.3.6(b) gezeigte $W-Zyklus$. In diesem Falle werden auf Stufe 3 zwei Korrekturzyklen begonnen. Jeder dieser beiden Zyklen enthält selbst wieder zwei auf Stufe 2 beginnende Korrekturzyklen. Im folgenden werden wir uns auf den V-Zyklus konzentrieren.

Abb. 8.3.6 *(a) V-Zyklus (b) W-Zyklus*

Wir bemerken, daß es notwendig ist, mit der Residuengleichung im V-Zyklus statt in der Ausgangsgleichung zu arbeiten. Würden wir letztere im ansteigenden Teil des V-Zyklus nutzen, so würden wir nur den verschachtelten Iterationsprozeß wiederholen, der zur Startnäherung auf dem feinsten Gitter geführt hat. Durch Verwendung der Residuengleichung behalten wir alle schon berechneten Näherungen und korrigieren sie. Der V-Zyklus kann wie in Abb. 8.3.7 angegeben zusammengefaßt werden. Dabei steht „glätten" für die Ausführung einiger Schritte des Gauß-Seidel- oder eines anderen geeigneten Iterationsverfahrens.

Ein ausführliches Beispiel

Wir geben nun ein ausführliches Beispiel an, das nicht nur den Prozeß als solchen beschreibt, sondern auch eine Einsicht vermittelt, warum das Mehrgitterverfahren überhaupt funktioniert. In diesem Beispiel wählen wir das Jacobi-Verfahren für den Relaxationsprozeß anstelle des Gauß-Seidel-Verfahrens. Der Einfachheit und der Übersichtlichkeit halber arbeiten wir mit der eindimensionalen Gleichung (8.3.1). Die Koeffizientenmatrix des entsprechenden diskreten Systems $A_h\mathbf{u} = \mathbf{b}$ ist die durch (5.3.10) gegebene, jedoch durch h^2 dividierte $(2, -1)$-Tridiagonalmatrix. Die Beibehaltung des Faktors h^{-2} ist wichtig. Mit Hilfe von Aufgabe 5.3.5 sieht man, daß A_h die Eigenwerte

$$\lambda_k^h = h^{-2}(2 - 2\cos(k\eta)) = 4h^{-2}\sin^2\frac{k\eta}{2}, \quad k = 1, \dots, N, \tag{8.3.8}$$

Glätte das aktuelle $\mathbf{u}_q$ auf G_q, was $\tilde{\mathbf{u}}_q$ ergibt..
Bilde $\mathbf{r}_q = \mathbf{b} - A_q\tilde{\mathbf{u}}_q$.
For $i = q$ down to 3
  Restringiere $\mathbf{r}_i$ auf G_{i-1}, was $\tilde{\mathbf{r}}_{i-1}$ ergibt.
  Glätte auf $A_{i-1}\mathbf{e} = \tilde{\mathbf{r}}_{i-1}$ beginnend mit 0, was $\mathbf{e}_{i-1}$ ergibt.
  Bilde $\mathbf{r}_{i-1} = \tilde{\mathbf{r}}_{i-1} - A_{i-1}\mathbf{e}_{i-1}$.
Restringiere $\mathbf{r}_2$ auf G_1, was $\tilde{\mathbf{r}}_1$ ergibt.
Löse $A_1\mathbf{e} = \tilde{\mathbf{r}}_1$ exakt, was $\tilde{\mathbf{e}}_1$ ergibt.
For $i = 1, \ldots, q-2$
  Prolongiere $\tilde{\mathbf{e}}_i$ auf G_{i+1} und addiere dies zu $\mathbf{e}_{i+1}$, was $\hat{\mathbf{e}}_{i+1}$ ergibt.
  Glätte auf $A_{i+1}\mathbf{e} = \tilde{\mathbf{r}}_{i+1}$ beginnend mit $\hat{\mathbf{e}}_{i+1}$, was $\tilde{\mathbf{e}}_{i+1}$ ergibt.
Prolongiere $\tilde{\mathbf{e}}_{q-1}$, was $\hat{\mathbf{e}}_q$ ergibt.
Addiere $\hat{\mathbf{e}}_q$ zu $\tilde{\mathbf{u}}_q$, was ein neues $\mathbf{u}_q$ auf G_q ergibt.

Abb. 8.3.7 *Ein V-Zyklus*

mit $\eta = \pi/(N+1)$ besitzt (Aufgabe 8.3.2). Die zweite Gleichung folgt aus der Identität $1 - \cos(2\theta) = 2\sin^2\theta$. Die dazugehörigen Eigenvektoren sind

$$\mathbf{v}_k^h = (\sin(k\eta), \sin(2k\eta), \ldots, \sin(Nk\eta))^T, \quad k = 1, \ldots, N. \tag{8.3.9}$$

Nach Aufgabe 8.1.12 besitzt die Jacobi-Iterationsmatrix J dann die Eigenwerte

$$\mu_k^h = \cos(k\eta), \quad k = 1, \ldots, N, \tag{8.3.10}$$

und dieselben Eigenvektoren $\mathbf{v}_k^h$ wie A_h. Der k-te Eigenvektor entspricht der Funktion

$$v_k(x) = \sin(k\pi x), \quad 0 \le x \le 1, \tag{8.3.11}$$

welche eine *Eigenfunktion* des Differentialoperators aus (8.3.1) ist:

$$\frac{d^2}{dx^2}v_k(x) = -k^2\pi^2 v_k(x), \qquad k = 1, 2, \ldots\ . \tag{8.3.12}$$

Die Komponenten von $\mathbf{v}_k^h$ sind die Funktionswerte

$$v_k(\frac{j}{N+1}), \qquad j = 1, \ldots, N. \tag{8.3.13}$$

Je größer k ist, desto oszillierender wird die Funktion v_k, insbesondere besteht v_1 aus einer einzigen Sinushalbwelle, während v_k aus $k/2$ vollen Sinuswellen besteht. Aus diesem Grunde werden die Eigenvektoren $\mathbf{v}_k^h$ für kleine Werte von k „glatte" Eigenvektoren und diejenigen für große Werte von k „oszillierende" Eigenvektoren genannt. Natürlich besteht keine scharfe Trennung zwischen glatt und oszillierend. Die Funktionen v_k aus (8.3.11) oszillieren jedenfalls mit wachsendem k immer stärker.

Wie in Abschnitt 8.1 allgemein besprochen, erfüllen die Fehlervektoren $\mathbf{e}^k$ des Jacobi-Verfahrens die Gleichung

$$\mathbf{e}^k = J^k \mathbf{e}^0 = \sum_{i=1}^{N} c_i (\mu_i^h)^k \mathbf{v}_i^h, \tag{8.3.14}$$

wobei $\mathbf{e}^0 = \sum c_i \mathbf{v}_i^h$ die Entwicklung des Anfangsfehlers nach den Eigenvektoren von J ist. Die betragsmäßig größten Eigenwerte treten für $k = 1$ und $k = N$ auf:

$$\mu_1^h = -\mu_N^h = \cos \frac{\pi}{N+1}.$$

Daher werden die Fehler in den ersten paar der Richtungen $\mathbf{v}_1^h, \mathbf{v}_2^h, \ldots$ und $\mathbf{v}_N^h, \mathbf{v}_{N-1}^h, \ldots$ am langsamsten verringert, während die Fehler in den Richtungen $\mathbf{v}_i^h$ für $i \doteq N/2$ am schnellsten abnehmen. Beispielsweise gilt für $N = 1000$

$$\mu_1^2 = \cos \frac{\pi}{1001} \doteq .99999,$$

so daß die Potenzen von μ_1^h sehr langsam gegen Null streben. Andererseits gilt

$$\mu_{500}^h \doteq 0,$$

so daß die Potenzen von μ_{500}^h sehr schnell gegen Null streben.

Wir möchten nun das Jacobi-Verfahren so modifizieren, daß die Fehler zu den am stärksten oszillierenden Frequenzen am schnellsten gegen Null streben. Wir können dies mit einem *gedämpften* (unterrelaxierten) Jacobi-Verfahren erreichen, dessen Iterationsmatrix mit einem $\omega < 1$

$$J_\omega = (1-\omega)I + \omega J \tag{8.3.15}$$

lautet. Nach Satz 2.2.3 lauten die Eigenwerte von J_ω

$$\mu_{k,\omega}^h = 1 - \omega + \omega\mu_k^h. \tag{8.3.16}$$

In Abb. 8.3.8 sind die Geraden $1 - \omega + \omega\mu$ als Funktionen von ω für einige Werte des Parameters μ gezeichnet. Für einen gegebenen Wert von ω liegt der Eigenwert $\mu_{j,\omega}^h$ im Schnittpunkt der vertikalen Geraden durch ω und derjenigen Geraden, die in $\omega = 1$ den Wert μ_j^h annimmt.

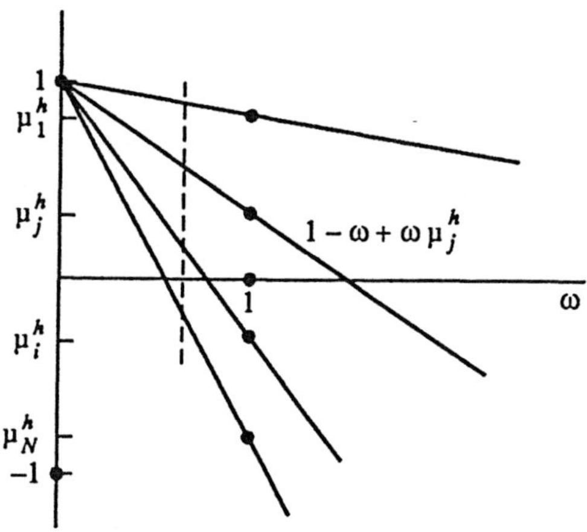

Abb. 8.3.8 *Eigenwerte des gedämpften Jacobi-Verfahrens*

Aus Abb. 8.3.8 ist ersichtlich, daß $\rho(H_\omega)$ wegen $\mu_1^h = -\mu_N^h$ minimiert wird, wenn $\omega = 1$ gilt: Für $\omega > 1$ gilt $\mu_{N,\omega}^h > \mu_N^h$ und für $\omega < 1$ gilt $\mu_{1,\omega}^h > \mu_1^h$. Durch Wahl von $\omega < 1$ können wir die negativen Eigenwerte näher an Null rücken, wodurch andererseits die positiven Eigenwerte größer werden. Wie zum Beispiel in Abb. 8.3.8 illustriert, verringert $\omega = \frac{2}{3}$ die betragsmäßig größten negativen Eigenwerte beträchtlich, während die größten positiven Eigenwerte nur leicht vergrößert werden. Dies wirkt sich dahingehend aus, daß die Fehler in den Richtungen $\mathbf{v}_N^h, \mathbf{v}_{N-1}^h, \ldots$ schneller gegen Null streben und dies für eine größere Anzahl von Richtungen gilt. Die Fehler in den Richtungen $\mathbf{v}_1^h, \mathbf{v}_2^h \ldots$

streben langsamer gegen Null, aber genau diese Fehler werden, wie wir nun sehen werden, durch den Mehrgitterprozeß erfaßt.

Wir nehmen an, daß einige Iterationen auf dem feinen Gitter durchgeführt worden sind und der Fehler $\mathbf{e}$ für die erhaltene Näherung $\mathbf{u}^h$ in der Richtung der Eigenvektoren $\mathbf{v}_1^h, \ldots, \mathbf{v}_m^h$ noch groß ist. Wir restringieren dann das aktuelle Residuum auf das nächstgröbere Gitter mit der Schrittweite $2h$. Die Koeffizientenmatrix A_{2h} für dieses gröbere Gitter ist wieder die $(2,-1)$-Tridiagonalmatrix, nun dividiert durch $(2h)^2$ und von der Größe $N_1 \times N_1$, wobei $N_1 = (N-1)/2$ für ungerades N gilt. Die Eigenwerte und Eigenvektoren von A_{2h} haben die gleiche Gestalt wie in (8.3.8) und (8.3.9), wobei h durch $2h$ und η durch $\eta_1 = \pi/(N_1+1)$ ersetzt wird. Daher gilt (Aufgabe 8.3.4)

$$\lambda_k^{2h} = 4(2h)^{-2}\sin^2\frac{k\eta_1}{2} = h^{-2}\sin^2\frac{k\eta_1}{2}, \quad k = 1, \ldots, N_1, \tag{8.3.17}$$

$$\begin{aligned} \mathbf{v}_k^{2h} &= (\sin(k\eta_1), \sin(2k\eta_1), \ldots, \sin(N_1 k\eta_1)) \\ &= (\sin(2k\eta), \sin(4k\eta), \ldots, \sin((N-1)k\eta)), \ k = 1, \ldots, N_1. \end{aligned} \tag{8.3.18}$$

Für den weiteren Gebrauch notieren wir die folgenden Beziehungen zwischen den Eigenwerten λ_k^h und λ_k^{2h}, welche aus $\eta_1 = 2\eta$ und der Identität $\sin(2\theta) = 2\sin\theta\cos\theta$ folgt:

$$\lambda_k^{2h} = h^{-2}\sin^2(k\eta) = 4h^{-2}\sin^2\frac{k\eta}{2}\cos^2\frac{k\eta}{2} = \lambda_k^h\cos^2\frac{k\eta}{2}, \tag{8.3.19}$$

$k = 1, \ldots, N_1$. Analog besitzen die Eigenwerte der Jacobi-Iterationsmatrix die gleiche Gestalt wie (8.3.10), wobei jedoch N durch N_1 ersetzt wird, so daß

$$\mu_k^{2h} = \cos(k\eta_1) = \cos(2k\eta), \quad k = 1, \ldots, N_1, \tag{8.3.20}$$

ist. Der betragsmäßig größte dieser Werte lautet

$$\max\left|\mu_k^{2h}\right| = \cos(2\eta) < \cos\eta. \tag{8.3.21}$$

Der letzte Ausdruck ist dabei der Spektralradius von J.

Der nächste Schritt hat die Restriktion des Residuums $\mathbf{r}^h$ auf das grobe Gitter zum Inhalt. Wie früher erwähnt, ist die Injektion die einfachste Restriktion, in der $\mathbf{r}^{2h}$ jede zweite Komponente von $\mathbf{r}^h$ enthält. Wir werden auch die sogenannte *vollständig gewichtete Restriktion* verwenden. In diesem Falle ist die Restriktion $\mathbf{w}^{2h}$ eines Vektors $\mathbf{w}^h$ auf das feine Gitter definiert durch

$$\mathbf{w}^{2h} = R\mathbf{w}^h, \tag{8.3.22}$$

wobei R die $N \times N$-Matrix

$$R = \frac{1}{4} \begin{bmatrix} 1\,2\,1 & & & \\ & 1\,2\,1 & & \\ & & 1\,2\,1 & \\ & & & \ddots \end{bmatrix} \tag{8.3.23}$$

ist. Daher ist eine typische Komponente von $\mathbf{w}^{2h}$ definiert durch

$$w_{2i}^{2h} = \frac{1}{4}(w_{i-1}^h + 2w_i^h + w_{i+1}^h). \tag{8.3.24}$$

Man beachte, daß ein enger Zusammenhang zwischen der Restriktion R aus (8.3.23) und der Prolongationsmatrix aus (8.3.3) besteht. Bezeichnen wir letztere Matrix mit P, so gilt in der Tat

$$2R = P^T. \tag{8.3.25}$$

Ferner zeigt eine einfache Rechnung (Aufgabe 8.3.5)

$$A_{2h} = RA_hP. \tag{8.3.26}$$

Dies weist einen als *Galerkin-Technik* bekannten Weg, die Koeffizientenmatrizen auf gröberen Gittern direkt aus denen auf dem feineren Gitter mittels der Restriktions- und Prolongationsoperatoren zu erhalten. Man beachte, daß im Falle $R = cP^T$ mit einer Konstante c, wenn A_h symmetrisch und positiv definit ist, stets auch RA_hP symmetrisch und positiv definit ist, wenn R und P vollen Rang besitzen (Aufgabe 8.3.6).

Wir nutzen den Restriktionsoperator R, um $\tilde{\mathbf{r}}^{2h} = R\mathbf{r}^h$ zu erhalten. Dies liefert die rechte Seite für die Korrekturgleichung auf dem groben Gitter:

$$A_{2h}\mathbf{e}^{2h} = \tilde{\mathbf{r}}^{2h}. \tag{8.3.27}$$

Wir nehmen nun an, daß sich (8.3.27) exakt lösen läßt. Wir interpolieren dann $\mathbf{e}^{2h}$ zurück auf das feine Gitter unter Verwendung des Prolongationsoperators P aus (8.3.3) und erhalten

$$\hat{\mathbf{e}}^h = P\mathbf{e}^{2h}. \tag{8.3.28}$$

Wir korrigieren die aktuelle Näherungslösung $\mathbf{u}^0$ auf dem feinen Gitter durch

$$\mathbf{u}^1 = \mathbf{u}^0 + \hat{\mathbf{e}}^h. \tag{8.3.29}$$

Obwohl es im allgemeinen unsinnig ist, die Grobgittergleichung (8.3.27) exakt zu lösen, ist diese *Zweigitterprozedur* als theoretisches Modell sehr nützlich. Für unser eindimensionales Modellproblem (vergleiche die ergänzenden Bemerkungen) kann sie detailliert analysiert werden. Wir erwähnen in diesem Zusammenhang kurz einige Ergebnisse dieser Analyse.

Der Anfangsfehler sei in eine Linearkombination

$$\mathbf{e}^0 = \sum_{k=1}^{N} a_k \mathbf{v}_k^h \tag{8.3.30}$$

der Eigenvektoren $\mathbf{v}_k^h$ von A_h entwickelt. Bei Verwendung des mit $\omega = \frac{1}{2}$ gedämpften Jacobi-Verfahrens zur Glättung lautet der Fehler nach der Zweigitterkorrektur

$$\mathbf{e}^1 = \sum_{k=1}^{N} (a_k + a_{N-k+1}) s_k^2 c_k^2 \mathbf{v}_k^h \tag{8.3.31}$$

mit

$$c_k^2 = \cos^2 \frac{k\eta}{2}, \qquad s_k^2 = \sin^2 \frac{k\eta}{2}. \tag{8.3.32}$$

Man beachte, daß in (8.3.19) c_k^2 der Quotient der Eigenwerte von A_h und A_{2h} ist. Wir betrachten nun beispielsweise den Koeffizienten von $\mathbf{v}_1^h$ in (8.3.31). Dieser wird wegen $s_1^2 \doteq 0$ klein sein. Der Term $a_1 s_1^2 c_1^2$ entstammt der Grobgitterkorrektur, der Term $a_N s_1^2 c_1^2$ der Glättung. Daher spielen die beiden Teile des Mehrgitterprozesses, die Glättung und die Grobgitterkorrektur komplementäre Rollen bei der Fehlerreduktion.

Programmiertechnische Aspekte

Wir fahren nun mit einer ausführlicheren Beschreibung des Mehrgitterprozesses für das eindimensionale Modellproblem fort. Insbesondere werden wir die in Abb. 8.3.7 gegebene allgemeine Form des V-Zyklus entwickeln. Wir nehmen $N = 2^{q-1}$ an. Ferner seien die Unbekannten und die rechten Seiten, wie in Abb. 8.3.9 angegeben, in eindimensionalen Feldern gespeichert. Wir betrachten zunächst die Speicherung der Lösungen. Die aktuelle Näherungslösung auf dem feinen Gitter erfordert $2^q - 1$ Speicherworte. Dies sind die am weitesten links stehenden Positionen in Abb. 8.3.9. Die Lösung auf dem nächstfeineren Gitter, der Korrekturvektor $\tilde{\mathbf{e}}_{q-1}$, benötigt $2^{q-1} - 1$ Speicherworte, wie in Abb. 8.3.9

gezeigt. Dies wird bis zum letzten groben Gitter fortgesetzt, welches hier nur noch einen Punkt enthalte. Die rechten Seiten werden entsprechend in einem zweiten eindimensionalen Feld abgespeichert: die rechte Seite **b** der Gleichungen auf dem feinen Gitter erfordert $2^q - 1$ Speicherworte, die rechte Seite $\tilde{\mathbf{r}}_{q-1}$ der Korrekturgleichung auf dem nächstgröberen Gitter benötigt $2^{q-1} - 1$ Worte, und so weiter, bis hinunter zur rechten Seite $\tilde{\mathbf{r}}_1$ auf dem gröbsten Gitter, welche nur ein Wort benötigt.

$2^q - 1$	$2^{q-1} - 1$	$2^{q-2} - 1$	$\cdots$	3	1
q	$q-1$	$q-2$		2	1

Abb. 8.3.9 *Speicherschema für die Lösungen und die rechten Seiten*

Wir beschreiben nun die eigentlichen Rechnungen. Der erste Schritt im V-Zyklus besteht aus Glättungsschritten auf dem feinen Gitter. Im folgenden bezeichnen wir A_h durch A_q, A_{2h} durch A_{q-1}, und so weiter, so daß A_i die Koeffizientenmatrix auf dem i-ten Gitter G_i ist. Wir wählen ein gedämpftes Jacobi-Verfahren zur Glättung. Nach Ausführung eines Glättungsschrittes ausgehend von $\mathbf{u}_q$ erhält man als nächste Näherungslösung

$$\tilde{\mathbf{u}}_q = (1-\omega)\mathbf{u}_q + \omega D_q^{-1} B_q \mathbf{u}_q + \omega D_q^{-1}\mathbf{b}, \tag{8.3.33}$$

wobei $A_q = D_q - B_q$ die Zerlegung von A_q in ihren Diagonal- und Außerdiagonalanteil ist. Der Vektor $\tilde{\mathbf{u}}_q$ überschreibt $\mathbf{u}_q$ im Speicher. Anschließend wird das Residuum

$$\mathbf{r}_q = \mathbf{b} - A_q \tilde{\mathbf{u}}_q \tag{8.3.34}$$

berechnet und auf das Gitter G_{q-1} restringiert:

$$\tilde{\mathbf{r}}_{q-1} = R_q \mathbf{r}_q. \tag{8.3.35}$$

Falls erforderlich, können die Schritte (8.3.34) und (8.3.35) zu

$$\tilde{\mathbf{r}}_{q-1} = R_q(\mathbf{b} - A_q \tilde{\mathbf{u}}_q), \tag{8.3.36}$$

kombiniert werden, und es kann $\tilde{\mathbf{r}}_{q-1}$ unter Verwendung einiger weniger, temporär benötigter Speicherworte berechnet werden. Nach Beendigung von

(8.3.36) wird $\tilde{\mathbf{r}}_{q-1}$ in den zur Ebene $q-1$ gehörigen $2^{q-1}-1$ Speicherworten des Feldes für die rechte Seite gespeichert. Auf Ebene $q-1$ wird dann ein Glättungsschritt auf $A_{q-1}\mathbf{e} = \tilde{\mathbf{r}}_{q-1}$, beginnend mit dem Startvektor Null, ausgeführt, was

$$\mathbf{e}_{q-1} = \omega D_{q-1}^{-1} \tilde{\mathbf{r}}_{q-1} \tag{8.3.37}$$

ergibt. Der Vektor $\mathbf{e}_{q-1}$ wird in den $2^{q-1}-1$ Speicherworten der Ebene $q-1$ des Lösungsvektors gehalten. Das Residuum wird berechnet und restringiert gemäß

$$\tilde{\mathbf{r}}_{q-2} = R_{q-1}\tilde{\mathbf{r}}_{q-1} - R_{q-1}A_{q-1}\mathbf{e}_{q-1}, \tag{8.3.38}$$

und $\tilde{\mathbf{r}}_{q-2}$ wird in den $2^{q-2}-1$ Speicherworten von Ebene $q-2$ des Vektors der rechten Seiten gespeichert. Dieser Prozeß wird auf jeder Ebene wiederholt:

$$\mathbf{e}_i = \omega D_i^{-1} \tilde{\mathbf{r}}_i, \qquad \tilde{\mathbf{r}}_{i-1} = R_i(\tilde{\mathbf{r}}_i - A_i\mathbf{e}_i), \quad i = q-2, \ldots, 2. \tag{8.3.39}$$

Auf der „gröbsten“ Ebene wird die Gleichung $A_1\mathbf{e} = \tilde{\mathbf{r}}_1$ exakt gelöst, und man erhält $\tilde{\mathbf{e}}_1$. An diesem Punkt belegen die aufeinanderfolgenden Lösungen $\mathbf{u}_q, \mathbf{e}_{q-1}, \ldots, \mathbf{e}_2, \mathbf{e}_1$ das Feld mit dem Lösungsvektor. Nun beginnt der ansteigende Teil des V-Zyklus, der auf jeder Ebene $i = 2, \ldots, q-1$ wie folgt geschrieben werden kann:

$$\hat{\mathbf{e}}_i = \mathbf{e}_i + P_i\tilde{\mathbf{e}}_{i-1}, \quad \tilde{\mathbf{e}}_i = (1-\omega)\hat{\mathbf{e}}_i + \omega D_i^{-1}B_i\hat{\mathbf{e}}_i + \omega D^{-1}\tilde{\mathbf{r}}_i \tag{8.3.40}$$

Bei der ersten Rechnung in (8.3.40) wird $\tilde{\mathbf{e}}_{i-1}$ auf Ebene i prolongiert und zum aktuellen Korrekturvektor $\mathbf{e}_i$ addiert, womit $\hat{\mathbf{e}}_i$ erzeugt wird. Dann wird ein Glättungsschritt beginnend mit $\hat{\mathbf{e}}_i$ ausgeführt. Das Ergebnis $\tilde{\mathbf{e}}_i$ ersetzt $\hat{\mathbf{e}}_i$ im Lösungsfeld. Nach Beendigung von (8.3.40) haben wir $\tilde{\mathbf{e}}_{q-1}$ erhalten. Dieser Vektor wird zu $\hat{\mathbf{e}}_q$ prolongiert und zu $\tilde{\mathbf{u}}_q$ addiert. Dies ergibt die neue Näherung auf dem feinen Gitter:

$$\mathbf{u}_q^1 = \tilde{\mathbf{u}}_q + \hat{\mathbf{e}}_q. \tag{8.3.41}$$

Damit ist der V-Zyklus beendet.

Die zwei Felder, die die Lösungen und die rechten Seiten enthalten, erfordern insgesamt einen Speicherplatz im Umfang von

$$2(2^q - 1 + 2^{q-1} - 1 + \cdots + 2^1 - 1) = 2(2^{q+1} - q) \leq 4n \tag{8.3.42}$$

Speicherworten. Für den Glättungsschritt (8.3.40) wird ebenfalls temporärer Speicher benötigt, um die Komponenten von $\tilde{\mathbf{e}}_i$ während ihrer Berechnung abzuspeichern, wie dies bei einer Jacobi-Iteration immer der Fall ist. (Beachte, daß (8.3.37) keinen zusätzlichen Speicher erfordert). Dieser temporäre Speicher kann aus den durch $\tilde{\mathbf{r}}_i$ belegten Komponenten des Feldes der rechten Seiten gebildet werden, so daß über (8.3.42) hinaus kein weiterer Speicher benötigt wird. Für die Jacobi-Iteration bezüglich $A_q\mathbf{u} = \mathbf{b}$ allein würden $3n$ Speicherworte, für die Gauß-Seidel- (oder SOR-)-Iteration $2n$ Worte benötigt. Daher erfordert das Mehrgitterverfahren bei Anwendung auf das eindimensionale Modellproblem nicht mehr als den doppelten Speicherplatz im Vergleich zum verwendeten Grunditerationsverfahren. Für höherdimensionale Probleme verbessert sich die Situation sogar noch. Für die zweidimensionale Poisson-Gleichung erfordert jedes grobe Gitter $\frac{1}{4}$ des Speicherplatzes des nächstfeineren Gitters, in drei Dimensionen wird ein Verhältnis von 2^{-3} erreicht. Allgemein wird für ein d-dimensionales Problem zusätzlicher Speicher im Umfang von

$$\begin{aligned} S_C &= S(2^{-d} + 2^{-2d} + \cdots + 2^{-(q-1)d}) \\ &= \frac{S(2^{-dq} - 1)}{2^{-d} - 1} < \frac{S}{1 - 2^{-d}} \end{aligned} \tag{8.3.43}$$

benötigt, wobei S den Speicherbedarf auf dem feinen Gitter bezeichnet. Für $d = 2$ gilt daher $S_C < \frac{4}{3}S$ und für $d = 3$ gilt $S_C < \frac{8}{7}S$. Das gleiche gilt für den Speicherplatzbedarf der rechten Seiten. Man beachte, daß diese Zahlen nicht die Matrizen A_i einschließen. Für das Poisson-Modellproblem in einer beliebigen Anzahl von Dimensionen wird für diese Matrizen kein zusätzlicher Speicherplatz benötigt. Für allgemeinere Probleme ist zusätzlicher Speicherplatz erforderlich, jedoch ist der insgesamt für die Matrizen $A_1, \ldots, A_{q-1}$ auf den groben Gittern benötigte zusätzliche Platz üblicherweise kleiner als derjenige für A_q selbst.

Ähnliches ist für die Rechenarbeit zu beobachten. Es ist üblich, diese in *Arbeitseinheiten* W auszudrücken, die als die Kosten einer Residuumsberechnung (oder eines Relaxationsschrittes, der etwa die gleiche Arbeit erfordert) auf dem feinen Gitter definiert ist. Die Arbeit auf jedem Gitter ist grob gerechnet proportional zur Anzahl der Unbekannten, so daß für ein d-dimensionales Problem auf jeder Ebene der 2^{-d}-fache Aufwand im Vergleich zum nächstfeineren Gitter zu leisten ist. Der Gesamtaufwand beträgt daher näherungsweise

$$[2 + 3(2^{-d} + \cdots + 2^{-(q-1)d})]W = [2 + \frac{3(2^{-dq} - 1)}{2^{-d} - 1}]W. \tag{8.3.44}$$

Dieser Ausdruck steht in Analogie zu (8.3.43). Der Faktor 3 in (8.3.44) drückt die Tatsache aus, daß auf jedem groben Gitter zwei Relaxationsschritte und eine Auswertung des Residuums vorzunehmen sind, während auf dem feinsten Gitter ein Relaxationsschritt und eine Auswertung des Residuums erfolgen. Für $d = 1$ beträgt (8.3.44) näherungsweise $8W$, während für $d = 2$ und 3 die Werte 6 beziehungsweise 5 lauten.

Ein paralleler Mehrgitteralgorithmus

Wir überlegen nun, wie der Mehrgitter-V-Zyklus auf einem Parallelrechner ausgeführt werden kann. Konkret nehmen wir einen Rechner mit verteiltem Speicher an, aber viele Überlegungen gelten auch für Rechner mit gemeinsamem Speicher. Wir konzentrieren uns wieder auf das eindimensionale Problem, wobei wir jedoch Bemerkungen zu allgemeineren Problemstellungen einfügen.

$$\boxed{\cdot\cdot\cdot\cdot\cdot E\cdot} \longleftrightarrow \boxed{\cdot E\cdot\cdot\cdot\cdot E} \longleftrightarrow \boxed{\cdot E\cdot\cdot\cdot\cdot}$$
$$P_1 \qquad\qquad P_2 \qquad\qquad P_3$$

Abb. 8.3.10 *Kommunikation der Randpunkte*

Wir nehmen an, daß die Unbekannten auf dem feinen Gitter wie in Abb. 8.3.10 angegeben als lineares Feld auf p Prozessoren verteilt werden. Der Speicher jedes Prozessors hält auch die Werte auf dem groben Gitter, die seinem Anteil am feinen Gitter entsprechen. Daher werden die in Abb. 8.3.9 gezeigten Felder für die Lösungen und die rechten Seiten über die Prozessoren verteilt. Beispielsweise erhält Prozessor 1 etwa den p -ten Teil der Lösungsvektoren auf allen Ebenen, der nächste p-te Teil liegt in Prozessor 2, und so weiter. Analog werden die rechten Seiten verteilt. Wir nehmen weiter an, daß das feine Gitter aus $N = 2^q - 1$ Gitterpunkten besteht. Diese Anzahl kann nicht gleichmäßig auf die Prozessoren verteilt werden. Im Beispiel $N = 2047$ ($q = 11$) und $p = 32$ erhalten alle Prozessoren bis auf den letzten 64 Unbekannte des feinen Gitters, während der letzte Prozessor nur 63 erhält. Somit besteht ein leichtes Ungleichgewicht. Eine ähnliche Situation ergibt sich auf den gröberen Gittern, mit Ausnahme der gröbsten Gitter. Wieder für das Beispiel von 32 Prozessoren betrachten wir das Gitter, welches nur 31 Punkte enthält. Jeder Prozessor bis auf den letzten enthält einen Punkt. Das nächstgröbere Gitter besteht dann aus 15 Punkten, die den Prozessoren 2, 4, ..., 30 zugeordnet werden. Die Verteilung der Punkte auf die Prozessoren bei weiterer Vergröberung ist in Abb. 8.3.11 dargestellt.

31 Gitterpunkte: Prozessor 1, 2, 3, ..., 31
15 Gitterpunkte: Prozessor 2, 4, ..., 30
7 Gitterpunkte: Prozessor 4, 8, ..., 28
3 Gitterpunkte: Prozessor 8, 16, 24
1 Gitterpunkt: Prozessor 16

Abb. 8.3.11 *Verteilung grober Gitter auf die Prozessoren*

Wir betrachten nun die Rechenschritte. Der Glättungsschritt (8.3.33) wird von jedem Prozessor auf den ihm zugeordneten Unbekannten ausgeführt. Wie in Abschnitt 8.1 diskutiert, ist die Jacobi-Iteration vollständig parallel, was durch den Unterrelaxationsfaktor ω nicht geändert wird. Es ist jedoch Kommunikation erforderlich: Die Unbekannten an den Rändern benötigen, wie in Abb. 8.3.10 gezeigt, Daten von einem Nachbarprozessor. Es ist aber nur die Kommunikation zwischen nächsten Nachbarn erforderlich, und für ein eindimensionales Problem ist ein lineares Feld angemessen. Für zwei- und dreidimensionale Problems sind gittergekoppelte Prozessorfelder geeignet.

Auf den Glättungsschritt folgt die Berechnung des Residuums (8.3.34). Hier erfordert die Multiplikation $A_q\tilde{\mathbf{u}}_q$ einen Austausch von Werten an den Rändern zwischen Nachbarprozessoren. Diese Werte sind durch den vorangehenden Glättungsschritt modifiziert worden. Die beste Strategie besteht darin, diese Werte vor der Glättung der Unbekannten auf dem Inneren des Gitters zu glätten und zu versenden. Die zur Berechnung des Residuums benötigten Werte an den Rändern sind daher mit minimaler Verzögerung verfügbar. Diese Berechne-und-sende-sobald-als-möglich-Strategie sollte im gesamten Mehrgitterprozeß angewendet werden, wo immer dies möglich ist. Die Restriktionsoperation (8.3.35) erfordert keine Kommunikation von Werten an den Rändern bei Anwendung der Injektion. Kommunikationsbedarf besteht jedoch bei Anwendung der vollständigen Gewichtung. Wir durch (8.3.36) angegeben, kann die Berechnung des Residuums mit der Restriktion kombiniert werden, wenn die gesonderte Speicherung des Residuums nicht gewünscht wird.

Analoge Betrachtungen gelten für alle Ebenen, bis die gröbsten Ebenen erreicht sind. Letztere werden in Kürze diskutiert. Beim „Rückweg“ im V-Zyklus werden die Rechnungen (8.3.40) benötigt. Die Prolongation ähnelt der Restriktion mit voller Gewichtung, bei der der Austausch von randnahen Werten erforderlich ist. Interpolieren wir beispielsweise den rechten Randpunkt in Prozessor P_1, so muß der Wert $\tilde{\mathbf{e}}_{i-1}$ am linken Randpunkt in Prozessor P_2 versandt werden. Die benötigten Randpunkte sollten so schnell wie möglich versandt werden.

Wir betrachten nun die gröbsten Gitter und nehmen als Beispiel wieder 32 Prozessoren und $N = 2047$ an. Wie oben diskutiert, enthält für den Fall des groben Gitters mit 31 Punkten jeder Prozessor bis auf den letzten Information über genau einen Gitterpunkt. An den Glättungs- und Restriktionsschritten (8.3.37) und (8.3.38) sind 31 Prozessoren beteiligt, auf dem nächstgröberen Gitter werden jedoch nur 15 Prozessoren benötigt, und so weiter, bis schließlich auf dem gröbsten Gitter nur noch ein Prozessor aktiv ist. Auch die Lastverteilung wird mit abnehmender Anzahl aktiver Prozessoren schlechter. Eine weitere Ineffizienz ist mit der geringen Arbeitslast auch auf den aktiven Prozessoren begründet, so daß die Berechne-und-sende-sobald-als-möglich-Startegie nicht länger sinnvoll ist. Ähnliche Betrachtungen gelten, wenn wir vom gröbsten Gitter zum V-Zyklus zurückkehren.

Auf den gröbsten Gittern bieten sich zwei natürliche Alternativen an. Die eine besteht in der exakten Lösung der Grobgittergleichungen mit einem direkten Verfahren, wenn die Anzahl der Gitterpunkte auf einem groben Gitter unter die Anzahl der Prozessoren fällt. Ein mögliches direktes Verfahren ist die Zyklische Reduktion, die jedoch unter der gleichen Verringerung der Anzahl aktiver Prozessoren leidet wie das Mehrgitterverfahren. Die andere Alternative besteht in der Ausführung mehrerer Glättungsschritte auf dem groben Gitter, auf dem die Anzahl der Gitterpunkte ungefähr mit der Anzahl an Prozessoren übereinstimmt. Die Idee besteht hier darin, mit dem Relaxationsverfahren eine Näherungslösung für diese Grobgittergleichungen zu gewinnen. Wenn wir dies jedoch auch noch auf der Ebene tun, auf der jedem Prozessor höchstens ein Gitterpunkt zugeordnet ist, werden die Glättungsschritte von der Kommunikation dominiert, und es kann besser sein, den V-Zyklus früher zu beenden, so daß hinreichend viel Rechenarbeit zu leisten ist, die die Kommunikationskosten amortisiert.

Verwendung der Gauß-Seidel-Iteration zur Glättung

Die vorangehende Diskussion beruhte auf einer gedämpften Jacobi-Iteration als Glätter, jedoch wird hierzu in der Praxis üblicherweise die Gauß-Seidel-Iteration angewendet. Es lohnt nicht, ein SOR-Verfahren mit ($\omega > 1$) oder sogar ein gedämpftes Gauß-Seidel-Verfahren mit ($\omega < 1$) als Glätter einzusetzen. Für die parallele Implementierung wenden wir die Rot-Schwarz-Anordnung oder, wenn erforderlich, ein Mehrfarbenschema an. Die Gauß-Seidel-Iteration kann wie in Abschnitt 8.2 beschrieben implementiert werden; die übrigen Teile des Mehrgitteralgorithmus ändern sich nicht. Ein bemerkenswerter Aspekt des Rot-Schwarz-Schemas ist die Tatsache, daß sich in der numerischen Praxis gezeigt hat, daß diese Anordnung sogar auf seriellen Maschinen leichte Vorteile gegenüber der natürlichen Ordnung besitzt.

Ergänzende Bemerkungen und Literaturhinweise zu Abschnitt 8.3

Das Mehrgitterverfahren ist in den letzten 15 Jahren immer beliebter geworden und auf die verschiedensten Probleme angewendet worden. Als Einführung in Mehrgitterverfahren sei Briggs [1987] empfohlen. Hinsichtlich einer weiterführenden Diskussion sei auf Hackbusch [1985] verwiesen. Diese Referenz enthält insbesondere die Analyse des Zweigitterverfahrens, welches zu (8.3.31) führt.

Übungsaufgaben zu Abschnitt 8.3

8.3.1. Man zeige für den in Abb. 8.3.5 illustrierten Fall $N = 5$, daß die Interpolationsformel (8.3.4) in der Form (8.3.5) geschrieben werden kann.

8.3.2. Man zeige, daß (8.3.8) die Eigenwerte von A_h angibt.

8.3.3. Man zeige, daß Abb. 8.3.8 die Eigenwerte (8.3.16) der Matrix J_ω aus (8.3.15) darstellt.

8.3.4. Man weise die Beziehungen (8.3.17)-(8.3.20) nach.

8.3.5. Man beweise die Beziehung (8.3.26).

8.3.6. Es sei A_h symmetrisch und positiv definit. Die Matrix A_{2h} sei durch (8.3.26) mit Matrizen R und P mit vollem Rang definiert, die der Beziehung (8.3.25) genügen. Man zeige, daß A_{2h} symmetrisch und positiv definit ist.

9 Verfahren der konjugierten Gradienten

9.1 Das Verfahren der konjugierten Gradienten

Minimierungsverfahren

Eine große Anzahl von iterativen Verfahren zur Lösung linearer Gleichungssysteme können als Minimierungsverfahren abgeleitet werden. Für symmetrische, positiv definite Matrizen A hat die quadratische Form

$$q(\mathbf{x}) = \tfrac{1}{2}\mathbf{x}^T A\mathbf{x} - \mathbf{x}^T\mathbf{b} + c \tag{9.1.1}$$

die Lösung von $A\mathbf{x} = \mathbf{b}$ als eindeutig bestimmtes Minimum (Aufgabe 9.1.1). Daher sind Verfahren zur Minimierung von (9.1.1) auch Verfahren zur Lösung von $A\mathbf{x} = \mathbf{b}$.

Viele Minimierungsverfahren für (9.1.1) können in der Form

$$\mathbf{x}_{k+1} = \mathbf{x}_k - \alpha_k \mathbf{p}_k, \qquad k = 0, 1, \dots , \tag{9.1.2}$$

geschrieben werden. (In diesem Kapitel kennzeichnen wir die Iterationszahl durch untere Indizes, da wir häufig transponierte Matrizen verwenden.) Ist der *Richtungsvektor* $\mathbf{p}_k$ gegeben, so besteht ein Weg zur Wahl des Skalars α_k in der Minimierung von q entlang $\mathbf{x}_k - \alpha\mathbf{p}_k$, so daß

$$q(\mathbf{x}_k - \alpha_k\mathbf{p}_k) = \min_{\alpha} q(\mathbf{x}_k - \alpha\mathbf{p}_k) \tag{9.1.3}$$

gilt. Für feste $\mathbf{x}_k$ und $\mathbf{p}_k$ ist $q(\mathbf{x}_k - \alpha\mathbf{p}_k)$ eine quadratische Funktion von α und kann explizit minimiert werden (Aufgabe 9.1.2). Dies ergibt

$$\alpha_k = -(\mathbf{p}_k, \mathbf{r}_k)/(\mathbf{p}_k, A\mathbf{p}_k), \tag{9.1.4}$$

wobei $\mathbf{r}_k = \mathbf{b} - A\mathbf{x}_k$ gilt. In (9.1.4) und in der Folge verwenden wir die Bezeichnungsweise $(\mathbf{u}, \mathbf{v})$ zur Kennzeichnung des Skalarproduktes $\mathbf{u}^T\mathbf{v}$.

Obwohl es viele andere Möglichkeiten zur Wahl der α_k gibt, werden wir nur (9.1.4) verwenden und uns auf verschiedene Wahlen der Richtungsvektoren $\mathbf{p}_k$

konzentrieren. Eine einfache Wahl lautet $\mathbf{p}_k = \mathbf{r}_k$. Diese führt zum *Verfahren des steilsten Abstiegs*:

$$\mathbf{x}_{k+1} = \mathbf{x}_k - \alpha_k(\mathbf{b} - A\mathbf{x}_k), \qquad k = 0, 1, \ldots , \tag{9.1.5}$$

welches auch unter dem Namen *Richardson-Verfahren* bekannt und eng mit dem Jacobi-Verfahren verwandt ist (Aufgabe 9.1.3). Wie das Jacobi-Verfahren konvergiert (9.1.5) im allgemeinen sehr langsam.

Eine andere einfache Strategie besteht in der Definition von $\mathbf{p}_k$ als einen der Einheitsvektoren $\mathbf{e}_i$, in dessen Komponente i eine Eins und sonst Null steht. Falls $\mathbf{p}_0 = \mathbf{e}_1, \mathbf{p}_1 = \mathbf{e}_2, \ldots, \mathbf{p}_{n-1} = \mathbf{e}_n$ und die α_k gemäß (9.1.4) gewählt werden, dann sind n Schritte von (9.1.2) zu einem Gauß-Seidel-Iterationsschritt für das System $A\mathbf{x} = \mathbf{b}$ äquivalent. (Aufgabe 9.1.4). Im Kontext der Minimierung ist das Gauß-Seidel-Verfahren manchmal auch als Verfahren der *„univariaten" Relaxation* bekannt, da in jedem Schritt (9.1.2) nur jeweils eine einzige Variable modifiziert wird, wenn $\mathbf{p}_k$ eine der Richtungen $\mathbf{e}_i$ ist.

Bei jedem Verfahren der Form (9.1.2) kann dem Minimierungsprinzip ein Relaxationsparameter ω hinzugefügt werden, so daß α_k als

$$\alpha_k = \omega\hat{\alpha}_k \tag{9.1.6}$$

gewählt wird, wobei $\hat{\alpha}_k$ nun derjenige Wert von α ist, der q in der Richtung $\mathbf{p}_k$ minimiert. Dies ist in Abb. 9.1.1 für ein $\omega > 1$ illustriert. Für $\omega \neq 1$ ist $\mathbf{x}_{k+1}$ nicht mehr das Minimum von q in der Richtung $\mathbf{p}_k$.

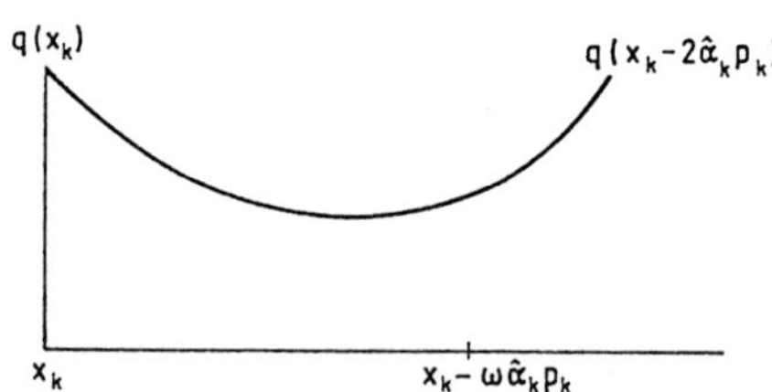

Abb. 9.1.1 *Überrelaxation*

Aus Abb. 9.1.1 wird ersichtlich, daß für $\omega > 0$ die Ungleichung $q(\mathbf{x}_k - \omega\hat{\alpha}_k\mathbf{p}_k) < q(\mathbf{x}_k)$ solange gilt, bis ein Wert von ω_0 mit $q(\mathbf{x}_k - \omega_0\hat{\alpha}_k\mathbf{p}_k) = q(\mathbf{x}_k)$ erreicht wird. Aufgrund der Symmetrie einer quadratischen Funktion in einer Variablen relativ zu ihrem Minimum folgt, daß $\omega_0 = 2$ sein muß, was in der Abbildung illustriert wird. Daher gilt $q(\mathbf{x}_{k+1}) < q(\mathbf{x}_k)$ für $0 < \omega < 2$ und $q(\mathbf{x}_{k+1}) \geq q(\mathbf{x}_k)$ andernfalls (Aufgabe 9.1.5). Diese für $0 < \omega < 2$ bestehende Ungleichung ist die Basis für Satz 8.1.4 bezüglich der Konvergenz des SOR-Verfahrens.

Verfahren der konjugierten Richtungen

Eine sehr interessante und wichtige Klasse von Verfahren, Verfahren der *konjugierten Richtungen* genannt, entsteht, wenn n Richtungsvektoren $\mathbf{p}_0, \ldots, \mathbf{p}_{n-1}$ ungleich dem Nullvektor verwendet werden, die der Gleichung

$$\mathbf{p}_i^T A \mathbf{p}_j = 0, \qquad i \neq j, \tag{9.1.7}$$

genügen. Diese Vektoren sind orthogonal bezüglich des Skalarproduktes $(\mathbf{x}, \mathbf{y})_A = \mathbf{x}^T A \mathbf{y}$ und mittels A definiert, weswegen sie auch als *A-orthogonal* oder auch als *konjugiert* relativ zu A bezeichnet werden.

Die grundlegenden Eigenschaften von Verfahren der konjugierten Richtungen werden in der folgenden Aussage zusammengefaßt.

SATZ 9.1.1. *Wenn A eine reelle, positiv definite $n \times n$-Matrix ist und alle $\mathbf{p}_0, \ldots, \mathbf{p}_{n-1}$ ungleich dem Nullvektor sind sowie (9.1.7) genügen, dann konvergieren für jeden Startvektor $\mathbf{x}_0$ die Iterierten (9.1.2) gegen die Lösung von $A\mathbf{x} = \mathbf{b}$ in nicht mehr als n Schritten, wobei die α_k gemäß (9.1.4) gewählt werden.*

Man beachte, daß Satz 9.1.1 nicht nur die Konvergenz der Iterierten garantiert, sondern daß dies unter Annahme der Rundungsfehlerfreiheit in einer endlichen Anzahl von Schritten geschieht. Verfahren der konjugierten Richtungen sind daher in Wirklichkeit direkte Verfahren. Ihr Nutzen liegt jedoch in der Betrachtung als iterative Verfahren, wie wir in Kürze sehen werden. Um zu erkennen, warum Satz 9.1.1 gültig ist, legen wir zunächst die quadratische Funktion

$$q(\mathbf{x}) = \frac{1}{2} \sum_{i=1}^{n} a_{ii} x_i^2 - \mathbf{b}^T \mathbf{x} + c \tag{9.1.8}$$

zugrunde, in der A eine Diagonalmatrix ist. Es ist einfach zu sehen (Aufgabe 9.1.6), daß univariate Relaxation die Funktion (9.1.8) in n Schritten minimiert. Jedoch bilden $\mathbf{e}_1, \ldots, \mathbf{e}_n$ bezüglich einer Diagonalmatrix eine Menge konjugierter Richtungen, so daß in diesem Falle univariate Relaxation zu demjenigen Verfahren der konjugierten Richtungen äquivalent ist, in dem $\mathbf{p}_{i-1} = \mathbf{e}_i, i = 1, \ldots, n$, gewählt wird.

Stellt im allgemeinen Fall P die Matrix mit den Spalten $\mathbf{p}_0, \ldots, \mathbf{p}_{n-1}$ dar, dann ist (9.1.7) mit $P^T AP = D$ gleichbedeutend, wobei D eine Diagonalmatrix ist. Mit dem Variablentausch $\mathbf{x} = P\mathbf{y}$ geht die quadratische Form (9.1.1) in

$$\frac{1}{2}(P\mathbf{y})^T AP\mathbf{y} - \mathbf{b}^T P\mathbf{y} + c = \frac{1}{2}\mathbf{y}^T D\mathbf{y} - (P^T\mathbf{b})^T\mathbf{y} + c \tag{9.1.9}$$

über und besitzt daher in den $\mathbf{y}$-Variablen die Gestalt (9.1.8). Es ist leicht nachzuvollziehen, daß das Verfahren der konjugierten Richtungen in den ursprünglichen $\mathbf{x}$-Variablen äquivalent zur univariaten Relaxation in den $\mathbf{y}$-Variablen ist (Aufgabe 9.1.7), und aus der vorangehenden Diskussion folgt, daß die quadratische Form in höchstens n Schritten minimiert wird. Der Beweis von Satz 9.1.1 kann auch direkt geführt werden (Aufgabe 9.1.8).

Um ein Verfahren der konjugierten Richtungen anwenden zu können, müssen natürlich die Vektoren $\mathbf{p}_j$ bekannt sein, die (9.1.7) erfüllen. Ein klassischer Satz von konjugierten Vektoren besteht aus den Eigenvektoren von A. Wenn $\mathbf{x}_1, \ldots, \mathbf{x}_n$ genau n orthogonale Eigenvektoren mit entsprechenden Eigenwerten $\lambda_1, \ldots, \lambda_n$ sind, dann gilt

$$\mathbf{x}_i^T A\mathbf{x}_j = \lambda_j \mathbf{x}_i^T \mathbf{x}_j = 0, \qquad i \neq j,$$

so daß die $\mathbf{x}_i$ konjugiert bezüglich A sind. Dies liefert jedoch keinen praktikablen Zugang zu einem Verfahren der konjugierten Richtungen, da die Bestimmung der Eigenvektoren von A ein wesentlich aufwendigeres Problem als die Lösung eines linearen Gleichungssystems ist. Eine andere Möglichkeit besteht in der Orthogonalisierung beliebiger linear unabhängiger Vektoren $\mathbf{y}_1, \ldots, \mathbf{y}_n$ bezüglich des Skalarproduktes $(\mathbf{x}, \mathbf{y})_A = \mathbf{x}^T A\mathbf{y}$. Dies ist jedoch zu aufwendig.

Das Verfahren der konjugierten Gradienten

Der effizienteste Weg zur Bestimmung eines Satzes konjugierter Vektoren, die bei der Lösung von $A\mathbf{x} = \mathbf{b}$ verwendet werden sollen, ist im allgemeinen das *Verfahren der konjugierten Gradienten*, bei dem derartige Vektoren simultan mit der Herleitung des Verfahrens der konjugierten Richtungen erzeugt werden. Der Basisalgorithmus ist in Abb. 9.1.2 angegeben, in dem $\mathbf{r}_k = \mathbf{b} - A\mathbf{x}_k$ das Residuum im k-ten Schritt bedeutet.

In (9.1.10a) und (9.1.10e) haben wir zwei äquivalente Formen für α_k und β_k angegeben. Die zweite Form von α_k ist (9.1.4), und die zweite Form von β_k entsteht aus der Bedingung, daß $\mathbf{p}_{k+1}$ A-orthogonal zu $\mathbf{p}_k$ ist. Die jeweils ersten Formen sind am besten für die praktische Rechnung geeignet, da nur die Skalarprodukte $(\mathbf{r}_k, \mathbf{r}_k)$ und $(\mathbf{p}_k, A\mathbf{p}_k)$ benötigt werden.

Wähle $\mathbf{x}_0$, setze $\mathbf{p}_0 = \mathbf{r}_0 = \mathbf{b} - A\mathbf{x}_0$.	
For $k = 0, 1, \ldots$	
$\alpha_k = -(\mathbf{r}_k, \mathbf{r}_k)/(\mathbf{p}_k, A\mathbf{p}_k) \quad (= -(\mathbf{p}_k, \mathbf{r}_k)/(\mathbf{p}_k, A\mathbf{p}_k))$	(9.1.10a)
$\mathbf{x}_{k+1} = \mathbf{x}_k - \alpha_k \mathbf{p}_k$	(9.1.10b)
$\mathbf{r}_{k+1} = \mathbf{r}_k + \alpha_k A\mathbf{p}_k$	(9.1.10c)
if $\\|\mathbf{r}_{k+1}\\|_2^2 < \varepsilon$ stop	(9.1.10d)
$\beta_k = (\mathbf{r}_{k+1}, \mathbf{r}_{k+1})/(\mathbf{r}_k, \mathbf{r}_k) \quad (= -(\mathbf{p}_k, A\mathbf{r}_{k+1})/(\mathbf{p}_k, A\mathbf{p}_k))$	(9.1.10e)
$\mathbf{p}_{k+1} = \mathbf{r}_{k+1} + \beta_k \mathbf{p}_k$	(9.1.10f)

Abb. 9.1.2 *Algorithmus für das Verfahren der konjugierten Gradienten*

Gemäß Schritt (9.1.10c) wird das nächste Residuum vorteilhafter rekursiv als direkt unter Ausnutzung des Zusammenhangs

$$\mathbf{r}_{k+1} = \mathbf{b} - A\mathbf{x}_{k+1} = \mathbf{b} - A(\mathbf{x}_k - \alpha_k \mathbf{p}_k)$$

berechnet. Da $A\mathbf{p}_k$ bereits bekannt ist, erspart dies die Multiplikation $A\mathbf{x}_{k+1}$.

In (9.1.10d) haben wir einen von vielen möglichen Konvergenztests verwendet. Der Vorteil von (9.1.10d) besteht darin, daß praktisch keine zusätzliche Arbeit erforderlich ist, da $(\mathbf{r}_{k+1}, \mathbf{r}_{k+1})$ im nächsten Schritt benötigt wird, wenn keine Konvergenz eingetreten ist. Im Vergleich hierzu erfordert ein Test von $\|\mathbf{x}_{k+1} - \mathbf{x}_k\| = \|\alpha_k \mathbf{p}_k\|$ die Aufteilung der axpy-Operation in (9.1.10b) sowie eine separate Kommunikation der Norm. In vielen Fällen normalisieren wir den Konvergenztest durch $\|\mathbf{r}_{k+1}\|^2 < \varepsilon \|\mathbf{r}_0\|_2^2$ oder $\|\mathbf{r}_{k+1}\|_2^2 < \varepsilon \|\mathbf{b}\|_2^2$.

In den letzten beiden Schritten von (9.1.10) wird der neue Richtungsvektor berechnet. Der nächste Satz, den wir ohne Beweis formulieren, garantiert, daß diese Richtungsvektoren in der Tat orthogonal sind.

SATZ 9.1.2. *Es sei A eine symmetrische und positiv definite $n \times n$-Matrix, und $\hat{\mathbf{x}}$ sei die Lösung von $A\mathbf{x} = \mathbf{b}$. Dann sind die durch (9.1.10f) erzeugten Vektoren $\mathbf{p}_k$ konjugiert mit $\mathbf{p}_k \neq 0$, wenn nicht $\mathbf{x}_k = \hat{\mathbf{x}}$ gilt. Daher gilt $\mathbf{x}_m = \hat{\mathbf{x}}$ für ein gewisses $m \leq n$.*

Wie in Satz 9.1.2 angegeben, ist es möglich, daß eine Iterierte $\mathbf{x}_k$ des Verfahrens der konjuguierten Gradienten (oft abkürzend als CG-Verfahren bezeichnet, wobei CG für „conjugate gradients“ steht) mit der Lösung übereinstimmt, bevor $k = n$ gilt. Zwei wichtige Fälle, in denen dies gelten muß, sind im folgenden Satz angegeben.

SATZ 9.1.3. *Die Iterierten des Verfahrens der konjuguierten Gradienten konvergieren gegen die Lösung in nicht mehr als m Schritten, wenn eine der beiden folgenden Bedingungen gilt:*

a) $\mathbf{p}_0 = \mathbf{r}_0$ *ist eine Linearkombination von m Eigenvektoren von A.*

b) A besitzt nur m unterschiedliche Eigenwerte.

Wir werden zeigen, daß Satz 9.1.3 im Falle $m = 1$ gilt. Die Erweiterung auf allgemeines m ist Aufgabe 9.1.10 vorbehalten. Falls $\mathbf{p}_0 = \mathbf{r}_0$ ein Eigenvektor von A ist, so gilt $A\mathbf{p}_0 = \lambda\mathbf{p}_0$ und $A^{-1}\mathbf{p}_0 = \lambda^{-1}\mathbf{p}_0$. Wegen $A\hat{\mathbf{x}} - A\mathbf{x}_0 = \mathbf{r}_0$ erfüllt der Fehler die Gleichung

$$\hat{\mathbf{x}} - \mathbf{x}_0 = A^{-1}\mathbf{r}_0 = \lambda^{-1}\mathbf{p}_0.$$

Der Fehler liegt daher in der Richtung $\mathbf{p}_0$, so daß der erste CG-Schritt, der den Fehler in dieser Richtung minimiert, bereits exakt mit der Lösung übereinstimmt. Besitzt A nur einen einzigen, dann natürlich n-fachen Eigenwert λ und ist $\mathbf{p}_0 = \mathbf{r}_0$ eine beliebige Linearkombination von Eigenvektoren von A, dann gilt $A\mathbf{p}_0 = \lambda\mathbf{p}_0$, so daß das obige Argument ebenfalls anwendbar ist.

Krylov-Unterräume und Fehlerabschätzungen

Eine wichtige Eigenschaft des CG-Verfahrens ist im folgenden Satz ohne Beweis angegeben. Es sei daran erinnert, daß gemäß Kapitel 2 die Gleichung $\|\mathbf{y}\|_A^2 = \mathbf{y}^T A\mathbf{y}$ gilt und daß $\operatorname{span}(\mathbf{y}_1, \ldots, \mathbf{y}_m)$ die Menge aller Linearkombinationen von $\mathbf{y}_1, \ldots, \mathbf{y}_m$ bezeichnet.

SATZ 9.1.4. *Die k-te Iterierte $\mathbf{x}_k$ des CG-Verfahrens minimiert $\|\hat{\mathbf{x}} - \mathbf{x}\|_A$ auf*

$$S_{k-1} = \mathbf{x}_0 + \operatorname{span}(\mathbf{p}_0, A\mathbf{p}_0, \ldots, A^{k-1}\mathbf{p}_0). \tag{9.1.11}$$

Ein Unterraum, der wie in (9.1.11) durch Potenzen einer Matrix erzeugt wird, die alle auf einem einzigen Vektor angewendet werden, heißt *Krylov-Unterraum.*

Solche Unterräume sind für die Untersuchung vieler Iterationsverfahren, insbesondere von CG-Verfahren, sehr wichtig. Die Schreibweise „Vektor + Unterraum" in (9.1.11) bezeichnet einen *affinen* Unterraum, dessen Elemente die Gestalt

$$\mathbf{x}_0 + \sum_{i=0}^{k-1} \eta_i A^i \mathbf{p}_0 \tag{9.1.12}$$

besitzen.

Es kann nun Satz 9.1.4 angewendet werden. Die in seinem Beweis durchgeführte Analyse zeigt, daß der Fehler der k-ten CG-Iterierten der Ungleichung

$$\|\hat{\mathbf{x}} - \mathbf{x}_k\|_A \le 2\gamma^k \|\hat{\mathbf{x}} - \mathbf{x}_0\|_A \tag{9.1.13}$$

mit

$$\gamma = (\sqrt{\kappa} - 1)/(\sqrt{\kappa} + 1) \tag{9.1.14}$$

und $\kappa = \|A\|_2 \|A^{-1}\|_2$ als l_2-Konditionszahl von A genügt. Um (9.1.13) in der l_2-Norm auszudrücken, erinnern wir zunächst daran, daß (siehe Kapitel 2) $\kappa = \lambda_n/\lambda_1$ sowie $\lambda_n = \|A\|_2, \lambda_1^{-1} = \|A^{-1}\|_2$ gelten, wobei λ_1 und λ_n der kleinste beziehungsweise größte Eigenwert von A ist. Aus (2.2.13) folgt dann

$$\|\mathbf{x}\|_2^2 / \|A^{-1}\|_2 = \lambda_1 \mathbf{x}^T \mathbf{x} \le \mathbf{x}^T A \mathbf{x} \le \lambda_n \mathbf{x}^T \mathbf{x} = \|A\|_2 \|\mathbf{x}\|_2^2.$$

Die Anwendung von (9.1.13) führt zu

$$\begin{aligned} \|\hat{\mathbf{x}} - \mathbf{x}_k\|_2^2 &\le \|A^{-1}\|_2 \|\hat{\mathbf{x}} - \mathbf{x}_k\|_A^2 \le (2\gamma^k)^2 \|A^{-1}\|_2 \|\hat{\mathbf{x}} - \mathbf{x}_0\|_A^2 \\ &\le (2\gamma^k)^2 \|A^{-1}\|_2 \|A\|_2 \|\hat{\mathbf{x}} - \mathbf{x}_0\|_2^2 \end{aligned}$$

oder

$$\|\hat{\mathbf{x}} - \mathbf{x}_k\|_2 \le 2\sqrt{\kappa}\gamma^k \|\hat{\mathbf{x}} - \mathbf{x}_0\|_2. \tag{9.1.15}$$

Wegen $\gamma < 1$ nimmt die rechte Seite von (9.1.15) mit wachsendem k ab. Dies bedeutet nicht notwendig, daß die Fehler selbst in jedem Schritt abnehmen. Der nächste Satz beinhaltet, daß diese wichtige Eigenschaft tatsächlich gegeben ist.

SATZ 9.1.5. *Solange nicht die Gleichung* $\mathbf{x}_{k-1} = \hat{\mathbf{x}}$ *besteht, gilt für die Iterierten des CG-Verfahrens*

$$\|\hat{\mathbf{x}} - \mathbf{x}_k\|_2 < \|\hat{\mathbf{x}} - \mathbf{x}_{k-1}\|_2. \tag{9.1.16}$$

Parallel- und Vektorimplementierung

Die rechnerische Aufwand des CG-Verfahrens besteht hauptsächlich in der Auswertung von $A\mathbf{p}_k$, den Skalarprodukten $(\mathbf{r}_k, \mathbf{r}_k)$ and $(\mathbf{p}_k, A\mathbf{p}_k)$ und drei axpy-Operationen, um $\mathbf{x}_{k+1}, \mathbf{r}_{k+1}$ und $\mathbf{p}_{k+1}$ zu erhalten. Für jedes realistische Problem wird die Auswertung von $A\mathbf{p}_k$ dominant, und die effiziente Durchführung dieser Berechnung ist ein kritischer Punkt. Wenn A beispielsweise eine diagonal dünnbesetzte Matrix ist, so kann A auf Vektorrechnern nach Diagonalen abgespeichert und die Matrix-Vektormultiplikation nach Diagonalen aus Abschnitt 3.3 angewendet werden. Auf Parallelrechnern mit verteiltem Speicher bestimmt die Zuordnung der Komponenten $\mathbf{x}_k$ auf die Prozessoren auch die Verteilung der $\mathbf{p}_k$ und $\mathbf{r}_k$. Für die diskrete Poisson-Gleichung beispielsweise zieht die Zuordnung eines Gitterpunktes zu einem Prozessor die Zuordnung der zu diesem Gitterpunkt gehörigen Komponenten von $\mathbf{x}_k, \mathbf{p}_k$ und $\mathbf{r}_k$ zu demselben Prozessor nach sich. Die Multiplikation $A\mathbf{p}_k$ kann dann exakt wie für das Jacobi-Verfahren in Abschnitt 8.2 beschrieben ausgeführt werden, wobei nun die $\mathbf{p}_k$ die Rolle der Unbekannten spielen. Die Skalarprodukte werden mittels eines Fan-In ausgeführt. Danach müssen α_k und β_k mittels eines Broadcast-Befehls an alle anderen Prozessoren gesandt werden. Die axpy-Operationen für $\mathbf{x}_{k+1}, \mathbf{p}_{k+1}$ und $\mathbf{r}_{k+1}$ sind besonders effizient, da jeder Prozessor genau die ihm zugeordneten Komponenten aktualisiert, so daß keine Kommunikation erforderlich wird. Der entscheidende Gesichtspunkt für eine effiziente Implementierung des CG-Verfahrens auf Parallelrechnern ist die Multiplikation $A\mathbf{p}_k$, die von der Struktur von A abhängt. Selbst wenn dies effizient geschieht, verringern die notwendigen Skalarprodukte und das Verschicken von α_k und β_k mittels eines Broadcast die parallele Effizienz etwas.

Gebietszerlegung

Einer der Vorteile des CG-Verfahrens besteht darin, daß die Koeffizientenmatrix A nicht explizit bekannt sein muß, solange nur das Produkt $A\mathbf{p}$ ausgewertet werden kann. Wir werden dies anhand der in den Abschnitten 6.1 und 7.3 diskutierten Gebietszerlegungstechnik illustrieren.

Betrachten wir ein System mit der Koeffizientenmatrix aus (6.1.39):

$$\begin{bmatrix} A_1 & & & & B_1 \\ & A_2 & & & \vdots \\ & & \ddots & & \\ & & & A_p & B_p \\ B_1^T & \cdots & & B_p^T & A_S \end{bmatrix} \begin{bmatrix} \mathbf{x}_1 \\ \vdots \\ \\ \mathbf{x}_p \\ \mathbf{x}_S \end{bmatrix} = \begin{bmatrix} \mathbf{b}_1 \\ \vdots \\ \\ \mathbf{b}_p \\ \mathbf{b}_S \end{bmatrix}. \tag{9.1.17}$$

Um Schritt 2 des Gebietszerlegungsalgorithmus aus Abb. 7.3.12 auszuführen, müssen wir das Schur-Komplement-System $\hat{A}\mathbf{x}_S = \hat{\mathbf{b}}$ lösen, wobei

$$\hat{A} = A_S - \sum_{i=1}^{p} B_i^T A_i^{-1} B_i, \qquad \hat{\mathbf{b}} = \mathbf{b}_S - \sum_{i=1}^{p} B_i^T A_i^{-1} \mathbf{b}_i \tag{9.1.18}$$

gilt. Es sei daran erinnert, daß wir in Abschnitt 7.3 gezeigt haben, daß $\hat{A}$ symmetrisch und positiv definit ist, wenn die Koeffizientenmatrix aus (9.1.17) es ist.

In vielen Aufgabenstellungen sind die Matrizen A_i und B_i dünnbesetzt. Dies muß jedoch nicht für die Matrizen $B_i^T A_i^{-1} B_i$ und somit auch nicht für $\hat{A}$ gelten. Um die ursprüngliche Dünnbesetztheit auszunutzen, wenden wir das CG-Verfahren auf $\hat{A}\mathbf{x}_S = \hat{\mathbf{b}}$ an, ohne $\hat{A}$ explizit zu bilden. Es sei $\mathbf{p}$ irgendein Richtungsvektor. Wir können dann $\hat{A}\mathbf{p}$ wie folgt berechnen, ohne $\hat{A}$ zu bilden:

$$\text{Schritt 1. Bilde } \mathbf{y}_i = B_i\mathbf{p}, \quad i = 1, \ldots, p. \tag{9.1.19a}$$

$$\text{Schritt 2. Löse die Systeme } A_i\mathbf{z}_i = \mathbf{y}_i, \quad i = 1, \ldots, p. \tag{9.1.19b}$$

$$\text{Schritt 3. Bilde } \mathbf{w}_i = B_i^T\mathbf{z}_i, \quad i = 1, \ldots, p. \tag{9.1.19c}$$

$$\text{Schritt 4. Bilde } \hat{A}\mathbf{p} = A_S\mathbf{p} - \sum_{i=1}^{p} \mathbf{w}_i. \tag{9.1.19d}$$

Die Berechnung des Vektors $\hat{\mathbf{b}}$ erfolgt ähnlich.

Die Lösung der Systeme in (9.1.19b) kann mittels der Cholesky-Faktorisierung $A_i = L_i L_i^T$ erfolgen. In jedem Falle können die Schritte 1 bis 3 in (9.1.19) auf p Prozessoren verteilt und parallel ohne jegliche Kommunikation ausgeführt werden. Lediglich Schritt 4 sowie die Berechnung der Skalarprodukte im CG-Verfahren erfordern Fan-Ins und Kommunikation.

Ergänzende Bemerkungen und Literaturhinweise zu Abschnitt 9.1

1. Minimierungsverfahren werden in verschiedenen Büchern behandelt. Es sei beispielsweise auf Dennis und Schnabel [1983] verwiesen, in dem auch Probleme mit Nebenbedingungen untersucht werden. Bezüglich der im Text aufgestellten Formeln für das CG-Verfahren einschließlich der Beweise der Sätze 9.1.2, 9.1.4 und 9.1.5 vergleiche man Ortega [1988a] .

2. Das CG-Verfahren wurde von Hestenes und Stiefel [1952] entwickelt, die die grundlegenden Eigenschaften analysiert haben. Da in exakter Arithmetik das CG-Verfahren in n Schritten gegen die exakte Lösung konvergiert, kann es als direktes Verfahren und als Alternative zur Cholesky-Faktorisierung angesehen werden. Rundungsfehler zerstören jedoch die Konvergenz in endlich vielen Schritten, und es hat sich sehr schnell herausgestellt, daß dieses Verfahren keine geeignete Alternative zur Faktorisierung bei der Lösung vollbesetzter Systeme darstellt. Reid [1971] beobachtete jedoch, daß für gewisse große, dünnbesetzte Probleme, etwa bei der Diskretisierung partieller Differentialgleichungen entstehende Systeme, CG-Verfahren eine Konvergenz mit hinreichend guter Genauigkeit in weit weniger als n Schritten zeigten. Dies führte zu einem wiedererwachenden Interesse an diesem Verfahren, insbesondere dann, wenn die im folgenden Abschnitt diskutierte Präkonditionierung angewendet wird. Eine kommentierte Bibliographie von Veröffentlichungen zum CG-Verfahren im Zeitraum 1948-1976 ist in Golub und O'Leary [1989] enthalten.

3. Satz 9.1.5 besagt, daß die Euklidische Norm der Fehlervektoren $\hat{\mathbf{x}} - \mathbf{x}_k$ monoton abnimmt. Dies ist nicht notwendig für $\|\mathbf{r}_k\|_2$, die Euklidische Norm der Residuen, richtig. In der Tat haben Hestenes und Stiefel [1952] ein Beispiel angegeben, in dem die Norm der Residuen in allen Schritten mit Ausnahme des letzten zunimmt! Obwohl dies ein Extremfall ist, ist es nicht ungewöhnlich, daß $\|\mathbf{r}_k\|_2$ mit fortschreitender Iteration schwankt. In der durch $\|\mathbf{r}\|^2 = \mathbf{r}^T A^{-1}\mathbf{r}$ definierten Norm jedoch nehmen die Residuen in jedem Schritt ab. Dies folgt aus

$$(\mathbf{b} - A\mathbf{x}_k)^T A^{-1}(\mathbf{b} - A\mathbf{x}_k) = (\hat{\mathbf{x}} - \mathbf{x}_k)A(\hat{\mathbf{x}} - \mathbf{x}_k) = \|\hat{\mathbf{x}} - \mathbf{x}_k\|_A^2$$

und der Tatsache, daß gemäß Satz 9.1.4 $\|\hat{\mathbf{x}} - \mathbf{x}_{k+1}\|_A^2 \leq \|\hat{\mathbf{x}} - \mathbf{x}_k\|_A^2$ gilt.

4. Es können auch Block-CG-Verfahren formuliert werden, die auf Parallelrechnern grundsätzlich weniger Kommunikation erfordern. Vergleiche O'Leary [1987] hinsichtlich einer weitergehenden Diskussion und parallelen Implementierung.

5. Theoretische Ergebnisse zur Konvergenzrate des CG-Verfahrens sind in van der Sluis und van der Vorst [1986] sowie Axelsson und Lindskog [1986] angegeben. Hinsichtlich Studien der Auswirkung von Rundungsfehlern auf das CG-Verfahren sei auf Greenbaum und Strakos [1992] sowie van der Vorst [1990] verwiesen.

6. Die Iterierten des CG-Verfahrens genügen einer dreigliedrigen Rekursion (manchmal unter dem Namen *Rutishauser-Form* bekannt)

$$\mathbf{x}_{k+1} = \left(1 + \frac{\alpha_k \beta_k}{\alpha_{k-1}}\right) \mathbf{x}_k - \alpha_k(\mathbf{b} - A\mathbf{x}_k) - \frac{\alpha_k \beta_k}{\alpha_{k-1}} \mathbf{x}_{k-1},$$

wobei die α_k und β_k wie in (9.1.10) definiert sind. Es können auch andere Formen der Rekursion angegeben werden, vergleiche beispielsweise Hageman und Young [1981] sowie Concus, Golub und O'Leary [1976].

7. Es besteht ein enger Zusammenhang zwischen dem CG-Verfahren und dem Lanczos-Verfahren zur Berechnung der Eigenwerte einer symmetrischen Matrix. In letzterem wird eine Folge von $i \times i$-Tridiagonalmatrizen T_i dergestalt erzeugt, daß mit wachsendem i die Eigenwerte von T_i immer besser die größeren und kleineren Eigenwerte von A approximieren. Es seinen R_i und P_i Matrizen mit den Spalten $\mathbf{r}_0, \ldots, \mathbf{r}_{i-1}$ beziehungsweise $\mathbf{p}_0, \ldots, \mathbf{p}_{i-1}$, und es sei

$$B_i = \begin{bmatrix} 1 & -\beta_0 & & \\ & 1 & & \\ & & \ddots & \\ & & & -\beta_{i-2} \\ & & & 1 \end{bmatrix}.$$

Die Beziehung (9.1.10f) kann für $k = 0, \ldots, i-2$ als $R_i = P_i B_i$ geschrieben werden. Daher ist

$$R_i^T A R_i = B_i^T P_i^T A P_i B_i$$

tridiagonal, denn $P_i^T A P_i$ ist eine Diagonalmatrix. Mit der Definition $D_i = \text{diag}(\|r_0\|, \ldots, \|r_{i-1}\|)$ gilt

$$T_i = D_i^{-1} R_i^T A R_i D_i^{-1}$$

die $i \times i$-Tridiagonalmatrix, die durch das Lanczos-Verfahren erzeugt wird. Näheres zum Lanczos-Verfahren ist in Golub und Van Loan [1989] zu finden.

Übungsaufgaben zu Abschnitt 9.1

9.1.1. Zeige, daß der Gradientenvektor für (9.1.1) gleich $\nabla q(\mathbf{x}) = A\mathbf{x} - \mathbf{b}$ ist. Für symmetrisches, positiv definites A zeige man, daß die eindeutige Lösung von $A\mathbf{x} = \mathbf{b}$ das eindeutige Minimum von $\mathbf{q}$ ist.

9.1.2. Man zeige für die Funktion q in (9.1.1)

$$q(\mathbf{x} - \alpha\mathbf{p}) = \tfrac{1}{2}\mathbf{p}^T A\mathbf{p}\alpha^2 + \mathbf{p}^T(\mathbf{b} - A\mathbf{x})\alpha - \tfrac{1}{2}\mathbf{x}^T(2\mathbf{b} - A\mathbf{x}) + c.$$

Für $\mathbf{x} = \mathbf{x}_k$ und $\mathbf{p} = \mathbf{p}_k$ minimiere man diese Funktion bezüglich α, um (9.1.4) zu erhalten.

9.1.3. Für den Fall, daß $\alpha_k = 1$ und daß die Hauptdiagonale von A gleich I ist, zeige man, daß (9.1.5) das Jacobi-Verfahren darstellt.

9.1.4. Es sei $\mathbf{p}_0 = \mathbf{e}_1, \mathbf{p}_1 = \mathbf{e}_2, \ldots, \mathbf{p}_{n-1} = \mathbf{e}_n$, wobei $\mathbf{e}_i$ der i-te Einheitsvektor ist, das heißt der Vektor mit 1 in der i-ten Komponente und Null in allen anderen Komponenten. Man zeige, daß n Schritte von (9.1.2) mit α_k gemäß (9.1.4) äquivalent zu einem Gauß-Seidel-Iterationsschritt für das System $A\mathbf{x} = \mathbf{b}$ ist.

9.1.5. Wenn $\hat{\alpha}_k$ das Minimum von $q(\mathbf{x}_k - \alpha\mathbf{p}_k)$ bezeichnet, so verifiziere man $q(\mathbf{x}_k - \omega\hat{\alpha}_k\mathbf{p}_k) < q(\mathbf{x}_k)$ genau dann gilt, wenn $0 < \omega < 2$ ist.

9.1.6. Man verifiziere, daß die univariate Relaxation die quadratische Funktion (9.1.8) in n Schritten minimiert.

9.1.7. Es sei $P = (\mathbf{p}_0, \ldots, \mathbf{p}_{n-1})$, wobei die $\mathbf{p}_i$ konjugiert bezüglich A sind. Man zeige, daß $P^{-1}\mathbf{p}_{i-1} = \mathbf{e}_i$ und daß ein Schritt in einer konjugierten Richtung $\mathbf{x}_i = \mathbf{x}_{i-1} - \alpha_{i-1}\mathbf{p}_{i-1}$ in den Variablen $\mathbf{y} = P^{-1}\mathbf{x}$ gleichbedeutend mit

$$\mathbf{y}_i = \mathbf{y}_{i-1} - \alpha_{i-1}\mathbf{e}_i$$

ist.

9.1.8. Man beweise 9.1.1 wie folgt. Man zeige zunächst

$$(A\mathbf{x}_{k+1} - \mathbf{b})^T\mathbf{p}_j = (A\mathbf{x}_k - \mathbf{b})^T\mathbf{p}_j$$

für $j < k$ und

$$(A\mathbf{x}_{k+1} - \mathbf{b})^T\mathbf{p}_j = 0$$

für $j = k$. Man benutze dies, um $(A\mathbf{x}_n - \mathbf{b})^T\mathbf{p}_j = 0, j = 0, \ldots, n-1$, und dann $A\mathbf{x}_n - \mathbf{b} = 0$ zu erschließen, da die $\mathbf{p}_j$ linear unabhängig sind.

9.1.9. Es sei

$$A = \begin{bmatrix} A_I & B \\ B^T & A_S \end{bmatrix}$$

symmetrisch und positiv definit mit minimalem beziehungsweise maximalem Eigenwert $0 < \lambda_1 \leq \lambda_n$. Für $\mathbf{x}_1 = A_I^{-1} B \mathbf{x}_2$ benutze man (7.3.25), um $\mathbf{x}_2^T \hat{A} \mathbf{x}_2 \geq \lambda_1 \mathbf{x}_2^T \mathbf{x}_2$ für beliebiges $\mathbf{x}_2$ zu zeigen, wobei $\hat{A} = A_S - B^T A_I^{-1} B$ bedeutet. Man schließe daraus, daß alle Eigenwerte von $\hat{A}$ größer oder gleich λ_1 sind. Man zeige auch

$$\mathbf{x}_2^T \hat{A} \mathbf{x}_2 = (0, \mathbf{x}_2)^T A \begin{bmatrix} 0 \\ \mathbf{x}_2 \end{bmatrix} \leq \lambda_n \mathbf{x}_2^T \mathbf{x}_2$$

und damit $\text{cond}_2(\hat{A}) \leq \text{cond}_2(A)$.

9.1.10. Es gelte $\mathbf{p}_0 = \mathbf{r}_0 = \sum_{i=1}^{m} c_i \mathbf{v}_i$, wobei $\mathbf{v}_1, \ldots, \mathbf{v}_m$ linear unabhängige Eigenvektoren von A sind. Man zeige, daß das CG-Verfahren in höchstens m Iterationsschritten konvergiert. (*Hinweis*: Man zeige, daß die Räume (9.1.11) der Gleichung $S_{m-1} = S_m = \cdots = S_{n-1}$ genügen. Daher garantiert Satz 9.1.4, daß $\mathbf{x}_m$ schon die Lösung ist.) Für den Fall, daß A nur m paarweise verschiedene Eigenwerte besitzt, zeige man als nächstes, daß $A\mathbf{p}_0$ als eine Linearkombination von m Eigenvektoren von A geschrieben werden kann. Damit ist wiederum $\mathbf{x}_m$ die Lösung.

9.2 Präkonditionierung

Das Ergebnis des vorangehenden Abschnittes (Satz 9.1.1), daß CG-Verfahren in höchstens n Schritten konvergieren, ist nur von theoretischem Interesse, und wir ziehen es vor, das CG-Verfahren als iteratives Verfahren zu betrachten. Eine Abschätzung der asymptotischen Konvergenzgeschwindigkeit ist durch (9.1.15) gegeben:

$$\|\mathbf{x}_k - \hat{\mathbf{x}}\|_2 \leq 2\sqrt{\kappa}\gamma^k \|\mathbf{x}_0 - \hat{\mathbf{x}}\|_2, \tag{9.2.1}$$

wobei $\hat{\mathbf{x}}$ die exakte Lösung des Systems, $\gamma = (\sqrt{\kappa} - 1)/(\sqrt{\kappa} + 1)$ und $\kappa = \text{cond}(A)$, die Konditionszahl von A in der l_2-Norm, ist. Man beachte, daß $\gamma = 0$ für $\kappa = 1$ und $\gamma \to 1$ für $\kappa \to \infty$ gilt. Daraus folgt, daß sich γ mit wachsendem κ immer mehr dem Wert 1 nähert und die Konvergenzgeschwindigkeit entsprechend abnimmt.

Dies führt zu der Idee, die Konvergenzgeschwindigkeit durch *Präkonditionierung* von A mit der *Kongruenztransformation*

$$\hat{A} = SAS^T \tag{9.2.2}$$

zu beschleunigen, wobei S eine reguläre Matrix dergestalt ist, daß $\mathrm{cond}(\hat{A}) < \mathrm{cond}(A)$ ausfällt. Das zu lösenden System ist dann im Prinzip das folgende:

$$\hat{A}\hat{\mathbf{x}} = \hat{\mathbf{b}} \tag{9.2.3}$$

mit $\hat{\mathbf{x}} = S^{-T}\mathbf{x}$ und $\hat{\mathbf{b}} = S\mathbf{b}$.

Die einfachste Präkonditionierung erfolgt mit einer Diagonalmatrix S. Wenn insbesondere $S = \mathrm{diag}(a_{11}^{-\frac{1}{2}}, \dots, a_{nn}^{-\frac{1}{2}})$ gilt, so sind alle Elemente der Hauptdiagonale von $\hat{A}$ gleich 1. Dies wird als *Diagonalskalierung* bezeichnet und stellt häufig eine geeignete Präkonditionierung dar. Wenn jedoch, wie bei der Poisson-Matrix (5.5.18), alle Elemente der Hauptdiagonale von A gleich sind, ändert die Diagonalskalierung nicht die Konditionszahl (Aufgabe 9.2.9). Im restlichen Teil dieses Abschnittes werden wir verschiedene andere Typen von Präkonditionierern untersuchen. Im Gegensatz zu einer Diagonalmatrix zerstören diese komplizierteren Präkonditionierungsmatrizen die dünnbesetzte Struktur der Matrix A. Aus diesem Grunde und um die zur Ausführung von (9.2.2) erforderliche Arbeit einzusparen, werden wir das CG-Verfahren so formulieren, daß mit der ursprünglichen Matrix A gearbeitet wird, obwohl die Konvergenzrate der CG-Iterierten diejenige für das System (9.2.3) ist.

Wähle $\mathbf{x}_0$. Setze $\mathbf{r}_0 = \mathbf{b} - A\mathbf{x}_0$.

Löse $M\tilde{\mathbf{r}}_0 = \mathbf{r}_0$. Setze $\mathbf{p}_0 = \tilde{\mathbf{r}}_0$.

For $k = 0, 1, \dots$

$$\alpha_k = -(\tilde{\mathbf{r}}_k, \mathbf{r}_k)/(\mathbf{p}_k, A\mathbf{p}_k) \tag{9.2.4a}$$

$$\mathbf{x}_{k+1} = \mathbf{x}_k - \alpha_k \mathbf{p}_k \tag{9.2.4b}$$

$$\mathbf{r}_{k+1} = \mathbf{r}_k + \alpha_k A\mathbf{p}_k \tag{9.2.4c}$$

Löse $M\tilde{\mathbf{r}}_{k+1} = \mathbf{r}_{k+1}$ (9.2.4d)

Konvergenztest (9.2.4e)

$$\beta_k = (\tilde{\mathbf{r}}_{k+1}, \mathbf{r}_{k+1})/(\tilde{\mathbf{r}}_k, \mathbf{r}_k) \tag{9.2.4f}$$

$$\mathbf{p}_{k+1} = \tilde{\mathbf{r}}_{k+1} + \beta_k \mathbf{p}_k \tag{9.2.4g}$$

Abb. 9.2.1 *Präkonditionierter CG-Algorithmus*

Die Anwendung des CG-Algorithmus aus Abb. 9.1.2 auf das System (9.2.3) liefert Iterierte $\hat{\mathbf{x}}_k$. Wir definieren $\mathbf{x}_k = S^T\hat{\mathbf{x}}_k$. Dann kann gezeigt werden (Aufgabe 9.2.1), daß die $\mathbf{x}_k$ dem *präkonditionierten CG-(PCG-)Algorithmus* aus Abb. 9.2.1. genügen.

Die Matrix M in (9.2.4d) ist definiert durch

$$M = (S^TS)^{-1}. \tag{9.2.5}$$

Im Falle $M = I$ geht (9.2.4) in den ursprünglichen CG-Algorithmus über. Im allgemeinen erhalten wir die Matrix M durch Wahl von S und anschließende Bildung von (9.2.5). Wir wählen M meist direkt und benötigen S in der Regel überhaupt nicht. Man beachte, daß M symmetrisch und positiv definit gewählt werden muß, da S^TS stets diese Eigenschaft besitzt.

Es gibt zwei allgemeine Kriterien für die Wahl von M. Auf der Grundlage von Satz 9.1.3 konvergiert das CG-Verfahren in nicht mehr als m Iterationen, wenn A nur m unterschiedliche Eigenwerte besitzt. Es ist eher unwahrscheinlich, daß dies in praktischen Problemen der Fall ist, aber manchmal können Cluster von Eigenwerten durch geeignete Wahl der Matrix M erzeugt werden. Die Auswirkung auf die Konvergenzrate ist dann fast die gleiche wie die mehrfacher Eigenwerte.

Das zweite Kriterium besteht darin, M so zu wählen, daß $\hat{A}$ in (9.2.2) eine kleinere Konditionszahl als A besitzt. Wegen (9.2.2) und (9.2.5) erfüllt $\hat{A}$ die Gleichung

$$S^T\hat{A}S^{-T} = S^TSA = M^{-1}A. \tag{9.2.6}$$

Daher ist die Matrix $M^{-1}A$ ähnlich zu $\hat{A}$ und

$$\mathrm{cond}(\hat{A}) = \lambda_{\max}(M^{-1}A)/\lambda_{\min}(M^{-1}A) \tag{9.2.7}$$

gleich dem Verhältnis des größten Eigenwertes von $M^{-1}A$ zum kleinsten. Um die Konditionszahl von $\hat{A}$ so weit wie möglich zu reduzieren, wollen wir daher M so wählen, daß der Quotient des größten und des kleinsten Eigenwertes von $M^{-1}A$ so klein wie möglich ist. Grundsätzlich können wir $\mathrm{cond}(\hat{A}) = 1$ durch Wahl von $M = A$ erreichen, was jedoch keine praktikable Wahl ist. Da das Hilfssystem $M\tilde{\mathbf{r}} = \mathbf{r}$ in jedem Iterationsschritt des CG-Verfahrens gelöst werden muß, ist die „einfache" Lösbarkeit dieses Systems von größter Wichtigkeit. Damit die Präkonditionierung effektiv wird, fordern wir auf der anderen Seite, daß M^{-1} eine „gute" Näherung von A^{-1} im Sinne der Minimierung des

Quotienten von größtem und kleinstem Eigenwert von $M^{-1}A$ ist. Offensichtlich stehen beide Forderungen in einem Konflikt zueinander, da das System $M\hat{\mathbf{r}} = \mathbf{r}$ fast so schwierig zu lösen ist wie das System $A\mathbf{x} = \mathbf{b}$, je besser M^{-1} die Inverse A^{-1} approximiert.

Wir werden verschiedene Ansätze betrachten, um die Matrix M zu erhalten, nachdem wir den Konvergenztest (9.2.4e) diskutiert haben. Wenn wir den gleichen Test $\|\mathbf{r}_{k+1}\|_2^2 \geq \varepsilon$ wie im CG-Algorithmus (9.1.10d) anwenden, müssen wir $(\mathbf{r}_{k+1}, \mathbf{r}_{k+1})$ separat berechnen, da dies nicht mehr im Algorithmus erscheint. Es wird vielmehr $(\tilde{\mathbf{r}}_{k+1}, \mathbf{r}_{k+1}) = (M^{-1}\mathbf{r}_{k+1}, \mathbf{r}_{k+1})$ berechnet, daß heißt ein durch M^{-1} definiertes Skalarprodukt. Wir können diese Größe für den Konvergenztest verwenden, jedoch ist es möglich, daß sie Konvergenz anzeigt, obwohl $\|\mathbf{r}_{k+1}\|_2$ größer ist, als uns lieb ist. Es ist daher ratsam, einen zusätzlichen Test bezüglich $\|\mathbf{r}_{k+1}\|_2$ durchzuführen, wenn der andere Test einmal ausgeführt worden ist. In diesem Fall nimmt der Konvergenztest (9.2.4e) die Gestalt

$$\begin{aligned}&\text{Wenn } (\tilde{\mathbf{r}}_{k+1}, \mathbf{r}_{k+1}) \geq \varepsilon, \text{ dann fahre fort,}\\ &\text{wenn andernfalls } (\mathbf{r}_{k+1}, \mathbf{r}_{k+1}) \geq \varepsilon, \text{ dann fahre fort}\end{aligned} \tag{9.2.8}$$

an. Die Verwendung von (9.2.8) führt möglicherweise zu einer größeren Anzahl von Iterationen, als wenn nur $(\mathbf{r}_{k+1}, \mathbf{r}_{k+1})$ benutzt wird. Im allgemeinen ist dies jedoch nicht der Fall.

Präkonditionierung mit Sekundäriterationen

Wir betrachten nun einen eher allgemeinen Zugang zur Präkonditionierung. Dieser basiert auf der folgenden Reihenentwicklung von A^{-1}, die wir ohne Beweis notieren (Aufgabe 9.2.2). Es sei daran erinnert, daß der Spektralradius $\rho(H)$ der betragsmäßig größte Eigenwert von H ist.

SATZ 9.2.1. *Es sei A eine reguläre $n \times n$-Matrix und $A = P - Q$ eine Zerlegung von A mit regulärem P. Falls $H = P^{-1}Q$ und $\rho(H) < 1$ gelten, so folgt*

$$A^{-1} = \left(\sum_{k=0}^{\infty} H^k\right) P^{-1}. \tag{9.2.9}$$

Auf der Basis von (9.2.9) können wir die durch

$$M = P(I + H + \cdots + H^{m-1})^{-1}, \tag{9.2.10a}$$

$$M^{-1} = (I + \cdots + H^{m-1})P^{-1} \tag{9.2.10b}$$

definierten Matrizen als Näherungen für A beziehungsweise A^{-1} betrachten. Die Lösung des Hilfssystems $M\tilde{\mathbf{r}} = \mathbf{r}$ erfolgt daher gemäß

$$\tilde{\mathbf{r}} = M^{-1}\mathbf{r} = (I + H + \cdots + H^{m-1})P^{-1}\mathbf{r}. \tag{9.2.11}$$

Dies führt man jedoch nicht durch Bildung der Matrix H und der angegebenen abgeschnittenen Reihenentwicklung durch. Wir erkennen vielmehr (Aufgabe 9.2.3), daß $\tilde{\mathbf{r}}$, wie durch (9.2.11) angegeben, das Ergebnis der Anwendung von m Schritten des Iterationsverfahrens

$$P\mathbf{r}_{i+1} = Q\mathbf{r}_i + \mathbf{r}, \qquad i = 0, 1, \ldots, m-1, \qquad \mathbf{r}_0 = 0, \tag{9.2.12}$$

unter Setzung von $\tilde{\mathbf{r}} = \mathbf{r}_m$ ist. Wir bezeichnen (9.2.12) als das *Sekundäriterationsverfahren.*

Wir geben nun einige spezielle Präkonditionierer an, die auf diesem Prinzip beruhen. Diese Präkonditionierer werden auch als *Präkonditionierer auf der Basis abgeschnittener Reihen* gemäß (9.2.10) bezeichnet. Im Jacobi-Verfahren (8.1.3) ist P die Hauptdiagonale von A, und (9.2.12) entspricht der Anwendung von m Jacobi-Iterationen. Dies ergibt das *m-Schritt-Jacobi-PCG-Verfahren*, in dem (9.2.4d) zu

$$\text{Berechne } \tilde{\mathbf{r}}_{k+1} \text{ mittels } m \text{ Jacobi-Schritten auf } A\mathbf{r} = \mathbf{r}_{k+1} \tag{9.2.13}$$

wird. Die Lösung von $M\tilde{\mathbf{r}}_0 = \mathbf{r}_0$ erhält man auf die gleiche Weise. In (9.2.13) ist der Startvektor für die Jacobi-Iteration, wie in (9.2.12), der Nullvektor. Der Spezialfall $m = 1$ ist äquivalent zu $M = D$, der Hauptdiagonale von A. Gemäß (9.2.5) gilt $S = D^{-1/2} = \operatorname{diag}(a_{11}^{-1/2}, \ldots, a_{nn}^{-1/2})$, so daß die präkonditionierte Matrix $\hat{A} = D^{-1/2}AD^{-1/2}$ lautet. Somit ist eine Einschritt-Jacobi-Präkonditionierung äquivalent zur diagonalen Skalierung.

Formal können wir Gauß-Seidel- und SOR-Iterationen zur Ausführung von (9.2.12) verwenden. Diese Verfahren liefern jedoch keine symmetrische und positiv definite Matrix M, wie dies in (9.2.5) gefordert wird. In der Tat gilt für das Gauß-Seidel-Verfahren und $m = 1$, daß $M = P = D - L$, wobei D die Hauptdiagonale von A und $-L$ der strikte untere Dreiecksteil ist. Daher ist M für $m = 1$ nicht symmetrisch, und dies gilt auch für alle $m > 1$ wie auch für das SOR-Verfahren (Aufgabe 9.2.4). Diese Schwierigkeit kann durch Anwendung des im folgenden beschriebenen *SSOR-Verfahrens* behoben werden.

Wir beschreiben zunächst das *symmetrische Gauß-Seidel-(SGS-)*Verfahren. Wenn $A = D - L - U$ die Zerlegung von A in ihren Diagonal- sowie unteren und oberen Dreiecksteil bezeichnet, so lautet die Gauß-Seidel-Iterierte im k-ten Schritt, die wir nun durch $\mathbf{x}_{k+1/2}$ bezeichnen,

$$\mathbf{x}_{k+1/2} = (D-L)^{-1}U\mathbf{x}_k + (D-L)^{-1}\mathbf{b}. \tag{9.2.14}$$

Wir durchlaufen anschließend die Gleichungen in umgekehrter Reihenfolge unter Verwendung der gerade berechneten Werte für $\mathbf{x}_{k+1/2}$:

$$x_i^{(k+1)} = \frac{1}{a_{ii}}\left(-\sum_{j>i} a_{ij}x_j^{(k+1)} - \sum_{j<i} a_{ij}x_j^{(k+1/2)} + b_i\right) \tag{9.2.15}$$

für $i = n, n-1, \ldots 1$. Mittels der Matrizen D, L und U ausgedrückt kann dies als

$$D\mathbf{x}_{k+1} = U\mathbf{x}_{k+1} + L\mathbf{x}_{k+1/2} + \mathbf{b}$$

oder

$$\mathbf{x}_{k+1} = (D-U)^{-1}L\mathbf{x}_{k+1/2} + (D-U)^{-1}\mathbf{b} \tag{9.2.16}$$

geschrieben werden. Somit sind die Rollen von L und U in diesem Schritt vertauscht. Eine SGS-Iteration ist die Kombination von (9.2.14) und (9.2.16):

$$\mathbf{x}_{k+1} = (D-U)^{-1}L(D-L)^{-1}U\mathbf{x}_k + \hat{\mathbf{d}} \tag{9.2.17a}$$

mit

$$\hat{\mathbf{d}} = (D-U)^{-1}L(D-L)^{-1}\mathbf{b} + (D-U)^{-1}\mathbf{b}. \tag{9.2.17b}$$

Bei der SSOR-Iteration fügt man einfach den Relaxationsparameter ω wie in (8.1.19) in beiden Teilschritten ein. Die Matrixdarstellung des SSOR-Verfahrens ist in Aufgabe 9.2.5 enthalten. Rechnerisch wird die SGS-Iteration mittels der expliziten Formeln (8.1.18) und (9.2.15) ausgeführt. Die Ausdrücke (9.2.17) sind die Matrixdarstellungen für diesen Prozeß. In der Terminologie einer diskreten partiellen Differentialgleichung entspricht ein Iterationsschritt des SGS- oder SSOR-Verfahrens dem Durchlauf durch eine vorgegebene Anordnung der Gitterpunkte im ersten Halbschritt und dem erneuten Durchlauf in umgekehrter Reihenfolge im zweiten Halbschritt.

Es bleibt zu zeigen, daß die Matrix M in (9.2.10) für die Jacobi- und die SGS-Iteration symmetrisch und positiv definit ist. Der folgende Satz, den wir ohne Beweis notieren, ist dafür in gewissem Sinn grundlegend. Der Beweis der Symmetrie ist einfach und Inhalt von Aufgabe 9.2.6.

SATZ 9.2.2. *Es sei $A = P - Q$ symmetrisch und positiv definit, wobei P symmetrisch und regulär sei. Mit $H = P^{-1}Q$ ist die Matrix M^{-1} aus (9.2.10) symmetrisch, und für beliebige ganze Zahlen $m \geq 1$ gilt:*

1. Wenn m ungerade ist, so ist M^{-1} positiv definit genau dann, wenn P positiv definit ist.

2. Wenn m gerade ist, so ist M^{-1} positiv definit genau dann, wenn $P + Q$ positiv definit ist.

Wir diskutieren nun die scheinbar seltsame Bedingung in Satz 9.2.2, daß die Matrix $P + Q$ positiv definit sein soll. Für das Jacobi-Verfahren gilt $P = D$, welches die Hauptdiagonale von A ist, und $Q = D - A$. Die Forderung nach der Positiv-Definitheit von $P + Q$ ist gerade die notwendige und hinreichende Bedingung für die Konvergenz des Jacobi-Verfahrens, wie in Satz 8.1.3 angegeben. Dieses Ergebnis für das Jacobi-Verfahren ist ein Spezialfall des folgenden allgemeineren Konvergenzsatzes für Iterationen, die durch die Zerlegung $A = P - Q$ definiert sind. Es sei daran erinnert (Satz 8.1.1), daß die notwendige und hinreichende Bedingung für die Konvergenz der entsprechenden Iteration $\mathbf{x}_{k+1} = P^{-1}Q\mathbf{x}_k + \mathbf{d}$ für alle Startvektoren $\mathbf{x}^0$ die Ungleichung $\rho(P^{-1}Q) < 1$ für den Spektralradius ist.

SATZ 9.2.3. *Es sei $A = P - Q$, und A und P seien symmetrisch und positiv definit. Dann gilt $\rho(P^{-1}Q) < 1$ genau dann, wenn $P + Q$ positiv definit ist.*

Auf der Basis von Satz 9.2.3 können wir Satz 9.2.2 auf folgende Weise neu formulieren.

SATZ 9.2.4. *Es sei $A = P - Q$ symmetrisch und positiv definit sowie P symmetrisch und regulär. Mit $H = P^{-1}Q$ ist die Matrix M^{-1} aus (9.2.10) symmetrisch und positiv definit für alle $m \geq 1$ genau dann, wenn P positiv definit ist und $\rho(H) < 1$ gilt.*

Wie oben notiert, muß die Matrix P symmetrisch sein, damit M für alle m symmetrisch ist. Gemäß Satz 9.2.4 muß für die positive Definitheit von M gelten, daß P positiv definit und daß $\rho(H) < 1$ ist. Letztere Bedingung impliziert, daß das durch die Zerlegung $P - Q$ definierte Iterationsverfahren konvergent ist. Da das Jacobi-Verfahren für positiv definite Matrizen A nicht notwendig konvergiert, muß das entsprechende M für gerades m nicht positiv definit sein.

Auf der anderen Seite können wir für das SGS-Verfahren zeigen, daß die Matrix M immer positiv definit ist, sofern A symmetrisch und positiv definit ist.

Aufgrund der Symmetrie von A gilt $U = L^T$ in (9.2.17). Die mittleren beiden Terme der Iterationsmatrix in (9.2.17a) können als

$$\begin{aligned} L(D-L)^{-1} &= LD^{-1}(I-LD^{-1})^{-1} \\ &= (I-LD^{-1})^{-1}LD^{-1} = D(D-L)^{-1}LD^{-1} \end{aligned}$$

geschrieben werden, da Matrizen der Gestalt $(I-C)^{-1}$ and C kommutieren (Aufgabe 9.2.7). Dann läßt sich die Iterationsmatrix in (9.2.17a) in der Form

$$H = (D-L^T)^{-1}D(D-L)^{-1}LD^{-1}L^T = P^{-1}Q, \tag{9.2.18}$$

mit

$$P = (D-L)D^{-1}(D-L^T), \qquad Q = LD^{-1}L^T \tag{9.2.19}$$

darstellen. Nach Voraussetzung ist D positiv definit, so daß P symmetrisch und positiv definit sowie Q symmetrisch und positiv semidefinit ist (Aufgabe 9.2.8). Daraus folgt, daß $P+Q$ positiv definit ist (Aufgabe 2.2.17). Satz 9.2.2 kann dann angewendet werden, um zu zeigen, daß M für beliebiges m positiv definit ist.

Parallel- und Vektorimplementierung

Wir diskutieren nun die parallele und vektorielle Implementierung der bisher besprochenen präkonditionierten CG-Verfahren. Im vorangehenden Abschnitt haben wir die Implementierung des Basis-CG-Verfahrens sowie in Abschnitt 8.2 des Jacobi-Verfahrens angegeben. Für das m-Schritt-Jacobi-PCG-Verfahren ist es nur erforderlich, diese beiden zu kombinieren (Aufgabe 9.2.12).

Für die SGS- oder SSOR-Präkonditionierung werden die Jacobi-Iterationen durch Gauß-Seidel-Iterationen ersetzt. Wir haben in Abschnitt 8.2 gesehen, daß zur Erzeugung von Gauß-Seidel-Iterationen mit einem hohen Parallelitätsgrad die Rot-Schwarz- oder Schachbrettanordnung der Gitterpunkte angewendet werden sollte. Für allgemeinere Aufgabenstellungen, bei denen das Schachbrettmuster nicht ausreichend ist, können die Mehrfarbenschemata aus Abschnitt 8.2 verwendet werden. Für die Jacobi- oder die SSOR-Präkonditionierung auf einem Rechner mit verteiltem Speicher teilen wir die Unbekannten auf die Prozessoren wie in Abschnitt 8.2 diskutiert und in Abb. 8.2.1 angegeben auf. Wir verteilen auch die Vektoren $\mathbf{p}$ und $\mathbf{r}$ aus der CG-Iteration auf die gleiche Weise. Die Multiplikation $A\mathbf{p}_k$ und die Berechnung der Skalarprodukte und der axpy-Operationen in der CG-Iteration erfolgt wie in Abschnitt 9.1 angegeben; die Präkonditionierung wird wie in Abschnitt 8.2 für die Jacobi- und die SSOR-Iteration angegeben ausgeführt.

Wir haben in Abschnitt 8.2 bemerkt, daß die Verwendung der Schachbrettanordnung für das Gauß-Seidel- oder das SOR-Verfahren die Konvergenzrate nicht verschlechtert. Bedauerlicherweise gilt dies nicht für das CG-Verfahren mit dem SGS- oder dem SSOR-Verfahren mit Schachbrettanordnung oder Mehrfarbenschema als Präkonditionierer. In diesem Falle kann es, zumindest auf Vektorrechnern, sinnvoller sein, die in Abschnitt 8.2 besprochenen Diagonalschemata anzuwenden. Da diese zur natürlichen Anordnung äquivalent sind, tritt keine Verschlechterung der Konvergenzrate auf, obwohl die Vektorlängen nun beträchtlich kürzer als bei der Schachbrettanordnung sind. Zur Illustration des Vorteils der Diagonalanordnung zeigt Tabelle 9.2.1 die Iterationsschritte (I), die Rechenzeit in Sekunden und Megaflopraten für eine dreidimensionale Poisson-ähnliche Gleichung auf einem $N \times N \times N$-Gitter. Die angegebenen Werte wurden auf einem Prozessor einer CRAY 2 erreicht. Für kleine Probleme sind die Vektorlängen und die Megaflopraten bei Verwendung der Schachbrettanordnung wesentlich größer. Für $N = 21$ (9300 Gleichungen) sind die Zeiten in etwa gleich. Für größere Probleme wird die Diagonalanordnung immer vorteilhafter aufgrund der wesentlich besseren Konvergenzrate. Auf Rechnern mit verteiltem Speicher und einer großen Anzahl an Prozessoren besitzt die Schachbrettanordnung jedoch Vorteile bezüglich der Kommunikation und ist daher möglicherweise vorzuziehen.

Tab. 9.2.1 *Diagonal- im Vergleich zur Schachbrettanordnung*

	Diagonal			Schachbrett		
N	I	Rechenzeit	Mflops	I	Rechenzeit	Mflops
7	5	0.0033	19	7	0.0014	64
21	9	0.060	50	21	0.065	108
61	17	1.78	78	59	3.87	124

Ein mögliches Problem der Diagonalanordnung auf Vektorrechnern besteht darin, daß wir bei der umgeordneten Matrix in Abb. 8.2.17 nicht mehr die langen Diagonalen der ursprünglichen Matrix bei natürlicher Anordnung in der Matrix-Vektor-Multiplikation des CG-Verfahrens verwenden können. Insbesondere sind die Diagonalen unterbrochen. Auf der anderen Seite können wir die Matrix in natürlicher Anordnung belassen und Aktualisierungen gemäß dem Diagonalschema vornehmen, jedoch besitzen die Vektoren dann die Indexschrittweite $N-1$. Dies kann auf einigen Vektorrechnern Speicherbankkonflikte verursachen. Somit sind bei natürlicher Anordnung die Daten optimal für die Matrix-Vektor-Multiplikation, jedoch nicht für die Präkonditionierung angeordnet. Analoges gilt umgekehrt für die Diagonalanordnung. Dieses Problem läßt sich jedoch durch den „Eisenstat-Trick" (vergleiche die ergänzenden Bemerkungen) umgehen, durch den die Matrix-Vektor-Multiplikation gänzlich vermieden wird. Wir können dann die Diagonalanordnung verwenden, um die bestmöglichen Vektoren für die Präkonditionierung zu erhalten. Dieser Ansatz wurde zur Gewinnung der Ergebnisse von Tabelle 9.2.1 angewendet.

Unvollständige Cholesky-Präkonditionierung

Wir betrachten nun einen anderen wichtigen Zugang zur Präkonditionierung, der auf *unvollständigen Faktorisierungen* der Matrix A beruht. Wenn LL^T die Cholesky-Faktorisierung der symmetrischen, positiv definiten Matrix A und A dünnbesetzt ist, dann ist der Faktor L aufgrund von Fill-In im allgemeinen weniger dünnbesetzt als A. Unter einer *unvollständigen Cholesky-Faktorisierung* verstehen wir eine Beziehung der Gestalt

$$A = LL^T + R, \tag{9.2.20}$$

wobei L wieder eine untere Dreiecksmatrix ist, jedoch $R \neq 0$ gilt. Ein Weg, um derartige unvollständige Faktorisierungen zu erzeugen, besteht in der Unterdrückung zumindest eines Teiles des Fill-In, der während der Cholesky-Faktorisierung entsteht. Ein einfaches Beispiel ist das folgende. Die Matrix

$$L = 2^{-1/2} \begin{bmatrix} 2 & & \\ 1 & 3^{1/2} & \\ 1 & -3^{-1/2} & 2^{1/2} \end{bmatrix} \tag{9.2.21}$$

ist der Cholesky-Faktor von

$$A = \begin{bmatrix} 2 & 1 & 1 \\ 1 & 2 & 0 \\ 1 & 0 & 2 \end{bmatrix}. \tag{9.2.22}$$

Das Element (3,2) wurde neu erzeugt, führt also zu einem Fill-In. Wenn wir eine unvollständige Zerlegung anstreben, die an den gleichen Positionen Nullen aufweist wie A, so können wir alle Elemente im Cholesky-Faktor zu Null setzen, deren Position einem Nullelement in A entspricht. Ein unvollständiger

Faktor für (9.2.22) würde der gleiche sein wie L aus (9.2.20), mit Ausnahme des zu Null gesetzten Elementes (3,2). Dieser Zugang hat den Nachteil, daß der gesamte Aufwand der Cholesky-Zerlegung anfällt, und es sind genau diese Arbeit und der dazugehörige zusätzliche Speicherbedarf aufzuwenden, die wir gerade vermeiden wollen. Daher berechnen wir kein einziges Element von L, dessen Position einem Nullelement von A entspricht. Dies führt zu folgendem Prinzip der *unvollständigen Cholesky-Faktorisierung ohne Fill-In* [IC(0)]:

$$\begin{array}{ll} \text{Falls } a_{ij} \neq 0, & \text{führe die Cholesky-Berechnung von } l_{ij} \text{ aus,} \\ \text{Falls } a_{ij} = 0, & \text{setze } l_{ij} = 0. \end{array} \tag{9.2.23}$$

Ein Algorithmus für (9.2.23) ist in Abb. 9.2.2 angegeben. Man beachte, daß die Faktorisierung vollständig ist, wenn man die „if"-Anweisung in Abb. 9.2.2 entfernt.

Wendet man die unvollständige Cholesky-Zerlegung aus Abb. 9.2.2 auf die Matrix (9.2.22) an, so lautet der unvollständige Faktor

$$L = 2^{-1/2} \begin{bmatrix} 2 & & \\ 1 & 3^{1/2} & \\ 1 & 0 & 3^{1/2} \end{bmatrix}.$$

Man beachte, daß sich das (3,3)-Element im Vergleich zu (9.2.21) als Konsequenz der Nullsetzung des (3,2)-Elementes während der Faktorisierung verändert hat.

$l_{11} = a_{11}^{1/2}$
For $i = 2$ to n
  For $j = 1$ to $i - 1$
    If $a_{ij} = 0$ then $l_{ij} = 0$ else
      $l_{ij} = \left(a_{ij} - \sum_{k=1}^{j-1} l_{ik} l_{jk}\right) / l_{jj}$
  $l_{ii} = \left(a_{ii} - \sum_{k=1}^{i-1} l_{ik}^2\right)^{1/2}$

Abb. 9.2.2 *Unvollständige Cholesky-Faktorisierung*

Das Prinzip, kein Fill-In zu erzeugen, kann abgeschwächt werden, indem Fill-In in einem vorgegebenen Umfang zugelassen wird. Hierfür gibt es verschiedene Möglichkeiten. Wenn beispielsweise A eine diagonal dünnbesetzte Matrix ist, so besteht ein üblicher Ansatz darin, dem unvollständigen Faktor L einige wenige nichtverschwindende Nebendiagonalen mehr als A selbst zuzubilligen (wobei natürlich nur die Anzahl der Nebendiagonalen von A auf einer Seite der Hauptdiagonale gezählt wird). Ein anderer oft verwendeter Ansatz besteht in der Angabe eines *Schwellenwertes* ε dergestalt, daß das berechnete l_{ij} zu Null gesetzt wird, wenn es die Ungleichung $|l_{ij}| \leq \varepsilon$ erfüllt. In dem unvollständigen Faktor werden nur hinreichend große Elemente beibehalten.

Nach Durchführung einer unvollständigen Zerlegung wählen wir als Präkonditionierungsmatrix M für den PCG-Algorithmus (9.2.10) die Matrix

$$M = LL^T. \tag{9.2.24}$$

Da L regulär ist, ist M symmetrisch und positiv definit. Die Lösung der Systeme $M\tilde{\mathbf{r}} = \mathbf{r}$ im PCG-Algorithmus wird dann durch Lösung der Dreieckssysteme

$$L\mathbf{x} = \mathbf{r}, \qquad L^T\tilde{\mathbf{r}} = \mathbf{x} \tag{9.2.25}$$

ausgeführt. Man beachte, daß die unvollständige Zerlegung ein für allemal zu Beginn der PCG-Iteration durchgeführt und der Faktor L zur Lösung der Systeme (9.2.25) in jedem Schritt abgespeichert wird.

Die obige Wahl von M definiert eine allgemeine Klasse von durch *unvollständige Cholesky-Zerlegung präkonditionierten CG-Verfahren*, im folgenden als *ICCG-Verfahren* bezeichnet. Zusätzlich definiert die Art und Weise der Erzeugung der unvollständigen Cholesky-Faktorisierung das Verfahren. Wird beispielsweise die Faktorisierung gemäß dem Prinzip (9.2.23) durchgeführt, kein Fill-In zu erzeugen, so wird das entsprechende CG-Verfahren als ICCG(0) bezeichnet.

Manchmal ist es sinnvoll, die wurzelfreie Form der unvollständigen Cholesky-Zerlegung anzuwenden, in der (9.2.20) durch

$$A = LDL^T + R \tag{9.2.26}$$

ersetzt wird, wobei D eine positive Diagonalmatrix ist und L Einsen auf der Hauptdiagonale aufweist. Mit $M = LDL^T$ ersetzen dann

$$L\mathbf{z} = \mathbf{r}, \qquad D\mathbf{x} = \mathbf{z}, \qquad L^T\tilde{\mathbf{r}} = \mathbf{x}, \tag{9.2.27}$$

die Vorwärts- und Rücksubstitution (9.2.25).

Eine Schwierigkeit beim ICCG-Verfahren besteht darin, daß im Gegensatz zur vollständigen Cholesky-Zerlegung eine unvollständige Cholesky-Zerlegung einer symmetrischen, positiv definiten Matrix nicht notwendig ausgeführt werden kann. Sie kann fehlschlagen, wenn etwa die Quadratwurzel aus einer negativen Zahl zur Berechnung eines Diagonalelementes gezogen werden muß oder daß, im Falle der wurzelfreien Form LDL^T, die Matrix D unter Umständen nicht positiv definit ist. Es sind verschiedene Vorschläge zur Abhilfe formuliert worden. Nehmen wir an, daß im i-ten Schritt $l_{ii}^2 \le 0$ gilt und die Quadratwurzel einer negativen Zahl gezogen werden muß, oder im Falle $l_{ii}^2 = 0$ die Matrix L singulär ist. Eine der einfachsten Ideen besteht darin, l_{ii}^2 durch eine gewisse positive Zahl zu ersetzen. Eine mögliche Wahl für diese Zahl ist das vorangehende Diagonalelement $l_{i-1,i-1}^2$. Eine andere Strategie besteht darin, l_{ii}^2 durch $(\sum_{j<i} |l_{ij}|)^2$ zu ersetzen, was gewährleistet, daß die neue i-te Zeile von L diagonaldominant ist. (Vergleiche die ergänzenden Bemerkungen bezüglich anderer Vorgehensweisen.)

Paralleles und vektorielles ICCG-Verfahren

Für eine unvollständige Cholesky-Präkonditionierung (kurz IC-Präkonditionierung) sind die Dreieckssysteme aus (9.2.25) oder (9.2.27) zu lösen. In einer unvollständigen Zerlegung ohne Fill-In besitzen die Faktoren L in (9.2.25) beziehungsweise (9.2.27) genau die gleiche Struktur hinsichtlich der Positionen der nichtverschwindenden Elemente wie der untere Dreiecksteil von A und daher auch exakt die gleiche Besetzungsstruktur wie bei Ausführung eines SGS-Schrittes. Daraus folgt, daß wir auch das Schachbrettschema oder Mehrfarbenschemata zur Lösung der Dreieckssysteme für die IC-Präkonditionierung verwenden können. Zur Illustration dieser Technik nehmen wir an, daß A in der Schachbrettform

$$A = \begin{bmatrix} D_1 & C^T \\ C & D_2 \end{bmatrix} \tag{9.2.28}$$

geschrieben sei, wobei D_1 und D_2 Diagonalmatrizen sind. Die wurzelfreie Form einer vollständigen Cholesky-Zerlegung von A lautet dann

$$\begin{bmatrix} L_1 & \\ L_3 & L_2 \end{bmatrix} \begin{bmatrix} \hat{D}_1 & \\ & \hat{D}_2 \end{bmatrix} \begin{bmatrix} L_1^T & L_3^T \\ & L_2^T \end{bmatrix} = \begin{bmatrix} D_1 & C^T \\ C & D_2 \end{bmatrix}, \tag{9.2.29}$$

wobei L_1 und L_2 untere Dreiecksgestalt mit Einsen auf der Hauptdiagonalen besitzen und wobei die $\hat{D}_i$ Diagonalmatrizen sind. Die Gleichsetzung von Termen in (9.2.29) liefert

$$L_1\hat{D}_1L_1^T = D_1, \quad L_3\hat{D}_1L_1^T = C, \quad L_3\hat{D}_1L_3^T + L_2\hat{D}_2L_2^T = D_2. \tag{9.2.30}$$

Aus der ersten Beziehung in (9.2.30) folgt (Aufgabe 9.2.11)

$$L_1 = I, \qquad \hat{D}_1 = D_1, \qquad L_3 = CD_1^{-1}. \tag{9.2.31}$$

Wir betrachten nun eine IC-Faktorisierung von (9.2.28) ohne Fill-In, in der wir die unvollständige Faktorisierung auch wie folgt schreiben:

$$M = \begin{bmatrix} L_1 & \\ L_3 & L_2 \end{bmatrix} \begin{bmatrix} \hat{D}_1 & \\ & \hat{D}_2 \end{bmatrix} \begin{bmatrix} L_1^T & L_3^T \\ & L_2^T \end{bmatrix}. \tag{9.2.32}$$

Da (9.2.31) zeigt, daß eine vollständige Cholesky-Zerlegung L_1 und L_3 ohne Fill-In liefert, sind die durch (9.2.31) definierten Matrizen L_1, L_3 und $\hat{D}_1$ auch die korrekten Blockelemente für die unvollständige Faktorisierung (9.2.32). Ferner muß L_2 aus der unvollständigen Faktorisierung gleich der Identität sein, da kein Fill-In erlaubt ist. Hieraus folgt

$$\hat{D}_2 = \text{ Diagonalanteil von } (D_2 - CD_1^{-1}C^T), \tag{9.2.33}$$

den wir $\bar{D}_2$ nennen. Daher sind die IC-Faktoren von (9.2.32) gegeben durch

$$L = \begin{bmatrix} I & \\ CD_1^{-1} & I \end{bmatrix}, \quad D = \begin{bmatrix} D_1 & \\ & \bar{D}_2 \end{bmatrix}. \tag{9.2.34}$$

Wenn wir die Vektoren $\mathbf{r}, \mathbf{x}$ und $\mathbf{z}$ der Systeme (9.2.27) gleichzeitig mit A partitionieren, transformiert sich (9.2.27) zu

$$\begin{bmatrix} I & \\ CD_1^{-1} & I \end{bmatrix} \begin{bmatrix} \mathbf{z}_1 \\ \mathbf{z}_2 \end{bmatrix} = \begin{bmatrix} \mathbf{r}_1 \\ \mathbf{r}_2 \end{bmatrix}, \quad \begin{bmatrix} D_1 & \\ & \bar{D}_2 \end{bmatrix} \begin{bmatrix} \mathbf{x}_1 \\ \mathbf{x}_2 \end{bmatrix} = \begin{bmatrix} \mathbf{z}_1 \\ \mathbf{z}_2 \end{bmatrix},$$

$$\begin{bmatrix} I & D_1^{-1}C^T \\ & I \end{bmatrix} \begin{bmatrix} \tilde{\mathbf{r}}_1 \\ \tilde{\mathbf{r}}_2 \end{bmatrix} = \begin{bmatrix} \mathbf{x}_1 \\ \mathbf{x}_2 \end{bmatrix}. \tag{9.2.35}$$

Diese Systeme können gelöst werden, und man erhält

$$\begin{bmatrix} \mathbf{z}_1 \\ \mathbf{z}_2 \end{bmatrix} = \begin{bmatrix} \mathbf{r}_1 \\ \mathbf{r}_2 - CD_1^{-1}\mathbf{r}_1 \end{bmatrix}, \quad \begin{bmatrix} \mathbf{x}_1 \\ \mathbf{x}_2 \end{bmatrix} = \begin{bmatrix} D_1^{-1}\mathbf{z}_1 \\ \bar{D}_2^{-1}\mathbf{z}_2 \end{bmatrix},$$

$$\begin{bmatrix} \tilde{\mathbf{r}}_1 \\ \tilde{\mathbf{r}}_2 \end{bmatrix} = \begin{bmatrix} \mathbf{x}_1 - D_1^{-1}C^T\mathbf{x}_2 \\ \mathbf{x}_2 \end{bmatrix}$$

beziehungsweise

$$\tilde{\mathbf{r}}_2 = \bar{D}_2^{-1}(\mathbf{r}_2 - CD_1^{-1}\mathbf{r}_1), \qquad \tilde{\mathbf{r}}_1 = D_1^{-1}\mathbf{r}_1 - D_1^{-1}C^T\tilde{\mathbf{r}}_2. \tag{9.2.36}$$

Die Bildung von $\tilde{\mathbf{r}}$ erfordert daher nur Multiplikationen von Vektoren mit Diagonalmatrizen oder mit C und C^T. Daher ist die Lösung des Dreieckssystems im wesentlichen auf die gleichen Operationen reduziert, die für einen SGS-Schritt erforderlich sind. Der obige Ansatz kann auch bei Mehrfarbenschemata angewendet werden.

Wie bei der SGS- oder SSOR-Präkonditionierung reduziert die Verwendung der Schachbrettanordnung oder von Mehrfarbenschemata die Konvergenzrate des ICCG-Verfahrens im Vergleich zur natürlichen Anordnung. Diese Schemata sind aber auf Parallelrechnern mit verteiltem Speicher nützlicher als auf Vektorrechnern.

Im Falle der Schachbrettanordnung erfordert die unvollständige Faktorisierung nur einen sehr geringen Rechenaufwand. Im allgemeinen muß jedoch der Algorithmus aus Abb. 9.2.1 ausgeführt werden. In einigen Fällen kann dies mit einem befriedigenden Grad von Parallelität oder Vektorisierbarkeit erfolgen, ist in jedem Falle jedoch nur einmal zu Beginn des ICCG-Verfahrens erforderlich.

Ergänzende Bemerkungen und Literaturhinweise zu Abschnitt 9.2

1. Zwar geht die Idee der Präkonditionierung des CG-Verfahrens auf Hestenes [1956] zurück, jedoch erfolgte der größte Teil der Forschung zur Präkonditionierung, nachdem die Möglichkeiten des CG-Verfahrens als ein iteratives Verfahren Anfang der siebziger Jahre erkannt worden waren. Concus, Golub und O'Leary [1976] war eine zukunftsweisende Arbeit über Präkonditionierung. Siehe auch Axelsson [1976].

2. Der Ansatz zur Präkonditionierung mit abgebrochenen Reihenentwicklungen wurde auf Vektor- und Parallelrechnern zuerst von Dubois et al. [1979] für den Fall untersucht, daß die Matrix P in (9.2.11) die Hauptdiagonale von A ist, das heißt für das Jacobi-Verfahren als Sekundäriteration. Adams [1982, 1985] untersuchte die Präkonditionierung mit abgebrochenen Reihen im Zusammenhang mit m Schritten einer Sekundäriteration, insbesondere unter Einschluß der Jacobi- und der SSOR-Iteration. Satz 9.2.2 basiert auf dieser Arbeit, vergleiche auch Ortega [1988a] hinsichtlich Beweisen der Sätze 9.2.2-9.2.4.

3. Die Matrix M^{-1} in (9.2.10) wird durch ein spezielles Polynom in der Matrixvariablen H gebildet. Dies legt die Betrachtung allgemeinerer Polynome in H und die Definition

$$M^{-1} = (\alpha_0 I + \alpha_1 H + \cdots + \alpha_{m-1} H^{m-1}) P^{-1}$$

nahe. Die Idee der *polynomialen Präkonditionierung* wurde von Johnson et al. [1983] für den Fall untersucht, daß P die Hauptdiagonale von A ist, und von Adams [1985] für allgemeineres P, einschließlich desjenigen für das SSOR-Verfahren. Vergleiche auch Saad [1985] bezüglich einer Analyse polynomialer Präkonditionierungsverfahren.

4. Eisenstat [1981] erkannte, daß für $M = CC^T$ die Matrix-Vektor-Multiplikation im PCG-Algorithmus durch die Multiplikation mit $K = C + C^T - A$ ersetzt werden kann. Vergleiche auch Ortega [1988a] hinsichtlich einer diesbezüglichen Diskussion. In einigen Fällen, wie beispielsweise der SGS-Präkonditionierung, ist K eine Diagonalmatrix. Eine verwandte Idee wurde von Bank und Douglas [1985] präsentiert. Eine Analyse und ein Vergleich der Prozeduren von Bank-Douglas und von Eisenstat ist in Ortega [1988c] enthalten.

5. Die Idee der unvollständigen Faktorisierung geht zumindest auf Varga [1960] zurück. Meijerink und van der Vorst [1977] betrachten die unvollständige Zerlegung für die Präkonditionierung des CG-Verfahrens und behandeln detailliert das ICCG-Verfahren. Sie zeigen auch, daß eine unvollständige Cholesky-Zerlegung ohne zusätzliches Fill-In für symmetrische M-Matrizen ausgeführt werden kann. (Eine *M-Matrix* besitzt nichtpositive Außerdiagonalelemente und eine Inverse, deren Elemente sämtlich nichtnegativ sind.) Dieses Ergebnis wurde von Manteuffel [1980] auf H-Matrizen erweitert. (Eine Matrix A mit positiven Diagonalelementen ist eine *H-Matrix*, wenn die Matrix $\hat{A}$ mit den Elementen $\hat{a}_{ij} = -|a_{ij}|$, $i \neq j$, und $\hat{a}_{ii} = a_{ii}$ eine M-Matrix ist.) In dieser Arbeit wird auch eine andere, als *Verschiebe-(Shifting-)Strategie* bezeichnete Abhilfe für den Fall, daß eine unvollständige Faktorisierung nicht existiert, diskutiert. Definiere hierzu $\hat{A} = \alpha I + A$. Für eine geeignete Wahl von $\alpha > 0$ ist $\hat{A}$ sicherlich streng diagonaldominant. Es kann gezeigt werden, daß eine streng diagonaldominante Matrix mit positiven Diagonalelementen und nichtpositiven Außerdiagonalelementen eine M-Matrix ist. Daraus folgt, daß $\hat{A}$ eine H-Matrix ist, so daß eine unvollständige Cholesky-Zerlegung ausgeführt werden kann.

6. Kershaw [1978] schlägt als Strategie vor, den aktuellen Wert von l_{ii} in einer unvollständigen Zerlegung durch $\sum |l_{ij}|$ zu ersetzen, um die Diagonaldominanz zu gewährleisten. Eine ähnliche Idee wird von Gustafsson [1978] angegeben, die er als modifiziertes ICCG-Verfahren (MICCG) bezeichnet. Das modifizierte

Verfahren kann mittels eines Parameters α mit dem Wertebereich 0 (unmodifiziert) bis 1 ausgedrückt werden. Die Konvergenzrate ist sehr häufig optimal für ein α, das geringfügig kleiner als Eins ist. Vergleiche Ashcraft und Grimes [1988] hinsichtlich einer weiteren Diskussion und numerischer Ergebnisse.

7. Die Verwendung von Mehrfarbenschemata im ICCG-Verfahren wurde von Schreiber und Tang [1982] vorgeschlagen und von Poole und Ortega [1987] weiterentwickelt. Diese Arbeiten, wie auch diejenige von Ashcraft und Grimes [1988] zeigen auf, daß die Verwendung der Schachbrettanordnung oder von Mehrfarbenschemata die Konvergenzrate verlangsamen kann. Duff und Meurant [1989] berichten später über umfangreiche Experimente mit der unvollständigen Cholesky-Präkonditionierung für eine Gleichung vom Poisson-Typ auf einem 30×30-Gitter in zwei Dimensionen. Sie betrachteten 16 unterschiedliche Anordnungsstrategien, von denen nur sechs Konvergenzraten ergaben, die bei allen Problemen derjenigen der natürlichen Anordnung vergleichbar sind, und nur drei Anordnungen waren zur natürlichen Anordnung äquivalent. Vergleiche auch Ortega [1991] bezüglich einer Übersicht.

8. Eine andere Anwendung des Schachbrettschemas erfolgt in der Formulierung des RSCG (Reduced System Conjugate Gradient)-Verfahrens (detaillierte Angabe sind in Hageman und Young [1981] enthalten). Im Schachbrettsystem (9.2.28) sei die Hauptdiagonale so skaliert, daß D_1 und D_2 Einheitsmatrizen sind. Das *reduzierte System* (das Schur-Komplement-System) lautet dann

$$(I - CC^T)\mathbf{u}_B = \mathbf{b}_B - C\mathbf{b}_R. \tag{9.2.37}$$

Nach Berechnung von $\mathbf{u}_B$ erhält man $\mathbf{u}_R$ aus

$$\mathbf{u}_R = -C^T\mathbf{u}_B + \mathbf{b}_R.$$

Wie in Abschnitt 7.3 gezeigt, ist $I - CC^T$ positiv definit. Daher kann das CG-Verfahren auf (9.2.37) angewendet werden. Dabei muß die Matrix $I - CC^T$ nicht explizit gebildet werden. Die Matrix-Vektor-Multiplikation erfolgt zunächst durch Multiplikation mit C^T und dann mit C. Ein Vorteil des RSCG-Verfahrens besteht darin, daß wir nun im Vergleich zum ursprünglichen System mit Vektoren halber Länge arbeiten. Ein anderer Vorteil ist der, daß die SGS-Präkonditionierung des Ursprungssystems automatisch in (9.2.37) eingebaut ist. Dies folgt aus der Beobachtung, daß die mit SGS präkonditionierte Matrix explizit aus

$$\begin{bmatrix} I & 0 \\ C & I \end{bmatrix}^{-1} \begin{bmatrix} I & C^T \\ C & I \end{bmatrix} \begin{bmatrix} I & 0 \\ C & I \end{bmatrix}^{-T} = \begin{bmatrix} I & 0 \\ 0 & I - CC^T \end{bmatrix}$$

berechnet werden kann (Siehe Keyes und Gropp [1987] bezüglich eines allgemeineren Ergebnisses, das S. Eisenstat zuzuschreiben ist.) Die Konvergenzrate des auf (9.2.37) angewendeten CG-Verfahrens ist daher exakt diejenige des mit SGS präkonditionierten Ursprungssystems. (Man beachte, daß dies eine geringere Konvergenzrate bedeutet als bei SGS-Präkonditionierung des Systems bei natürlicher Anordnung.)

9. Auch bei dem reduzierten System (9.2.37) stellt sich die Frage der Präkonditionierung. Verschiedene Ansätze sind hierfür diskutiert worden. Mansfield [1991] beispielsweise verwendet ein gedämpftes Jacobi-Verfahren. Dies hat den Vorteil, daß die Matrix $I - CC^T$ nicht explizit gebildet werden muß. Auf der anderen Seite zeigen Elman und Golub [1990, 1991], daß die Matrix $I - CC^T$ in (9.2.37) eine Matrix mit neun Diagonalen - und somit immer noch sehr dünnbesetzt - ist, wenn das Ursprungssystem (9.2.28) aus einer Fünf-Punkte-Diskretisierung einer elliptischen Gleichung $\nabla(K\nabla u) = f$ entstanden ist. In diesem Falle kann $I - CC^T$ explizit gebildet und beispielsweise eine unvollständige Cholesky-Präkonditionierung vorgenommen werden.

10. Es wurde eine Anzahl weiterer Präkonditionierer untersucht. Beispielsweise wurden das Mehrgitterverfahren aus Abschnitt 8.3 und die schnellen Poisson-Löser aus Abschnitt 6.3 als Präkonditionierer untersucht. Einen anderen, allgemeinen Ansatz stellt die Verwendung von „Blockverfahren“ dar, siehe hierzu beispielsweise Concus, Golub und Meurant [1985].

11. Hinsichtlich einer weiteren Darstellung paralleler und vektorieller Aspekte der Präkonditionierung in Lehrbüchern sei auf Ortega [1988a] und Dongarra und Duff et al. [1990] verwiesen.

Übungsaufgaben zu Abschnitt 9.2

9.2.1. Man wende das CG-Verfahren auf das System (9.2.3) an, um Iterierte $\hat{\mathbf{x}}_k$ zu erhalten. Man definiere $\mathbf{x}_k = S^T\hat{\mathbf{x}}_k$ und zeige, daß diese $\mathbf{x}_k$ der Gleichung (9.2.4) mit M gemäß (9.2.5) genügen.

9.2.2. Man verwende die Neumann-Entwicklung aus Aufgabe 2.3.18 zum Beweis von Satz 9.2.1, wobei man beachte, daß $A = P - Q = P(I - H)$.

9.2.3. Man zeige, daß $\tilde{\mathbf{r}}$ aus (9.2.11) durch $\mathbf{r}_m$ aus (9.2.12) gegeben ist.

9.2.4. Man zeige, daß für das SOR-Verfahren die Matrix M aus (9.2.10) im allgemeinen nicht für alle $m \geq 1$ und $0 < \omega < 2$ symmetrisch ist.

9.2.5. Man zeige analog zu (9.2.17), daß die Matrixdarstellung des SSOR-Verfahrens wie folgt lautet:

$$\mathbf{x}_{k+1} = (D - \omega U)^{-1}[(1-\omega)D + \omega L](D - \omega L)^{-1}[(1-\omega)D + \omega U]\mathbf{x}_k + \hat{\mathbf{d}},$$

wobei

$$\hat{\mathbf{d}} = \omega(D - \omega U)^{-1}\{[(1-\omega)D + \omega L](D - \omega L)^{-1} + I\}\mathbf{b}.$$

9.2.6. Falls $A = P - Q$, so zeige man, daß die Matrix M^{-1} in (9.2.10b) wie folgt geschrieben werden kann:

$$M^{-1} = P^{-1} + P^{-1}QP^{-1} + P^{-1}QP^{-1}QP^{-1} + \cdots + P^{-1}QP^{-1} \ldots P^{-1}QP^{-1}.$$

Man schließe daraus, daß M^{-1} (und damit auch M) symmetrisch ist, wenn A und P symmetrisch sind.

9.2.7. Man zeige $(I-C)^{-1}C = C(I-C)^{-1}$, wenn $I - C$ regulär ist.

9.2.8. Es seien B und C $n \times n$-Matrizen; B sei symmetrisch und positiv definit. Man zeige, daß C^TBC genau dann positiv definit ist, wenn C regulär ist.

9.2.9. Für den Fall, daß A wie in (5.5.18) identische Hauptdiagonalelemente besitzt, zeige man, daß A und die diagonal skalierte Matrix $\hat{A}$ dieselben l_2-Konditionszahlen besitzen.

9.2.10. Man betrachte das Zweipunkt-Randwertproblem $(a(x)u'(x))' = 0$ mit $u(0) = 0, u(1) = 1$ und $a(x) = 1$ für $0 \leq x < \frac{1}{2}, a(x) = 1000$ für $\frac{1}{2} \leq x \leq 1$. Man löse das aus der Anwendung des Differenzenverfahrens entstehende diskrete System mit dem CG-Verfahren mit und ohne Diagonalskalierung. Man diskutiere die Effizienz der Diagonalskalierung als Präkonditionierer in diesem Falle. Man berechne die Eigenwerte der ursprünglichen und der präkonditionierten Matrizen und vergleiche diese und die Konditionszahlen.

9.2.11. Man zeige, daß L diagonal ist, wenn L eine untere Dreiecksmatrix dergestalt ist, daß LL^T diagonal ist. Man schließe daraus, daß aus der ersten Beziehung in (9.2.30) $L = I$ und $\hat{D}_1 = D_1$ folgt.

9.2.12. Man gebe die notwendigen Details einer parallelen oder vektoriellen Implementierung des m-Schritt-Jacobi-PCG-Verfahrens an.

9.2.13. Man zeige, daß der Algorithmus aus Abb. 9.2.1 bei Anwendung auf eine Tridiagonalmatrix auf eine vollständige Cholesky-Zerlegung führt. Man zeige allgemeiner, daß bei Anwendung des Algorithmus auf eine Bandmatrix, in der keine Nullen innerhalb des Bandes auftreten, das Ergebnis wieder eine vollständige Cholesky-Zerlegung ist.

9.3 Nichtsymmetrische und nichtlineare Probleme

Das CG-Verfahren erfordert, daß die Koeffizientenmatrix A symmetrisch und positiv definit ist, und ist somit nicht direkt auf das System

$$A\mathbf{x} = \mathbf{b} \tag{9.3.1}$$

mit einer nichtsymmetrischen Koeffizientenmatrix anwendbar. Man kann versuchen, entweder (9.3.1) in ein System mit einer symmetrischen Koeffizientenmatrix umzuwandeln oder das CG-Verfahren in geeigneter Weise zu verallgemeinern. Wir werden beide Ansätze diskutieren und auch ein nichtlineares Problem betrachten. Im zweiten Fall werden wir sehen, wie das CG-Verfahren zur Lösung linearer Systeme innerhalb des Newton-Verfahrens angewendet werden kann.

Der Ansatz mit Normalgleichungen

Die (9.3.1) entsprechenden Normalgleichungen (siehe Abschnitt 4.2 und Aufgabe 9.3.1) lauten

$$A^T A\mathbf{x} = A^T\mathbf{b}. \tag{9.3.2}$$

Wenn, wie wir annehmen, A regulär ist, so ist A^TA symmetrisch und positiv definit, und das CG-Verfahren kann auf (9.3.2) angewendet werden. Ein verwandter Ansatz besteht in der Lösung des Systems

$$AA^T\mathbf{y} = \mathbf{b} \tag{9.3.3}$$

mittels des CG-Verfahrens und der Ermittlung von $\mathbf{x}$ aus $\mathbf{x} = A^T\mathbf{y}$.

Die Lösung von (9.3.2) beziehungsweise (9.3.3) hat zwei Nachteile. Einerseits sind Multiplikationen sowohl mit A als auch A^T in jedem Schritt des CG-Verfahrens erforderlich (A^TA wird selten explizit gebildet). Andererseits ist die Konditionszahl von A^TA (oder AA^T) gleich dem Quadrat derjenigen von A (Aufgabe 9.3.2). Trotzdem sind diese Algorithmen auf der Basis von Normalgleichungen manchmal nützlich. (Weitere Anmerkungen erfolgen in den ergänzenden Bemerkungen.)

Aus Gründen, die wir in Kürze erläutern werden, bezeichnen wir das auf (9.3.2) angewendete CG-Verfahren als CGNR und das auf (9.3.3) angewendete als CGNE. Der zuletzt genannte Algorithmus ist manchmal auch unter dem Namen

(a) CGNR	(b) CGNE
$\mathbf{r}_0 = \mathbf{b} - A\mathbf{x}_0, \mathbf{p}_0 = A^T\mathbf{r}_0$	$\mathbf{r}_0 = \mathbf{b} - A\mathbf{x}_0, \mathbf{p}_0 = A^T\mathbf{r}_0$
For $i = 0, 1, \ldots$ bis Abbruchkriterium	For $i = 0, 1, \ldots$ bis Abbruchkriterium
$\alpha_i = -\frac{(A^T\mathbf{r}_i, A^T\mathbf{r}_i)}{(A\mathbf{p}_i, A\mathbf{p}_i)}$	$\alpha_i = -\frac{(\mathbf{r}_i, \mathbf{r}_i)}{(\mathbf{p}_i, \mathbf{p}_i)}$
$\mathbf{x}_{i+1} = \mathbf{x}_i - \alpha_i\mathbf{p}_i$	$\mathbf{x}_{i+1} = \mathbf{x}_i - \alpha_i\mathbf{p}_i$
$\mathbf{r}_{i+1} = \mathbf{r}_i + \alpha_i A\mathbf{p}_i$	$\mathbf{r}_{i+1} = \mathbf{r}_i + \alpha_i A\mathbf{p}_i$
$\beta_i = \frac{(A^T\mathbf{r}_{i+1}, A^T\mathbf{r}_{i+1})}{(A^T\mathbf{r}_i, A^T\mathbf{r}_i)}$	$\beta_i = \frac{(\mathbf{r}_{i+1}, \mathbf{r}_{i+1})}{(\mathbf{r}_i, \mathbf{r}_i)}$
$\mathbf{p}_{i+1} = A^T\mathbf{r}_i + \beta_i\mathbf{p}_i$	$\mathbf{p}_{i+1} = A^T\mathbf{r}_i + \beta_i\mathbf{p}_i$

Abb. 9.3.1 *CG-Algorithmen auf der Basis von Normalgleichungen*

Craig-Verfahren bekannt. Diese Verfahren sind in Abb. 9.3.1 (Aufgabe 9.3.3) in Abhängigkeit vom Residuum $\mathbf{r} = \mathbf{b} - A\mathbf{x}$ aus (9.3.1) zusammengefaßt.

Das Verfahren der konjugierten Residuen

Wir betrachten nun einen anderen Ansatz, der in engem Zusammenhang zu dem Ansatz über die Normalgleichungen steht. Wenn A symmetrisch und positiv definit ist, entsteht das CG-Verfahren aus der Minimierung der quadratischen Funktion

$$q_1(\mathbf{x}) = \mathbf{x}^T A\mathbf{x} - 2\mathbf{b}^T\mathbf{x} + c. \tag{9.3.4}$$

Für nichtsymmetrisches A können wir eine Lösung von (9.3.1) durch Minimierung von (9.3.4) nicht erreichen, aber wir können versuchen, das Residuum zu minimieren. Wir definieren daher

$$\begin{aligned} q_2(\mathbf{x}) &= \|\mathbf{b} - A\mathbf{x}\|_2^2 = (\mathbf{b} - A\mathbf{x})^T(\mathbf{b} - A\mathbf{x}) \\ &= \mathbf{x}^T A^T A\mathbf{x} - 2\mathbf{b}^T A\mathbf{x} + \mathbf{b}^T\mathbf{b}. \end{aligned} \tag{9.3.5}$$

Die Minimierung von (9.3.5) durch das CG-Verfahren ist daher zur Anwendung des CG-Verfahrens auf die Normalgleichungen (9.3.2) äquivalent. Dies ist der Grund für die Bezeichnungsweise CGNR - das R steht für minimales Residuum.

Als nächstes nehmen wir an, daß der Fehler $\|\mathbf{x}-A^{-1}\mathbf{b}\|_2$ anstelle des Residuums minimiert werden soll. Da

$$\|\mathbf{x} - A^{-1}\mathbf{b}\|_2^2 = \mathbf{x}^T\mathbf{x} - 2\mathbf{b}^TA^{-T}\mathbf{x} + \mathbf{b}^TA^{-T}A^{-1}\mathbf{b} \tag{9.3.6}$$

gilt, führt der Variablenwechsel $\mathbf{x} = A^T\mathbf{y}$ die Gleichung (9.3.6) in

$$\mathbf{y}^TAA^T\mathbf{y} - 2\mathbf{b}^T\mathbf{y} + \mathbf{b}^TA^{-T}A^{-1}\mathbf{b} \tag{9.3.7}$$

über. Die Minimierung von (9.3.7) durch das CG-Verfahren ist dann äquivalent zum CGNE-Algorithm in Abb. 9.3.1(b); hier steht E für den minimalen Fehler.

Bevor wir die Diskussion des nichtsymmetrischen Falles fortsetzen, betrachten wir den Unterschied zwischen der Minimierung von (9.3.4) und (9.3.5) für symmetrisches, positiv definites A. In diesem Falle, wenn $\hat{\mathbf{x}}$ die Lösung von $A\mathbf{x} = \mathbf{b}$ und $\mathbf{e} = \mathbf{x} - \hat{\mathbf{x}}$ den Fehler für eine beliebige Näherung $\mathbf{x}$ bezeichnen, können wir unter Verwendung von $\mathbf{b} = A\hat{\mathbf{x}}$ und $\mathbf{c} = \mathbf{b}^T\hat{\mathbf{x}}$ die Größe q_1 auf die Form

$$q_1(\mathbf{x}) = \mathbf{x}^TA\mathbf{x} - 2\mathbf{x}^TA\hat{\mathbf{x}} + \hat{\mathbf{x}}^TA\hat{\mathbf{x}} = \mathbf{e}^TA\mathbf{e} = \|\mathbf{e}\|_A^2 \tag{9.3.8}$$

bringen. Mittels der grundlegenden Beziehung $\mathbf{r} = A\mathbf{e}$ läßt sich ferner q_2 umschreiben als

$$q_2(\mathbf{x}) = \|\mathbf{r}\|_2^2 = \|A\mathbf{e}\|_2^2 = \|\mathbf{e}\|_{A^2}^2. \tag{9.3.9}$$

In beiden Fällen versuchen wir somit, $\|\mathbf{e}\|$ - allerdings in unterschiedlichen Normen - zu minimieren. Dies ergibt unterschiedliche Algorithmen. Das Verfahren der *konjugierten Residuen* minimiert (9.3.9) und kann wie in Abb. 9.3.2 gezeigt aufgeschrieben werden. Dieser Algorithmus ist auch durch Anwendung des präkonditionierten CG-Verfahrens mit Präkonditionierung durch $M = A^{-1}$ auf die Gleichung $A^2\mathbf{x} = A\mathbf{b}$ herleitbar (Aufgabe 9.3.4).

Im Verfahren der konjugierten Residuen aus Abb. 9.3.2 wird im letzten Schritt $A\mathbf{p}_i$ durch eine axpy-Operation aktualisiert, so daß Matrix-Vektor-Multiplikationen nur für $A\mathbf{r}_{i+1}$ benötigt werden. Aufgrund der Präkonditionierung durch A^{-1} ist die Konvergenzrate dieses Algorithmus wie beim CG-Verfahren durch $\text{cond}(A)$ anstelle von $\text{cond}(A^TA)$ beim Ansatz mit Normalgleichungen bestimmt (Aufgabe 9.3.4).

$$\mathbf{p}_0 = \mathbf{r}_0 = \mathbf{b} - A\mathbf{x}_0$$

For $i = 0, 1, \ldots$ bis Abbruchkriterium

$$\alpha_i = -(\mathbf{r}_i, A\mathbf{r}_i)/(A\mathbf{p}_i, A\mathbf{p}_i)$$
$$\mathbf{x}_{i+1} = \mathbf{x}_i - \alpha_i \mathbf{p}_i$$
$$\mathbf{r}_{i+1} = \mathbf{r}_i + \alpha_i A\mathbf{p}_i$$
$$\beta_i = (\mathbf{r}_{i+1}, A\mathbf{r}_{i+1})/(\mathbf{r}_i, A\mathbf{r}_i)$$
$$\mathbf{p}_{i+1} = \mathbf{r}_{i+1} + \beta_i \mathbf{p}_i$$
$$A\mathbf{p}_{i+1} = A\mathbf{r}_{i+1} + \beta_i A\mathbf{p}_i$$

Abb. 9.3.2 *Das Verfahren der konjugierten Residuen*

Das verallgemeinerte Verfahren der konjugierten Gradienten

Es ist verlockend, das Verfahren der konjugierten Residuen aus Abb. 9.3.2 für nichtsymmetrische Matrizen zu betrachten. Ein offensichtliches Problem besteht darin, daß β_i möglicherweise nicht wohldefiniert ist, da der Nenner Null werden kann. Dieses Problem existiert nicht für nichtsymmetrische positiv definite Matrizen (das heißt $\mathbf{x}^T A\mathbf{x} > 0$ für alle reellen $\mathbf{x} \neq 0$), jedoch gibt es ein grundsätzlicheres Problem: Wir verlieren die Orthogonalität der $\mathbf{p}_i$. In der Tat garantiert die Definition von β_i in Abb. 9.3.2 nicht einmal, daß $\mathbf{p}_{i+1}$ für nichtsymmetrisches A zu $\mathbf{p}_i$ $A^T A$-orthogonal ist. Um diese Eigenschaft zu erhalten, definieren wir β_i stattdessen als

$$\beta_i = -(A\mathbf{p}_i, A\mathbf{r}_{i+1})/(A\mathbf{p}_i, A\mathbf{p}_i), \tag{9.3.10}$$

was $(A\mathbf{p}_{i+1}, A\mathbf{p}_i) = 0$ gewährleistet (Aufgabe 9.3.5). Hieraus folgt jedoch nicht, daß $\mathbf{p}_{i+1}$ $A^T A$-orthogonal zu allen vorangehenden $\mathbf{p}_i$ ist. Um dies zu gewährleisten, müssen wir die $\mathbf{p}_i$ wie in Abb. 9.3.3 umdefinieren.

Die Definition von $\mathbf{p}_{i+1}$ in Abb. 9.3.3 gewährleistet $(A\mathbf{p}_{i+1}, A\mathbf{p}_j) = 0$ für $j = 0, \ldots, i$. Dies garantiert nun, daß die Iterierten $\mathbf{x}_i$ in exakter Arithmetik in nicht mehr als n Schritten gegen die Lösung konvergieren. Jedoch ist es erforderlich, alle $\mathbf{p}_j$ zu speichern und einen mit wachsendem i zunehmenden Rechenaufwand zu bewältigen. Sowohl der Speicherbedarf als auch die Rechenkomplexität sind dann nicht mehr tolerierbar, und dieses Verfahren ist in der Praxis unbrauchbar.

$\mathbf{p}_0 = \mathbf{r}_0 = \mathbf{b} - A\mathbf{x}_0$

For $i = 0, 1, \ldots$ bis Abbruchkriterium

$\alpha_i = -(\mathbf{r}_i, A\mathbf{p}_i)/(A\mathbf{p}_i, A\mathbf{p}_i)$

$\mathbf{x}_{i+1} = \mathbf{x}_i - \alpha_i \mathbf{p}_i$

$\mathbf{r}_{i+1} = \mathbf{r}_i + \alpha_i A\mathbf{p}_i$

For $j = 0, \ldots, i$

$\beta_j^{(i)} = -(A\mathbf{r}_{i+1}, A\mathbf{p}_i)/(A\mathbf{p}_j, A\mathbf{p}_j)$

$\mathbf{p}_{i+1} = \mathbf{r}_{i+1} + \sum_{j=0}^{i} \beta_j^{(i)} \mathbf{p}_j$

$A\mathbf{p}_{i+1} = A\mathbf{r}_{i+1} + \sum_{j=0}^{i} \beta_j^{(i)} A\mathbf{p}_j$

Abb. 9.3.3 *verallgemeinertes Verfahren der konjugierten Residuen*

Neustart und Abbruch

Es gibt zwei Standardansätze zur Reduktion des Rechenaufwandes und des Speicherplatzbedarfs im verallgemeinerten Verfahren der konjugierten Residuen. Der erste wird *Abbruch* genannt. In diesem werden nur die k vorangehenden Vektoren $\mathbf{p}_i, \ldots, \mathbf{p}_{i-k+1}$ beibehalten. Wir definieren dann

$$\mathbf{p}_{i+1} = \mathbf{r}_{i+1} + \sum_{j=i-k+1}^{i} \beta_j^{(i)} \mathbf{p}_j, \tag{9.3.11}$$

wobei $\beta_j^{(i)}$ wie in Abb. 9.3.3 definiert ist. Dieses so modifizierte Verfahren ist als *Orthomin(k)* bekannt. Für symmetrisches, positiv definites A ist *Orthomin(1)* gerade das Verfahren der konjugierten Residuen.

Der zweite Ansatz besteht in einem *Neustart* nach $k+1$ Schritten. Daher ist $\mathbf{p}_i$ wie in Abb. 9.3.3 für $i = 0, \ldots, k$ definiert. Der Prozeß wird dann mit $\mathbf{p}_{k+1}$ erneut gestartet. Dies ist das *GCR(k)-Verfahren*, welches weniger Rechenaufwand pro Iteration als *Orthomin(k)* verursacht, da im Durchschnitt weniger Orthogonalisierungen ausgeführt werden. Sowohl das Abbrechen als auch das Neustarten zerstören die Eigenschaft der endlichen Konvergenz.

Man beachte *GCR(1)* $\neq$ *Orthomin(1)*. Jedoch gilt *GCR(0)* $=$ *Orthomin(0)*, ein Verfahren, das auch als Verfahren des *minimalen Residuums* bekannt ist, in dem keines der vorangehenden $\mathbf{p}_i$ beibehalten wird. In diesem Falle gilt $\mathbf{p}_{i+1} = \mathbf{r}_{i+1}$, so daß die Richtungsvektoren die aktuellen Residuen sind.

Das Verfahren der bikonjugierten Gradienten

Wir betrachten nun einen anderen Ansatz, der darauf basiert, zwei Folgen von Vektoren $\{\mathbf{v}_i\}$ and $\{\mathbf{w}_i\}$ zu erzeugen, die *biorthogonal* sind:

$$\mathbf{w}_i^T \mathbf{v}_j = 0, \quad i \neq j. \tag{9.3.12}$$

Wir geben zunächst eine Form eines auf dieser Idee basierenden Algorithmus an, des in Abb. 9.3.4 gezeigten Verfahrens der *bikonjugierten Gradienten* (BCG).

$\mathbf{r}_0 = \mathbf{b} - A\mathbf{x}_0, \beta_0 = \|\mathbf{r}_0\|_2, \mathbf{v}_0 = \mathbf{w}_0 = 0,$

$\mathbf{v}_1 = \mathbf{w}_1 = \mathbf{r}_0/\beta_0, d_0 = 1$

For $i = 1, 2, \ldots$ bis Abbruchkriterium

$$d_i = \mathbf{w}_i^T \mathbf{v}_i \tag{9.3.13a}$$

$$\alpha_i = (\mathbf{w}_i^T A \mathbf{v}_i)/d_i \tag{9.3.13b}$$

$$\beta_i = d_i/d_{i-1} \tag{9.3.13c}$$

$$\mathbf{v}_{i+1} = A\mathbf{v}_i - \alpha_i \mathbf{v}_i - \beta_i \mathbf{v}_{i-1} \tag{9.3.13d}$$

$$\mathbf{w}_{i+1} = A^T \mathbf{w}_i - \alpha_i \mathbf{w}_i - \beta_i \mathbf{w}_{i-1} \tag{9.3.13e}$$

$$\mathbf{y}_i = \beta_0 T_i^{-1} \mathbf{e}_1 \tag{9.3.13f}$$

$$\|\mathbf{r}_i\|_2 = \|\mathbf{v}_{i+1}\|_2 |\mathbf{e}_i^T \mathbf{y}_i| \tag{9.3.13g}$$

Nach Erfüllung des Abbruchkriteriums $\mathbf{x}_k = \mathbf{x}_0 + V_k \mathbf{y}_k$ (9.3.13h)

Abb. 9.3.4 Algorithmus der bikonjugierten Gradienten

Der Kern des BCG-Algorithmus besteht aus den Dreiterm-Rekursionen (9.3.13d) und (9.3.13e) zur Berechnung der $\mathbf{v}_j$ und $\mathbf{w}_j$. Die $\mathbf{v}_j$ und die $\mathbf{w}_j$ werden die *rechten bzw. linken Lanczos-Vektoren* genannt. Die α_i und β_i sind so definiert, daß die Orthogonalitätsbeziehungen (9.3.12) erfüllt sind. Mit ihrer Hilfe definieren wir die Tridiagonalmatrizen

$$T_i = \begin{bmatrix} \alpha_1 & \beta_2 & & \\ 1 & \alpha_2 & \ddots & \\ & \ddots & \ddots & \beta_i \\ & & 1 & \alpha_i \end{bmatrix}. \tag{9.3.14}$$

Der Vektor $\mathbf{y}_i$ in (9.3.13f) ist dann die Lösung von $T_i\mathbf{y}_i = \beta_0\mathbf{e}_1$.

Wir definieren die $n \times i$-Matrizen V_i und W_i durch

$$V_i = (\mathbf{v}_1, \ldots, \mathbf{v}_i), \qquad W_i = (\mathbf{w}_1, \ldots, \mathbf{w}_i). \tag{9.3.15}$$

Die Orthogonalitätsbeziehungen (9.3.12) zusammen mit (9.3.13a) sind dann mit

$$W_i^T V_i = D_i = \operatorname{diag}(d_1, \ldots, d_i) \tag{9.3.16}$$

gleichbedeutend, und mittels der Matrizen V_i, W_i und T_i lassen sich die Rekursionen (9.3.13d,e) in der Form

$$AV_i = V_iT_i + \mathbf{v}_{i+1}\mathbf{e}_i^T, \quad A^TW_i = W_iT_i + \mathbf{w}_{i+1}\mathbf{e}_i^T \tag{9.3.17}$$

schreiben. Mit (9.3.16) ergibt die erste der Beziehungen (9.3.17) nach Multiplikation mit W_i^T

$$W_i^TAV_i = W_i^TV_iT_i + W_i^T\mathbf{v}_{i+1}\mathbf{e}_i^T = D_iT_i, \tag{9.3.18}$$

da $W_i^T\mathbf{v}_{i+1} = 0$ wegen (9.3.12).

Nun erläutern wir die Berechnung (9.3.13g). Bei Verwendung von (9.3.13h) und (9.3.17), erhalten wir

$$\begin{aligned} \mathbf{r}_i &= \mathbf{b} - A\mathbf{x}_i = \mathbf{b} - A\mathbf{x}_0 - AV_i\mathbf{y}_i \\ &= \mathbf{r}_0 - V_iT_i\mathbf{y}_i - \mathbf{v}_{i+1}\mathbf{e}_i^T\mathbf{y}_i = -\mathbf{e}_i^T\mathbf{y}_i\mathbf{v}_{i+1} \end{aligned} \tag{9.3.19}$$

unter Verwendung von

$$V_iT_i\mathbf{y}_i = V_i\beta_0\mathbf{e}_1 = \beta_0\mathbf{v}_1 = \mathbf{r}_0. \tag{9.3.20}$$

Als Konsequenz aus (9.3.19) können wir $\|\mathbf{r}_i\|_2$ effizient in Abhängigkeit von $\mathbf{v}_{i+1}$ und der letzten Komponente von $\mathbf{y}_i$ berechnen.

Man beachte, daß die Näherungen $\mathbf{x}_i$ an die Lösung im BCG-Algorithmus nicht verwendet werden. Daher besteht auch nicht die Notwendigkeit ihrer Berechnung vor Eintritt der durch $\|\mathbf{r}_i\|_2$ bestimmten Konvergenz. Erfolgt dies im k-ten Iterationsschritt, so erhält man $\mathbf{x}_k$ in (9.3.13h) als $\mathbf{x}_0$ zuzüglich einer Linearkombination von $\mathbf{v}_1, \ldots, \mathbf{v}_k$. Diese spezielle Linearkombination resultiert aus dem Kriterium, daß das Residuum $\mathbf{r}_i = \mathbf{b} - A\mathbf{x}_i$ orthogonal zu $\mathbf{w}_1, \ldots, \mathbf{w}_i$ ist. Mit der Linearkombination $V_i\mathbf{y}_i$ folgt

$$\mathbf{r}_i = \mathbf{r}_0 - AV_i\mathbf{y}_i, \tag{9.3.21}$$

und das Orthogonalitätskriterium kann als

$$W_i^T(\mathbf{r}_0 - AV_i\mathbf{y}_i) = 0$$

oder

$$W_i^T AV_i\mathbf{y}_i = W_i^T\mathbf{r}_0 \tag{9.3.22}$$

geschrieben werden. Wegen (9.3.18) gilt $W_i^T AV_i = D_iT_i$ und unter Beachtung von $\mathbf{r}_0 = \beta_0\mathbf{v}_1$ sowie (9.3.12) und (9.3.13a) erhält man $W_i^T\mathbf{r}_0 = d_1\beta_0\mathbf{e}_1$. Daher ist (9.3.22) äquivalent zu $T_i\mathbf{y}_i = \beta_0\mathbf{e}_1$. Auf diese Weise entsteht die Vorschrift (9.3.13f) für $\mathbf{y}_i$.

Das BCG-Verfahren weist mehrere Nachteile auf. Es sind Multiplikationen sowohl mit A als auch A^T erforderlich. Die Lösung von Tridiagonalsystemen (9.3.13f) stellt einen Engpaß bei paralleler Rechnung dar. Ferner verhalten sich die Normen $\|\mathbf{r}_i\|_2$ manchmal sehr unregelmäßig, und das Verfahren kann abbrechen. Dieser Abbruch tritt ein, wenn $d_i = 0$ für ein i wird. Das Verfahren kann instabil sein, wenn zwar $d_i \neq 0$ gilt, d_i jedoch sehr klein ist. Mögliche Abhilfen für diese Schwierigkeiten werden in den ergänzenden Bemerkungen genannt.

Der Arnoldi-Prozeß

Im BCG-Verfahren wird im wesentlichen A zu einer Tridiagonalmatrix reduziert. Im Arnoldi-Prozeß wird nur eine einzige Folge von Vektoren erzeugt, und die Matrix A wird auf Hessenberg-Form anstelle einer Tridiagonalform reduziert. Der Algorithmus zur Erzeugung dieser Vektoren ist in Abb. 9.3.5 gezeigt.

$\mathbf{v}_1$ gegeben, $\|\mathbf{v}_1\|_2 = 1$

For $j = 1$ to n

$$h_{ij} = (\mathbf{v}_i, A\mathbf{v}_j), \quad i = 1, \ldots, j, \tag{9.3.23a}$$

$$\hat{\mathbf{v}}_{j+1} = A\mathbf{v}_j - \textstyle\sum_{i=1}^{j} h_{ij}\mathbf{v}_i \tag{9.3.23b}$$

$$h_{j+1,j} = \|\hat{\mathbf{v}}_{j+1}\|_2 \tag{9.3.23c}$$

$$\mathbf{v}_{j+1} = \hat{\mathbf{v}}_{j+1}/h_{j+1,j}. \tag{9.3.23d}$$

Abb. 9.3.5 Der Arnoldi-Prozeß

Die im Arnoldi-Prozeß erzeugten $\mathbf{v}_j$ sind orthonormal, wie wir nun durch Induktion zeigen werden. Es seien $\mathbf{v}_1, \ldots, \mathbf{v}_j$ bereits als orthonormal nachgewiesen. Für $i \leq j$ gilt dann

$$\mathbf{v}_i^T \hat{\mathbf{v}}_{j+1} = \mathbf{v}_i^T (A\mathbf{v}_j - \sum_{l=1}^{j} h_{lj}\mathbf{v}_l) = h_{ij} - h_{ij} = 0.$$

Daher ist $\hat{\mathbf{v}}_{j+1}$ orthogonal zu allen vorangehenden $\mathbf{v}_i$, und in (9.3.23d) wird $\hat{\mathbf{v}}_{j+1}$ auf die Länge 1 normalisiert.

Analog zu (9.3.17) können wir (9.3.23b,c,d) als

$$AV_j = V_j H_j + h_{j+1,j}\mathbf{v}_{j+1}\mathbf{e}_j^T \tag{9.3.24}$$

umschreiben, wobei V_j die Matrix mit den Spalten $\mathbf{v}_1, \ldots, \mathbf{v}_j$ und H_j eine obere Hessenberg-Matrix mit den Elementen h_{kl} ist. Aufgrund der Orthonormalität der $\mathbf{v}_i$ haben wir $V_j^T \mathbf{v}_{j+1} = 0$ und $V_j^T V_j = I$, so daß (9.3.24)

$$V_j^T A V_j = H_j \tag{9.3.25}$$

ergibt, was (9.3.18) entspricht. Es ist diese Reduktion auf Hessenberg-Gestalt, die der Arnoldi-Prozeß leistet.

Das FOM-, das IOM- und die GMRES-Verfahren

Der Arnoldi-Prozeß bildet die Basis für die verschiedensten Verfahren zur Lösung von $A\mathbf{x} = \mathbf{b}$. Das erste ist das *Verfahren der vollständigen Orthogonalisierung* (FOM). Im i-ten Schritt erhalten wir H_i und V_i. Damit ergibt sich analog zu (9.3.13f,h) im BCG-Verfahren eine neue Näherung $\mathbf{x}_i$ der Lösung aus

$$H_i \mathbf{y}_i = \beta_0 \mathbf{e}_1 \tag{9.3.26}$$

$$\mathbf{x}_i = \mathbf{x}_0 + V_i \mathbf{y}_i \tag{9.3.27}$$

mit $\beta_0 = \|\mathbf{r}_0\|_2$ und $\mathbf{v}_1 = \mathbf{r}_0/\beta_0$. Unter Verwendung von (9.3.27) und (9.3.24) erhält man statt (9.3.19) jetzt

$$\mathbf{r}_i = \mathbf{r}_0 - V_i H_i \mathbf{y}_i - h_{i+1,i} \mathbf{v}_{i+1} \mathbf{e}_i^T \mathbf{y}_i = -h_{i+1,i} \mathbf{e}_i^T \mathbf{y}_i \mathbf{v}_{i+1}. \tag{9.3.28}$$

Wegen $\|\mathbf{v}_{i+1}\|_2 = 1$ gilt daher

$$\|\mathbf{r}_i\|_2 = |h_{i+1,1} \mathbf{e}_i^T \mathbf{y}_i|. \tag{9.3.29}$$

Die $\|\mathbf{r}_i\|_2$ können also effizient zur Konvergenzüberprüfung überwacht werden, ohne daß die Iterierten $\mathbf{x}_i$ berechnet werden müssen. Wie das verallgemeinerte Verfahren der konjugierten Residuen leidet das FOM Verfahren darunter, daß alle $\mathbf{v}_i$ gespeichert bleiben müssen. Dieser zusätzliche Speicherplatzbedarf kann zusammen mit dem Rechenaufwand des Arnoldi-Prozesses unvertretbar teuer werden. Auch hier kann man eine abgeschnittene Version als *Verfahren der unvollständigen Orthogonalisierung* (IOM) sinnvoll sein, in dem nur die letzten k Vektoren $\mathbf{v}_i, \ldots, \mathbf{v}_{i-k+1}$ beibehalten und die $\mathbf{v}_{i+1}$ orthogonal zu diesen transformiert werden. Die Hessenberg-Matrizen H_i sind dann Bandmatrizen mit der Bandbreite k.

Im *verallgemeinerten Verfahren des minimalen Residuums* (GMRES) wird wieder der Arnoldi-Prozeß zur Erzeugung von $\mathbf{v}_1, \mathbf{v}_2, \ldots$ verwendet. $\mathbf{x}_i$ erhält man wie in (9.3.27). Der Vektor $\mathbf{y}_i$ wird jedoch anders berechnet. Es sei

$$\overline{H}_i = \begin{bmatrix} H_i \\ h_{i+1,i} \mathbf{e}_i^T \end{bmatrix} \tag{9.3.30}$$

die $(i+1) \times i$-Hessenberg-Matrix, deren $(i+1)$-te Zeile mit Ausnahme von $h_{i+1,i}$ gleich Null ist. Dann ist $\mathbf{y}_i$ als Lösung des Minimierungsproblems

$$\min_{\mathbf{y}} \|\overline{H}_i \mathbf{y} - \beta_0 \mathbf{e}_1\|_2 \tag{9.3.31}$$

definiert. Wie in Abschnitt 6.3 diskutiert, kann dieses Minimierungsproblem mit der QR-Faktorisierung wie folgt gelöst werden. Es sei

$$Q_i\overline{H}_i = \overline{R}_i = \begin{bmatrix} R_i \\ 0 \end{bmatrix},$$

wobei Q_i eine $(i+1) \times (i+1)$-Orthogonalmatrix und R_i eine $i \times i$-Matrix mit oberer Dreiecksgestalt ist. Um $\mathbf{y}_i$ zu erhalten, lösen wir das System

$$R_i\mathbf{y} = \beta_0\mathbf{q}, \tag{9.3.32}$$

wobei $\mathbf{q}$ die erste Spalte von Q_i ist, in der das letzte Element gelöscht sei. Man beachte, daß die Bildung von Q_i effizient durch Givens-Transformationen bewerkstelligt werden kann, da $\overline{H}_i$ eine Hessenberg-Matrix ist.

Um diese Art und Weise der Berechnung von $\mathbf{y}_i$ zu derjenigen in (9.3.26) in Verbindung zu setzen, beachte man, daß der Vektor $\overline{H}_i\mathbf{y} - \beta_0\mathbf{e}_1$ aus (9.3.31) durch

$$\begin{bmatrix} H_i\mathbf{y} - \beta_0\mathbf{e}_1 \\ h_{i+1,i}\mathbf{e}_i^T\mathbf{y} \end{bmatrix}$$

gegeben ist. Wenn (9.3.26) benutzt wird, um $\mathbf{y}_i$ zu erhalten, so gilt $H_i\mathbf{y}_i - \beta_0\mathbf{e}_1 = 0$, und $h_{i+1,i}\mathbf{e}_i^T\mathbf{y}$ wird duch $\mathbf{y} = \mathbf{y}_i$ bestimmt. Andererseits ist die nächste Iterierte $\mathbf{x}_i$ durch (9.3.27) gegeben, so daß

$$\mathbf{r}_i = \mathbf{r}_0 - AV_i\mathbf{y}_i = \beta_0\mathbf{v}_1 - AV_i\mathbf{y}_i$$

gilt. Aus (9.3.24) und (9.3.30) folgt

$$AV_i\mathbf{y}_i = V_iH_i\mathbf{y}_i + h_{i+1,i}\mathbf{v}_{i+1}\mathbf{e}_i^T\mathbf{y}_i = V_{i+1}\overline{H}_i\mathbf{y}_i,$$

was

$$\mathbf{r}_i = \beta_0\mathbf{v}_1 - V_{i+1}\overline{H}_i\mathbf{y}_i = V_{i+1}(\beta_0\mathbf{e}_1 - \overline{H}_i\mathbf{y}_i)$$

ergibt. Da die Spalten von V_{i+1} orthonormal sind, erhalten wir

$$\|\mathbf{r}_i\|_2 = \|V_{i+1}(\beta_0\mathbf{e}_1 - \overline{H}_i\mathbf{y}_i)\|_2 = \|\beta_0\mathbf{e}_1 - \overline{H}_i\mathbf{y}_i\|_2. \tag{9.3.33}$$

Bei Verwendung von (9.3.31) wird daher das Residuum im i-ten Schritt minimiert und ist in diesem Sinne eine bessere Wahl, als $\mathbf{y}_i$ mit Hilfe von (9.3.26) zu bestimmen. Insbesondere erwartet man in jedem Schritt kleinere Residuen als beim FOM-Verfahren.

Wie in (9.3.29) ist es möglich, die Norm des Residuums in jedem Schritt ökonomisch zu bestimmen, ohne dabei die Näherung $\mathbf{x}_i$ zu berechnen. Mit dem QR-Prozeß für (9.3.31) erhalten wir aus (9.3.33)

$$\|\mathbf{r}_i\|_2 = \|Q_i(\beta_0\mathbf{e}_1 - \overline{H}_i\mathbf{y}_i)\|_2 = \|\beta_0\mathbf{q}_1 - R_i\mathbf{y}_i\|_2, \tag{9.3.34}$$

wobei $\mathbf{q}_1$ die erste Spalte von Q_i ist. Da $\mathbf{y}_i$ die Lösung des Systems (9.3.32) ist, reduziert sich (9.3.34) auf

$$\|\mathbf{r}_i\|_2 = \beta_0 \times |\text{ letzte Komponente von } \mathbf{q}_1|, \tag{9.3.35}$$

und fällt daher praktisch bei der Berechnung von $\mathbf{y}_i$ mit ab.

Das GMRES-Verfahren leidet unter der gleichen Schwierigkeit wie das FOM-Verfahren, nämlich daß alle $\mathbf{v}_i$ gespeichert bleiben müssen. Folglich ist es üblich, eine als GMRES(k) bezeichnete Version mit Neustarts nach jeweils k Schritten zu verwenden.

Präkonditionierung

Das GMRES-Verfahren sollte, wie auch alle anderen Verfahren, im allgemeinen mit Präkonditionierung angewendet werden. Da A nichtsymmetrisch ist, wird die Präkonditionierung $\hat{A} = S^T AS$ des symmetrischen Falls ersetzt durch

$$\hat{A} = S_1 A S_2, \tag{9.3.36}$$

wobei S_1 und S_2 regulär sind. Für $S_2 = I$ wird (9.3.36) als *Links-Präkonditionierung*, für $S_1 = I$ als *Rechts-Präkonditionierung* bezeichnet. Falls $M = (S_2 S_1)^{-1}$ gilt, so erhalten wir entsprechend (9.2.6)

$$M^{-1}A = S_2 S_1 A S_2 S_2^{-1} = S_2 \hat{A} S_2^{-1},$$

so daß $M^{-1}A$ ähnlich zu $\hat{A}$ ist.

Wie im symmetrischen Fall führt man (9.3.36) nicht explizit aus, sondern integriert Lösungen von Hilfssystemen mit den Koeffizientenmatrizen M oder S_1^{-1} und S_2^{-1} in den Algorithmus. Für die Rechts-Präkonditionierung beispielsweise ist die Matrix $\hat{A}$ in (9.3.36) durch AM^{-1} gegeben. Um diese Präkonditionierung in den Arnoldi-Prozeß für den GMRES-Algorithmus einzubauen, wird die

Multiplikation $A\mathbf{v}_i$ in (9.3.23) durch $AM^{-1}\mathbf{v}_i$ ersetzt. Um dies auszuführen, löst man erst das System $M\mathbf{y} = \mathbf{v}_i$ und führt dann die Multiplikation $A\mathbf{y}$ aus.

Einer der am häufigsten verwendeten Präkonditionierer für nichtsymmetrische Matrizen ist die *unvollständige LU-Zerlegung (ILU)*, die der unvollständigen Cholesky-Zerlegung für symmetrische Matrizen entspricht. Abb. 9.3.6 zeigt einen Pseudocode für eine Faktorisierung ohne Fill-In.

```
For k = 1 to n
  For i = k + 1 to n
    If (a_ki = 0) then l_ik = 0
    else
      l_ik = a_ik / a_kk
      For j = k + 1 to n
        If (a_ij ≠ 0) then
          a_ij = a_ij − l_ik a_kj
```

Abb. 9.3.6 *ILU-Faktorisierung ohne Fill-In*

In Abb. 9.3.6 wird $l_{ik} = 0$ gesetzt, falls $a_{ki} = 0$ gilt, und die Aktualisierung der i-ten Zeile der Matrix übersprungen. Daher werden in der i-ten Zeile keine Elemente geändert. Im Falle $a_{ki} \neq 0$ werden nur diejenigen Elemente in der i-ten Zeile aktualisiert, die schon ungleich Null sind, so daß kein Fill-In erlaubt ist. Nach Beendigung der ILU-Faktorisierung haben wir eine untere Dreiecksmatrix L mit Einsen auf der Hauptdiagonale und eine obere Dreiecksmatrix U dergestalt, daß sowohl L als auch U nichtverschwindende Außerdiagonalelemente in denselben Positionen wie in den entsprechenden Dreiecksteilen von A aufweisen. Die Präkonditionierungsmatrizen sind dann $S_1 = L^{-1}, S_2 = U^{-1}$ und $M = LU$. Wie bei der unvollständigen Cholesky-Faktorisierung besteht eine übliche Modifikation des Prinzips der Vermeidung von Fill-In in der Berechnung von l_{ik} und der nachfolgenden Setzung auf Null, falls $|l_{ik}| \leq \varepsilon$ für einen geeigneten Schwellwertparameter ε ausfällt. Wie bei symmetrischen Matrizen kann die Präkonditionierung nichtsymmetrischer Matrizen auch durch Sekundäriterationsverfahren wie Jacobi oder SSOR erreicht werden.

Nichtlineare Probleme

Wir schließen diesen Abschnitt ab mit der Betrachtung der nichtlinearen partiellen Differentialgleichung

$$u_{xx} + u_{yy} = f(u) \tag{9.3.37}$$

auf dem Einheitsquadrat als Lösungsgebiet und mit Dirichlet-Randbedingungen. Hierbei ist f eine gegebene nichtlineare Funktion einer Variablen. In Abschnitt 5.3 haben wir die entsprechenden Randwertprobleme für gewöhnliche Differentialgleichungen behandelt. Die gleichen Ideen wie dort können auf (9.3.37) angewendet werden. Wir diskretisieren die partiellen Ableitungen in (9.3.37) wie in Abschnitt 5.5 und erhalten die diskreten Gleichungen

$$-u_{i,j-1} - u_{i,j+1} - u_{i-1,j} - u_{i+1,j} - 4u_{ij} = -h^2 f(u_{ij}) \tag{9.3.38}$$

für $i, j = 1, \ldots, N$. Dies ist ein System von $n = N^2$ nichtlinearen Gleichungen in den Unbekannten u_{ij}. Beim natürlichen, zeilenweisen Durchlaufen der Gitterpunkte lautet die Matrix-Vektor-Form von (9.3.38)

$$\mathbf{F}(\mathbf{v}) = A\mathbf{v} + \mathbf{g}(\mathbf{v}) = 0, \tag{9.3.39}$$

wobei A die Poisson-Matrix (5.5.18) und

$$\mathbf{g}(\mathbf{v}) = h^2(f(v_1), f(v_2), \ldots, f(v_n))^T + \mathbf{b} \tag{9.3.40}$$

ist. Hierbei enthält $\mathbf{b}$ die bekannten Randwerte, und $\mathbf{v}$ ist der Vektor der Unbekannten

$$\mathbf{v} = (v_1, \ldots, v_n)^T = (u_{11}, \ldots, u_{1N}, u_{2N}, \ldots, u_{2N}, \ldots, u_{NN})^T. \tag{9.3.41}$$

Wie in Abschnitt 5.3 können wir das Newton-Verfahren auf (9.3.39) anwenden. Die Jacobi-Matrix lautet

$$\mathbf{F}'(\mathbf{v}) = A + \mathbf{g}'(\mathbf{v}) \tag{9.3.42}$$

mit

$$\mathbf{g}'(\mathbf{v}) = h^2 \mathrm{diag}(f'(v_1), \ldots, f'(v_n)). \tag{9.3.43}$$

Wir nehmen an, daß

$$f'(u) \geq 0 \tag{9.3.44}$$

gilt, so daß $\mathbf{g}'(\mathbf{v})$ eine Diagonalmatrix mit nichtnegativen Elementen ist. Da die Poisson-Matrix A symmetrisch und positiv definit ist, folgt aus Aufgabe 2.2.17, daß $\mathbf{F}'(\mathbf{v})$ symmetrisch und positiv definit ist. Ferner ist $\mathbf{F}'(\mathbf{v})$ auch irreduzibel diagonaldominant (Aufgabe 9.3.6). Spezielle f, die in Anwendungen auftreten und für die (9.3.44) gilt, sind $f(u) = e^u$ und $f(u) = u^p$ mit ungeradem p.

Grundsätzlich ist die Newton-Iteration in der Form

$$\text{Löse } [A + \mathbf{g}'(\mathbf{v}_k)]\mathbf{y}_k = -[A\mathbf{v}_k + \mathbf{g}(\mathbf{v}_k)] \text{ nach } \mathbf{y}_k \text{ auf,} \tag{9.3.45a}$$

$$\text{Setze } \mathbf{v}_{k+1} = \mathbf{v}_k + \mathbf{y}_k, \tag{9.3.45b}$$

für $k = 0, 1, \ldots$ durchführbar. Unter den obigen Annahmen ist $A + \mathbf{g}'(\mathbf{v}_k)$ immer regulär und einfach zu bilden. Jedoch weist die Lösung von (9.3.45a) durch ein direktes Verfahren wie die Gauß-Elimination die gleichen Schwierigkeiten bezüglich des Fill-In wie in Abschnitt 6.1 bei der Poisson-Matrix auf, insbesondere für Differentialgleichungen in drei Raumdimensionen. Daher liegt es nahe, ein iteratives Verfahren für (9.3.45a) zu betrachten. Jedes der vorangehenden Verfahren (zum Beispiel SOR- oder Mehrgitterverfahren) kann verwendet werden. Wir werden uns jedoch auf das CG-Verfahren beschränken. Wir haben daher eine *äußere Iteration* (Newton-Verfahren) und eine *innere Iteration* (CG-Verfahren).

Da die innere Iteration nicht bis zur Konvergenz ausgeführt wird, werden die Systeme (9.3.45a) in jeder äußeren Iteration nur näherungsweise gelöst. Wir erhalten daher nur eine *inexakte* oder *abgeschnittene* Newton-Iteration. Im allgemeinen ist es nicht nötig, die Systeme (9.3.45a) in frühen Schritten, in denen $\mathbf{v}_k$ noch nicht allzu nah der Lösung liegt, sehr genau zu lösen. Wenn jedoch $\mathbf{v}_k$ sich der Lösung nähert, führt eine höhere Genauigkeit in (9.3.45a) zu einer Konvergenzrate, die näher an der quadratischen Konvergenz des Newton-Verfahrens liegt. Dies legt folgenden Konvergenztest für die innere Iteration nahe:

$$\|\mathbf{r}_i\| \leq \min(\varepsilon, \|F(\mathbf{v}_k)\|^2), \tag{9.3.46}$$

wobei $\mathbf{r}_i$ das Residuum des auf das Newton-System (9.3.45a) angewendeten CG-Verfahrens ist. Der Parameter ε in (9.3.46) kann als mäßig kleine Zahl wie etwa

$\varepsilon = 10^{-2}$ so gewählt werden, so daß in der Lösung der Systeme (9.3.45a) in den anfänglichen Schritten der äußeren Iteration nur eine bescheidene Genauigkeit erreicht wird. Wenn $\mathbf{v}_k$ nahe an der Lösung liegt, werden die $\|F(\mathbf{v}_k)\|$ klein, und die Konvergenz der äußeren Iteration ist fast quadratisch. Wir notieren den folgenden Satz ohne Beweis.

SATZ 9.3.1. *Wenn die Residuen der inneren Iteration der Bedingung (9.3.46) genügen, wenn die Funktion f aus (9.3.37) zweimal stetig differenzierbar ist und wenn die Iterierten (9.3.45) konvergieren, dann konvergieren sie quadratisch:*

$$\|\mathbf{v}_{k+1} - \hat{\mathbf{v}}\| \leq c\|\mathbf{v}_k - \hat{\mathbf{v}}\|^2,$$

wobei $\hat{\mathbf{v}}$ die exakte Lösung von (9.3.39) ist.

Die Bedingung (9.3.46) wird mit wachsender Annäherung von $\mathbf{v}_k$ an die Lösung zu einem zunehmend scharfen Konvergenztest für die inneren Iterationen. Wenn zum Beispiel $\|F(\mathbf{v}_k)\| = 10^{-6}$ gilt, dann fordern wir, daß $\|\mathbf{r}_k\| \leq 10^{-12}$. Es gibt eine abgeschwächte Form der Bedingung (9.3.46), unter der immer noch eine schnelle, aber nicht notwendig quadratische Konvergenz in der äußeren Iteration erreicht wird.

Um die Systeme (9.3.45a) näherungsweise auf Parallel- oder Vektorrechnern zu lösen, kann jede der in den Abschnitten 9.1 und 9.2 diskutierten Techniken angewendet werden. Insbesondere würden wir eine Präkonditionierung wie unvollständige Cholesky-Faktorisierung oder eine abgeschnittene Reihenentwicklung vorsehen. Man beachte, daß die Koeffizientenmatrix in (9.3.45a) sich in jeder äußeren Iteration ändert. Es wäre sehr aufwendig, bei jedem Mal eine unvollständige Faktorisierung neu zu berechnen. Im allgemeinen reicht die Ausführung einer unvollständigen Faktorisierung im ersten Schritt für nachfolgende Iterationen aus, obwohl eine zusätzliche unvollständige Faktorisierung, falls erforderlich, nach einigen Schritten der äußeren Iteration ausgeführt werden kann.

Ergänzende Bemerkungen und Literaturhinweise zu Abschnitt 9.3

1. Die Verwendung der Normalgleichungen (9.3.2) wurde von Hestenes und Stiefel [1952] sowie (9.3.3) von Craig [1955] untersucht. Vergleiche Nachtigal, Reddy und Trefethen [1992] bezüglich eines Vergleichs des Ansatzes mit Normalgleichungen mit anderen Verfahren.

2. Ab Mitte der siebziger Jahre wurden verschiedene Möglichkeiten zur Verallgemeinerung des CG-Verfahrens auf nichtsymmetrische Matrizen vorgeschlagen. Das Ziel bestand dabei darin, so viele der wünschenswerten Eigenschaften des CG-Verfahrens wie möglich beizubehalten, dabei jedoch eher mit dem Ursprungssystem als den Normalgleichungen zu arbeiten. Als eine der früheren Arbeiten sei Concus und Golub [1976] genannt, in der ein verallgemeinertes CG-Verfahren vorgeschlagen wurde, das auf einer Dreiterm-Rekursion beruht, die in den ergänzenden Bemerkungen zu Abschnitt 9.1 notiert wurde. Ein ähnliches Verfahren wurde von Widlund [1978] vorgeschlagen. Vinsome [1976] beschreibt das Orthomin-Verfahren, und Fletcher [1976] reaktiviert das BCG-Verfahren, welches im wesentlichen bereits in Lanczos [1952] enthalten ist.

3. Young und Jea [1980] untersuchten zwei andere Verfahren, Orthodir und Orthores, in dem gleichen Rahmen wie Orthomin. Orthores basierte auf der Dreiterm-CG-Rekursion. Orthodir and Orthomin sind Verallgemeinerungen des Verfahrens der konjugierten Residuen, das zuerst von E. Stiefel im Jahre 1955 für symmetrische, positiv definite Systeme betrachtet wurde. Eine andere Verallgemeinerung wurde von Axelsson [1980] angegeben. Eine präzise Formulierung des verallgemeinerten Verfahrens der konjugierten Residuen und eine Untersuchung der Konvergenz ist in Eisenstat et al. [1983] enthalten. Ein verständlicher Überblick über all diese Verfahren bis zum Anfang der achtziger Jahre wird von Elman [1982] gegeben. Wir bemerken, daß Chandra [1978] für das CR-Verfahren für symmetrisches, positiv definites A gezeigt hat, daß die Fehler und Residuen des CR- und des CG-Verfahrens den Beziehungen

$$\|\mathbf{r}_i^{CR}\|_2 \leq \|\mathbf{r}_i^{CG}\|_2, \quad \|\hat{\mathbf{x}} - \mathbf{x}_i^{CG}\|_A \leq \|\hat{\mathbf{x}} - \mathbf{x}_i^{CR}\|_A$$

genügen. Das CR-Verfahren reduziert stärker das Residuum, während das CG-Verfahren die A-Fehlernorm besser reduziert. Ferner nehmen die euklidischen Normen der CR-Residuen monoton ab, was für die CG-Residuen nicht gilt.

4. Saad [1981] modifizierte das Verfahren von Arnoldi [1951] für die Lösung linearer Systeme. Saad [1982] zeigt, daß dieses Verfahren, wie auch andere, als *Schiefprojektionsverfahren* angesehen werden kann. Es sei $V_i = (\mathbf{v}_1, \ldots, \mathbf{v}_i)$ und $W_i = (\mathbf{w}_1, \ldots, \mathbf{w}_i)$. Für $\mathbf{x}_i = \mathbf{x}_0 + \mathbf{z}_i$ ist die Forderung, daß $\mathbf{r}_i$ orthogonal zu $\mathbf{w}_1, \ldots, \mathbf{w}_i$ ist, äquivalent zu

$$0 = W_i^T \mathbf{r}_i = W_i^T \mathbf{r}_0 - W_i^T A \mathbf{z}_i. \tag{9.3.47}$$

Die Gleichungen werden „schief" auf span$(\mathbf{w}_1, \ldots, \mathbf{w}_i)$ projiziert. Wenn wir ferner fordern, daß $\mathbf{z}_i$ eine Linearkombination $\mathbf{v}_1, \ldots, \mathbf{v}_i$ der Gestalt $\mathbf{z}_i = V_i \mathbf{y}_i$ ist, dann lauten die „schief projizierten" Gleichungen

$$W_i^T A V_i \mathbf{y}_i = W_i^T \mathbf{r}_0. \tag{9.3.48}$$

Diese Ideen wurden weiterentwickelt in Saad [1984], Saad und Schultz [1985] und Saad und Schultz [1986]. In der zuletzt genannten Arbeit wird das wichtige GMRES-Verfahren entwickelt und analysiert. Auch im *Verfahren der minimalen Residuen* von Paige und Saunders [1975] für symmetrisches, aber indefinites A gilt $W_i = AV_i$ in (9.3.47), so daß (9.3.48) zu

$$V_i^T A^2 V_i \mathbf{y}_i = V_i^T A \mathbf{r}_0$$

wird.

5. Die vom CG-Verfahren für symmetrisches, positiv definites A von den Iterierten des CG-Verfahrens erfüllte Dreiterm-Rekursion gilt im allgemeinen für nichtsymmetrisches A nicht mehr. (Faber und Manteuffel [1984] geben sehr einschränkende Bedingungen an, unter denen dies gilt.) Daher ist es in Verfahren wie GMRES erforderlich, den aktuellen Richtungsvektor im Hinblick auf alle vorangehenden Richtungen zu orthogonalisieren. Dies wird unvertretbar aufwendig bezüglich des Rechenzeitbedarfs und des Speicherplatzbedarfs und liefert somit die Motivation für die verschiedenen Neustart- und Abschneidestrategien. Neustart- und Abschneideversionen verlieren die Eigenschaft der Konvergenz in endlich vielen Schritten. Dies ist jedoch in der Praxis nicht vermeidbar. Es ist jedoch keine befriedigende Konvergenztheorie bekannt. Insbesondere ist es möglich, daß Neustart- und Abschneideverfahren gegebenenfalls nicht konvergieren.

6. Der BCG-Algorithmus in Abb. 9.3.4 bricht ab, wenn die Größe $d_i = \mathbf{w}_i^T \mathbf{v}_i$ aus (9.3.13a) gleich Null ist. Dies tritt für $\mathbf{v}_i = 0$ oder $\mathbf{w}_i = 0$ ein. Im zweiten Fall kann die Iteration mit einem neuen $\mathbf{v}_{i+1}$ oder $\mathbf{w}_{i+1}$ wieder gestartet werden. Wenn jedoch $d_i = 0$ gilt, aber weder $\mathbf{v}_i = 0$ noch $\mathbf{w}_i = 0$ gilt, so wird dies als *schwerwiegender Abbruch* bezeichnet, und ein einfacher Neustart ist nicht ausreichend. Parlett et al. [1985] versuchten eine Abhilfe für dieses Problem mittels einer „vorausschauenden“ Prozedur, die zur Berechnung von $\mathbf{v}_{i+2}$ und $\mathbf{w}_{i+2}$ „vorwegspringt“. Eine etwas anders aussehende „vorausschauende“ Prozedur, die eine beliebige Anzahl von Schritten „vorwegspringt“, wird von Freund et al. [1993] angegeben. Der QMR-Algorithmus von Freund und Nachtigal [1991] basiert auf dieser Prozedur.

7. Ein anderer Nachteil des BCG-Verfahrens besteht darin, daß Multiplikationen sowohl mit A als auch A^T auftreten. Das quadrierte CG-Verfahren (CGS) von Sonneveld [1988] vermeidet die Multiplikationen mit A^T. Eine weitere Schwierigkeit des BCG-Verfahrens stellt das manchmal unberechenbare Verhalten der Residuen dar. Dies gilt auch für das CGS-Verfahren. Ferner können

die diesem Verfahren zugehörigen Residuen $\mathbf{r}_i$ sehr klein sein, obwohl das aktuelle Residuum $\mathbf{b} - A\mathbf{x}_i$ groß ist. Ein Verfahren, das versucht, diese Probleme zu vermeiden, ist das BiCGSTAB-Verfahren von van der Vorst [1992]. Eine Modifikation dieses Verfahrens wurde von Gutknecht [1993] vorgeschlagen. Eine Übersicht über dieses und andere „transponiertenfreie“ Verfahren, einschließlich einer transponiertenfreien Version des QMR-Verfahrens, ist Gegenstand von Freund, Golub und Nachtigal [1992]. Siehe auch Nachtigal, Reichel und Trefethen [1992] bezüglich eines „hybriden“ Algorithmus, der auf dem GMRES-Verfahren basiert. Es ist noch nicht geklärt, welches der vielen CG-artigen Verfahren für nichtsymmetrische Matrizen das „Verfahren der Wahl“ ist. Dies ist ein aktuelles Forschungsgebiet, und es besteht die Hoffnung, daß weitere Verfahren entwickelt werden.

8. Satz 9.3.1 ist ein Spezialfall eines allgemeineren Ergebnisses aus Dembo et al. [1982]. Eine weitergehende Untersuchung einiger Gesichtspunkte von äußeren Newton-Iterationen, die mit inneren CG-Iterationen gekoppelt sind, ist in Averick und Ortega [1991] enthalten.

Übungsaufgaben zu Abschnitt 9.3

9.3.1. Es sei A eine $n \times m$-Matrix. Wir definieren

$$q(\mathbf{x}) = \|A\mathbf{x} - \mathbf{b}\|_2^2$$

für einen Vektor $\mathbf{b}$. Man zeige, daß die Gradientengleichung $\nabla q(\mathbf{x}) = 0$ mit (9.3.2) identisch ist.

9.3.2. A sei eine reguläre $n \times n$-Matrix. Man zeige $\text{cond}_2(A^TA) = \text{cond}_2(AA^T) = [\text{cond}_2(A)]^2$.

9.3.3. Man zeige, daß der CG-Algorithmus aus Abb. 9.1.2 bei Anwendung auf die Systeme (9.3.2) und (9.3.3) mit $\mathbf{r} = \mathbf{b} - A\mathbf{x}$ den Algorithmus aus Abb. 9.3.1 ergibt. (Für (9.3.3) führe man zunächst den Algorithmus in Abhängigkeit von der Variablen $\mathbf{y}$ und dann die Ersetzungen $A^T\mathbf{y} \to \mathbf{x}, A^T\mathbf{p} \to \mathbf{p}$ aus.)

9.3.4. Man wende den PCG-Algorithmus aus Abb. 9.2.1 mit der Präkonditionierungsmatrix $M = A^{-1}$ auf das System $A^2\mathbf{x} = A\mathbf{b}$ an, um den CR-Algorithmus aus Abb. 9.3.2 zu erhalten. Man schließe daraus, daß die Konvergenzrate des CR-Verfahrens von $\text{cond}_2(A)$ und nicht von $\text{cond}_2(A^2)$ abhängt.

9.3.5. Wenn β_i durch (9.3.10) definiert ist und $\mathbf{p}_{i+1} = \mathbf{r}_{i+1} - \beta_i\mathbf{p}_i$ gilt, zeige man $(A\mathbf{p}_{i+1}, A\mathbf{p}_i) = 0$.

9.3.6. Für eine irreduzibel diagonaldominante Matrix A mit positiven Hauptdiagonalelementen und eine Diagonalmatrix D mit nichtnegativen Elementen ist $A + D$ irreduzibel diagonaldominant.

9.3.7. Die *Konvektions-Diffusions*-Gleichung lautet

$$u_{xx} + u_{yy} + au_x + bu_y + cu = f$$

mit gegebenen Funktionen a, b, c und f von x und y. Das Lösungsgebiet sei das Einheitsquadrat, und es seien Dirichlet-Randbedingungen vorgegeben. Man diskretisiere diese Gleichung mit dem Differenzenverfahren unter Verwendung sowohl des zentralen als auch einseitiger Differenzenquotienten für die ersten Ableitungen. Man bestätige, daß die resultierende Koeffizientenmatrix im allgemeinen nichtsymmetrisch ist. (Unter welchen Bedingungen ist sie diagonaldominant?) Man untersuche, wie das GMRES(k)-Verfahren auf dieses Problem sowohl auf Vektor- als auch auf Parallelrechnern angewendet werden kann.

Literaturverzeichnis

[1] L. Adams [1982]. *Iterative Algorithms for Large Sparse Linear Systems on Parallel Computers.* Ph.D. thesis, Applied Mathematics, University of Virginia, Charlottesville, VA.

[2] L. Adams [1985]. M-Step Preconditioned Conjugate Gradient Methods. *SIAM J. Sci. Stat. Comput.*, 6: S. 452–463.

[3] L. Adams [1986]. Reordering Computations for Parallel Execution. *Commun. Appl. Numer. Math*, 2: S. 263–271.

[4] L. Adams und H. Jordan [1985]. Is SOR Color-Blind? *SIAM J. Sci. Stat. Comput.*, 7: S. 490–506.

[5] L. Adams, R. LeVeque und D. Young [1988]. Analysis of the SOR Iteration for the 9-Point Laplacian. *SIAM J. Numer. Anal.*, 25: S. 1156–1180.

[6] L. Adams und J. Ortega [1982]. A Multi-Color SOR Method for Parallel Computation. *Proc. Int. Conf. Parallel Processing, 1982*: S. 53–56.

[7] A. Aho, R. Sethi und J. Ullman [1988]. *Compilers.* Addison-Wesley, Reading, MA.

[8] E. Allgower und K. Georg [1990]. *Numerical Continuation Methods.* Springer, New York.

[9] G. Amdahl [1967]. The Validity of the Single Processor Approach to Achieving Large Scale Computing Capabilities. *AFIPS Conf. Proc.*, 30: S. 483–485.

[10] W. Ames [1992]. *Numerical Methods for Partial Differential Equations.* Academic Press, New York.

[11] G. Andrews und F. Schneider [1983]. Concepts and Notations for Concurrent Programming. *Comput. Surveys*, 15: S. 3–43.

[12] E. Anderson, Z. Bai, C. Bischof, J. Demmel, J. Dongarra, J. DuCroz, A. Greenbaum, S. Hammarling, A. McKenney, S. Ostrouchov und D. Sorensen [1992]. *LAPACK User's Guide.* SIAM, Philadelphia.

[13] E. Anderson und Y. Saad [1989]. Solving Sparse Triangular Linear Systems on Parallel Computers. *Int. J. High Speed Comput.*, 1: S. 73–96.

[14] M. Arioli, J. Demmel und I. Duff [1989]. Solving Sparse Linear Systems with Sparse Backward Error. *SIAM J. Mat. Anal. Appl.*, 10: S. 165–190.

[15] W. Arnoldi [1951]. The Principle of Minimized Iteration in the Solution of Matrix Eigenvalue Problems. *Quart. Appl. Math.*, 9: S. 17–29.

[16] U. Ascher, R. Mattheij und R. Russell [1988]. *Numerical Solution of Boundary Value Problems for Ordinary Differential Equations.* Prentice-Hall, Englewood Cliffs, NJ.

[17] S. Ashby, T. Manteuffel und P. Saylor [1990]. A Taxonomy for Conjugate Gradient Methods. *SIAM J. Numer. Anal.*, 27: S. 856–869.

[18] C. Ashcraft und R. Grimes [1988]. On Vectorizing Incomplete Factorization and SSOR Preconditioning. *SIAM J. Sci. Stat. Comput.*, 9: S. 121–151.

[19] B. Averick und J. Ortega [1991]. Solution of Nonlinear Poisson-Type Equations. *Appl. Numer. Math.*, 8: S. 443–455.

[20] T. Axelrod [1986]. Effects of Synchronization Barriers on Multiprocessor Performance. *Parallel Comput.*, 3: S. 129–140.

[21] O. Axelsson [1976]. A Class of Iterative Methods for Finite Element Equations. *Comput. Meth. Appl. Mech. Eng.*, 9: S. 123–137.

[22] O. Axelsson [1980]. Conjugate Gradient Type Methods for Unsymmetric and Inconsistent Systems of Linear Equations. *Lin. Alg. Appl.*, 29: S. 1–16.

[23] O. Axelsson und V. Barker [1984]. *Finite Element Solution of Boundary Value Problems.* Academic Press, Orlando.

[24] O. Axelsson und G. Lindskog [1986]. On the Rate of Convergence of the Preconditioned Conjugate Gradient Method. *Numerische Mathematik*, 48: S. 499–523.

[25] D. Bailey, K. Lee und H. Simon [1990]. Using Strassen's Algorithm to Accelerate the Solution of Linear Systems. *J. Supercomputing*, 4: S. 358–371.

[26] R. Bank und C. Douglas [1985]. An Efficient Implementation for SSOR and Incomplete Factorization Preconditionings. *Appl. Numer. Math.*, 1: S. 489–492.

[27] G. Baudet [1978]. Asynchronous Iterative Methods for Multiprocessors. *J. ACM*, 25: S. 226–244.

[28] E. Becker, G. Carey und J. Oden [1981]. *Finite Elements, An Introduction.* Prentice-Hall, Englewood Cliffs, NJ.

[29] M. Berger und S. Bokhari [1987]. A Partitioning Strategy for Non-Uniform Problems on Multiprocessors. *IEEE Trans. Comput.*, TC36: S. 570–580.

[30] C. Bischof und C. Van Loan [1987]. The WY Representation for Products of Householder Products. *SIAM J. Sci. Stat. Comput.*, 8: S. s2 – s13.

[31] S. Bokhari [1981]. On the Mapping Problem. *IEEE Trans. Comput.*, C-30: S. 107–214.

[32] A. Brandt [1977]. Multigrid Adaptive Solutions to Boundary Value Problems. *Math. Comp.*, 31: S. 333–390.

[33] K. Brenan, S. Campbell und L. Petzold [1989]. *Numerical Solution of Initial-Value Problems in Differential-Algebraic Equations.* American Elsevier, New York.

[34] W. Briggs [1987]. *A Multigrid Tutorial.* SIAM, Philadelphia.

[35] P. Brown, G. Byrne und A. Hindmarsh [1989]. VODE: A Variable Coefficient ODE Solver. *SIAM J. Sci. Stat. Comput.*, 10: S. 1038–1051.

[36] P. Businger [1971]. Monitoring the Numerical Stability of Gaussian Elimination. *Numerische Mathematik*, 16: S. 360–361.

[37] J. Butcher [1987]. *The Numerical Analysis of Ordinary Differential Equations.* Wiley, New York.

[38] G. Carey und J. Oden [1984]. *Finite Elements, Computational Aspects.* Prentice-Hall, Englewood Cliffs, NJ.

[39] T. Chan und P. Hansen [1992]. Some Applications of the Rank Revealing QR Factorization. *SIAM J. Sci. Stat. Comput.*, 13: S. 727–741.

[40] R. Chandra [1978]. *Conjugate Gradient Methods for Partial Differential Equations.* Ph.D. thesis, Computer Science, Yale University, New Haven, CT.

[41] B. Char [1991]. Computer Algebra as a Toolbox for Program Generation and Manipulation, in Griewank und Corliss [1991], S. 53-60.

[42] B. Char, K. Geddes, G. Gonnet, B. Leong, M. Monagan und S. Watt [1992]. *First Leaves: A Tutorial Introduction to MAPLE V.* Springer, New York.

[43] D. Chazan und W. Miranker [1969]. Chaotic Relaxation. *Lin. Alg. Appl.*, 2: S. 199–222.

[44] A. Cleary [1989]. *Algorithms for Solving Narrowly Banded Linear Systems on Parallel Computers by Direct Methods.* Ph.D. thesis, Applied Mathematics, University of Virginia, Charlottesville, VA.

[45] P. Concus und G. Golub [1976]. A Generalized Conjugate Gradient Method for Nonsymmetric Systems of Linear Equations, in *Lecture Notes in Economics and Mathematical Systems*, R. Glowinski und J. Lions (Hrsg.), Springer, Berlin.

[46] P. Concus, G. Golub und G. Meurant [1985]. Block Preconditioning for the Conjugate Gradient Method. *SIAM J. Sci. Stat. Comput.*, 6: S. 220–252.

[47] P. Concus, G. Golub und D. O'Leary [1976]. A Generalized Conjugate Gradient Method for the Numerical Solution of Elliptic Partial Differential Equations, in *Sparse Matrix Computations*, J. Bunch und D. Rose (Hrsg.), Academic Press, New York.

[48] R. Courant und D. Hilbert [1968]. *Methoden der mathematischen Physik.* Band 1, 3. Aufl., und Band 2, 2. Aufl., Springer, Berlin.

[49] E. Craig [1955]. The N-step Iteration Procedures. *J. Math. Physics*, 34: S. 64–73.

[50] P. Davis und P. Rabinowitz [1984]. *Methods of Numerical Integration.* Academic Press, New York.

[51] C. de Boor [1978]. *A Practical Guide to Splines.* Springer, New York.

[52] T. Dekker und W. Hoffman [1989]. Rehabilitation of the Gauss-Jordan Algorithm. *Numerische Mathematik*, 54: S. 591–599.

[53] R. Dembo, S. Eisenstat und T. Steihaug [1982]. Inexact Newton Methods. *SIAM J. Numer. Anal.*, 19: S. 400–408.

[54] J. Dennis und J. Moré [1977]. Quasi-Newton Methods: Motivation and Theory. *SIAM Rev.*, 19: S. 46–89.

[55] J. Dennis und R. Schnabel [1983]. *Numerical Methods for Unconstrained Optimization and Nonlinear Equations.* Prentice-Hall, Englewood Cliffs, NJ.

[56] J. Dongarra, J. Bunch, C. Moler und G. Stewart [1979]. *LINPACK Users' Guide.* SIAM, Philadelphia.

[57] J. Dongarra, J. DuCroz, S. Hammerling und I. Duff [1990]. A Set of Level 3 Basic Linear Algebra Subprograms. *ACM Trans. Math. Softw.*, 16: S.1–17.

[58] J. Dongarra, I. Duff, D. Sorensen und H. van der Vorst [1990]. *Solving Linear Systems on Vector and Shared Memory Computers.* SIAM, Philadelphia.

[59] J. Dongarra, F. Gustavson und A. Karp [1984]. Implementing Linear Algebra Algorithms for Dense Matrices on a Vector Pipeline Machine. *SIAM Rev.*, 26: S. 91–112.

[60] J. Dongarra und A. Hinds [1979]. Unrolling Loops in FORTRAN. *Software Pract. Exper.*, 9: S. 219–229.

[61] J. Dongarra und R. van de Geijn [1992]. Reduction to Condensed Form for the Eigenvalue Problem on Distributed Memory Architectures. *Parallel Computing*, 18: S. 973–982.

[62] P. Dubois, A. Greenbaum und G. Rodrigue [1979]. Approximating the Inverse of a Matrix for Use in Iterative Algorithms on Vector Processors. *Computing*, 22: S. 257–268.

[63] I. Duff, A. Erisman und J. Reid [1986]. *Direct Methods for Sparse Matrices.* Oxford University Press, Oxford.

[64] I. Duff und G. Meurant [1989]. The Effect of Ordering on Preconditioned Conjugate Gradients. *BIT*, 29: S. 635–657.

[65] R. Earnshaw und N. Wiseman [1992]. *An Introductory Guide to Scientific Visualization.* Springer, New York.

[66] A. Edelman und M. Ohlrich [1991]. Editors note. *SIAM J. Mat. Anal. Appl. 12*, no. 3.

[67] S. Eisenstat [1981]. Efficient Implementation of a Class of Conjugate Gradient Methods. *SIAM J. Sci. Stat. Comput.*, 2: S. 1–4.

[68] S. Eisenstat, H. Elman und M. Schultz [1983]. Variational Iterative Methods for Nonsymmetric Systems of Equations. *SIAM J. Numer. Anal.*, 20: S. 345–357.

[69] S. Eisenstat, M. Heath, C. Henkel und C. Romine [1988]. Modified Cyclic Algorithms for Solving Triangular Systems on Distributed Memory Multiprocessors. *SIAM J. Sci. Stat. Comput*, 9: S. 589–600.

[70] H. Elman [1982]. *Iterative Methods for Large, Sparse, Nonsymmetric Systems of Linear Equations.* Ph.D. thesis, Computer Science, Yale University, New Haven, CT.

[71] H. Elman und G. Golub [1990 , 91]. Iterative Methods for Cyclically Reduced Non-Self-Adjoint Linear Systems I, II. *Math. Comp.*, 54, 56: S. 671–700, 215–242.

[72] R. Elmasri und S. Navathe [1989]. *Fundamentals of Database Systems.* Benjamin/Cummings Publishing Co., Menlo Park, CA.

[73] V. Faber und T. Manteuffel [1984]. Necessary and Sufficient Conditions for the Existence of a Conjugate Gradient Method. *SIAM J. Numer. Anal.*, 21: S. 352–362.

[74] C. Fischer und R. LeBlanc Jr. [1988]. *Crafting a Compiler.* Benjamin/Cummings Publishing Co., Menlo Park, CA.

[75] R. Fletcher [1976]. Conjugate Gradient Methods for Indefinite Systems, in *Lecture Notes in Mathematics*, G. Watson (Hrsg.), Numerical Analysis Dundee Conference.

[76] K. Fong und T. Jordan [1977]. *Some Linear Algebraic Algorithms and Their Performance on the CRAY-1.* Los Alamos National Laboratory Report No. LA-6774.

[77] G. Forsythe und W. Wasow [1960]. *Finite Difference Methods for Partial Differential Equations.* Wiley, New York.

[78] G. Fox, M. Johnson, G. Lyzenga, S. Otto, J. Salmon und D. Walker [1988]. *Solving Problems on Concurrent Processors.* Prentice-Hall, Englewood Cliffs, New Jersey.

[79] R. Freund, G. Golub und N. Nachtigal [1992]. Iterative Solution of Linear Systems. *Acta Numerica*, 1: S. 57–100.

[80] R. Freund, M. Gutknecht und N. Nachtigal [1993]. An Implementation of the Look-Ahead Lanczos Algorithm for Non-Hermitian Matrices. *SIAM J. Sci. Stat. Comput.*, 14: S. 137–158.

[81] R. Freund und N. Nachtigal [1991]. QMR: A Quasi-minimal Residual Method for Non-Hermitian Linear Systems. *Numerische Mathematik*, 60: S. 315–339.

[82] R. Friedhoff und W. Benzon [1989]. *Visualization.* Henry N. Abrams, Inc., New York.

[83] P. Garabedian [1986]. *Partial Differential Equations; Second Edition.* Chelsea Publishing Co., New York.

[84] B. Garbow, J. Boyle, J. Dongarra und C. Moler [1977]. *Matrix Eigensystem Routines - EISPACK Guide Extension.* Springer, New York.

[85] C. W. Gear [1971]. *Numerical Initial Value Problems in Ordinary Differential Equations.* Prentice-Hall, Englewood Cliffs, NJ.

[86] A. Geist und M. Heath [1986]. Matrix Factorization on a Hypercube Multiprocessor. In Heath [1986], S. 161-180.

[87] A. George und J. Liu [1981]. *Computer Solution of Large Sparse Positive Definite Systems.* Prentice-Hall, Englewood Cliffs, NJ.

[88] G. Golub und D. O'Leary [1989]. Some History of the Conjugate Gradient and Lanczos Algorithms: 1948-1976. *SIAM Rev.*, 31: S. 50–102.

[89] G. Golub und J. Ortega [1991]. *Scientific Computing and Differential Equations.* Academic Press, New York.

[90] G. Golub und C. Van Loan [1989]. *Matrix Computations, Second Edition.* Johns Hopkins Press, Baltimore.

[91] N. Gould [1991]. On Growth in Gaussian Elimination with Complete Pivoting. *SIAM J. Mat. Anal. Appl.*, 12: S. 354–361.

[92] A. Greenbaum und Z. Strakos [1992]. Predicting the Behavior of Finite Precision Lanczos and Conjugate Gradient Computations. *SIAM J. Mat. Anal. Appl.*, 13: S. 121–137.

[93] A. Griewank und C. Corliss (Hrsg.)[1991]. *Automatic Differentiation of Algorithms.* SIAM, Philadelphia.

[94] R. Grossman (Hrsg.) [1989]. *Symbolic Computation: Application to Scientific Computing.* SIAM, Philadelphia.

[95] J. Gustafson, G. Montry und R. Benner [1988]. Development of Parallel Methods for a 1024-Processor Hypercube. *SIAM J. Sci. Stat. Comput.*, 9: S. 609–638.

[96] I. Gustafsson [1978]. A Class of First Order Factorization Methods. *BIT*, 18: S. 142–156.

[97] M. Gutknecht [1993]. Variants of BiCGSTAB for Matrices with Complex Spectrum. *SIAM J. Sci. Stat. Comput.*, 14: S. 1020–1033.

[98] R. Haberman [1983]. *Elementary Applied Partial Differential Equations.* Prentice-Hall, Englewood Cliffs, NJ.

[99] W. Hackbusch [1985]. *Multigrid Methods with Applications.* Springer, New York.

[100] L. Hageman und D. Young [1981]. *Applied Iterative Methods.* Academic Press, New York.

[101] W. Hager [1989]. Updating the Inverse of a Matrix. *SIAM Rev.*, 31: S. 221–239.

[102] E. Hairer, C. Lubich und M. Roche [1989]. *The Solution of Differential-Algebraic Systems by Runge-Kutta Methods.* Springer, New York.

[103] E. Hairer, S. Nørsett und G. Wanner [1987]. *Solving Ordinary Differential Equations: I. Non-Stiff Problems.* Springer, New York.

[104] C. Hall und T. Porsching [1990]. *Numerical Analysis of Partial Differential Equations.* Prentice-Hall, Englewood Cliffs, NJ.

[105] L. Hayes [1978]. *Timing Analysis of Standard Iterative Methods on a Pipeline Computer.* Report CNA-136, Center for Numerical Analysis, University of Texas, Austin, TX.

[106] M. Heath (Hrsg.) [1986]. *Hypercube Multiprocessors 1986.* SIAM, Philadelphia.

[107] M. Heath (Hrsg.) [1987]. *Hypercube Multiprocessors 1987.* SIAM, Philadelphia.

[108] D. Heller [1976]. Some Aspects of the Cyclic Reduction Algorithm for Block Tridiagonal Linear Systems. *SIAM J. Numer. Anal.*, 13: S. 484–496.

[109] J. Hennessy und J. Patterson [1990]. *Computer Architecture: A Quantitative Approach.* Morgan Kaufman Publishers, Inc., San Mateo, CA.

[110] P. Henrici [1962]. *Discrete Variable Methods in Ordinary Differential Equations.* Wiley, New York.

[111] M. Hestenes [1956]. The Conjugate Gradient Method for Solving Linear Systems. *Proc. Sixth Symp. Appl. Math*, McGraw-Hill, New York, S. 83-102.

[112] M. Hestenes und E. Stiefel [1952]. Methods of Conjugate Gradients for Solving Linear Systems. *Journal of Research of the National Bureau of Standards*, 49: S. 409–436.

[113] N. Higham [1990]. Exploiting Fast Matrix Multiplication within the Level 3 BLAS. *ACM Trans. Math Softw.*, 16: S. 352–368.

[114] A. Hindmarsh [1983]. ODEPACK, A Systematized Collection of ODE Solvers, in *Scientific Computing*, R. Stepleman (Hrsg.), North Holland, Amsterdam.

[115] R. Hockney [1965]. A Fast Direct Solution of Poisson's Equation Using Fourier Analysis. *J. ACM*, 12: S. 95–113.

[116] R. Hockney [1970]. The Potential Calculation and Some Applications. *Meth. Comput. Phys.*, 9: S. 135–211.

[117] R. Hockney und C. Jesshope [1988]. *Parallel Computers 2.* Adam Hilger, Bristol und Philadelphia.

[118] R. Horn und C. Johnson [1985]. *Matrix Analysis.* Cambridge University Press, New York.

[119] R. Horn und C. Johnson [1991]. *Topics in Matrix Analysis.* Cambridge University Press, New York.

[120] A. Householder [1964]. *The Theory of Matrices in Numerical Analysis.* Ginn (Blaisdell), Boston.

[121] I. Ipsen, Y. Saad und M. Schultz [1986]. Complexity of Dense Linear Systems Solution on a Multiprocessor Ring. *Lin. Alg. Appl.*, 77: S. 205–239.

[122] E. Isaacson und H. Keller [1966]. *Analysis of Numerical Methods.* Wiley, New York.

[123] C. Johnson [1987]. *Numerical Solution of Partial Differential Equations by the Finite Element Method.* Cambridge University Press, New York.

[124] O. Johnson, C. Micchelli und G. Paul [1983]. Polynomial Preconditioners for Conjugate Gradient Calculations. *SIAM J. Numer. Anal.*, 20: S. 362–376.

[125] L. Johnsson [1985]. Solving Narrow Banded Systems on Ensemble Architectures. *ACM Trans. Math. Softw.*, 11: S. 271–288.

[126] L. Johnsson [1987]. Solving Tridiagonal Systems on Ensemble Architectures. *SIAM J. Sci. Stat. Comput.*, 8: S. 354–392.

[127] H. Jordan [1986]. Structuring Parallel Algorithms in an MIMD, Shared Memory Environment. *Parallel Comput.*, 3: S. 93–110.

[128] J. Keener [1988]. *Principles of Applied Mathematics.* Addison-Wesley Publishing Co., Reading, MA.

[129] D. Kershaw [1978]. The Incomplete Choleski-Conjugate Gradient Method for the Iterative Solution of Systems of Linear Equations. *J. Comp. Phys.*, 26: S. 43–65.

[130] D. Keyes und W. Gropp [1987]. A Comparison of Domain Decomposition Techniques for Elliptic Partial Differential Equations and their Parallel Implementation. *SIAM J. Sci. Stat. Comput.*, 8: S. s166–s202.

[131] D. Kincaid, T. Oppe und D. Young [1986]. Vector Computations for Sparse Linear Systems. *SIAM J. Alg. Disc. Meth.*, 7: S. 99–112.

[132] D. Kuck [1976]. Parallel Processing of Ordinary Programs, *Advances in Computers 15.* Academic Press, New York.

[133] J. Lambiotte [1975]. *The Solution of Linear Systems of Equations on a Vector Computer.* Ph.D. thesis, Applied Mathematics, University of Virginia, Charlottesville, VA.

[134] J. Lambiotte und R. Voigt [1975]. The Solution of Tridiagonal Linear Systems on the CDC STAR-100 Computer. *ACM Trans. Math. Softw.*, 1: S. 308–329.

[135] P. Lancaster und M. Tismenetsky [1985]. *The Theory of Matrices.* Academic Press, New York.

[136] C. Lanczos [1952]. Solution of Systems of Linear Equations by Minimized Iterations. *Journal of Research of the National Bureau of Standards*, 49: S. 33–53.

[137] D. Lawrie und A. Sameh [1984]. The Computation and Communication Complexity of a Parallel Banded System Solver. *ACM Trans. Math. Softw.*, 10: S. 185–195.

[138] C. Lawson und R. Hanson [1974]. *Solving Least Squares Problems.* Prentice-Hall, Englewood Cliffs, NJ.

[139] N. Madsen, G. Rodrigue und J.Karush [1976]. Matrix Multiplication by Diagonals on a Vector/Parallel Processor. *Inf. Proc. Lett.*, 5: S. 41–45.

[140] L. Mansfield [1991]. Damped Jacobi Preconditioning and Coarse Grid Deflation for Conjugate Gradient Iteration on Parallel Computers. *SIAM J. Sci. Stat. Comput.*, 12: S. 1314–1323.

[141] T. Manteuffel [1980]. An Incomplete Factorization Technique for Positive Definite Linear Systems. *Math. Comp.*, 34: S. 473–497.

[142] B. Mattingly, C. Meyer und J. Ortega [1989]. Orthogonal Reduction on Vector Computers. *SIAM J. Sci. Stat. Comput.*, 10: S. 372–381.

[143] O. McBryan und E. van de Velde [1985]. Parallel Algorithms for Elliptic Equations. *Commun. Pure Appl. Math*, 38: S. 769–795.

[144] U. Meier [1985]. A Parallel Partition Method for Solving Banded Systems of Linear Equations. *Parallel Comput.*, 2: S. 33–43.

[145] J. Meijerink und H. van der Vorst [1977]. An Iterative Solution for Linear Systems of Which the Coefficient Matrix is a Symmetric M-Matrix. *Math. Comp.*, 31: S. 148–162.

[146] R. Melhem [1987]. Determination of Stripe Structures for Finite Element Matrices. *SIAM J. Numer. Anal.*, 24: S. 1419–1433.

[147] R. Mendez (Hrsg.) [1990]. *Visualization in Supercomputing.* Springer, New York.

[148] C. Moler [1972]. Matrix Computations with Fortran and Paging. *Commun. ACM*, 15: S. 268–270.

[149] C. Moler [1986]. Matrix Computation on Distributed Memory Multiprocessors, in Heath [1986], S. 181-195.

[150] R. Morison und S. Otto [1987]. The Scattered Decomposition for Finite Elements. *J. Sci. Comput.*, 2: S. 59–76.

[151] N. Nachtigal, S. Reddy und L. Trefethen [1992]. How Fast Are Nonsymmetric Matrix Iterations? *SIAM J. Mat. Anal. Appl.*, 13: S. 778–795.

[152] N. Nachtigal, L. Reichel und L. Trefethen [1992]. A Hybrid GMRES Algorithm for Nonsymmetric Linear Systems. *SIAM J. Mat. Anal. Appl.*, 13: S. 796–825.

[153] W. Newman und R. Sproul [1979]. *Principles of Interactive Computer Graphics, Second Edition.* McGraw-Hill, New York.

[154] D. O'Leary [1984]. Ordering Schemes for Parallel Processing of Certain Mesh Problems. *SIAM J. Sci. Stat. Comput.*, 5: S. 620–632.

[155] D. O'Leary [1987]. Parallel Implementation of the Block Conjugate Gradient Algorithm. *Parallel Comput.*, 5: S. 127–140.

[156] D. O'Leary und G. Stewart [1985]. Data-Flow Algorithms for Parallel Matrix Computations. *Comm. ACM*, 28: S. 840–853.

[157] D. O'Leary und R. White [1985]. Multi-splittings of Matrices and Parallel Solution of Linear Systems. *SIAM J. Alg. Disc. Meth.*, 6: S. 630–649.

[158] J. Ortega [1987]. *Matrix Theory: A Second Course.* Plenum Press, New York.

[159] J. Ortega [1988a]. *Introduction to Parallel and Vector Solution of Linear Systems.* Plenum Press, New York.

[160] J. Ortega [1988b]. The ijk Forms of Factorization Methods I. Vector Computers. *Parallel Comput.*, 7: S. 135–147.

[161] J. Ortega [1988c]. Efficient Implementations of Certain Iterative Methods. *SIAM J. Sci. Stat. Comput.*, 9: S. 882–891.

[162] J. Ortega [1990]. *Numerical Analysis: A Second Course.* (Nachdruck der Ausgabe von 1972) SIAM, Philadelphia.

[163] J. Ortega [1991]. Orderings for Conjugate Gradient Preconditionings. *SIAM J. Sci. Stat. Comput.*, 1: S. 565–582.

[164] J. Ortega und W. Rheinboldt [1970]. *Iterative Solution of Nonlinear Equations in Several Variables.* Academic Press, New York.

[165] J. Ortega und C. Romine [1988]. The ijk Forms of Factorization Methods II. Parallel Computers. *Parallel Comput.*, 7: S. 149–162.

[166] J. Ortega und R. Voigt [1985]. Solution of Partial Differential Equations on Vector and Parallel Computers. *SIAM Rev.*, 27: S. 149–240.

[167] C. Paige und M. Saunders [1975]. Solution of Sparse Indefinite Systems of Linear Equations. *SIAM J. Numer. Anal.*, 12: S. 617–629.

[168] B. Parlett [1980]. *The Symmetric Eigenvalue Problem.* Prentice-Hall, Englewood Cliffs, NJ.

[169] B. Parlett, D. Taylor und Z. Liu [1985]. A Look-Ahead Lanczos Algorithm for Unsymmetric Matrices. *Math. Comp.*, 44: S. 105–124.

[170] S. Parter und M. Steuerwalt [1980]. On k-line and $k \times k$ Block Iterative Schemes for a Problem Arising in 3-D Elliptic Difference Equations. *SIAM J. Numer. Anal.*, 17: S. 823–839.

[171] S. Parter und M. Steuerwalt [1982]. Block Iterative Methods for Elliptic and Parabolic Difference Equations. *SIAM J. Numer. Anal.*, 19: S. 1173–1195.

[172] G. Peters und J. Wilkinson [1975]. On the Stability of Gauss-Jordan Elimination with Pivoting. *Comm. ACM*, 18: S. 20–24.

[173] J. Peterson und J. Silberschatz [1985]. *Operating Systems Concepts, Second Edition.* Addison-Wesley Publishing Co., Reading, MA.

[174] E. Poole und J. Ortega [1987]. Multicolor ICCG Methods for Vector Computers. *SIAM J. Numer. Anal.*, 24: S. 1394–1418.

[175] T. Pratt [1984]. *Programming Languages.* Prentice-Hall, Englewood Cliffs, NJ.

[176] P. Prenter [1975]. *Splines and Variational Methods.* Wiley, New York.

[177] C. Puglisi [1992]. Modification of the Householder Method Based on the Compact WY Representation. *SIAM J. Sci. Stat. Comput.*, 13: S. 723–726.

[178] G. Rayna [1987]. *Software for Algebraic Computation.* Springer, New York.

[179] J. Reid [1971]. On the Method of Conjugate Gradients for the Solution of Large Sparse Systems of Linear Equations. *Proc. Conf. Large Sparse Sets of Linear Equations,* Academic Press, New York.

[180] R. Richtmyer und K. Morton [1967]. *Difference Methods for Initial Value Problems.* Interscience-Wiley, New York.

[181] W. Ršonsch [1984]. Stability Aspects in Using Parallel Algorithms. *Parallel Comput.*, 1: S. 75–98.

[182] S. Rubinow [1975]. *Introduction to Mathematical Biology.* Wiley-Interscience, New York.

[183] Y. Saad [1981]. Krylov Subspace Methods for Solving Large Unsymmetric Linear Systems. *Math. Comp.*, 37: S. 105–126.

[184] Y. Saad [1982]. The Lanczos Biorthogonalization Algorithm and Other Oblique Projection Methods for Solving Large Unsymmetric Systems. *SIAM J. Numer. Anal.*, 19: S. 485–506.

[185] Y. Saad [1984]. Practical Use of Some Krylov Subspace Methods for Solving Indefinite and Unsymmetric Linear Systems. *SIAM J. Sci. Stat. Comput.*, 5: S. 203–228.

[186] Y. Saad [1985]. Practical Use of Polynomial Preconditionings for the Conjugate Gradient Method. *SIAM J. Sci. Stat. Comput.*, 6: S. 865–882.

[187] Y. Saad [1989]. Krylov Subspace Methods on Supercomputers. *SIAM J. Sci. Stat. Comput.*, 10: S. 1200–1232.

[188] Y. Saad und M. Schultz [1985]. Conjugate Gradient-Like Algorithms for Solving Nonsymmetric Linear Systems. *Math. Comp.*, 44: S. 417–424.

[189] Y. Saad und M. Schultz [1986]. GMRES: A Generalized Minimal Residual Algorithm for Solving Nonsymmetric Linear Systems. *SIAM J. Sci. Stat. Comput.*, 7: S. 856–869.

[190] Y. Saad und M. Schultz [1988]. Topological Properties of Hypercubes. *IEEE Trans. Comput.*, C-37: S. 867–872.

[191] Y. Saad und M. Schultz [1989a]. Data Communication in Hypercubes. *J. Dist. Parallel Comput.*, 6: S. 115–135.

[192] Y. Saad und M. Schultz [1989b]. Data Communication in Parallel Architectures. *Parallel Comput.*, 11: S. 131–150.

[193] W. Schiesser [1991]. *The Numerical Method of Lines: Integration of Partial Differential Equations.* Academic Press, New York.

[194] R. Schreiber und W. Tang [1982]. Vectorizing the Conjugate Gradient Method. *Proc. Symposium CYBER 205 Applications*, Fort Collins, Colorado.

[195] R. Schreiber und C. Van Loan [1989]. A Storage-Efficient WY Representation for Products of Householder Transformations. *SIAM J. Sci. Stat. Comput.*, 10: S. 52–57.

[196] R. Sethi [1989]. *Programming Languages.* Addison-Wesley, Reading, MA.

[197] R. Skeel [1980]. Iterative Refinement Implies Numerical Stability for Gaussian Elimination. *Math. Comp.*, 35: S. 817–832.

[198] P. Sonneveld [1989]. CGS, A Fast Lanczos-type Solver for Nonsymmetric Linear Systems. *SIAM J. Sci. Stat. Comput.*, 10: S. 36–52.

[199] D. Sorensen [1985]. Analysis of Pairwise Pivoting in Gaussian Elimination. *IEEE Trans. Comput.*, C-34: S. 274–278.

[200] G. W. Stewart [1973]. *Introduction to Matrix Computations.* Academic Press, New York.

[201] G. W. Stewart [1974]. Modifying Pivot Elements in Gaussian Elimination. *Math. Comp.*, 28: S. 527–542.

[202] G. W. Stewart und J.-G. Sun [1990]. *Matrix Perturbation Theory.* Academic Press, New York.

[203] H. Stone [1973]. An Efficient Parallel Algorithm for the Solution of a Tridiagonal Linear System of Equations. *J. ACM*, 20: S. 27–38.

[204] H. Stone [1975]. Parallel Tridiagonal Equation Solvers. *ACM Trans. Math. Softw.*, 1: S. 289–307.

[205] H. Stone [1990]. *High-Performance Computer Architecture, Second Edition.* Addison-Wesley, Reading, MA.

[206] G. Strang und G. Fix [1973]. *An Analysis of the Finite Element Method.* Prentice-Hall, Englewood Cliffs, NJ.

[207] V. Strassen [1969]. Gaussian Elimination Is Not Optimal. *Numerische Mathematik*, 13: S. 354–356.

[208] J. Strikwerda [1989]. *Finite Difference Schemes and Partial Differential Equations.* Wadsworth Pub. Co., Belmont, CA.

[209] A. Stroud [1971]. *Approximate Calculation of Multiple Integrals.* Prentice-Hall, Englewood Cliffs, NJ.

[210] P. Swarztrauber und R. Sweet [1989]. Vector and Parallel Methods for the Direct Solution of Poisson's Equation. *J. Comp. Appl. Math.*, 27: S. 241–263.

[211] Symbolics [1987]. *Macsyma User's Guide.* Symbolics, Inc., Cambridge, MA.

[212] J. Traub [1964]. *Iterative Methods for the Solution of Equations.* Prentice-Hall, Englewood Cliffs, NJ.

[213] A. van der Sluis und H. van der Vorst [1986]. The Rate of Convergence of Conjugate Gradients. *Numerische Mathematik*, 48: S. 543–560.

[214] H. van der Vorst [1982]. A Vectorizable Variant of Some ICCG Methods. *SIAM J. Sci. Stat. Comput.*, 3: S. 350–356.

[215] H. van der Vorst [1989a]. High Performance Preconditioning. *SIAM J. Sci. Statist. Comput.*, 10: S. 1174–1185.

[216] H. van der Vorst [1989b]. ICCG and Related Methods for 3D Problems on Vector Computers. *Comput. Phys. Comm.*, 53: S. 223–235.

[217] H. van der Vorst [1990]. The Convergence Behavior of Preconditioned CG and CG-S in the Presence of Rounding Errors, in *Lecture Notes in Mathematics*, 1457, O. Axelsson und L. Kolotilina (Hrsg.), Springer, Berlin, S. 126-136.

[218] H. van der Vorst [1992]. BiCGSTAB: A Fast and Smoothly Converging Variant of Bi-CG for the Solution of Nonsymmetric Linear Systems. *SIAM J. Sci. Stat. Comput.*, 13: S. 631–644.

[219] C. Van Loan [1991]. *Computational Frameworks for the Fast Fourier Transform.* SIAM, Philadelphia.

[220] R. Varga [1960]. Factorization and Normalized Iterative Methods in Boundary Problems, in *Differential Equations.* R. Langer (Hrsg.), University of Wisconsin Press, Madison.

[221] R. Varga [1962]. *Matrix Iterative Analysis.* Prentice-Hall, Englewood Cliffs, New Jersey.

[222] P. Vinsome [1976]. ORTHOMIN, An Iterative Method for Solving Sparse Sets of Simultaneous Linear Equations. In *Proc. Fourth Symposium Reservoir Simulation*, Society of Petroleum Engineers of AIME, S. 149-159.

[223] G. Wahba [1990]. *Spline Models for Observational Data.* SIAM, Philadelphia.

[224] H. Wang [1981]. A Parallel Method for Tridiagonal Systems. *ACM Trans. Math. Softw.*, 7: S. 170–183.

[225] W. Ware [1973]. The Ultimate Computer. *IEEE Spectrum*, 10(3): S. 89–91.

[226] O. Widlund [1978]. A Lanczos Method for a Class of Non-Symmetric Systems of Linear Equations. *SIAM J. Numer. Anal.*, 15: S. 801–812.

[227] J. Wilkinson [1961]. Error Analysis of Direct Methods of Matrix Inversion. *J. ACM*, 10: S. 281–330.

[228] J. Wilkinson [1963]. *Rounding Errors in Algebraic Processes.* Prentice-Hall, Englewood Cliffs, NJ.

[229] J. Wilkinson [1965]. *The Algebraic Eigenvalue Problem.* Oxford University Press, New York.

[230] S. Wolfram [1988]. *A System for Doing Mathematics by Computer.* Addison-Wesley, Redwood City, CA.

[231] D. Young [1950]. *Iterative Methods for Solving Partial Difference Equations of Elliptic Type.* Ph.D. thesis, Mathematics, Harvard University.

[232] D. Young [1954]. Iterative Methods for Solving Partial Difference Equations of Elliptic Type. *Trans. Amer. Math. Soc.*, 76: S. 92–111.

[233] D. Young [1971]. *Iterative Solution of Large Linear Systems.* Academic Press, New York.

[234] D. Young und R. Gregory [1990]. *A Survey of Numerical Mathematics.* Chelsea Publishing Co., New York.

[235] D. Young und K. Jea [1980]. Generalized Conjugate Gradient Acceleration of Nonsymmetrizable Iterative Methods. *Lin. Alg. Appl.*, 34: S. 159–194.

[236] D. Young und T.-Z. Mai [1990]. The Search for Omega, in *Iterative Methods for Large Linear Systems*, D. Kincaid und L. Hayes (Hrsg.), Academic Press, New York.

Stichwortverzeichnis

Autorenverzeichnis

Griebel

Multilevelmethoden als Iterationsverfahren über Erzeugendensystemen

Bei der numerischen Simulation technischer und physikalischer Vorgänge sind partielle Differentialgleichungen numerisch zu lösen. Dabei entstehen nach Diskretisierung sehr große, dünn besiedelte lineare Gleichungssysteme, die oft erst durch moderne Hochleistungsrechner überhaupt aufgestellt und behandelt werden können. Zu ihrer effizienten Lösung bieten sich Mehrgitterverfahren und Multilevel-Vorkonditionierer besonders an.

In diesem Buch wird ein neuer Zugang zur Konstruktion von effizienten Lösern für elliptische Probleme vorgestellt. Mittels eines Erzeugendensystems, das die Knotenbasen der verschiedenen Diskretisierungslevel umfaßt, ergibt sich bei der Diskretisierung ein semidefinites, erweitertes lineares Gleichungssystem. Darauf angewandte traditionelle iterative Methoden (Gauß-Seidel, Konjugierte Gradienten) lassen sich nun als moderne Multilevelverfahren (Mehrgitter, BPX) zur Lösung des zugehörigen definiten Systems auf dem feinsten Diskretisierungslevel interpretieren.

Darüber hinaus wird es möglich, sich von der levelorientierten Sichtweise zu lösen. Es entstehen in natürlicher Weise punktorientierte Verfahren sowie Gebietszerlegungsmethoden mit maschenweitenunabhängigen Konvergenzraten, die im Vergleich zu konventionellen Multilevelmethoden Vorteile bei der Parallelisierung auf MIMD-Maschinen, insbesondere beim Startup, aufweisen. Zudem sind Modifikationen und Erweiterungen des Zugangs leicht möglich, die es erlauben, etwa für anisotrope robuste Verfahren zu gewinnen. Schließlich lassen sich effiziente Löser auch direkt für Probleme konstruieren, die bei der Diskretisierung auf dünnen Gittern entstehen, einem neuartigen Verfahren, das substantiell weniger Unbekannte bei fast gleicher erzielter Genauigkeit benötigt.

Von Dr.
Michael Griebel
Technische Universität
München

1994. VIII, 175 Seiten.
16,2 x 23,5 cm.
Kart. DM 34,80
ÖS 272,– / SFr 34,80
ISBN 3-519-02718-6

(Teubner Skripten zur Numerik)

Aus dem Inhalt:

Erzeugendensysteme und Diskretisierung – semidefinite Systeme – Iterationsverfahren für semidefinite Systeme – gradientenbasierte Verfahren und BPX-Gauß-Seidel-Iteration und Mehrgitter – Punktblockverfahren – Gebietszerlegungsmethoden – Konvergenztheorie – Parallelisierung – Robustheit – multiple Grobgitter-Ansätze – dünne Gitter